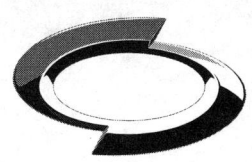

SM5
바디 리페어 매뉴얼
(MR437)

SAMSUNG 르노삼성자동차

머리말

르노삼성자동차를 사랑해 주시는 여러분께 감사드립니다.

본 리페어 매뉴얼은 르노삼성자동차 SM5 차량에 대한 정비 지침서입니다. 본 정비 지침서에는 차량의 제원, 부품의 탈거 및 장착방법이 수록되어 있어 정비 작업 시 빠르고 정확하게 작업을 할 수 있도록 도와줍니다. 필요시 본 정비 지침서와 더불어 아래의 관련자료를 활용하여 주십시오. 또한 정비 시 반드시 부품 카탈로그를 참고하여 부품설정 등의 내용을 확인하시기 바랍니다.

본 매뉴얼은 2010년 01월을 기준으로 제작 및 발간되었습니다. 발간 이후, 르노삼성자동차의 지속적인 품질향상 정책에 따른 설계변경에 관한 정보는 르노삼성자동차 정비 포털 사이트에서 확인하실 수 있습니다.

끝으로 르노삼성자동차의 신차인 SM5 차량에 대한 성원과 사랑 부탁드립니다.

2010 년 01 월
르노삼성자동차주식회사
서 비 스 기 술 팀

★ 관련자료

1. 리페어 매뉴얼 (MR436)
2. 바디 리페어 매뉴얼 (MR437)
3. 오버홀 매뉴얼 [M4R 엔진 (TN6020A)]
4. 와이어링 리페어 매뉴얼 (TN6015A)
5. 차체 구조 수리 매뉴얼 (MR400)

★ 르노삼성자동차 리페어 매뉴얼의 구입은 도서출판 골든벨 (전화 : 02-713-7452) 로 문의 하시기 바랍니다.

르노삼성자동차를 선택하는 또 하나의 이유 !

매뉴얼 구성

※ MR436/437은 르노삼성자동차와 다르게 르노가 공통으로 관리하는 문서 번호임.

매뉴얼명	Chapter 명	Sub-chapter 명 및 번호
리페어 매뉴얼 (MR436)	0. 일반 정보	01A 차량의 기계적 사양
		01D 기계적인 소개·
		02A 리프팅
		04B 소모품 - 제품
	1. 엔진	10A 엔진 및 실린더 블록 어셈블리
		11A 엔진 탑 및 프론트 시스템
		12A 흡기 및 배기 시스템
		13A 연료공급 시스템
		14A 공해 방지 시스템
		16A 시동 및 충전 시스템
		17A 이그니션 시스템
		17B 가솔린 인젝션 시스템
		17C LPG 인젝션 시스템
		19A 냉각 시스템
		19B 배기 시스템
		19C 연료 탱크
		19D 엔진 마운팅 시스템
	2. 변속기	23A 자동변속기 (CVT)
		29A 드라이브샤프트
	3. 샤시	30A 일반 정보
		31A 프론트 액슬 어셈블리
		33A 리어 액슬 어셈블리
		35A 휠 및 타이어
		35B 타이어 프레셔 모니터링 시스템
		36A 스티어링 기어 어셈블리
		36B 파워 어시스트 스티어링
		37A 샤시 컨트롤 장치
		37B 전자제어 파킹 브레이크
		38C ABS
	6. 에어컨	61A 히팅 시스템
		62A 에어 컨디셔닝 시스템

매뉴얼 구성

매뉴얼명	Chapter 명	Sub-chapter 명 및 번호
리페어 매뉴얼 (MR436)	8. 전장	80A 배터리
		80B 프론트 라이팅 시스템
		81A 리어 라이팅 시스템
		81B 실내 라이팅
		81C 퓨즈
		82A 이모빌라이저 시스템
		82B 혼
		83A 컴비네이션 미터
		83C 내비게이션 시스템
		84A 스위치 장치
		85A 와이퍼 및 워셔
		86A 오디오 시스템
		86B 핸즈프리 시스템
		87B 바디 컨트롤 시스템
		87C 오프닝 시스템
		87D 윈도우 및 선루프 시스템
		87F 파킹 에이드 시스템
		87G IPDM
		88A 컴퓨터 장치
		88C 에어백 및 프리텐셔너
		88D 시가잭
	첨부판 (냉각수 마스터 사용 매뉴얼 - TN3857A)	19A 냉각 시스템

매뉴얼 구성

매뉴얼명	Chapter 명	Sub-chapter 명 및 번호
바디 리페어 매뉴얼 (MR437)	0. 일반 정보	01C 바디 제원
		02A 리프팅
		03B 차량 파손 정도 판단
	4. 판금 작업	40A 일반 사항
		41A 프론트 로어 스트럭쳐
		41B 센터 로어 스트럭쳐
		41C 사이드 로어 스트럭쳐
		41D 리어 로어 스트럭쳐
		42A 프론트 어퍼 스트럭쳐
		43A 사이드 어퍼 스트럭쳐
		44A 리어 어퍼 스트럭쳐
		45A 바디 어퍼 스트럭쳐
		47A 사이드 도어 패널
		48A 사이드 도어 이외 패널
	5. 메커니즘과 액세서리	51A 사이드 도어 메커니즘
		52A 사이드 도어 이외 메커니즘
		54A 윈도우
		55A 외장 보호 트림
		56A 외장 장착 부품
		57A 내장 장착 부품
		59A 안전 장치
	6. 실링과 방음재	65A 도어 실링
		66A 윈도우 실링
		68A 방음재
	7. 내·외장 트림	71A 인테리어 트림
		72A 사이드 도어 트림
		73A 사이드 도어 이외 트림
		75A 프론트 시트 프레임과 러너
		76A 리어 시트 프레임과 러너
		77A 프론트 시트 트림
		78A 리어 시트 트림
		79A 시트 액세서리

매뉴얼 구성

매뉴얼명	Chapter 명	Sub-chapter 명 및 번호
바디 리페어 매뉴얼 (MR437)	첨부판 (판금 작업 데이터)	1 재질 변환표 및 고장력 강판 (HSS) 작업 방법 : 일반 설명
		2 바디 얼라인먼트 : 일반 설명
		3 차체 용접점 : 설명
		4 바디 실링 : 설명
		5 언더 바디 코팅 : 설명

매뉴얼명	Chapter 명	Sub-chapter 명 및 번호
오버홀 매뉴얼	M4R 엔진 오버홀 (TN6020A)	10A 엔진 및 실린더 블록 어셈블리

사양 구분

카테고리	적용 사양	
차종	L43	
엔진 / 변속기	M4R	M4RK (가솔린 엔진)
		M4RN (LPG 엔진)
	FK0 [자동변속기 (CVT)]	
파킹 에이드 시스템	파킹 에이드 센서 적용	
	파킹 에이드 센서 미적용	
에어컨	수동 에어컨	
	자동 에어컨	
	자동 에어컨 / 3 존 에어컨	
이오나이저	이오나이저 적용	
	이오나이저 미적용	
와이퍼 시스템	레인 센싱 와이퍼 적용	
	레인 센싱 와이퍼 미적용	
브레이크	ESP 적용	
	ESP 미적용	
TPMS	타이어 프레셔 모니터링 시스템 적용	
	타이어 프레셔 모니터링 시스템 미적용	
파킹 브레이크	전자제어 파킹 브레이크 적용	
	전자제어 파킹 브레이크 미적용	
AV 시스템	네비게이션 적용	
히팅 시트	히팅 시트 적용	
	히팅 시트 미적용	
조정식 시트	전동 시트 적용	
	전동 시트 미적용	
선루프	선루프 미적용	
	선루프 적용	
오디오	(MR 436 리페어 매뉴얼 , 86A, 오디오 시스템 , 오디오 시스템 : 사양 조합 참조)	
스마트 키	스마트 키 적용	
	스마트 키 미적용	
트림 레벨	EA 1	
	EA 2	
	EA 3	
	EA 4	
에어백	프론트 사이드 에어백 / 사이드 커튼 에어백 적용	

참조 사용 방법

참조 사용 방법

1. 다른 매뉴얼로 참조시
   - 작업내용 (매뉴얼명, Sub-chapter 번호, Sub-chapter 명, 작업명 참조)
2. 같은 매뉴얼, 다른 Sub-chapter로 참조시
   - 작업내용 (Sub-chapter 번호, Sub-chapter 명, 작업명 참조)
3. 같은 매뉴얼, 같은 Sub-chapter로 참조시 (리페어/바디 매뉴얼)
   - 작업내용 (Sub-chapter 번호, Sub-chapter 명, 작업명 참조)

사용 예)

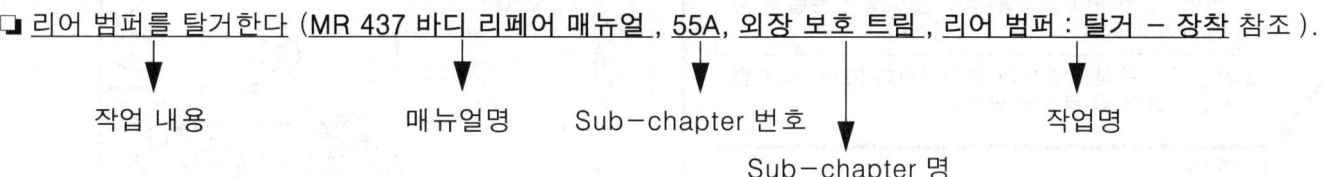

사양 구분 및 참조 사용 예

엔진 및 실린더 블록 어셈블리
엔진 및 변속기 어셈블리 : 탈거 – 장착

10A

L43/M4R ◄──── ㉮

탈거

I – 탈거 준비 작업

> **경고**
> 작업 중 차량이 균형을 잃지 않도록 스트랩을 사용하여 차량을 리프트에 고정한다.

㉯ → ☐ 차량을 2주식 리프트에 위치시킨다 (02A, 리프팅, 차량 : 견인 및 리프팅 참조).

M4RK

㉰ → ☐ IPDM 커버를 탈거한다 (87G, IPDM E/R, IPDM : 탈거 – 장착 참조).

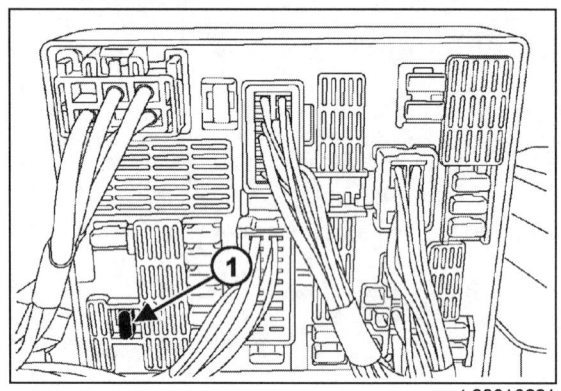

☐ 연료 펌프의 퓨즈 (1) (F13) (15A) 를 탈거한다.

☐ 엔진을 시동하여 연료 라인에서 연료 압력을 해제한다.

> **참고 :**
> – 엔진 정지 후에도 잔여 연료 압력을 해제하기 위해 2~3 회 시동을 반복한다.

M4RN

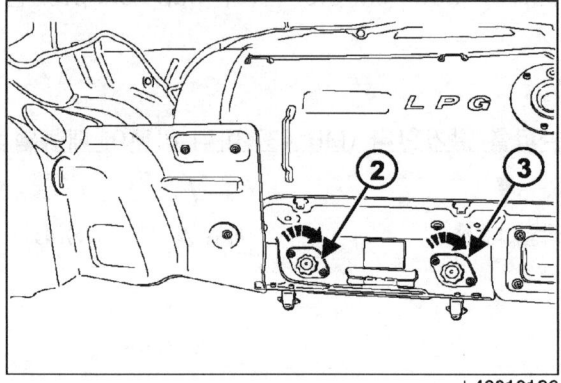

☐ 엔진이 작동 중일 때 인렛 핸들 (2) 과 아웃렛 핸들 (3) 을 닫는다.

☐ LPG 탱크와 엔진 사이의 파이프에 있는 LPG 를 모두 사용한다.

> **참고 :**
> LPG 스위치만 제어하는 경우, 다량의 LPG 가 누출될 수 있다. LPG 파이프에 있는 LPG 를 모두 사용해야 한다.

☐ 밸브 케이스를 닫는다.

☐ 엔진을 끈 후 이그니션 스위치를 OFF 시킨다.

☐ 배터리 단자를 분리한다 (80A, 배터리, 배터리 : 탈거 – 장착 참조).

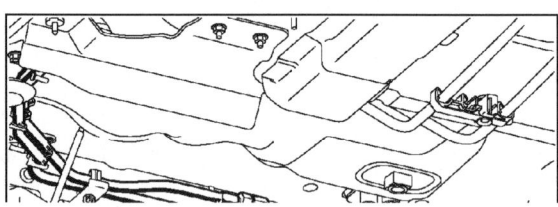

㉮ 작업 전체에 적용되는 사양을 표시.
㉯ 작업 일부분에 적용되는 사양을 표시.
㉰ 참조 사용 예.

르노삼성자동차

0	일반 정보

4	판금 작업

5	메커니즘과 액세서리

6	실링과 방음재

7	내·외장 트림

	첨부판 (판금 작업 데이터)

르노삼성자동차

0 일반 정보

01C 바디 제원

02A 리프팅

03B 차량 파손 정도 판단

L43

2010. 01

본 리페어 매뉴얼은 2010년 01월의 양산 차량을 기준으로 작성하였으며, 향후 차량의 설계 변경에 따라 실차와 다른 내용이 있을 수 있으므로, 양해를 구합니다.

주 : 설계 변경에 대한 정보는 **www.rsmservice.com** 을 참조하여 주시기 바랍니다.

이 문서의 모든 권리는 르노삼성자동차에 있습니다.

ⓒ 르노삼성자동차(주), 2010

L43-Section 0

목차

페이지

01C 바디 제원

　　차량 : 인증　　　　　　　　01C-1

　　차량 틈새 : 조정 값　　　　01C-2

02A 리프팅

　　차량 : 견인 및 리프팅　　　02A-1

03B 차량 파손 정도 판단

　　손상 차량 : 손상 부위 찾기　　03B-1
　　프론트 손상 차량 : 설명　　　　03B-4
　　리어 손상 차량 : 설명　　　　　03B-7
　　사이드 손상 차량 : 설명　　　　03B-10

바디 제원
차량 : 인증

01C

L43

I − 차대 번호판 위치 (A), (B)

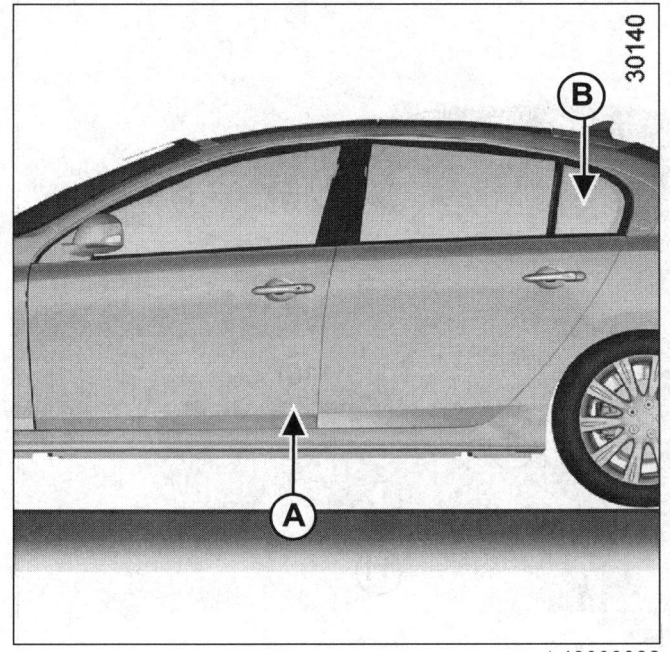

II − 차대 번호판의 설명

플레이트 (A)

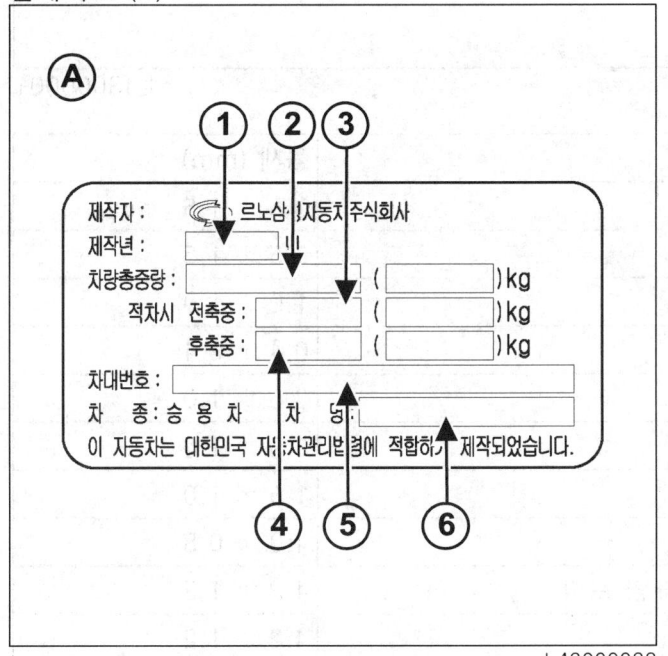

(1) 제작년도
(2) 적차 시 차량 총 중량 (kg)
(3) 적차 시 차량의 전축중량 (kg)
(4) 적차 시 차량의 후축중량 (kg)
(5) 차대번호
(6) 차명

플레이트 (B)

(7) 모델 식별번호
(8) 차대번호

III − 차체의 차대 번호 (C)

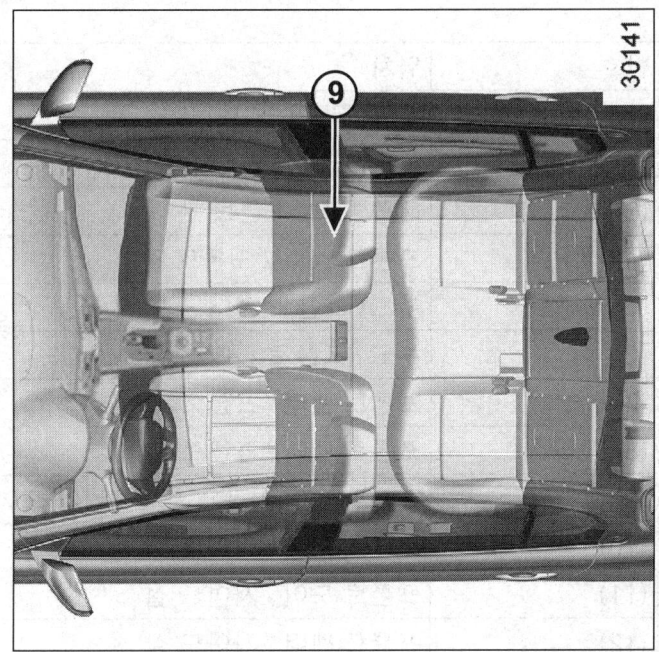

위치 (9) 는 조수석 아래 바닥의 차체

01C-1

바디 제원
차량 틈새 : 조정 값

01C

L43

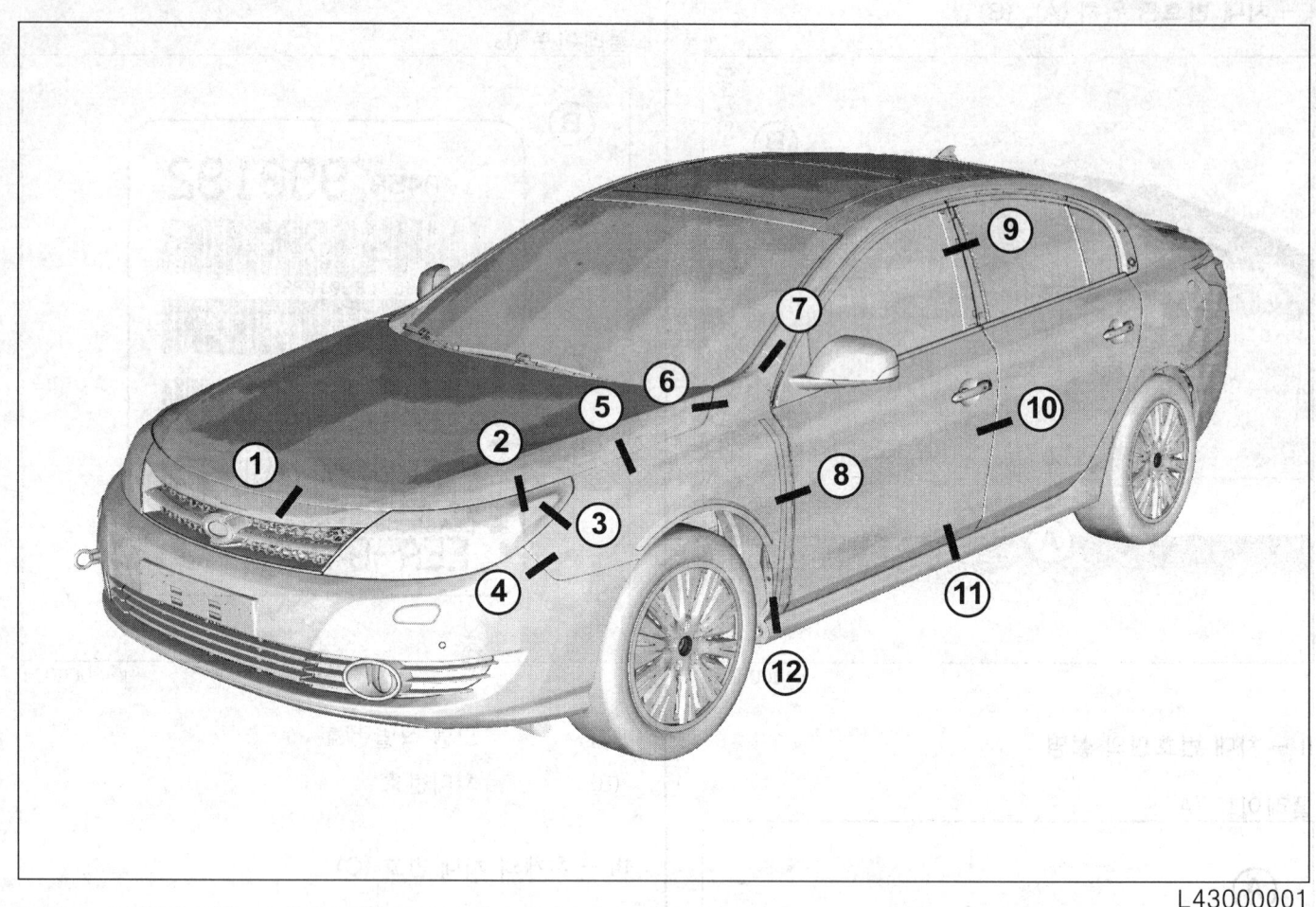

번호	위치	틈새 (mm)
(1)	후드 / 라디에이터 그릴	3.5 ± 1.5
(2)	헤드램프 / 후드	3.5 ± 1.5
(3)	헤드램프 / 프론트 펜더	1.0 ± 1.0
(4)	프론트 범퍼 / 프론트 펜더	0.4 ± 0.4
(5)	후드 / 프론트 펜더	3.5 ± 1.0
(6)	후드 / 프론트 펜더	3.5 ± 1.0
(7)	프론트 펜더 / 프론트 필러	1.5 ± 1.0
(8)	프론트 펜더 / 프론트 도어	4.0 ± 0.8
(9)	프론트 도어 프레임 트림 / 리어 도어 프레임 트림	4.2 ± 1.2
(10)	프론트 도어 / 리어 도어	4.2 ± 1.2
(11)	프론트 도어 / 사이드 실	4.5 ± 2.0
(12)	프론트 펜더 / 사이드 실	2.5 ± 1.0

바디 제원
차량 틈새 : 조정 값

01C

L43

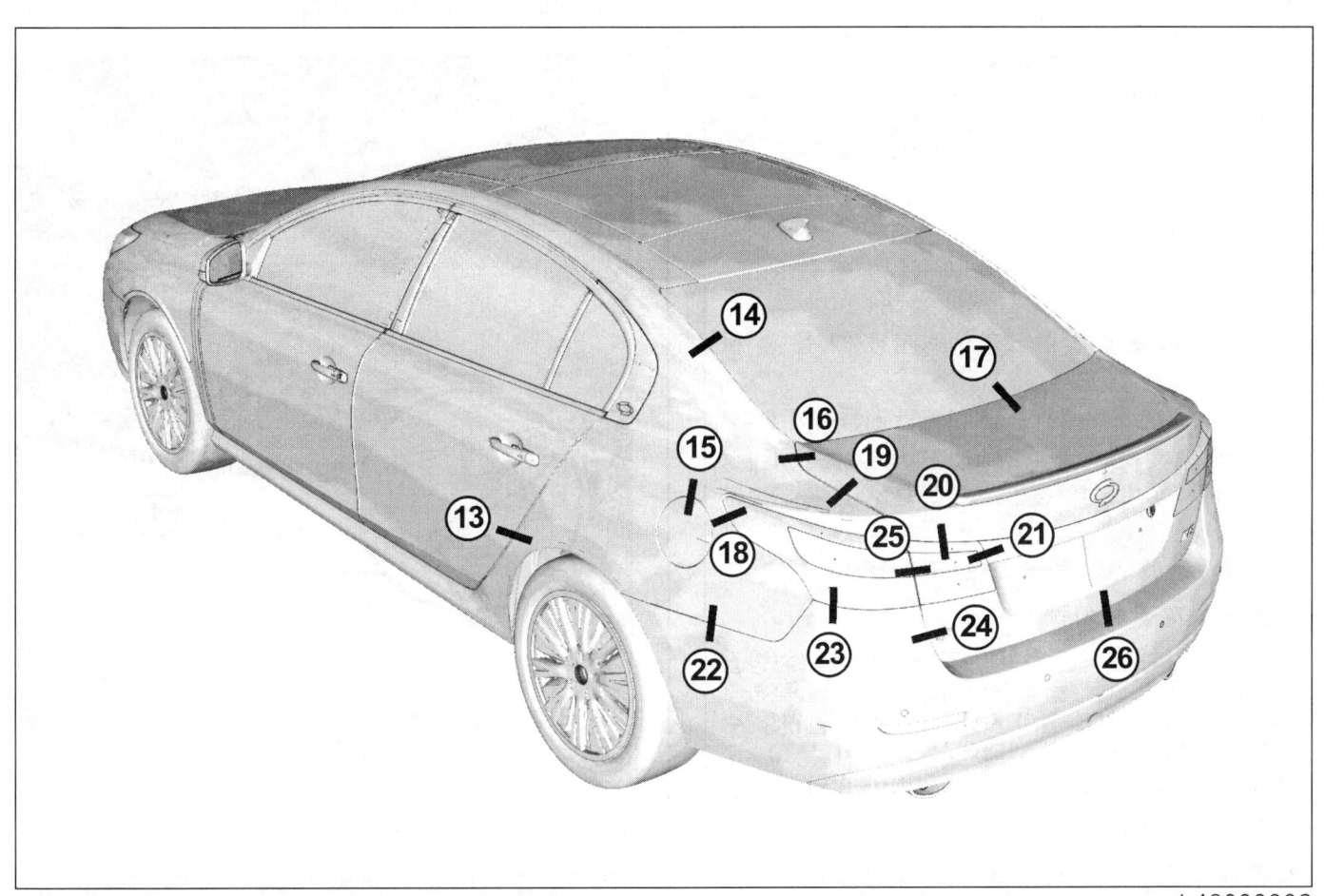

번호	위치	틈새 (mm)
(13)	리어 도어 / 바디 사이드	4.0 ± 0.8
(14)	바디 사이드 / 리어 윈도우	3.0 ± 2.0
(15)	연료 주입구 커버 / 바디 사이드	3.0 ± 1.0
(16)	트렁크 리드 / 바디 사이드	3.5 ± 1.0
(17)	리어 윈도우 / 트렁크 리드	8.5 ± 3.0
(18)	바디 사이드측 리어 컴비네이션 램프 / 바디 사이드	1.2 ± 1.0
(19)	바디 사이드 / 트렁크 리드	3.5 ± 1.0
(20)	트렁크 리드 / 트렁크 리드측 리어 컴비네이션 램프	1.0 ± 1.0
(21)	트렁크 리드측 리어 컴비네이션 램프 / 크롬 몰딩	1.4 ± 1.0
(22)	리어 범퍼 / 바디 사이드	3.0 ± 1.0
(23)	바디 사이드측 리어 컴비네이션 램프 / 리어 범퍼	2.0 ± 1.2
(24)	리어 범퍼 / 트렁크 리드	3.5 ± 1.0
(25)	바디 사이드측 리어 컴비네이션 램프 / 트렁크 리드측 리어 컴비네이션 램프	4.0 ± 1.3
(26)	트렁크 리드 / 리어 범퍼	6.0 ± 2.0

리프팅
차량 : 견인 및 리프팅

02A

L43

필요 장비
안전 스트랩

I - 견인

주의

드라이브샤프트를 연결 포인트로 사용해서는 안 된다.

견인 포인트는 도로에서 견인 시에만 사용해야 한다.

직접 또는 간접적으로 배수로에 빠진 차량을 꺼내거나 들어 올리기 위해 견인 포인트를 사용해서는 안 된다.

견인하기 전에 견인 링을 조여 고정시킨다.

자동 변속기 장착 차량

자동 변속기가 장착된 차량은 평대형 트럭에 차량을 싣거나 프론트 휠을 들어 견인하는 것이 바람직하다. 예외적으로 차량의 휠이 지면에 닿은 채 견인할 수 있지만 기어 레버 중립 상태에서 최대 거리 30 km 내에서 20 km/h 미만 속도로 견인해야 한다.

스마트카드 장착 차량

차량 배터리가 방전되면 스티어링 칼럼이 잠긴 상태로 유지된다. 이런 경우에는 신품 배터리를 장착하거나 전기 공급장치에 연결하고 이그니션 스위치를 "ON" 시키면 스티어링 칼럼이 잠금 해제된다.

이 방법이 가능하지 않을 때는 차량 프론트를 들어 올려야 한다.

1 - 프론트 연결 포인트 위치

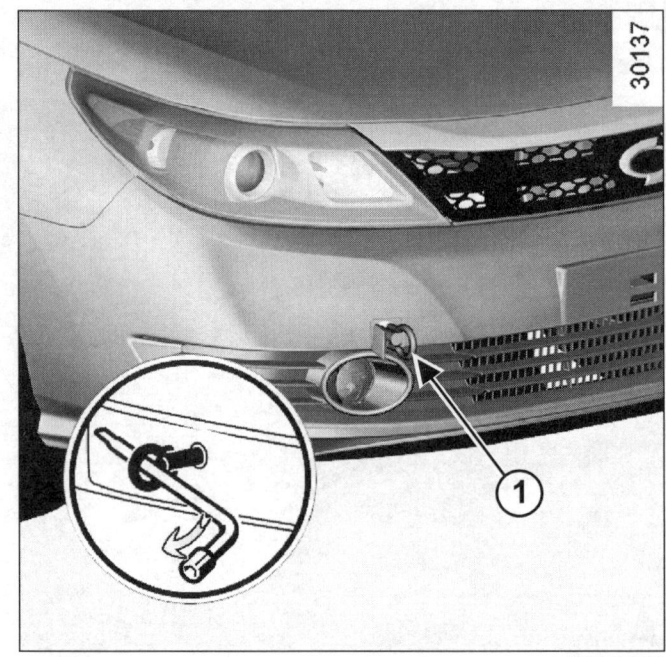

트렁크 룸의 스페어 휠 안에 있는 차량 공구 키트에 들어있는 견인 링 (1) 을 끝까지 돌려서 끼운다.

2 - 리어 연결 포인트 위치

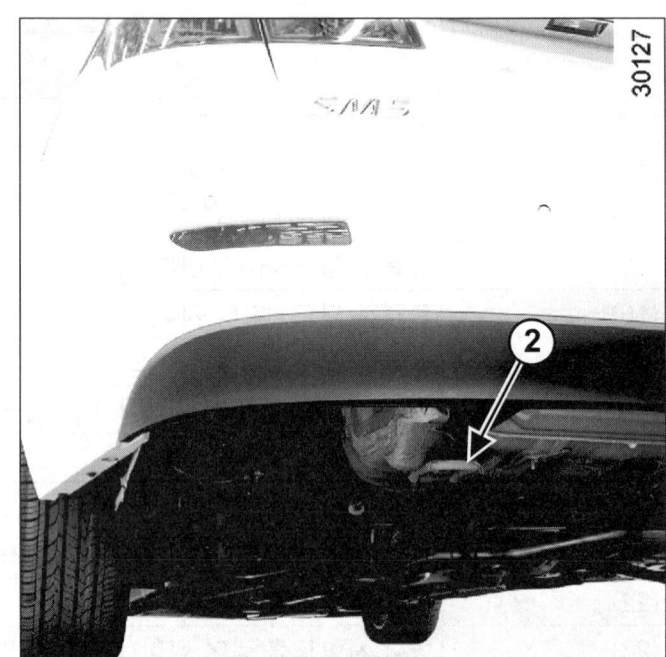

리어 견인 포인트 (2) 는 스페어 휠 패널 아래에 위치한다.

02A

리프팅
차량 : 견인 및 리프팅

L43

II – 개러지 잭을 사용한 리프팅

경고

사고 방지를 위해 개러지 잭은 차량을 들어 올리거나 이동시킬 용도로만 사용해야 한다. 차량 무게를 충분히 지지하는 안전 스탠드를 사용하여 차량 높이를 유지해야 한다.

주의

차량의 손상을 피하기 위해, 차량에 직접 접촉되지 않도록 고무 패드가 장착된 장비를 사용한다.

액슬 어셈블리의 손상을 피하기 위해, 프론트 서스펜션 암 또는 리어 액슬 아래를 이용하여 차량을 들어 올리지 않는다.

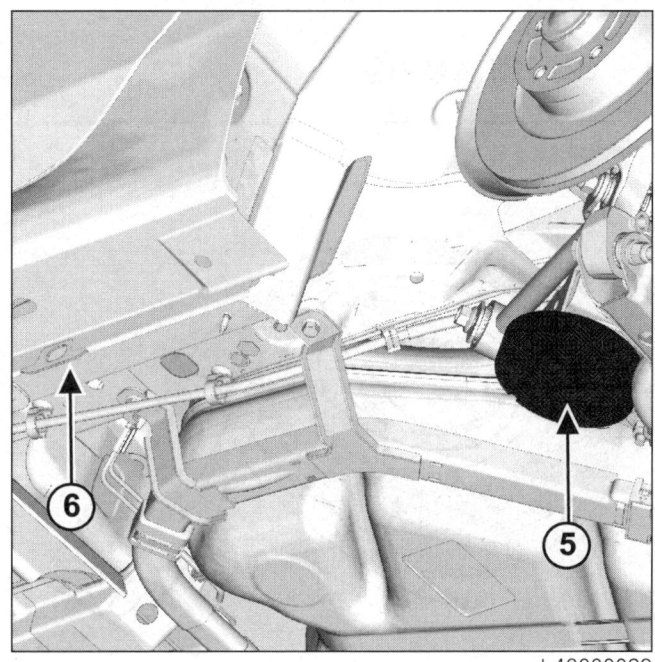

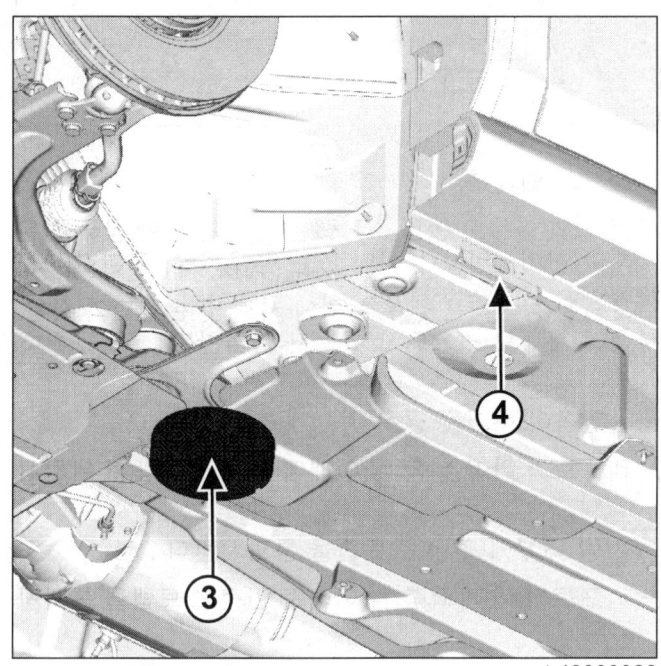

차량을 안전 스탠드에 위치시키려면 다음과 같이 한다.

- **프론트** : (3) 의 프론트 사이드 크로스 멤버 아래에서 차량을 들어 올리고 (4) 의 잭킹 포인트 아래에 안전 스탠드를 위치시킨다.

- **리어** : (5) 의 리어 서스펜션 멤버 아래에서 차량을 들어 올리고 (6) 의 잭킹 포인트 아래에 안전 스탠드를 위치시킨다.

리프팅
차량 : 견인 및 리프팅

02A

L43

III – 리프트에 의한 리프팅

1 – 안전 관련 권장 사항

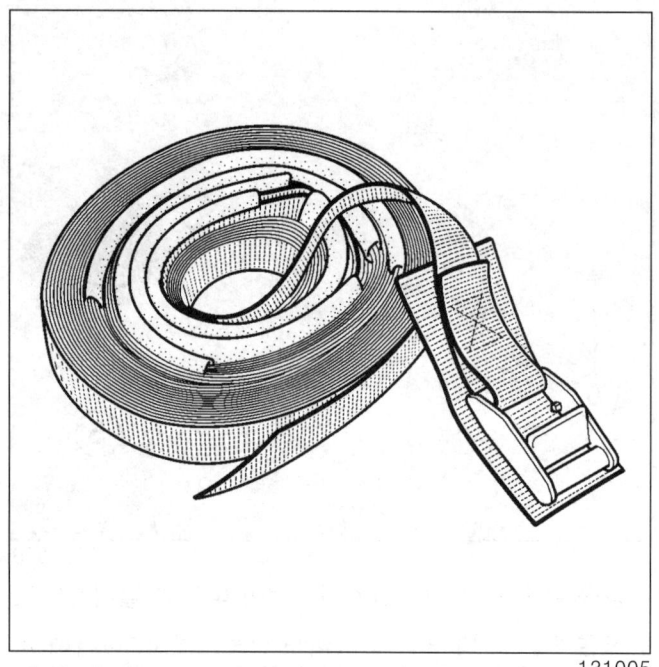

차량에서 무거운 구성부품을 탈거해야 하는 경우 4 주식 리프트를 사용하는 것이 바람직하다.

2 주식 리프트의 경우 특정 구성부품을 탈거할 때 차량이 기울어질 위험이 있다 (예 : 엔진 및 변속기 어셈블리 , 리어 액슬 , 변속기). 따라서 이런 경우에는 안전 스트랩을 장착해야 한다.

2 – 스트랩 장착

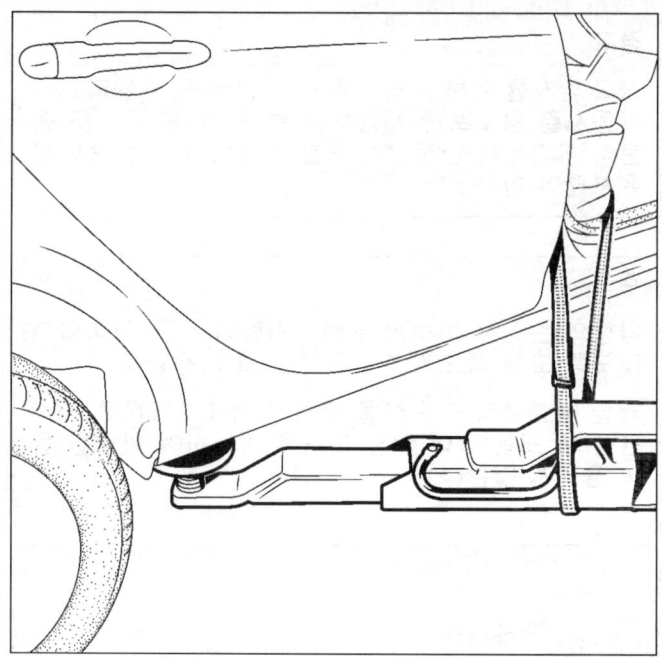

안전 스트랩 장착 :

안전 상의 이유로 안전 스트랩은 항상 온전한 상태를 유지해야 한다 . 마모 흔적이 있는 경우 즉시 교환한다 .

스트랩을 장착하는 경우 차량의 시트 및 손상되기 쉬운 부품이 제대로 보호되고 있는지 점검한다 .

a – 앞쪽이 무거운 경우

- 리프트의 리어 우측 암 아래에 안전 스트랩을 위치시킨다 .
- 차량 내부에 안전 스트랩을 통과시킨다 .
- 리프트의 리어 좌측 암 아래로 안전 스트랩을 통과시킨다 .
- 차량 내부에 안전 스트랩을 다시 통과시킨다 .
- 스트랩을 조인다 .

b – 뒤쪽이 무거운 경우

- 리프트의 프론트 우측 암 아래에 안전 스트랩을 위치시킨다 .
- 차량 내부에 안전 스트랩을 통과시킨다 .
- 리프트의 프론트 좌측 암 아래로 안전 스트랩을 통과시킨다 .
- 차량 내부에 안전 스트랩을 다시 통과시킨다 .
- 안전 스트랩을 조인다 .

리프팅
차량 : 견인 및 리프팅

02A

L43

3 - 허용되는 리프팅 포인트

경고

이 섹션에 설명된 잭킹 포인트를 사용하는 경우에만 차량을 안전하게 들어 올릴 수 있다.

설명된 포인트 이외의 포인트를 사용하여 차량을 들어 올리지 않는다.

참고 :

리프트로 들어 올릴 경우 실 패널의 손상을 방지하기 위해 리프팅 암 패드 (7) 과 (9) 가 충분히 풀렸는지 확인한다.

차량을 들어 올리기 위해 아래 설명된 대로 리프트 암 패드를 위치시키고 실 패널 (8) 과 (10) 의 아래가 손상되지 않도록 주의한다.

프론트 리프팅 포인트

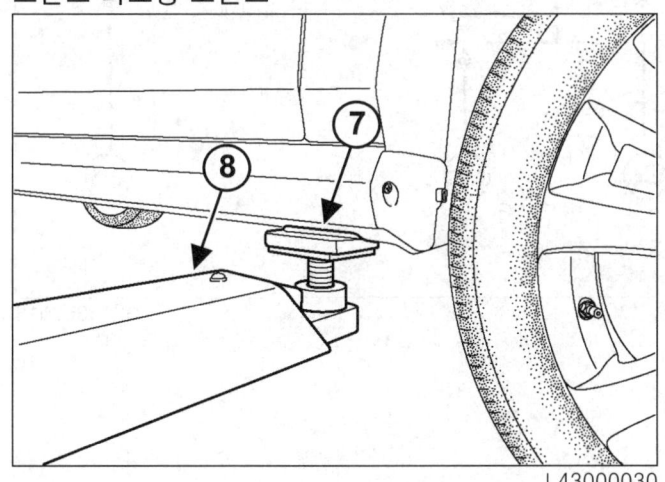

앞쪽의 잭킹 포인트 (7) 아래에 리프팅 암을 위치시킨다.

리어 리프팅 포인트

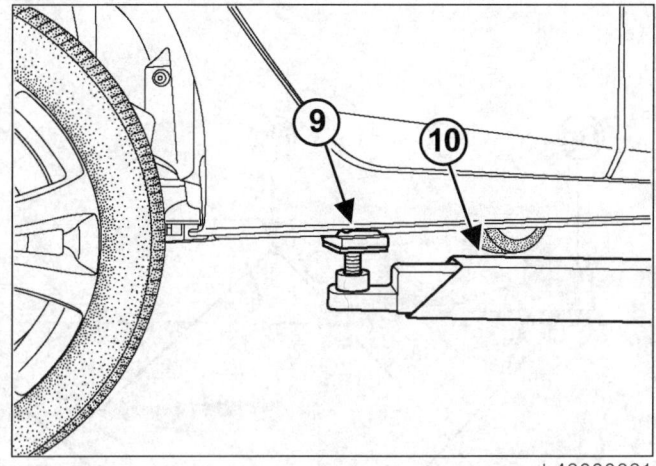

뒤쪽의 잭킹 포인트 (9) 아래에 리프팅 암을 위치시킨다.

참고 :

잭킹 포인트를 사용할 수 없는 경우, 개러지 잭을 사용한 리프팅 지침을 따른다 (예 : 차체 재조립을 위해 지그 벤치에 위치시킬 경우 앵커링 클램프 장착).

차량 파손 정도 판단
손상 차량 : 손상 부위 찾기

03B

L43

I – 서브프레임 점검

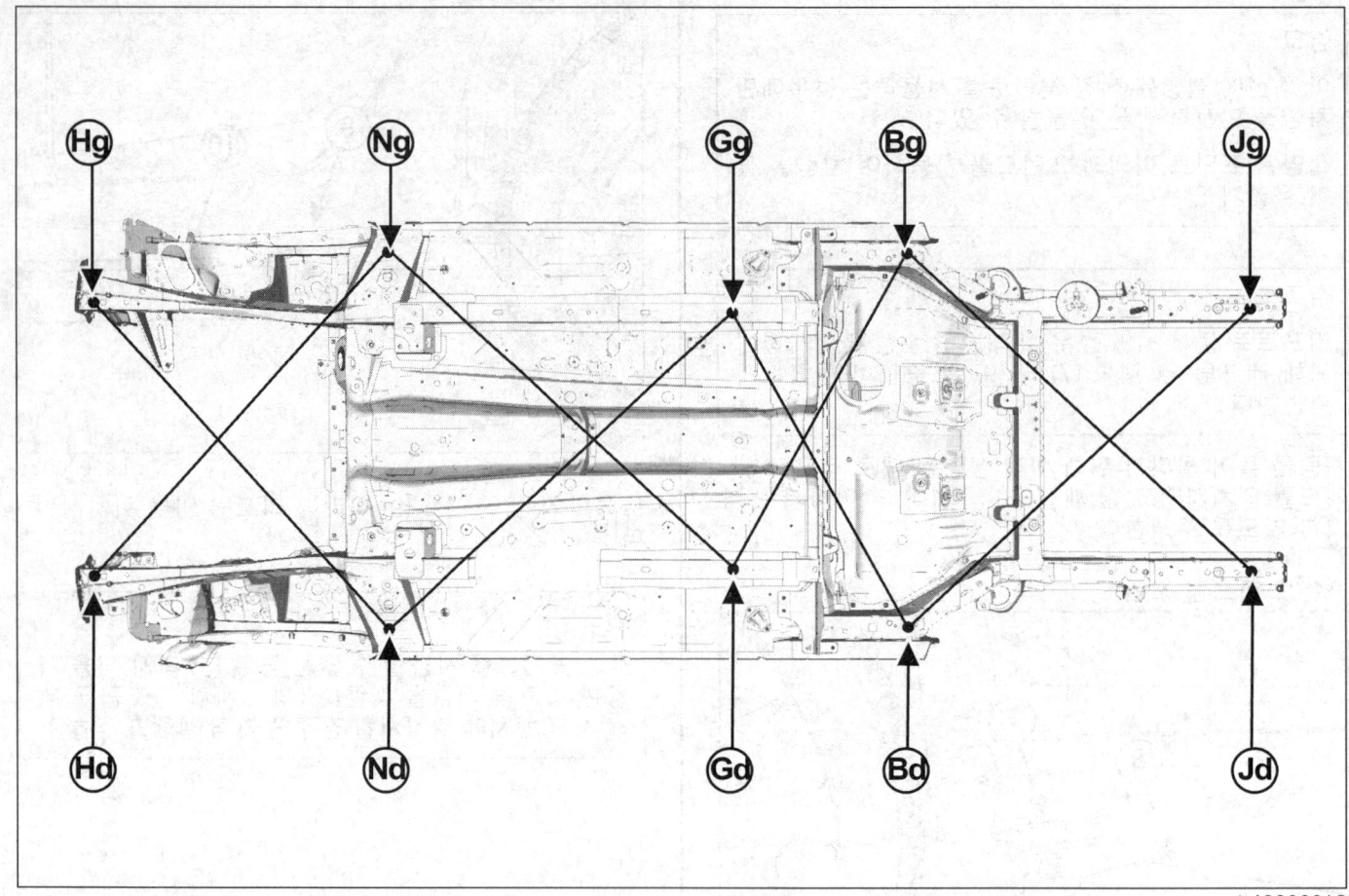

(Xd: 차량의 왼쪽 , Xg: 차량의 오른쪽)

❏ 점검 순서 :

– 전면 충격 :

- (Gg) – (Nd) = (Gd) – (Ng)
- (Ng) – (Hd) = 1618 mm
- (Nd) – (Hg) = 1617.6 mm
- (Hg) – (Hd) = 992 mm

– 후면 충격 :

- (Bg) – (Gd) = (Bd) – (Gg)
- (Bg) – (Jd) = 1695 mm
- (Bd) – (Jg) = 1695.5 mm
- (Jd) – (Jg) = 953 mm

차량 파손 정도 판단
손상 차량 : 손상 부위 찾기

03B

L43

II - 검사 포인트 세부도

프론트 사이드 멤버측 포인트 Hd, Hg 라디에이터 크로스 멤버 마운팅

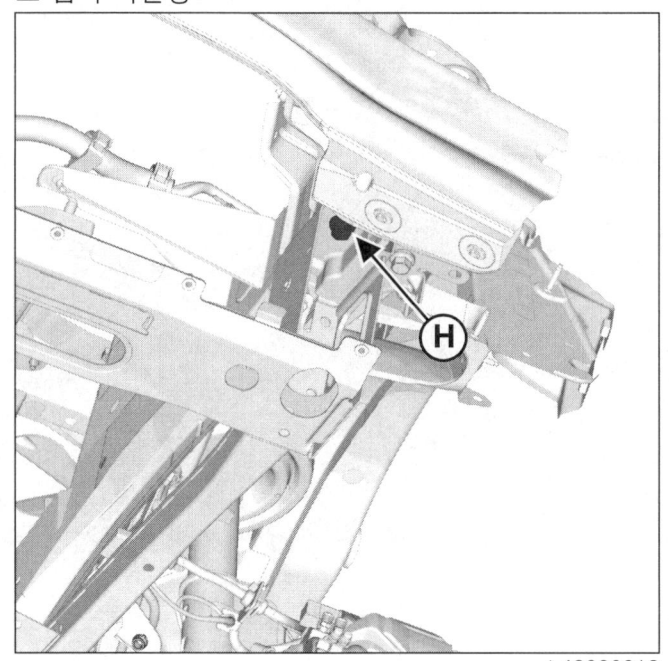

포인트 Nd, Ng

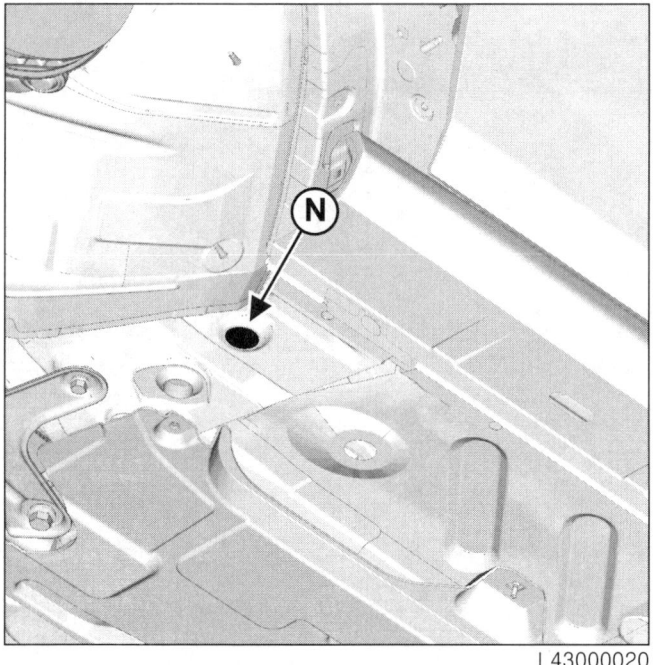

포인트 Gd, Gg 프론트 사이드 멤버 리어 가이드

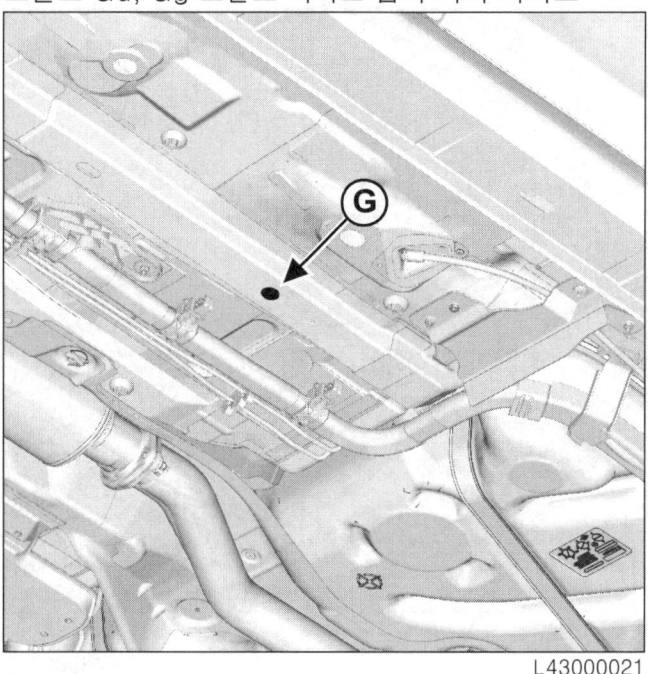

포인트 Bd, Bg 리어 액슬 가이드

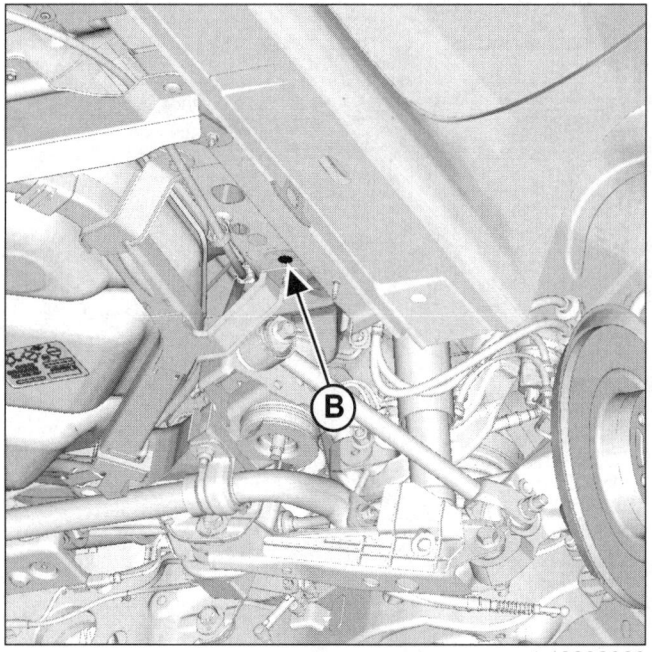

차량 파손 정도 판단
손상 차량 : 손상 부위 찾기

03B

L43

포인트 Jd, Jg 리어 사이드 멤버 리어 리더 핀

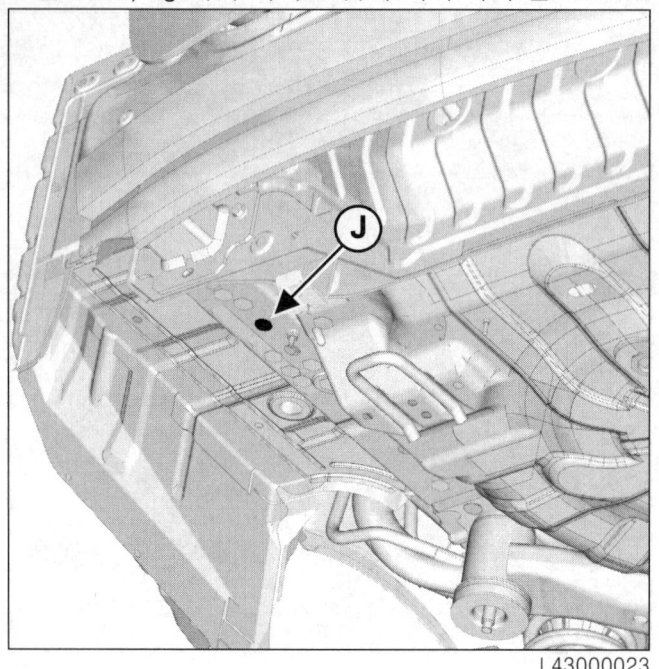

포인트 Jd, Jg 리어 사이드 멤버 리어 리더 핀

차량 파손 정도 판단
프론트 손상 차량 : 설명

03B

L43

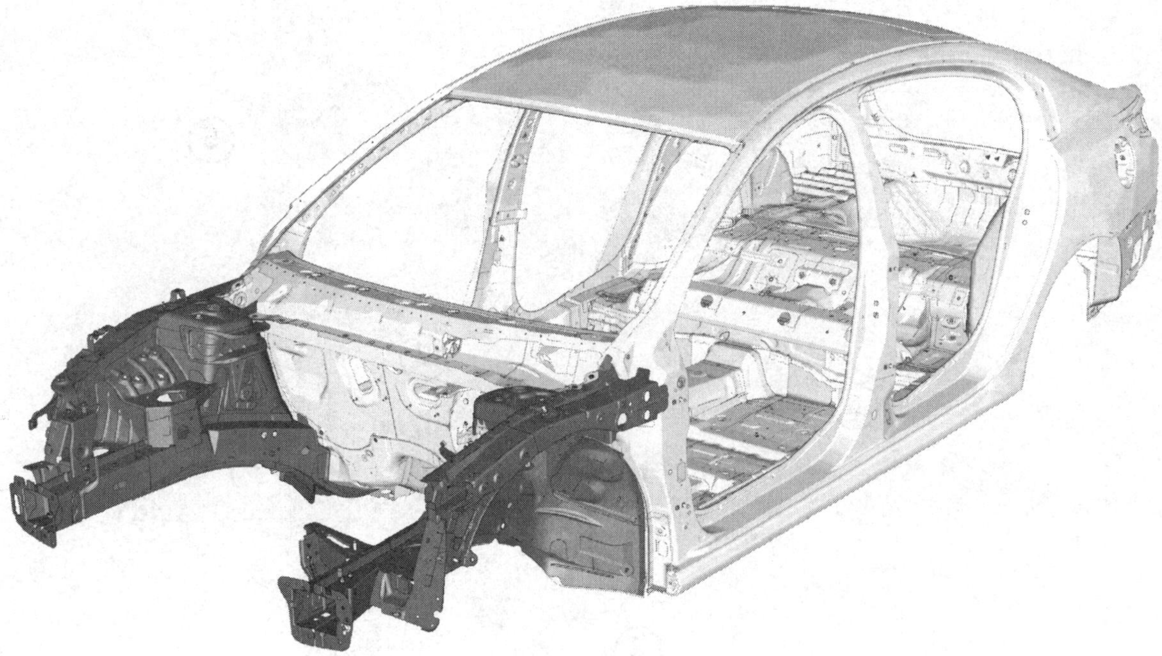

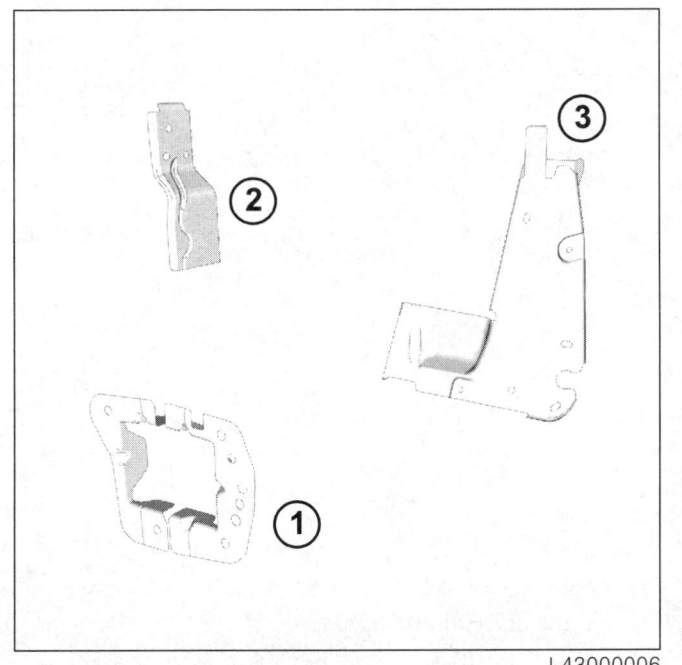

1 단계

- (1) 프론트 범퍼 리인포스먼트 마운팅 스티프너 ,
- (2) 프론트 패널 마운팅 브라켓 ,
- (3) 프론트 사이드 엔드 크로스 멤버 .

차량 파손 정도 판단
프론트 손상 차량 : 설명

03B

L43

2 단계

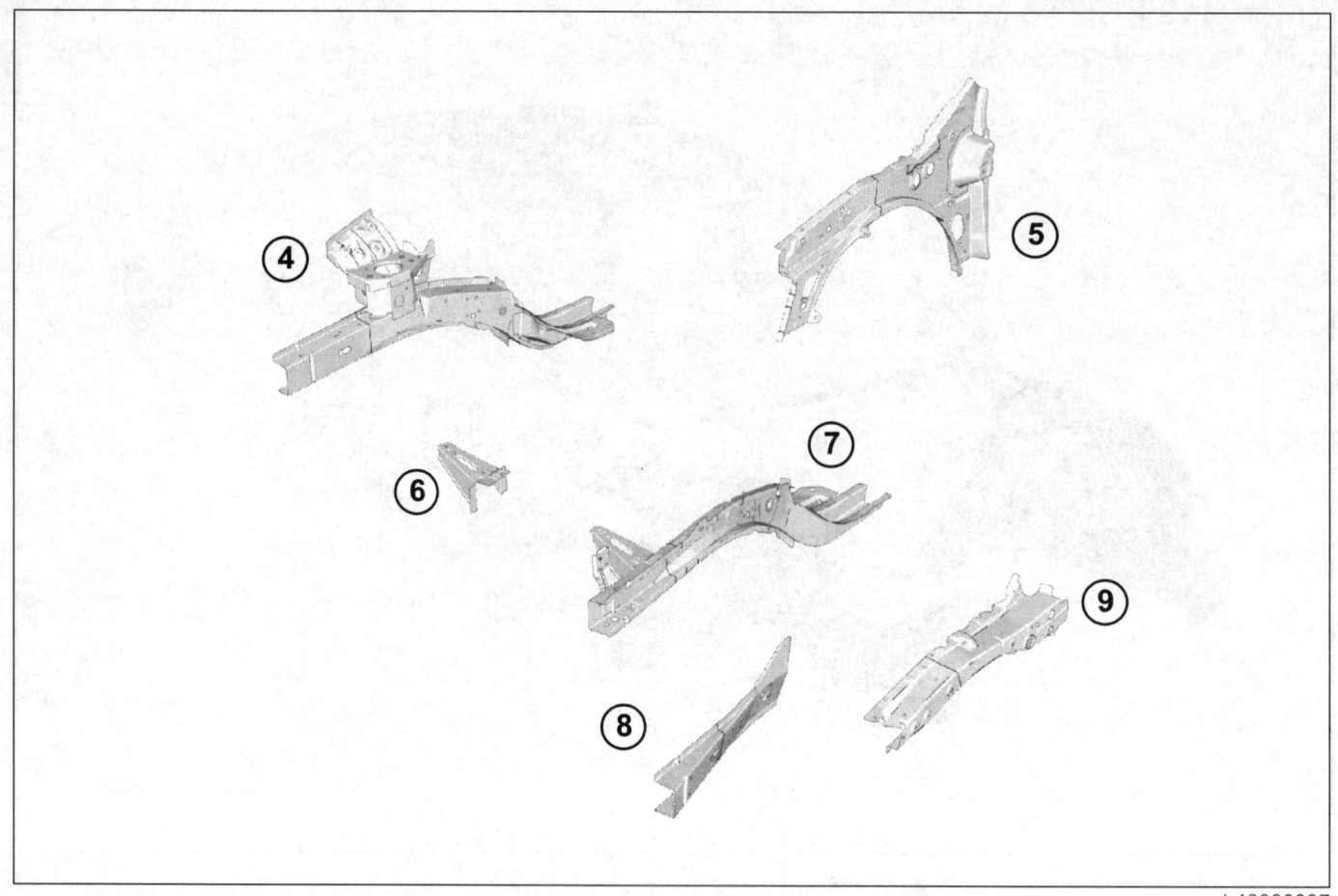

- (4) 프론트 우측 사이드 멤버의 프론트 섹션,
- (5) 대시 사이드 패널,
- (6) 배터리 트레이 브라켓,
- (7) 프론트 좌측 사이드 멤버의 프론트 섹션,
- (8) 프론트 사이드 멤버 크로져 패널의 프론트 섹션,
- (9) 대시 사이드 어퍼 스티프너.

차량 파손 정도 판단
프론트 손상 차량 : 설명

03B

L43

3 단계

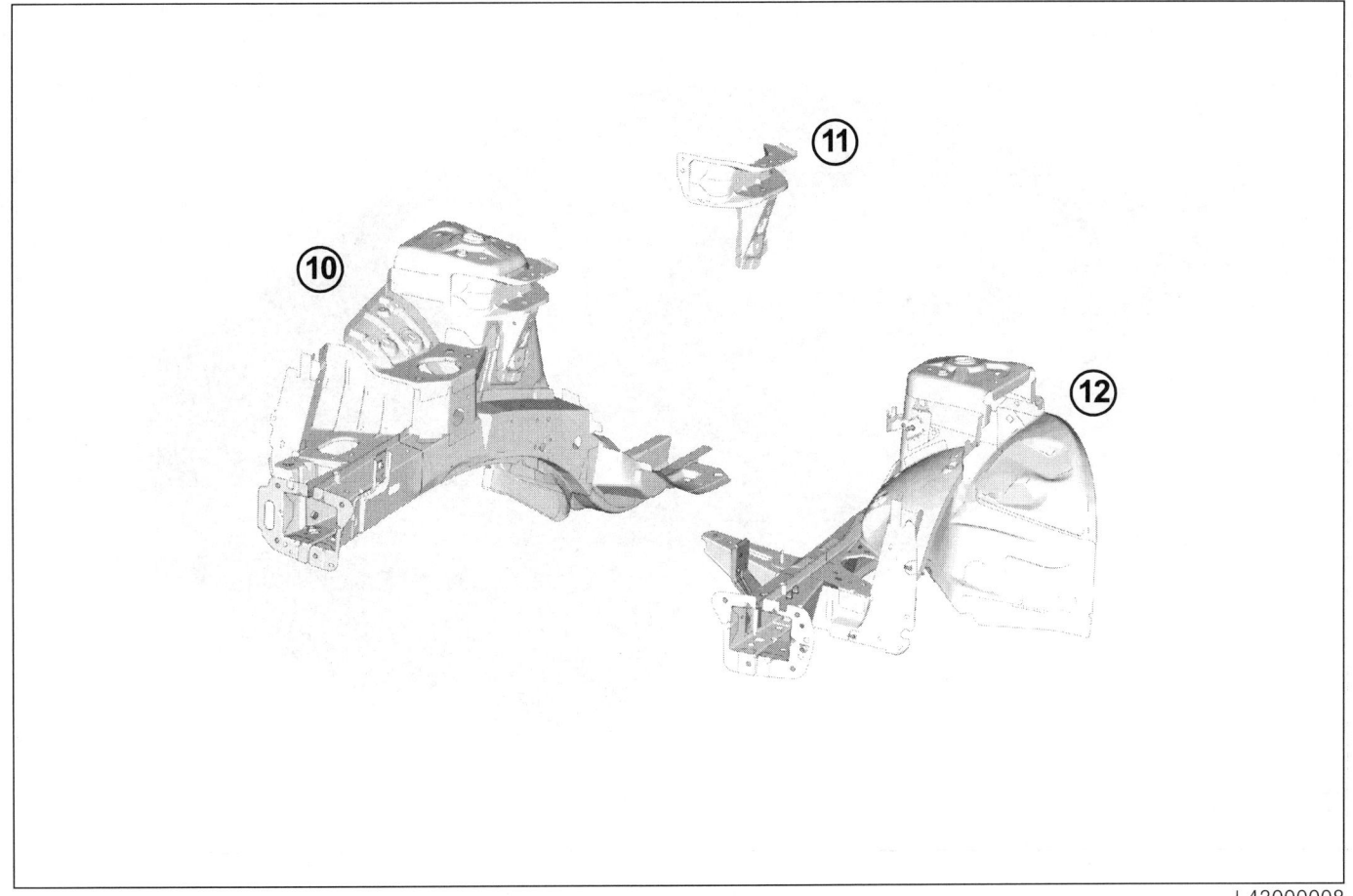

- (10) 프론트 우측 하프 유닛,
- (11) 어퍼 링키지 마운팅,
- (12) 프론트 좌측 하프 유닛.

차량 파손 정도 판단
리어 손상 차량 : 설명

03B

L43

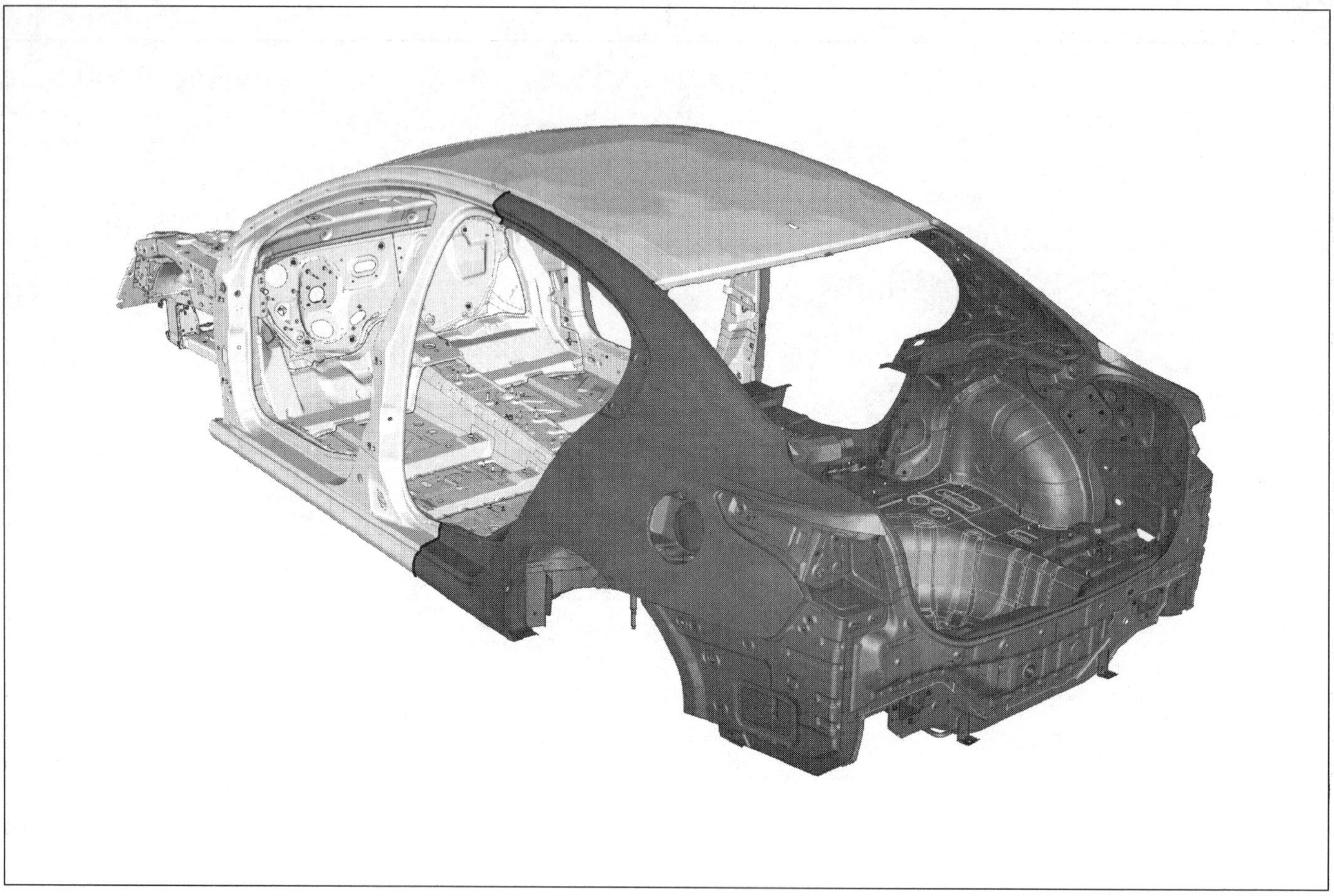

1 단계

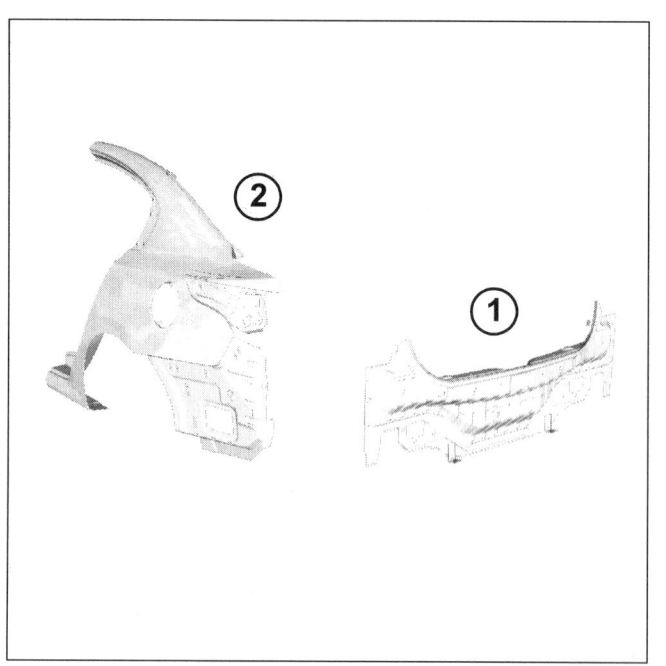

- (1) 리어 엔드 패널 ,
- (2) 리어 펜더 .

차량 파손 정도 판단
리어 손상 차량 : 설명

03B

L43

2 단계

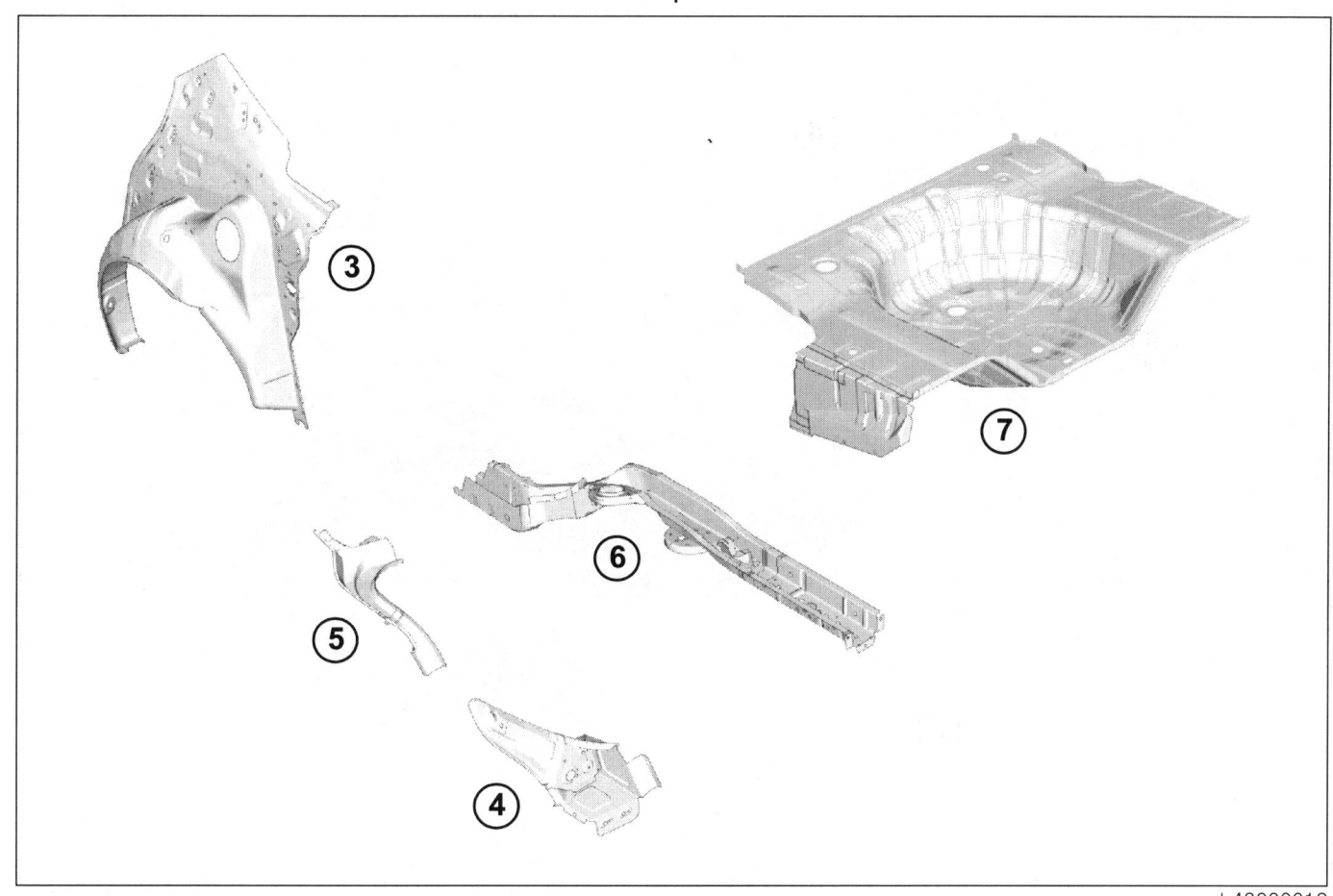

- (3) 리어 휠 아치 ,
- (4) 라이트 마운팅 라이닝 ,
- (5) 리어 사이드 드립 ,
- (6) 리어 사이드 멤버 ,
- (7) 리어 플로어 , 리어 섹션 .

차량 파손 정도 판단
리어 손상 차량 : 설명

03B

L43

3 단계

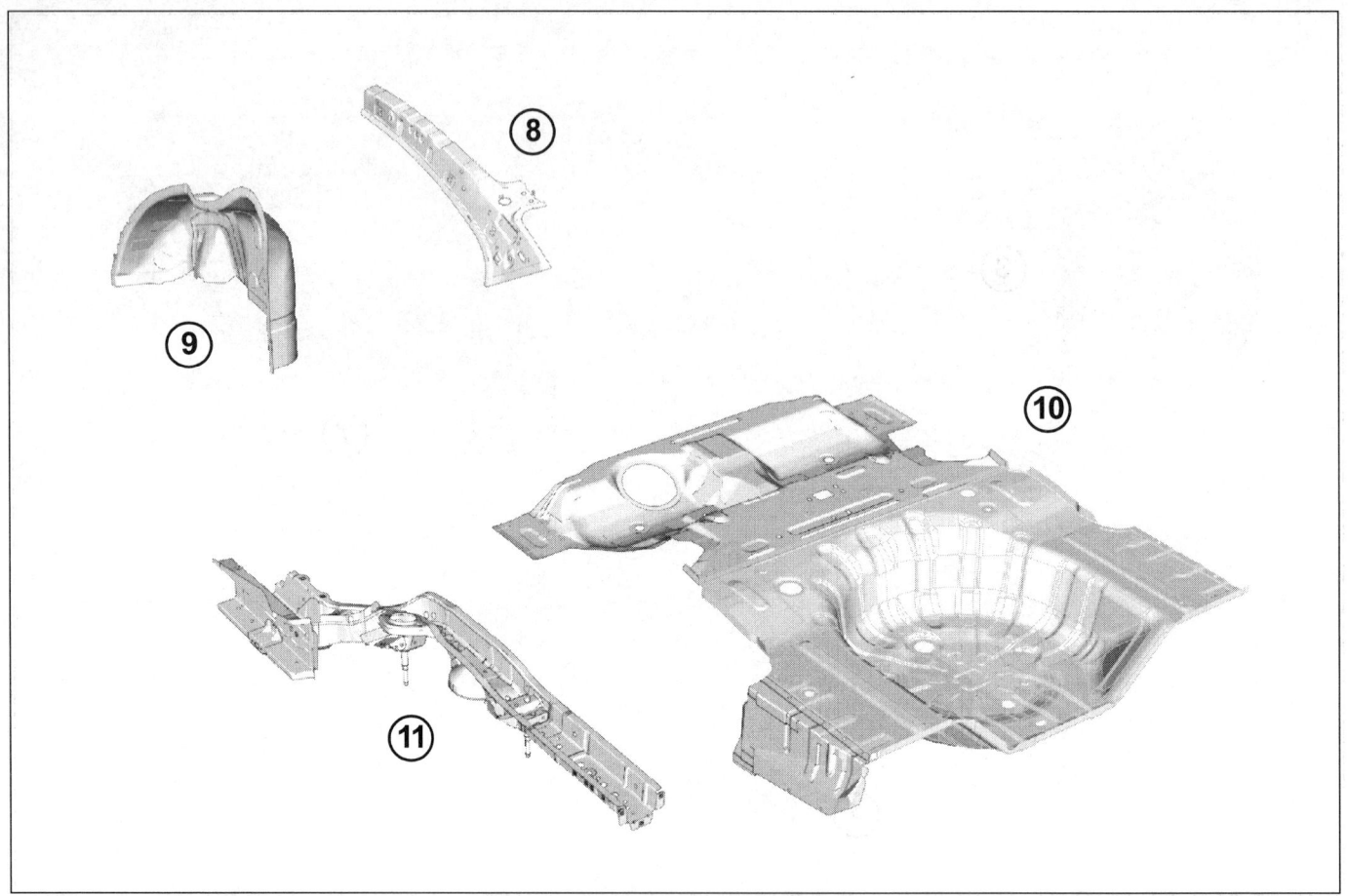

L43000013

- (8) 루프 드립 몰딩 라이닝 ,
- (9) 리어 휠 아치 ,
- (10) 리어 플로어 ,
- (11) 리어 사이드 멤버 어셈블리 .

차량 파손 정도 판단
사이드 손상 차량 : 설명

03B

L43

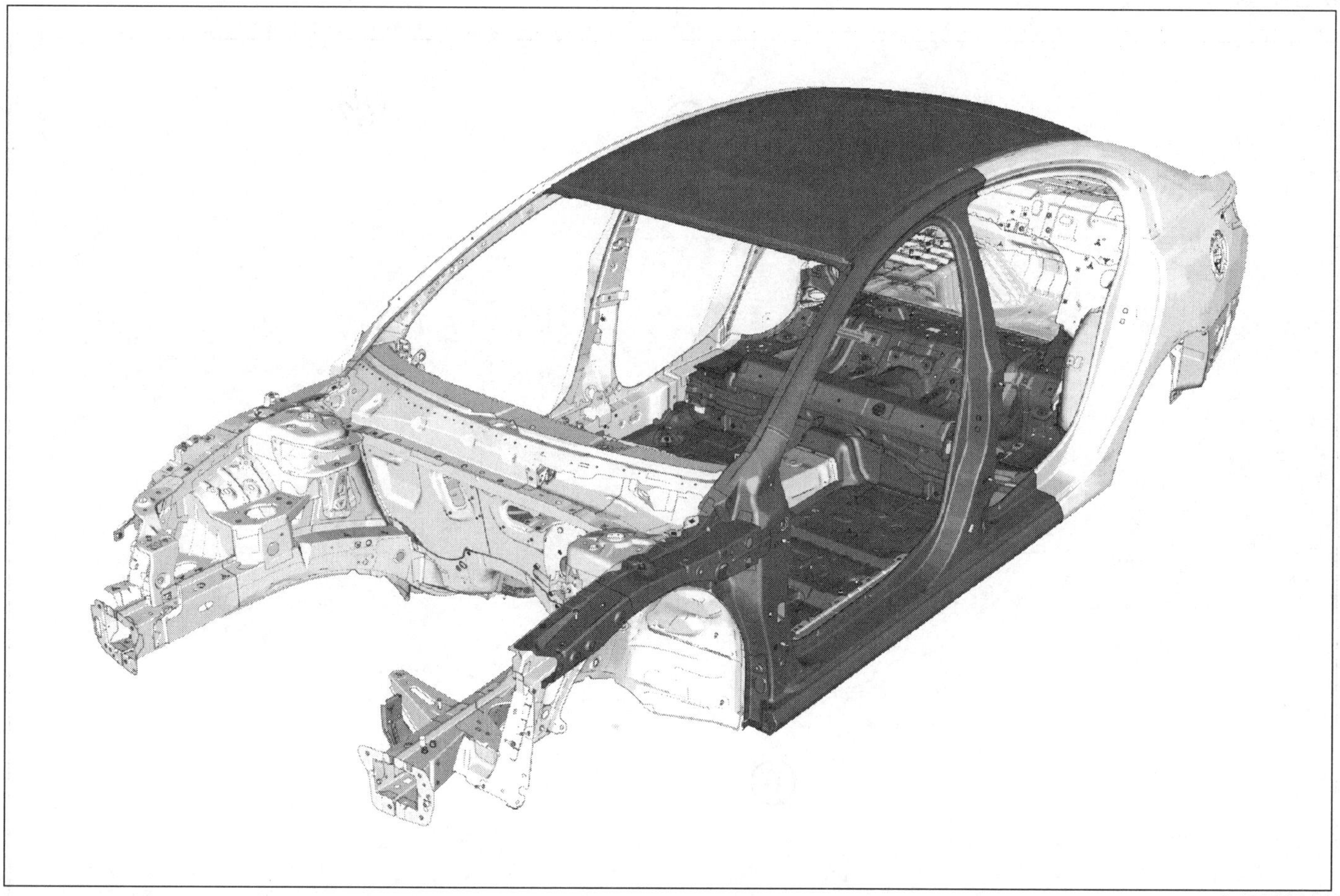

L43000014

1 단계

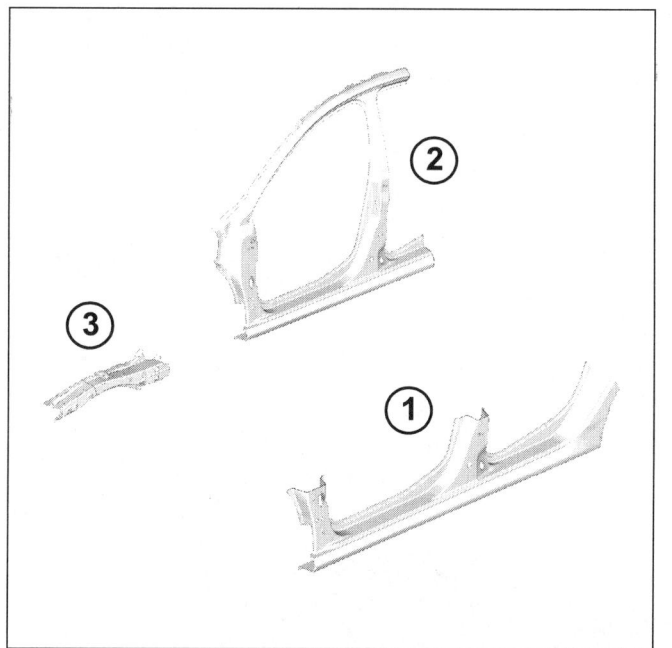

L43000015

- (1) 실 패널,
- (2) 바디 사이드 프론트 섹션,
- (3) 대시 사이드 어퍼 리인포스먼트.

차량 파손 정도 판단
사이드 손상 차량 : 설명

03B

L43

2 단계

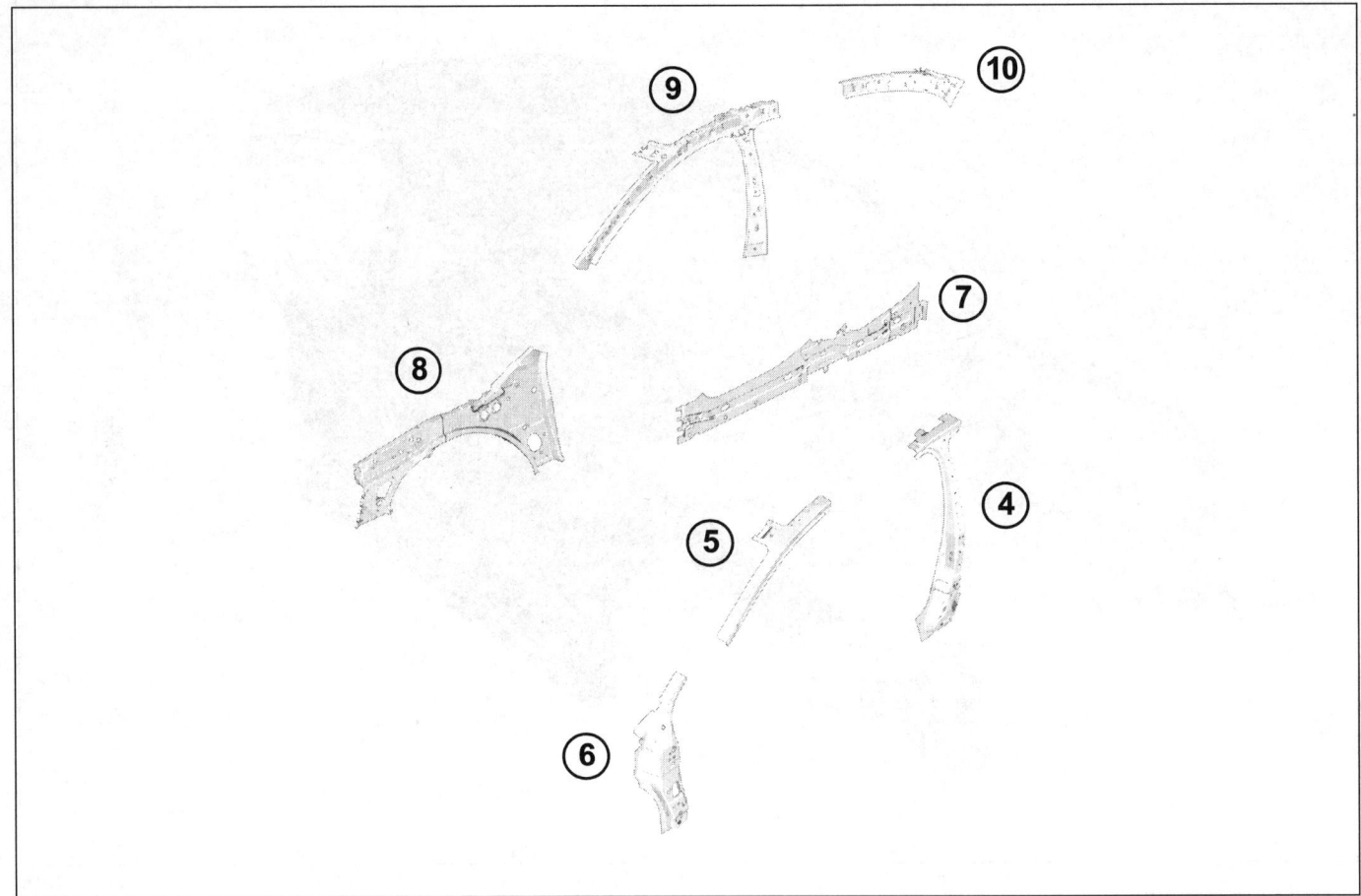

L43000017

- (4) B- 필러 리인포스먼트,
- (5) 프론트 이너 어퍼 필러,
- (6) 프론트 필러 리인포스먼트,
- (7) 실 패널 리인포스먼트,
- (8) 대시 사이드 패널,
- (9) 프론트 필러 가니쉬,
- (10) 리어 루프 드립 몰딩 라이닝.

차량 파손 정도 판단
사이드 손상 차량 : 설명

03B

L43

3 단계

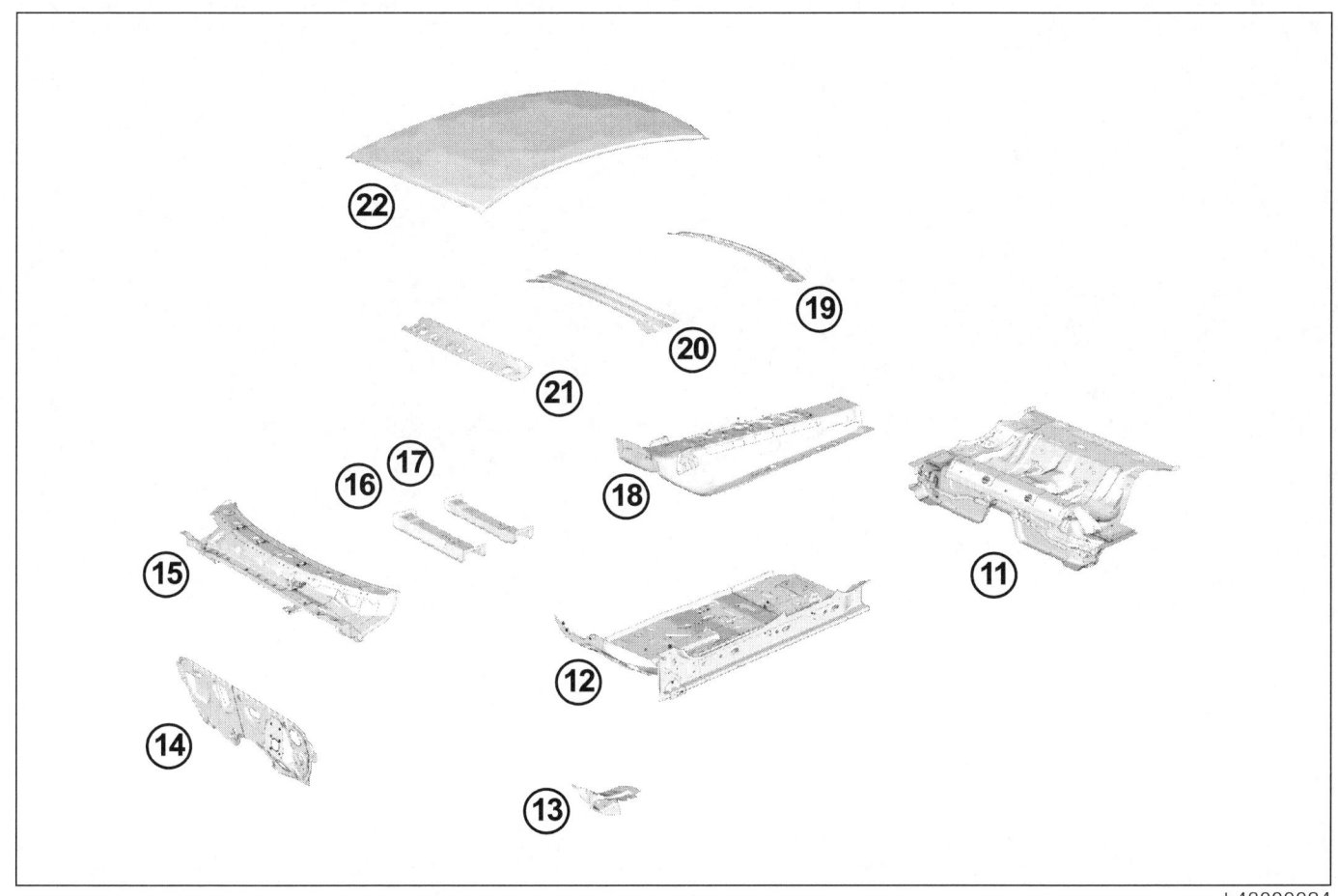

- (11) 리어 플로어 리어 섹션,
- (12) 센터 플로어 사이드 섹션,
- (13) 센터 플로어 프론트 사이드 크로스 멤버,
- (14) 대시보드 플레이트,
- (15) 윈드스크린 로어 크로스 멤버,
- (16) 프론트 시트 언더 프론트 크로스 멤버,
- (17) 프론트 시트 언더 리어 크로스 멤버,
- (18) 터널,
- (19) 루프 리어 크로스 멤버,
- (20) 루프 미들 크로스 멤버,
- (21) 루프 프론트 크로스 멤버,
- (22) 루프.

르노삼성자동차

4 판금작업

- **40A** 일반 사항
- **41A** 프론트 로어 스트럭쳐
- **41B** 센터 로어 스트럭쳐
- **41C** 사이드 로어 스트럭쳐
- **41D** 리어 로어 스트럭쳐
- **42A** 프론트 어퍼 스트럭쳐
- **43A** 사이드 어퍼 스트럭쳐
- **44A** 리어 어퍼 스트럭쳐
- **45A** 바디 어퍼 스트럭쳐
- **47A** 사이드 도어 패널
- **48A** 사이드 도어 이외 패널

L43

2010. 01

본 리페어 매뉴얼은 2010년 01월의 양산 차량을 기준으로 작성하였으며, 향후 차량의 설계 변경에 따라 실차와 다른 내용이 있을 수 있으므로, 양해를 구합니다.
주 : 설계 변경에 대한 정보는 www.rsmservice.com 을 참조하여 주시기 바랍니다.

이 문서의 모든 권리는 르노삼성자동차에 있습니다.

ⓒ 르노삼성자동차(주), 2010

L43-Section 4

목차

페이지

40A 일반 사항

지그 장착 : 작업 설명	40A-1
서브 프레임 : 제원	40A-3
방음재의 위치와 관련 설명	40A-8
접지 위치 : 일반 설명	40A-10
차량 앞 부분 스트럭쳐 : 일반 설명	40A-13
차량 옆 부분 스트럭쳐 : 일반 설명	40A-15
차량 중앙 부분 스트럭쳐 : 일반 설명	40A-17
차량 뒷 부분 스트럭쳐 : 일반 설명	40A-18
탈거 가능한 스트럭쳐 : 일반 설명	40A-19
지그 장착 시 스트럭쳐에 장착할 위치 : 일반 설명	40A-21

41A 프론트 로어 스트럭쳐

프론트 범퍼 리인포스먼트 : 교환	41A-1
프론트 패널 마운팅 브라켓 : 교환	41A-3
프론트 사이드 멤버 센터 섹션 : 교환	41A-4
프론트 사이드 멤버 리어 섹션 : 교환	41A-5
엔진 서포트 : 교환	41A-6
프론트 하프 유닛 : 교환	41A-7
프론트 범퍼 리인포스먼트 : 탈거 - 장착	41A-10

페이지

41B 센터 로어 스트럭쳐

센터 플로어 사이드 섹션 : 교환	41B-1
터널 : 교환	41B-5
센터 플로어 프론트 크로스 멤버 : 교환	41B-6
프론트 시트 언더 프론트 크로스 멤버 : 교환	41B-7
프론트 시트 언더 리어 크로스 멤버 : 교환	41B-9

41C 사이드 로어 스트럭쳐

사이드 실 패널 : 교환	41C-1
이너 실 리어 섹션 : 교환	41C-10
사이드 실 패널 리인포스먼트 : 교환	41C-12

41D 리어 로어 스트럭쳐

리어 플로어 리어 섹션 : 교환	41D-1
리어 사이드 멤버 어셈블리 : 교환	41D-4
리어 사이드 멤버 : 교환	41D-6
리어 서브 프레임 어셈블리 : 교환	41D-8
리어 범퍼 리인포스먼트 : 탈거 - 장착	41D-10

42A 프론트 어퍼 스트럭쳐

프론트 펜더 : 탈거 - 장착	42A-1
대시 사이드 : 교환	42A-3

목차

페이지   페이지

42A 프론트 어퍼 스트럭쳐

대시 사이드 어퍼 리인포스먼트 : 교환	42A-6
프론트 스트러트 하우징 : 교환	42A-7
프론트 휠 아치 프론트 섹션 : 교환	42A-9
윈드스크린 로어 크로스 멤버 : 교환	42A-11
대시보드 플레이트 : 교환	42A-12
프론트 펜더 : 조정	42A-14
어퍼 프론트 엔드 크로스 멤버 : 탈거 - 장착	42A-17
카핏 크로스 멤버 : 탈거 - 장착	42A-18

43A 사이드 어퍼 스트럭쳐

프론트 필러 리인포스먼트 : 교환	43A-1
프론트 필러 가니쉬 : 교환	43A-2
센터 필러 리인포스먼트 : 교환	43A-3
센터 필러 가니쉬 : 교환	43A-5
바디 사이드 프론트 섹션 : 교환	43A-6
루프 드립 몰딩 라이닝 : 교환	43A-13

44A 리어 어퍼 스트럭쳐

리어 펜더 : 교환	44A-1
리어 사이드 드립 : 교환	44A-6
리어 램프 사이드 서포트 : 교환	44A-8
이너 리어 휠 아치 : 교환	44A-9
쿼터 패널 이너 패널 : 교환	44A-11
리어 파셜 셸프 : 교환	44A-13
리어 파셜 셸프 사이드 섹션 : 교환	44A-14

44A 리어 어퍼 스트럭쳐

리어 에이프런 패널 어셈블리 : 교환	44A-15
리어 엔드 패널 : 교환	44A-17
백라이트 로어 크로스 멤버 : 교환	44A-18

45A 바디 어퍼 스트럭쳐

루프 : 교환	45A-1
루프의 앞 부분 : 교환	45A-3
루프의 뒷 부분 : 교환	45A-4
루프 프론트 크로스 멤버 : 교환	45A-5
루프 센터 크로스 멤버 : 교환	45A-7
루프 패널 아치 : 교환	45A-9
루프 리어 크로스 멤버 : 교환	45A-10

47A 사이드 도어 패널

프론트 사이드 도어 : 탈거 - 장착	47A-1
프론트 사이드 도어 : 분해 - 재조립	47A-4
프론트 사이드 도어 : 조정	47A-6
리어 사이드 도어 : 탈거 - 장착	47A-9
리어 사이드 도어 : 분해 - 재조립	47A-11
리어 사이드 도어 : 조정	47A-13
연료 주입구 플랩 : 탈거 - 장착	47A-15

48A 사이드 도어 이외 패널

후드 : 탈거 - 장착	48A-1
후드 : 조정	48A-3
트렁크 리드 : 탈거 - 장착	48A-5

목차

페이지

| 48A | 사이드 도어 이외 패널 |

    트렁크 리드 : 분해 – 재조립   48A-7

    트렁크 리드 : 조정   48A-8

일반 사항
지그 장착 : 작업 설명

40A

L43

I - 장비 세팅 전 기본 참조 위치

1 - 프론트 메커니컬 구성품 장착 상태

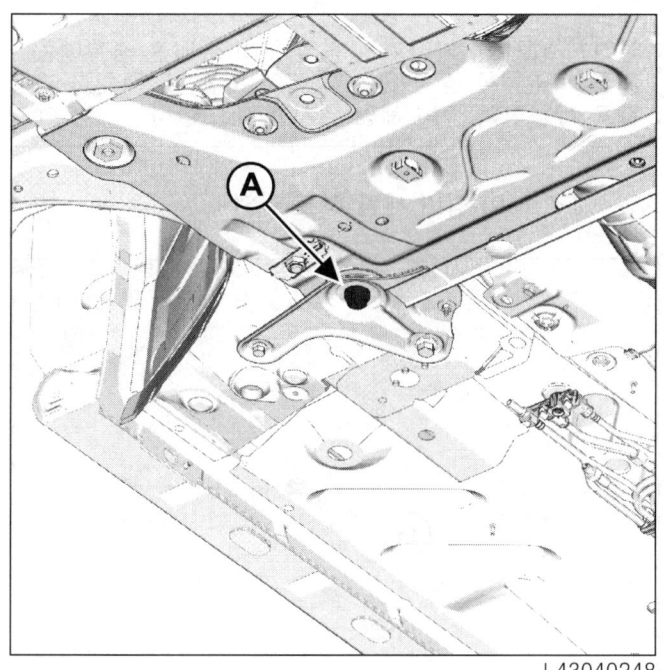

지그가 프론트 서브프레임의 리어 볼트 (A) 를 덮도록 한다.

후면 충격 또는 가벼운 정면 충격이 가해진 경우 메커니컬 구성품을 탈거하지 않고 이와 같이 처리한다.

2 - 프론트 메커니컬 구성품 탈거 상태

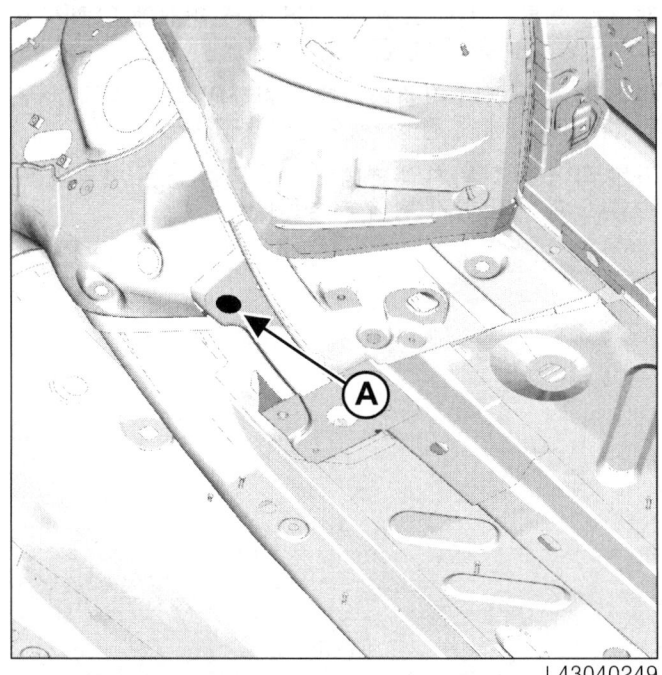

지그는 서브프레임 마운팅 유닛 아래에 위치시키고, 나사 구멍 (A) 을 통해 센터를 맞춘다.

다음 두 경우가 발생할 수 있다.

- 차량 뒤쪽을 재조립하려는 경우 이 두 위치만 사용하여 차량 앞쪽을 정렬하고 지지할 수 있다,
- 프론트에 가벼운 충격을 받았을 경우, 프론트 액슬 서브프레임을 탈거하지 않아도 된다.

참고:

두 위치 중 하나가 변형될 우려가 있는 경우에는 충격의 영향을 받지 않는 영역에 있는 두 위치를 추가로 사용하여 장비 장착 위치를 확보한다.

II - 보조 프론트 장비 세팅 참조 위치

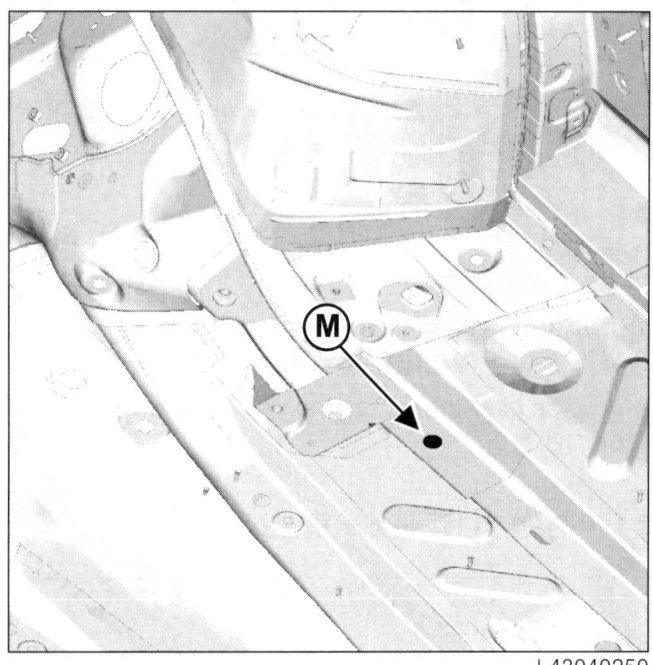

지그는 프론트 사이드 멤버 아래와 센터 섹션 아래에 위치시키고, 홀 (M) 을 통해 센터를 맞춘다.

프론트 서브프레임 리어 마운팅 유닛을 교환해야 할 정도의 정면 충격이 가해진 경우 이와 같이 처리한다.

일반 사항
지그 장착 : 작업 설명

40A

L43

III - 기본 리어 장비 세팅 참조 위치

1 - 리어 메커니컬 구성품 장착 상태

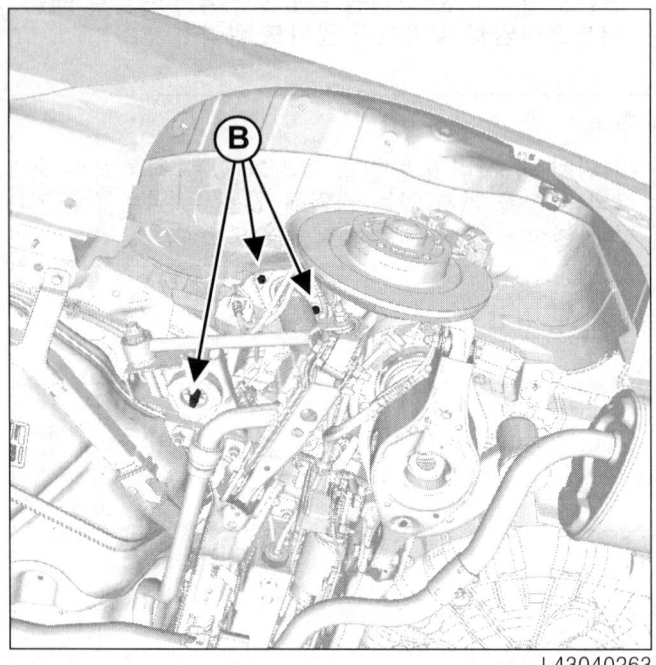

지그는 리어 액슬 포크 아래에 위치시키고 리어 액슬 어셈블리 파일럿 구멍 (B) 을 통해 센터를 맞춘다.

정면 충격 또는 가벼운 후면 충격이 가해진 경우 위와 같이 처리한다.

2 - 리어 메커니컬 구성품 탈거 상태

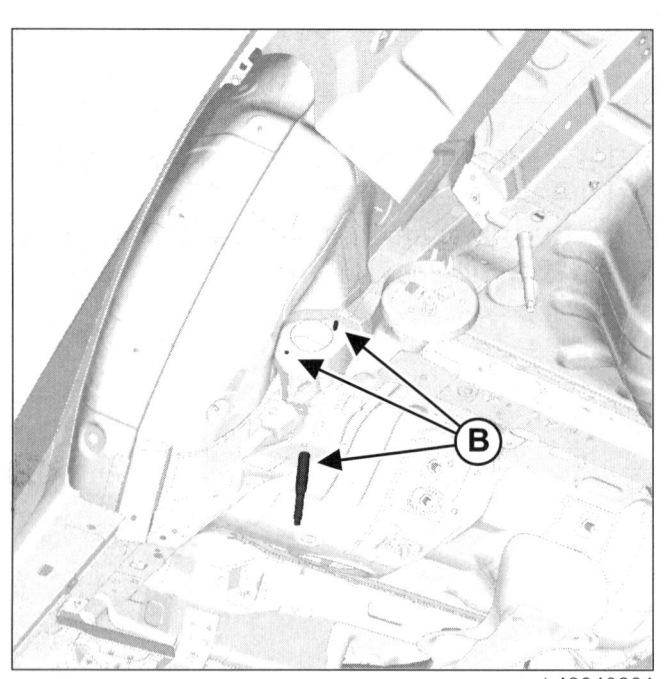

지그는 리어 액슬 어셈블리 마운팅 유닛을 지지하며 파일럿 구멍 (B) 을 통해 센터를 맞춘다.

메커니컬 구성품을 탈거하지 않고 후면 충격이 가해진 경우 이와 같이 처리한다.

> 참고 :
> 이러한 위치 중 하나가 변형될 우려가 있는 경우에는 충격의 영향을 받지 않는 영역에 있는 두 위치를 추가로 사용하여 장비 세팅 위치를 확보한다.

IV - 보조 리어 장비 세팅 참조 위치

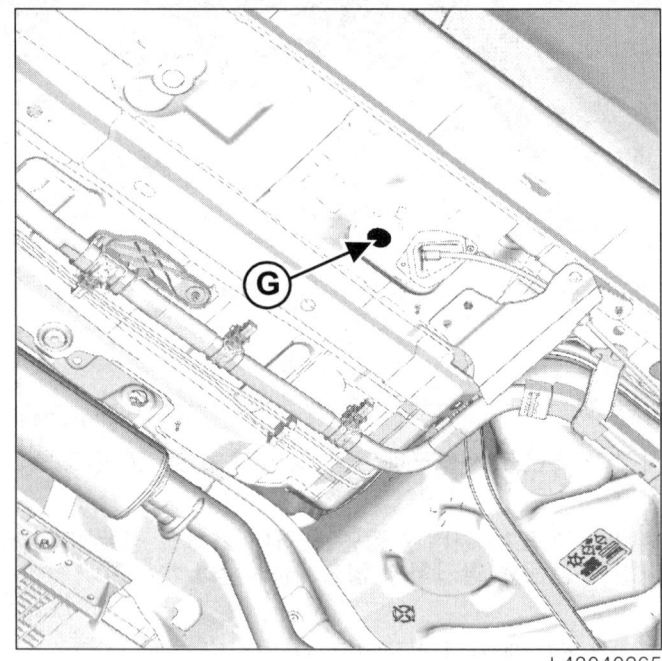

지그는 프론트 사이드 멤버 리어 섹션 아래에 위치시키고, 구멍 (G) 을 통해 장착한다.

리어 사이드 멤버 어셈블리를 교환해야 하는 상당한 후면 충격이 가해진 경우 이와 같이 처리한다.

기본 리어 참조 위치의 변형이 우려되는 경우 차량의 파손 정도를 판단하기 위해 사용된다.

일반 사항
서브 프레임 : 제원

L43

	설명	X(mm)	Y(mm)	Z(mm)	직경 (mm)	각도
(Ag)	프론트 좌측 서브프레임 리어 마운팅 (메커니컬 구성품 탈거)	384.5	-337	61.2	φ 26.8 / M 14	
(Ad)	프론트 우측 서브프레임 리어 마운팅 (메커니컬 구성품 탈거)	384.5	337	61.2	φ 26.8 / M 14	
(A)	프론트 서브프레임 리어 마운팅 (메커니컬 구성품 장착)	384.5	-337	-15.3	볼트 H 21	
(B1)	리어 액슬 가이드	2523	-510	150	φ 20	
(B2)	리어 액슬 어셈블리 리어 마운팅	3092	-466	225	φ 20	
(C)	프론트 서브프레임 프론트 마운팅 (홀)	92.5	-426	243	φ 18.5	4°
(C1)	프론트 서브프레임 프론트 마운팅 (핀)	65.5	-417	247	φ 8	4°
(C2)	프론트 서브프레임 프론트 마운팅 (핀)	117	-410.5	247	φ 8	4°
(E1)	리어 쇽업소버 프론트 어퍼 마운팅	2577.8	-592	308	φ 8	
(E2)	리어 쇽업소버 리어 어퍼 마운팅	2685.9	-552	320.6	φ 8	
(F)	프론트 쇽업소버 어퍼 마운팅	52.4	-589.8	688	φ 47	
(F1)	프론트 쇽업소버 어퍼 스토퍼	-2.9	-535.2	677	10.2x20.2	
(F2)	프론트 쇽업소버 어퍼 스토퍼	51.7	-668.0	680.6	10.2x20.2	
(F3)	프론트 쇽업소버 어퍼 스토퍼	104.3	-534.9	666.8	10.2x20.2	
(G)	프론트 사이드 멤버 리어 리더 핀	1650	-443.5	-22	φ 20.5	
(Hg)	프론트 사이드 멤버 좌측 리어 리더 핀	-620	-498	260	20x20	
(Hd)	프론트 사이드 멤버 우측 리어 리더 핀	-616.8	-502.1	364.2	20x20	
(K)	패널 마운팅 파일럿	-638.8	-564	263.6	φ 14.5xM10	
(K1)	사이드 멤버측 패널 마운팅	-603	432.3	432	M8	
(K1d)	프론트 범퍼 리인포스먼트 좌측 아웃터 마운팅	-552.2	-620.7	370.2	M10	90°
(K2d)	프론트 크로스 멤버 마운팅	-700	-518	238	M10	90°
(K1g)	프론트 크로스 멤버 마운팅	-592.2	620.7	370.2	M10	90°
(K2g)	프론트 크로스 멤버 마운팅	-700	518	238	M10	90°
(M)	센터 플로어 아래의 리더 핀	640	443.5	-23.4	φ 20.5	

일반 사항
서브 프레임 : 제원

40A

L43

	설명	X(mm)	Y(mm)	Z(mm)	직경 (mm)	각도
(L1g)	리어 엔드 크로스 멤버 마운팅	3642	−539	268	M8	90°
(L1d)	리어 엔드 크로스 멤버 마운팅	3642	539	268	M8	90°
(L2g)	리어 엔드 크로스 멤버 마운팅	3642	−417.4	268	M8	90°
(L2d)	리어 엔드 크로스 멤버 마운팅	3642	417.4	268	M8	90°
(P1)	엔진 마운팅	−283	519	502	M10	
(P2)	엔진 마운팅	−115	497	502	M10	
(Q1)	변속기 마운팅	−296.7	−465.5	314.7	M12	4°
(Q2)	변속기 마운팅	−114.8	−453	320	M12	4°
(R)	보조 마운팅 (타이로드)	35	453	583	ϕ 14.5xM12	

일반 사항
서브 프레임 : 제원

40A

L43

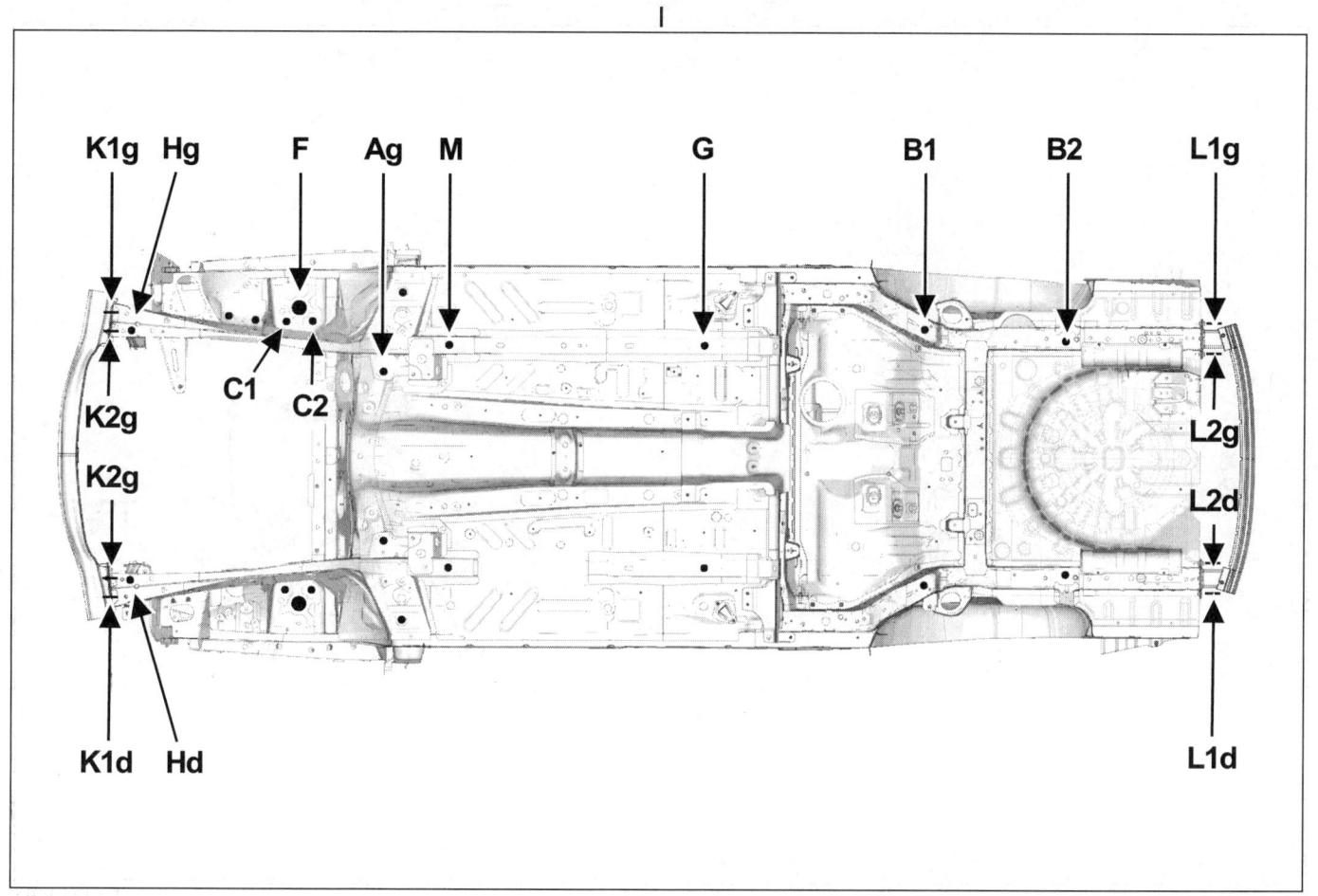

일반 사항
서브 프레임 : 제원

40A

L43

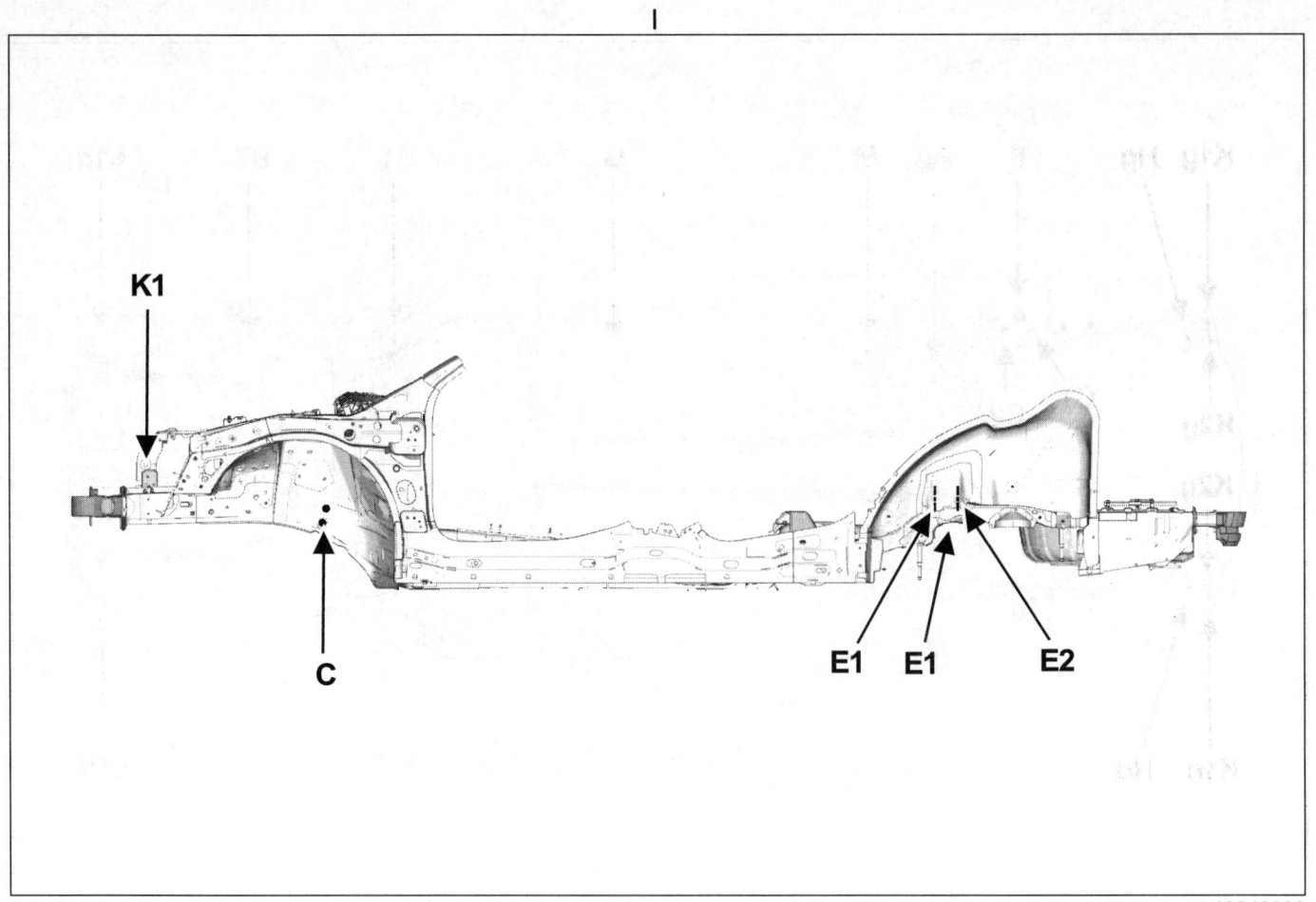

일반 사항
서브 프레임 : 제원

40A

L43

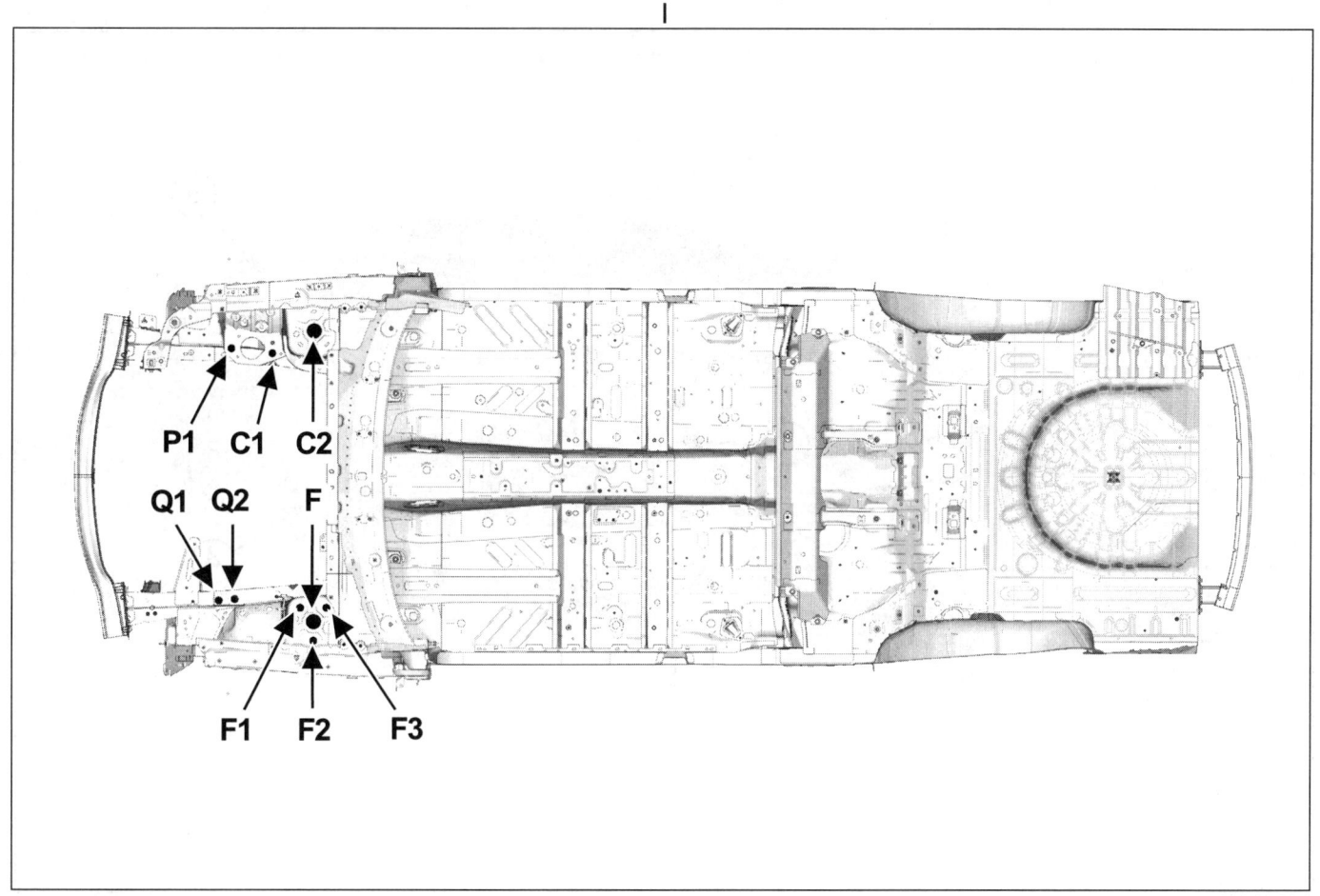

L43040094

일반 사항
방음재의 위치와 관련 설명

40A

L43

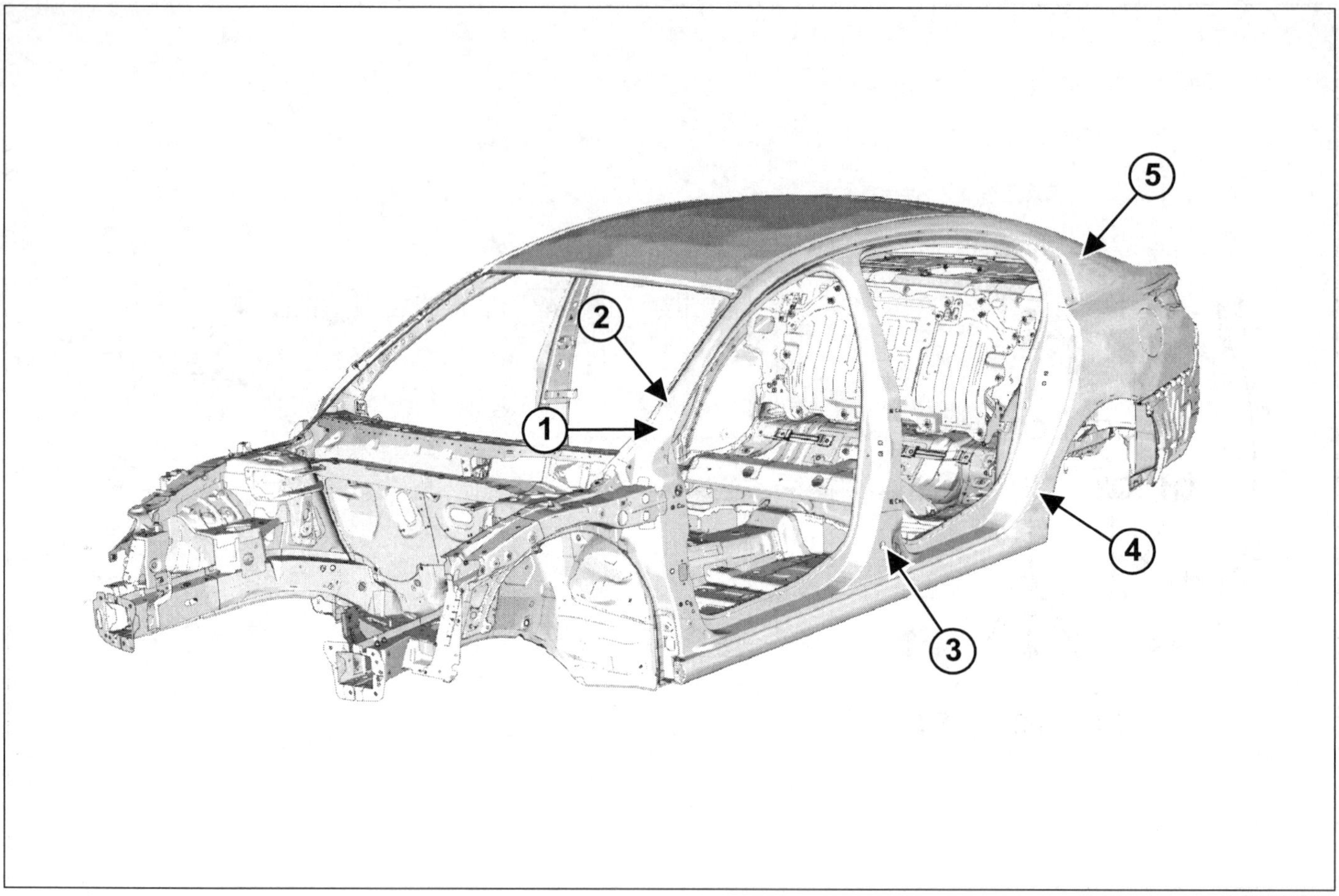

L43040060

* RH: LH 와 위치 동일

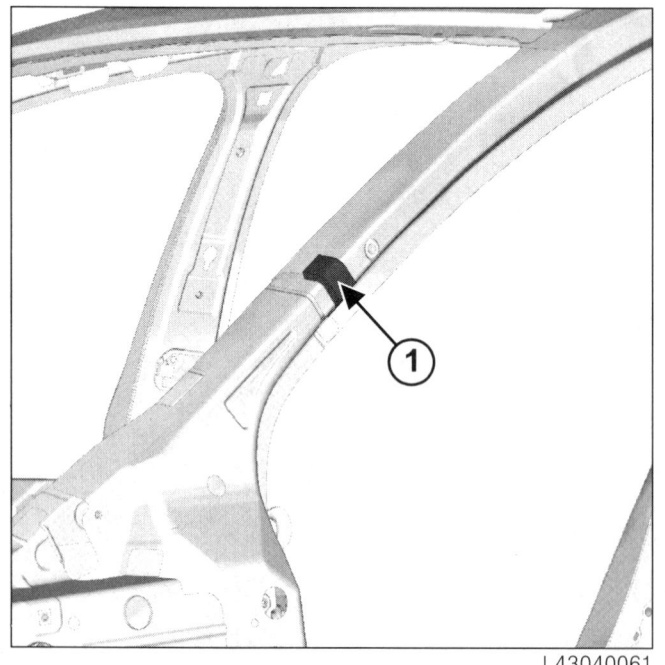

L43040061

프론트 필러 인서트 (1).

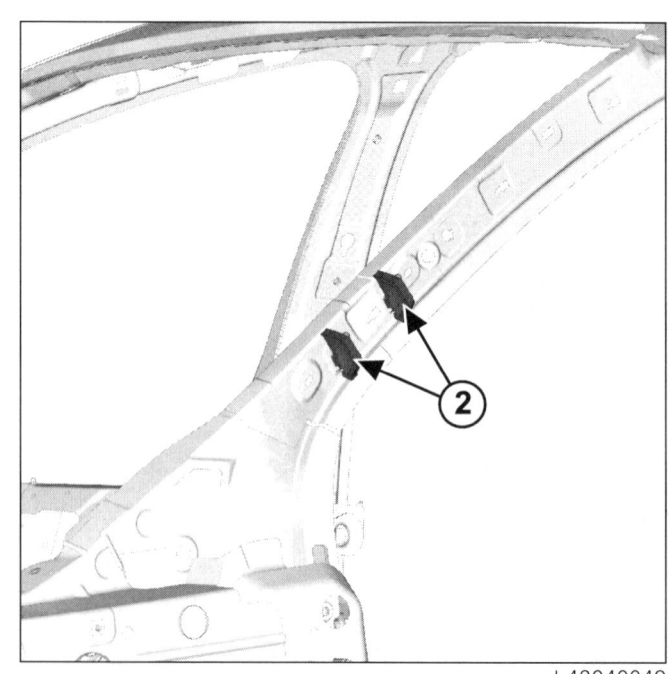

L43040049

프론트 이너 어퍼 필러 인서트 (2).

일반 사항
방음재의 위치와 관련 설명

40A

L43

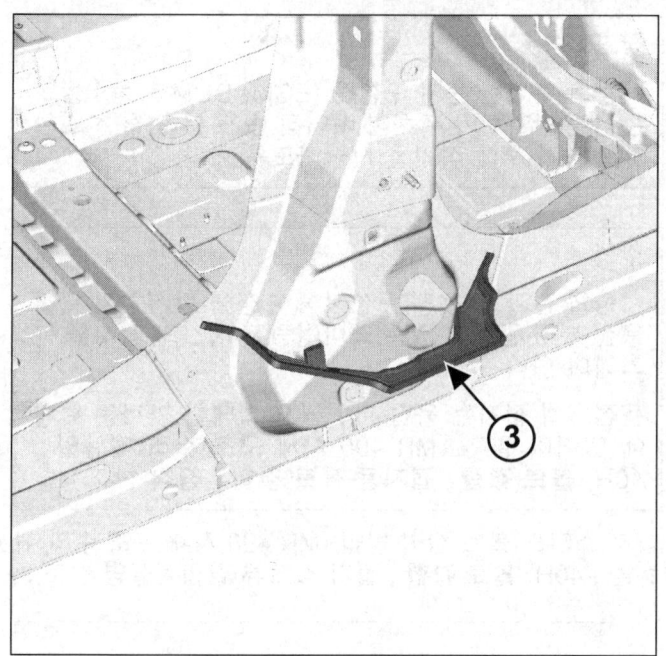

센터 필러 인서트 (3).

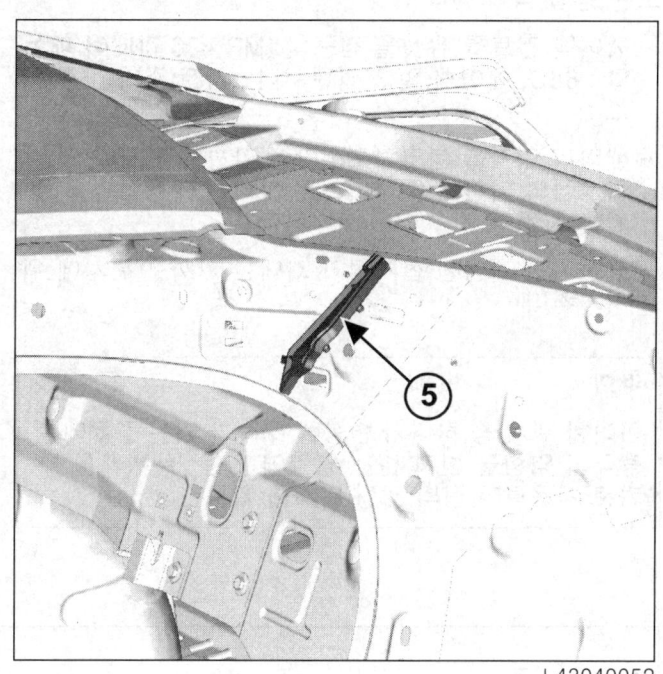

리어 펜더 인서트 (5).

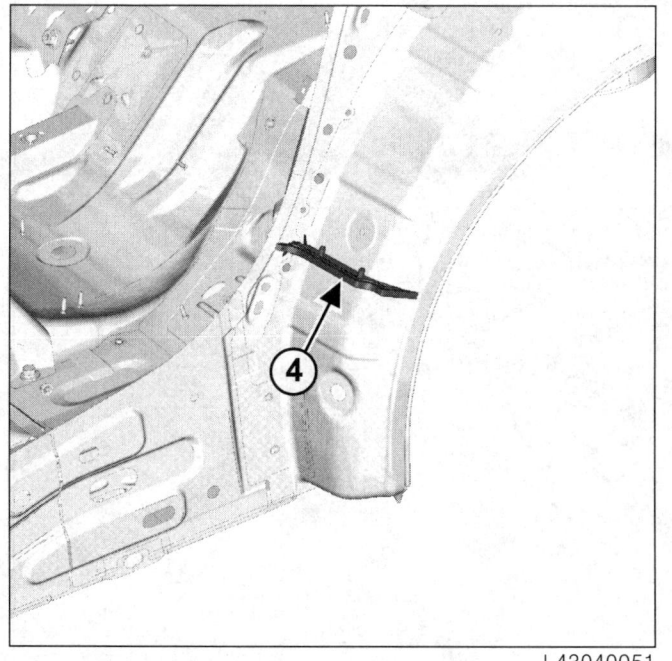

리어 휠 아치 인서트 (4).

일반 사항
접지 위치 : 일반 설명

40A

L43

모든 용접 작업 전에 :

- 에어백 컨트롤 유닛을 잠근다 (MR 436 리페어 매뉴얼, 88C, 에어백 및 프리텐셔너, 사전 주의 사항 참조),
- 배터리 단자를 분리하고, 가장 가까운 위치에 있는 접지점의 와이어링 하니스는 분리하고 용접기를 접지를 시킨다,
- 용접기는 가능한 접지점과 최대한 가까운 위치에 위치시킨다.

주의

이러한 위치 중 하나가 변형될 우려가 있는 경우에는 충격의 영향을 받지 않는 영역에 있는 두 위치를 추가로 사용하여 장비 세팅 위치를 확보한다.

참고 :

차량의 주요한 전자 구성품 (ECM, BCM 등등) 들의 손상을 방지하기 위하여 배터리 단자 분리 후 최소한 3 분 경과 후에 작업을 시작하도록 한다.

주의

차량의 전기 및 전자 구성부품 손상을 방지하기 위해 용접 부위 근처에 있는 와이어링 하네스의 접지를 분리해야 한다.

용접기의 접지는 용접 부위에서 최대한 가까운 위치에 있어야 한다 (MR 400 차체 구조 수리 매뉴얼, 40H, 볼트 결합, 접지용 볼트 결합 : 장착 참조).

접지 스터드 볼트 장착 방법 (MR 400 차체 구조 수리 매뉴얼, 40H, 볼트 결합, 접지 스크류 결합 : 설명 참조).

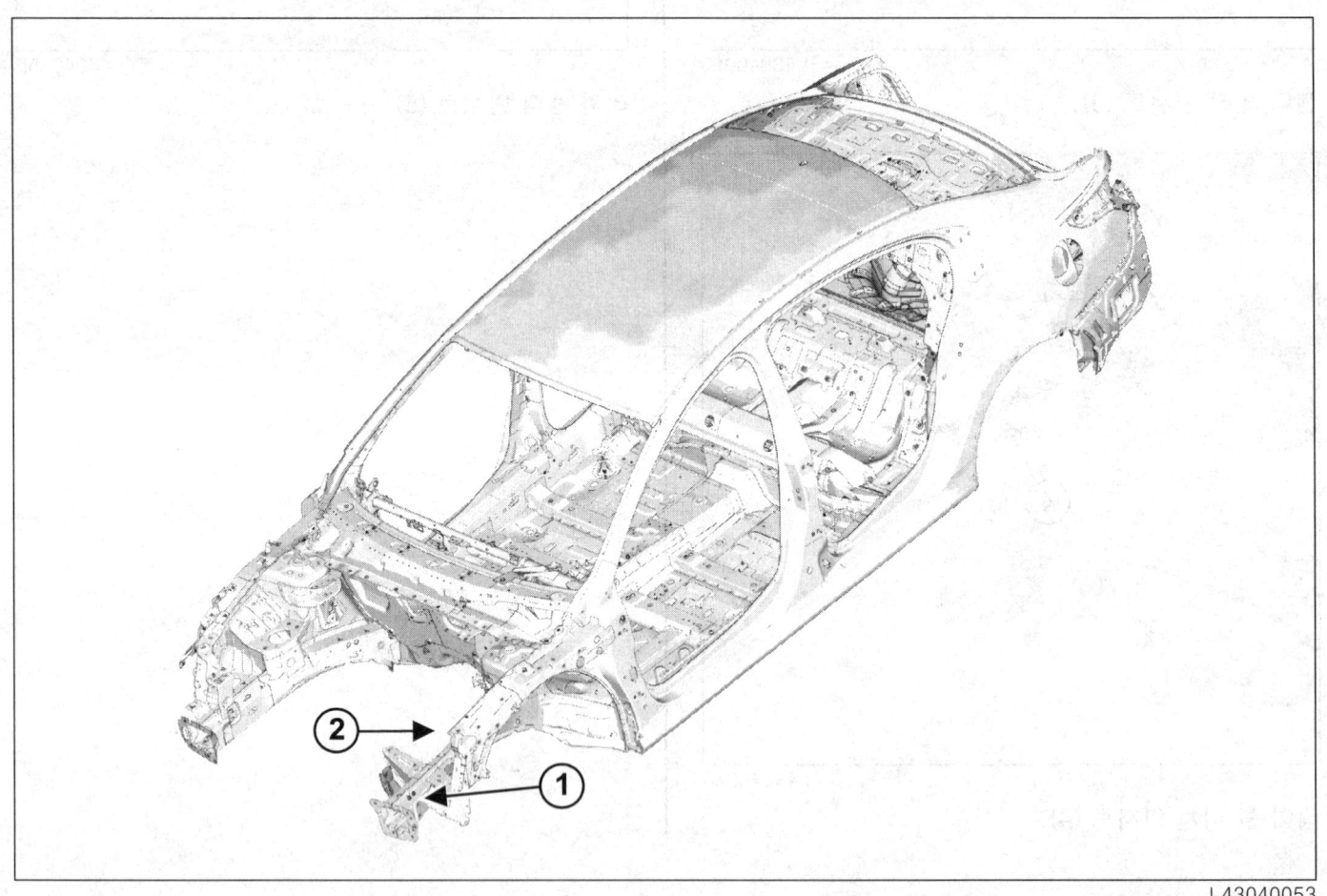

L43040053

L43

I

L43040054

차량의 접지 위치 세부도

L43040055

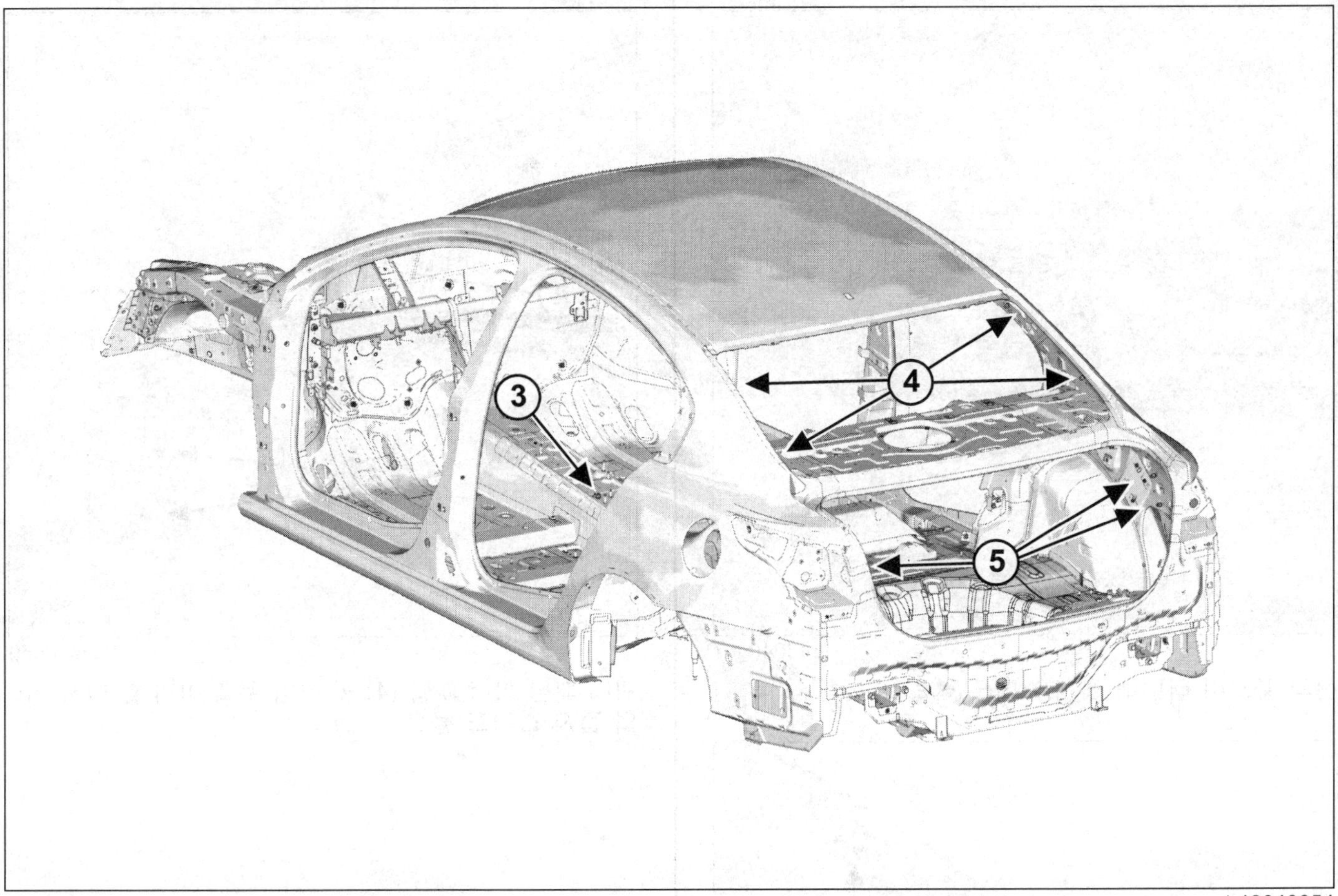

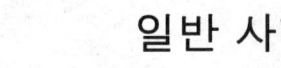

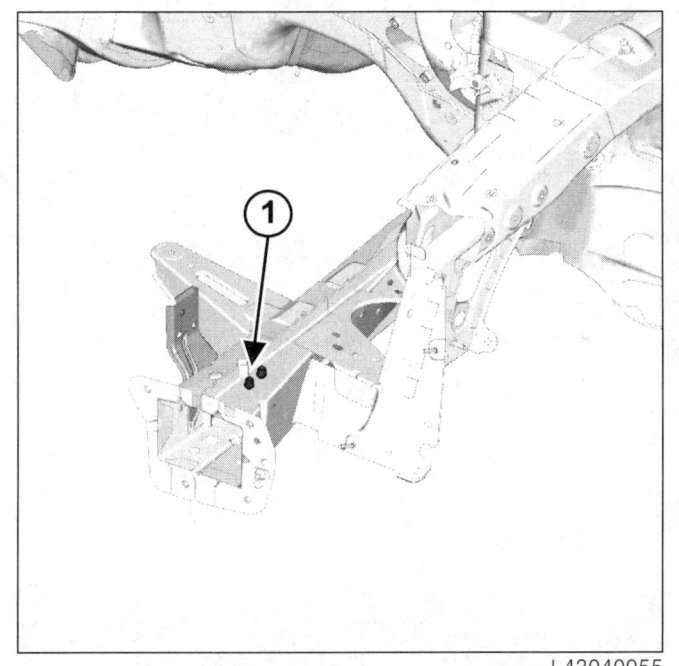

프론트 좌측 사이드 멤버의 접지 스터드 볼트 (1).

L43040056

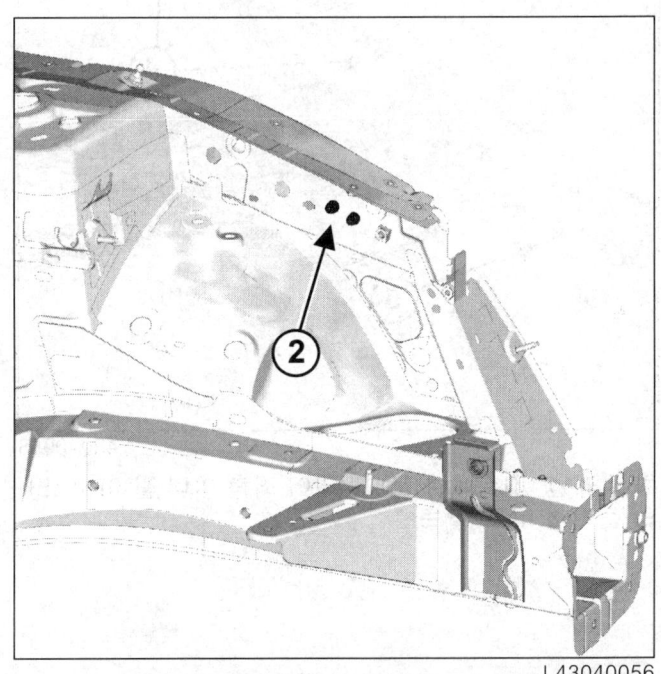

프론트 좌측 대시 사이드 패널의 접지 스터드 볼트 (2).

일반 사항
접지 위치 : 일반 설명

40A

L43

센터 플로어 터널의 접지 스터드 볼트 (3).

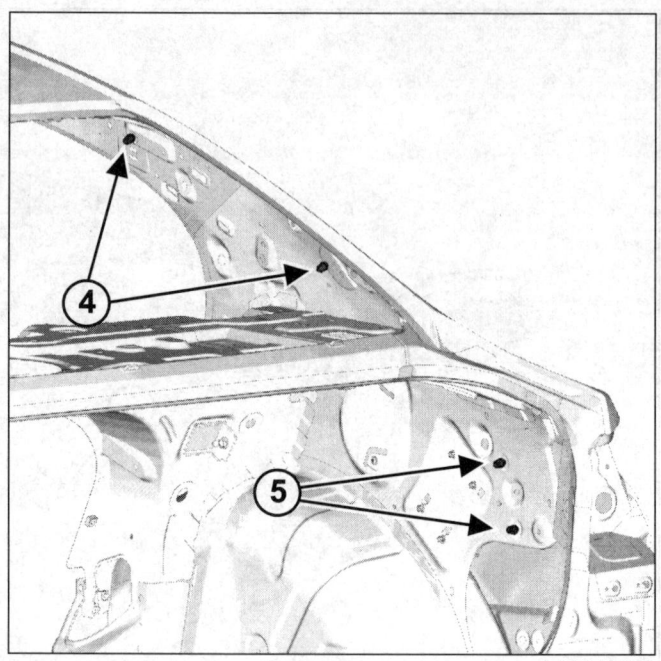

쿼터 패널 이너 패널 (4) 및 리어 우측 이너 휠 아치 (5) 의 접지 스터드 볼트.

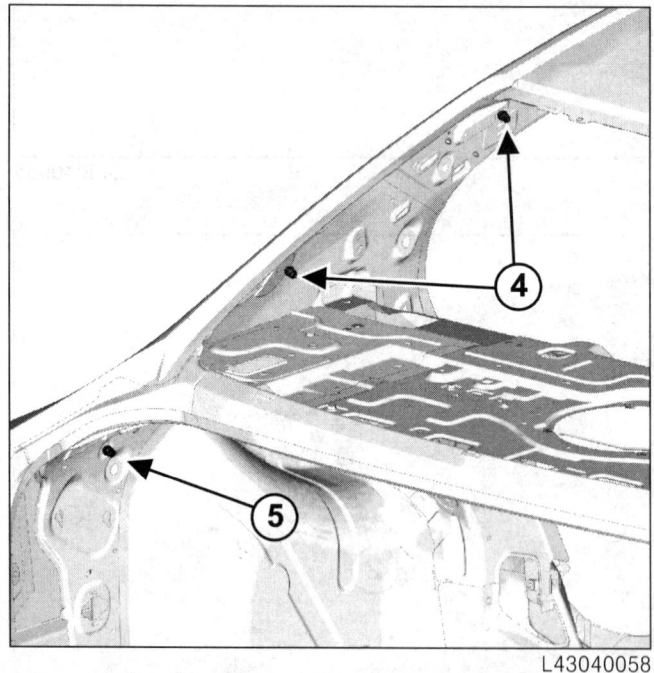

쿼터 패널 이너 패널 (4) 및 리어 좌측 이너 휠 아치 (5) 의 접지 스터드 볼트.

일반 사항
차량 앞 부분 스트럭쳐 : 일반 설명

40A

L43

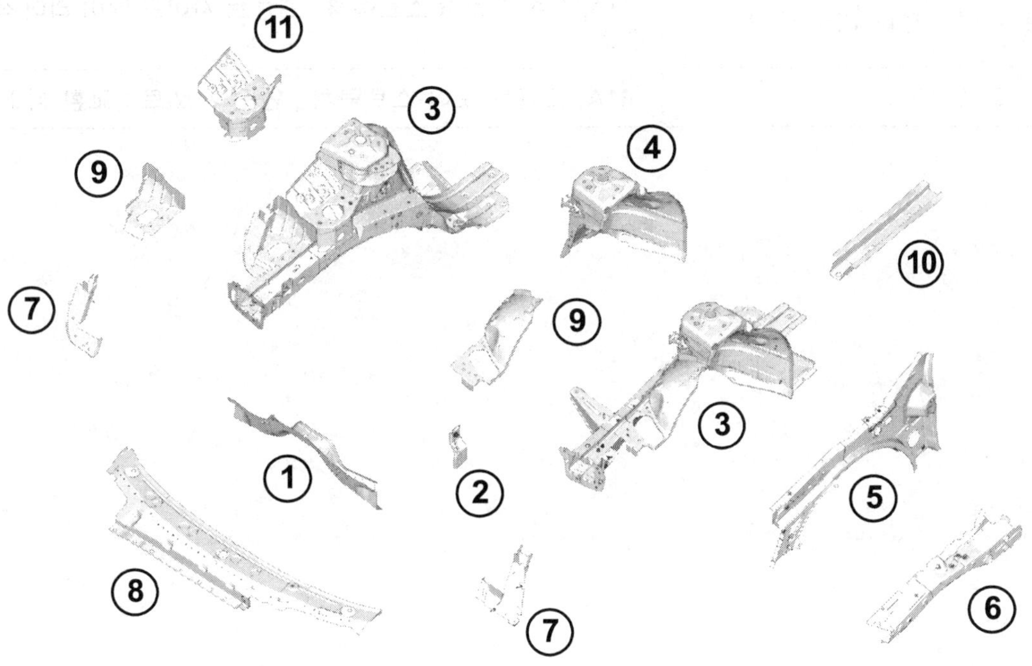

번호	설명	분류	재질	두께 (mm)
(1)	센터 플로어 프론트 사이드 크로스 멤버	(41B, 센터 로어 스트럭쳐, 센터 플로어 프론트 사이드 크로스 멤버 : 교환 참조)		
(2)	프론트 패널 마운팅 브라켓	(41A, 프론트 로어 스트럭쳐, 프론트 패널 마운팅 브라켓 : 교환 참조)		
(3)	프론트 하프 유닛	(41A, 프론트 로어 스트럭쳐, 프론트 하프 유닛 : 교환 참조)		
(4)	프론트 레프트 휠 아치	(42A, 프론트 어퍼 스트럭쳐, 프론트 휠 아치 : 교환 참조)		
(5)	대시 사이드 패널	(42A, 프론트 어퍼 스트럭쳐, 대시 사이드 패널 : 교환 참조)		
(6)	대시 사이드 어퍼 리인포스먼트	(42A, 프론트 어퍼 스트럭쳐, 대시 사이드 어퍼 리인포스먼트 : 교환 참조)		
(7)	프론트 범퍼 리인포스먼트	(41A, 프론트 로어 스트럭쳐, 프론트 범퍼 리인포스먼트 : 교환 참조)		
(8)	윈드스크린 로어 크로스 멤버	(42A, 프론트 어퍼 스트럭쳐, 윈드스크린 로어 크로스 멤버 : 교환 참조)		
(9)	프론트 휠 아치 프론트 섹션	(41A, 프론트 로어 스트럭쳐, 프론트 휠 아치 프론트 섹션 : 교환 참조)		

일반 사항
차량 앞 부분 스트럭쳐 : 일반 설명

L43

번호	설명	분류	재질	두께 (mm)
(10)	프론트 사이드 멤버 리어 섹션	(41A, 프론트 로어 스트럭쳐 , 프론트 사이드 멤버 리어 섹션 : 교환 참조)		
(11)	엔진 서포트	(41A, 프론트 로어 스트럭쳐 , 엔진 서포트 : 교환 참조)		

일반 사항
차량 옆 부분 스트럭쳐 : 일반 설명

40A

L43

번호	설명	분류	재질	두께 (mm)
(1)	바디 사이드 프론트 섹션	(43A, 사이드 어퍼 스트럭쳐, 바디 사이드 프론트 섹션 : 교환 참조)		
(2)	사이드 실 패널	(41C, 사이드 로어 스트럭쳐, 사이드 로어 스트럭쳐, 사이드 실 패널 : 교환 참조)		
(3)	프론트 필러 리인포스먼트	(43A, 사이드 어퍼 스트럭쳐, 프론트 필러 리인포스먼트 : 교환 참조)		
(4)	B- 필러 리인포스먼트	(43A, 사이드 어퍼 스트럭쳐, B- 필러 리인포스먼트 : 교환 참조)		
(5)	사이드 실 패널 리인포스먼트	(41C, 사이드 로어 스트럭쳐, 사이드 실 패널 리인포스먼트 : 교환 참조)		
(6)	프론트 필러 가니쉬	(43A, 사이드 어퍼 스트럭쳐, 프론트 필러 가니쉬 : 교환 참조)		
(7)	루프 프론트 크로스 멤버	(45A, 바디 상부 스트럭쳐, 루프 프론트 크로스 멤버 : 교환 참조)		
(8)	루프 센터 크로스 멤버	(45A, 바디 상부 스트럭쳐, 루프 센터 크로스 멤버 : 교환 참조)		
(9)	루프 리어 크로스 멤버	(45A, 바디 상부 스트럭쳐, 루프 리어 크로스 멤버 : 교환 참조)		
(10)	루프 프론트 섹션	(45A, 바디 상부 스트럭쳐, 루프 프론트 섹션 : 교환 참조)		

일반 사항
차량 옆 부분 스트럭쳐 : 일반 설명

L43

번호	설명	분류	재질	두께 (mm)
(11)	루프 리어 섹션	(45A, 바디 상부 스트럭쳐 , 루프 리어 섹션 : 교환 참조)		
(12)	루프	(45A, 바디 상부 스트럭쳐 , 루프 : 교환 참조)		

일반 사항
차량 중앙 부분 스트럭쳐 : 일반 설명

40A

L43

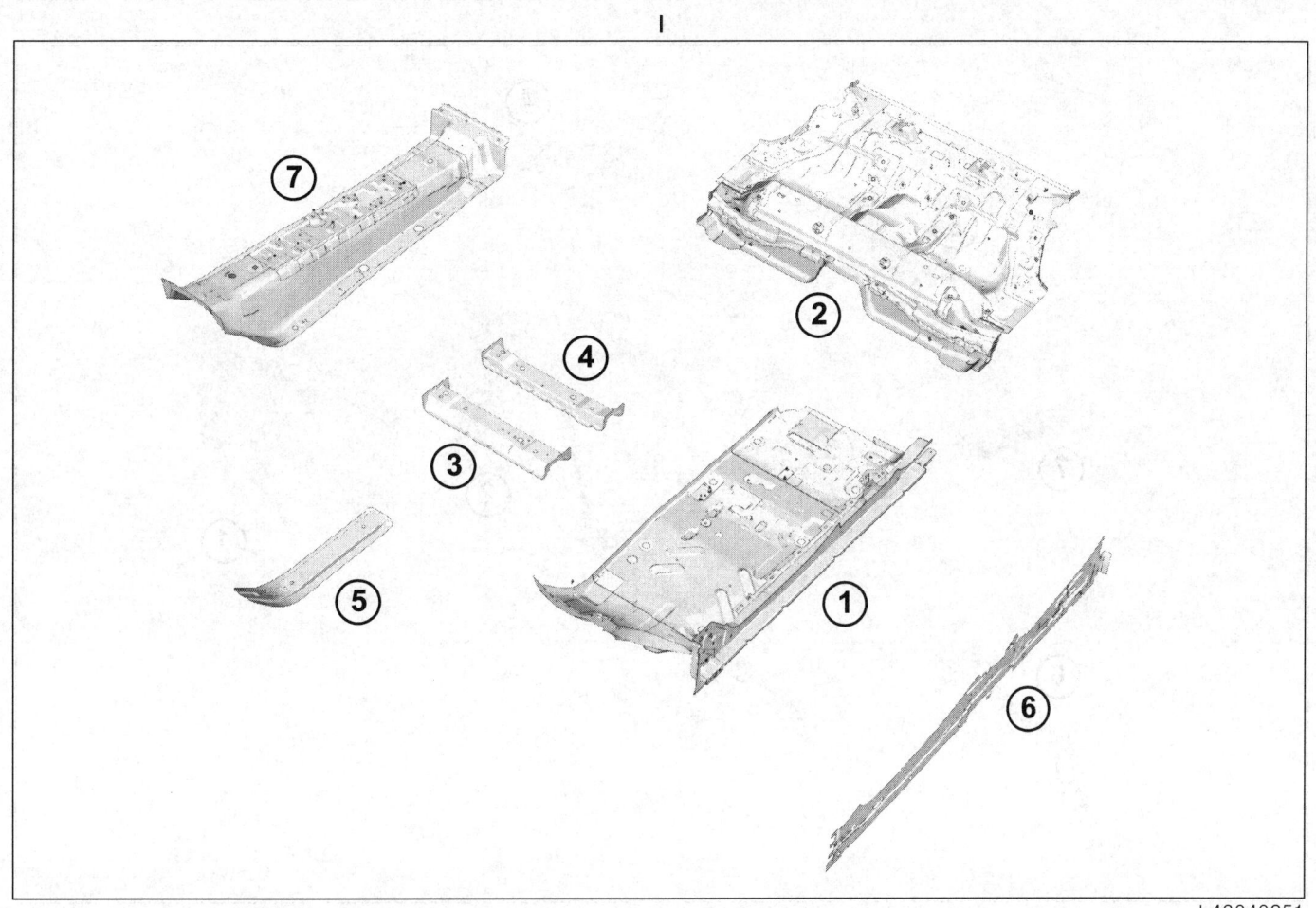

L43040251

번호	설명	분류	재질	두께 (mm)
(1)	센터 플로어 사이드 섹션	(41B, 센터 로어 스트럭쳐, 센터 플로어 사이드 섹션 : 교환 참조)		
(2)	리어 플로어 프론트 섹션	(41D, 리어 로어 스트럭쳐, 리어 플로어 프론트 섹션 : 교환 참조)		
(3)	프론트 시트 언더 프론트 크로스 멤버	(41B, 센터 로어 스트럭쳐, 프론트 시트 언더 프론트 크로스 멤버 : 교환 참조)		
(4)	프론트 시트 언더 리어 크로스 멤버	(41B, 센터 로어 스트럭쳐, 프론트 시트 언더 리어 크로스 멤버 : 교환 참조)		
(5)	센터 사이드 멤버	(41B, 센터 로어 스트럭쳐, 센터 사이드 멤버 : 교환 참조)		
(6)	사이드 실 패널 리인포스먼트	(41C, 사이드 로어 스트럭쳐, 사이드 실 패널 리인포스먼트 : 교환 참조)		
(7)	터널	(41D, 센터 로어 스트럭쳐, 터널 : 교환 참조)		

일반 사항
차량 뒷 부분 스트럭쳐 : 일반 설명

40A

L43

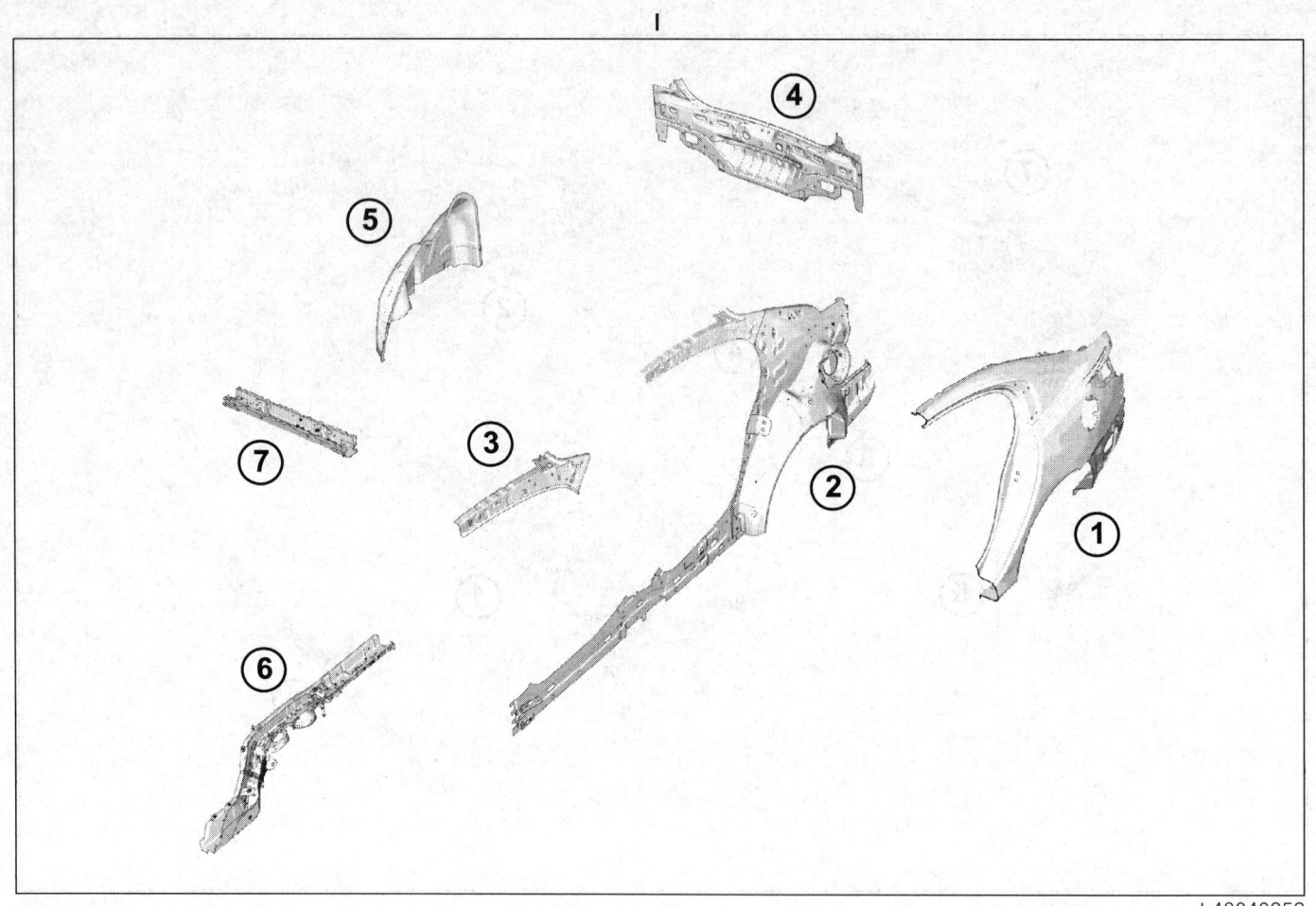

L43040252

번호	설명	분류	재질	두께 (mm)
(1)	리어 펜더	(44A, 리어 어퍼 스트럭쳐, 리어 펜더 : 교환 참조)		
(2)	쿼터 패널 이너 패널	(44A, 리어 어퍼 스트럭쳐, 쿼터 패널 이너 패널 : 교환 참조)		
(3)	리어 루프 드립 몰딩 라이닝	(44A, 리어 어퍼 스트럭쳐, 리어 루프 드립 몰딩 라이닝 : 교환 참조)		
(4)	리어 에이프런 패널 어셈블리	(44A, 리어 어퍼 스트럭쳐, 리어 에이프런 패널 어셈블리 : 교환 참조)		
(5)	이너 리어 휠 아치	(44A, 리어 어퍼 스트럭쳐, 이너 리어 휠 아치 참조)		
(6)	리어 사이드 멤버 어셈블리	(41D, 리어 로어 스트럭쳐, 리어 사이드 멤버 어셈블리 : 교환 참조)		
(7)	센트럴 리어 크로스 멤버	(41D, 리어 로어 스트럭쳐, 센트럴 리어 크로스 멤버 : 교환 참조)		

일반 사항
탈거 가능한 스트럭쳐 : 일반 설명

40A

L43

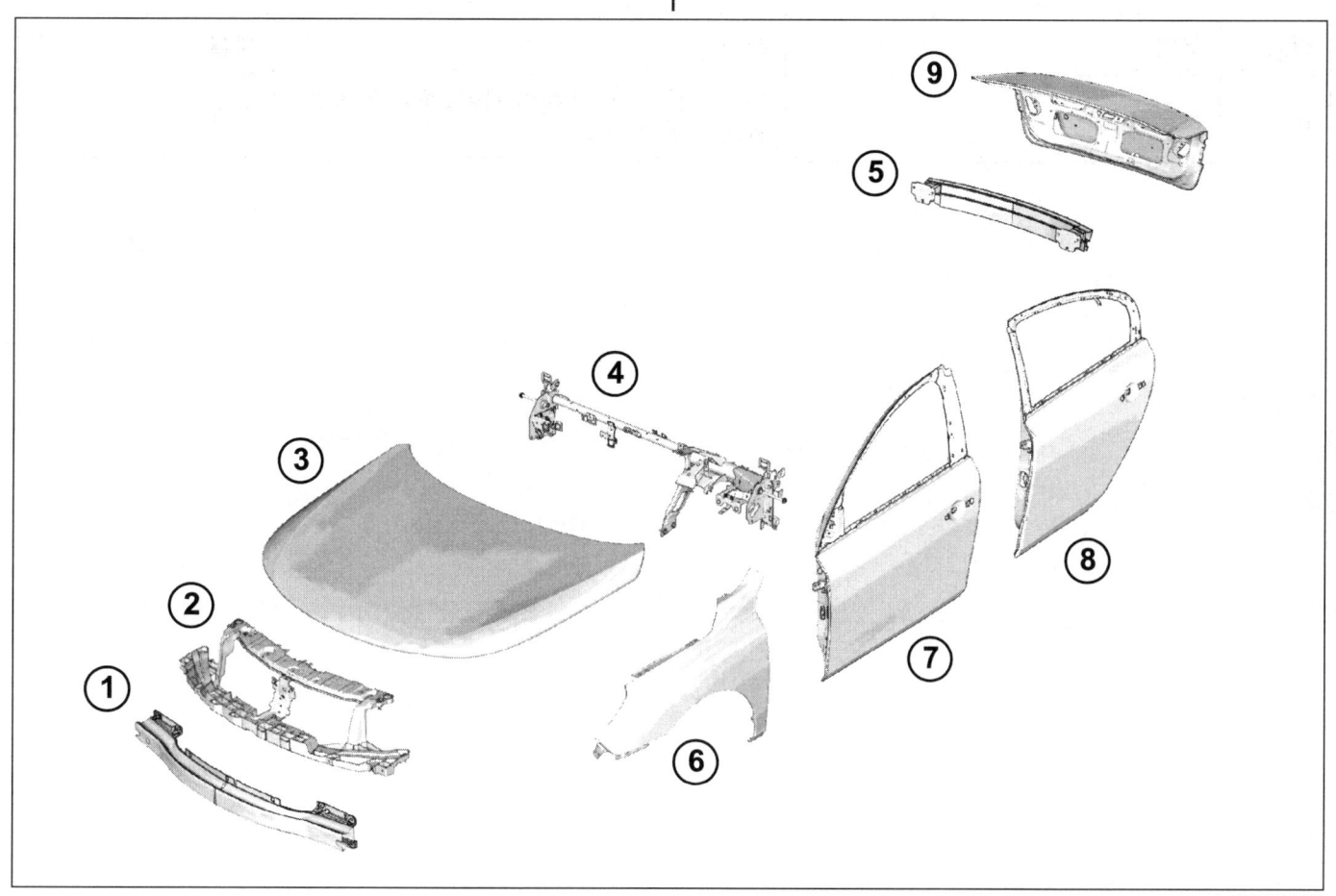

L43040138

번호	설명	분류	재질
(1)	프론트 범퍼 리인포스먼트	(41A, 프론트 로어 스트럭쳐, 프론트 범퍼 리인포스먼트 : 탈거 – 장착 참조)	알루미늄
(2)	어퍼 프론트 엔드 크로스 멤버	(42A, 프론트 어퍼 스트럭쳐, 어퍼 프론트 엔드 크로스 멤버 : 탈거 – 장착 참조)	폴리프로필렌
(3)	후드	(48A, 사이드 도어 이외 패널, 후드 : 탈거 – 장착 참조)	알루미늄
(4)	카핏 크로스 멤버	(42A, 프론트 어퍼 스트럭쳐, 카핏 크로스 멤버 : 탈거 – 장착 참조)	스틸
(5)	리어 범퍼 리인포스먼트	(41D, 리어 로어 스트럭쳐, 리어 범퍼 리인포스먼트 : 탈거 – 장착 참조)	알루미늄
(6)	프론트 펜더	(42A, 프론트 어퍼 스트럭쳐, 프론트 펜더 : 탈거 – 장착 참조)	스틸
(7)	프론트 사이드 도어	(47A, 사이드 도어 패널, 프론트 사이드 도어 : 탈거 – 장착 참조)	스틸
(8)	리어 사이드 도어	(47A, 사이드 도어 패널, 리어 사이드 도어 : 탈거 – 장착 참조)	스틸

일반 사항
탈거 가능한 스트럭쳐 : 일반 설명

L43

번호	설명	분류	재질
(9)	트렁크 리드	(48A, 사이드 도어 이외 패널, 트렁크 리드 : 탈거 – 장착 참조)	스틸

일반 사항
지그 장착 시 스트럭쳐에 장착할 위치 : 일반 설명

40A

L43

I - 지그 벤치를 사용해야 하는 부품

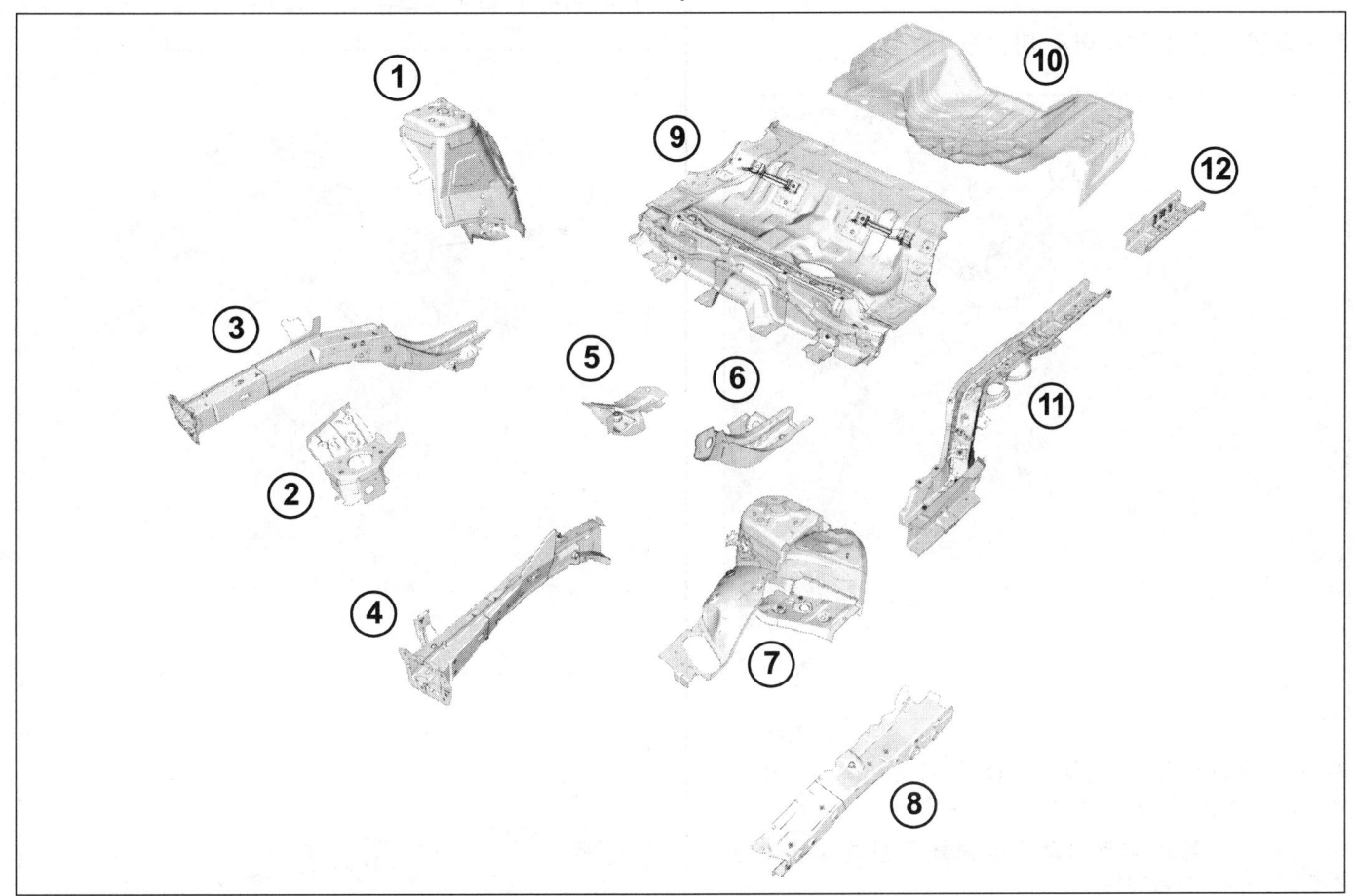

- (1) 좌측 프론트 휠 아치
- (2) 프론트 휠 아치 프론트 섹션
- (3) 프론트 사이드 멤버 어셈블리
- (4) 프론트 사이드 멤버 프론트 섹션
- (5) 프론트 서브 프레임 리어 마운팅 유닛
- (6) 프론트 사이드 멤버 리어 섹션
- (7) 우측 프론트 휠 아치
- (8) 대시 사이드 어퍼 리인포스먼트
- (9) 리어 플로어 프론트 섹션
- (10) 리어 플로어 리어 섹션
- (11) 리어 사이드 멤버 어셈블리
- (12) 리어 사이드 멤버 리어 섹션

일반 사항
지그 장착 시 스트럭쳐에 장착할 위치 : 일반 설명

40A

L43

II - 교환할 부품을 위치시키는 참조 위치

1 - 프론트 쇽업소버 어퍼 마운팅

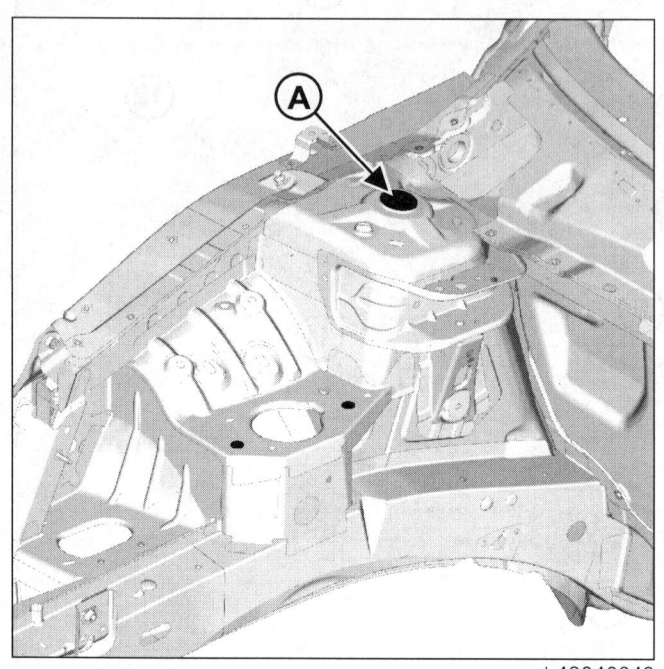

지그는 쇽업소버 컵 아래에 위치시키고, 쇽업소버 컵에 있는 구멍 (A) 을 통해 센터를 맞춘다.

이 위치는 다음의 메커니컬 구성품을 교환하기 위해 탈거한 경우에 사용된다.

- 프론트 휠 아치.

이 위치는 지그를 이용한 교정 작업에도 사용된다.

경고
이 포인트들은 올바른 액슬 어셈블리의 위치를 파악하는데도 사용된다.

2 - 라디에이터 마운팅 크로스 멤버 마운팅과 대시 사이드 어퍼 리인포스먼트

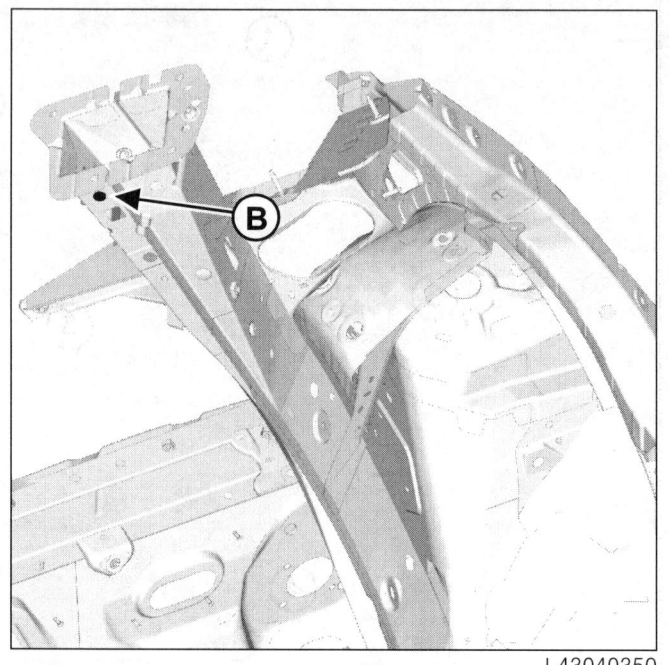

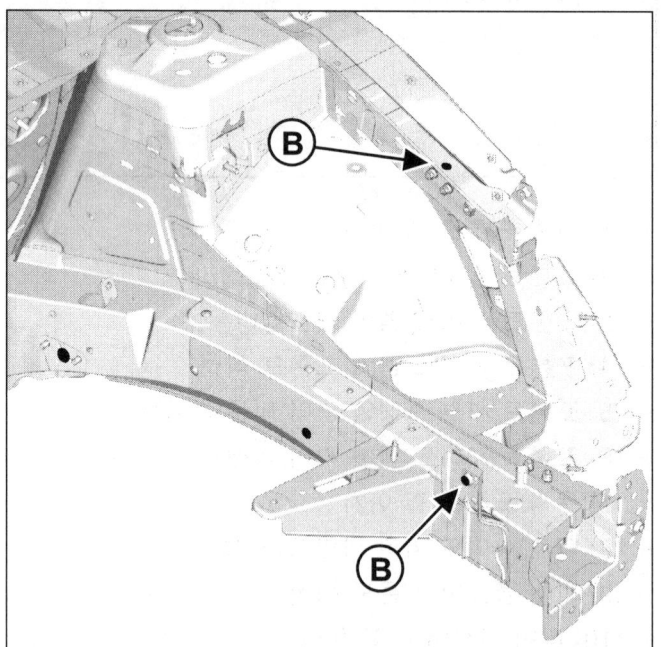

지그는 프론트 사이드 멤버와 대시 사이드 어퍼 리인포스먼트의 구멍 (B) 들에 위치 시킨다.

이 위치는 다음의 메커니컬 구성품을 교환하기 위해 탈거한 경우에 사용된다.

- 프론트 사이드 멤버 전체 또는 부분 교환,
- 대시 사이드 어퍼 리인포스먼트.

일반 사항
지그 장착 시 스트럭쳐에 장착할 위치 : 일반 설명

40A

L43

3 - 엔진 마운팅

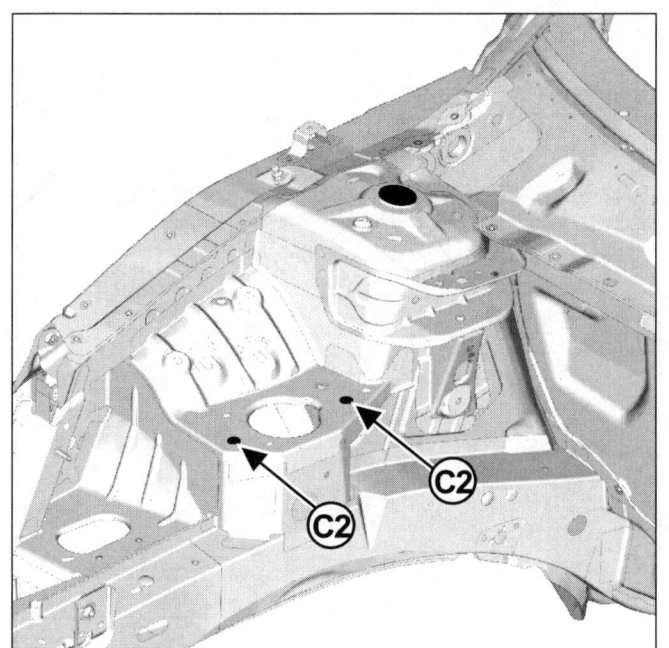

L43040349

지그는 엔진 마운팅에 위치시키고 엔진 마운팅의 나사 구멍 (C1) 및 (C2) 를 통해 센터를 맞춘다.

이 위치는 다음의 메커니컬 구성품을 교환하기 위해 탈거한 경우에 사용된다.

- 엔진 마운팅.

4 - 프론트 서브 - 프레임 프론트 마운팅

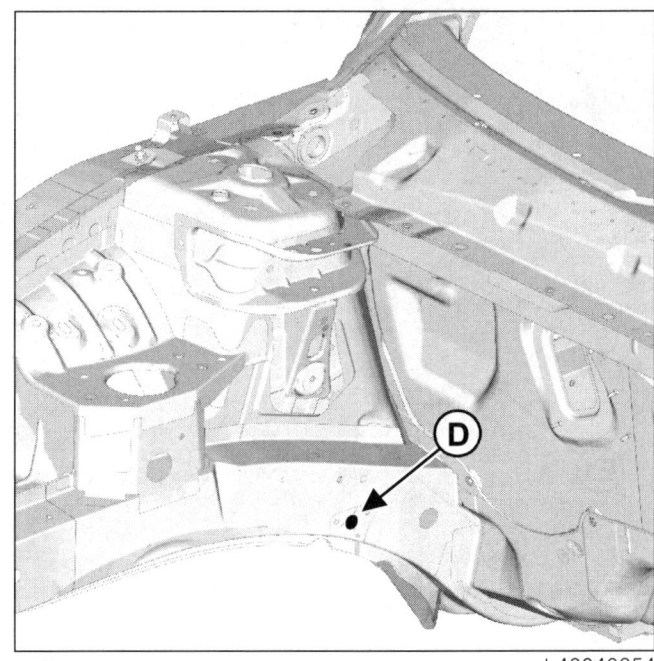

L43040354

지그는 프론트 서브프레임 브라켓의 마운팅 홀 (D) 에 장착된다.

이 위치는 다음의 메커니컬 구성품을 교환하기 위해 탈거한 경우에 사용된다.

- 프론트 사이드 멤버 전체 교환.

일반 사항
지그 장착 시 스트럭쳐에 장착할 위치 : 일반 설명

L43

5 - 트랜스미션 마운팅

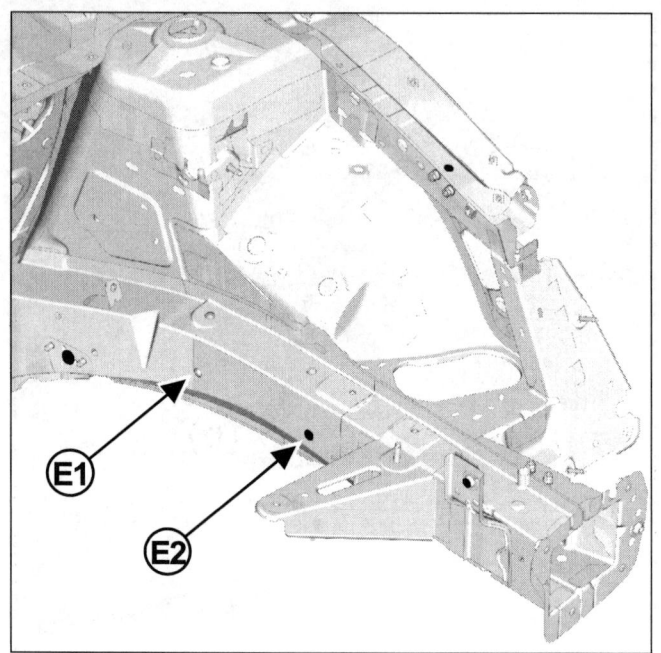

지그는 프론트 사이드 멤버에 위치 시키고 구멍 (E1) 과 (E2) 를 통해 센터를 맞춘다.

이 위치는 다음의 메커니컬 구성품을 교환하기 위해 탈거한 경우에 사용된다.

- 프론트 사이드 멤버 전체 또는 부분 교환.

6 - 서브 - 프레임 리어 마운팅

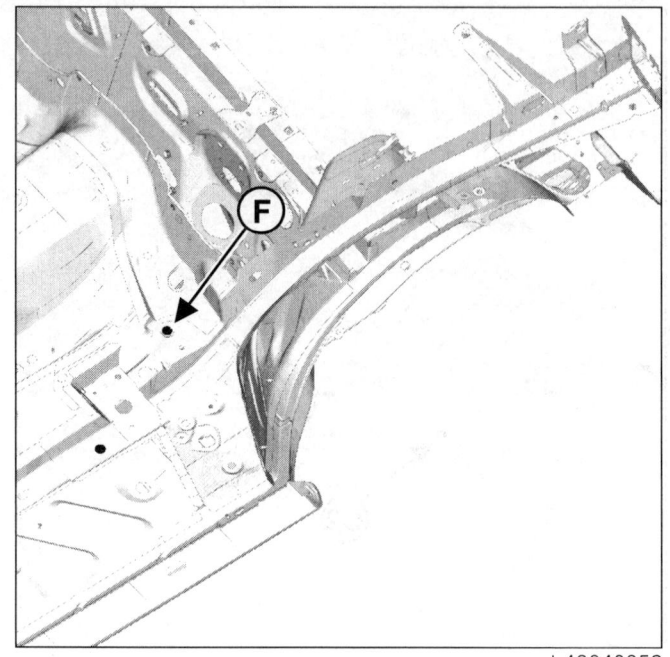

지그는 서브 - 프레임 리어 마운팅 유닛에 위치 시키고 구멍 (F) 을 통해 센터를 맞춘다.

이 위치는 다음의 메커니컬 구성품을 교환하기 위해 탈거한 경우에 사용된다.

- 프론트 사이드 멤버 전체 교환.

> **경고**
> 이 포인트들은 올바른 액슬 어셈블리의 위치를 파악하는데도 사용된다.

이 포인트의 조정은 프론트 액슬의 앵글의 각도 관련되어있어 주의하여 정확한 조정을 해야한다.

일반 사항
지그 장착 시 스트럭쳐에 장착할 위치 : 일반 설명

40A

L43

7 - 리어 쇽업소버 마운팅

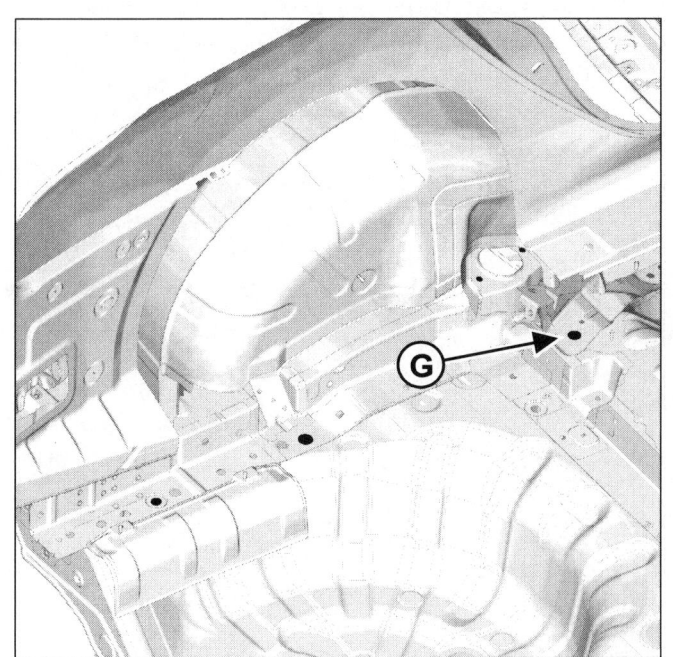

L43040353

지그는 쇽업소버 샤프트 (G) 내부에 센터를 맞춰 장착한다.

이 위치는 다음의 메커니컬 구성품을 교환하기 위해 탈거한 경우에 사용된다.

- 프론트 사이드 멤버 어셈블리.

8 - 리어 사이드 멤버의 엔드

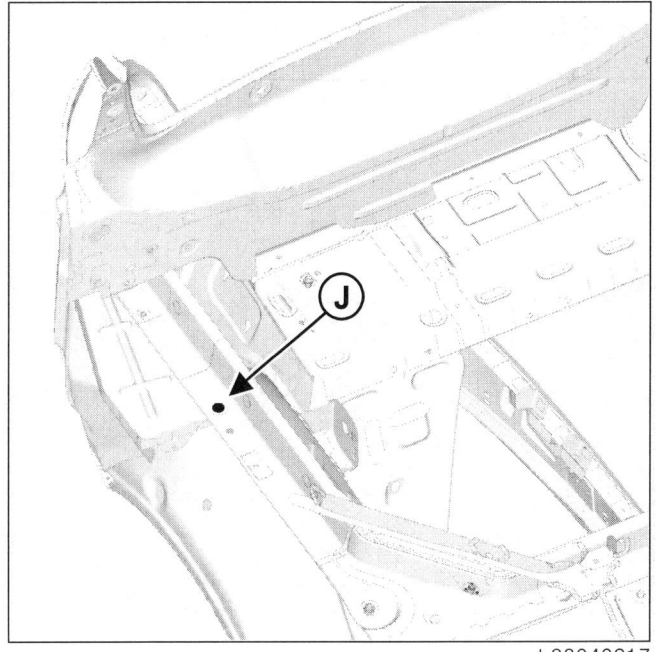

L38040217

지그는 리어 사이드 멤버 아래에 위치시키고, 가이드 구멍 (H) 을 통해 센터를 맞춘다.

이 위치는 다음의 메커니컬 구성품을 교환하기 위해 탈거한 경우에 사용된다.

- 리어 사이드 멤버,
- 리어 사이드 멤버 어셈블리.

경고

이 포인트들은 올바른 액슬 어셈블리의 위치를 파악하는데도 사용된다.

이 위치는 지그를 이용한 교정 작업에도 사용된다.

프론트 로어 스트럭쳐
프론트 범퍼 리인포스먼트 : 교환

41A

L43

I – 서비스 부품의 구성

1 – 우측

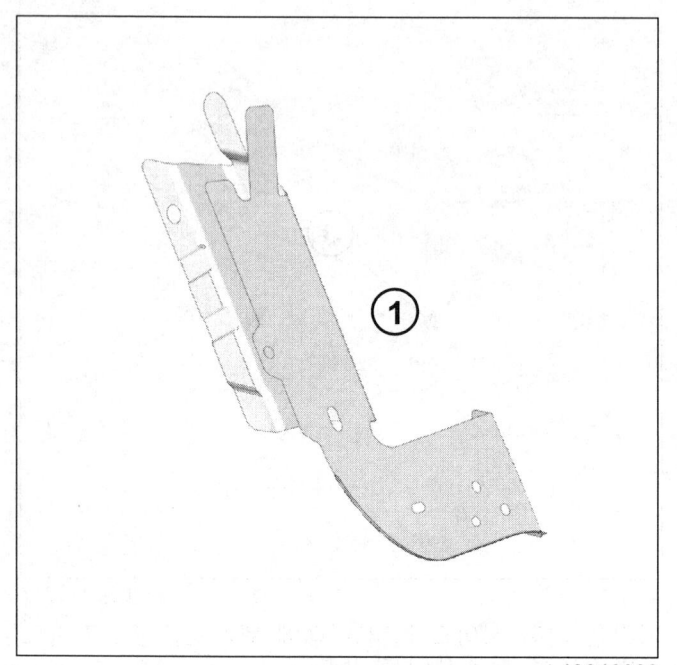

L43040028

번호	설명	재질	두께 (mm)
(1)	우측 프론트 범퍼 리인포스먼트	APFC390	1.2

2 – 좌측

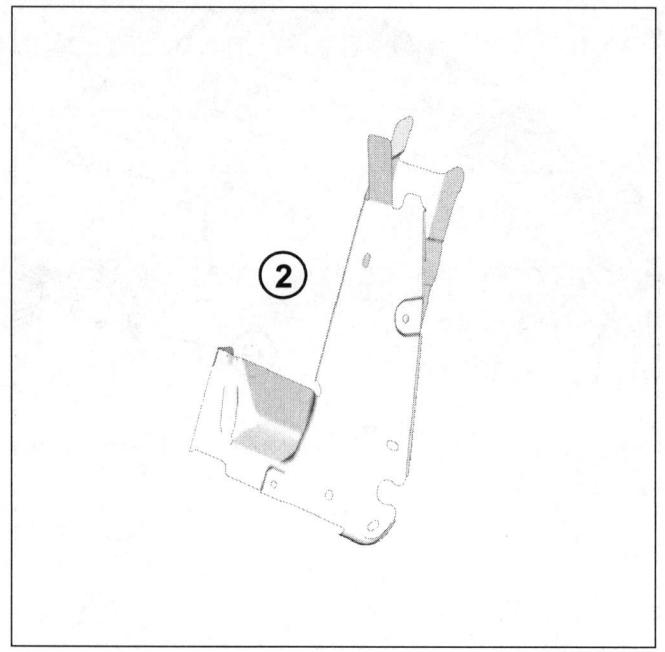

L43040029

번호	설명	재질	두께 (mm)
(2)	좌측 프론트 범퍼 리인포스먼트	APFC390	1.2

프론트 로어 스트럭쳐
프론트 범퍼 리인포스먼트 : 교환

41A

L43

II - 교환 작업

부품 교환 방법 :

- 전체 교환 .

1 - 전체 교환

a - 부품의 장착 위치

좌측

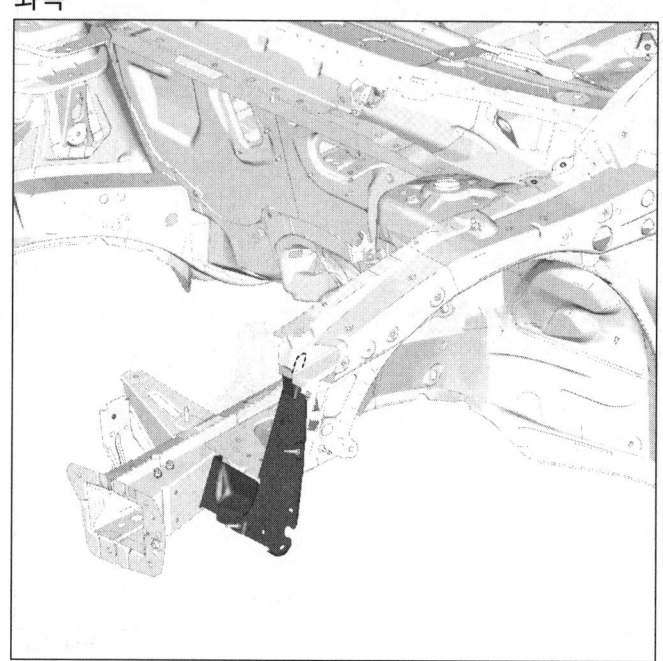

L43040045

우측

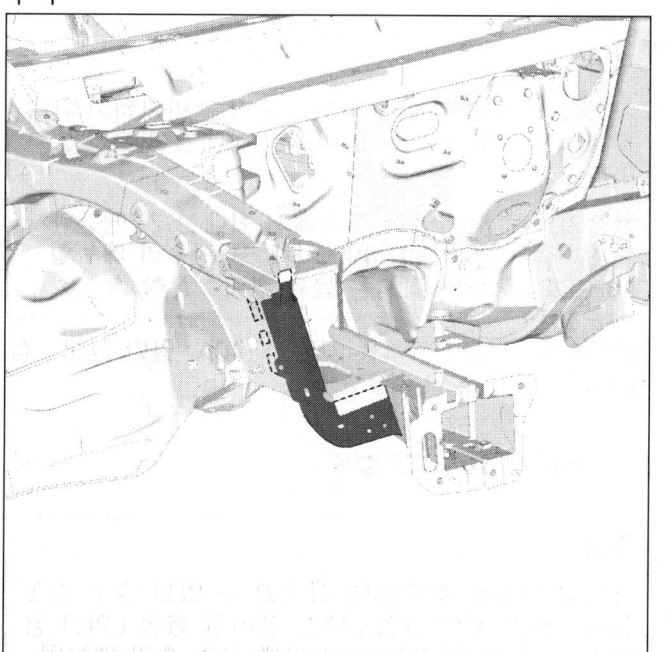

L43040046

b - 전기 접지의 위치

주의

차량의 전기 및 전자 구성부품 손상을 방지하기 위해 용접 부위 근처에 있는 와이어링 하네스의 접지를 분리해야 한다 .

용접기의 접지는 용접 부위에서 최대한 가까운 위치에 있어야 한다 (MR 400 차체 구조 수리 매뉴얼 , 40H, 볼트 결합 , 접지용 볼트 결합 : 장착 참조).

용접 부위 근처의 접지를 찾는다 (40A, 일반 정보 , 접지 위치 : 일반 설명 참조).

c - 용접 작업에 대한 설명

주의

용접할 부품의 접촉면에 접근할 수 없는 경우 스폿 용접 (전기 저항 용접) 대신 플러그 용접 (아크 용접) 을 사용한다 (MR 400 차체 구조 수리 매뉴얼 , 40C, 아크 용접 접합 (GMAW), 가스 실드 아크 용접 비드 조인트 : 설명 참조).

프론트 로어 스트럭쳐
프론트 패널 마운팅 브라켓 : 교환

41A

L43

I - 서비스 부품의 구성

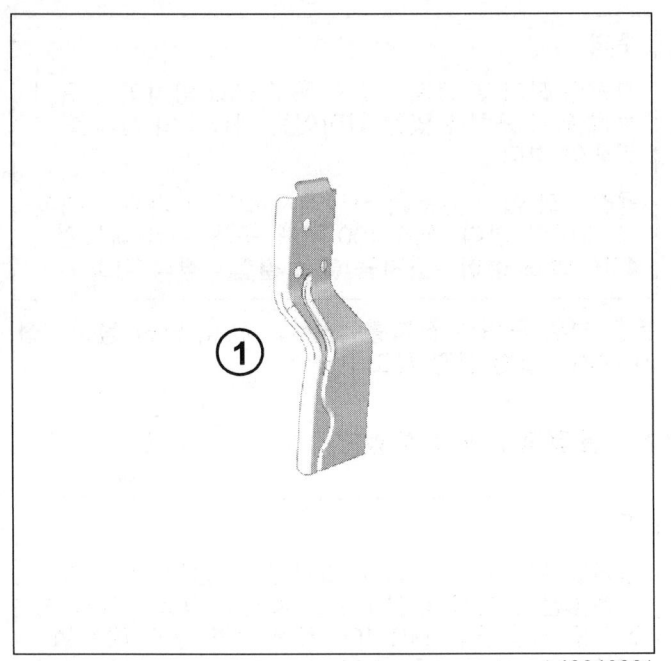

L43040001

번호	설명	재질	두께 (mm)
(1)	프론트 패널 마운팅 브라켓	SGAC390	1.5

II - 교환 작업

부품 교환 방법 :

- 전체 교환 .

1 - 전체 교환

a - 부품의 장착 위치

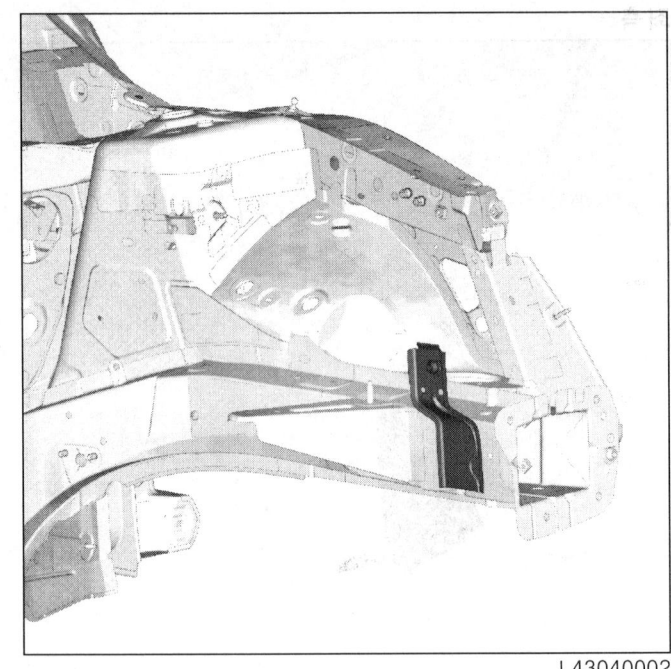

L43040002

b - 전기 접지의 위치

주의

차량의 전기 및 전자 구성부품 손상을 방지하기 위해 용접 부위 근처에 있는 와이어링 하네스의 접지를 분리해야 한다 .

용접기의 접지는 용접 부위에서 최대한 가까운 위치에 있어야 한다 (MR 400 차체 구조 수리 매뉴얼 , 40H, 볼트 결합 , 접지용 볼트 결합 : 장착 참조).

용접 부위 근처의 접지를 찾는다 (40A, 일반 정보 , 접지 위치 : 일반 설명 참조).

c - 용접 작업에 대한 설명

주의

용접할 부품의 접촉면에 접근할 수 없는 경우 스폿 용접 (전기 저항 용접) 대신 플러그 용접 (아크 용접) 을 사용한다 (MR 400 차체 구조 수리 매뉴얼 , 40C, 아크 용접 접합 (GMAW), 가스 실드 아크 용접 비드 조인트 : 설명 참조).

프론트 로어 스트럭쳐
프론트 사이드 멤버 센터 섹션 : 교환

41A

L43

I - 서비스 부품의 구성

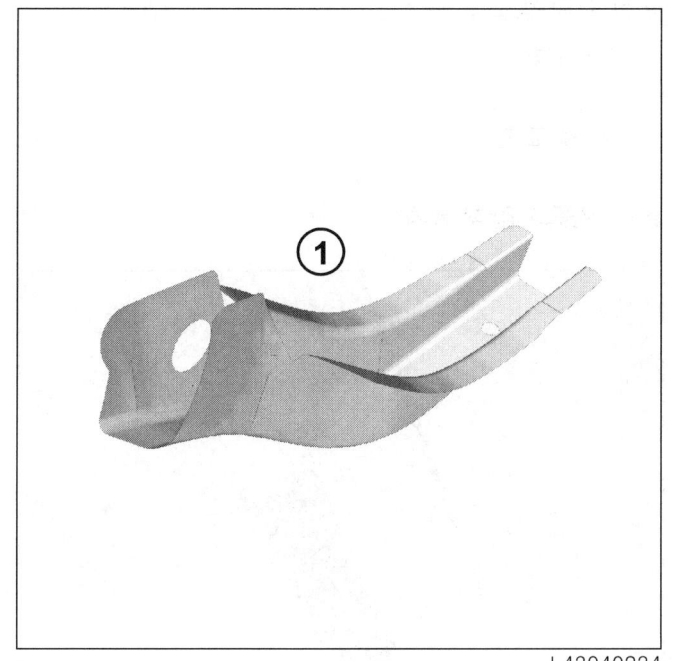

L43040234

번호	설명	재질	두께 (mm)
(1)	프론트 사이드 멤버 센터 섹션	HE450M	2

II - 교환 작업

부품 교환 방법 :

- 전체 교환 .

1 - 전체 교환

a - 부품의 장착 위치

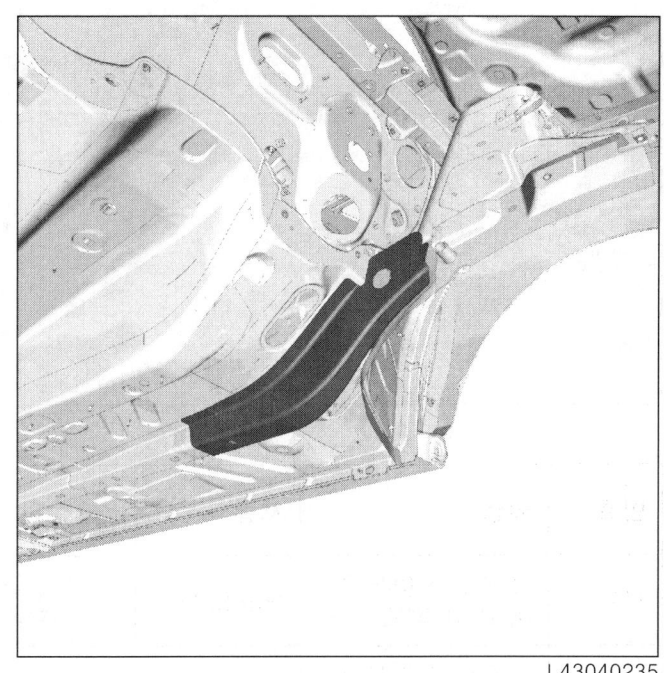

L43040235

b - 전기 접지의 위치

> **주의**
>
> 차량의 전기 및 전자 구성부품 손상을 방지하기 위해 용접 부위 근처에 있는 와이어링 하네스의 접지를 분리해야 한다 .
>
> 용접기의 접지는 용접 부위에서 최대한 가까운 위치에 있어야 한다 (MR 400 차체 구조 수리 매뉴얼 , 40H, 볼트 결합 , 접지용 볼트 결합 : 장착 참조).

용접 부위 근처의 접지를 찾는다 (40A, 일반 정보 , 접지 위치 : 일반 설명 참조).

c - 용접 작업에 대한 설명

> **주의**
>
> 용접할 부품의 접촉면에 접근할 수 없는 경우 스폿 용접 (전기 저항 용접) 대신 플러그 용접 (아크 용접) 을 사용한다 (MR 400 차체 구조 수리 매뉴얼 , 40C, 아크 용접 접합 (GMAW), 가스 실드 아크 용접 비드 조인트 : 설명 참조).

프론트 로어 스트럭쳐
프론트 사이드 멤버 리어 섹션 : 교환

41A

L43

I – 서비스 부품의 구성

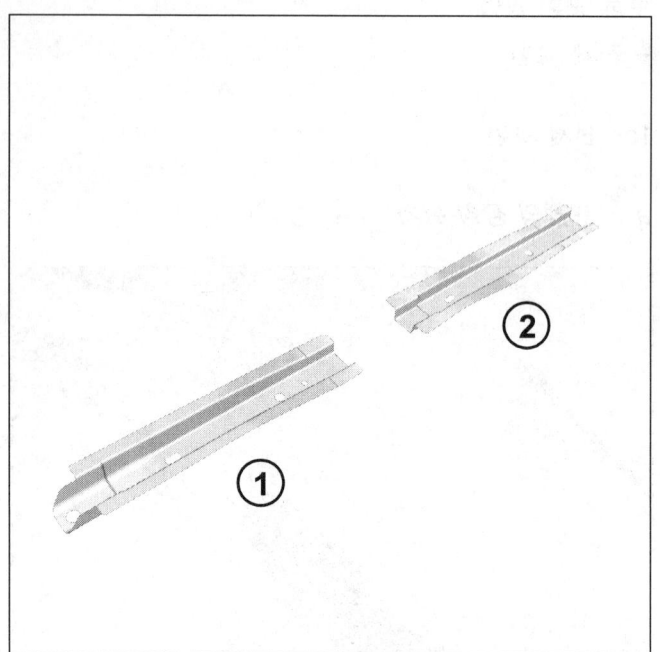

L43040220

번호	설명	재질	두께 (mm)
(1)	프론트 사이드 멤버 리어 파트	HE450M	2
(2)	프론트 사이드 멤버 리어 파트 익스텐션	HE450M	1.8

II – 교환 작업

부품 교환 방법 :

– 전체 교환 .

1 – 전체 교환

a – 부품의 장착 위치

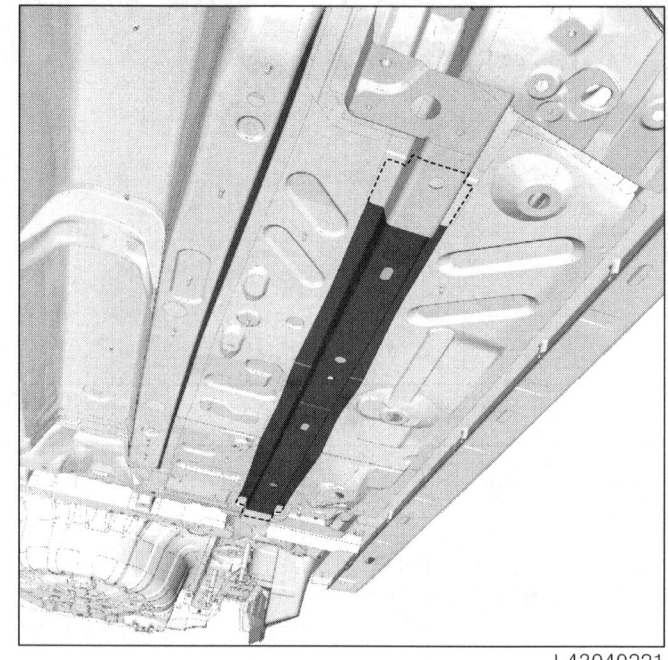

L43040221

b – 전기 접지의 위치

주의

차량의 전기 및 전자 구성부품 손상을 방지하기 위해 용접 부위 근처에 있는 와이어링 하네스의 접지를 분리해야 한다 .

용접기의 접지는 용접 부위에서 최대한 가까운 위치에 있어야 한다 (MR 400 차체 구조 수리 매뉴얼 , 40H, 볼트 결합 , 접지용 볼트 결합 : 장착 참조).

용접 부위 근처의 접지를 찾는다 (40A, 일반 정보 , 접지 위치 : 일반 설명 참조).

c – 용접 작업에 대한 설명

주의

용접할 부품의 접촉면에 접근할 수 없는 경우 스폿 용접 (전기 저항 용접) 대신 플러그 용접 (아크 용접) 을 사용한다 (MR 400 차체 구조 수리 매뉴얼 , 40C, 아크 용접 접합 (GMAW), 가스 실드 아크 용접 비드 조인트 : 설명 참조).

프론트 로어 스트럭쳐
엔진 서포트 : 교환

L43

I – 서비스 부품의 구성

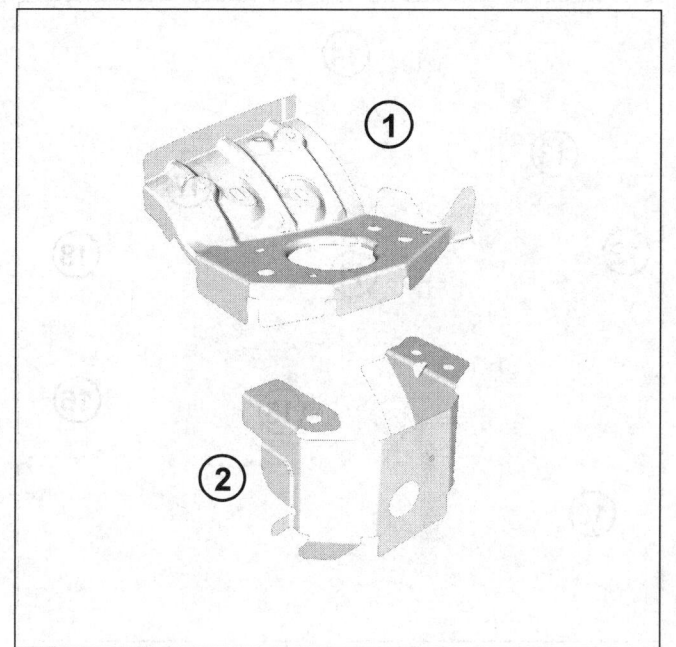

번호	설명	재질	두께 (mm)
(1)	엔진 서포트 어퍼 파트	APFH440	2
(2)	엔진 로어 서포트	APFH390	1.5

II – 교환 작업

부품 교환 방법 :

– 전체 교환 .

1 – 전체 교환

a – 부품의 장착 위치

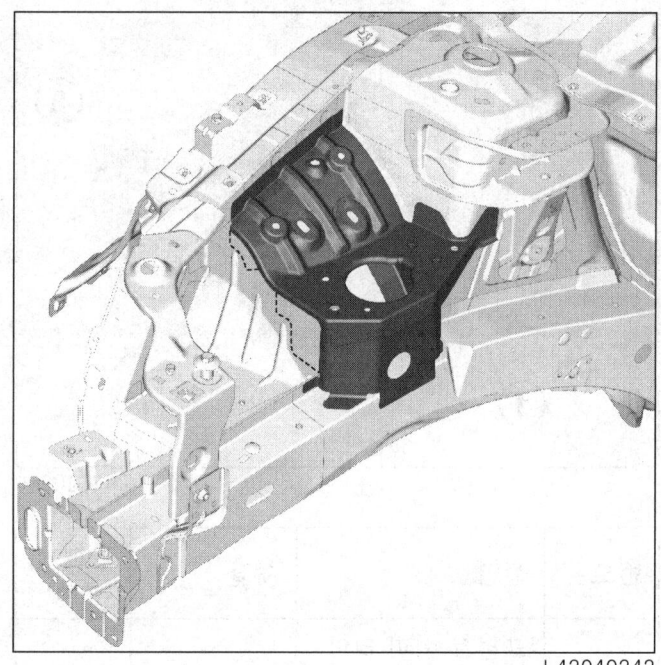

b – 전기 접지의 위치

주의

차량의 전기 및 전자 구성부품 손상을 방지하기 위해 용접 부위 근처에 있는 와이어링 하네스의 접지를 분리해야 한다 .

용접기의 접지는 용접 부위에서 최대한 가까운 위치에 있어야 한다 (MR 400 차체 구조 수리 매뉴얼 , 40H, 볼트 결합 , 접지용 볼트 결합 : 장착 참조).

용접 부위 근처의 접지를 찾는다 (40A, 일반 정보 , 접지 위치 : 일반 설명 참조).

c – 용접 작업에 대한 설명

주의

용접할 부품의 접촉면에 접근할 수 없는 경우 스폿 용접 (전기 저항 용접) 대신 플러그 용접 (아크 용접) 을 사용한다 (MR 400 차체 구조 수리 매뉴얼 , 40C, 아크 용접 접합 (GMAW), 가스 실드 아크 용접 비드 조인트 : 설명 참조).

프론트 로어 스트럭쳐
프론트 하프 유닛 : 교환

41A

L43

I - 서비스 부품의 구성

1 - 좌측

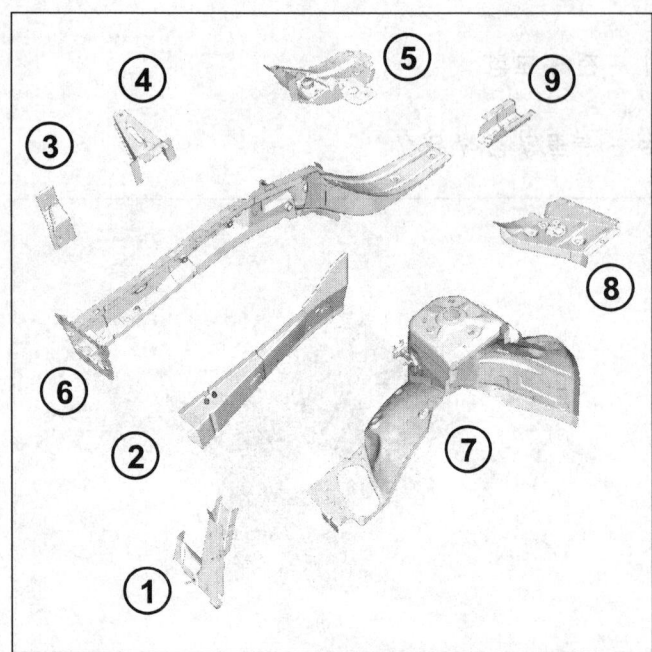

2 - 우측

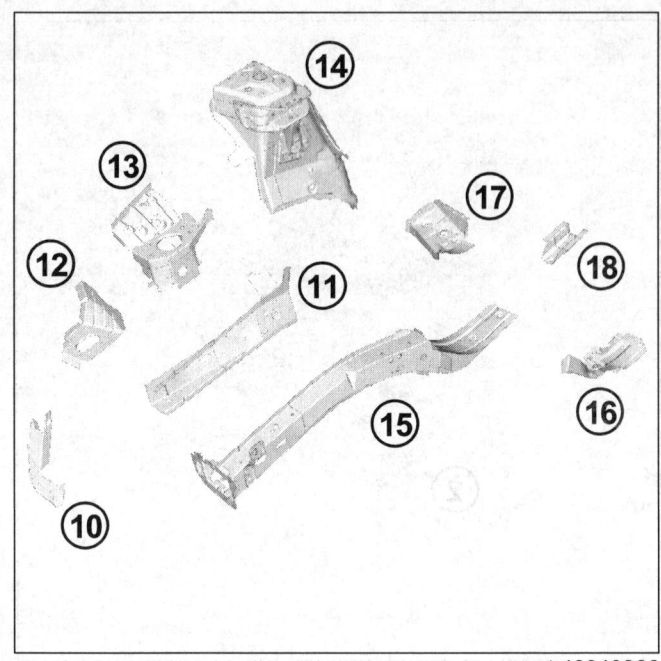

번호	설명	재질	두께 (mm)
(1)	프론트 범퍼 리인포스먼트 / 연결부 프론트 파트 좌측 멤버	APFC390	1.2
(2)	프론트 사이드 멤버 크로져 패널 프론트 섹션	SGACC390 / HE450M	1.7 / 2.2
(3)	프론트 패널 마운팅 브라켓	SGAC390	1.5
(4)	배터리 트레이 마운팅	SPHC	2
(5)	프론트 패널 마운팅 브라켓	APFC390	1.5
(6)	프론트 사이드 좌측 파트 멤버	SGACC390 /HE450M	1.8 / 1.8
(7)	프론트 스트러트 하우징	HE 450M / APFH440	0.8 / 2.0
(8)	프론트 크로스 사이드 멤버	APFC390	1.8
(9)	프론트 사이드 멤버 리어 섹션	HE450M	2

번호	설명	재질	두께 (mm)
(10)	프론트 범퍼 리인포스먼트 / 연결부 프론트 파트 우측 멤버	APFC390	1.2
(11)	프론트 사이드 멤버 크로져 패널 프론트 섹션	SGACC390 / HE450M	1.7 / 2.2
(12)	프론트 휠 아치 크로징 멤버	SPHC	2
(13)	프론트 휠 아치 , 프론트 섹션	APFH440	2
(14)	프론트 스트러트 하우징	HE 450M / APFH440	2.2 / 1.8
(15)	프론트 사이드 멤버 우측 파트	SGACC390 /HE450M	1.8 / 1.8
(16)	프론트 패널 마운팅 브라켓	APFC390	1.5
(17)	프론트 크로스 사이드 멤버	APFC390	1.8
(18)	프론트 사이드 멤버 리어 섹션	HE450M	2

프론트 로어 스트럭쳐
프론트 하프 유닛 : 교환

41A

L43

서비스 부품은 프론트 사이드 멤버 리어 파트가 커팅되어 공급되기 때문에 프론트 하프 유닛 작업전에 여분의 부품 (A) 을 탈거 후 새로운 부품을 장착한다 (41A, 프론트 로어 스트럭쳐 , 프론트 사이드 멤버 리어 섹션 : 교환 참조).

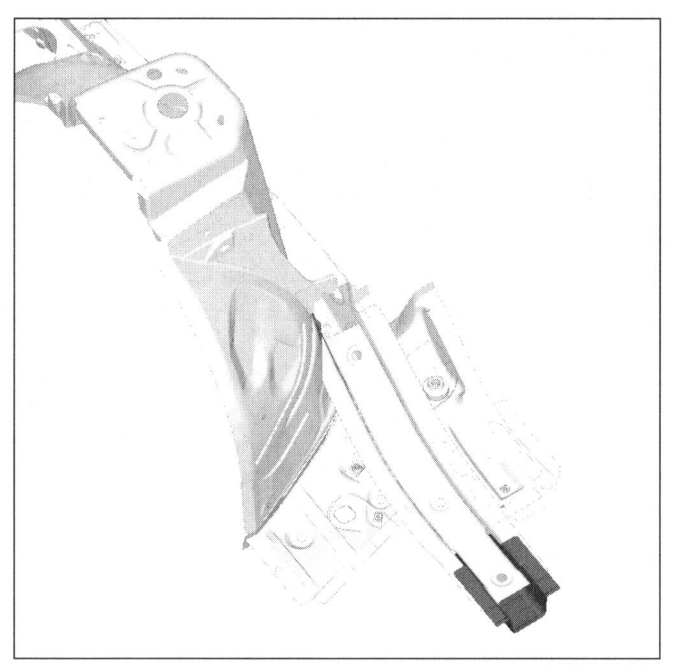

II – 교환 작업

부품 교환 방법 :

– 전체 교환 .

1 – 전체 교환

a – 부품의 장착 위치

좌측

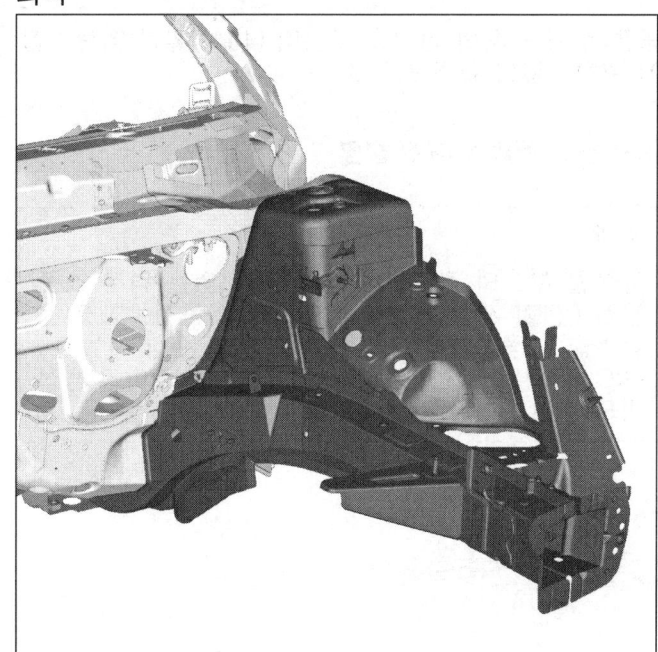

우측

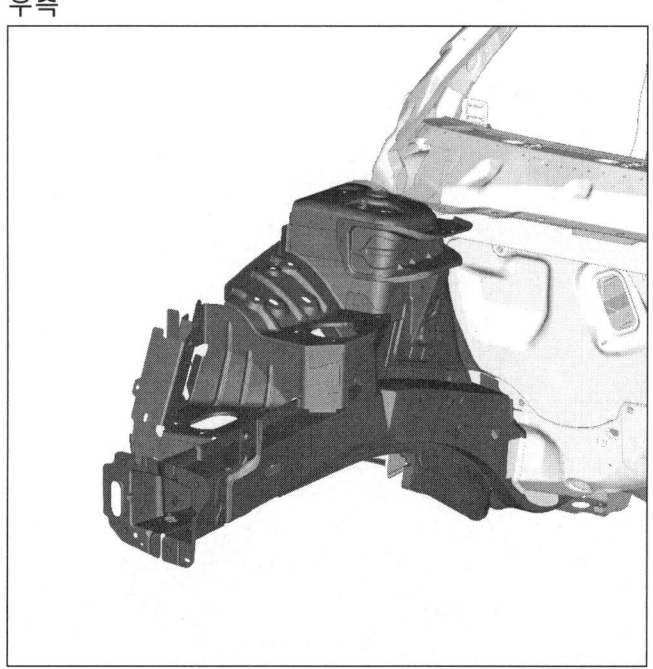

프론트 로어 스트럭쳐
프론트 하프 유닛 : 교환

41A

L43

b – 전기 접지의 위치

주의

차량의 전기 및 전자 구성부품 손상을 방지하기 위해 용접 부위 근처에 있는 와이어링 하네스의 접지를 분리해야 한다.

용접기의 접지는 용접 부위에서 최대한 가까운 위치에 있어야 한다 (MR 400 차체 구조 수리 매뉴얼, 40H, 볼트 결합, 접지용 볼트 결합 : 장착 참조).

용접 부위 근처의 접지를 찾는다 (40A, 일반 정보, 접지 위치 : 일반 설명 참조).

c – 용접 작업에 대한 설명

주의

용접할 부품의 접촉면에 접근할 수 없는 경우 스폿 용접 (전기 저항 용접) 대신 플러그 용접 (아크 용접) 을 사용한다 (MR 400 차체 구조 수리 매뉴얼, 40C, 아크 용접 접합 (GMAW), 가스 실드 아크 용접 비드 조인트 : 설명 참조).

프론트 로어 스트럭쳐
프론트 범퍼 리인포스먼트 : 탈거 – 장착

41A

L43

규정 토크 ⊽	
프론트 범퍼 리인포스먼트 볼트	44 N.m

탈거

I – 관련 부품 탈거 작업

❏ 다음을 탈거한다.

- 프론트 펜더 프로텍터 (55A, 외장 보호 트림, 프론트 펜더 프로텍터 : 탈거 – 장착 참조),
- 라디에이터 그릴 (56A, 외장 장착 부품, 라디에이터 그릴 : 탈거 – 장착 참조),
- 프론트 범퍼 (55A, 외장 보호 트림, 프론트 범퍼 : 탈거 – 장착 참조),
- 헤드램프 (MR 436 리페어 매뉴얼, 80B, 프론트 라이팅 시스템, 프론트 헤드램프 : 탈거 – 장착 참조),
- 프론트 패널 (42A, 프론트 어퍼 스트럭쳐, 어퍼 프론트 엔드 크로스 멤버 : 탈거 – 장착 참조).

II – 관련 부품 탈거 작업

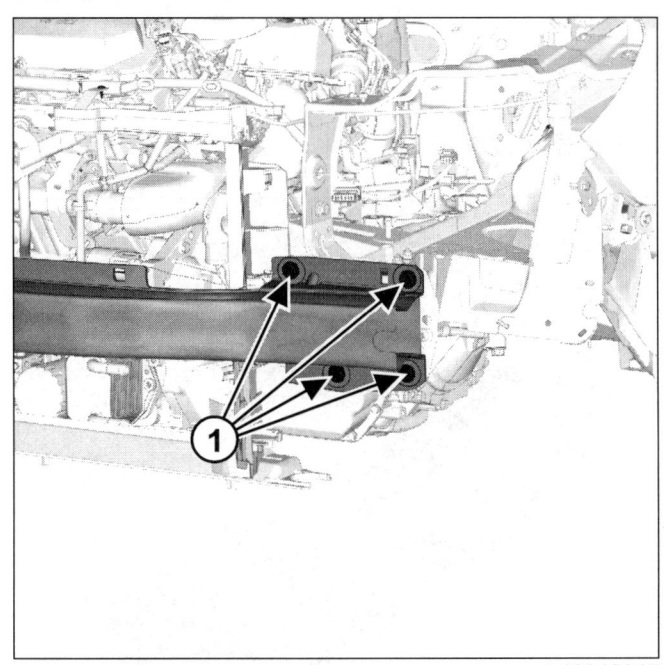

❏ 다음을 탈거한다 :
- 볼트 (1),
- 프론트 범퍼 리인포스먼트.

장착

I – 관련 부품 장착 작업

❏ 다음을 장착한다 :
- 프론트 범퍼 리인포스먼트,
- 볼트 (1).

❏ 프론트 범퍼 리인포스먼트 볼트를 규정 토크 (44 N.m) 로 조인다.

II – 최종 작업

❏ 다음을 장착한다.

- 프론트 패널 (42A, 프론트 어퍼 스트럭쳐, 어퍼 프론트 엔드 크로스 멤버 : 탈거 – 장착 참조),
- 헤드램프 (MR 436 리페어 매뉴얼, 80B, 프론트 라이팅 시스템, 프론트 헤드램프 : 탈거 – 장착 참조),
- 프론트 범퍼 (55A, 외장 보호 트림, 프론트 범퍼 : 탈거 – 장착 참조),
- 라디에이터 그릴 (56A, 외장 장착 부품, 라디에이터 그릴 : 탈거 – 장착 참조),
- 프론트 펜더 프로텍터 (55A, 외장 보호 트림, 프론트 펜더 프로텍터 : 탈거 – 장착 참조).

센터 로어 스트럭쳐
센터 플로어 사이드 섹션 : 교환

41B

L43

I – 서비스 부품의 구성

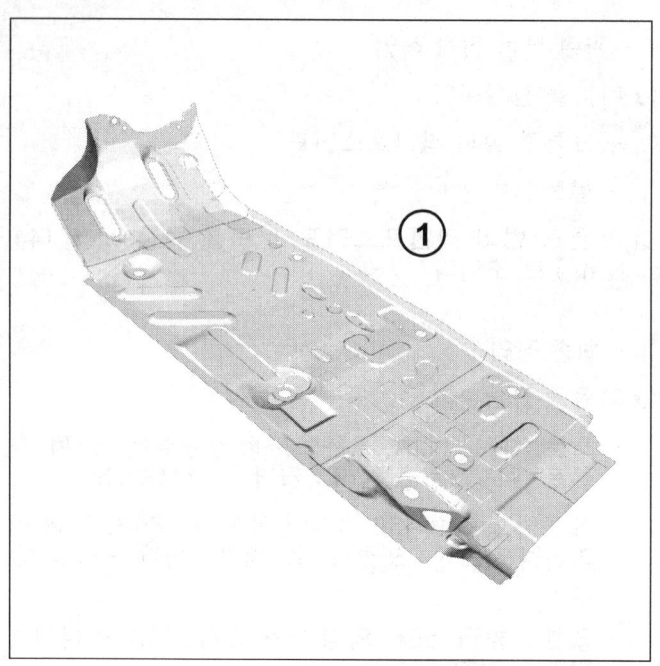

번호	설명	재질	두께 (mm)
(1)	센터 플로어 , 사이드 섹션	SPCC	1/ 0.65

II – 교환 작업

부품 교환 방법 :
- 전체 교환 A,
- 프론트 부분 교환 B,
- 리어 부분 교환 C.

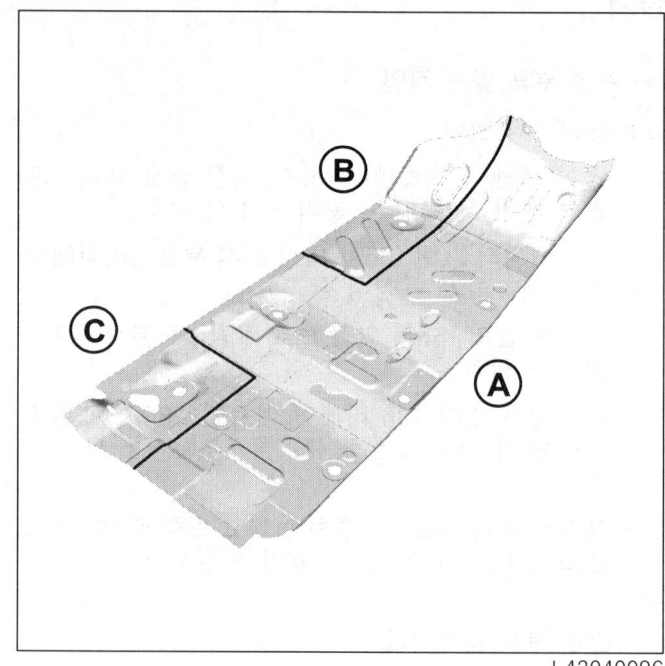

1 – 전체 교환 A

a – 부품의 장착 위치

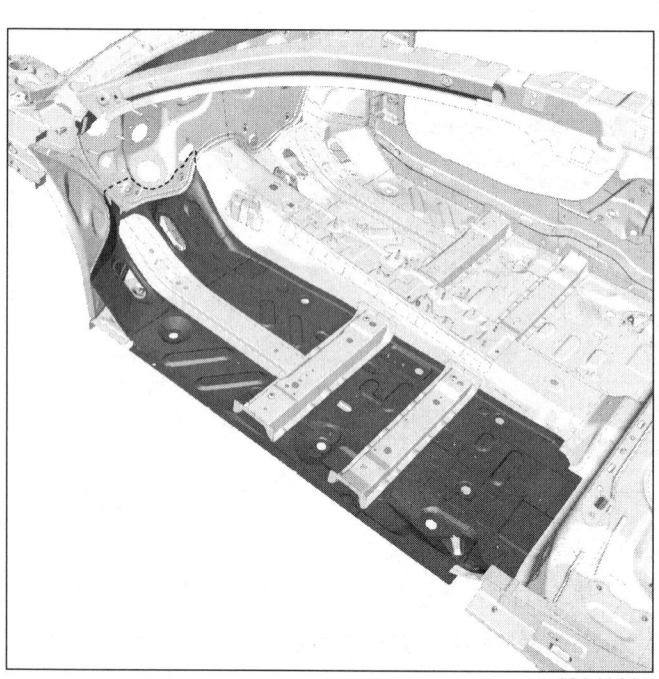

센터 로어 스트럭쳐
센터 플로어 사이드 섹션 : 교환

41B

L43

b - 전기 접지의 위치

주의

차량의 전기 및 전자 구성부품 손상을 방지하기 위해 용접 부위 근처에 있는 와이어링 하네스의 접지를 분리해야 한다.

용접기의 접지는 용접 부위에서 최대한 가까운 위치에 있어야 한다 (MR 400 차체 구조 수리 매뉴얼, 40H, 볼트 결합, 접지를 위한 볼트 결합: 장착 참조).

용접 부위 근처의 접지를 찾는다 (40A, 일반 사항, 접지 위치 : 일반 설명 참조).

c - 탈거해야 하는 차체 구성부품 - 교환 작업을 실시하기 위해 탈거해야 하는 스트럭쳐

다음을 탈거한다 :

- 사이드 실 패널 (41C, 사이드 로어 스트럭쳐, 사이드 실 패널 : 교환 참조),
- 사이드 실 패널 리인포스먼트 (41C, 사이드 로어 스트럭쳐, 사이드 실 패널 리인포스먼트 : 교환 참조),
- 이너 실 (41C, 사이드 로어 스트럭쳐, 이너 실 리어 섹션 : 교환 참조).

d - 용접 작업에 대한 설명

주의

용접할 부품의 접촉면에 접근할 수 없는 경우 스폿 용접 (전기 저항 용접) 대신 플러그 용접 (아크 용접)을 사용한다 (MR 400 차체 구조 수리 매뉴얼, 40C, 가스 메탈 아크 용접 접합, 가스 차폐 아크 용접 비드 조인트 : 설명 참조).

2 - 프론트 부분 교환 B

a - 부품의 장착 위치

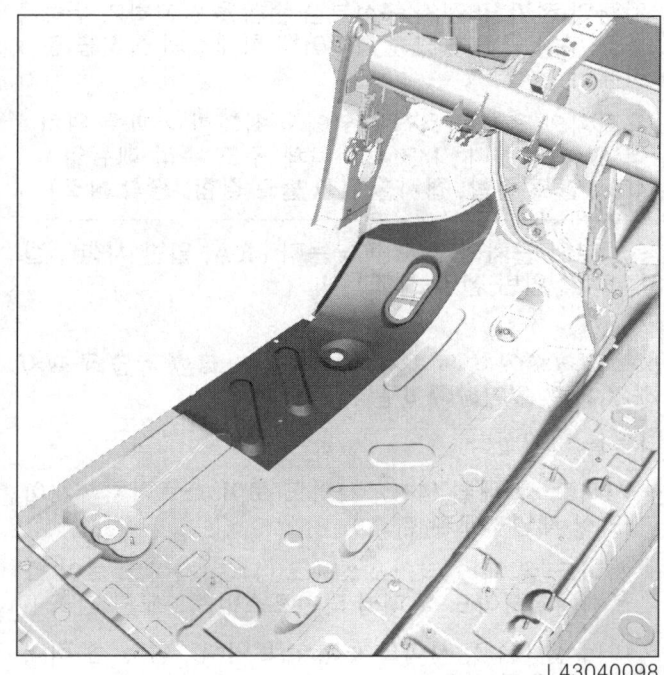

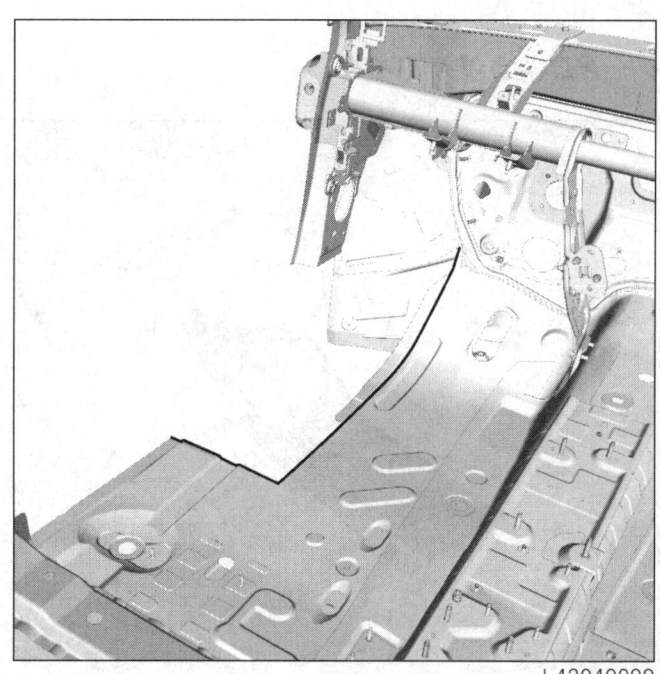

센터 로어 스트럭쳐
센터 플로어 사이드 섹션 : 교환

41B

L43

b - 전기 접지의 위치

> **주의**
> 차량의 전기 및 전자 구성부품 손상을 방지하기 위해 용접 부위 근처에 있는 와이어링 하네스의 접지를 분리해야 한다.
> 용접기의 접지는 용접 부위에서 최대한 가까운 위치에 있어야 한다 (MR 400 차체 구조 수리 매뉴얼, 40H, 볼트 결합, 접지를 위한 볼트 결합: 장착 참조).

용접 부위 근처의 접지를 찾는다 (40A, 일반 사항, 접지 위치 : 일반 설명 참조).

c - 탈거해야 하는 차체 구성부품 – 교환 작업을 실시하기 위해 탈거해야 하는 스트럭쳐

다음을 탈거한다 :

- 사이드 실 패널 (41C, 사이드 로어 스트럭쳐, 사이드 실 패널 : 교환 참조),
- 사이드 실 패널 리인포스먼트 (41C, 사이드 로어 스트럭쳐, 사이드 실 패널 리인포스먼트 : 교환 참조),
- 이너 실 (41C, 사이드 로어 스트럭쳐, 이너 실 리어 섹션 : 교환 참조).

d - 용접 작업에 대한 설명

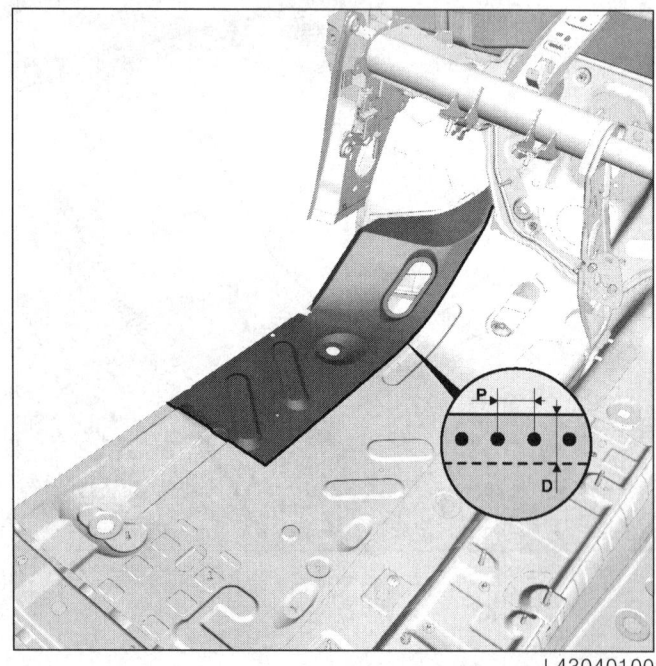

연결부를 이중으로 만든다 (MR 400 차체 구조 수리 매뉴얼, 40E, 부분 교환 접합, 오버레이에 의한 부분 교환 연결부 : 설명 참조).

> **주의**
> 용접할 부품의 접촉면에 접근할 수 없는 경우 스폿 용접 (전기 저항 용접) 대신 플러그 용접 (아크 용접) 을 사용한다 (MR 400 차체 구조 수리 매뉴얼, 40C, 가스 메탈 아크 용접 접합, 가스 차폐 아크 용접 비드 조인트 : 설명 참조).

3 - 프론트 부분 교환 B

a - 부품의 장착 위치

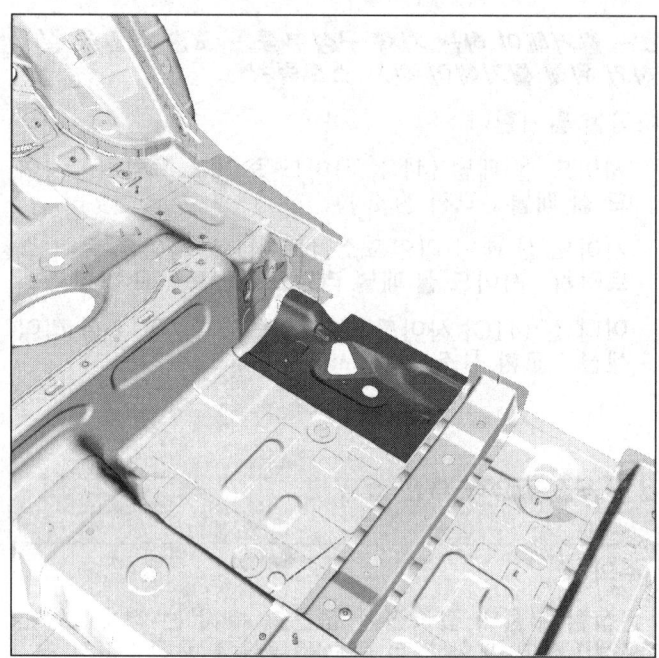

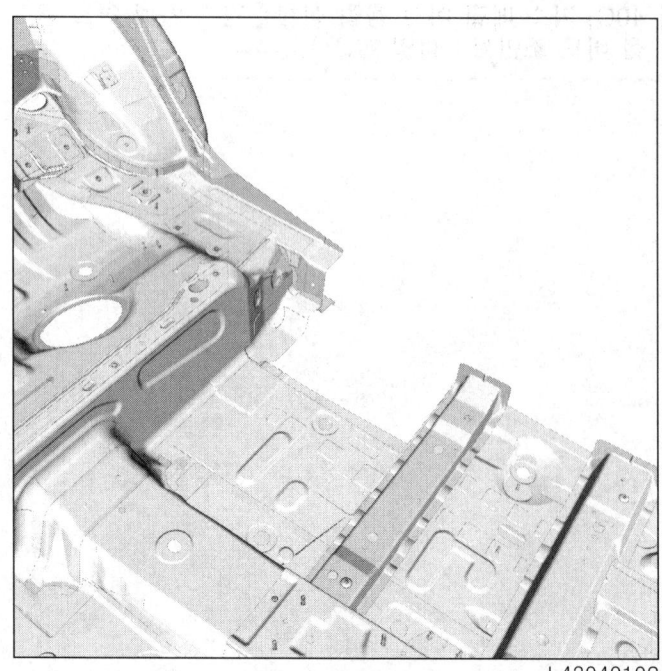

센터 로어 스트럭쳐
센터 플로어 사이드 섹션 : 교환

41B

L43

b - 전기 접지의 위치

주의

차량의 전기 및 전자 구성부품 손상을 방지하기 위해 용접 부위 근처에 있는 와이어링 하네스의 접지를 분리해야 한다.

용접기의 접지는 용접 부위에서 최대한 가까운 위치에 있어야 한다 (MR 400 차체 구조 수리 매뉴얼, 40H, 볼트 결합, 접지를 위한 볼트 결합: 장착 참조).

용접 부위 근처의 접지를 찾는다 (40A, 일반 사항, 접지 위치 : 일반 설명 참조).

c - 탈거해야 하는 차체 구성부품 - 교환 작업을 실시하기 위해 탈거해야 하는 스트럭쳐

다음을 탈거한다 :

- 사이드 실 패널 (41C, 사이드 로어 스트럭쳐, 사이드 실 패널 : 교환 참조),
- 사이드 실 패널 리인포스먼트 (41C, 사이드 로어 스트럭쳐, 사이드 실 패널 리인포스먼트 : 교환 참조),
- 이너 실 (41C, 사이드 로어 스트럭쳐, 이너 실 리어 섹션 : 교환 참조).

주의

용접할 부품의 접촉면에 접근할 수 없는 경우 스폿 용접 (전기 저항 용접) 대신 플러그 용접 (아크 용접) 을 사용한다 (MR 400 차체 구조 수리 매뉴얼, 40C, 가스 메탈 아크 용접 접합, 가스 차폐 아크 용접 비드 조인트 : 설명 참조).

d - 용접 작업에 대한 설명

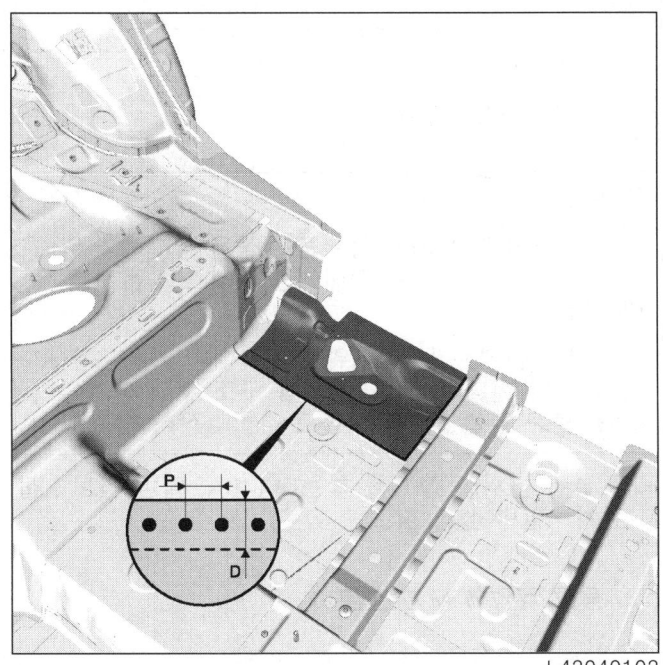

L43040103

연결부를 이중으로 만든다 (MR 400 차체 구조 수리 매뉴얼, 40E, 부분 교환 접합, 오버레이에 의한 부분 교환 연결부 : 설명 참조).

센터 로어 스트럭쳐
터널 : 교환

41B

L43

I – 서비스 부품의 구성

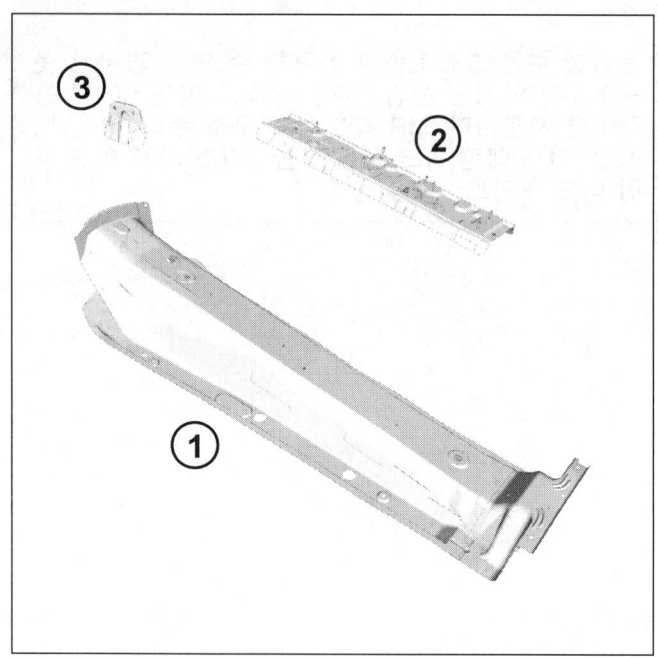

L43040236

번호	설명	재질	두께 (mm)
(1)	터널	APFC390	1.2
(2)	터널 리인포스먼트	HE450M	1.8
(3)	스티어링 칼럼 크로스 멤버 마운팅	SPCC	1.5

II – 교환 작업

부품 교환 방법 :

– 전체 교환 .

1 – 전체 교환

a – 부품의 장착 위치

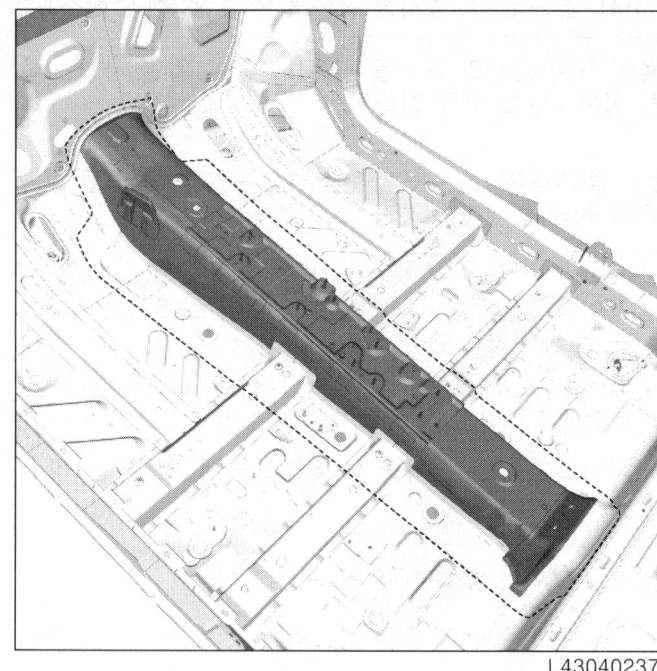

L43040237

b – 전기 접지의 위치

> **주의**
>
> 차량의 전기 및 전자 구성부품 손상을 방지하기 위해 용접 부위 근처에 있는 와이어링 하네스의 접지를 분리해야 한다 .
>
> 용접기의 접지는 용접 부위에서 최대한 가까운 위치에 있어야 한다 (MR 400 차체 구조 수리 매뉴얼 , 40H, 볼트 결합 , 접지용 볼트 결합 : 장착 참조).

용접 부위 근처의 접지를 찾는다 (40A, 일반 정보 , 접지 위치 : 일반 설명 참조).

c – 용접 작업에 대한 설명

> **주의**
>
> 용접할 부품의 접촉면에 접근할 수 없는 경우 스폿 용접 (전기 저항 용접) 대신 플러그 용접 (아크 용접) 을 사용한다 (MR 400 차체 구조 수리 매뉴얼 , 40C, 아크 용접 접합 (GMAW), 가스 실드 아크 용접 비드 조인트 : 설명 참조).

센터 로어 스트럭쳐
센터 플로어 프론트 크로스 멤버 : 교환

41B

L43

I – 서비스 부품의 구성

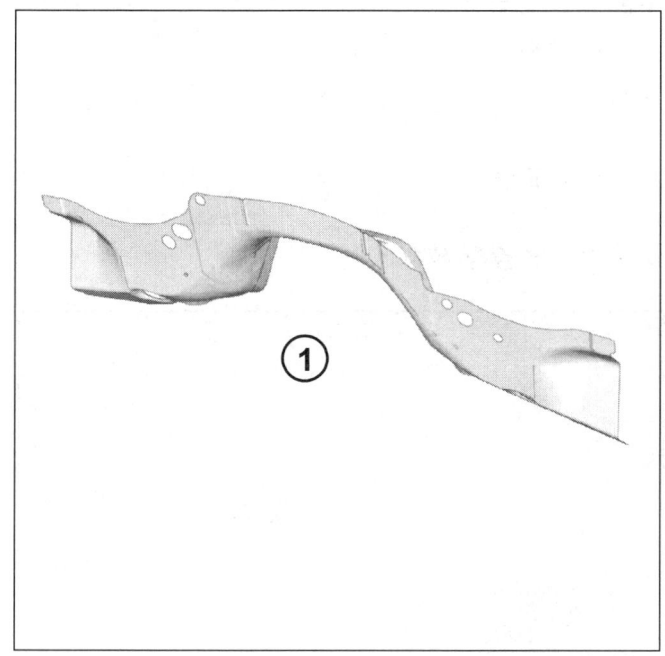

번호	설명	재질	두께 (mm)
(1)	센터 플로어 프론트 크로스 멤버	SGACC	1.2

II – 교환 작업

부품 교환 방법 :

– 전체 교환 .

1 – 전체 교환

a – 부품의 장착 위치

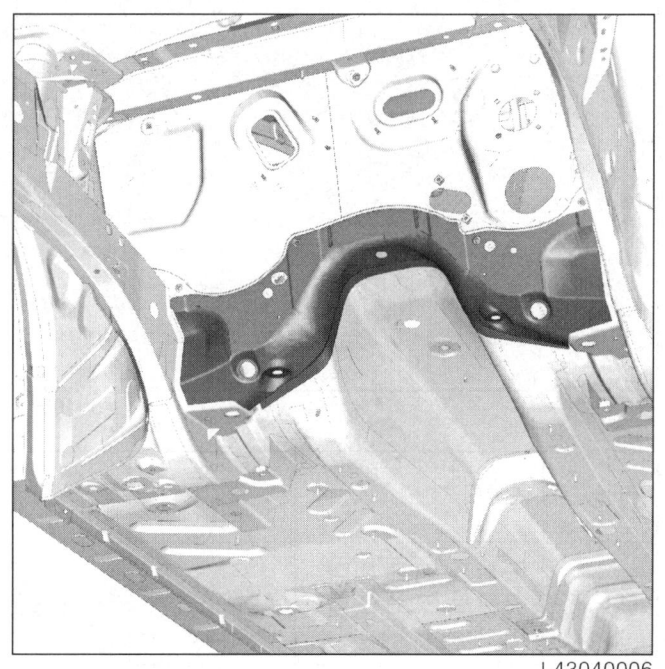

b – 전기 접지의 위치

> **주의**
>
> 차량의 전기 및 전자 구성부품 손상을 방지하기 위해 용접 부위 근처에 있는 와이어링 하네스의 접지를 분리해야 한다 .
>
> 용접기의 접지는 용접 부위에서 최대한 가까운 위치에 있어야 한다 (MR 400 차체 구조 수리 매뉴얼 , 40H, 볼트 결합 , 접지용 볼트 결합 : 장착 참조).

용접 부위 근처의 접지를 찾는다 (40A, 일반 정보 , 접지 위치 : 일반 설명 참조).

c – 용접 작업에 대한 설명

> **주의**
>
> 용접할 부품의 접촉면에 접근할 수 없는 경우 스폿 용접 (전기 저항 용접) 대신 플러그 용접 (아크 용접) 을 사용한다 (MR 400 차체 구조 수리 매뉴얼 , 40C, 아크 용접 접합 (GMAW), 가스 실드 아크 용접 비드 조인트 : 설명 참조).

센터 로어 스트럭쳐
프론트 시트 언더 프론트 크로스 멤버 : 교환

41B

L43

I – 서비스 부품의 구성

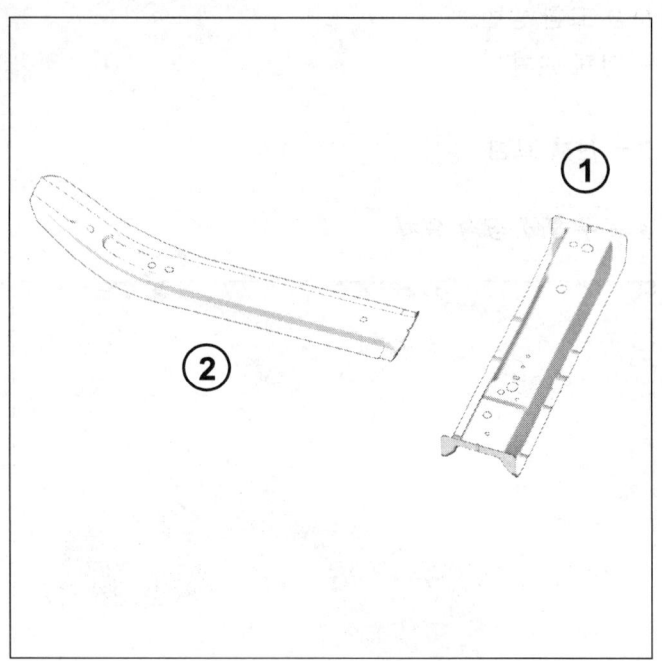

번호	설명	재질	두께 (mm)
(1)	프론트 시트 언더 프론트 크로스 멤버	APFH540	1.8
(2)	플로어 사이드 멤버 리인포스먼트	APFH540	2.5

II – 교환 작업

부품 교환 방법 :

– 전체 교환 ,

– 부분 교환 .

1 – 전체 교환

a – 부품의 장착 위치

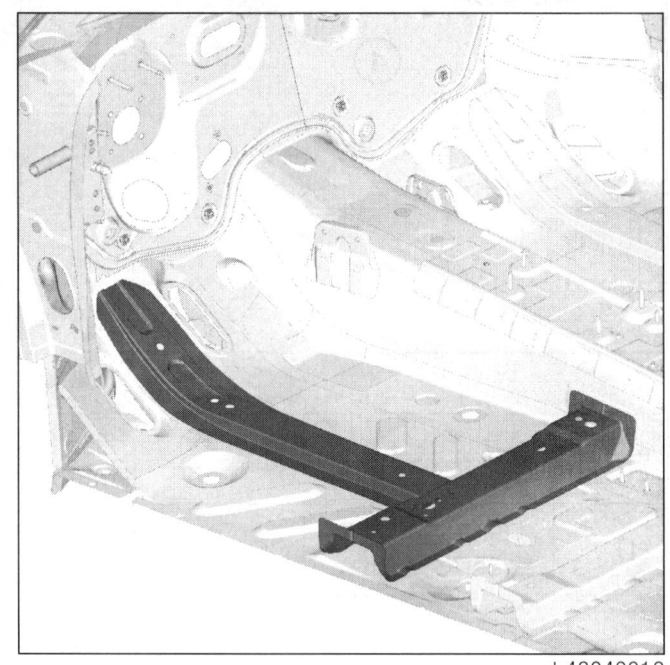

b – 전기 접지의 위치

> **주의**
>
> 차량의 전기 및 전자 구성부품 손상을 방지하기 위해 용접 부위 근처에 있는 와이어링 하네스의 접지를 분리해야 한다 .
>
> 용접기의 접지는 용접 부위에서 최대한 가까운 위치에 있어야 한다 (MR 400 차체 구조 수리 매뉴얼 , 40H, 볼트 결합 , 접지용 볼트 결합 : 장착 참조).

용접 부위 근처의 접지를 찾는다 (40A, 일반 정보 , 접지 위치 : 일반 설명 참조).

센터 로어 스트럭쳐
프론트 시트 언더 프론트 크로스 멤버 : 교환

41B

L43

c - 용접 작업에 대한 설명

> 주의
>
> 용접할 부품의 접촉면에 접근할 수 없는 경우 스폿 용접 (전기 저항 용접) 대신 플러그 용접 (아크 용접) 을 사용한다 (MR 400 차체 구조 수리 매뉴얼 , 40C, 아크 용접 접합 (GMAW), 가스 실드 아크 용접 비드 조인트 : 설명 참조).

2 - 부분 교환

a - 부품의 장착 위치

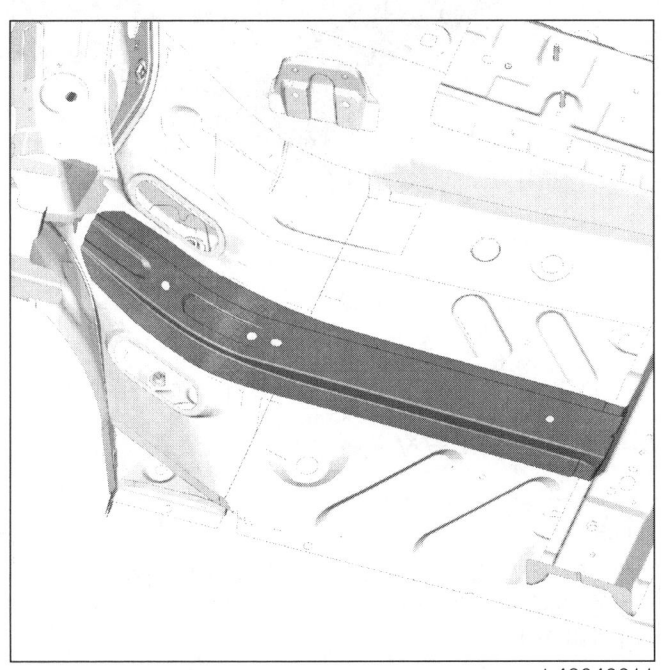

L43040011

b - 전기 접지의 위치

> 주의
>
> 차량의 전기 및 전자 구성부품 손상을 방지하기 위해 용접 부위 근처에 있는 와이어링 하네스의 접지를 분리해야 한다 .
>
> 용접기의 접지는 용접 부위에서 최대한 가까운 위치에 있어야 한다 (MR 400 차체 구조 수리 매뉴얼 , 40H, 볼트 결합 , 접지용 볼트 결합 : 장착 참조).

용접 부위 근처의 접지를 찾는다 (40A, 일반 정보 , 접지 위치 : 일반 설명 참조).

c - 용접 작업에 대한 설명

> 주의
>
> 용접할 부품의 접촉면에 접근할 수 없는 경우 스폿 용접 (전기 저항 용접) 대신 플러그 용접 (아크 용접) 을 사용한다 (MR 400 차체 구조 수리 매뉴얼 , 40C, 아크 용접 접합 (GMAW), 가스 실드 아크 용접 비드 조인트 : 설명 참조).

센터 로어 스트럭쳐
프론트 시트 언더 리어 크로스 멤버 : 교환

41B

L43

I – 서비스 부품의 구성

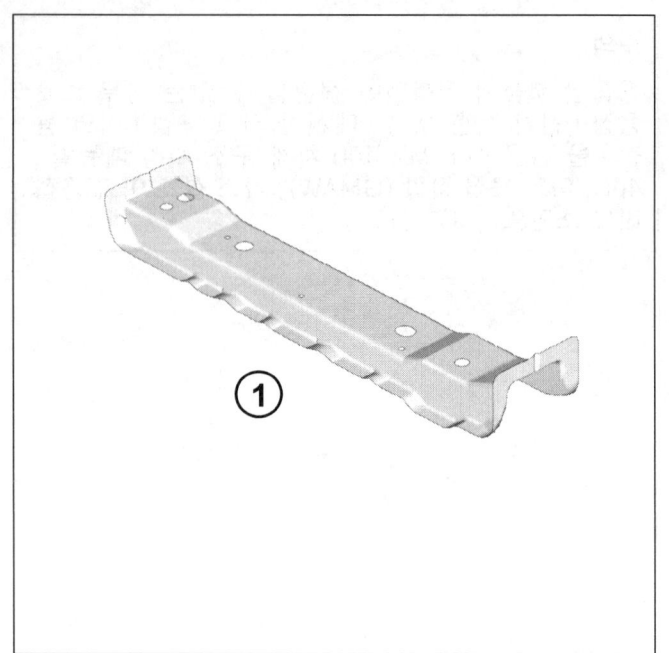

L43040012

번호	설명	재질	두께 (mm)
(1)	프론트 시트 언더 리어 크로스 멤버	APFH540	1.8

II – 교환 작업

부품 교환 방법 :
- 전체 교환 .

1 – 전체 교환

a – 부품의 장착 위치

L43040013

X1 = 412mm

b – 전기 접지의 위치

주의

차량의 전기 및 전자 구성부품 손상을 방지하기 위해 용접 부위 근처에 있는 와이어링 하네스의 접지를 분리해야 한다 .

용접기의 접지는 용접 부위에서 최대한 가까운 위치에 있어야 한다 (MR 400 차체 구조 수리 매뉴얼 , 40H, 볼트 결합, 접지를 위한 볼트 결합: 장착 참조).

용접 부위 근처의 접지를 찾는다 (40A, 일반 사항 , 접지 위치 : 일반 설명 참조).

c – 용접 작업에 대한 설명

주의

용접할 부품의 접촉면에 접근할 수 없는 경우 스폿 용접 (전기 저항 용접) 대신 플러그 용접 (아크 용접) 을 사용한다 (MR 400 차체 구조 수리 매뉴얼 , 40C, 가스 메탈 아크 용접 접합 , 가스 차폐 아크 용접 비드 조인트 : 설명 참조).

사이드 로어 스트럭쳐
사이드 실 패널 : 교환

41C

L43

I – 서비스 부품의 구성

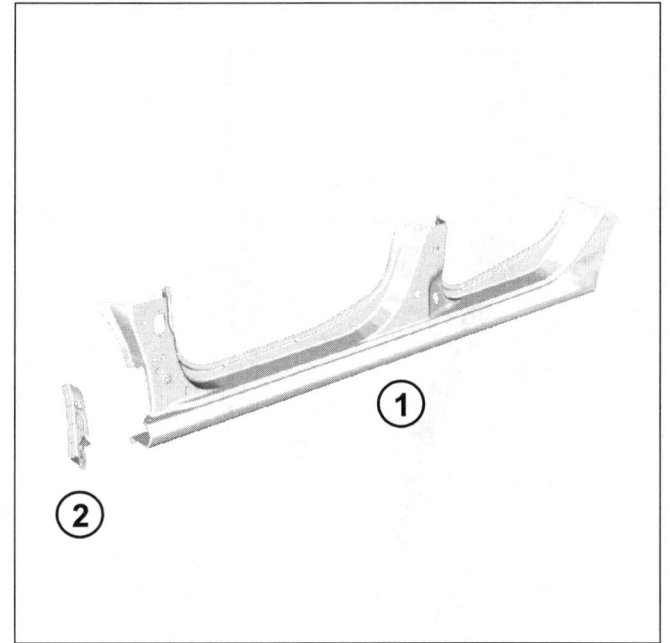

L43040139

번호	설명	재질	두께 (mm)
(1)	바디 사이드	SGACE	0.65
(2)	실 프론트 블랭킹 커버	SPCC	0.95

II – 교환 작업

부품 교환 방법 :

- 전체 교환 A-C-E,
- 프론트 엔드 부분 교환 A-B,
- 프론트 섹션 부분 교환 A-C-D,
- 리어 섹션 부분 교환 B-C-E,
- 리어 엔드 섹션 부분 교환 D-E.

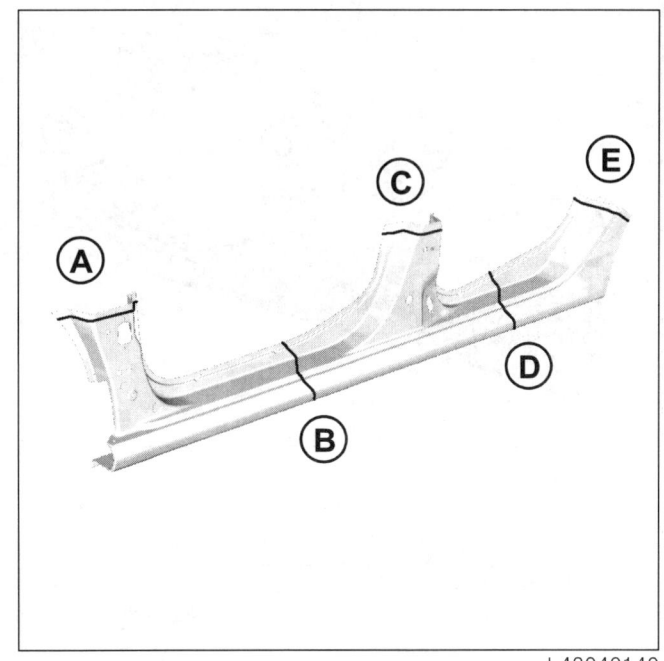

L43040140

41C-1

사이드 로어 스트럭쳐
사이드 실 패널 : 교환

41C

L43

1 - 전체 교환 A-C-E

a - 부품의 장착 위치

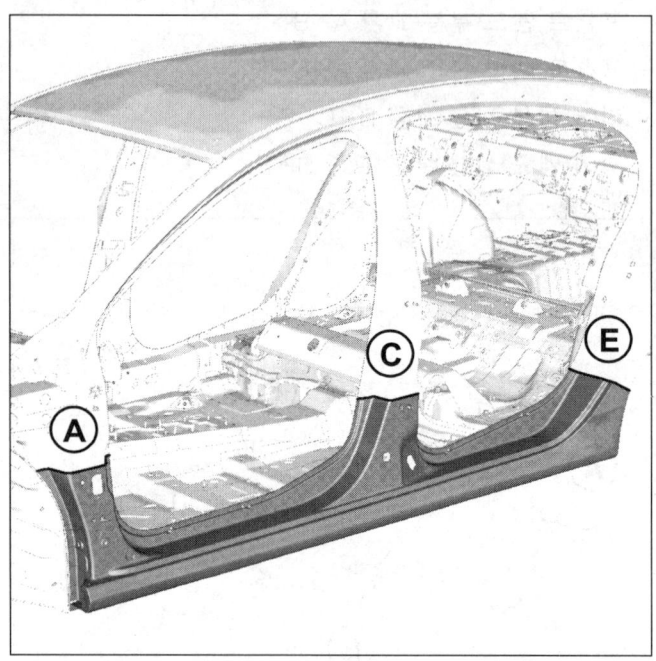

세부도 A

세부도 C

사이드 로어 스트럭쳐
사이드 실 패널 : 교환

41C

L43

세부도 E

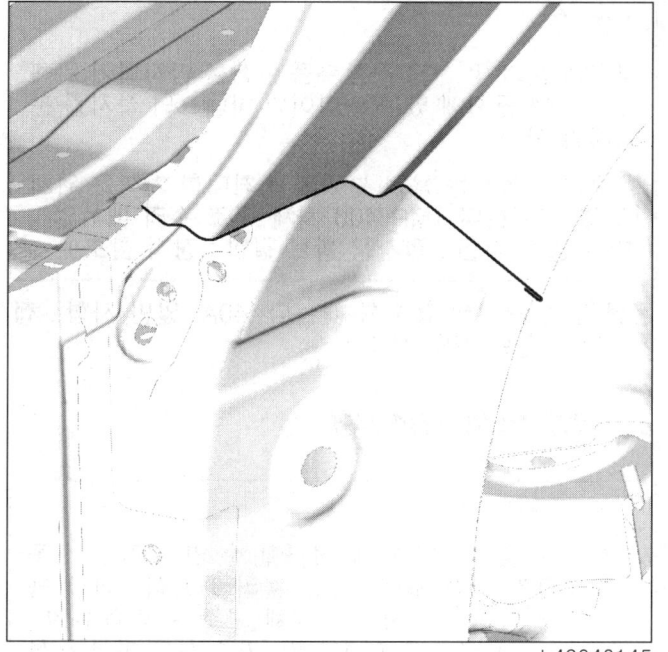

b - 전기 접지의 위치

주의

차량의 전기 및 전자 구성부품 손상을 방지하기 위해 용접 부위 근처에 있는 와이어링 하네스의 접지를 분리해야 한다.

용접기의 접지는 용접 부위에서 최대한 가까운 위치에 있어야 한다 (MR 400 차체 구조 수리 매뉴얼, 40H, 볼트 결합, 접지용 볼트 결합 : 장착 참조).

용접 부위 근처의 접지를 찾는다 (40A, 일반 사항, 접지 위치 : 일반 설명 참조).

c - 용접 작업에 대한 설명

주의

용접할 부품의 접촉면에 접근할 수 없는 경우 스폿 용접 (전기 저항 용접) 대신 플러그 용접 (아크 용접) 을 사용한다 (MR 400 차체 구조 수리 매뉴얼, 40C, 아크 용접 접합 (GMAW), 가스 쉴드 아크 용접 비드 조인트 : 설명 참조).

2 - 프론트 엔드 부분 교환 A-B

a - 부품의 장착 위치

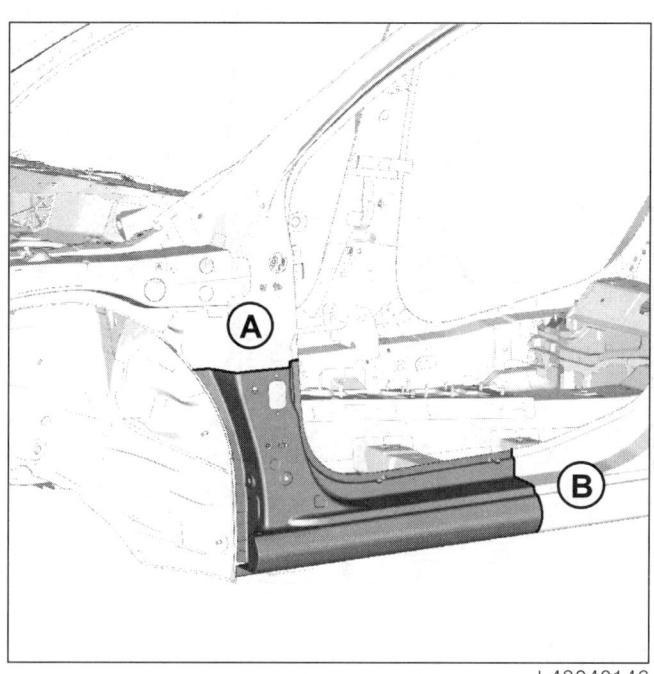

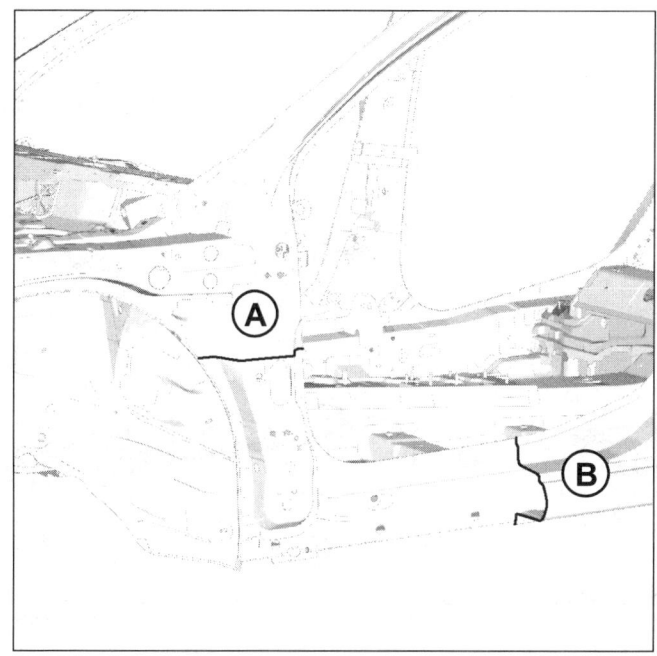

사이드 로어 스트럭쳐
사이드 실 패널 : 교환

41C

L43

세부도 A

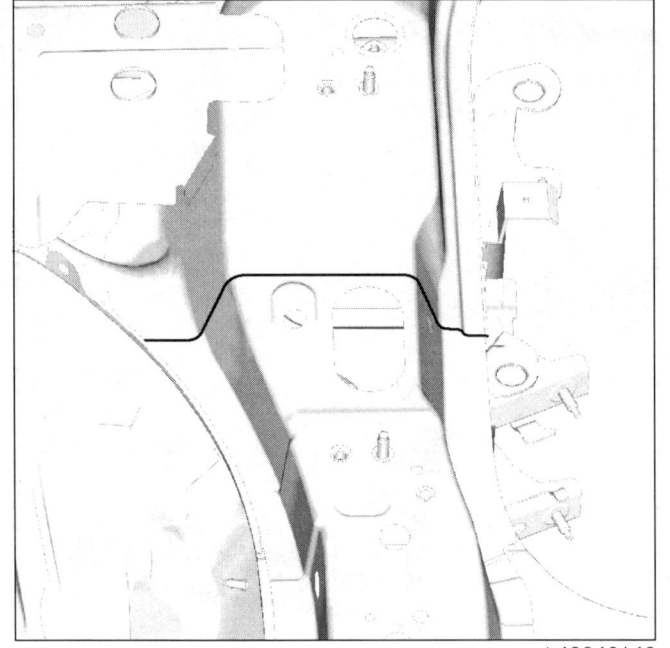

L43040148

세부도 B

L43040149

b - 전기 접지의 위치

주의

차량의 전기 및 전자 구성부품 손상을 방지하기 위해 용접 부위 근처에 있는 와이어링 하네스의 접지를 분리해야 한다.

용접기의 접지는 용접 부위에서 최대한 가까운 위치에 있어야 한다 (MR 400 차체 구조 수리 매뉴얼, 40H, 볼트 결합, 접지용 볼트 결합 : 장착 참조).

용접 부위 근처의 접지를 찾는다 (40A, 일반 사항, 접지 위치 : 일반 설명 참조).

c - 용접 작업에 대한 설명

주의

용접할 부품의 접촉면에 접근할 수 없는 경우 스폿 용접 (전기 저항 용접) 대신 플러그 용접 (아크 용접) 을 사용한다 (MR 400 차체 구조 수리 매뉴얼, 40C, 아크 용접 접합 (GMAW), 가스 실드 아크 용접 비드 조인트 : 설명 참조).

사이드 로어 스트럭쳐
사이드 실 패널 : 교환

L43

3 – 프론트 섹션 부분 교환 A-C-D

a – 부품의 장착 위치

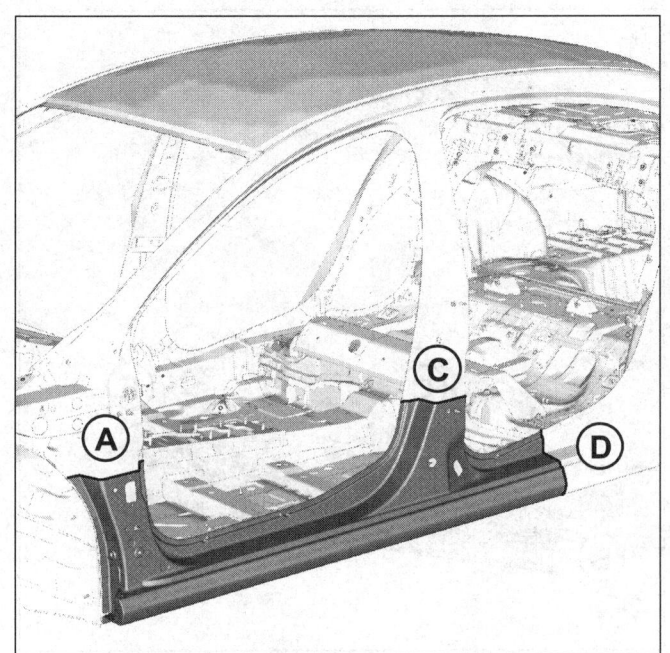

세부도 A

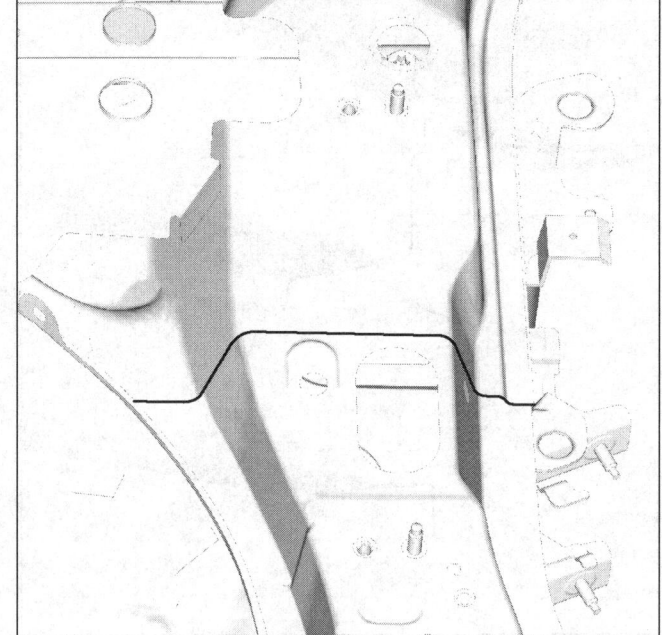

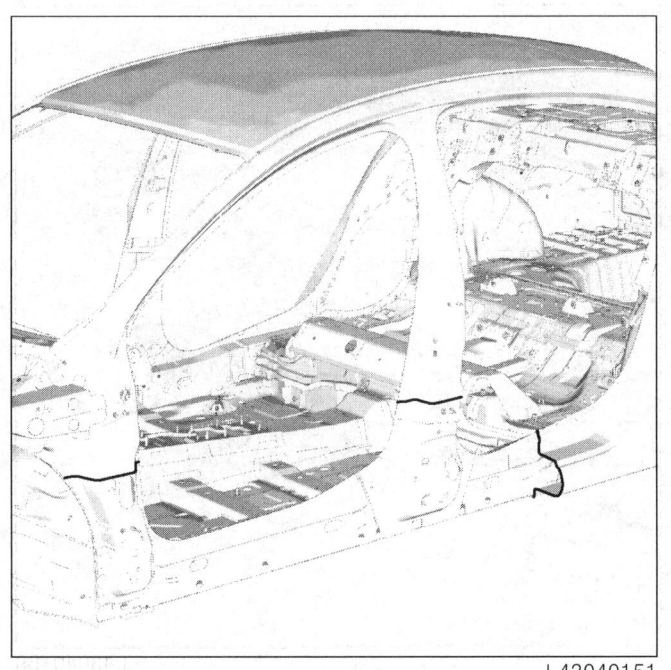

세부도 C

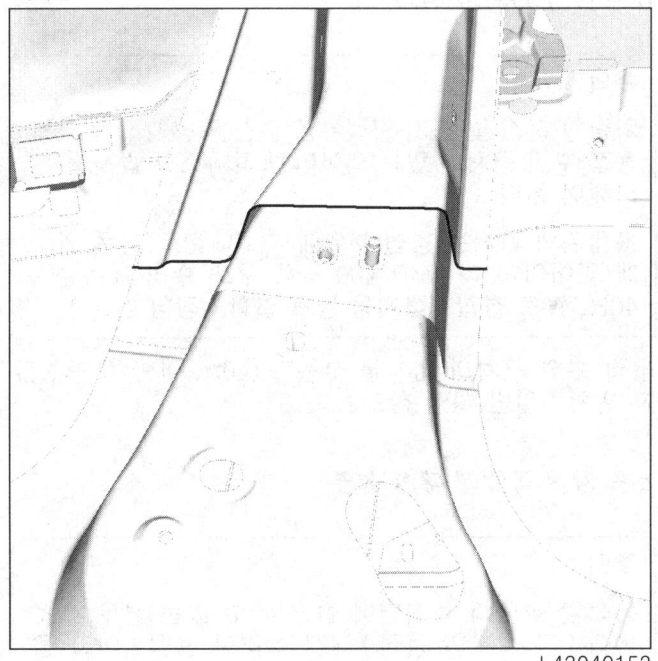

사이드 로어 스트럭쳐
사이드 실 패널 : 교환

41C

L43

세부도 D

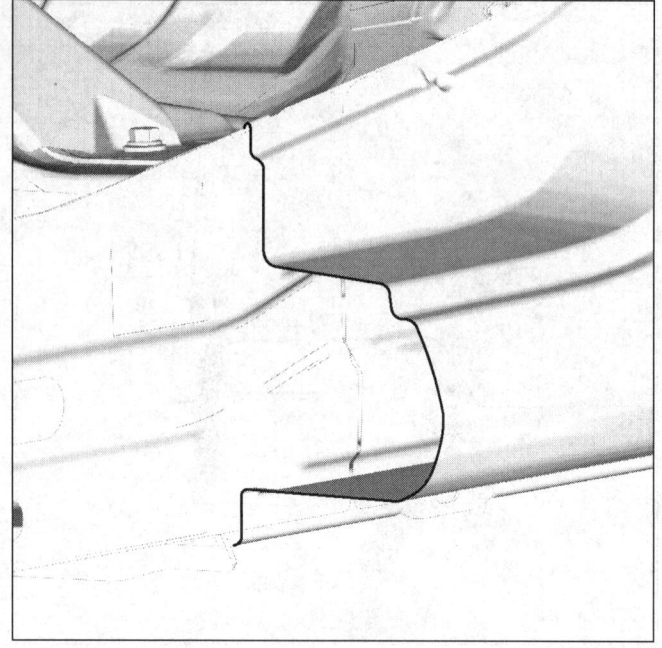

b - 전기 접지의 위치

주의

차량의 전기 및 전자 구성부품 손상을 방지하기 위해 용접 부위 근처에 있는 와이어링 하네스의 접지를 분리해야 한다.

용접기의 접지는 용접 부위에서 최대한 가까운 위치에 있어야 한다 (MR 400 차체 구조 수리 매뉴얼, 40H, 볼트 결합, 접지용 볼트 결합 : 장착 참조).

용접 부위 근처의 접지를 찾는다 (40A, 일반 사항, 접지 위치 : 일반 설명 참조).

c - 용접 작업에 대한 설명

주의

용접할 부품의 접촉면에 접근할 수 없는 경우 스폿 용접 (전기 저항 용접) 대신 플러그 용접 (아크 용접) 을 사용한다 (MR 400 차체 구조 수리 매뉴얼, 40C, 아크 용접 접합 (GMAW), 가스 실드 아크 용접 비드 조인트 : 설명 참조).

4 - 리어 섹션 부분 교환 B-C-E

a - 부품의 장착 위치

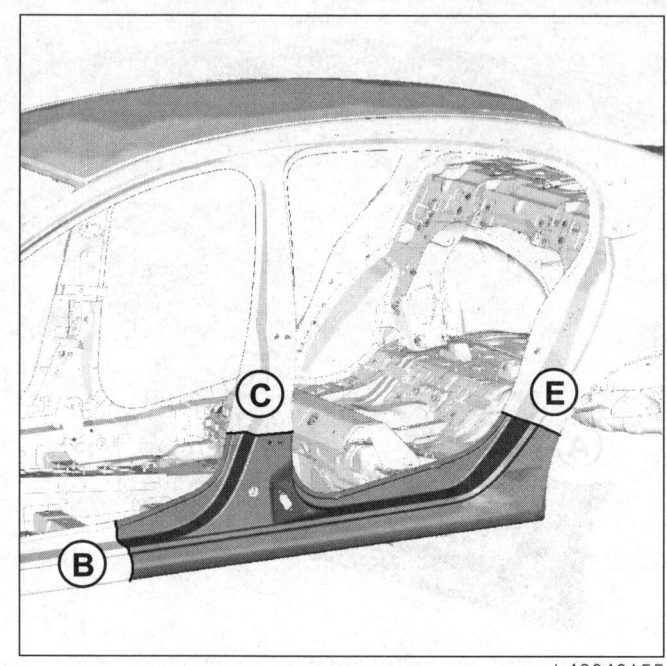

사이드 로어 스트럭쳐
사이드 실 패널 : 교환

41C

L43

세부도 B

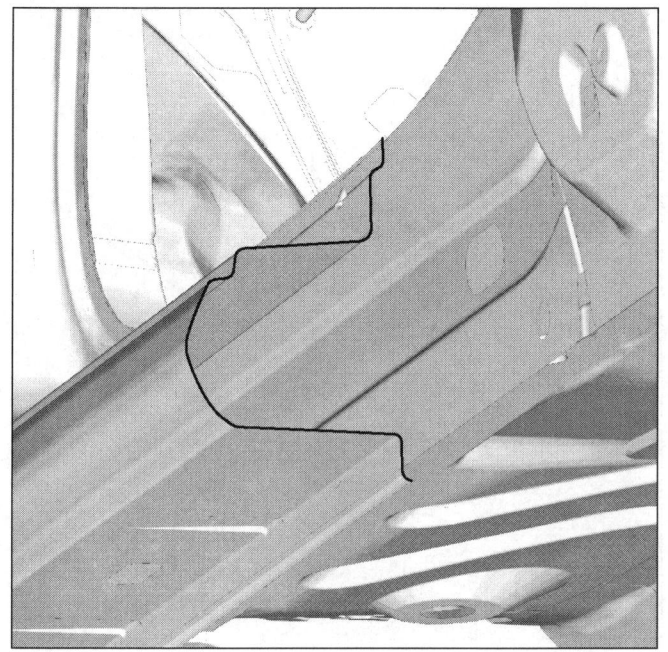

세부도 C

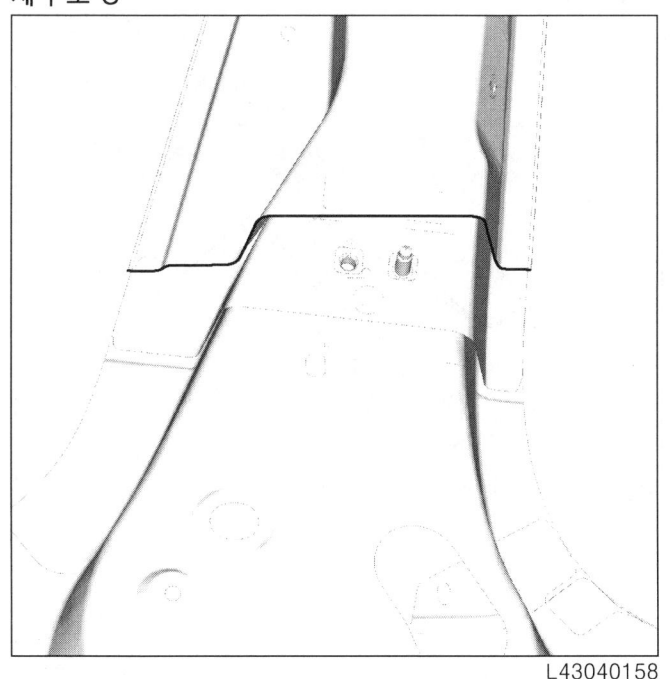

세부도 E

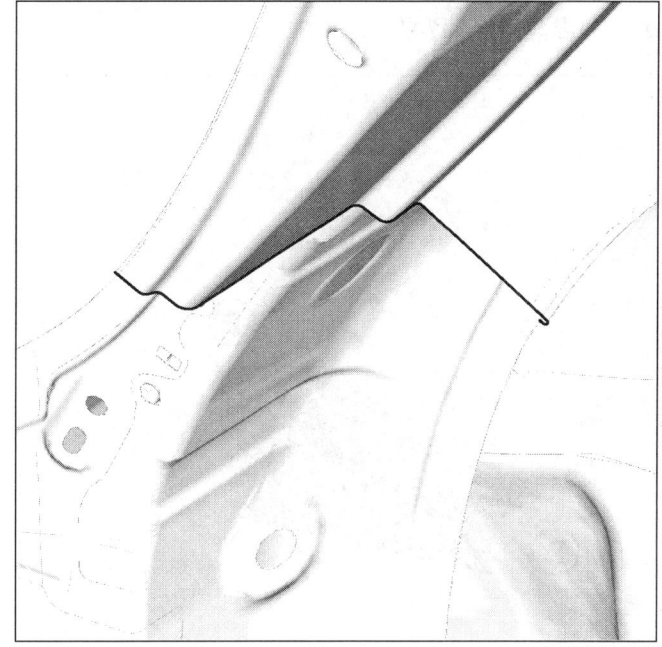

b - 전기 접지의 위치

주의

차량의 전기 및 전자 구성부품 손상을 방지하기 위해 용접 부위 근처에 있는 와이어링 하네스의 접지를 분리해야 한다.

용접기의 접지는 용접 부위에서 최대한 가까운 위치에 있어야 한다 (MR 400 차체 구조 수리 매뉴얼, 40H, 볼트 결합, 접지용 볼트 결합 : 장착 참조).

용접 부위 근처의 접지를 찾는다 (40A, 일반 사항, 접지 위치 : 일반 설명 참조).

c - 용접 작업에 대한 설명

주의

용접할 부품의 접촉면에 접근할 수 없는 경우 스폿 용접 (전기 저항 용접) 대신 플러그 용접 (아크 용접) 을 사용한다 (MR 400 차체 구조 수리 매뉴얼, 40C, 아크 용접 접합 (GMAW), 가스 실드 아크 용접 비드 조인트 : 설명 참조).

사이드 로어 스트럭쳐
사이드 실 패널 : 교환

41C

L43

5 - 리어 엔드 섹션 부분 교환 D-E

a - 부품의 장착 위치

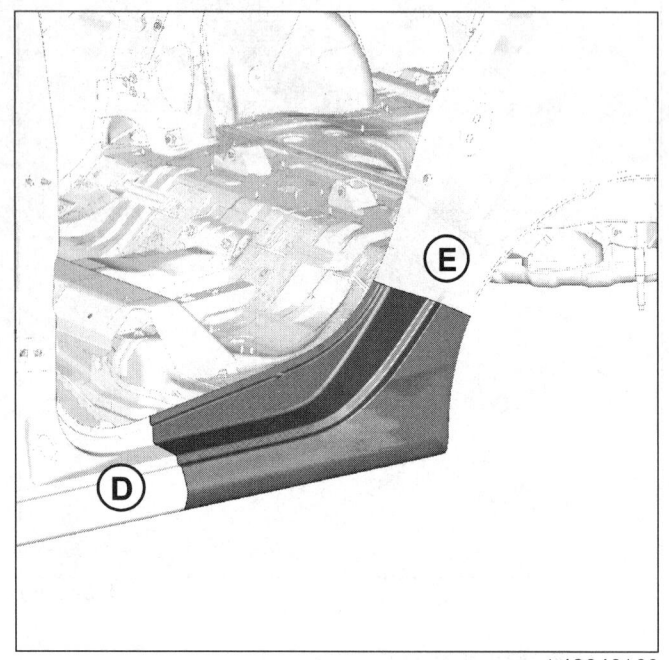

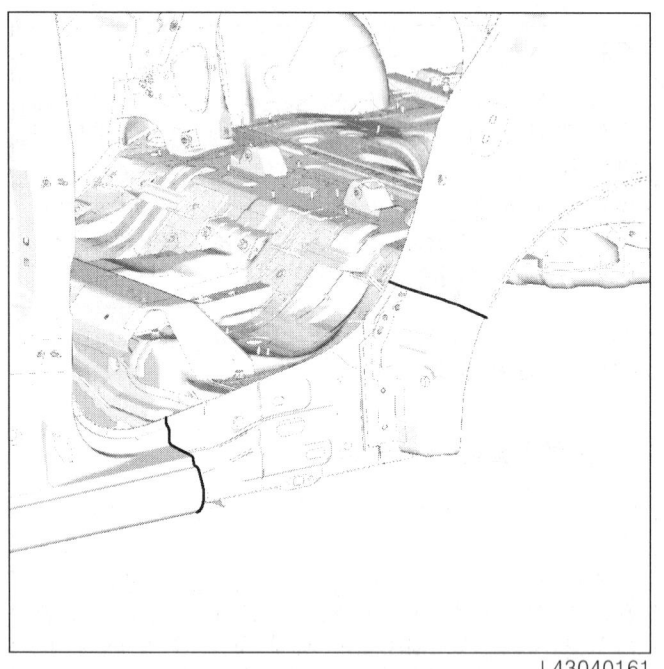

세부도 D

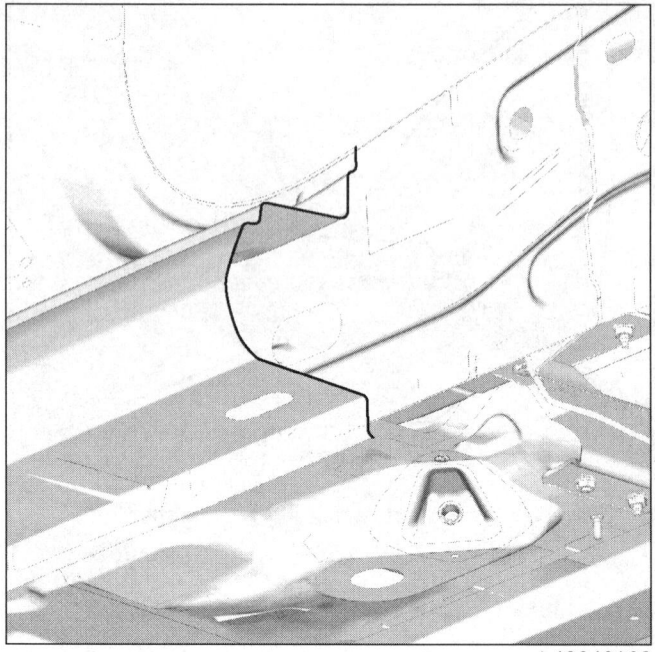

세부도 E

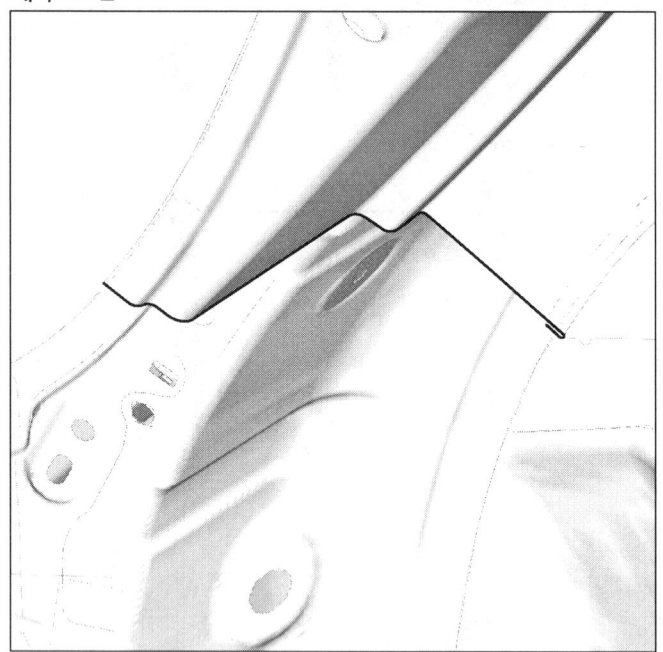

사이드 로어 스트럭쳐
사이드 실 패널 : 교환

41C

L43

b - 전기 접지의 위치

주의

차량의 전기 및 전자 구성부품 손상을 방지하기 위해 용접 부위 근처에 있는 와이어링 하네스의 접지를 분리해야 한다.

용접기의 접지는 용접 부위에서 최대한 가까운 위치에 있어야 한다 (MR 400 차체 구조 수리 매뉴얼, 40H, 볼트 결합, 접지용 볼트 결합 : 장착 참조).

용접 부위 근처의 접지를 찾는다 (40A, 일반 사항, 접지 위치 : 일반 설명 참조).

c - 용접 작업에 대한 설명

주의

용접할 부품의 접촉면에 접근할 수 없는 경우 스폿 용접 (전기 저항 용접) 대신 플러그 용접 (아크 용접) 을 사용한다 (MR 400 차체 구조 수리 매뉴얼, 40C, 아크 용접 접합 (GMAW), 가스 실드 아크 용접 비드 조인트 : 설명 참조).

사이드 로어 스트럭쳐
이너 실 리어 섹션 : 교환

41C

L43

I – 서비스 부품의 구성

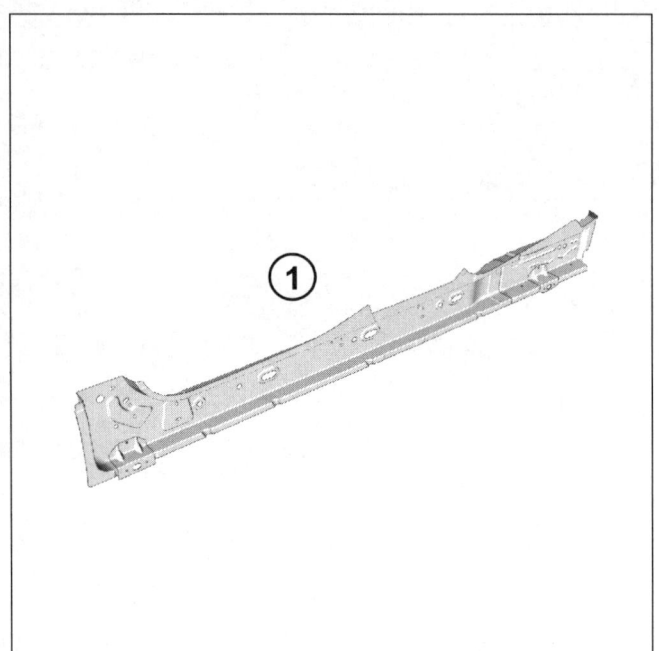

L43040253

번호	설명	재질	두께 (mm)
(1)	이너 실 패널	SGACY380	1

II – 교환 작업

부품 교환 방법 :

– 전체 교환 .

1 – 전체 교환

a – 부품의 장착 위치

L43040254

b – 전기 접지의 위치

주의

차량의 전기 및 전자 구성부품 손상을 방지하기 위해 용접 부위 근처에 있는 와이어링 하네스의 접지를 분리해야 한다 .

용접기의 접지는 용접 부위에서 최대한 가까운 위치에 있어야 한다 (MR 400 차체 구조 수리 매뉴얼 , 40H, 볼트 결합 , 접지용 볼트 결합 : 장착 참조).

용접 부위 근처의 접지를 찾는다 (40A, 일반 사항 , 접지 위치 : 일반 설명 참조).

사이드 로어 스트럭쳐
이너 실 리어 섹션 : 교환

41C

L43

c – 탈거해야 하는 차체 구성부품 – 교환 작업을 실시하기 위해 탈거해야 하는 스트럭쳐

사이드 실 패널을 탈거한다 (41C, 사이드 로어 스트럭쳐 , 사이드 실 패널 : 교환 참조).

d – 용접 작업에 대한 설명

> **주의**
>
> 용접할 부품의 접촉면에 접근할 수 없는 경우 스폿 용접 (전기 저항 용접) 대신 플러그 용접 (아크 용접) 을 사용한다 (MR 400 차체 구조 수리 매뉴얼 , 40C, 아크 용접 접합 (GMAW), 가스 실드 아크 용접 비드 조인트 : 설명 참조).

사이드 로어 스트럭쳐
사이드 실 패널 리인포스먼트 : 교환

41C

L43

I – 서비스 부품의 구성

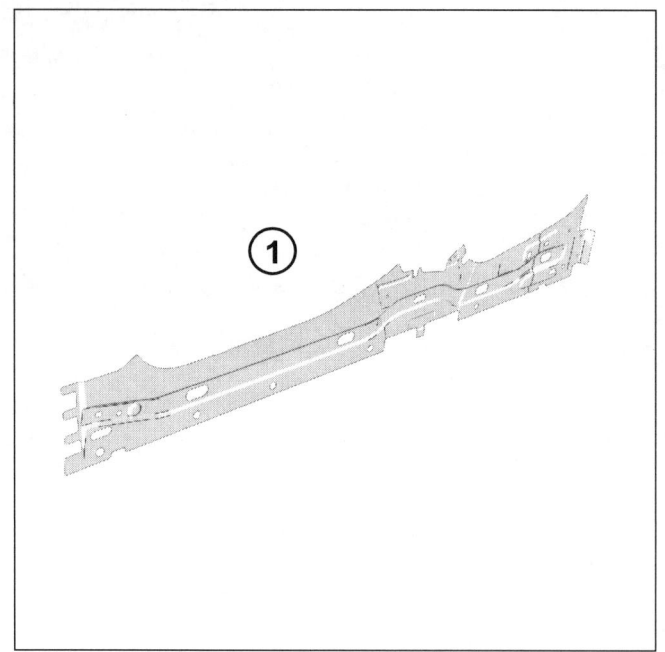

L43040255

번호	설명	재질	두께 (mm)
(1)	사이드 실 패널 리인포스먼트	SGACY380	1.0

II – 교환 작업

부품 교환 방법 :
- 전체 교환 A-E,
- 부분 교환 A-C,
- 부분 교환 B-D,
- 부분 교환 D-E.

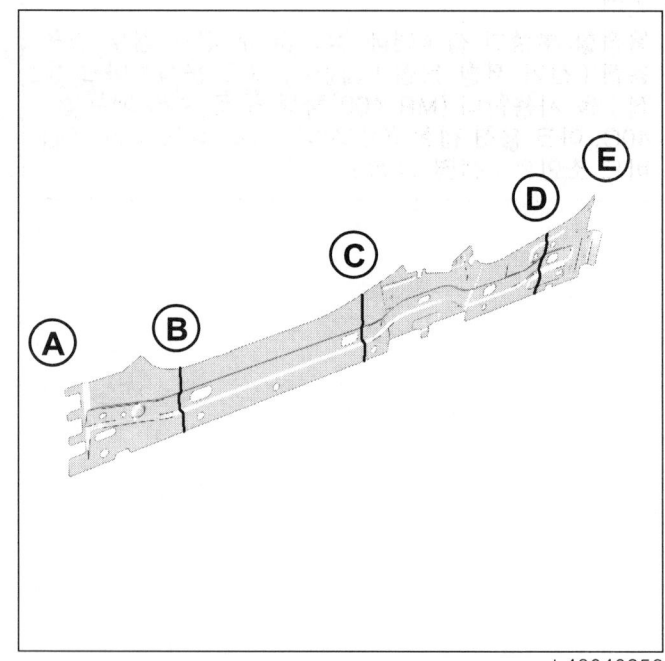

L43040256

1 – 전체 교환 A-E

a – 부품의 장착 위치

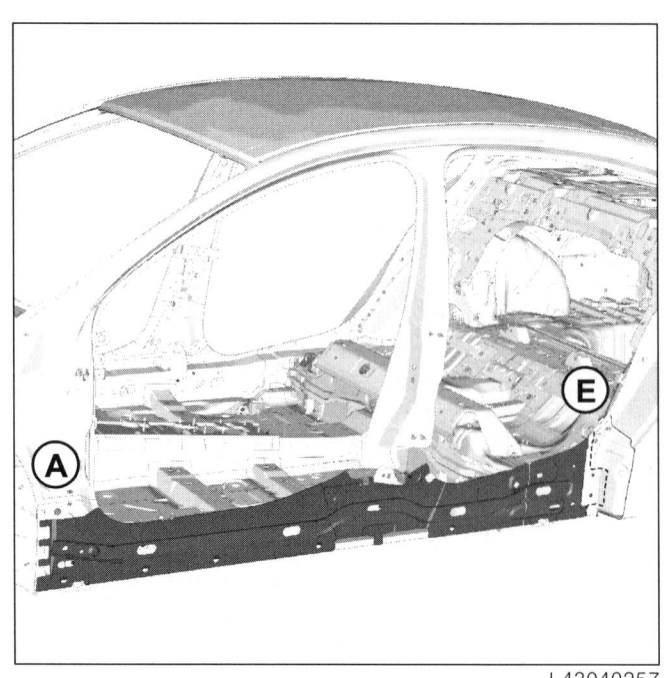

L43040257

41C-12

사이드 로어 스트럭쳐
사이드 실 패널 리인포스먼트 : 교환

41C

L43

b - 전기 접지의 위치

> **주의**
>
> 차량의 전기 및 전자 구성부품 손상을 방지하기 위해 용접 부위 근처에 있는 와이어링 하네스의 접지를 분리해야 한다.
>
> 용접기의 접지는 용접 부위에서 최대한 가까운 위치에 있어야 한다 (MR 400 차체 구조 수리 매뉴얼, 40H, 볼트 결합, 접지용 볼트 결합 : 장착 참조).

용접 부위 근처의 접지를 찾는다 (40A, 일반 사항, 접지 위치 : 일반 설명 참조).

c - 신품으로 교환해야 하는 부품

다음을 교환한다 :

- 중공 부분 인서트 (40A, 일반 사항, 방음재의 위치와 관련 설명 참조).

d - 탈거해야 하는 차체 구성부품 - 교환 작업을 실시하기 위해 탈거해야 하는 스트럭쳐

사이드 실 패널을 탈거한다 (41C, 사이드 로어 스트럭쳐, 사이드 실 패널 : 교환 참조).

e - 용접 작업에 대한 설명

> **주의**
>
> 용접할 부품의 접촉면에 접근할 수 없는 경우 스폿 용접 (전기 저항 용접) 대신 플러그 용접 (아크 용접)을 사용한다 (MR 400 차체 구조 수리 매뉴얼, 40C, 아크 용접 접합 (GMAW), 가스 실드 아크 용접 비드 조인트 : 설명 참조).

2 - 부분 교환 A-C

a - 부품의 장착 위치

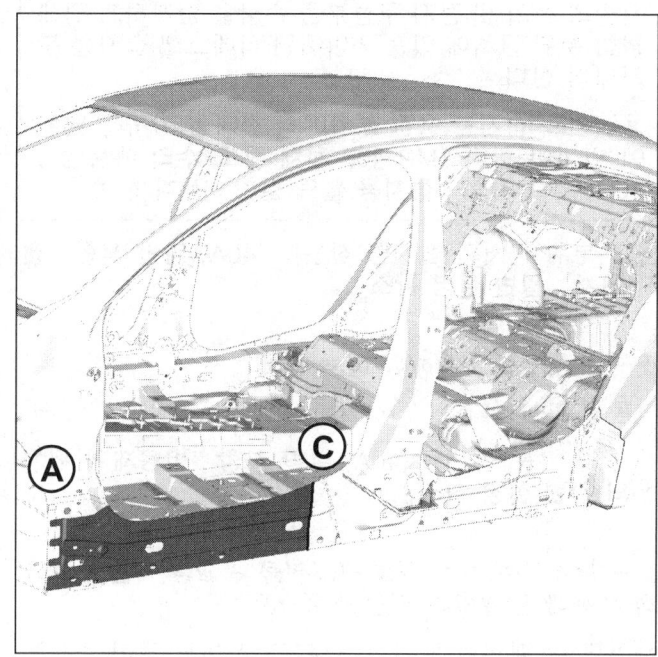

세부도 A

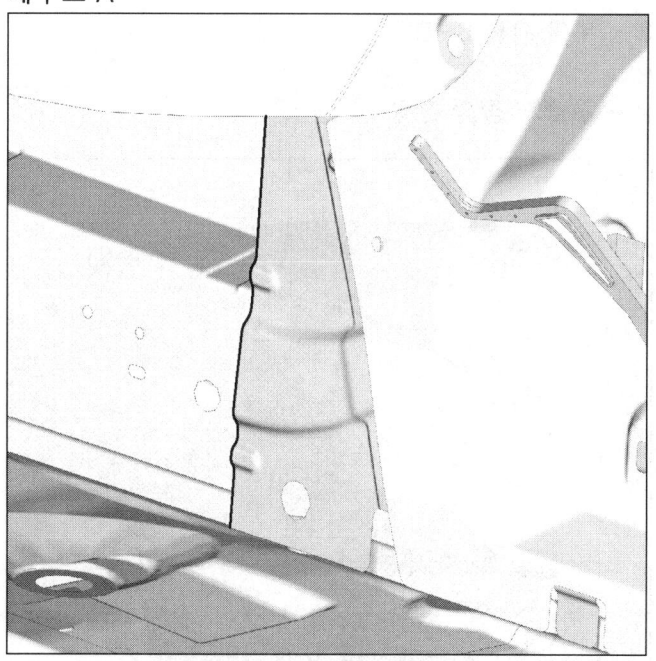

사이드 로어 스트럭쳐
사이드 실 패널 리인포스먼트 : 교환

41C

L43

b - 전기 접지의 위치

> **주의**
>
> 차량의 전기 및 전자 구성부품 손상을 방지하기 위해 용접 부위 근처에 있는 와이어링 하네스의 접지를 분리해야 한다.
>
> 용접기의 접지는 용접 부위에서 최대한 가까운 위치에 있어야 한다 (MR 400 차체 구조 수리 매뉴얼, 40H, 볼트 결합, 접지용 볼트 결합 : 장착 참조).

용접 부위 근처의 접지를 찾는다 (40A, 일반 사항, 접지 위치 : 일반 설명 참조).

c - 신품으로 교환해야 하는 부품

다음을 교환한다 :

- 중공 부분 인서트 (40A, 일반 사항, 방음재의 위치와 관련 설명 참조).

d - 탈거해야 하는 차체 구성부품 - 교환 작업을 실시하기 위해 탈거해야 하는 스트럭쳐

사이드 실 패널을 탈거한다 (41C, 사이드 로어 스트럭쳐, 사이드 실 패널 : 교환 참조).

3 - 부분 교환 B-D

a - 부품의 장착 위치

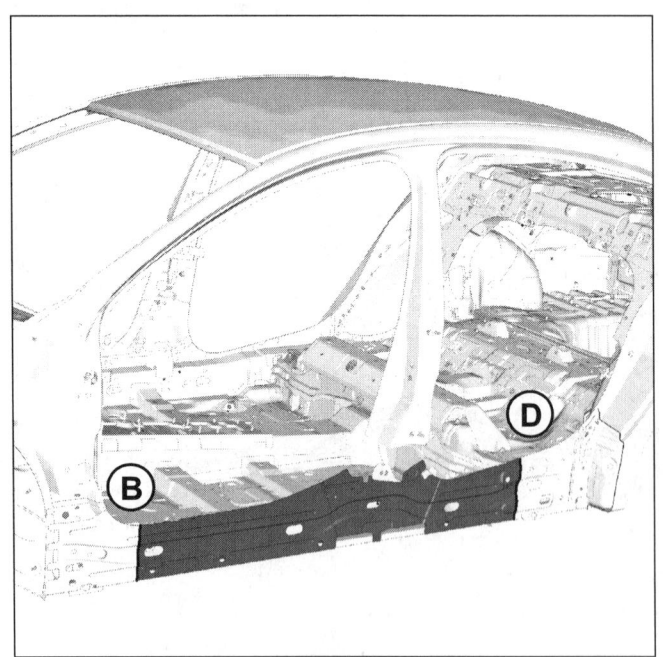

세부도 B

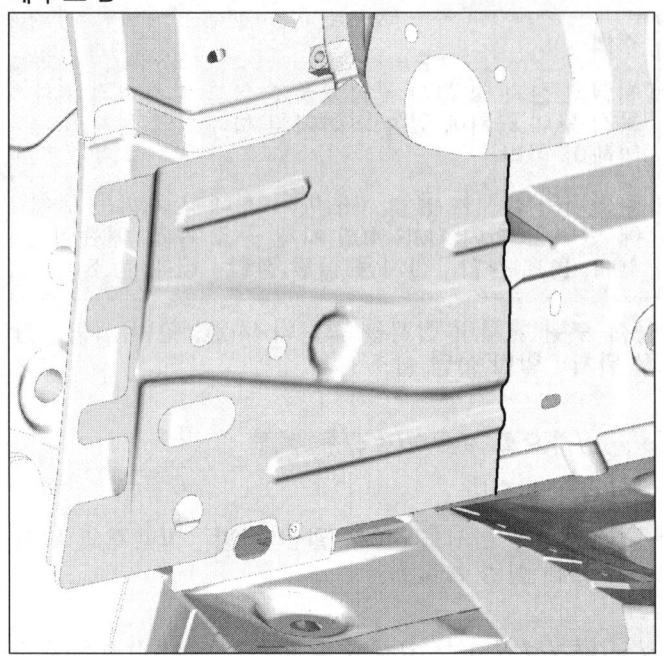

b - 전기 접지의 위치

> **주의**
>
> 차량의 전기 및 전자 구성부품 손상을 방지하기 위해 용접 부위 근처에 있는 와이어링 하네스의 접지를 분리해야 한다.
>
> 용접기의 접지는 용접 부위에서 최대한 가까운 위치에 있어야 한다 (MR 400 차체 구조 수리 매뉴얼, 40H, 볼트 결합, 접지용 볼트 결합 : 장착 참조).

용접 부위 근처의 접지를 찾는다 (40A, 일반 사항, 접지 위치 : 일반 설명 참조).

c - 신품으로 교환해야 하는 부품

다음을 교환한다 :

- 중공 부분 인서트 (40A, 일반 사항, 방음재의 위치와 관련 설명 참조).

d - 탈거해야 하는 차체 구성부품 - 교환 작업을 실시하기 위해 탈거해야 하는 스트럭쳐

사이드 실 패널을 탈거한다 (41C, 사이드 로어 스트럭쳐, 사이드 실 패널 : 교환 참조).

사이드 로어 스트럭쳐
사이드 실 패널 리인포스먼트 : 교환

41C

L43

4 – 부분 교환 D-E

a – 부품의 장착 위치

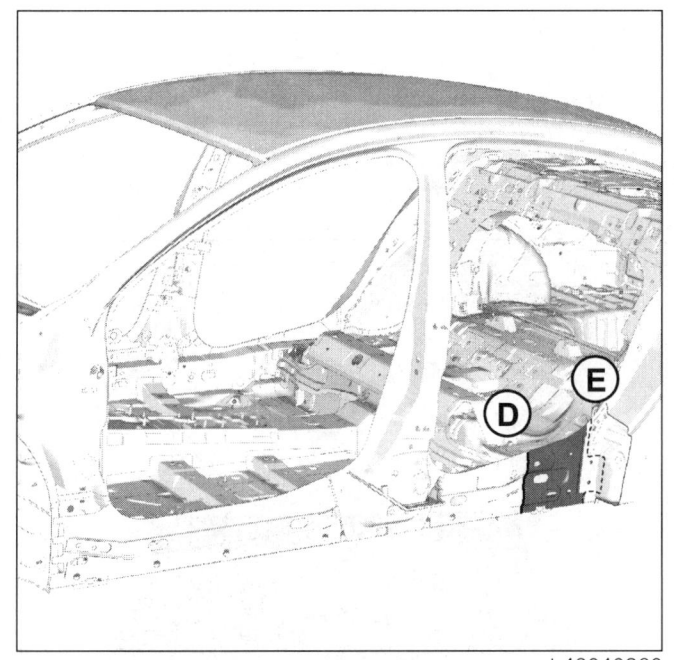

L43040260

b – 전기 접지의 위치

> **주의**
> 차량의 전기 및 전자 구성부품 손상을 방지하기 위해 용접 부위 근처에 있는 와이어링 하네스의 접지를 분리해야 한다.
>
> 용접기의 접지는 용접 부위에서 최대한 가까운 위치에 있어야 한다 (MR 400 차체 구조 수리 매뉴얼, 40H, 볼트 결합, 접지용 볼트 결합 : 장착 참조).

용접 부위 근처의 접지를 찾는다 (40A, 일반 사항, 접지 위치 : 일반 설명 참조).

c – 탈거해야 하는 차체 구성부품 – 교환 작업을 실시하기 위해 탈거해야 하는 스트럭쳐

다음을 탈거한다 :

- 사이드 실 패널 (41C, 사이드 로어 스트럭쳐, 사이드 실 패널 : 교환 참조),
- 쿼터 패널 이너 패널 (44A, 리어 어퍼 스트럭쳐, 쿼터 패널 이너 패널 : 교환 참조).

d – 용접 작업에 대한 설명

> **주의**
> 용접할 부품의 접촉면에 접근할 수 없는 경우 스폿 용접 (전기 저항 용접) 대신 플러그 용접 (아크 용접) 을 사용한다 (MR 400 차체 구조 수리 매뉴얼, 40C, 아크 용접 접합 (GMAW), 가스 실드 아크 용접 비드 조인트 : 설명 참조).

리어 로워 스트럭쳐
리어 플로어 리어 섹션 : 교환

41D

L43

I – 서비스 부품의 구성

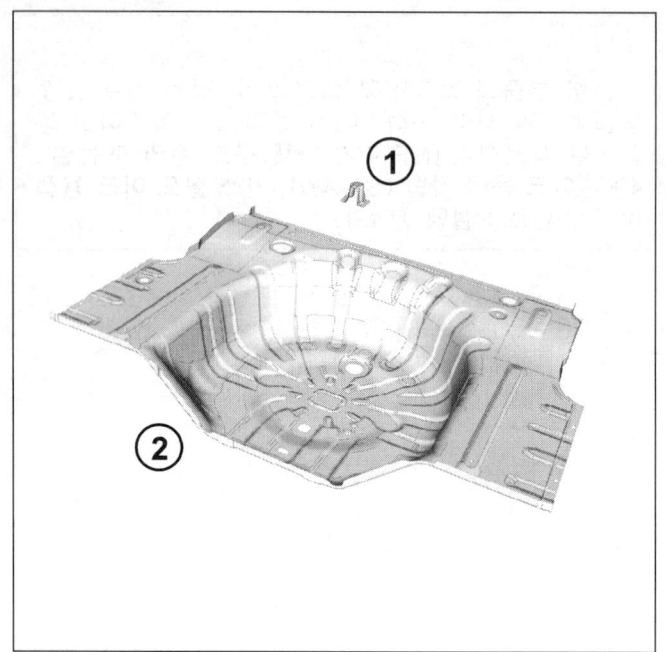

L43040206

번호	설명	재질	두께 (mm)
(1)	스페어 휠 캐리어 마운팅	SPCC	1.0
(2)	리어 플로어 리어 섹션	SPCE	0.75

II – 교환 작업

부품 교환 방법 :

- 전체 교환 ,
- 부분 교환 .

1 – 전체 교환

a – 부품의 장착 위치

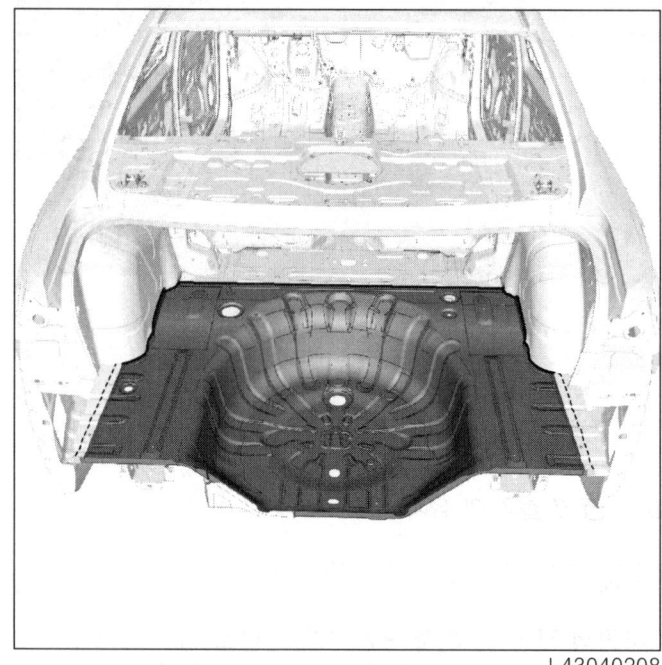

L43040208

b – 전기 접지의 위치

> **주의**
>
> 차량의 전기 및 전자 구성부품 손상을 방지하기 위해 용접 부위 근처에 있는 와이어링 하네스의 접지를 분리해야 한다 .
>
> 용접기의 접지는 용접 부위에서 최대한 가까운 위치에 있어야 한다 (MR 400 차체 구조 수리 매뉴얼 , 40H, 볼트 결합 , 접지용 볼트 결합 : 장착 참조).

용접 부위 근처의 접지를 찾는다 (40A, 일반 정보 , 접지 위치 : 일반 설명 참조).

c – 탈거해야 하는 차체 구성부품 – 교환 작업을 실시하기 위해 탈거해야 하는 스트럭쳐

리어 에이프런 패널 어셈블리를 탈거한다 (44A, 리어 어퍼 스트럭쳐 , 리어 에이프런 패널 어셈블리 : 교환 참조).

리어 로어 스트럭쳐
리어 플로어 리어 섹션 : 교환

41D

L43

d - 용접 작업에 대한 설명

> **주의**
> 용접할 부품의 접촉면에 접근할 수 없는 경우 스폿 용접 (전기 저항 용접) 대신 플러그 용접 (아크 용접) 을 사용한다 (MR 400 차체 구조 수리 매뉴얼 , 40C, 아크 용접 접합 (GMAW), 가스 실드 아크 용접 비드 조인트 : 설명 참조).

2 - 부분 교환

a - 부품의 장착 위치

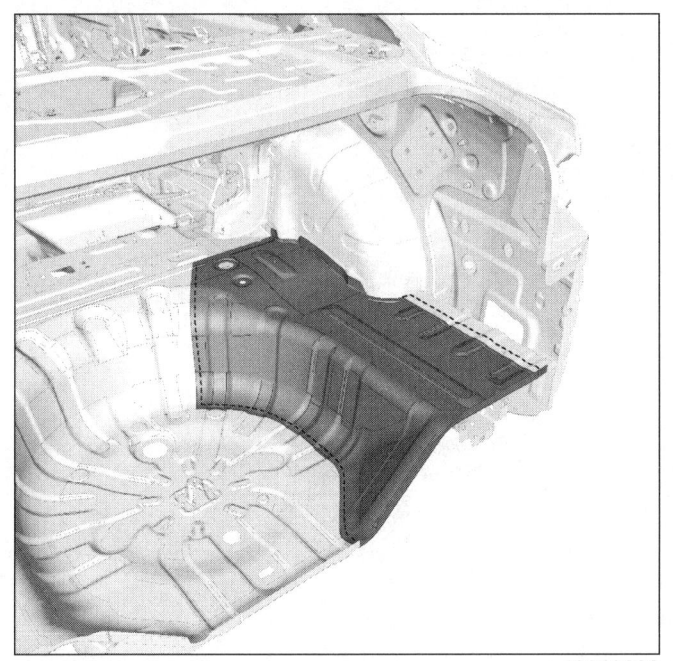

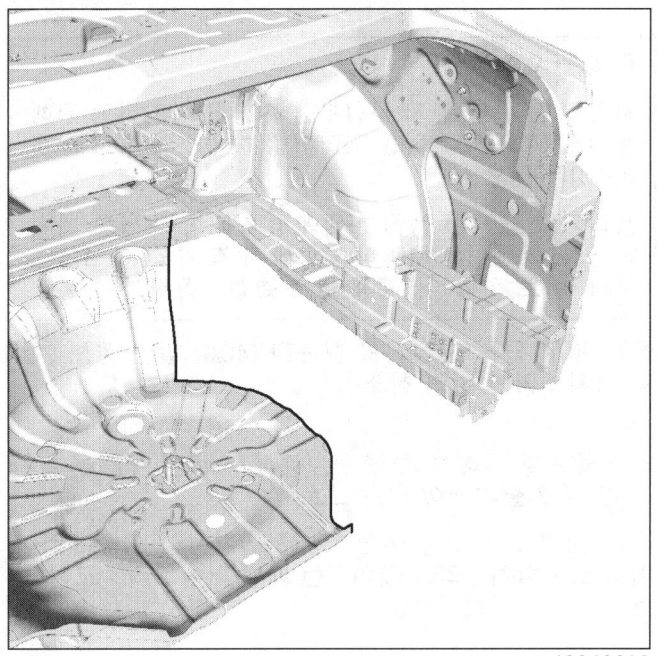

세부도

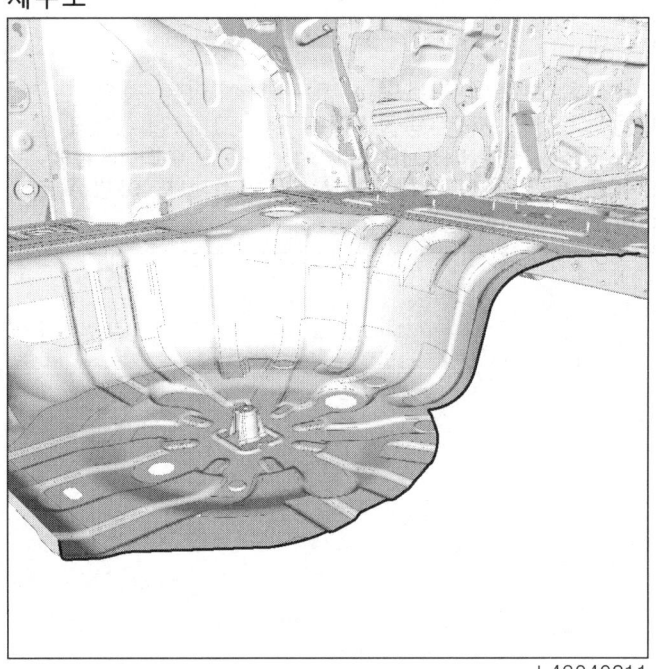

리어 로어 스트럭쳐
리어 플로어 리어 섹션 : 교환

41D

L43

b – 전기 접지의 위치

> **주의**
>
> 차량의 전기 및 전자 구성부품 손상을 방지하기 위해 용접 부위 근처에 있는 와이어링 하네스의 접지를 분리해야 한다.
>
> 용접기의 접지는 용접 부위에서 최대한 가까운 위치에 있어야 한다 (MR 400 차체 구조 수리 매뉴얼, 40H, 볼트 결합, 접지용 볼트 결합 : 장착 참조).

용접 부위 근처의 접지를 찾는다 (40A, 일반 정보, 접지 위치 : 일반 설명 참조).

c – 탈거해야 하는 차체 구성부품 – 교환 작업을 실시하기 위해 탈거해야 하는 스트럭쳐

리어 에이프런 패널 어셈블리를 탈거한다 (44A, 리어 어퍼 스트럭쳐, 리어 에이프런 패널 어셈블리 : 교환 참조).

d – 용접 작업에 대한 설명

> **주의**
>
> 용접할 부품의 접촉면에 접근할 수 없는 경우 스폿 용접 (전기 저항 용접) 대신 플러그 용접 (아크 용접) 을 사용한다 (MR 400 차체 구조 수리 매뉴얼, 40C, 아크 용접 접합 (GMAW), 가스 실드 아크 용접 비드 조인트 : 설명 참조).

리어 로어 스트럭쳐
리어 사이드 멤버 어셈블리 : 교환

41D

L43

I – 서비스 부품의 구성

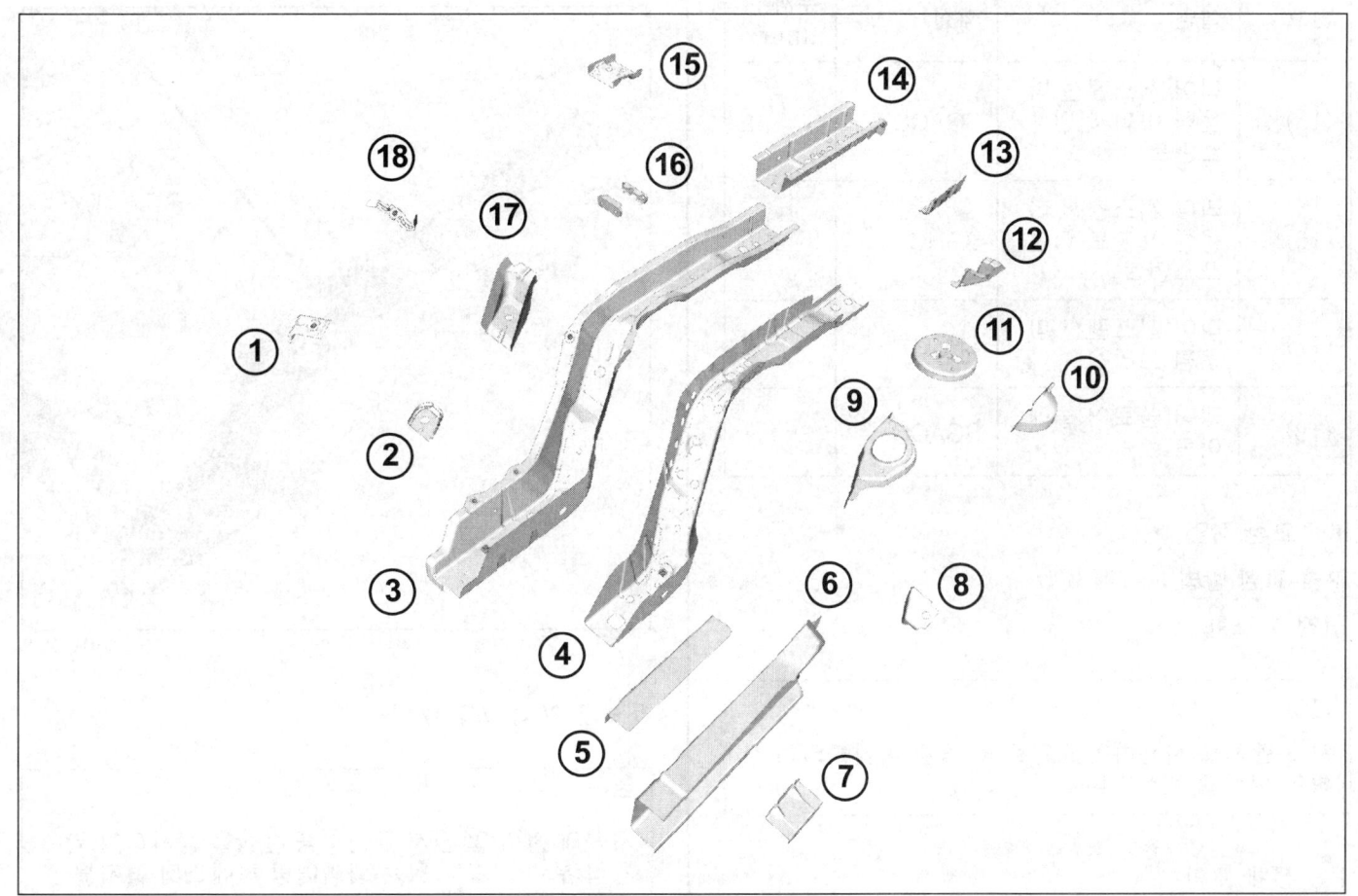

L43040226

번호	설명	재질	두께(mm)
(1)	리어 아우터 리인포스먼트	APFC390	1.8
(2)	리어 서스펜션 마운팅 프론트 플레이트	SGACC	1.8
(3)	리어 사이드 멤버	APFC390	1.8
(4)	리어 사이드 멤버 리인포스먼트	APFC390	1.8
(5)	리어 실 크로징 플레이트 리인포스먼트	HE450M	2
(6)	리어 실	CHSP380Y	1.2
(7)	리어 리프팅 포인트 브라켓	HE450M	2

번호	설명	재질	두께(mm)
(8)	리어 브레이크 호스 브라켓	SGACC	2.3
(9)	쇽업소버 마운팅 어퍼 브라켓	SPHC	2.6
(10)	리어 스프링 마운팅 아우터 리인포스먼트	SGAC390	0.9
(11)	리어 스프링 마운팅 브라켓	SGACC	1
(12)	사이드 멤버 아웃트리거	SGAC390	1
(13)	리어 사이드 멤버 익스텐션 리인포스먼트	SGACC	1.4
(14)	리어 사이드 멤버 익스텐션	SGACC440	1.4

리어 로어 스트럭쳐
리어 사이드 멤버 어셈블리 : 교환

41D

L43

번호	설명	재질	두께 (mm)
(15)	리어 서스펜션 마운팅 어퍼 리인포스먼트	SGACC	2
(16)	리어 서스펜션 마운팅 프론트 리인포스먼트	SGHC	2.6
(17)	리어 서스펜션 마운팅 브라켓	SPCC	2
(18)	리어 플로어 플레이트	SGACC	1

II - 교환 작업

부품 교환 방법 :

- 전체 교환 .

경고

지그 벤치를 사용하여 포인트 및 액슬 어셈블리의 정확한 위치를 지정한다 .

1 - 전체 교환

a - 부품의 장착 위치

위에서 본 모습

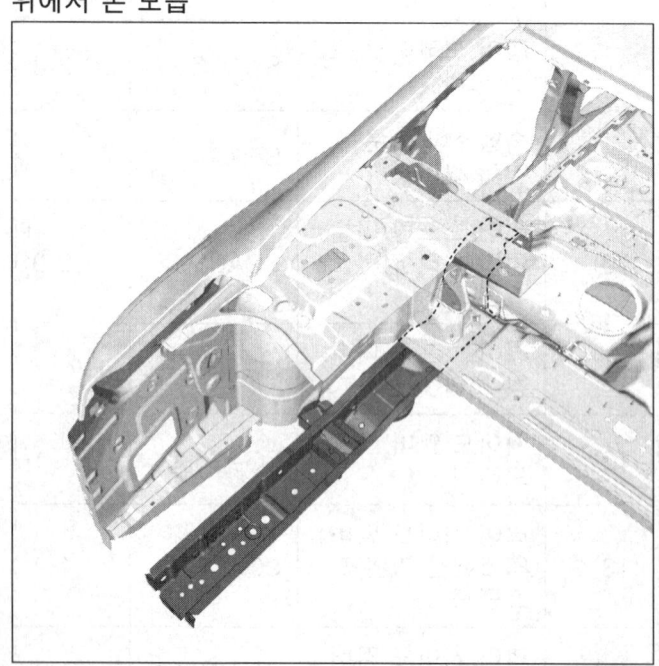

아래에서 본 모습

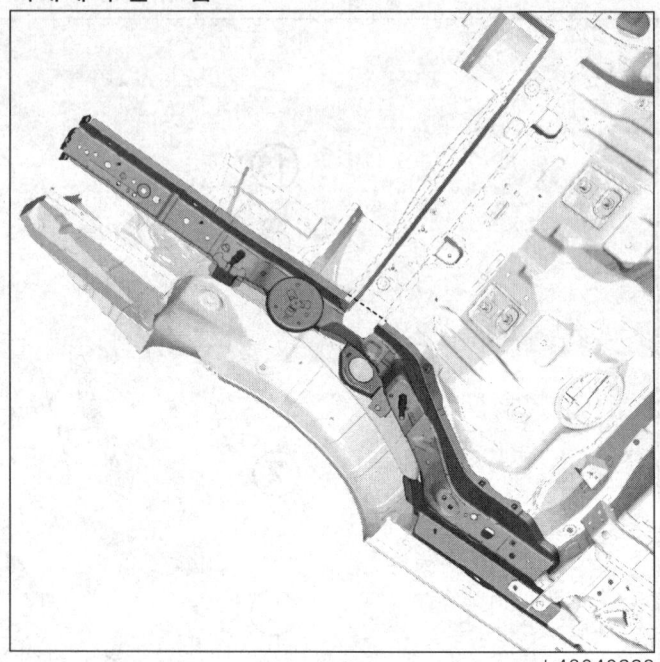

b - 전기 접지의 위치

주의

차량의 전기 및 전자 구성부품 손상을 방지하기 위해 용접 부위 근처에 있는 와이어링 하네스의 접지를 분리해야 한다 .

용접기의 접지는 용접 부위에서 최대한 가까운 위치에 있어야 한다 (MR 400 차체 구조 수리 매뉴얼 , 40H, 볼트 결합 , 접지용 볼트 결합 : 장착 참조).

용접 부위 근처의 접지를 찾는다 (40A, 일반 정보 , 접지 위치 : 일반 설명 참조).

c - 탈거해야 하는 차체 구성부품 - 교환 작업을 실시하기 위해 탈거해야 하는 스트럭쳐

다음을 탈거한다 :

- 리어 에이프런 패널 어셈블리 (44A, 리어 어퍼 스트럭쳐 , 리어 에이프런 패널 어셈블리 : 교환 참조).

d - 용접 작업에 대한 설명

주의

용접할 부품의 접촉면에 접근할 수 없는 경우 스폿 용접 (전기 저항 용접) 대신 플러그 용접 (아크 용접) 을 사용한다 (MR 400 차체 구조 수리 매뉴얼 , 40C, 아크 용접 접합 (GMAW), 가스 실드 아크 용접 비드 조인트 : 설명 참조).

리어 로어 스트럭쳐
리어 사이드 멤버 : 교환

41D

L43

I – 서비스 부품의 구성

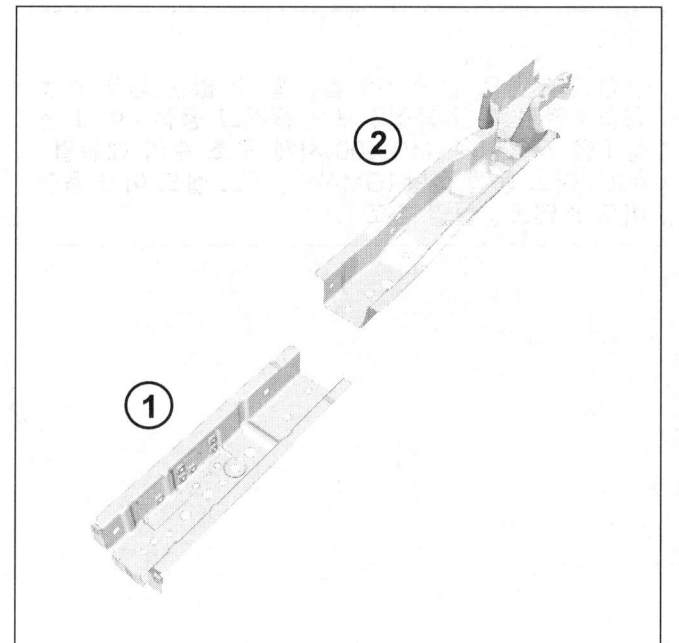

L43040229

번호	설명	재질	두께 (mm)
(1)	리어 사이드 멤버 익스텐션	APFC440X	1.0/ 1.4
(2)	리어 사이드 멤버	APFC390	0.75/ 1.8

II – 교환 작업

부품 교환 방법 :

– 부분 교환 A-B.

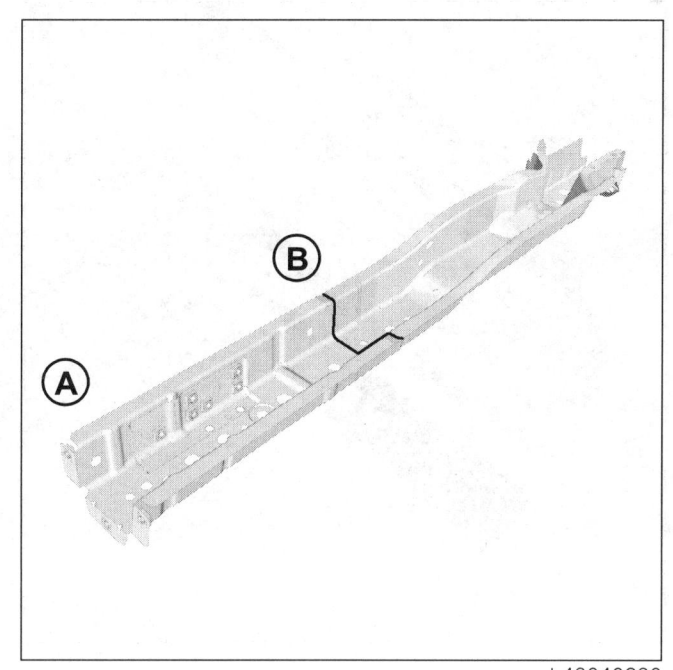

L43040230

경고

지그 벤치를 사용하여 포인트 및 액슬 어셈블리의 정확한 위치를 지정한다.

41D-6

리어 로어 스트럭쳐
리어 사이드 멤버 : 교환

41D

L43

1 - 부분 교환

a - 부품의 장착 위치

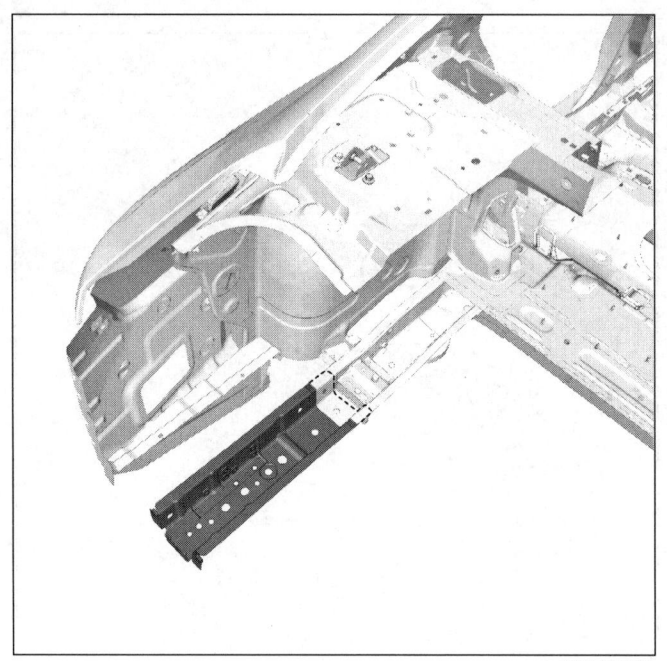
L43040231

b - 전기 접지의 위치

> **주의**
>
> 차량의 전기 및 전자 구성부품 손상을 방지하기 위해 용접 부위 근처에 있는 와이어링 하네스의 접지를 분리해야 한다.
>
> 용접기의 접지는 용접 부위에서 최대한 가까운 위치에 있어야 한다 (MR 400 차체 구조 수리 매뉴얼, 40H, 볼트 결합, 접지용 볼트 결합 : 장착 참조).

용접 부위 근처의 접지를 찾는다 (40A, 일반 정보, 접지 위치 : 일반 설명 참조).

c - 탈거해야 하는 차체 구성부품 - 교환 작업을 실시하기 위해 탈거해야 하는 스트럭쳐

다음을 탈거한다 :

- 리어 에이프런 패널 어셈블리 (44A, 리어 어퍼 스트럭쳐, 리어 에이프런 패널 어셈블리 : 교환 참조).

d - 용접 작업에 대한 설명

> **주의**
>
> 용접할 부품의 접촉면에 접근할 수 없는 경우 스폿 용접 (전기 저항 용접) 대신 플러그 용접 (아크 용접) 을 사용한다 (MR 400 차체 구조 수리 매뉴얼, 40C, 아크 용접 접합 (GMAW), 가스 실드 아크 용접 비드 조인트 : 설명 참조).

리어 로어 스트럭쳐
리어 서브 프레임 어셈블리 : 교환

41D

L43

I – 서비스 부품의 구성

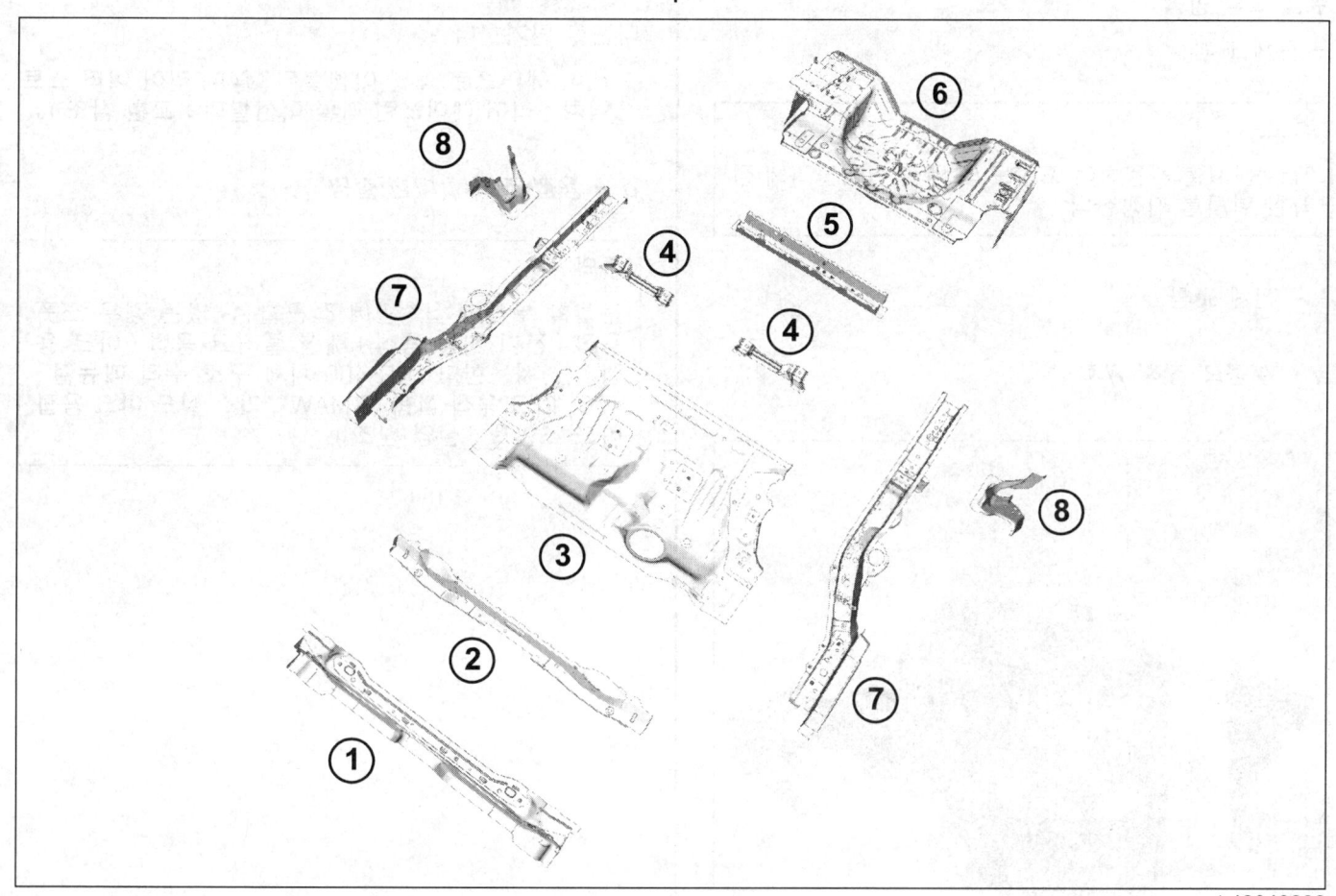

L43040232

번호	설명	재질	두께 (mm)
(1)	리어 플로어 크로스 멤버	APFC440X	0.9
(2)	파티션 크로스 멤버	APFC440X	1.2
(3)	리어 플로어의 프론트 섹션	SPCC	0.7
(4)	리어 시트 스트라이커 어셈블리	SP231	
(5)	리어 센터 크로스 멤버	APFC440X	0.8
(6)	리어 플로어 리어 섹션	SPCE	0.75
(7)	리어 사이드 멤버 어셈블리		
(8)	리어 휠 하우스 리인포스먼트	APFC440X	0.8

리어 로어 스트럭쳐
리어 서브 프레임 어셈블리 : 교환

41D

L43

II - 교환 작업

부품 교환 방법 :

- 전체 교환.

경고
지그 벤치를 사용하여 포인트 및 액슬 어셈블리의 정확한 위치를 지정한다.

1 - 전체 교환

a - 부품의 장착 위치

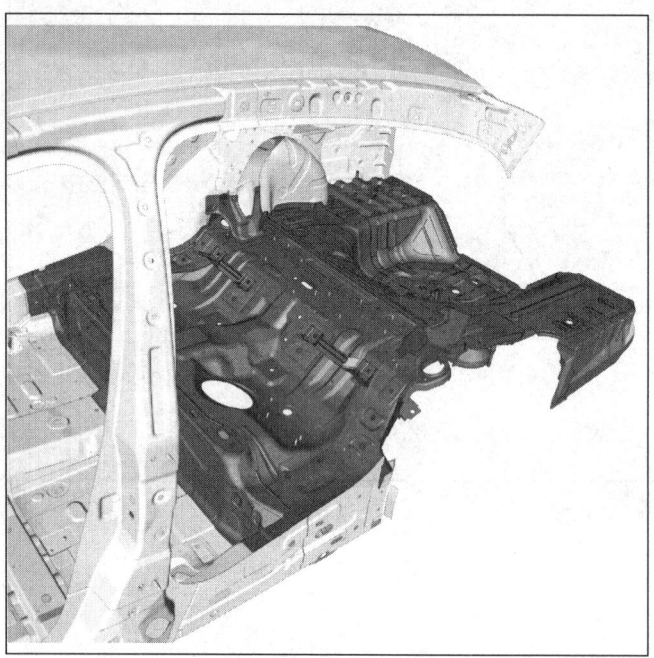

L43040233

b - 전기 접지의 위치

주의
차량의 전기 및 전자 구성부품 손상을 방지하기 위해 용접 부위 근처에 있는 와이어링 하네스의 접지를 분리해야 한다.

용접기의 접지는 용접 부위에서 최대한 가까운 위치에 있어야 한다 (MR 400 차체 구조 수리 매뉴얼, 40H, 볼트 결합, 접지용 볼트 결합 : 장착 참조).

용접 부위 근처의 접지를 찾는다 (40A, 일반 정보, 접지 위치 : 일반 설명 참조).

c - 탈거해야 하는 차체 구성부품 - 교환 작업을 실시하기 위해 탈거해야 하는 스트럭쳐

다음을 탈거한다 :

- 리어 에이프런 패널 어셈블리 (44A, 리어 어퍼 스트럭쳐, 리어 에이프런 패널 어셈블리 : 교환 참조).

d - 용접 작업에 대한 설명

주의
용접할 부품의 접촉면에 접근할 수 없는 경우 스폿 용접 (전기 저항 용접) 대신 플러그 용접 (아크 용접) 을 사용한다 (MR 400 차체 구조 수리 매뉴얼, 40C, 아크 용접 접합 (GMAW), 가스 실드 아크 용접 비드 조인트 : 설명 참조).

리어 로어 스트럭쳐
리어 범퍼 리인포스먼트 : 탈거 – 장착

41D

L43

규정 토크 ⊽	
리어 범퍼 리인포스먼트 브라켓 볼트	21 N.m
리어 범퍼 리인포스먼트 볼트	8 N.m

이 작업은 다음 두 가지 방법으로 수행할 수 있다.
- 브라켓 제외 탈거 : 이 방법은 주로 리어 범퍼 리인포스먼트를 교환할 경우에 사용됩니다,
- 브라켓 포함 탈거 : 이 방법은 주로 리어 범퍼 리인포스먼트와 리어 범퍼 리인포스먼트 브라켓을 교환할 경우에 사용됩니다.

I – 탈거 – 장착 (브라켓 제외)

1 – 탈거 준비 작업

❏ 다음을 탈거한다 :
- 리어 램프 (MR 436 리페어 매뉴얼 , 81A, 리어 라이팅 시스템 , 펜더측 리어 컴비네이션 램프 : 탈거 – 장착 참조),
- 리어 범퍼 (55A, 외장 보호 트림 , 리어 범퍼 : 탈거 – 장착 참조).

2 – 탈거

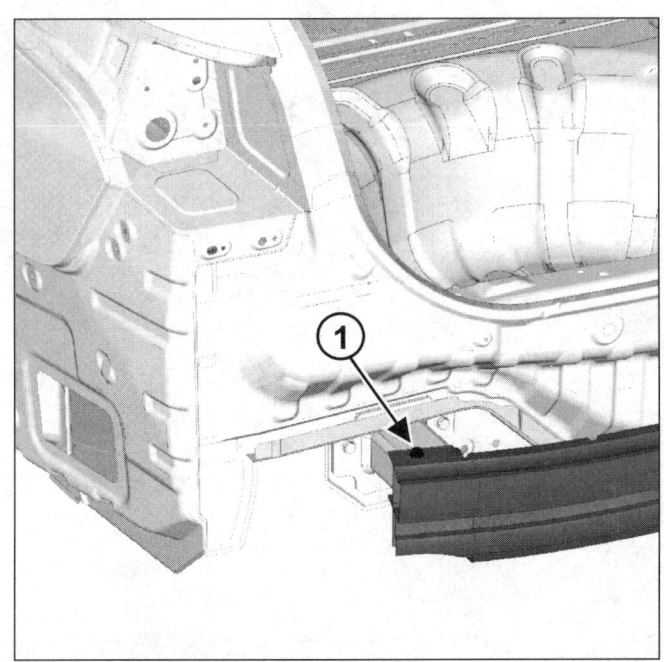

L43040266

❏ 다음을 탈거한다 :
- 리어 범퍼 리인포스먼트 볼트 (1),
- 리어 범퍼 리인포스먼트 .

3 – 장착 준비 작업

참고 :
크로스 멤버 장착 시 폼의 상태가 양호한지 점검한다 .

4 – 장착

❏ 다음을 장착한다 :
- 리어 범퍼 리인포스먼트 ,
- 리어 범퍼 리인포스먼트 볼트 (1).

❏ 리어 범퍼 리인포스먼트 볼트를 규정 토크 (8 N.m) 로 조인다 .

5 – 최종 작업

❏ 다음을 장착한다 :
- 리어 범퍼 (55A, 외장 보호 트림 , 리어 범퍼 : 탈거 – 장착 참조),
- 리어 램프 (MR 436 리페어 매뉴얼 , 81A, 리어 라이팅 시스템 , 펜더측 리어 컴비네이션 램프 : 탈거 – 장착 참조).

II – 탈거 – 장착 (브라켓 포함)

1 – 탈거 준비 작업

❏ 다음을 탈거한다 :
- 리어 램프 (MR 436 리페어 매뉴얼 , 81A, 리어 라이팅 시스템 , 펜더측 리어 컴비네이션 램프 : 탈거 – 장착 참조),
- 리어 범퍼 (55A, 외장 보호 트림 , 리어 범퍼 : 탈거 – 장착 참조).

리어 로어 스트럭쳐
리어 범퍼 리인포스먼트 : 탈거 – 장착

41D

L43

2 – 탈거

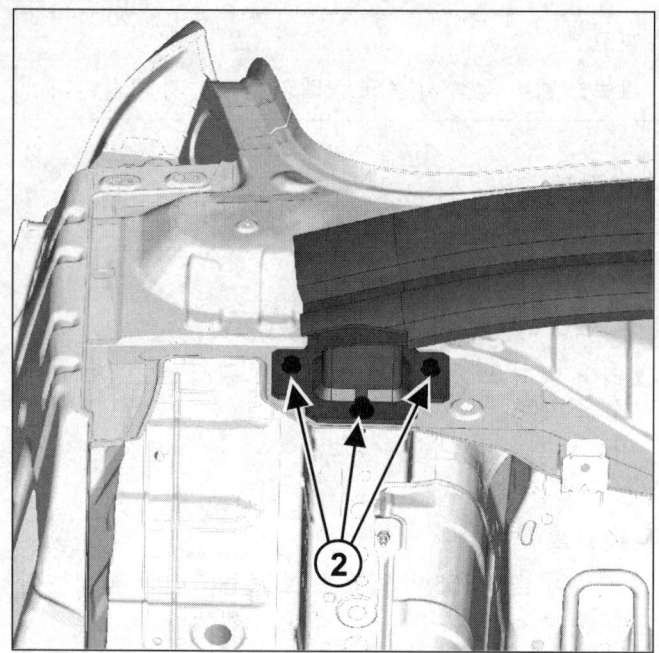

L43040164

❏ 다음을 탈거한다 :
- 리어 범퍼 리인포스먼트 브라켓 볼트 (2),
- 리어 범퍼 리인포스먼트 어셈블리 .

3 – 장착 준비 작업

참고 :
크로스 멤버 장착 시 폼의 상태가 양호한지 점검한다 .

4 – 장착

❏ 다음을 장착한다 :
- 리어 범퍼 리인포스먼트 어셈블리 ,
- 리어 범퍼 리인포스먼트 브라켓 볼트 (2).

❏ **리어 범퍼 리인포스먼트 브라켓 볼트를 규정 토크 (21 N.m) 로 조인다 .**

5 – 최종 작업

❏ 다음을 장착한다 :
- 리어 범퍼 (55A, 외장 보호 트림 , 리어 범퍼 : 탈거 – 장착 참조),
- 리어 램프 (MR 436 리페어 매뉴얼 , 81A, 리어 라이팅 시스템 , 펜더측 리어 컴비네이션 램프 : 탈거 – 장착 참조).

프론트 어퍼 스트럭쳐
프론트 펜더 : 탈거 – 장착

42A

L43

탈거

I – 탈거 준비 작업

- 차량을 2 주식 리프트에 위치시킨다 (02A, 리프팅, 차량 : 견인 및 리프팅 참조).
- 다음을 탈거한다 :
    - 프론트 휠 (MR 436 리페어 매뉴얼, 35A, 휠 및 타이어, 휠 : 탈거 – 장착 참조),
    - 프론트 펜더 프로텍터 (55A, 외장 보호 트림, 프론트 펜더 프로텍터 : 탈거 – 장착 참조),
    - 프론트 범퍼 (55A, 외장 보호 트림, 프론트 범퍼 : 탈거 – 장착 참조),
    - 바디 사이드 트림 일부 (55A, 외장 보호 트림, 바디 사이드 트림 : 탈거 – 장착 참조).

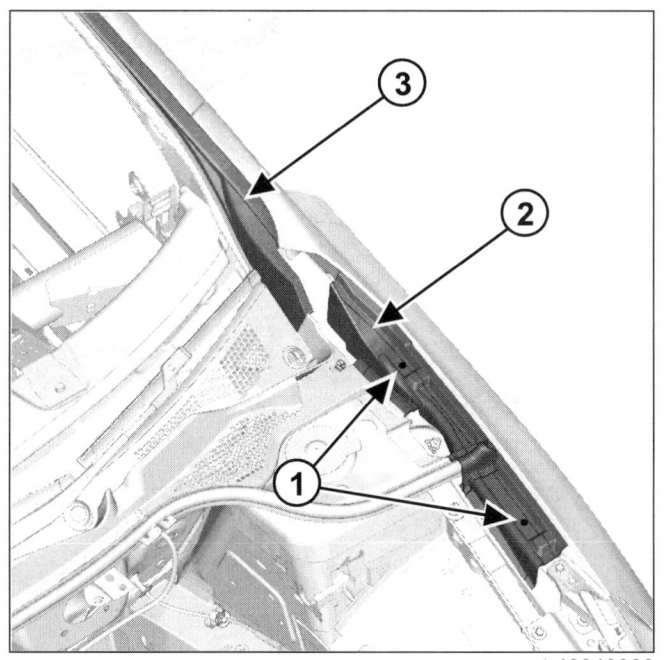

- 다음을 탈거한다 :
    - 클립 (1),
    - 트림 (2),
    - 윈드실드 트림 (3).

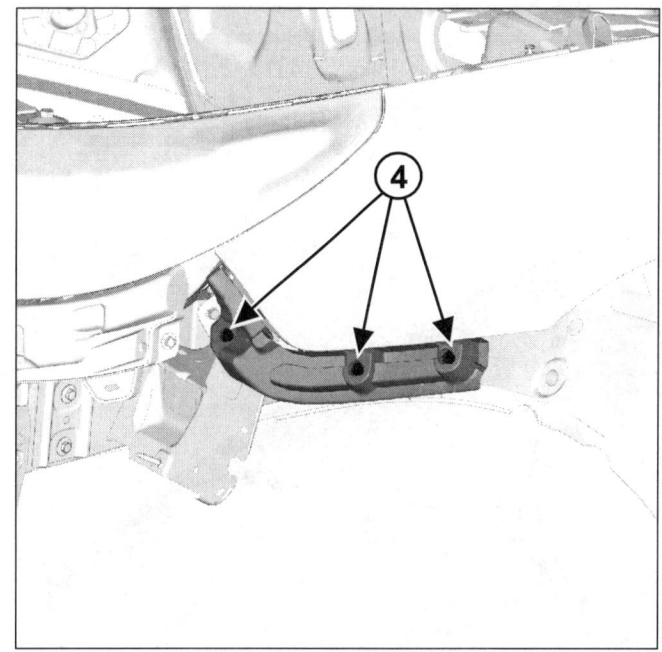

- 다음을 탈거한다 :
    - 볼트 (4),
    - 트림.

II – 관련 부품 탈거 작업

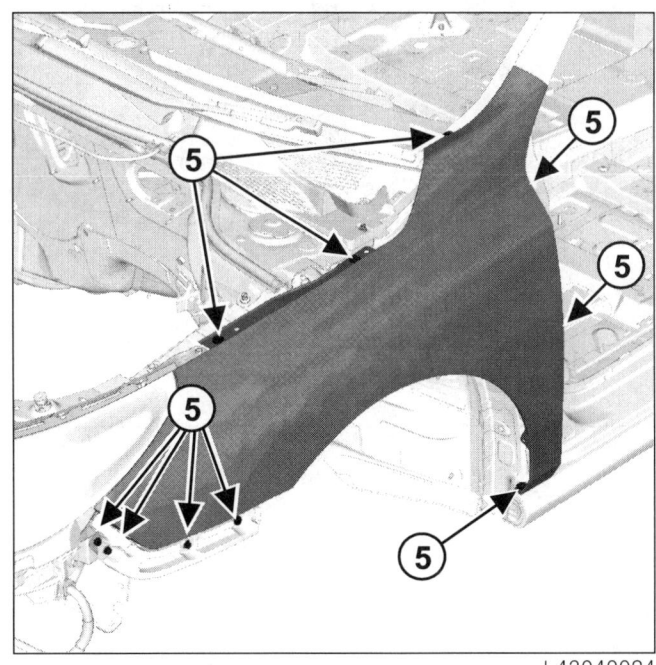

프론트 어퍼 스트럭쳐
프론트 펜더 : 탈거 − 장착

42A

L43

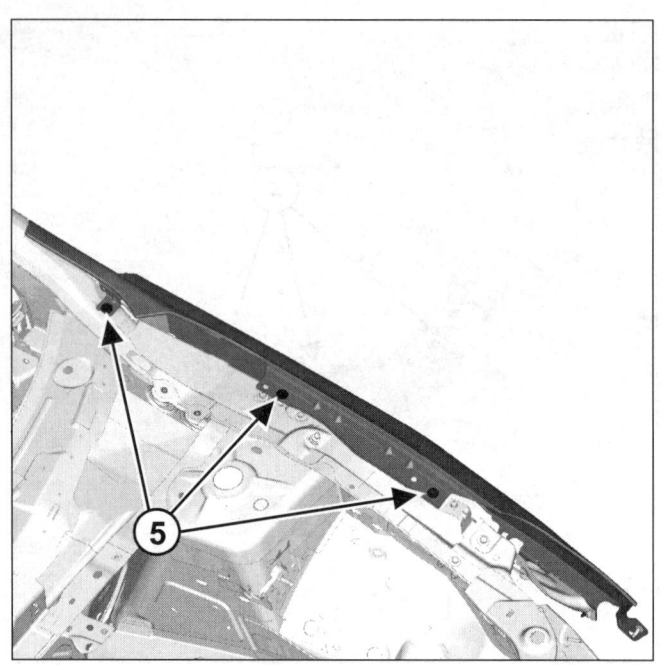

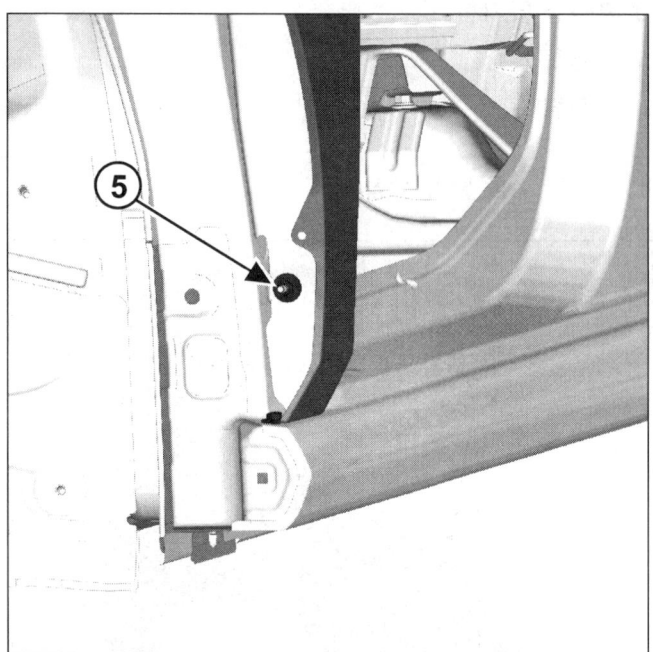

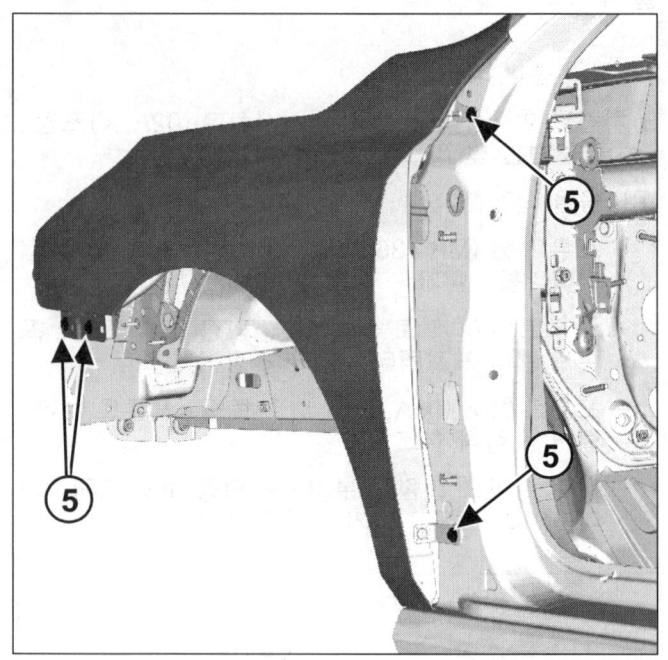

❏ 다음을 탈거한다 :
- 볼트 (5),
- 프론트 펜더 .

장착

I − 관련 부품 장착 작업

❏ 다음을 장착한다 :
- 프론트 펜더 ,
- 볼트 (5).

II − 최종 작업

❏ 다음을 장착한다 :
- 트림 (4),
- 윈드실드 트림 (3),
- 트림 (2),
- 클립 (1),
- 바디 사이드 트림 (55A, 외장 보호 트림 , 바디 사이드 트림 : 탈거 − 장착 참조),
- 프론트 범퍼 (55A, 외장 보호 트림 , 프론트 범퍼 : 탈거 − 장착 참조),
- 프론트 펜더 프로텍터 (55A, 외장 보호 트림 , 프론트 펜더 프로텍터 : 탈거 − 장착 참조),
- 프론트 휠 (MR 436 리페어 매뉴얼 , 35A, 휠 및 타이어 , 휠 : 탈거 − 장착 참조).

❏ 부품간의 간극 및 단차를 조정한다 .

프론트 어퍼 스트럭쳐
대시 사이드 : 교환

42A

L43

I - 서비스 부품의 구성

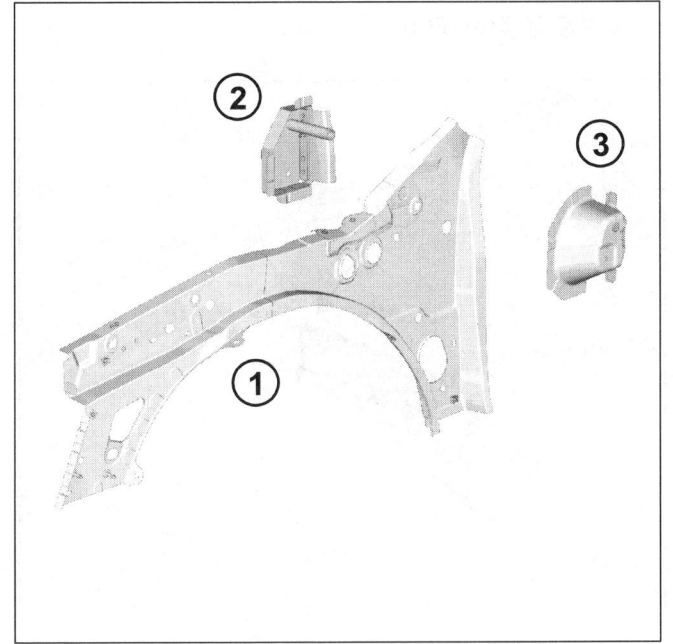

번호	설명	재질	두께 (mm)
(1)	프론트 필러 트림	SPCC	0.8/1
(2)	인스트루먼트 패널 크로스 멤버 서포트	APFH540	2
(3)	프론트 필러 어퍼 리인포스먼트	HE450M	2

II - 교환 작업

부품 교환 방법 :

- 전체 교환 AC,
- 프론트 부분 교환 AB.

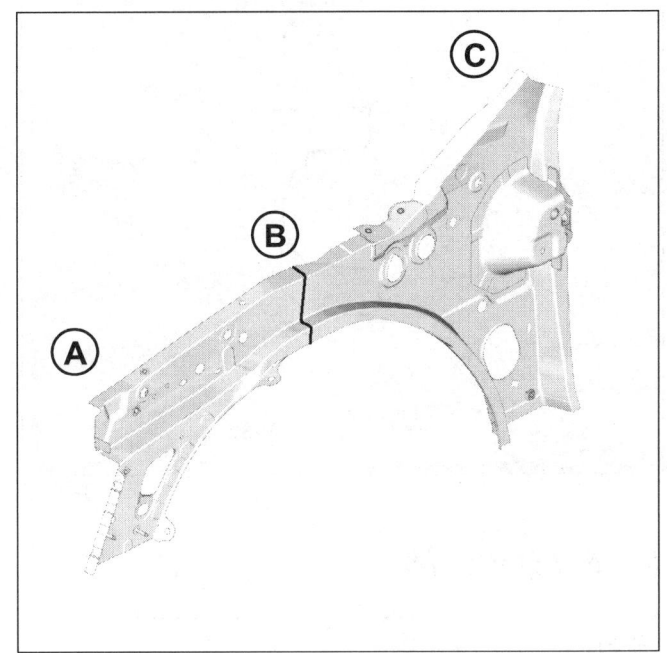

1 - 전체 교환 AC

a - 부품의 장착 위치

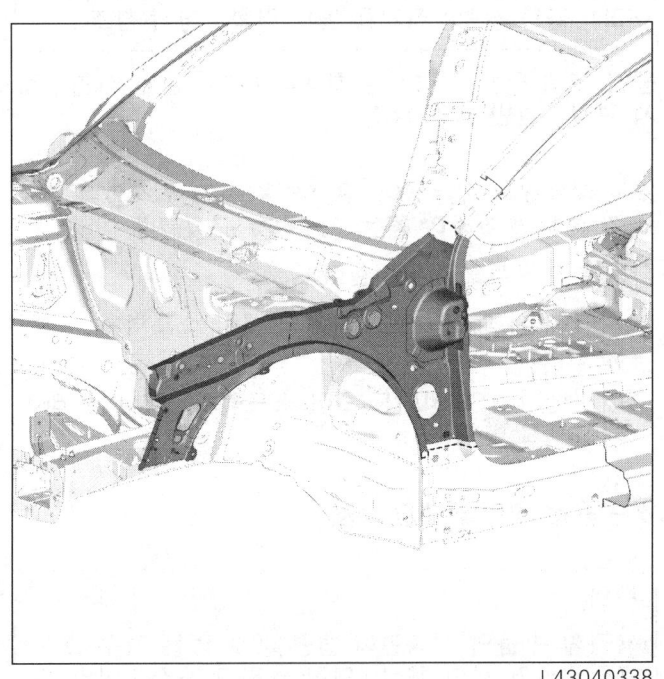

프론트 어퍼 스트럭쳐
대시 사이드 : 교환

42A

L43

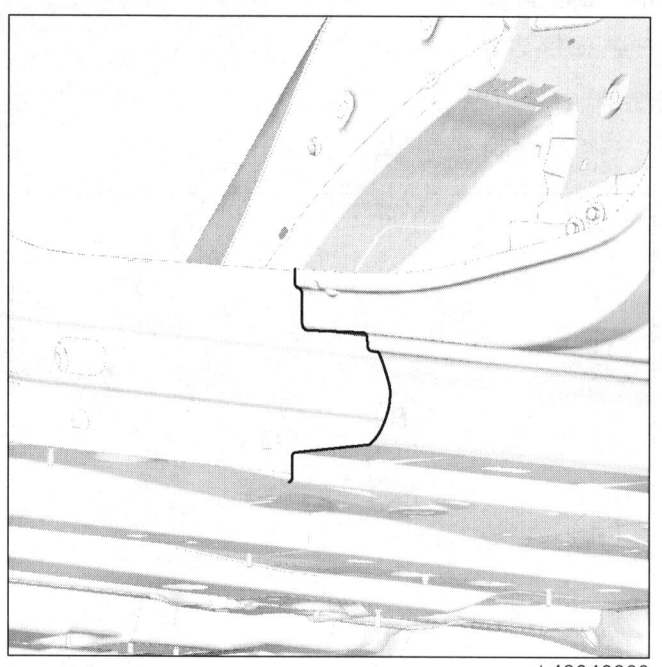
L43040339

b - 전기 접지의 위치

주의

차량의 전기 및 전자 구성부품 손상을 방지하기 위해 용접 부위 근처에 있는 와이어링 하네스의 접지를 분리해야 한다.

용접기의 접지는 용접 부위에서 최대한 가까운 위치에 있어야 한다 (MR 400 차체 구조 수리 매뉴얼, 40H, 볼트 결합, 접지용 볼트 결합 : 장착 참조).

용접 부위 근처의 접지를 찾는다 (40A, 일반 사항, 접지 위치 : 일반 설명 참조).

c - 탈거해야 하는 차체 구성부품 - 교환 작업을 실시하기 위해 탈거해야 하는 스트럭쳐 구성부품

다음을 부분적으로 탈거한다 :

- 사이드 실 패널 (41C, 사이드 로어 스트럭쳐, 사이드 실 패널 : 교환 참조),

- 이너 실 (41C, 사이드 로어 스트럭쳐, 이너 실 리어 섹션 : 교환 참조).

d - 용접 작업에 대한 설명

주의

용접할 부품의 접촉면에 접근할 수 없는 경우 스폿 용접 (전기 저항 용접) 대신 플러그 용접 (아크 용접) 을 사용한다 (MR 400 차체 구조 수리 매뉴얼, 40C, 아크 용접 접합 (GMAW), 가스 실드 아크 용접 비드 조인트 : 설명 참조).

2 - 프론트 부분 교환 AB

a - 부품의 장착 위치

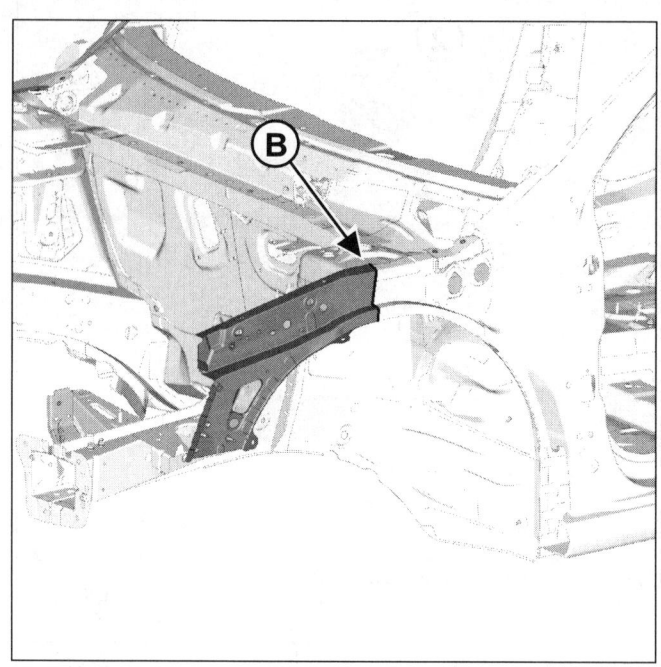
L43040340

B 단면 세부도

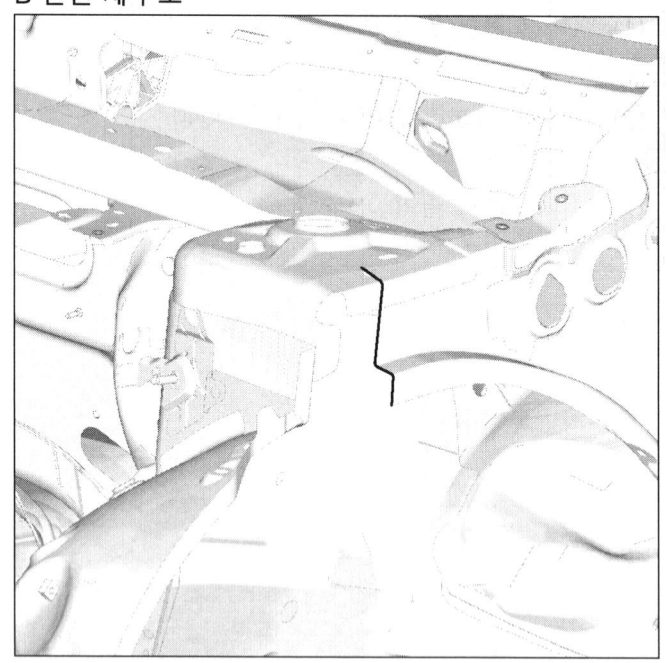
L43040341

42A-4

프론트 어퍼 스트럭쳐
대시 사이드 : 교환

42A

L43

b – 전기 접지의 위치

주의

차량의 전기 및 전자 구성부품 손상을 방지하기 위해 용접 부위 근처에 있는 와이어링 하네스의 접지를 분리해야 한다.

용접기의 접지는 용접 부위에서 최대한 가까운 위치에 있어야 한다 (MR 400 차체 구조 수리 매뉴얼, 40H, 볼트 결합, 접지용 볼트 결합 : 장착 참조).

용접 부위 근처의 접지를 찾는다 (40A, 일반 정보, 접지 위치 : 일반 설명 참조).

c – 용접 작업에 대한 설명

주의

용접할 부품의 접촉면에 접근할 수 없는 경우 스폿 용접 (전기 저항 용접) 대신 플러그 용접 (아크 용접) 을 사용한다 (MR 400 차체 구조 수리 매뉴얼, 40C, 아크 용접 접합 (GMAW), 가스 실드 아크 용접 비드 조인트 : 설명 참조).

프론트 어퍼 스트럭쳐
대시 사이드 어퍼 리인포스먼트 : 교환

42A

L43

I – 서비스 부품의 구성

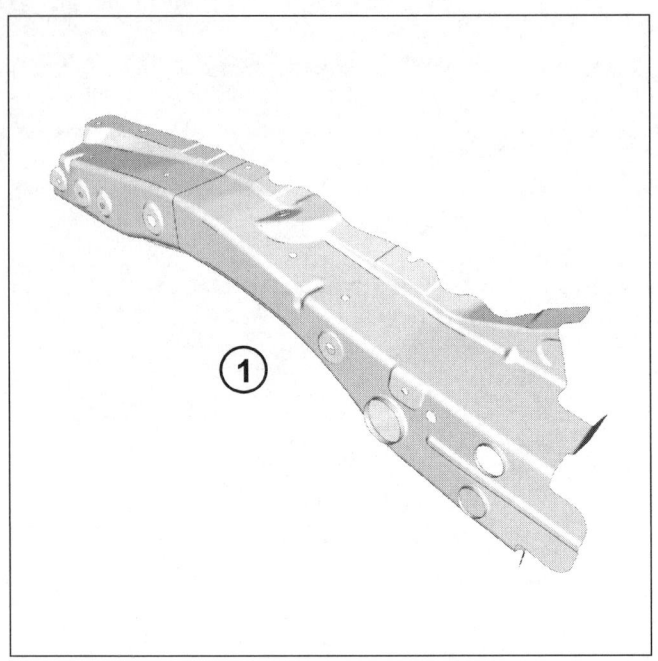

번호	설명	재질	두께 (mm)
(1)	대시 사이드 어퍼 리인포스먼트	SGACC	0.7

II – 교환 작업

부품 교환 방법 :

– 전체 교환 .

1 – 전체 교환

a – 부품의 장착 위치

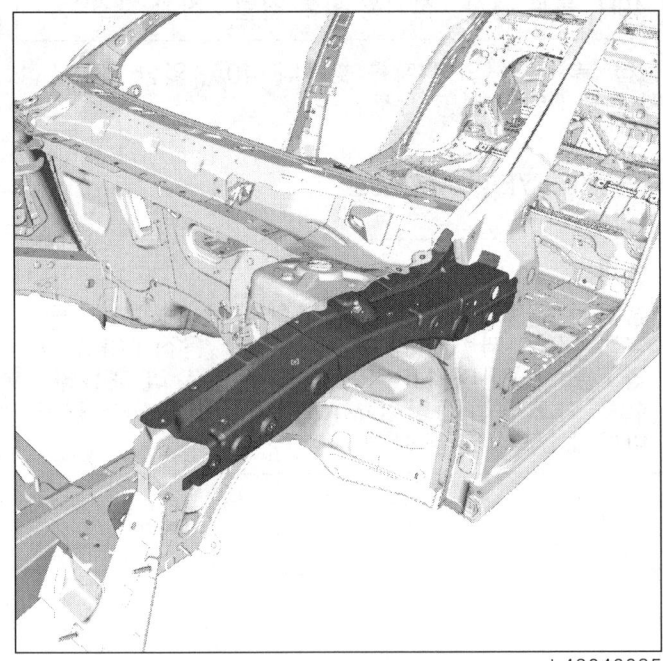

b – 전기 접지의 위치

> **주의**
>
> 차량의 전기 및 전자 구성부품 손상을 방지하기 위해 용접 부위 근처에 있는 와이어링 하네스의 접지를 분리해야 한다 .
>
> 용접기의 접지는 용접 부위에서 최대한 가까운 위치에 있어야 한다 (MR 400 차체 구조 수리 매뉴얼 , 40H, 볼트 결합 , 접지용 볼트 결합 : 장착 참조).

용접 부위 근처의 접지를 찾는다 (40A, 일반 정보 , 접지 위치 : 일반 설명 참조).

c – 용접 작업에 대한 설명

> **주의**
>
> 용접할 부품의 접촉면에 접근할 수 없는 경우 스폿 용접 (전기 저항 용접) 대신 플러그 용접 (아크 용접) 을 사용한다 (MR 400 차체 구조 수리 매뉴얼 , 40C, 아크 용접 접합 (GMAW), 가스 실드 아크 용접 비드 조인트 : 설명 참조).

프론트 어퍼 스트럭쳐
프론트 스트러트 하우징 : 교환

42A

L43

I - 서비스 부품의 구성

1 - 좌측

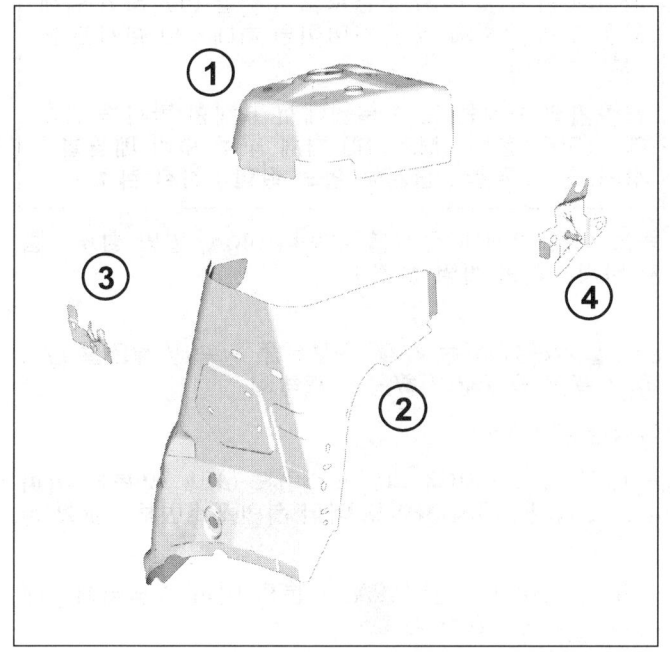

번호	설명	재질	두께 (mm)
(1)	프론트 좌측 쇽업소버 컵	APFH 440	2.2
(2)	프론트 좌측 컵 높이 조정기	HE 450M	1.8
(3)	기어박스 마운팅 서포트	SGACC	1.5
(4)	기어박스 타이로드 서포트 마운팅	SGACC	1.5

2 - 우측

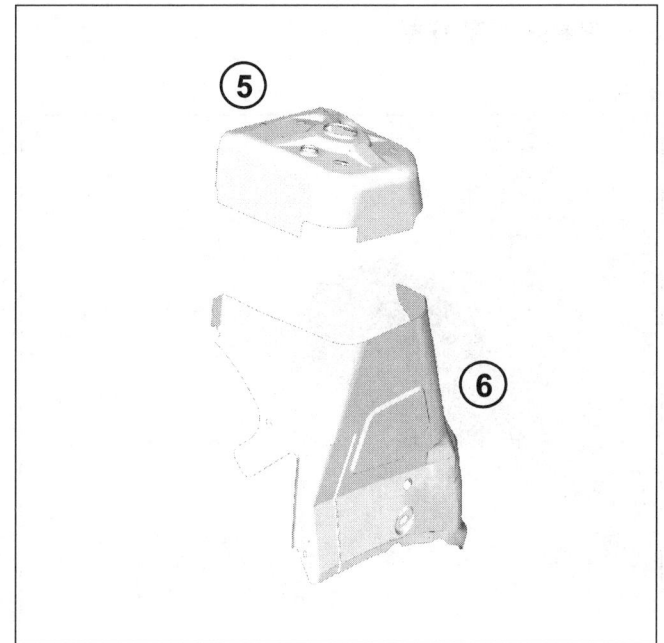

번호	설명	재질	두께 (mm)
(5)	프론트 우측 쇽업소버 컵	APFH 440	2.2
(6)	프론트 우측 컵 높이 조정기	HE 450M	1.8

II - 교환 작업

경고

지그 벤치를 사용하여 포인트 및 액슬 어셈블리의 정확한 위치를 지정한다.

부품 교환 방법 :

- 전체 교환 .

프론트 어퍼 스트럭쳐
프론트 스트러트 하우징 : 교환

42A

L43

1 - 전체 교환

a - 부품의 장착 위치

좌측

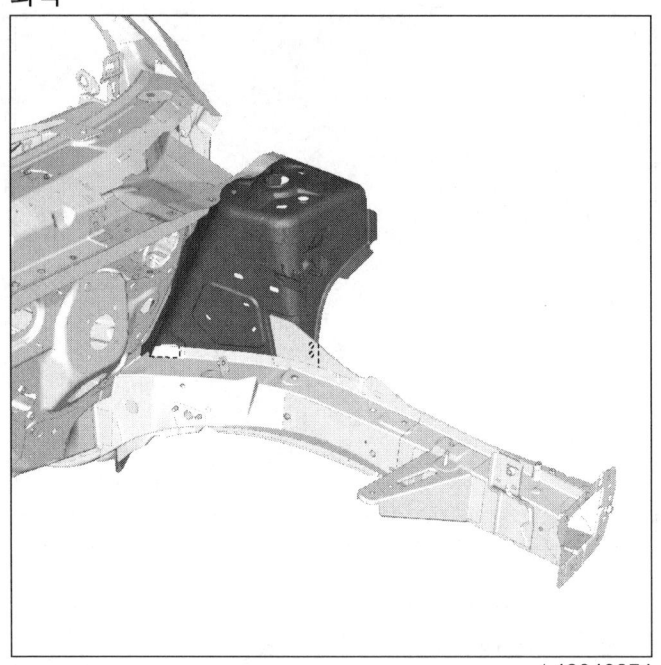

L43040374

우측

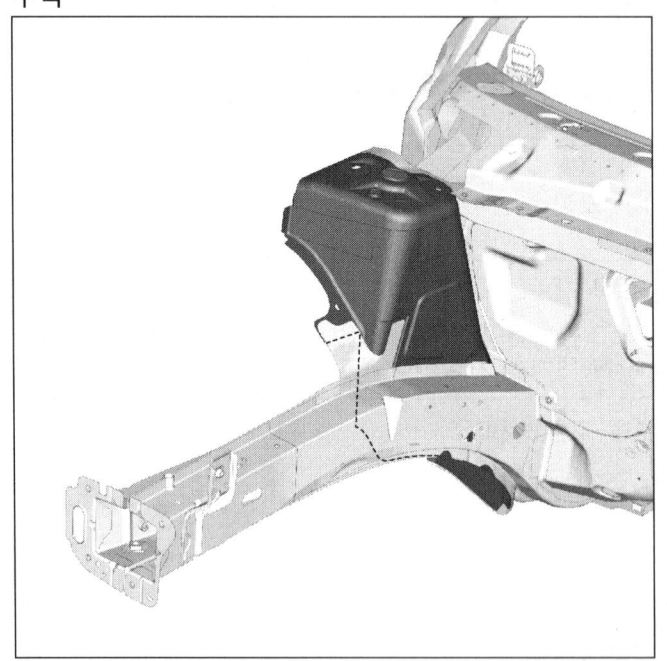

L43040347

b - 전기 접지의 위치

> **주의**
>
> 차량의 전기 및 전자 구성부품 손상을 방지하기 위해 용접 부위 근처에 있는 와이어링 하네스의 접지를 분리해야 한다.
>
> 용접기의 접지는 용접 부위에서 최대한 가까운 위치에 있어야 한다 (MR 400 차체 구조 수리 매뉴얼, 40H, 볼트 결합, 접지용 볼트 결합 : 장착 참조).

용접 부위 근처의 접지를 찾는다 (40A, 일반 정보, 접지 위치 : 일반 설명 참조).

c - 탈거해야 하는 차체 구성부품 - 수리 작업을 실시하기 위해 탈거해야 하는 스트럭쳐

다음을 탈거한다 :

- 대시 사이드 어퍼 리인포스먼트 (42A, 프론트 어퍼 스트럭쳐, 대시 사이드 어퍼 리인포스먼트 : 교환 참조),
- 대시 사이드 패널 (42A, 프론트 어퍼 스트럭쳐, 대시 사이드 : 교환 참조),
- 프론트 휠 아치 프론트 섹션 (42A, 프론트 어퍼 스트럭쳐, 프론트 휠 아치 프론트 섹션 : 교환 참조).

d - 용접 작업에 대한 설명

> **주의**
>
> 용접할 부품의 접촉면에 접근할 수 없는 경우 스폿 용접 (전기 저항 용접) 대신 플러그 용접 (아크 용접) 을 사용한다 (MR 400 차체 구조 수리 매뉴얼, 40C, 아크 용접 접합 (GMAW), 가스 실드 아크 용접 비드 조인트 : 설명 참조).

프론트 어퍼 스트럭쳐
프론트 휠 아치 프론트 섹션 : 교환

42A

L43

I - 서비스 부품의 구성

1 - 좌측

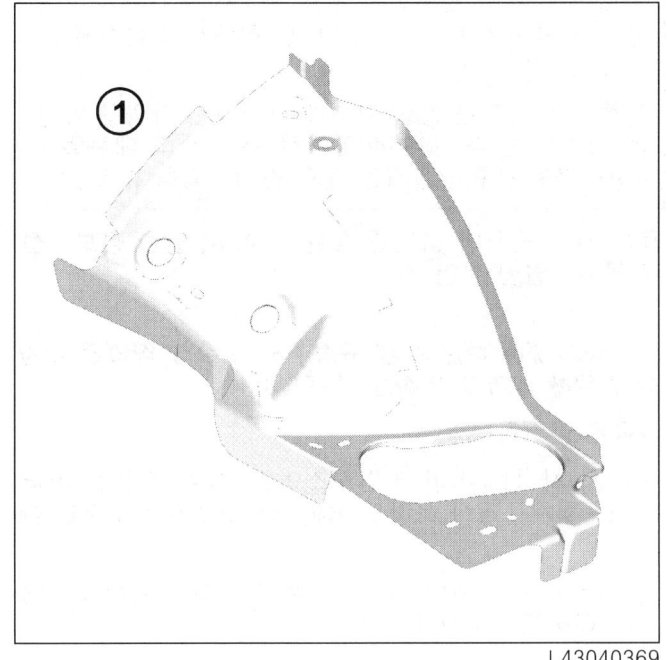

번호	설명	재질	두께 (mm)
(1)	프론트 좌측 휠 아치 크로징 멤버	APFC 390	0.8

2 - 우측

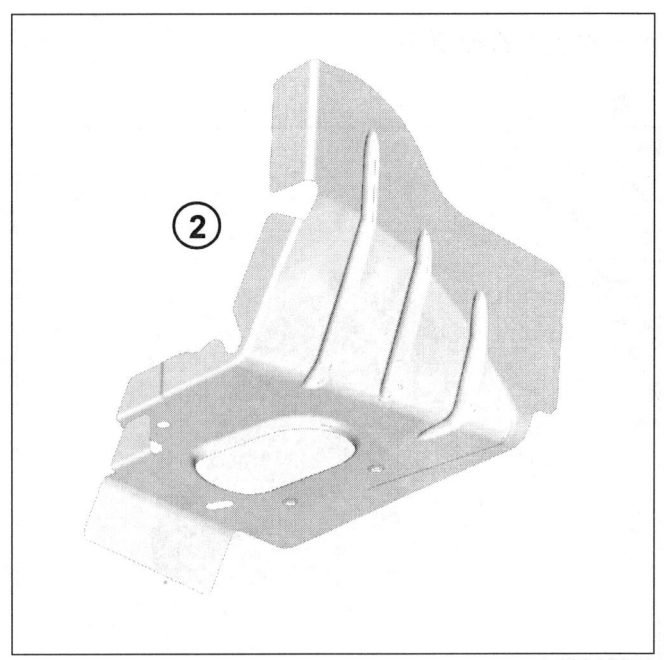

번호	설명	재질	두께 (mm)
(2)	프론트 우측 휠 아치 크로징 멤버	SPHC	2.0

II - 교환 작업

경고
지그 벤치를 사용하여 포인트 및 액슬 어셈블리의 정확한 위치를 지정한다.

부품 교환 방법 :

- 전체 교환.

프론트 어퍼 스트럭쳐
프론트 휠 아치 프론트 섹션 : 교환

42A

L43

1 - 전체 교환

a - 부품의 장착 위치

좌측

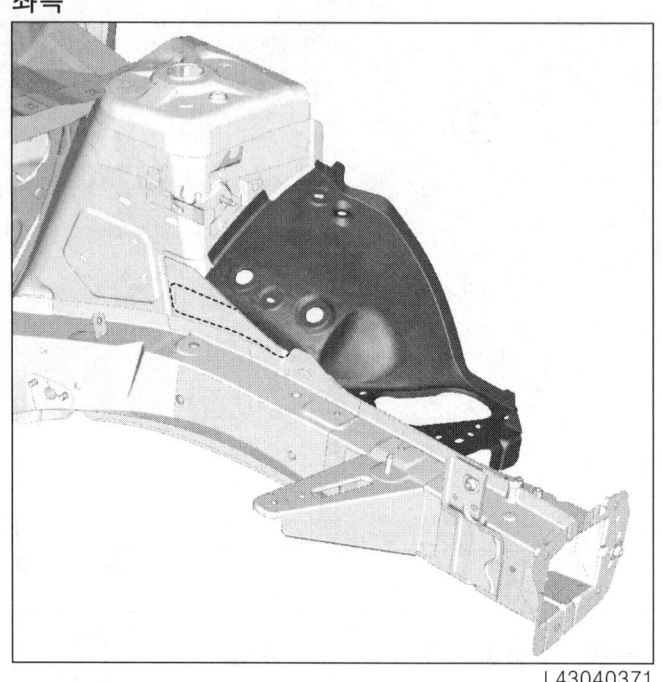

L43040371

우측

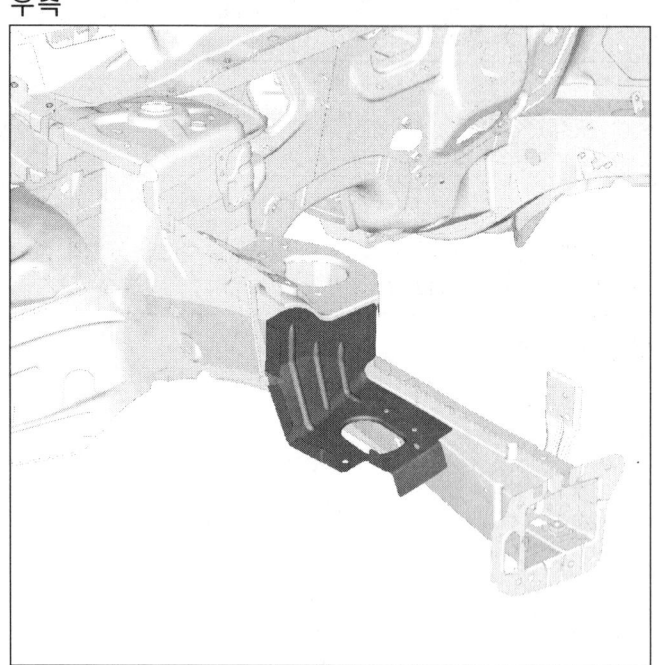

L43040372

b - 전기 접지의 위치

주의

차량의 전기 및 전자 구성부품 손상을 방지하기 위해 용접 부위 근처에 있는 와이어링 하네스의 접지를 분리해야 한다.

용접기의 접지는 용접 부위에서 최대한 가까운 위치에 있어야 한다 (MR 400 차체 구조 수리 매뉴얼, 40H, 볼트 결합, 접지용 볼트 결합 : 장착 참조).

용접 부위 근처의 접지를 찾는다 (40A, 일반 정보, 접지 위치 : 일반 설명 참조).

c - 탈거해야 하는 차체 구성부품 - 수리 작업을 실시하기 위해 탈거해야 하는 스트럭쳐

다음을 탈거한다 :

- 대시 사이드 어퍼 리인포스먼트 (42A, 프론트 어퍼 스트럭쳐, 대시 사이드 어퍼 리인포스먼트 : 교환 참조),
- 대시 사이드 패널 (42A, 프론트 어퍼 스트럭쳐, 대시 사이드 : 교환 참조),
- 프론트 범퍼 리인포스먼트 (42A, 프론트 어퍼 스트럭쳐, 프론트 범퍼 리인포스먼트 : 교환 참조).

d - 용접 작업에 대한 설명

주의

용접할 부품의 접촉면에 접근할 수 없는 경우 스폿 용접 (전기 저항 용접) 대신 플러그 용접 (아크 용접) 을 사용한다 (MR 400 차체 구조 수리 매뉴얼, 40C, 아크 용접 접합 (GMAW), 가스 실드 아크 용접 비드 조인트 : 설명 참조).

프론트 어퍼 스트럭쳐
윈드스크린 로어 크로스 멤버 : 교환

42A

L43

I – 서비스 부품의 구성

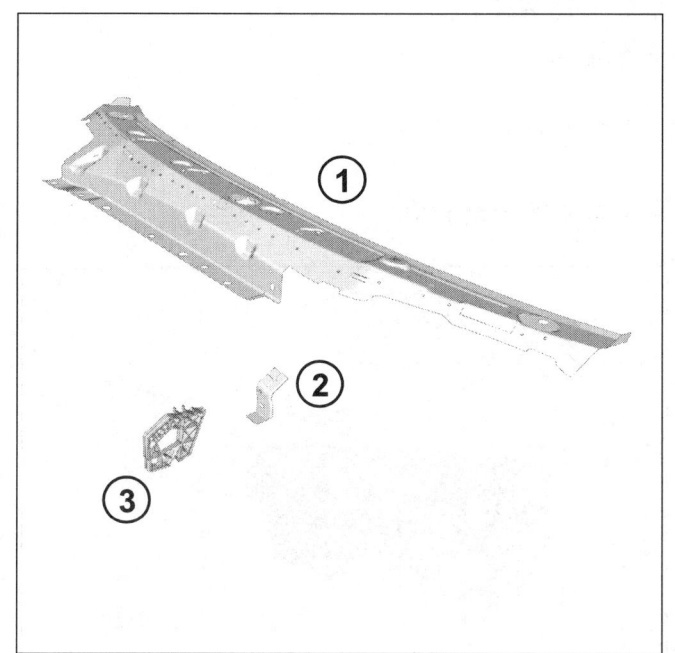

L43040036

번호	설명	재질	두께 (mm)
(1)	윈드스크린 로어 크로스 멤버, 어퍼 섹션	SPCC	0.8
(2)	와이퍼 센터 마운팅 서포트	SGCC	1.5
(3)	윈드스크린 로어 크로스 멤버 방음 리인포스먼트		

II – 교환 작업

부품 교환 방법 :

– 전체 교환 .

1 – 전체 교환

a – 부품의 장착 위치

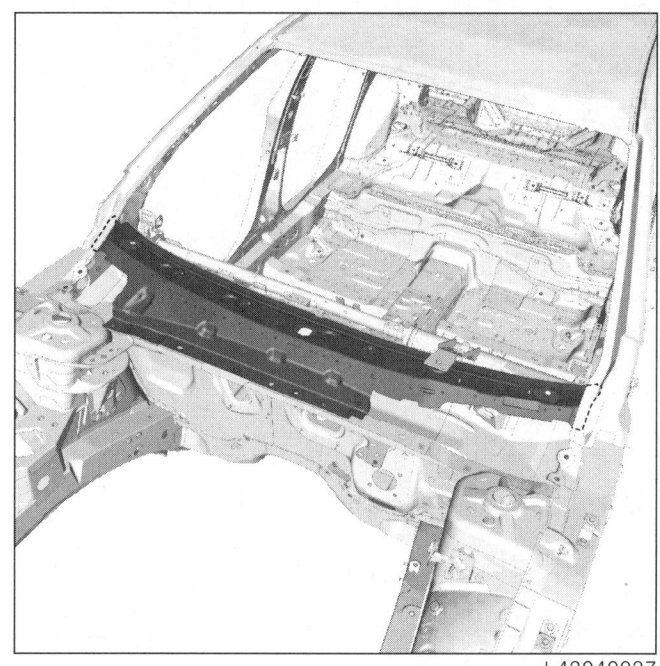

L43040037

b – 전기 접지의 위치

> **주의**
>
> 차량의 전기 및 전자 구성부품 손상을 방지하기 위해 용접 부위 근처에 있는 와이어링 하네스의 접지를 분리해야 한다 .
>
> 용접기의 접지는 용접 부위에서 최대한 가까운 위치에 있어야 한다 (MR 400 차체 구조 수리 매뉴얼 , 40H, 볼트 결합 , 접지용 볼트 결합 : 장착 참조).

용접 부위 근처의 접지를 찾는다 (40A, 일반 정보 , 접지 위치 : 일반 설명 참조).

c – 용접 작업에 대한 설명

> **주의**
>
> 용접할 부품의 접촉면에 접근할 수 없는 경우 스폿 용접 (전기 저항 용접) 대신 플러그 용접 (아크 용접) 을 사용한다 (MR 400 차체 구조 수리 매뉴얼 , 40C, 아크 용접 접합 (GMAW), 가스 실드 아크 용접 비드 조인트 : 설명 참조).

프론트 어퍼 스트럭쳐
대시보드 플레이트 : 교환

42A

L43

I - 서비스 부품의 구성

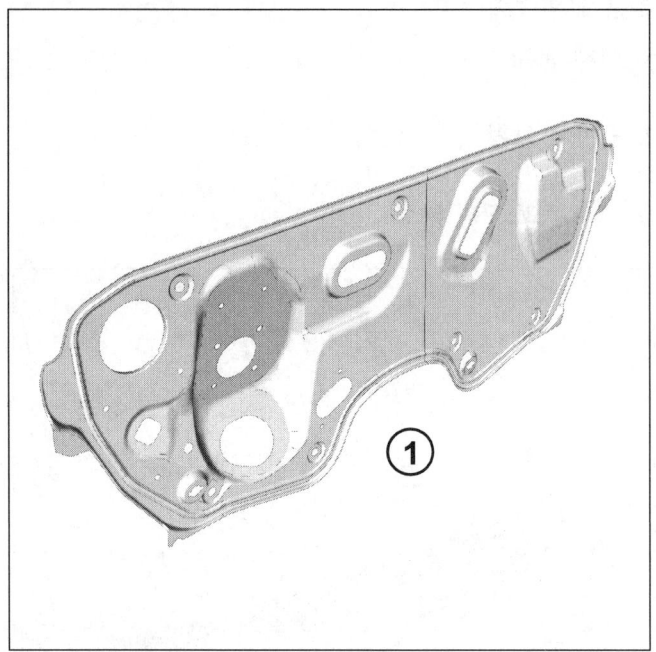

L43040038

번호	설명	재질	두께 (mm)
(1)	대시보드 플레이트	APFC390	1.5/ 0.8

II - 교환 작업

부품 교환 방법 :

- 전체 교환 .

1 - 전체 교환

a - 부품의 장착 위치

L43040039

참고 :

장착을 위한 접착 절차는 접착된 윈드실드를 교환할 때의 절차와 동일하다 .

탈거 작업 시 히팅건으로 실런트 도포 부위를 가열하여 실런트를 커팅하면 보다 쉬운 작업이 가능하다 .

실런트 도포 끝단부는 중첩되게 도포할 것 .

도포 시작과 끝의 최대 시간이 3 분을 넘기지 않도록 할 것 .

프론트 어퍼 스트럭쳐
대시보드 플레이트 : 교환

42A

L43

섹션 A

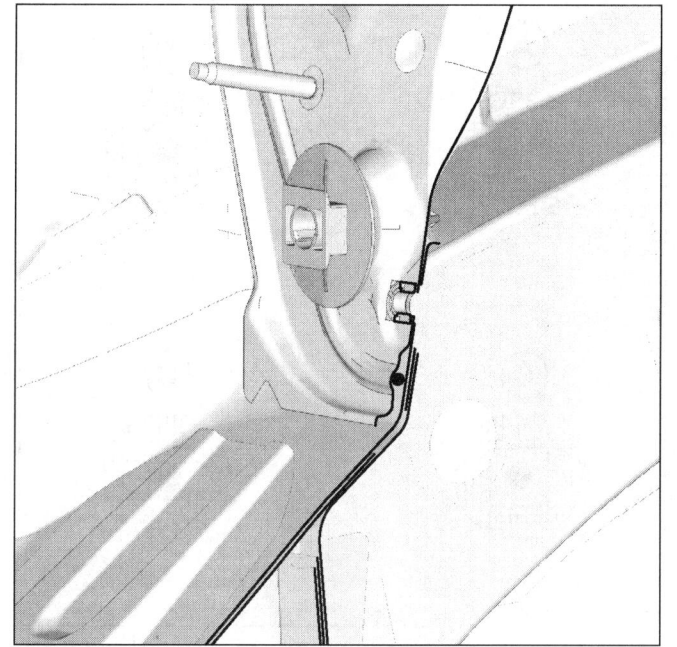

실런트 도포 경로

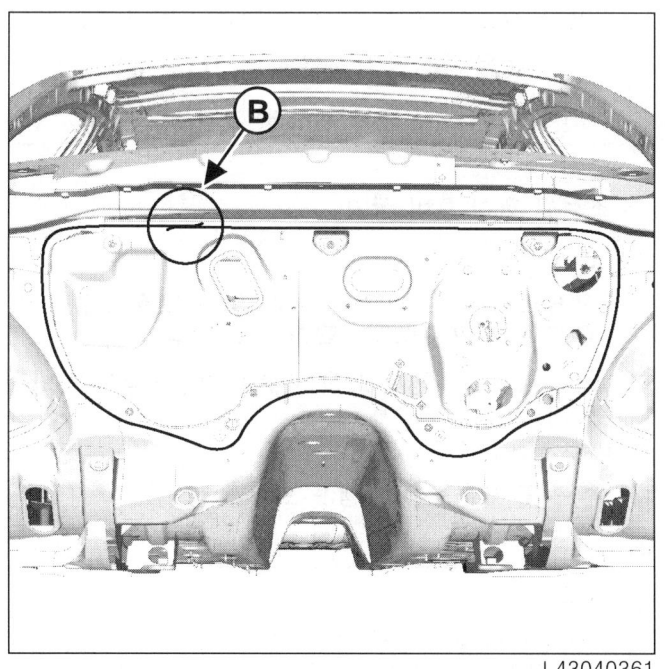

상세도 B

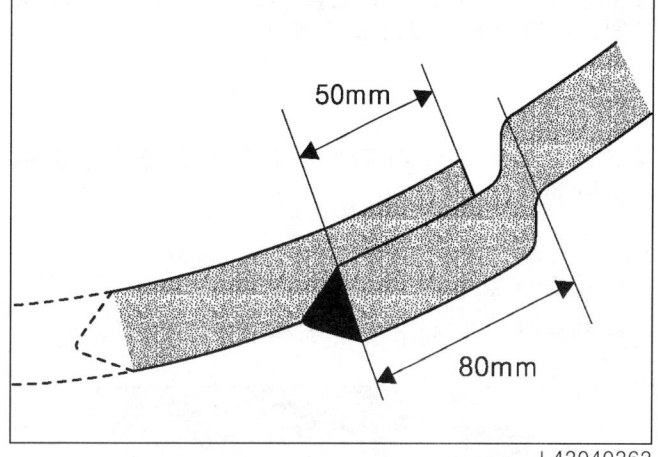

실런트 도포 단면

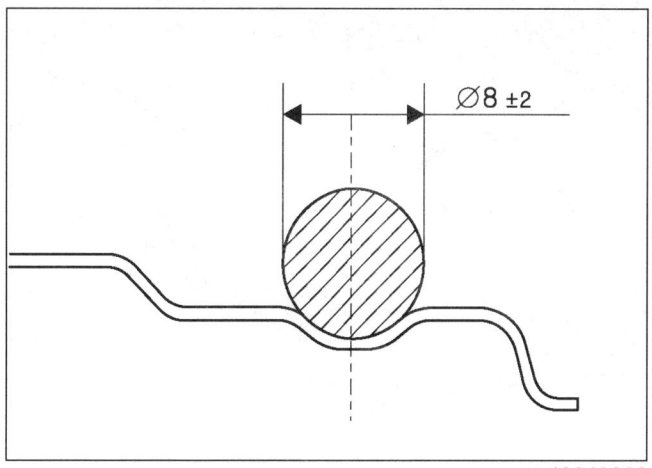

대시보드 플레이트 고정 볼트의 토크값 : 21 N.m

프론트 어퍼 스트럭쳐
프론트 펜더 : 조정

42A

L43

조정 값

- 후드 조정 값에 관한 정보를 참조한다 (01C, 바디 제원, 차량 틈새 : 조정 값 참조).

조정 값

- 프론트 펜더 조정 시 다음 세 가지 옵션을 사용할 수 있다 :
  - 프론트 도어 포함 조정,
  - 후드 포함 조정,
  - 헤드램프 및 범퍼 포함 조정.

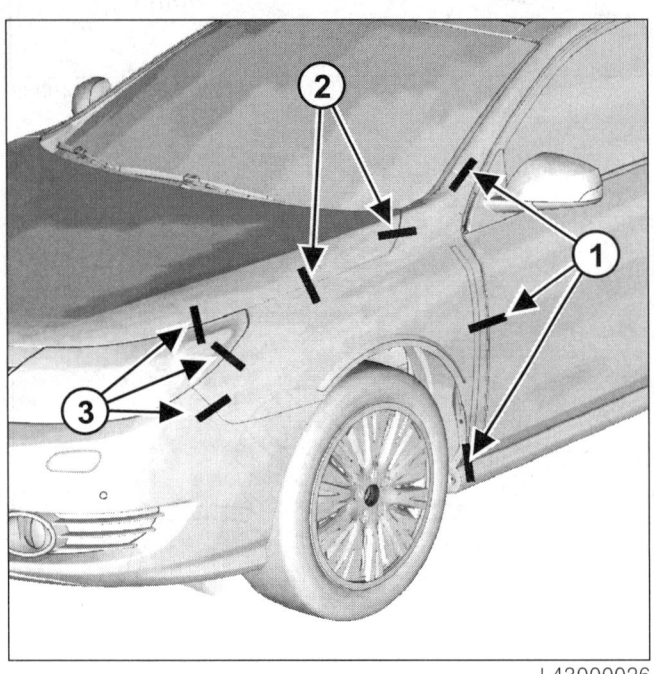

- (1), (2) 및 (3) 의 조정 순서를 준수한다.

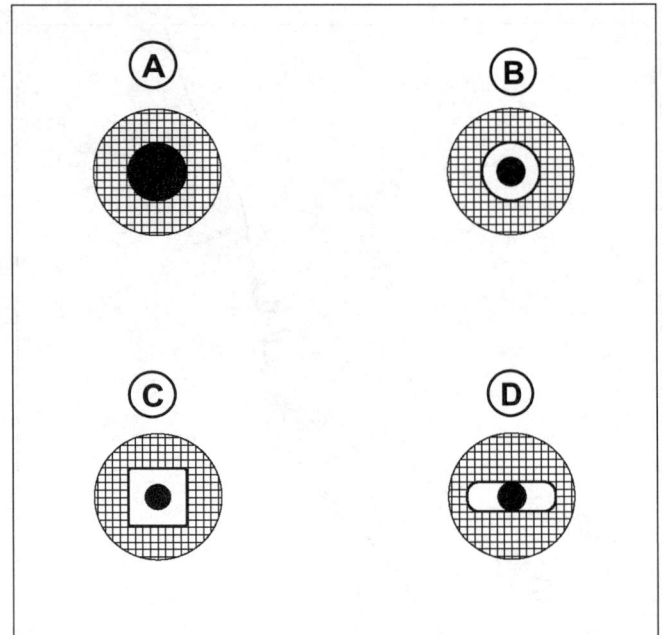

A, B, C 및 D 표시는 조정 옵션을 나타낸다.

중앙의 검은색 점은 볼트의 바디를 나타낸다.

회색 부분은 조정할 부품을 나타낸다.

흰색 부분은 조정 부위를 나타낸다.

I – 조정을 위한 준비 작업

- 다음을 탈거한다 :
  - 프론트 펜더 프로텍터 (55A, 외장 보호 트림, 프론트 펜더 프로텍터 : 탈거 – 장착 참조),
  - 프론트 범퍼 (55A, 외장 보호 트림, 프론트 범퍼 : 탈거 – 장착 참조).

II – 후드 및 프론트 헤드램프 포함 조정

참고 :

조정 (후드 및 프론트 헤드램프 포함) 은 프론트 펜더를 탈거한 상태로 프론트 펜더 어퍼 연결 마운팅 너트에서 수행한다.

- 다음을 탈거한다 :
  - 헤드램프 (MR 436 리페어 매뉴얼, 80B, 프론트 라이팅 시스템, 헤드램프 : 탈거 – 장착 참조),
  - 프론트 펜더 (42A, 프론트 어퍼 스트럭쳐, 프론트 펜더 : 탈거 – 장착 참조).

프론트 어퍼 스트럭쳐
프론트 펜더 : 조정

42A

L43

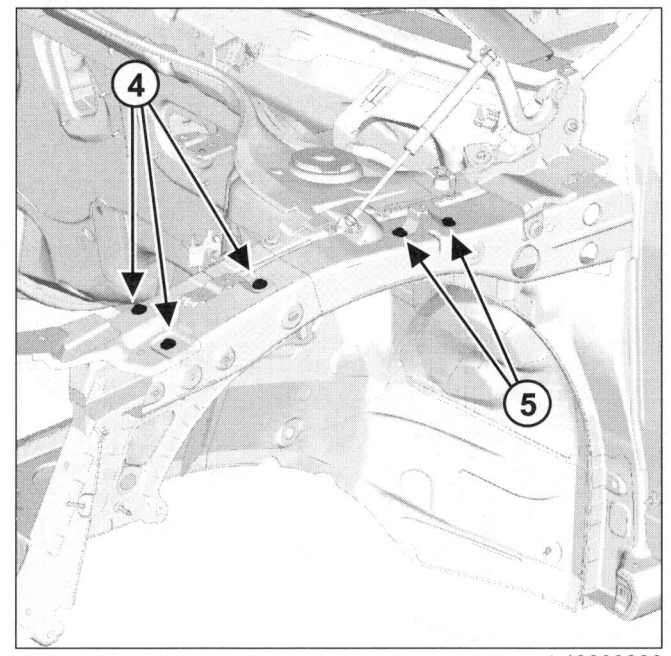

- 마운팅 (4) 및 (5) 을 느슨하게 한다.
- 다음을 장착한다 :
  - 프론트 펜더,
  - 헤드램프.

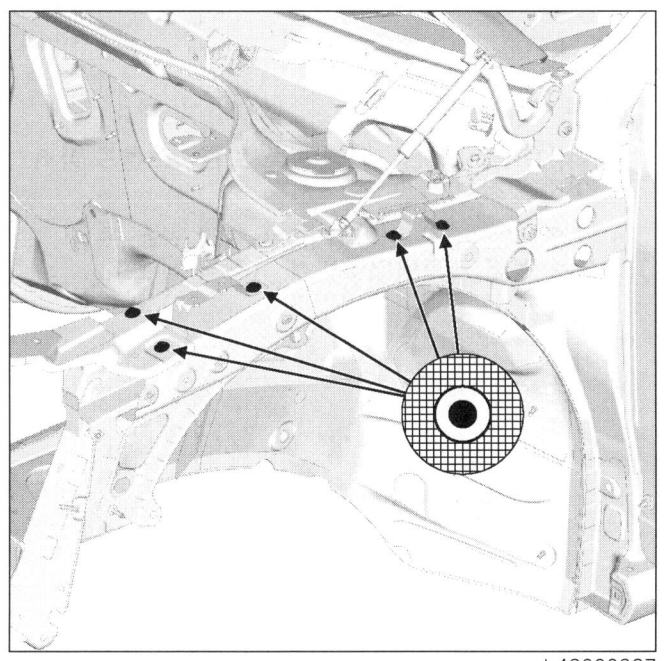

- 프론트 펜더를 조정한다.
- 볼트 (4) 를 조인다.
- 다음을 탈거한다 :
  - 프론트 펜더,
  - 헤드램프.

- 너트 (5) 를 조인다.
- 다음을 장착한다 :
  - 프론트 펜더 (42A, 프론트 어퍼 스트럭쳐, 프론트 펜더 : 탈거 - 장착 참조),
  - 헤드램프 (MR 436 리페어 매뉴얼, 80B, 프론트 라이팅 시스템, 헤드램프 : 탈거 - 장착 참조).

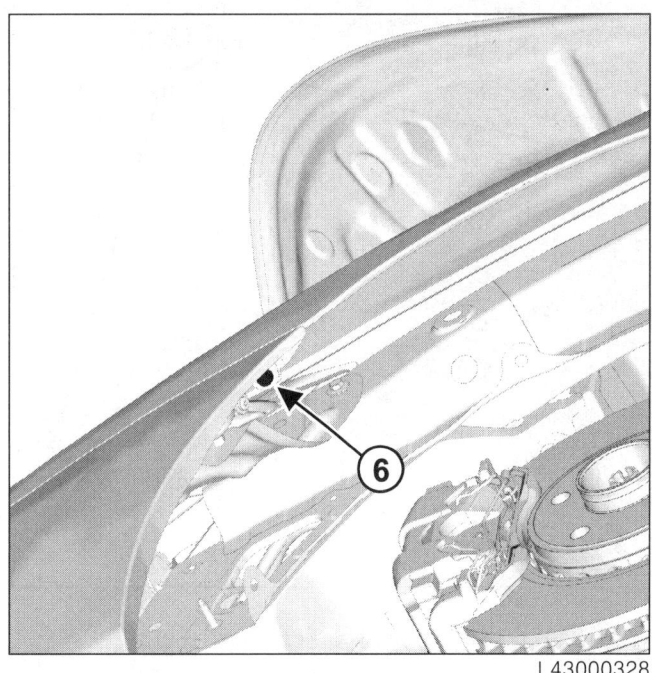

- 프론트 범퍼와 프론트 헤드램프 간의 패널 틈새를 조정한다.

프론트 어퍼 스트럭쳐
프론트 펜더 : 조정

42A

L43

III - 프론트 범퍼 및 프론트 도어 포함 조정

다음을 탈거한다 :
- 윈드실드 로어 트림 피스,
- 펜더 어퍼 트림.

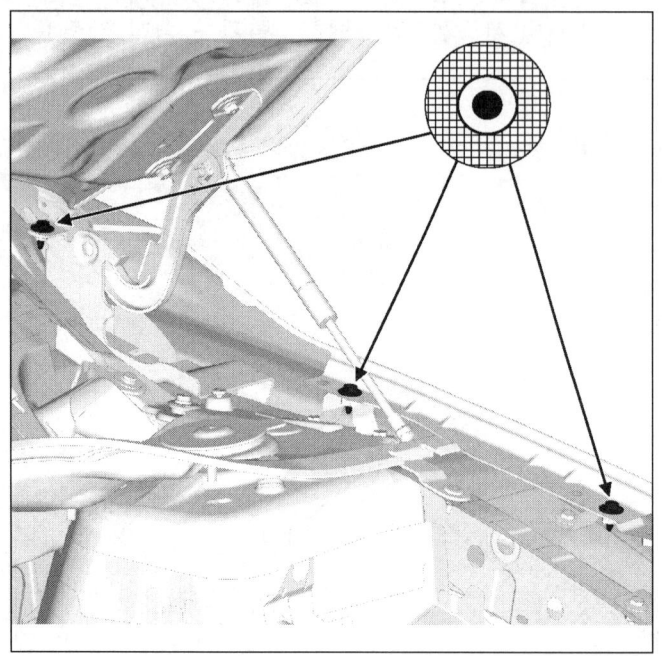

패널과 프론트 도어 간의 틈새를 조정한다.

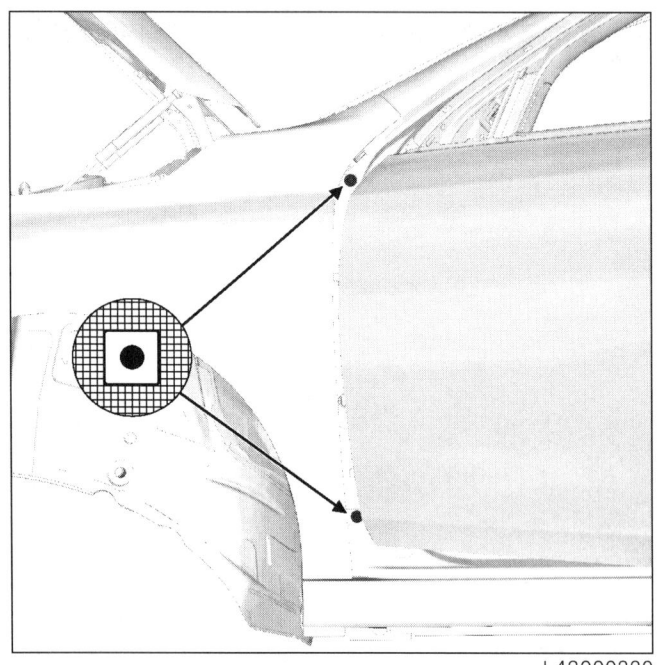

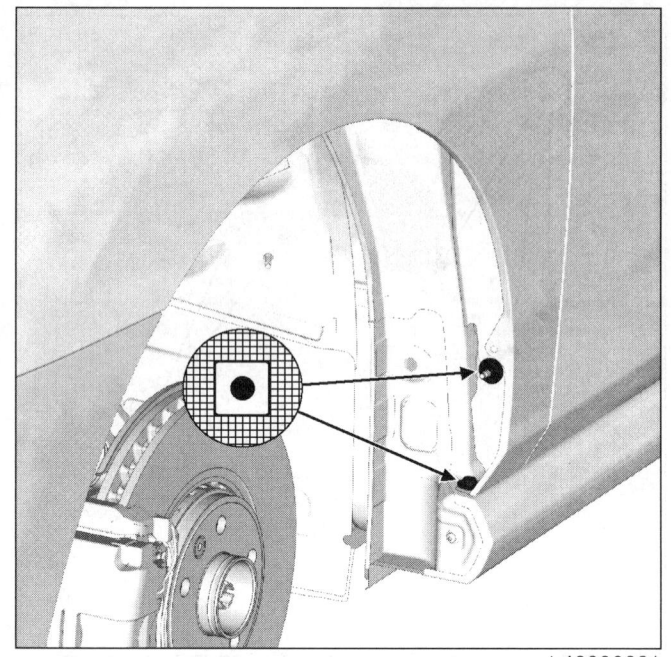

패널과 프론트 도어 및 사이드 실 패널 간의 틈새를 조정한다.

다음을 장착한다 :
- 펜더 어퍼 트림,
- 윈드실드 로어 트림 피스.

IV - 최종 작업

다음을 장착한다 :
- 프론트 범퍼 (55A, 외장 보호 트림, 프론트 범퍼 : 탈거 - 장착 참조),
- 프론트 펜더 프로텍터 (55A, 외장 보호 트림, 프론트 펜더 프로텍터 : 탈거 - 장착 참조).

42A-16

프론트 어퍼 스트럭쳐
어퍼 프론트 엔드 크로스 멤버 : 탈거 – 장착

42A

L43

탈거

I – 탈거 준비 작업

- 차량을 2 주식 리프트에 위치시킨다 (02A, 리프팅, 차량 : 견인 및 리프팅 참조).
- 다음을 탈거한다 :
  - 프론트 펜더 프로텍터 (55A, 외장 보호 트림, 프론트 펜더 프로텍터 : 탈거 – 장착 참조),
  - 라디에이터 그릴 (56A, 외장 장착 부품, 라디에이터 그릴 : 탈거 – 장착 참조),
  - 프론트 범퍼 (55A, 외장 보호 트림, 프론트 범퍼 : 탈거 – 장착 참조),
  - 혼 (MR 436 리페어 매뉴얼, 82B, 혼, 혼 : 탈거 – 장착 참조),
  - 후드 록 (52A, 사이드 도어 이외 메커니즘, 후드 록 : 탈거 – 장착 참조),
  - 헤드램프 (MR 436 리페어 매뉴얼, 80B, 프론트 라이팅 시스템, 프론트 헤드램프 : 탈거 – 장착 참조).

II – 관련 부품 탈거 작업

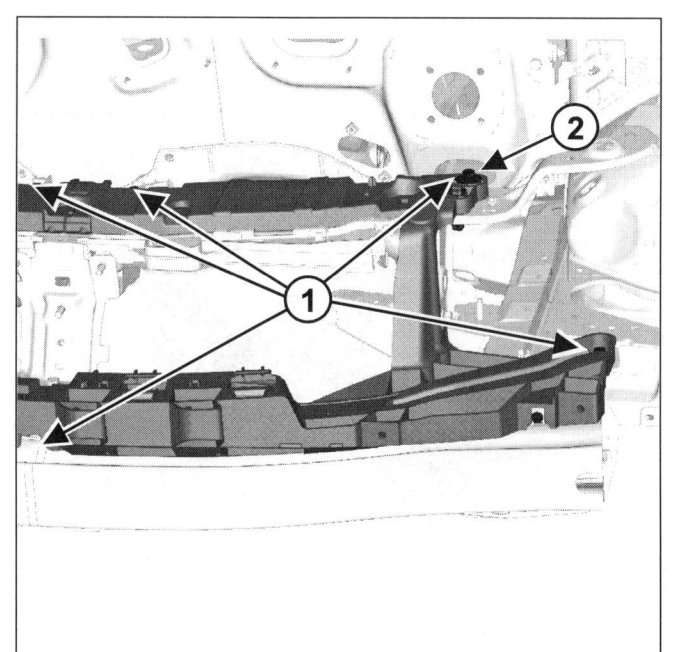

L43040048

- 볼트 (1) 를 탈거한다 .
- 다음을 탈거한다 :
  - 클립 (2),
  - 다양한 와이어링 클립 .
- 프론트 엔드 패널을 탈거한다 .

장착

I – 관련 부품 장착 작업

- 다음을 장착한다 :
  - 프론트 엔드 패널,
  - 다양한 와이어링 클립,
  - 클립 (2),
  - 볼트 (1).

II – 최종 작업

- 다음을 장착한다 :
  - 헤드램프 (MR 436 리페어 매뉴얼, 80B, 프론트 라이팅 시스템, 프론트 헤드램프 : 탈거 – 장착 참조),
  - 후드 록 (52A, 사이드 도어 이외 메커니즘, 후드 록 : 탈거 – 장착 참조),
  - 혼 (MR 436 리페어 매뉴얼, 82B, 혼, 혼 : 탈거 – 장착 참조),
  - 프론트 범퍼 (55A, 외장 보호 트림, 프론트 범퍼 : 탈거 – 장착 참조),
  - 라디에이터 그릴 (56A, 외장 장착 부품, 라디에이터 그릴 : 탈거 – 장착 참조),
  - 프론트 펜더 프로텍터 (55A, 외장 보호 트림, 프론트 펜더 프로텍터 : 탈거 – 장착 참조).

프론트 어퍼 스트럭쳐
카핏 크로스 멤버 : 탈거 – 장착

42A

L43

필요 장비
진단 장비

경고
점화 구성부품 (에어백 또는 프리텐셔너) 위 또는 근처에서 작업할 때 해당 구성부품이 작동되는 위험을 방지하기 위해 진단 장비를 사용하여 에어백 컨트롤 유닛을 잠근다 .
이 기능이 작동할 경우 모든 라인이 차단되며 컴비네이션 미터의 에어백 경고등이 지속적으로 켜진다 (이그니션 스위치 ON).

경고
에어백 또는 프리텐셔너의 오작동을 방지하기 위해 열원 , 화염 , 전기적 충격이 가해지지 않도록 부품을 보호한다 .

경고
수리 작업 전 안전 , 청결지침 및 작업에 대한 가이드 라인을 확인한다 (MR 436 리페어 매뉴얼 , 88C, 에어백 및 프리텐셔너 , 에어백 및 프리텐셔너 : 사전 주의사항 참조).

탈거

I – 탈거 준비 작업

❏ 진단 장비를 사용하여 에어백 컨트롤 유닛을 잠근다 (MR 436 리페어 매뉴얼 , 88C, 에어백 및 프리텐셔너 , 에어백 및 프리텐셔너 : 사전 주의사항 참조).

❏ 배터리 단자를 분리한다 (MR 436 리페어 매뉴얼 , 80A, 배터리 , 배터리 : 탈거 – 장착 참조).

❏ 다음을 탈거한다 :
- 프론트 사이드 도어 (47A, 사이드 도어 패널 , 프론트 사이드 도어 : 탈거 – 장착 참조),
- 인스트루먼트 패널 (57A, 내장 장착 부품 , 인스트루먼트 패널 : 탈거 – 장착 참조),
- BCM (MR 436 리페어 매뉴얼 , 87B, 바디 컨트롤 시스템 , BCM: 탈거 – 장착 참조).

❏ 스티어링 칼럼을 부분적으로 탈거한다 (MR 436 리페어 매뉴얼 , 36A, 스티어링 어셈블리 , 스티어링 칼럼 : 탈거 – 장착 참조).

❏ 인스트루먼트 패널 와이어링을 부분적으로 분리한다 .

II – 관련 부품 탈거 작업

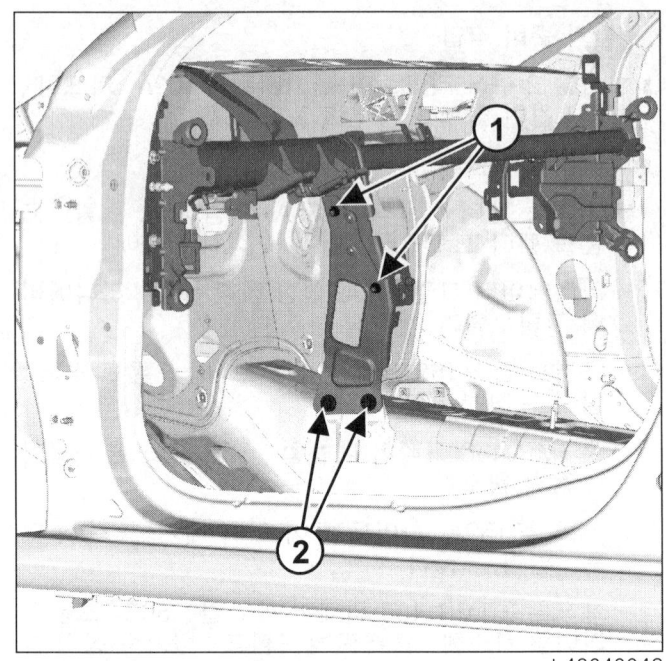

❏ 다음을 탈거한다 :
- 너트 (1),
- 볼트 (2),
- 인스트루먼트 패널 플랜지 .

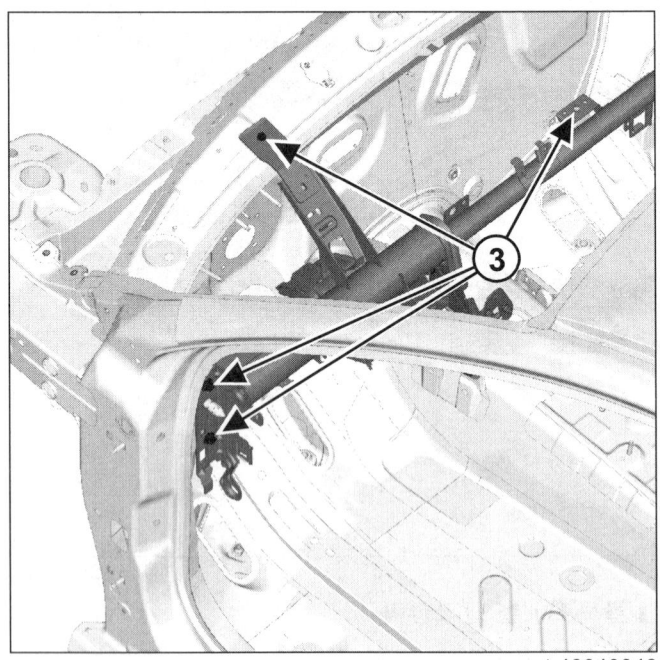

❏ 크로스 멤버 (3) 에서 볼트를 탈거한다 .

프론트 어퍼 스트럭쳐
카핏 크로스 멤버 : 탈거 - 장착

42A

L43

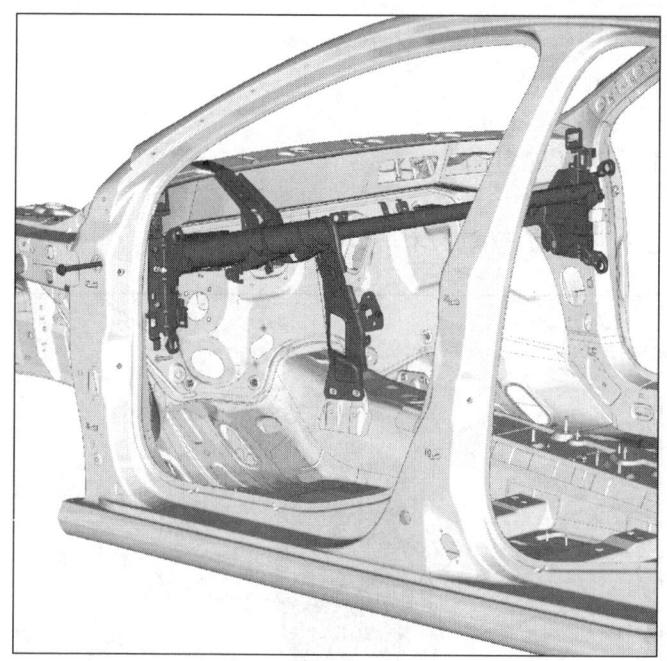

L43040044

❑ 다음을 탈거한다 :

- 사이드 볼트 ,
- 대시보드 크로스 멤버 (이 작업은 두 사람이 작업한다).

장착

I - 관련 부품 장착 작업

❑ 다음을 장착한다 :

- 대시보드 크로스 멤버 (이 작업은 두 사람이 작업한다),
- 사이드 볼트 ,
- 크로스 멤버 볼트 ,
- 인스트루먼트 패널 플랜지 ,
- 볼트 .

II - 최종 작업

❑ 다음을 장착한다 :

- 스티어링 칼럼 (MR 436 리페어 매뉴얼 , 36A, 스티어링 어셈블리 , 스티어링 칼럼 : 탈거 - 장착 참조),
- BCM (MR 436 리페어 매뉴얼 , 87B, 바디 컨트롤 시스템 , BCM: 탈거 - 장착 참조),
- 인스트루먼트 패널 (57A, 내장 장착 부품 , 인스트루먼트 패널 : 탈거 - 장착 참조),
- 프론트 사이드 도어 (47A, 사이드 도어 패널 , 프론트 사이드 도어 : 탈거 - 장착 참조).

❑ 진단 장비를 사용하여 에어백 컨트롤 유닛을 잠금 해제한다 (MR 436 리페어 매뉴얼 , 88C, 에어백 및 프리텐셔너 , 에어백 및 프리텐셔너 : 사전 주의사항 참조).

사이드 어퍼 스트럭쳐
프론트 필러 리인포스먼트 : 교환

43A

L43

I – 서비스 부품의 구성

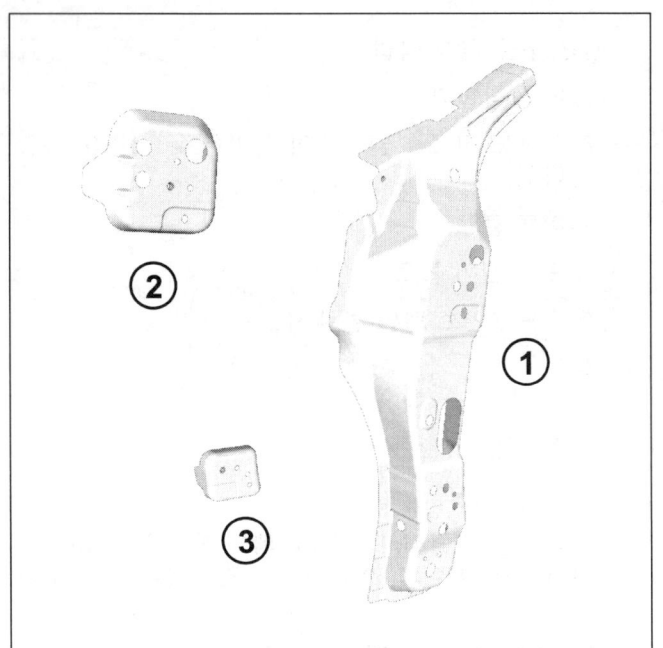

L43040082

번호	설명	재질	두께 (mm)
(1)	프론트 필러 리인포스먼트	SGAC390	1
(2)	어퍼 힌지 리인포스먼트	SGACY380	2
(3)	로어 힌지 리인포스먼트	SGACY380	1.5

II – 교환 작업

부품 교환 방법 :

– 전체 교환 .

1 – 전체 교환

a – 부품의 장착 위치

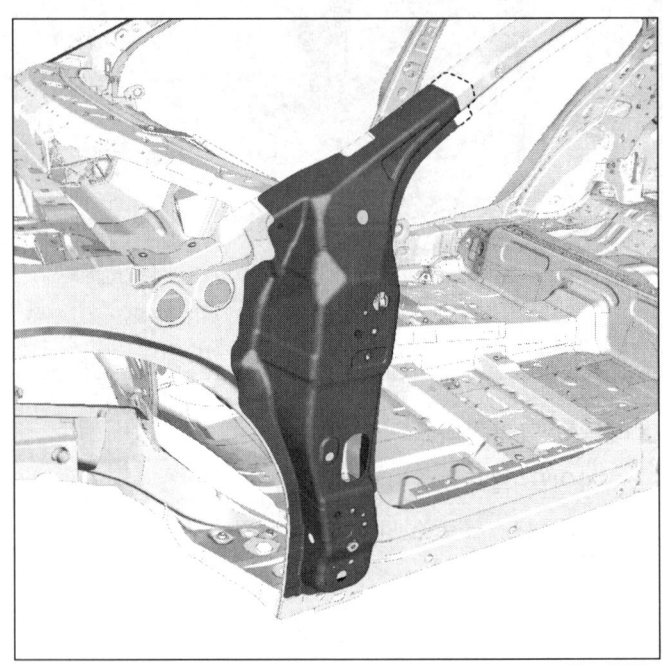

L43040083

b – 전기 접지의 위치

> **주의**
>
> 차량의 전기 및 전자 구성부품 손상을 방지하기 위해 용접 부위 근처에 있는 와이어링 하네스의 접지를 분리해야 한다 .
>
> 용접기의 접지는 용접 부위에서 최대한 가까운 위치에 있어야 한다 (MR 400 차체 구조 수리 매뉴얼 , 40H, 볼트 결합 , 접지용 볼트 결합 : 장착 참조).

용접 부위 근처의 접지를 찾는다 (40A, 일반 정보 , 접지 위치 : 일반 설명 참조).

c – 용접 작업에 대한 설명

> **주의**
>
> 용접할 부품의 접촉면에 접근할 수 없는 경우 스폿 용접 (전기 저항 용접) 대신 플러그 용접 (아크 용접) 을 사용한다 (MR 400 차체 구조 수리 매뉴얼 , 40C, 아크 용접 접합 (GMAW), 가스 실드 아크 용접 비드 조인트 : 설명 참조).

사이드 어퍼 스트럭쳐
프론트 필러 가니쉬 : 교환

43A

L43

I – 서비스 부품의 구성

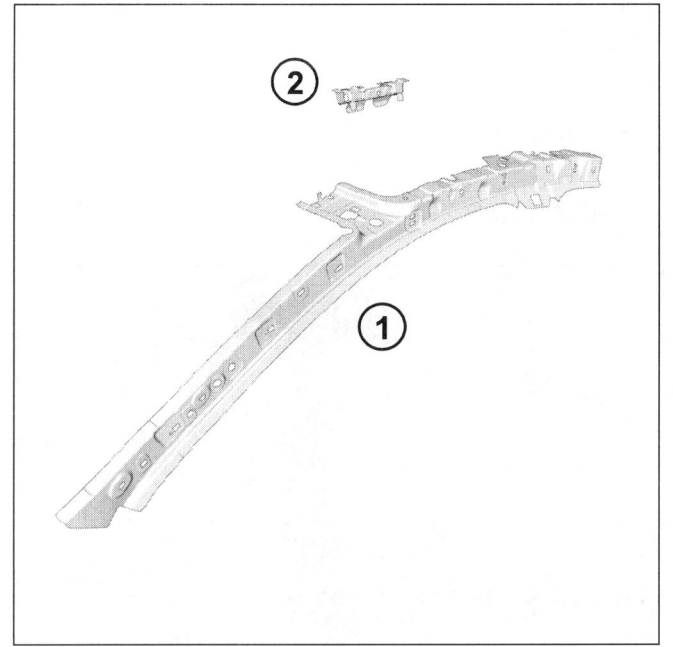

L43040084

번호	설명	재질	두께 (mm)
(1)	프론트 필러 가니쉬	SGACY380	1.5
(2)	그랩 핸들 마운팅	APFC440X	1.3

II – 교환 작업

부품 교환 방법 :

– 전체 교환 .

1 – 전체 교환

a – 부품의 장착 위치

L43040085

b – 전기 접지의 위치

주의

차량의 전기 및 전자 구성부품 손상을 방지하기 위해 용접 부위 근처에 있는 와이어링 하네스의 접지를 분리해야 한다 .

용접기의 접지는 용접 부위에서 최대한 가까운 위치에 있어야 한다 (MR 400 차체 구조 수리 매뉴얼 , 40H, 볼트 결합 , 접지용 볼트 결합 : 장착 참조).

용접 부위 근처의 접지를 찾는다 (40A, 일반 정보 , 접지 위치 : 일반 설명 참조).

c – 용접 작업에 대한 설명

주의

용접할 부품의 접촉면에 접근할 수 없는 경우 스폿 용접 (전기 저항 용접) 대신 플러그 용접 (아크 용접) 을 사용한다 (MR 400 차체 구조 수리 매뉴얼 , 40C, 아크 용접 접합 (GMAW), 가스 실드 아크 용접 비드 조인트 : 설명 참조).

사이드 어퍼 스트럭쳐
센터 필러 리인포스먼트 : 교환

43A

L43

I – 서비스 부품의 구성

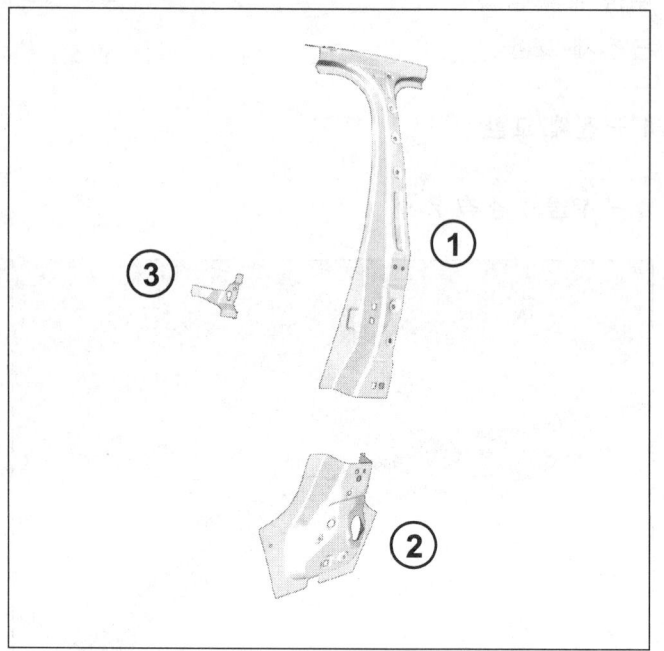

L43040086

번호	설명	재질	두께 (mm)
(1)	센터 필러 리인포스먼트	22MNB5	1.8
(2)	센터 필러 리인포스먼트 로어 섹션	SGACY380	1.5
(3)	에어백 센서 마운팅 브릿지 피스	APFC340	2

II – 교환 작업

부품 교환 방법 :

– 전체 교환 .

1 – 전체 교환

a – 부품의 장착 위치

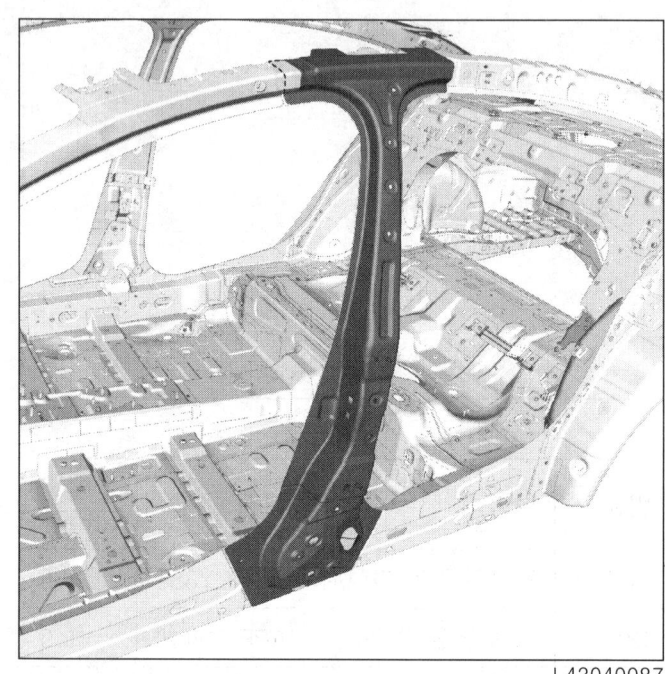

L43040087

b – 전기 접지의 위치

주의

차량의 전기 및 전자 구성부품 손상을 방지하기 위해 용접 부위 근처에 있는 와이어링 하네스의 접지를 분리해야 한다 .

용접기의 접지는 용접 부위에서 최대한 가까운 위치에 있어야 한다 (MR 400 차체 구조 수리 매뉴얼 , 40H, 볼트 결합 , 접지용 볼트 결합 : 장착 참조).

용접 부위 근처의 접지를 찾는다 (40A, 일반 정보 , 접지 위치 : 일반 설명 참조).

c – 신품으로 교환해야 하는 부품

중공 부분 인서트를 교환한다 (40A, 일반 사항 , 방음재의 위치와 관련 설명 참조).

사이드 어퍼 스트럭쳐
센터 필러 리인포스먼트 : 교환

43A

L43

d – 탈거해야 하는 차체 구성부품 – 교환 작업을 실시하기 위해 탈거해야 하는 스트럭쳐

다음을 탈거한다 :

- 바디 사이드 프론트 섹션 (43A, 사이드 어퍼 스트럭쳐 , 바디 사이드 프론트 섹션 : 교환 참조),
- 루프 (45A, 바디 상부 스트럭쳐 , 루프 : 교환 참조),
- 프론트 필러 (43A, 사이드 어퍼 스트럭쳐 , 프론트 필러 가니쉬 : 교환 참조).

e – 용접 작업에 대한 설명

> **주의**
>
> 용접할 부품의 접촉면에 접근할 수 없는 경우 스폿 용접 (전기 저항 용접) 대신 플러그 용접 (아크 용접) 을 사용한다 (MR 400 차체 구조 수리 매뉴얼 , 40C, 아크 용접 접합 (GMAW), 가스 실드 아크 용접 비드 조인트 : 설명 참조).

사이드 어퍼 스트럭쳐
센터 필러 가니쉬 : 교환

43A

L43

I - 서비스 부품의 구성

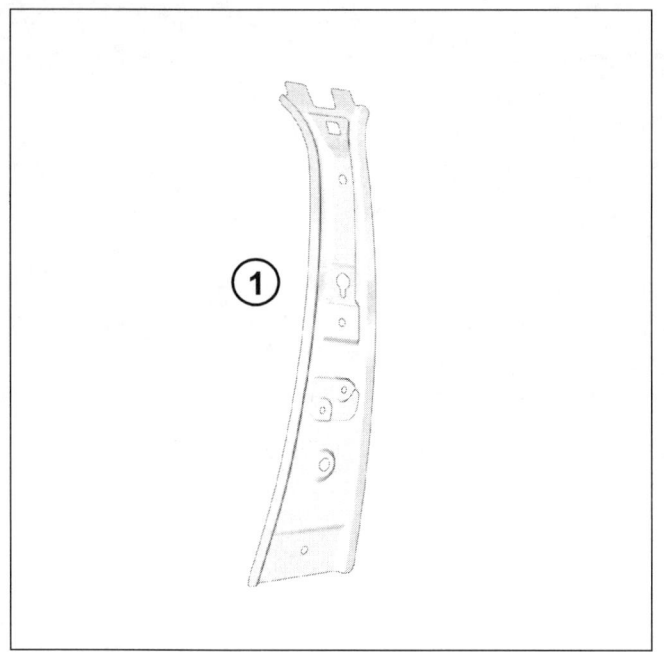

L43040088

번호	설명	재질	두께 (mm)
(1)	센터 필러 가니쉬	APFCY380	1.5

II - 교환 작업

부품 교환 방법 :

- 전체 교환 .

1 - 전체 교환

a - 부품의 장착 위치

L43040089

b - 전기 접지의 위치

> **주의**
>
> 차량의 전기 및 전자 구성부품 손상을 방지하기 위해 용접 부위 근처에 있는 와이어링 하네스의 접지를 분리해야 한다 .
>
> 용접기의 접지는 용접 부위에서 최대한 가까운 위치에 있어야 한다 (MR 400 차체 구조 수리 매뉴얼 , 40H, 볼트 결합 , 접지용 볼트 결합 : 장착 참조).

용접 부위 근처의 접지를 찾는다 (40A, 일반 사항 , 접지 위치 : 일반 설명 참조).

c - 용접 작업에 대한 설명

> **주의**
>
> 용접할 부품의 접촉면에 접근할 수 없는 경우 스폿 용접 (전기 저항 용접) 대신 플러그 용접 (아크 용접) 을 사용한다 (MR 400 차체 구조 수리 매뉴얼 , 40C, 아크 용접 접합 (GMAW), 가스 실드 아크 용접 비드 조인트 : 설명 참조).

사이드 어퍼 스트럭쳐
바디 사이드 프론트 섹션 : 교환

43A

L43

I – 서비스 부품의 구성

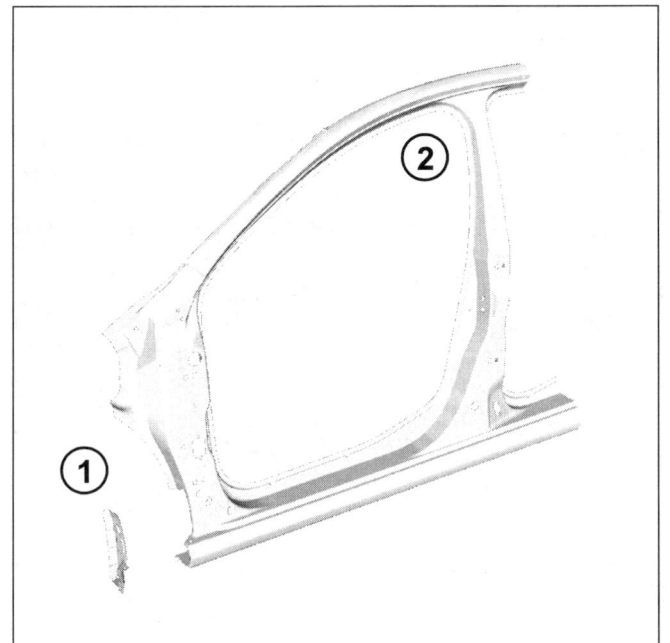

번호	설명	재질	두께 (mm)
(1)	바디 사이드	SGACE	0.65
(2)	실 프론트 블랭킹 커버	SPCC	0.95

II – 교환 작업

부품 교환 방법 :

- 전체 교환 A-B,
- 부분 교환 C-D,
- 부분 교환 B-D-E,
- 부분 교환 A-B-D-F.

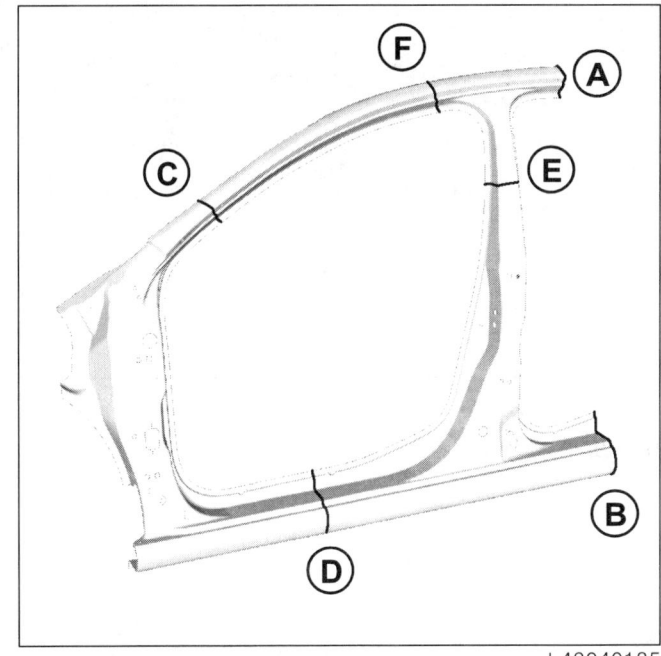

1 – 전체 교환 A-B

a – 부품의 장착 위치

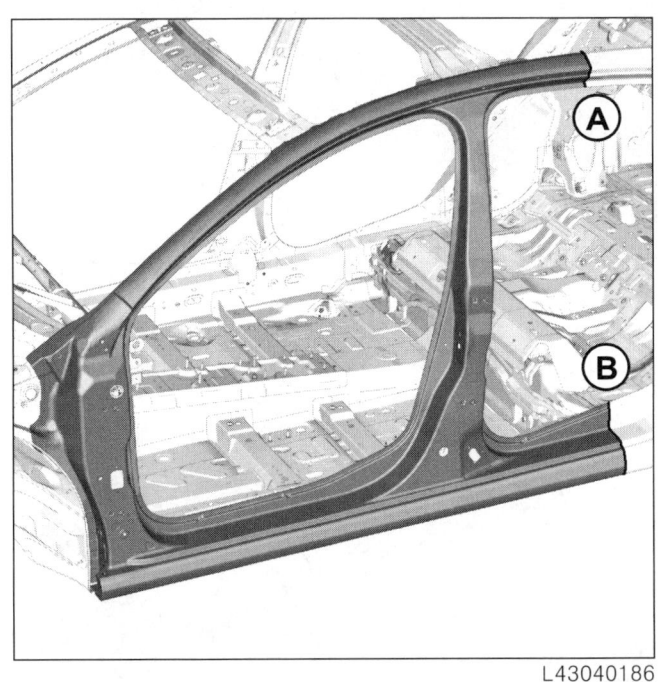

사이드 어퍼 스트럭쳐
바디 사이드 프론트 섹션 : 교환

43A

L43

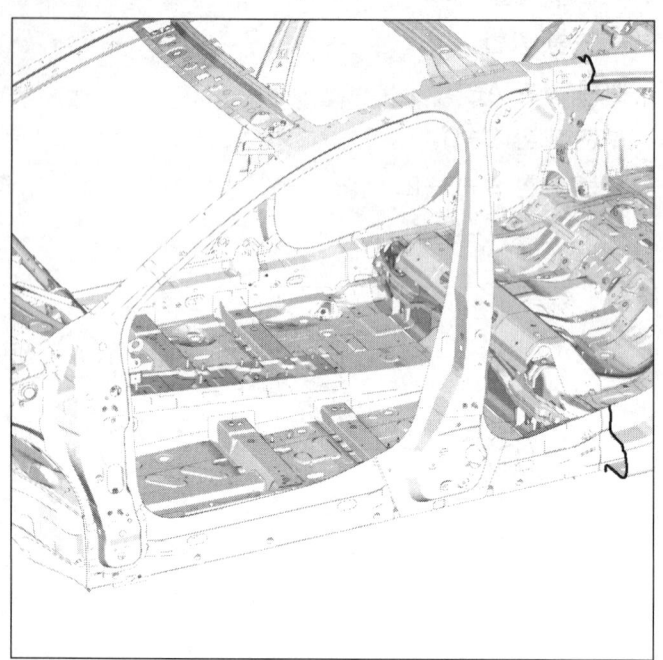

세부도 A

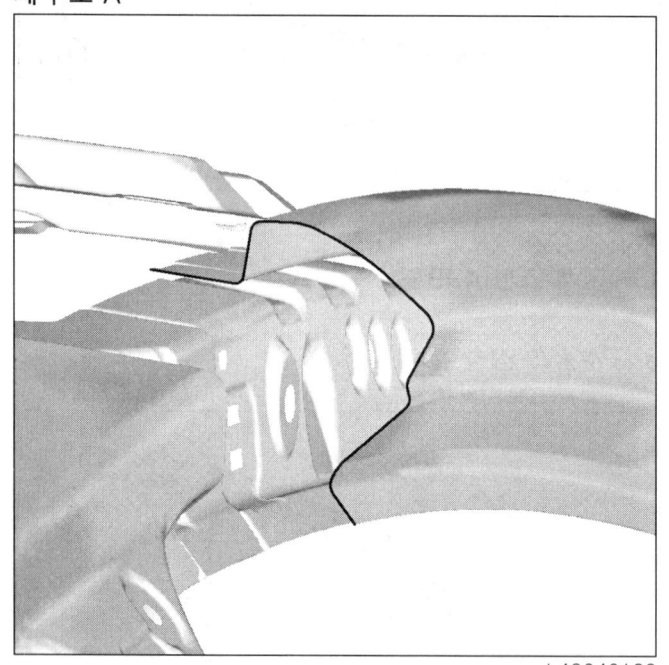

세부도 B

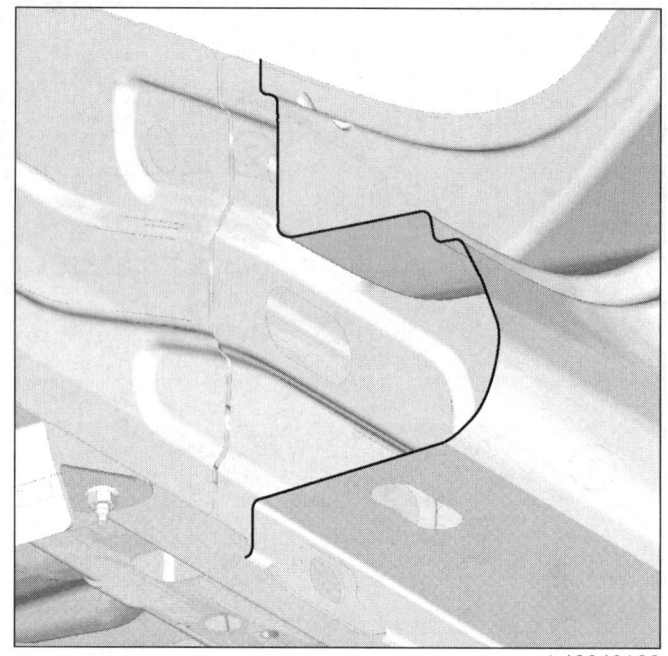

b - 전기 접지의 위치

주의

차량의 전기 및 전자 구성부품 손상을 방지하기 위해 용접 부위 근처에 있는 와이어링 하네스의 접지를 분리해야 한다.

용접기의 접지는 용접 부위에서 최대한 가까운 위치에 있어야 한다 (MR 400 차체 구조 수리 매뉴얼, 40H, 볼트 결합, 접지용 볼트 결합 : 장착 참조).

용접 부위 근처의 접지를 찾는다 (40A, 일반 사항, 접지 위치 : 일반 설명 참조).

c - 신품으로 교환해야 하는 부품

다음을 교환한다 :

- 중공 부분 센터 필러 및 프론트 필러 인서트 (40A, 일반 사항, 방음재의 위치와 관련 설명 참조).

d - 탈거해야 하는 차체 구성부품 - 교환 작업을 실시하기 위해 탈거해야 하는 스트럭쳐

루프를 탈거한다 (45A, 바디 상부 스트럭쳐, 루프 : 교환 참조).

사이드 어퍼 스트럭쳐
바디 사이드 프론트 섹션 : 교환

43A

L43

e - 용접 작업에 대한 설명

> **주의**
> 용접할 부품의 접촉면에 접근할 수 없는 경우 스폿 용접 (전기 저항 용접) 대신 플러그 용접 (아크 용접) 을 사용한다 (MR 400 차체 구조 수리 매뉴얼, 40C, 아크 용접 접합 (GMAW), 가스 실드 아크 용접 비드 조인트 : 설명 참조).

2 - 부분 교환 C-D

a - 부품의 장착 위치

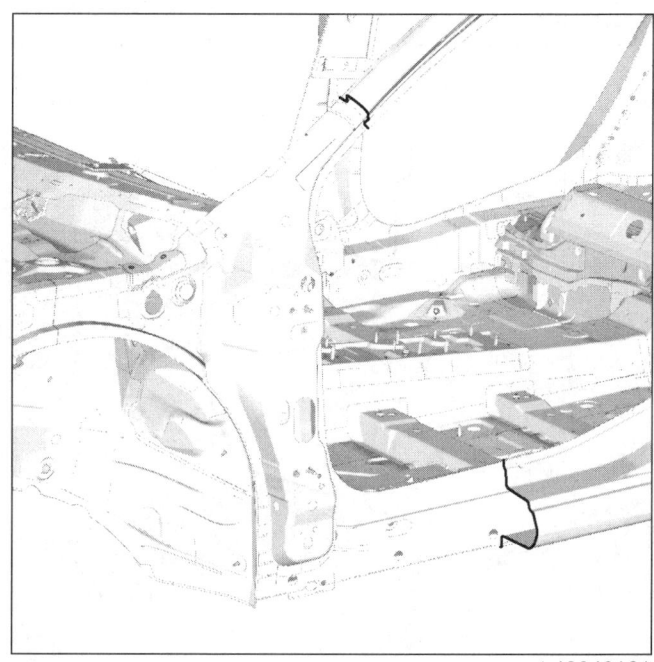

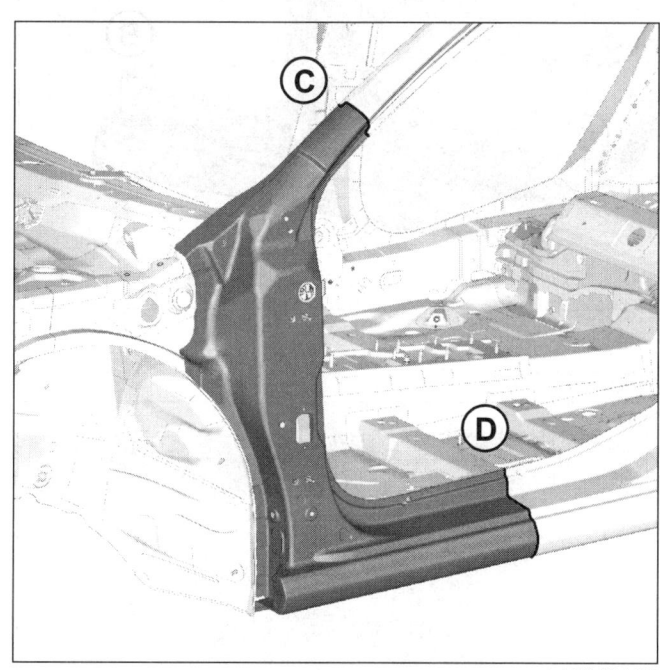

세부도 C

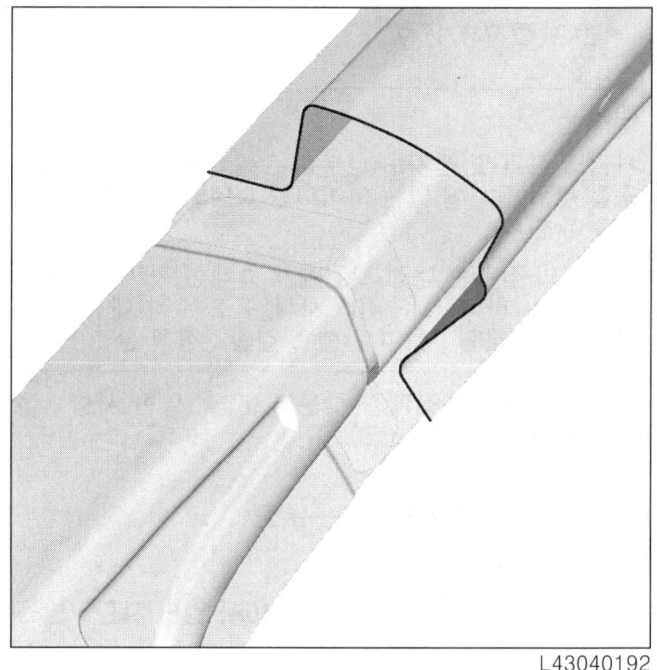

43A-8

사이드 어퍼 스트럭쳐
바디 사이드 프론트 섹션 : 교환

L43

세부도 D

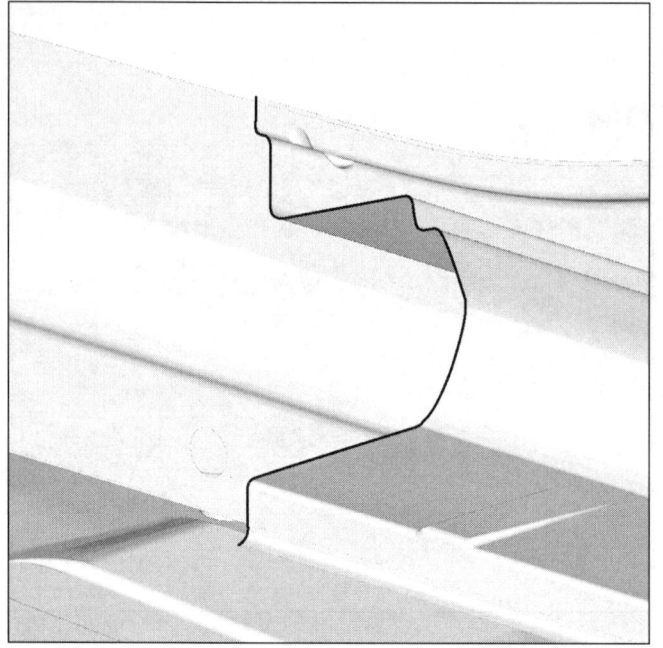

b - 전기 접지의 위치

주의

차량의 전기 및 전자 구성부품 손상을 방지하기 위해 용접 부위 근처에 있는 와이어링 하네스의 접지를 분리해야 한다.

용접기의 접지는 용접 부위에서 최대한 가까운 위치에 있어야 한다 (MR 400 차체 구조 수리 매뉴얼, 40H, 볼트 결합, 접지용 볼트 결합 : 장착 참조).

용접 부위 근처의 접지를 찾는다 (40A, 일반 사항, 접지 위치 : 일반 설명 참조).

c - 신품으로 교환해야 하는 부품

다음을 교환한다 :

- 중공 부분 센터 필러 인서트 (40A, 일반 사항, 방음재의 위치와 관련 설명 참조).

d - 용접 작업에 대한 설명

주의

용접할 부품의 접촉면에 접근할 수 없는 경우 스폿 용접 (전기 저항 용접) 대신 플러그 용접 (아크 용접) 을 사용한다 (MR 400 차체 구조 수리 매뉴얼, 40C, 아크 용접 접합 (GMAW), 가스 실드 아크 용접 비드 조인트 : 설명 참조).

3 - 부분 교환 B-D-E

a - 부품의 장착 위치

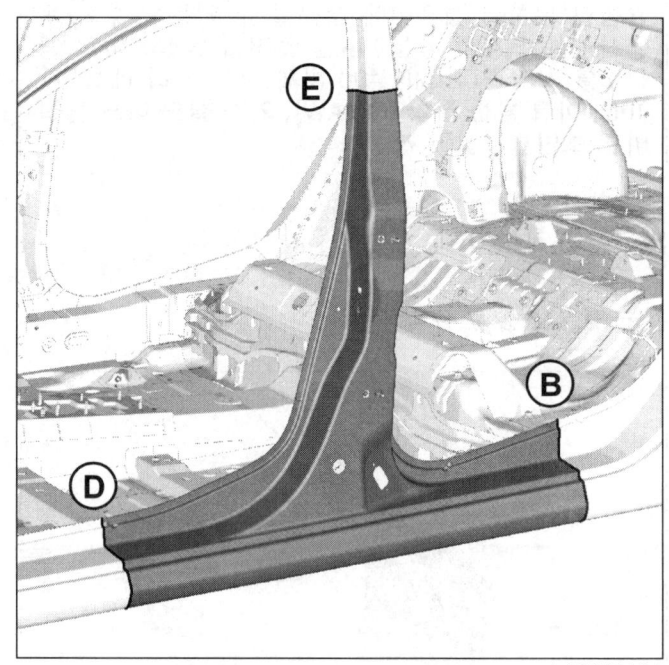

세부도 E

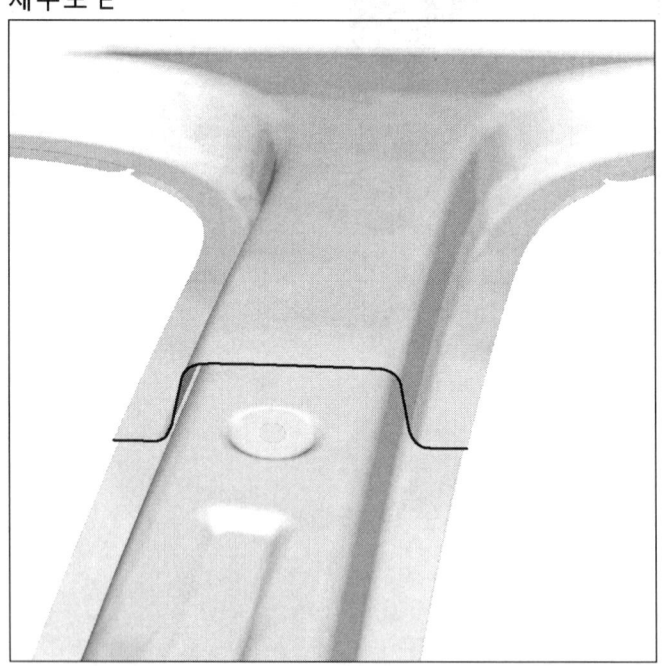

사이드 어퍼 스트럭쳐
바디 사이드 프론트 섹션 : 교환

43A

L43

세부도 D

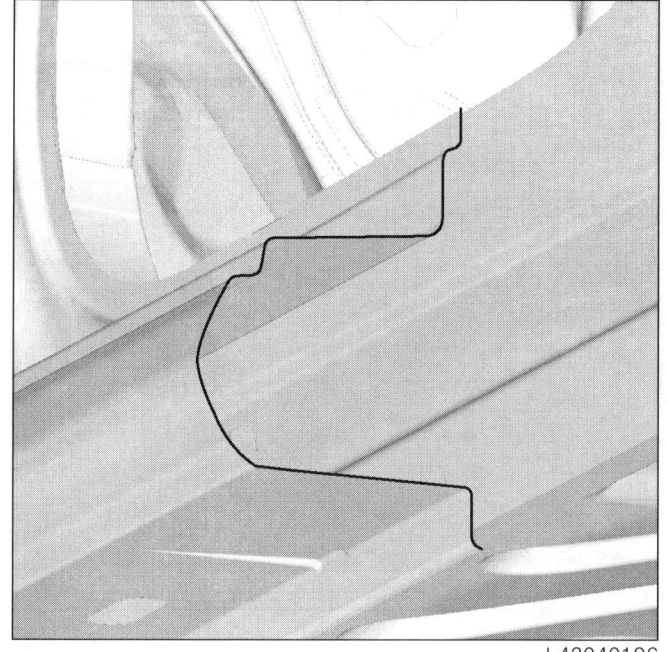

L43040196

세부도 B

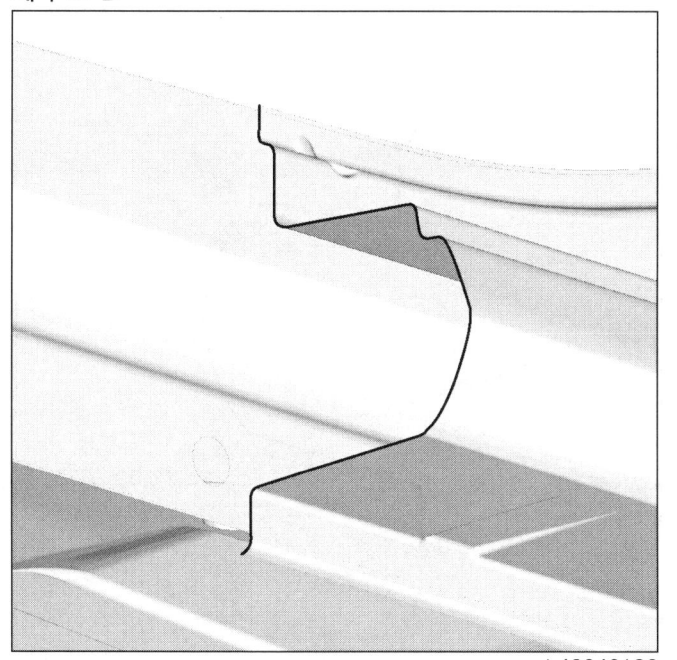

L43040193

b - 전기 접지의 위치

주의

차량의 전기 및 전자 구성부품 손상을 방지하기 위해 용접 부위 근처에 있는 와이어링 하네스의 접지를 분리해야 한다.

용접기의 접지는 용접 부위에서 최대한 가까운 위치에 있어야 한다 (MR 400 차체 구조 수리 매뉴얼, 40H, 볼트 결합, 접지용 볼트 결합 : 장착 참조).

용접 부위 근처의 접지를 찾는다 (40A, 일반 사항, 접지 위치 : 일반 설명 참조).

c - 신품으로 교환해야 하는 부품

다음을 교환한다 :

- 중공 부분 센터 필러 인서트 (40A, 일반 사항, 방음재의 위치와 관련 설명 참조).

d - 용접 작업에 대한 설명

주의

용접할 부품의 접촉면에 접근할 수 없는 경우 스폿 용접 (전기 저항 용접) 대신 플러그 용접 (아크 용접) 을 사용한다 (MR 400 차체 구조 수리 매뉴얼, 40C, 아크 용접 접합 (GMAW), 가스 실드 아크 용접 비드 조인트 : 설명 참조).

사이드 어퍼 스트럭쳐
바디 사이드 프론트 섹션 : 교환

43A

L43

4 - 부분 교환 A-B-D-F

a - 부품의 장착 위치

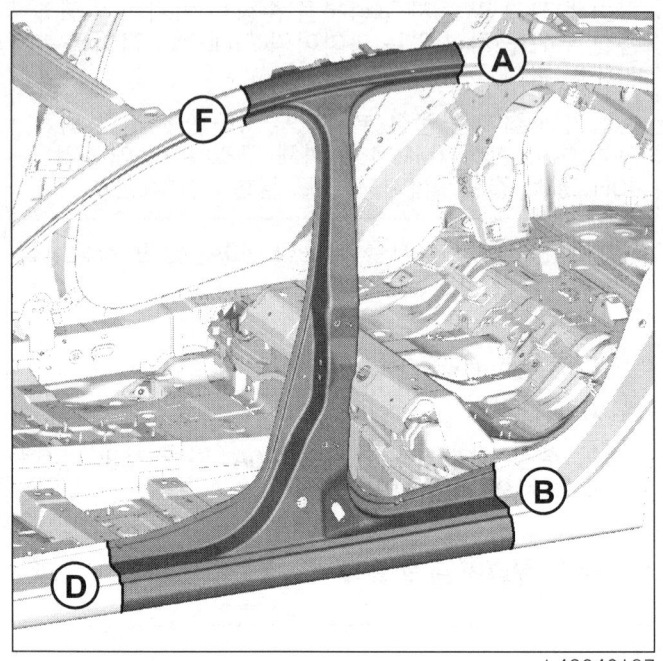

세부도 A

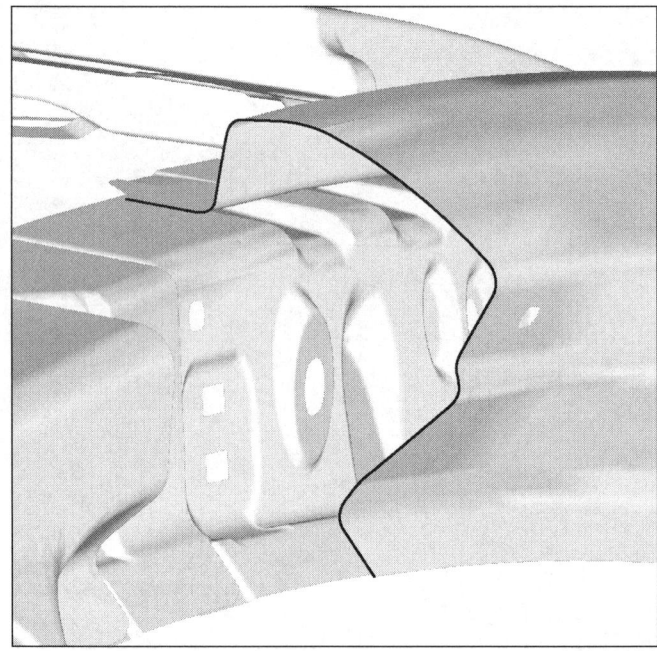

세부도 F

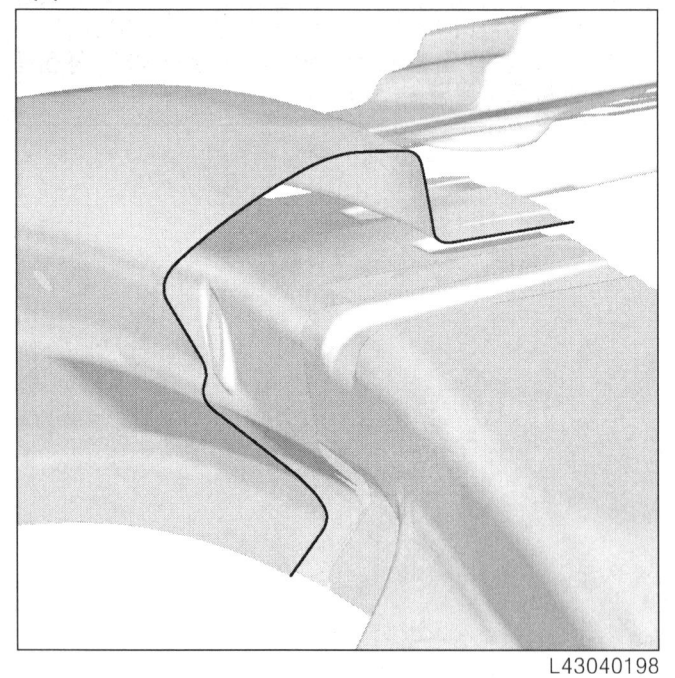

세부도 B

사이드 어퍼 스트럭쳐
바디 사이드 프론트 섹션 : 교환

43A

L43

세부도 D

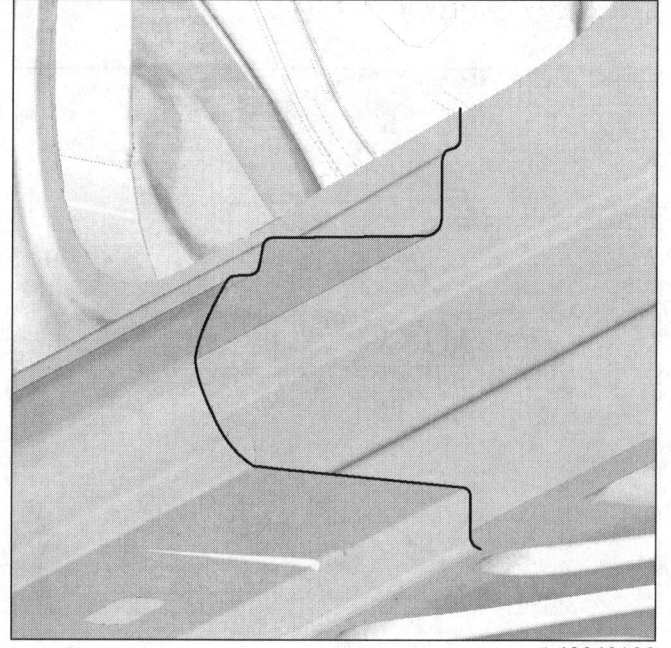

b - 전기 접지의 위치

주의

차량의 전기 및 전자 구성부품 손상을 방지하기 위해 용접 부위 근처에 있는 와이어링 하네스의 접지를 분리해야 한다.

용접기의 접지는 용접 부위에서 최대한 가까운 위치에 있어야 한다 (MR 400 차체 구조 수리 매뉴얼, 40H, 볼트 결합, 접지용 볼트 결합 : 장착 참조).

용접 부위 근처의 접지를 찾는다 (40A, 일반 사항, 접지 위치 : 일반 설명 참조).

c - 신품으로 교환해야 하는 부품

다음을 교환한다 :

- 중공 부분 센터 필러 인서트 (40A, 일반 사항, 방음재의 위치와 관련 설명 참조).

d - 탈거해야 하는 차체 구성부품 - 교환 작업을 실시하기 위해 탈거해야 하는 스트럭쳐

루프를 탈거한다 (45A, 바디 상부 스트럭쳐, 루프 : 교환 참조).

e - 용접 작업에 대한 설명

주의

용접할 부품의 접촉면에 접근할 수 없는 경우 스폿 용접 (전기 저항 용접) 대신 플러그 용접 (아크 용접) 을 사용한다 (MR 400 차체 구조 수리 매뉴얼, 40C, 아크 용접 접합 (GMAW), 가스 실드 아크 용접 비드 조인트 : 설명 참조).

사이드 어퍼 스트럭쳐
루프 드립 몰딩 라이닝 : 교환

43A

L43

I - 서비스 부품의 구성

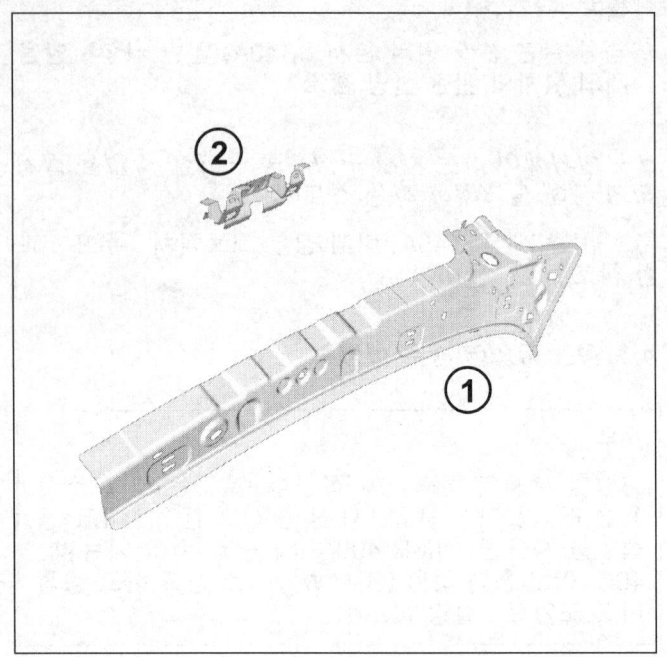

번호	설명	재질	두께 (mm)
(1)	루프 드립 몰딩 라이닝	SGACC	1.5
(2)	그랩 핸들 마운팅	APFC440X	1.3

II - 교환 작업 부품 교환 방법 :

- 전체 교환 .

1 - 전체 교환

a - 부품의 장착 위치

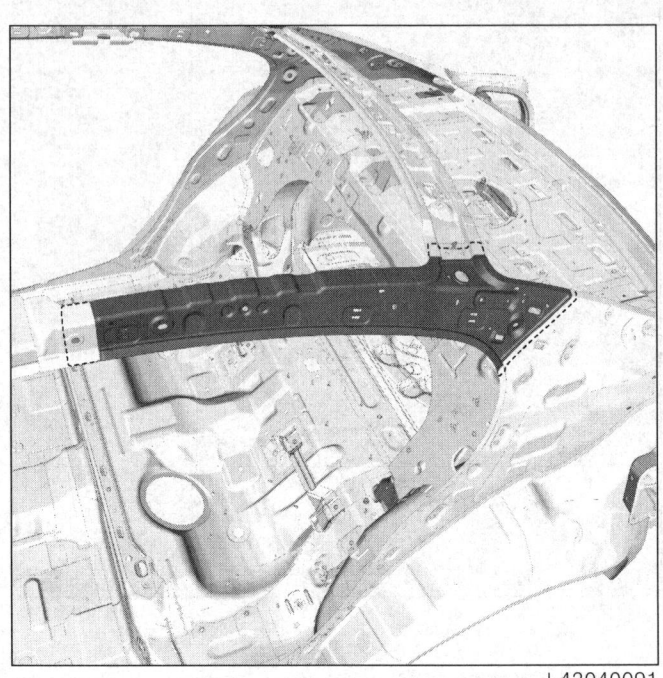

b - 전기 접지의 위치

주의

차량의 전기 및 전자 구성부품 손상을 방지하기 위해 용접 부위 근처에 있는 와이어링 하네스의 접지를 분리해야 한다 .

용접기의 접지는 용접 부위에서 최대한 가까운 위치에 있어야 한다 (MR 400 차체 구조 수리 매뉴얼 , 40H, 볼트 결합, 접지를 위한 볼트 결합: 장착 참조).

용접 부위 근처의 접지를 찾는다 (40A, 일반 사항 , 접지 위치 : 일반 설명 참조).

c - 탈거해야 하는 차체 구성부품 - 교환 작업을 실시하기 위해 탈거해야 하는 스트럭쳐

❏ 다음을 탈거한다 :

- 루프 (45A, 바디 어퍼 스트럭쳐 , 루프 : 교환 참조),
- 리어 펜더 (44A, 리어 어퍼 스트럭쳐 , 리어 펜더 : 교환 참조).

d - 용접 작업에 대한 설명

주의

용접할 부품의 접촉면에 접근할 수 없는 경우 스폿 용접 (전기 저항 용접) 대신 플러그 용접 (아크 용접) 을 사용한다 (MR 400 차체 구조 수리 매뉴얼 , 40C, 가스 메탈 아크 용접 접합 , 가스 차폐 아크 용접 비드 조인트 : 설명 참조).

리어 어퍼 스트럭쳐
리어 펜더 : 교환

44A

L43

I - 서비스 부품의 구성

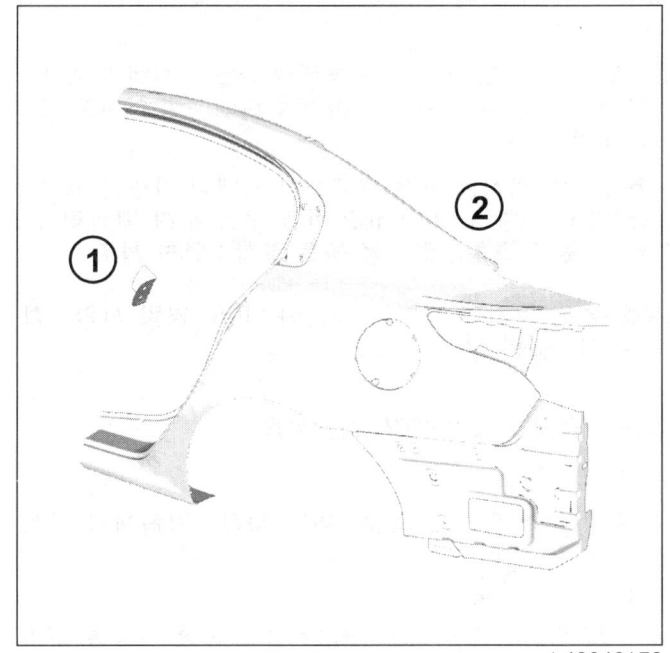

번호	설명	재질	두께 (mm)
(1)	바디 사이드	SGACE	0.75
(2)	리어 사이드 도어 스트라이커 패널 스티프너	SGACC	1.2

II - 교환 작업

부품 교환 방법 :
- 전체 교환 A-D,
- 부분 교환 B-C,
- 부분 교환 B-D.

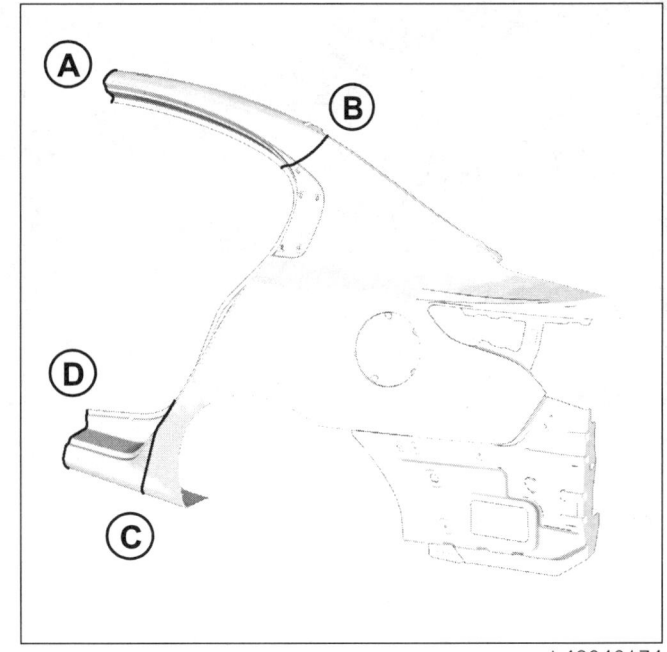

1 - 전체 교환 A-D

a - 부품의 장착 위치

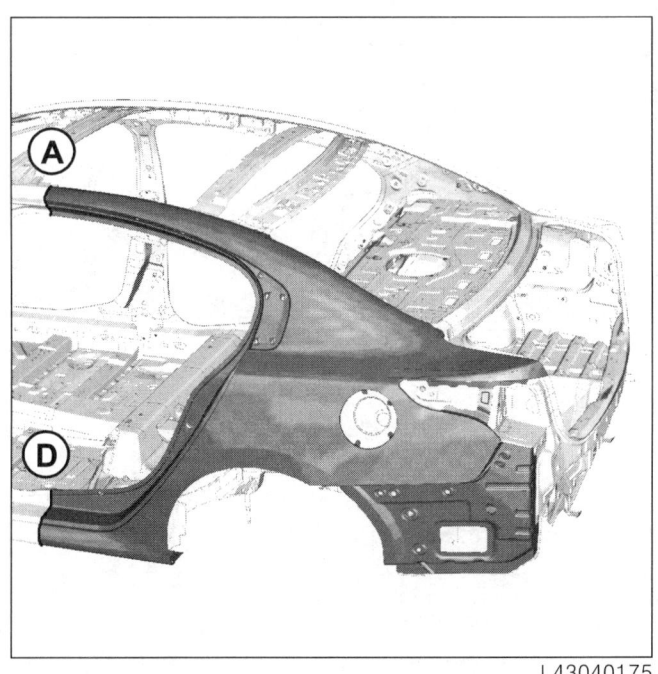

44A-1

리어 어퍼 스트럭쳐
리어 펜더 : 교환

44A

L43

세부도 A

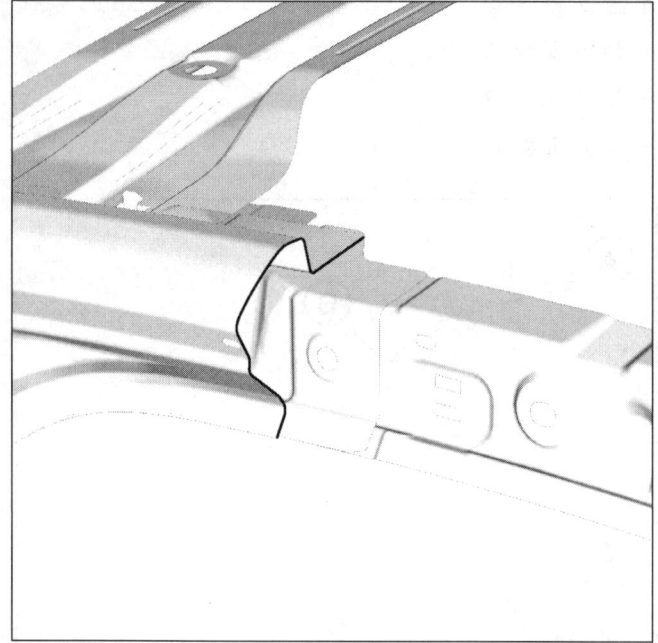

L43040176

세부도 D

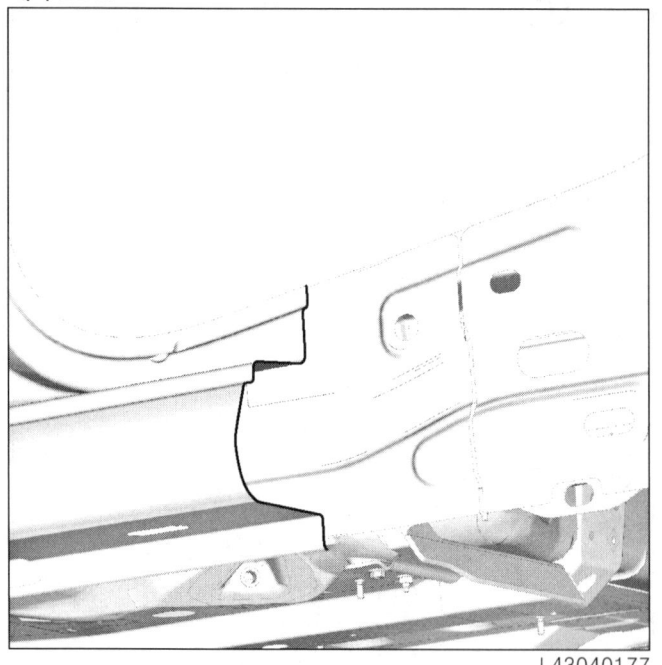

L43040177

b - 전기 접지의 위치

주의

차량의 전기 및 전자 구성부품 손상을 방지하기 위해 용접 부위 근처에 있는 와이어링 하네스의 접지를 분리해야 한다.

용접기의 접지는 용접 부위에서 최대한 가까운 위치에 있어야 한다 (MR 400 차체 구조 수리 매뉴얼, 40H, 볼트 결합, 접지용 볼트 결합 : 장착 참조).

용접 부위 근처의 접지를 찾는다 (40A, 일반 사항, 접지 위치 : 일반 설명 참조).

c - 신품으로 교환해야 하는 부품

다음을 교환한다 :

- 중공 부분 인서트 (40A, 일반 사항, 방음재의 위치와 관련 설명 참조).

d - 탈거해야 하는 차체 구성부품 - 교환 작업을 실시하기 위해 탈거해야 하는 스트럭쳐

루프를 탈거한다 (45A, 바디 상부 스트럭쳐, 루프 : 교환 참조).

e - 용접 작업에 대한 설명

주의

용접할 부품의 접촉면에 접근할 수 없는 경우 스폿 용접 (전기 저항 용접) 대신 플러그 용접 (아크 용접) 을 사용한다 (MR 400 차체 구조 수리 매뉴얼, 40C, 아크 용접 접합 (GMAW), 가스 실드 아크 용접 비드 조인트 : 설명 참조).

리어 어퍼 스트럭쳐
리어 펜더 : 교환

44A

L43

2 - 부분 교환 B-C

a - 부품의 장착 위치

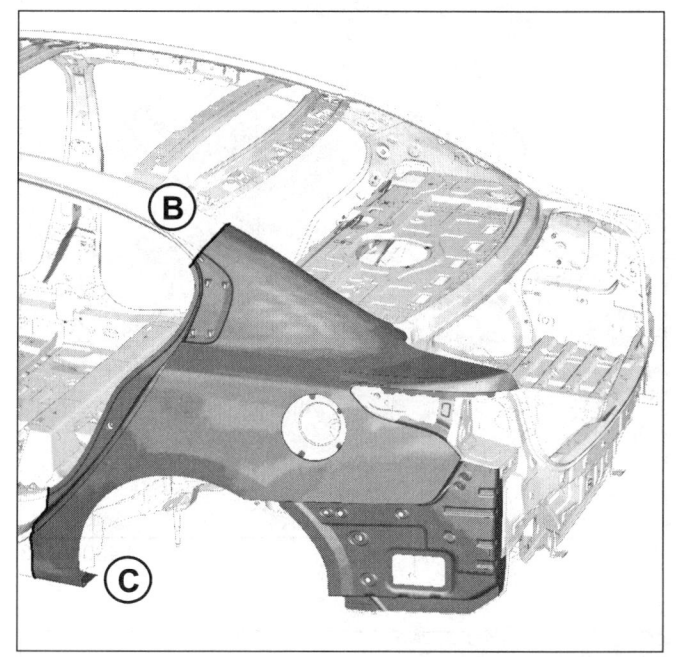

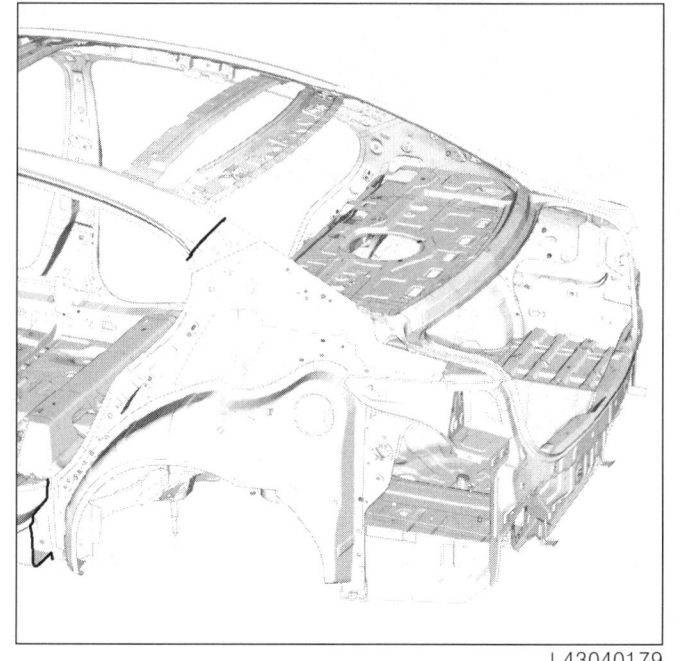

세부도 B

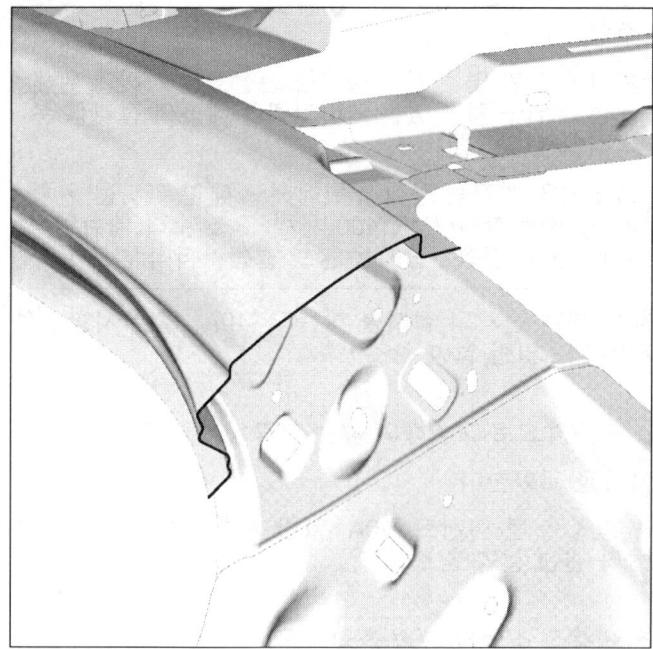

세부도 C

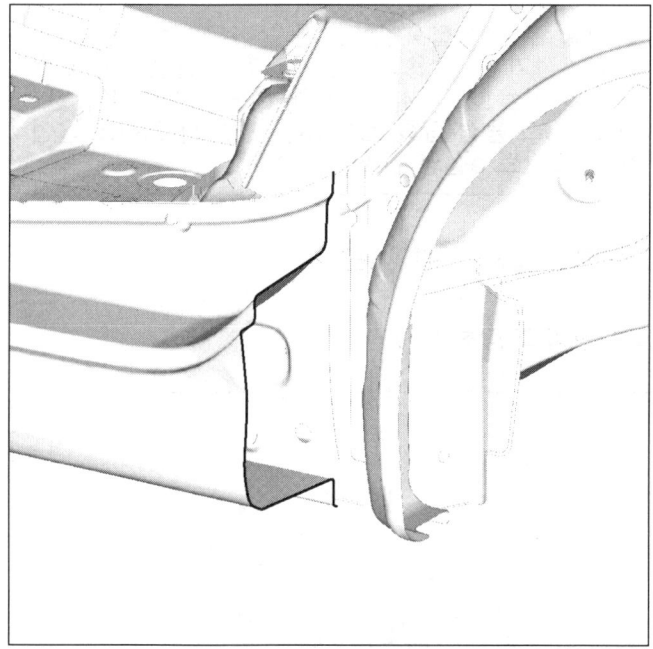

리어 어퍼 스트럭쳐
리어 펜더 : 교환

44A

L43

b - 전기 접지의 위치

> **주의**
>
> 차량의 전기 및 전자 구성부품 손상을 방지하기 위해 용접 부위 근처에 있는 와이어링 하네스의 접지를 분리해야 한다.
>
> 용접기의 접지는 용접 부위에서 최대한 가까운 위치에 있어야 한다 (MR 400 차체 구조 수리 매뉴얼, 40H, 볼트 결합, 접지용 볼트 결합 : 장착 참조).

용접 부위 근처의 접지를 찾는다 (40A, 일반 사항, 접지 위치 : 일반 설명 참조).

c - 신품으로 교환해야 하는 부품

다음을 교환한다 :

- 중공 부분 인서트 (40A, 일반 사항, 방음재의 위치와 관련 설명 참조).

d - 용접 작업에 대한 설명

> **주의**
>
> 용접할 부품의 접촉면에 접근할 수 없는 경우 스폿 용접 (전기 저항 용접) 대신 플러그 용접 (아크 용접) 을 사용한다 (MR 400 차체 구조 수리 매뉴얼, 40C, 아크 용접 접합 (GMAW), 가스 실드 아크 용접 비드 조인트 : 설명 참조).

3 - 부분 교환 B-D

a - 부품의 장착 위치

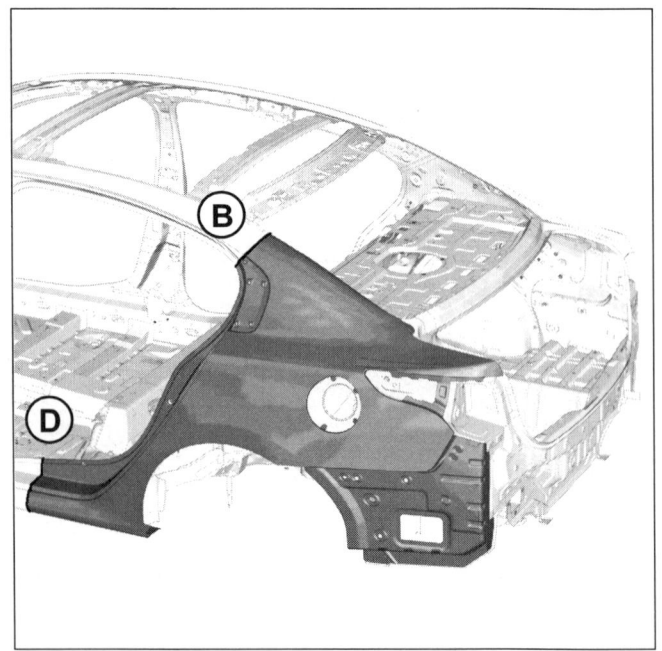

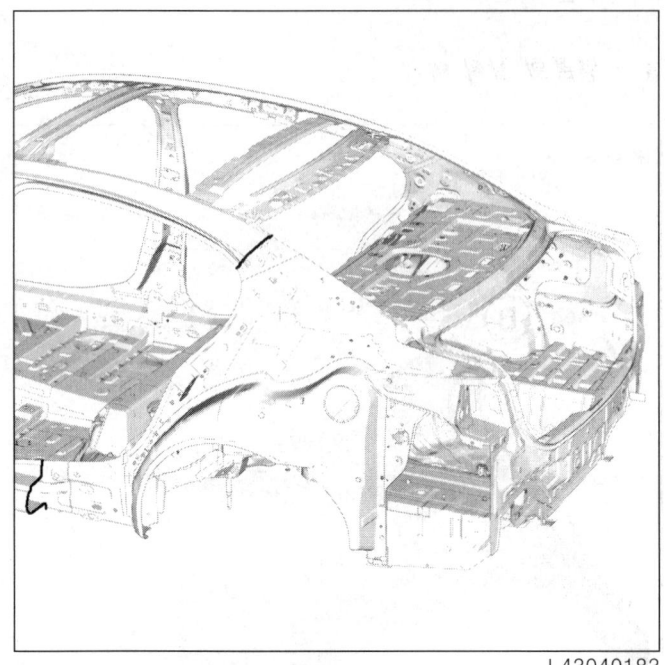

세부도 B

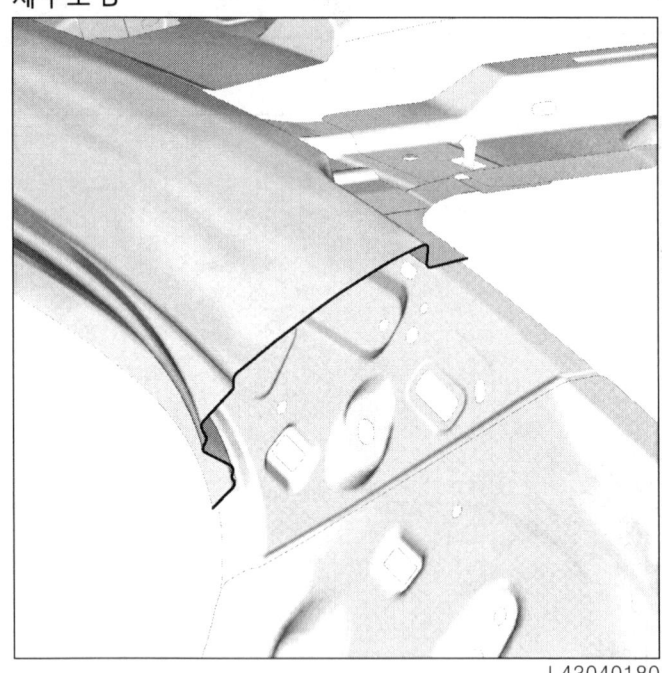

리어 어퍼 스트럭쳐
리어 펜더 : 교환

L43

세부도 D

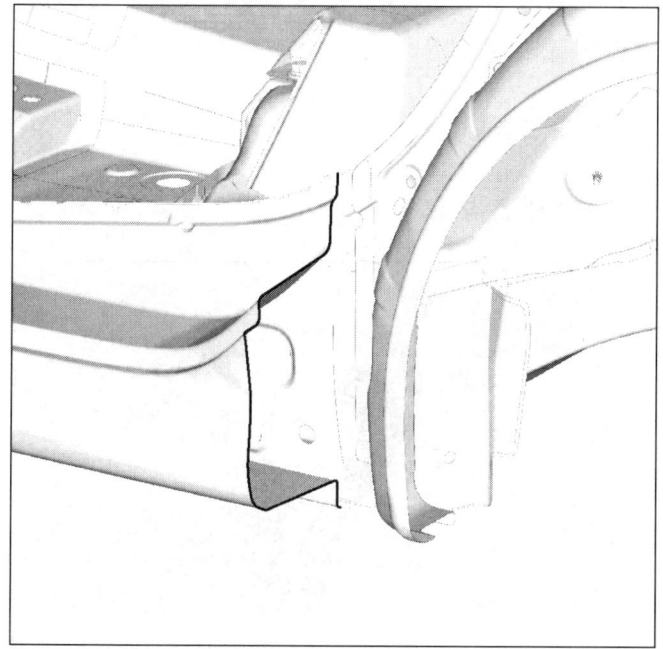

L43040181

b - 전기 접지의 위치

주의

차량의 전기 및 전자 구성부품 손상을 방지하기 위해 용접 부위 근처에 있는 와이어링 하네스의 접지를 분리해야 한다.

용접기의 접지는 용접 부위에서 최대한 가까운 위치에 있어야 한다 (MR 400 차체 구조 수리 매뉴얼, 40H, 볼트 결합, 접지용 볼트 결합 : 장착 참조).

용접 부위 근처의 접지를 찾는다 (40A, 일반 사항, 접지 위치 : 일반 설명 참조).

c - 신품으로 교환해야 하는 부품

다음을 교환한다 :

- 중공 부분 인서트 (40A, 일반 사항, 방음재의 위치와 관련 설명 참조).

d - 용접 작업에 대한 설명

주의

용접할 부품의 접촉면에 접근할 수 없는 경우 스폿 용접 (전기 저항 용접) 대신 플러그 용접 (아크 용접) 을 사용한다 (MR 400 차체 구조 수리 매뉴얼, 40C, 아크 용접 접합 (GMAW), 가스 실드 아크 용접 비드 조인트 : 설명 참조).

리어 어퍼 스트럭쳐
리어 사이드 드립 : 교환

44A

L43

I – 서비스 부품의 구성

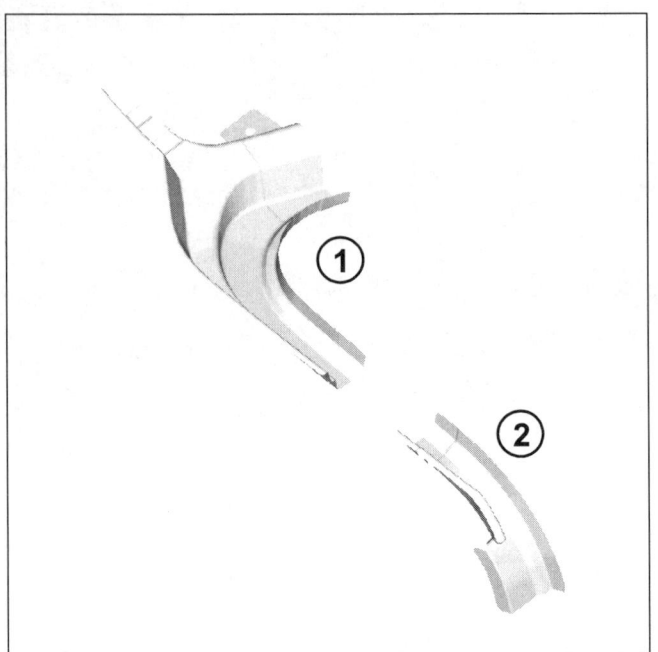

L43040062

번호	설명	재질	두께 (mm)
(1)	리어 사이드 드립	SPCC	0.65
(2)	램프 서포트	SPCC	0.65

II – 교환 작업

부품 교환 방법 :

– 전체 교환 .

1 – 전체 교환

a – 부품의 장착 위치

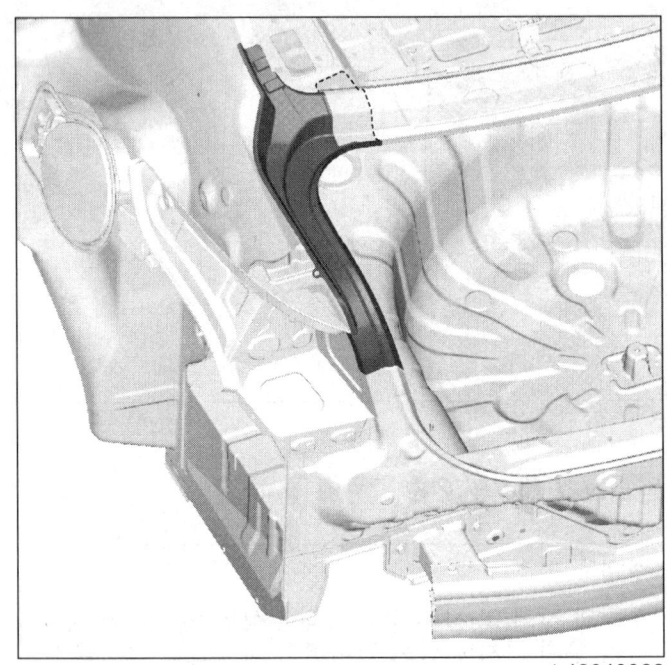

L43040063

b – 전기 접지의 위치

> **주의**
>
> 차량의 전기 및 전자 구성부품 손상을 방지하기 위해 용접 부위 근처에 있는 와이어링 하네스의 접지를 분리해야 한다 .
>
> 용접기의 접지는 용접 부위에서 최대한 가까운 위치에 있어야 한다 (MR 400 차체 구조 수리 매뉴얼 , 40H, 볼트 결합 , 접지용 볼트 결합 : 장착 참조).

용접 부위 근처의 접지를 찾는다 (40A, 일반 사항 , 접지 위치 : 일반 설명 참조)

c – 탈거해야 하는 차체 구성부품 – 교환 작업을 실시하기 위해 탈거해야 하는 스트럭쳐

다음을 탈거한다 :

– 리어 펜더 (44A, 리어 어퍼 스트럭쳐 , 리어 펜더 : 교환 참조),

– 백라이트 로어 크로스 멤버 (44A, 리어 어퍼 스트럭쳐 , 백라이트 로어 크로스 멤버 : 교환 참조).

리어 어퍼 스트럭쳐
리어 사이드 드립 : 교환

L43

d – 용접 작업에 대한 설명

> **주의**
> 용접할 부품의 접촉면에 접근할 수 없는 경우 스폿 용접 (전기 저항 용접) 대신 플러그 용접 (아크 용접) 을 사용한다 (MR 400 차체 구조 수리 매뉴얼, 40C, 아크 용접 접합 (GMAW), 가스 실드 아크 용접 비드 조인트 : 설명 참조).

리어 어퍼 스트럭쳐
리어 램프 사이드 서포트 : 교환

44A

L43

I – 서비스 부품의 구성

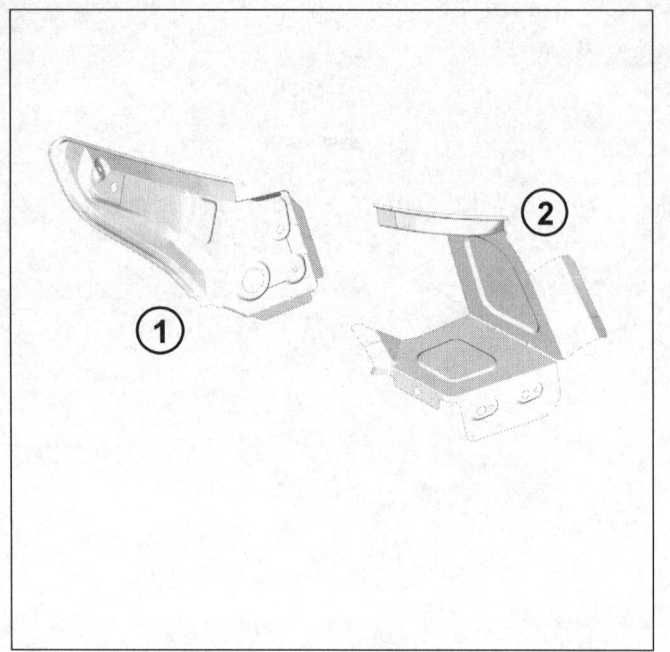

번호	설명	재질	두께 (mm)
(1)	리어 램프 사이드 서포트	SPCC	0.75
(2)	리어 램프 서포트	SPCC	0.75

II – 교환 작업

부품 교환 방법 :

- 전체 교환 .

1 – 전체 교환

a – 부품의 장착 위치

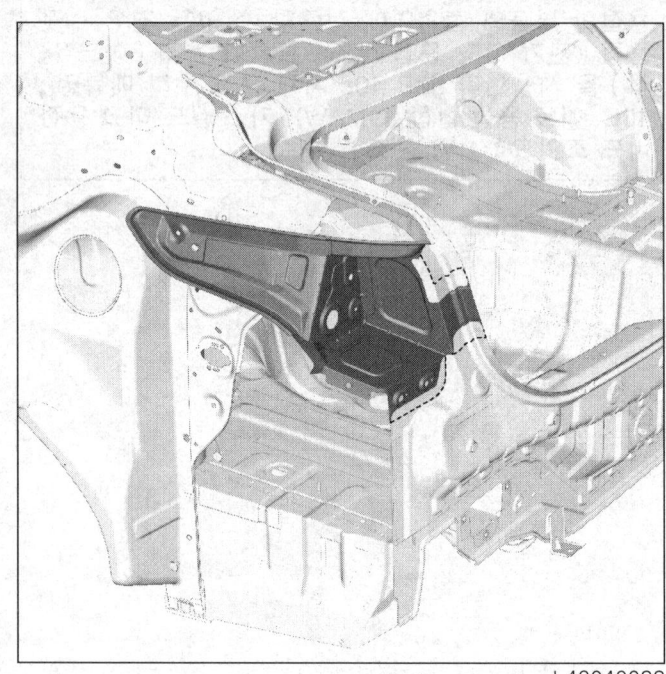

b – 전기 접지의 위치

주의

차량의 전기 및 전자 구성부품 손상을 방지하기 위해 용접 부위 근처에 있는 와이어링 하네스의 접지를 분리해야 한다 .

용접기의 접지는 용접 부위에서 최대한 가까운 위치에 있어야 한다 (MR 400 차체 구조 수리 매뉴얼 , 40H, 볼트 결합 , 접지용 볼트 결합 : 장착 참조).

용접 부위 근처의 접지를 찾는다 (40A, 일반 사항 , 접지 위치 : 일반 설명 참조)

c – 탈거해야 하는 차체 구성부품 – 교환 작업을 실시하기 위해 탈거해야 하는 스트럭쳐

- 리어 펜더를 탈거한다 (44A, 리어 어퍼 스트럭쳐 , 리어 펜더 : 교환 참조).

d – 용접 작업에 대한 설명

주의

용접할 부품의 접촉면에 접근할 수 없는 경우 스폿 용접 (전기 저항 용접) 대신 플러그 용접 (아크 용접) 을 사용한다 (MR 400 차체 구조 수리 매뉴얼 , 40C, 아크 용접 접합 (GMAW), 가스 실드 아크 용접 비드 조인트 : 설명 참조).

리어 어퍼 스트럭쳐
이너 리어 휠 아치 : 교환

44A

L43

I - 서비스 부품의 구성

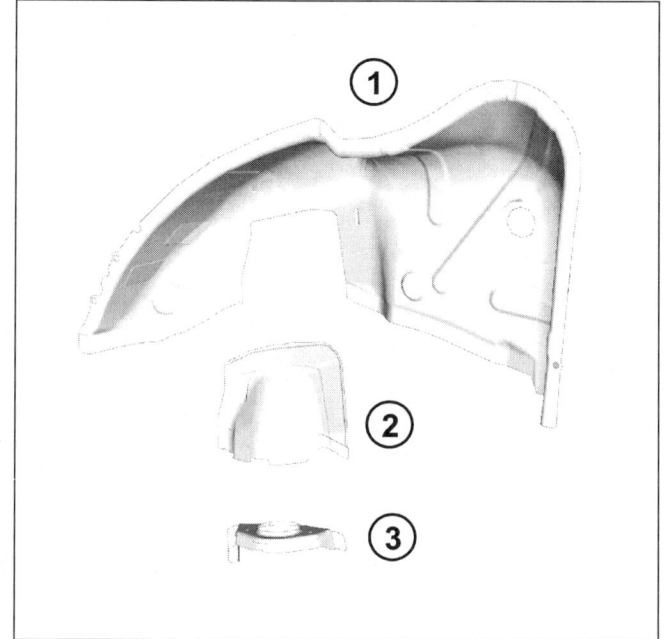

L43040167

번호	설명	재질	두께 (mm)
(1)	이너 리어 휠 아치	SPCE	0.7
(2)	리어 쇽업소버 리인포스먼트	SGACC	1.6
(3)	쇽업소버 마운팅 어퍼 브라켓	SPHC	2.6

II - 교환 작업

부품 교환 방법 :

– 전체 교환 .

1 - 전체 교환

a - 부품의 장착 위치

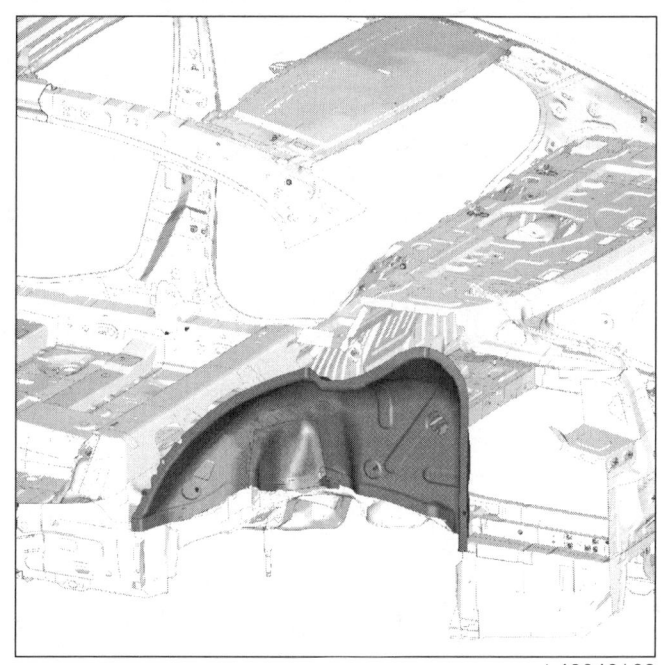

L43040168

b - 전기 접지의 위치

> **주의**
>
> 차량의 전기 및 전자 구성부품 손상을 방지하기 위해 용접 부위 근처에 있는 와이어링 하네스의 접지를 분리해야 한다 .
>
> 용접기의 접지는 용접 부위에서 최대한 가까운 위치에 있어야 한다 (MR 400 차체 구조 수리 매뉴얼 , 40H, 볼트 결합 , 접지용 볼트 결합 : 장착 참조).

용접 부위 근처의 접지를 찾는다 (40A, 일반 사항 , 접지 위치 : 일반 설명 참조).

c - 탈거해야 하는 차체 구성부품 – 교환 작업을 실시하기 위해 탈거해야 하는 스트럭쳐

다음을 탈거한다 :

– 리어 펜더 (44A, 리어 어퍼 스트럭쳐 , 리어 펜더 : 교환 참조),

– 쿼터 패널 이너 패널 (44A, 리어 어퍼 스트럭쳐 , 쿼터 패널 이너 패널 : 교환 참조).

리어 어퍼 스트럭쳐
이너 리어 휠 아치 : 교환

44A

L43

d – 용접 작업에 대한 설명

> **주의**
> 용접할 부품의 접촉면에 접근할 수 없는 경우 스폿 용접 (전기 저항 용접) 대신 플러그 용접 (아크 용접) 을 사용한다 (MR 400 차체 구조 수리 매뉴얼, 40C, 아크 용접 접합 (GMAW), 가스 실드 아크 용접 비드 조인트 : 설명 참조).

리어 어퍼 스트럭쳐
쿼터 패널 이너 패널 : 교환

44A

L43

I – 서비스 부품의 구성

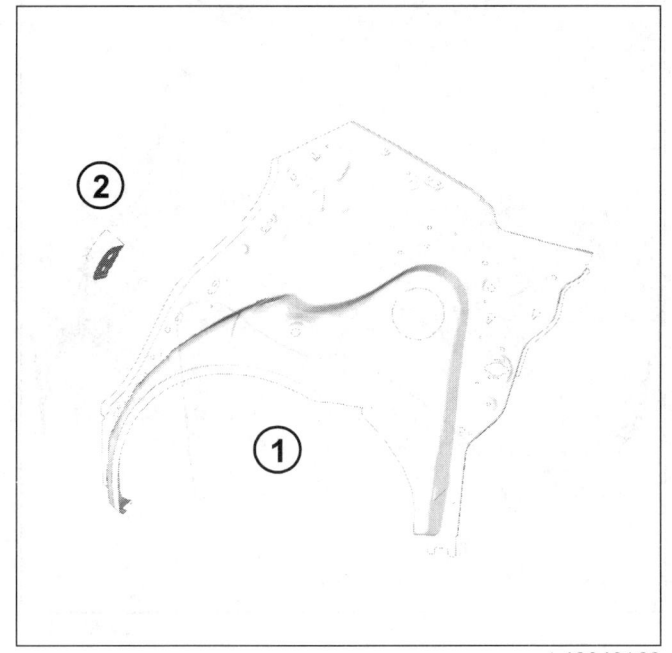

L43040169

번호	설명	재질	두께 (mm)
(1)	쿼터 패널 이너 패널	SPCE	0.7
(2)	리어 사이드 도어 스트라이커 패널 스티프너	SGACC	1.2

II – 교환 작업

부품 교환 방법 :

– 전체 교환 ,

– 부분 교환 .

1 – 전체 교환 A-D

a – 부품의 장착 위치

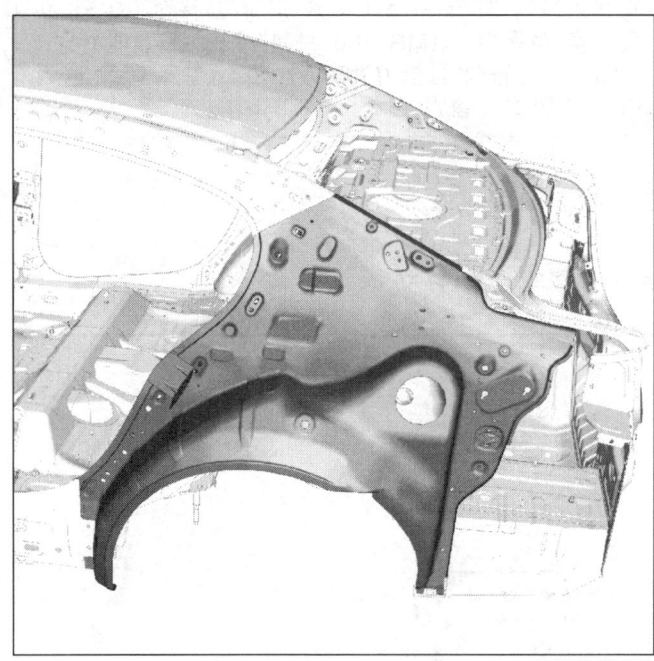

L43040170

b – 전기 접지의 위치

> **주의**
>
> 차량의 전기 및 전자 구성부품 손상을 방지하기 위해 용접 부위 근처에 있는 와이어링 하네스의 접지를 분리해야 한다 .
>
> 용접기의 접지는 용접 부위에서 최대한 가까운 위치에 있어야 한다 (MR 400 차체 구조 수리 매뉴얼 , 40H, 볼트 결합 , 접지용 볼트 결합 : 장착 참조).

용접 부위 근처의 접지를 찾는다 (40A, 일반 사항 , 접지 위치 : 일반 설명 참조).

c – 항상 교환해야 하는 부품

다음을 교환한다 :

– 중공 부분 인서트 (40A, 일반 사항 , 방음재의 위치와 관련 설명 참조).

44A-11

리어 어퍼 스트럭쳐
쿼터 패널 이너 패널 : 교환

44A

L43

d - 탈거해야 하는 차체 구성부품 - 교환 작업을 실시하기 위해 탈거해야 하는 스트럭쳐

- 리어 펜더를 탈거한다 (44A, 리어 어퍼 스트럭쳐 , 리어 펜더 : 교환 참조).

e - 용접 작업에 대한 설명

주의

용접할 부품의 접촉면에 접근할 수 없는 경우 스폿 용접 (전기 저항 용접) 대신 플러그 용접 (아크 용접) 을 사용한다 (MR 400 차체 구조 수리 매뉴얼 , 40C, 아크 용접 접합 (GMAW), 가스 실드 아크 용접 비드 조인트 : 설명 참조).

2 - 부분 교환

a - 부품의 장착 위치

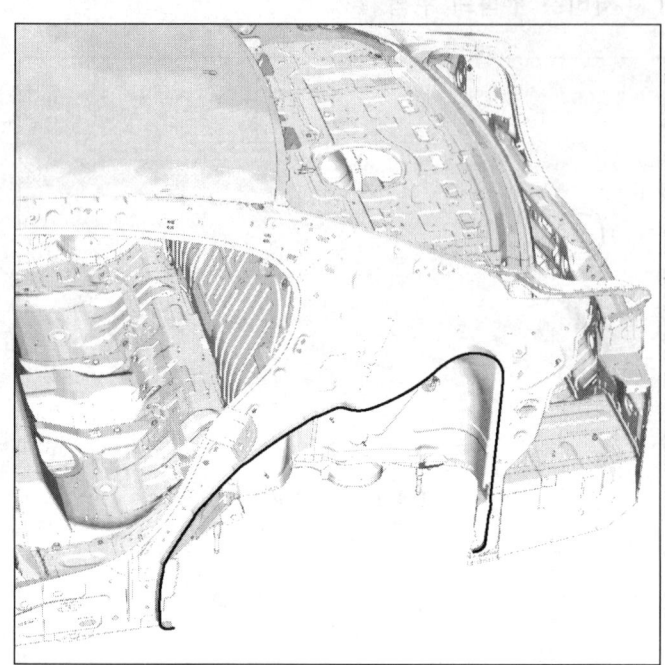

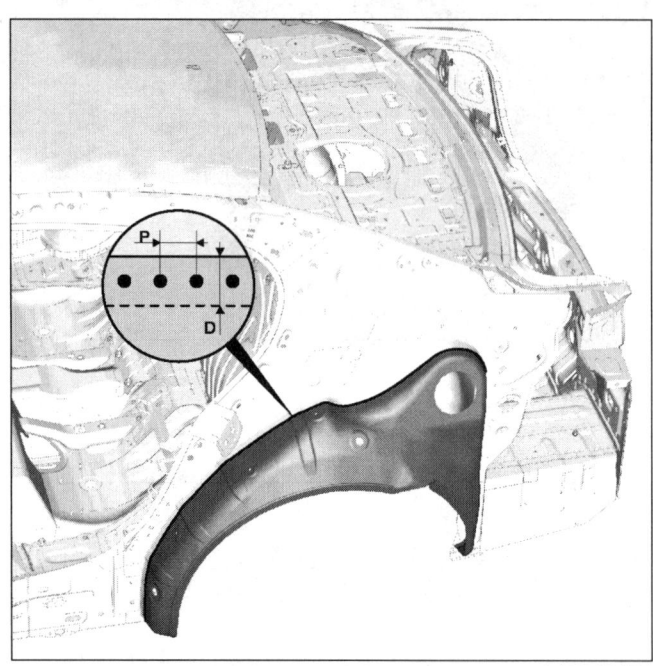

P(피치) = 25 mm

D= 30 mm

b - 전기 접지의 위치

주의

차량의 전기 및 전자 구성부품 손상을 방지하기 위해 용접 부위 근처에 있는 와이어링 하네스의 접지를 분리해야 한다 .

용접기의 접지는 용접 부위에서 최대한 가까운 위치에 있어야 한다 (MR 400 차체 구조 수리 매뉴얼 , 40H, 볼트 결합 , 접지용 볼트 결합 : 장착 참조).

용접 부위 근처의 접지를 찾는다 (40A, 일반 사항 , 접지 위치 : 일반 설명 참조).

c - 탈거해야 하는 차체 구성부품 - 교환 작업을 실시하기 위해 탈거해야 하는 스트럭쳐

- 리어 펜더를 탈거한다 (44A, 리어 어퍼 스트럭쳐 , 리어 펜더 : 교환 참조).

d - 용접 작업에 대한 설명

주의

용접할 부품의 접촉면에 접근할 수 없는 경우 스폿 용접 (전기 저항 용접) 대신 플러그 용접 (아크 용접) 을 사용한다 (MR 400 차체 구조 수리 매뉴얼 , 40C, 아크 용접 접합 (GMAW), 가스 실드 아크 용접 비드 조인트 : 설명 참조).

리어 어퍼 스트럭쳐
리어 파셜 셸프 : 교환

44A

L43

I - 서비스 부품의 구성

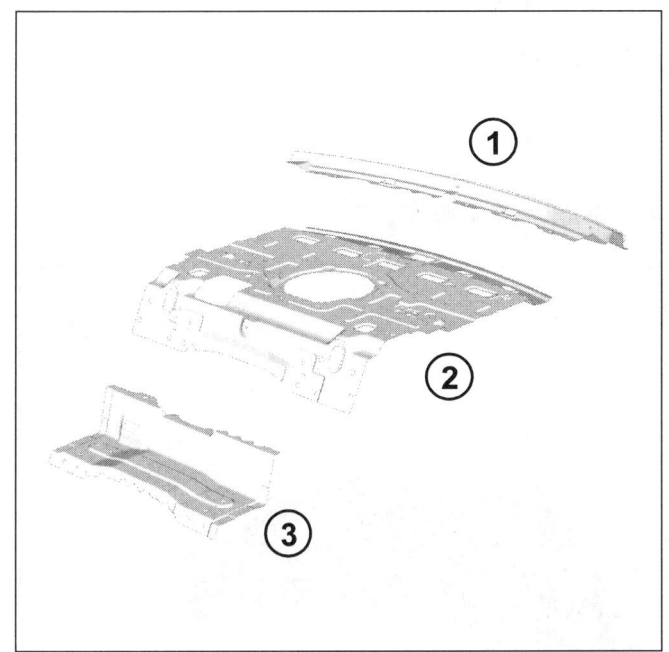

L43040202

번호	설명	재질	두께 (mm)
(1)	윈도우 로어 크로스 멤버	SGACC	0.65
(2)	리어 파셜 셸프	SPCC	0.65
(3)	리어 파셜 셸프 센터 크로스 멤버	SPCC	0.75

II - 교환 작업

부품 교환 방법 :

- 전체 교환 .

1 - 전체 교환

a - 부품의 장착 위치

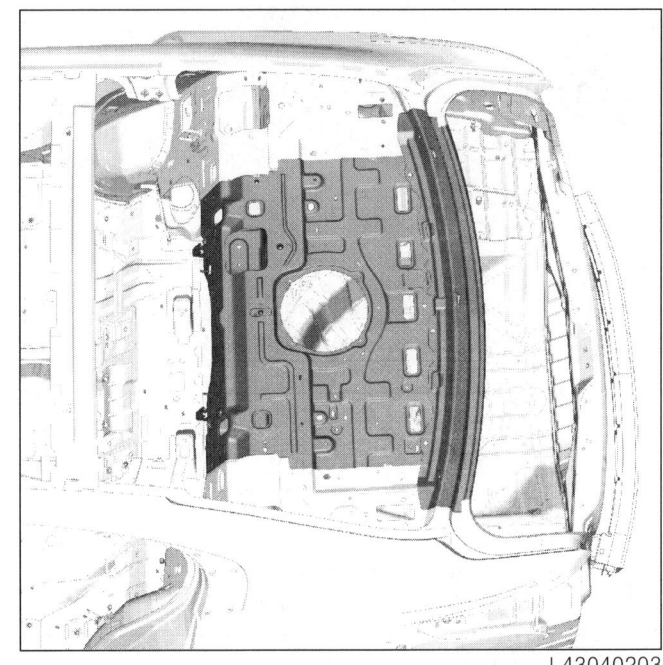

L43040203

b - 전기 접지의 위치

주의

차량의 전기 및 전자 구성부품 손상을 방지하기 위해 용접 부위 근처에 있는 와이어링 하네스의 접지를 분리해야 한다 .

용접기의 접지는 용접 부위에서 최대한 가까운 위치에 있어야 한다 (MR 400 차체 구조 수리 매뉴얼 , 40H, 볼트 결합 , 접지용 볼트 결합 : 장착 참조).

용접 부위 근처의 접지를 찾는다 (40A, 일반 사항 , 접지 위치 : 일반 설명 참조).

c - 용접 작업에 대한 설명

주의

용접할 부품의 접촉면에 접근할 수 없는 경우 스폿 용접 (전기 저항 용접) 대신 플러그 용접 (아크 용접) 을 사용한다 (MR 400 차체 구조 수리 매뉴얼 , 40C, 아크 용접 접합 (GMAW), 가스 실드 아크 용접 비드 조인트 : 설명 참조).

리어 어퍼 스트럭쳐
리어 파셜 셀프 사이드 섹션 : 교환

44A

L43

I – 서비스 부품의 구성

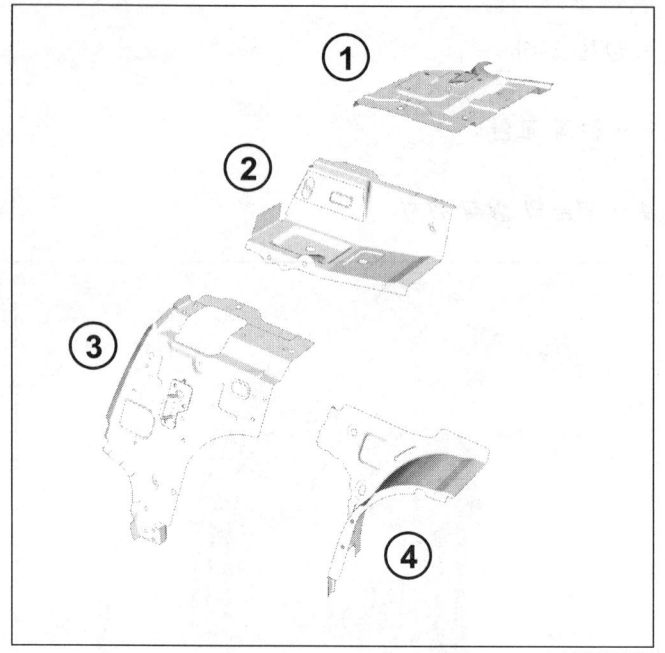

번호	설명	재질	두께 (mm)
(1)	리어 파셜 셀프 사이드 섹션	APFC 440X	0.8
(2)	리어 파셜 셀프 사이드 섹션 스티프너	SPCC	0.75
(3)	리어 파셜 셀프 사이드 섹션 프론트 서포트	SPCC	0.8
(4)	리어 파셜 셀프 사이드 섹션 리어 서포트	APFC 440X	0.75

II – 교환 작업

부품 교환 방법 :

– 전체 교환 .

1 – 전체 교환

a – 부품의 장착 위치

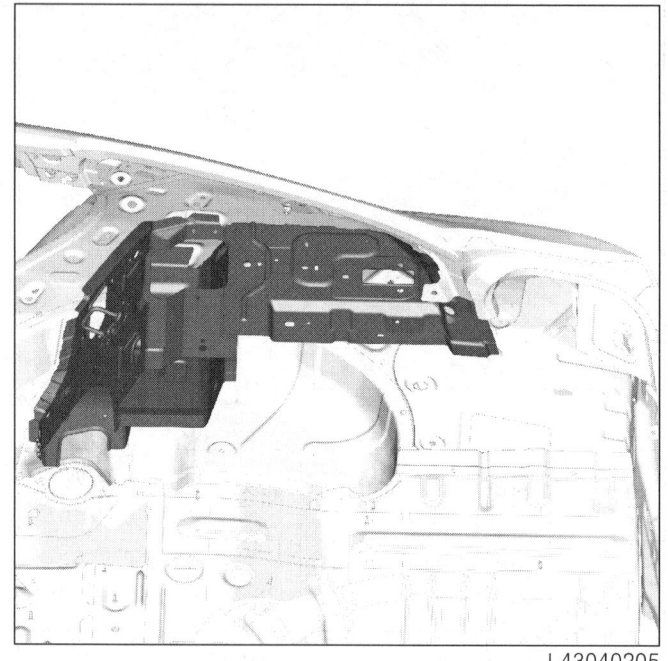

b – 전기 접지의 위치

주의

차량의 전기 및 전자 구성부품 손상을 방지하기 위해 용접 부위 근처에 있는 와이어링 하네스의 접지를 분리해야 한다 .

용접기의 접지는 용접 부위에서 최대한 가까운 위치에 있어야 한다 (MR 400 차체 구조 수리 매뉴얼 , 40H, 볼트 결합 , 접지용 볼트 결합 : 장착 참조).

용접 부위 근처의 접지를 찾는다 (40A, 일반 사항 , 접지 위치 : 일반 설명 참조).

c – 용접 작업에 대한 설명

주의

용접할 부품의 접촉면에 접근할 수 없는 경우 스폿 용접 (전기 저항 용접) 대신 플러그 용접 (아크 용접) 을 사용한다 (MR 400 차체 구조 수리 매뉴얼 , 40C, 아크 용접 접합 (GMAW), 가스 실드 아크 용접 비드 조인트 : 설명 참조).

리어 어퍼 스트럭쳐
리어 에이프런 패널 어셈블리 : 교환

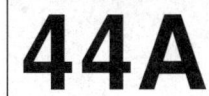

L43

I – 서비스 부품의 구성

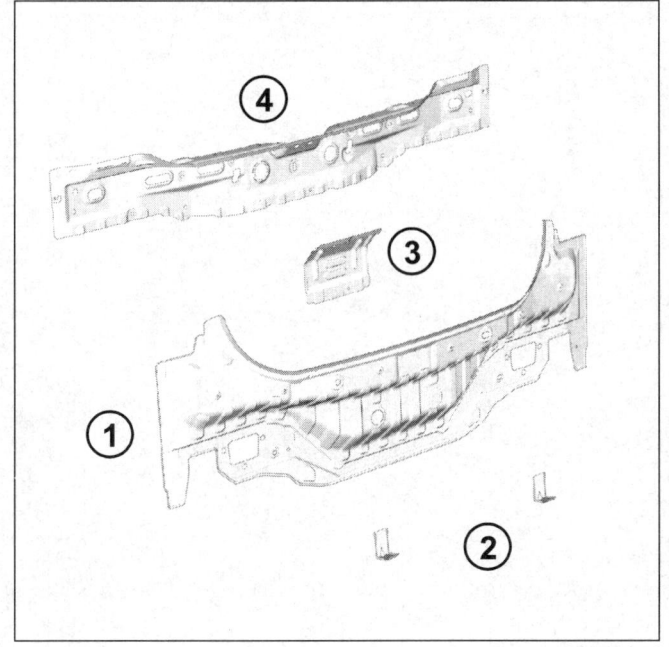

번호	설명	재질	두께 (mm)
(1)	리어 엔드 패널	SGACC	0.7
(2)	리어 범퍼 브라켓	SGACC	1.0
(3)	스트라이커 플레이트 서포트	SGACC	1.2
(4)	트렁크 리어 플레이트	SGACC 390	0.7

II – 교환 작업

부품 교환 방법 :

– 전체 교환 .

1 – 전체 교환

a – 부품의 장착 위치

내부에서 본 모습

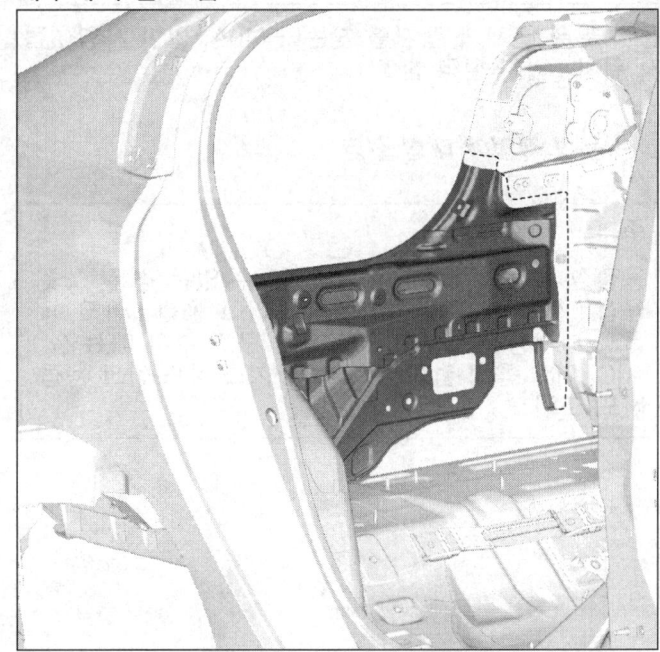

외부에서 본 모습

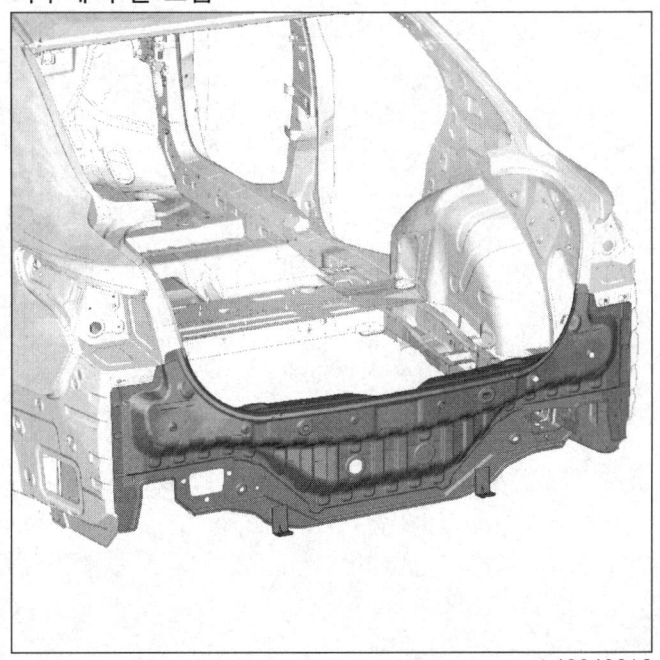

리어 어퍼 스트럭쳐
리어 에이프런 패널 어셈블리 : 교환

44A

L43

b - 전기 접지의 위치

> **주의**
>
> 차량의 전기 및 전자 구성부품 손상을 방지하기 위해 용접 부위 근처에 있는 와이어링 하네스의 접지를 분리해야 한다.
>
> 용접기의 접지는 용접 부위에서 최대한 가까운 위치에 있어야 한다 (MR 400 차체 구조 수리 매뉴얼, 40H, 볼트 결합, 접지용 볼트 결합 : 장착 참조).

용접 부위 근처의 접지를 찾는다 (40A, 일반 사항, 접지 위치 : 일반 설명 참조).

c - 용접 작업에 대한 설명

> **주의**
>
> 용접할 부품의 접촉면에 접근할 수 없는 경우 스폿 용접 (전기 저항 용접) 대신 플러그 용접 (아크 용접) 을 사용한다 (MR 400 차체 구조 수리 매뉴얼, 40C, 아크 용접 접합 (GMAW), 가스 실드 아크 용접 비드 조인트 : 설명 참조).

리어 어퍼 스트럭쳐
리어 엔드 패널 : 교환

44A

L43

I – 서비스 부품의 구성

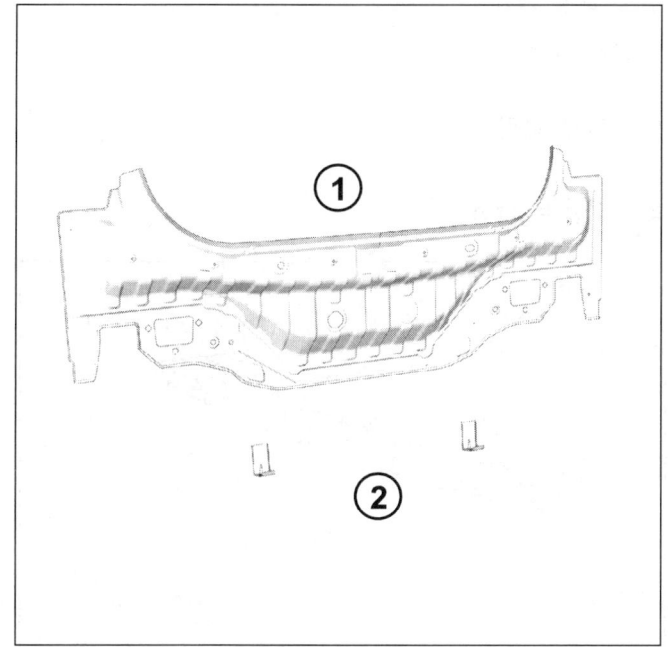

L43040017

번호	설명	재질	두께 (mm)
(1)	리어 엔드 패널	SGACC	0.7
(2)	범퍼 브라켓	SGACC	1.0

II – 교환 작업

부품 교환 방법 :

– 전체 교환 .

1 – 전체 교환

a – 부품의 장착 위치

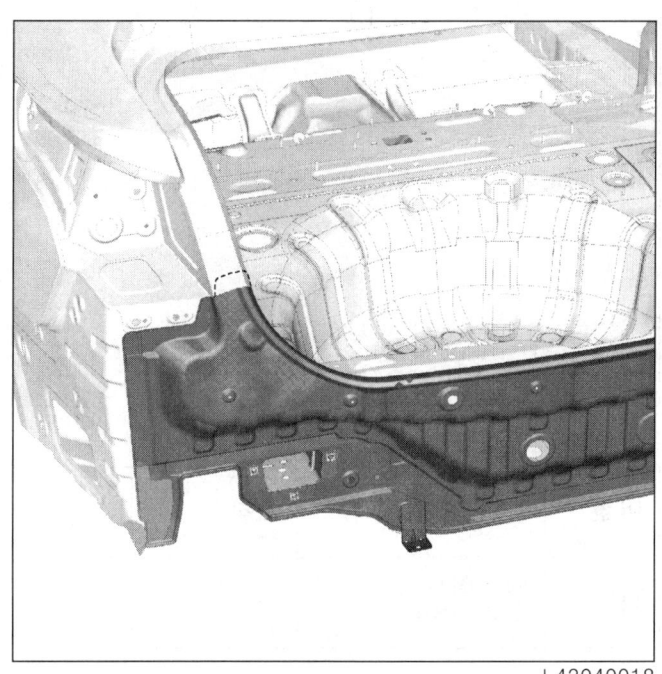

L43040018

b – 전기 접지의 위치

주의

차량의 전기 및 전자 구성부품 손상을 방지하기 위해 용접 부위 근처에 있는 와이어링 하네스의 접지를 분리해야 한다 .

용접기의 접지는 용접 부위에서 최대한 가까운 위치에 있어야 한다 (MR 400 차체 구조 수리 매뉴얼 , 40H, 볼트 결합 , 접지용 볼트 결합 : 장착 참조).

용접 부위 근처의 접지를 찾는다 (40A, 일반 정보 , 접지 위치 : 일반 설명 참조).

c – 용접 작업에 대한 설명

주의

용접할 부품의 접촉면에 접근할 수 없는 경우 스폿 용접 (전기 저항 용접) 대신 플러그 용접 (아크 용접) 을 사용한다 (MR 400 차체 구조 수리 매뉴얼 , 40C, 아크 용접 접합 (GMAW), 가스 실드 아크 용접 비드 조인트 : 설명 참조).

리어 어퍼 스트럭쳐
백라이트 로어 크로스 멤버 : 교환

44A

L43

I – 서비스 부품의 구성

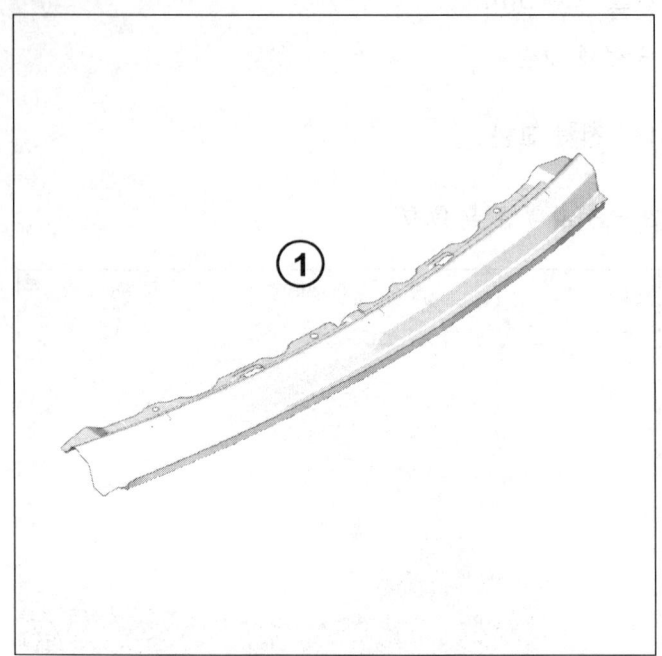

L43040019

번호	설명	재질	두께 (mm)
(1)	백라이트 로어 크로스 멤버	SGACC	0.65

II – 교환 작업

부품 교환 방법 :

– 전체 교환 .

1 – 전체 교환

a – 부품의 장착 위치

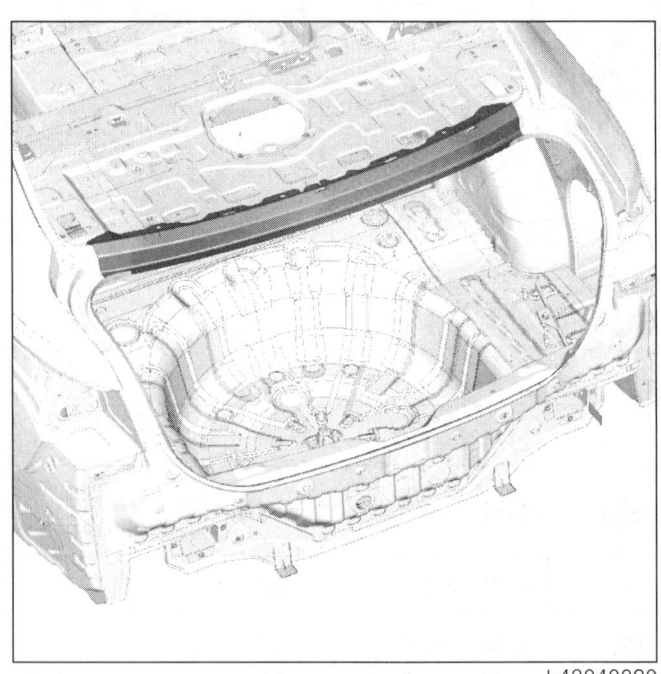

L43040020

b – 전기 접지의 위치

> **주의**
>
> 차량의 전기 및 전자 구성부품 손상을 방지하기 위해 용접 부위 근처에 있는 와이어링 하네스의 접지를 분리해야 한다 .
>
> 용접기의 접지는 용접 부위에서 최대한 가까운 위치에 있어야 한다 (MR 400 차체 구조 수리 매뉴얼 , 40H, 볼트 결합 , 접지용 볼트 결합 : 장착 참조).

용접 부위 근처의 접지를 찾는다 (40A, 일반 정보 , 접지 위치 : 일반 설명 참조).

c – 용접 작업에 대한 설명

> **주의**
>
> 용접할 부품의 접촉면에 접근할 수 없는 경우 스폿 용접 (전기 저항 용접) 대신 플러그 용접 (아크 용접) 을 사용한다 (MR 400 차체 구조 수리 매뉴얼 , 40C, 아크 용접 접합 (GMAW), 가스 실드 아크 용접 비드 조인트 : 설명 참조).

바디 어퍼 스트럭쳐
루프 : 교환

45A

L43

I - 서비스 부품의 구성

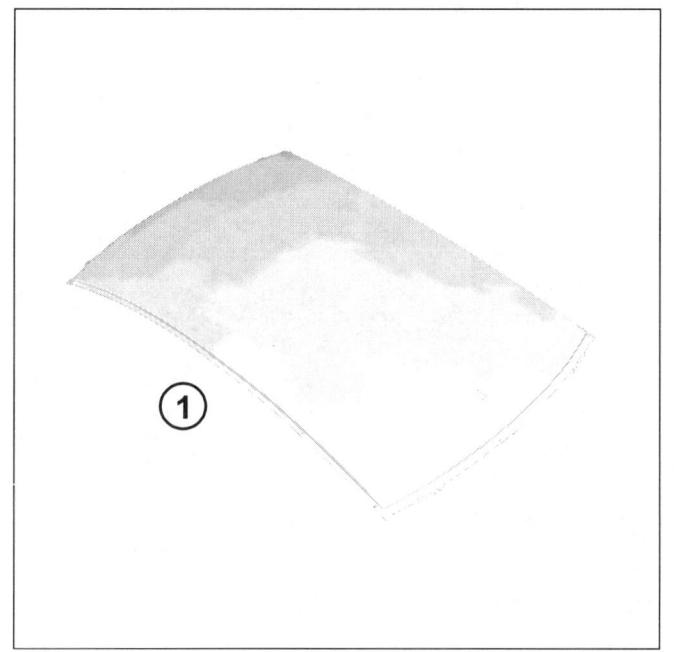

L43040064

번호	설명	재질	두께 (mm)
(1)	루프	SGACC	0.7

II - 교환 작업

부품 교환 방법 :

- 전체 교환.

1 - 전체 교환

a - 부품의 장착 위치

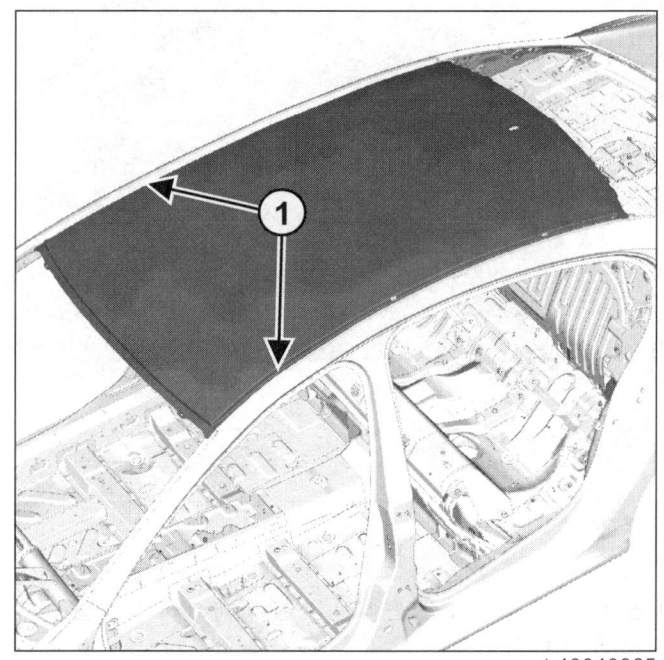

L43040065

b - 접착 부위

앞 부분

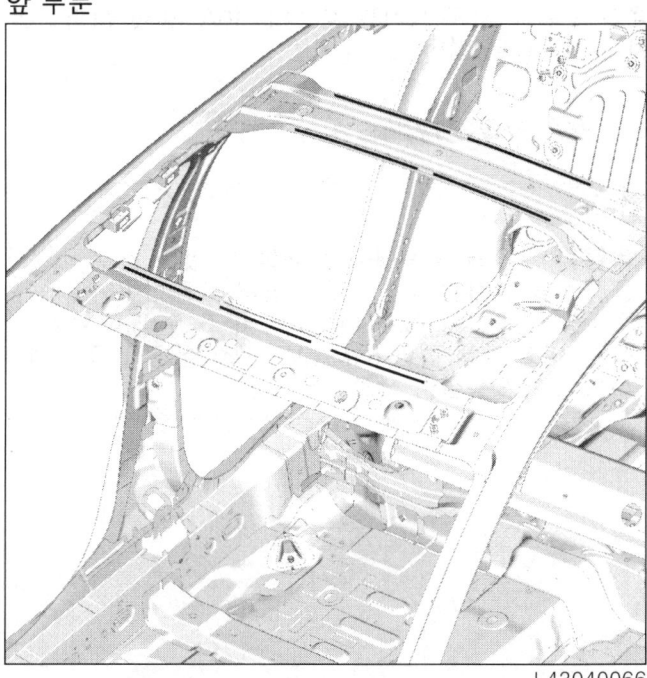

L43040066

45A-1

바디 어퍼 스트럭쳐
루프 : 교환

45A

L43

뒷 부분

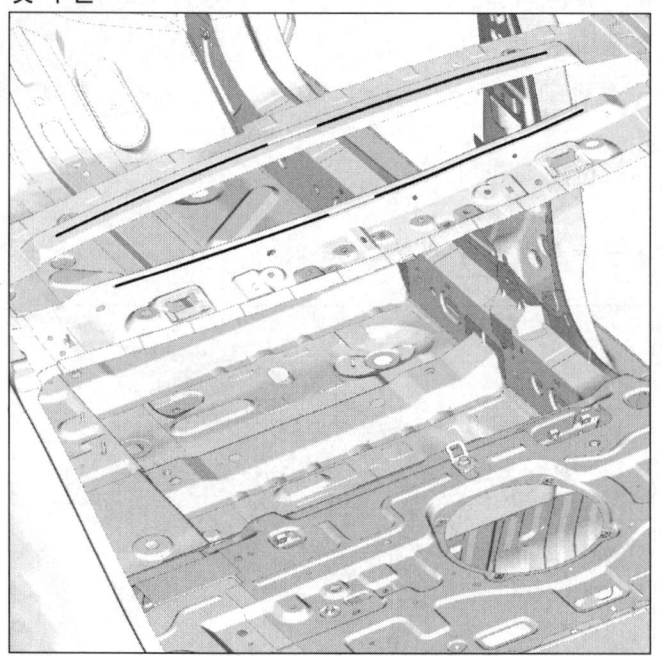

L43040067

c - 전기 접지의 위치

주의

차량의 전기 및 전자 구성부품 손상을 방지하기 위해 용접 부위 근처에 있는 와이어링 하네스의 접지를 분리해야 한다.

용접기의 접지는 용접 부위에서 최대한 가까운 위치에 있어야 한다 (MR 400 차체 구조 수리 매뉴얼, 40H, 볼트 결합, 접지용 볼트 결합 : 장착 참조).

용접 부위 근처의 접지를 찾는다 (40A, 일반 정보, 접지 위치 : 일반 설명 참조).

d - 용접 작업에 대한 설명

주의

용접할 부품의 접촉면에 접근할 수 없는 경우 스폿 용접 (전기 저항 용접) 대신 플러그 용접 (아크 용접) 을 사용한다 (MR 400 차체 구조 수리 매뉴얼, 40C, 아크 용접 접합 (GMAW), 가스 실드 아크 용접 비드 조인트 : 설명 참조).

바디 어퍼 스트럭쳐
루프의 앞 부분 : 교환

45A

L43

I – 서비스 부품의 구성

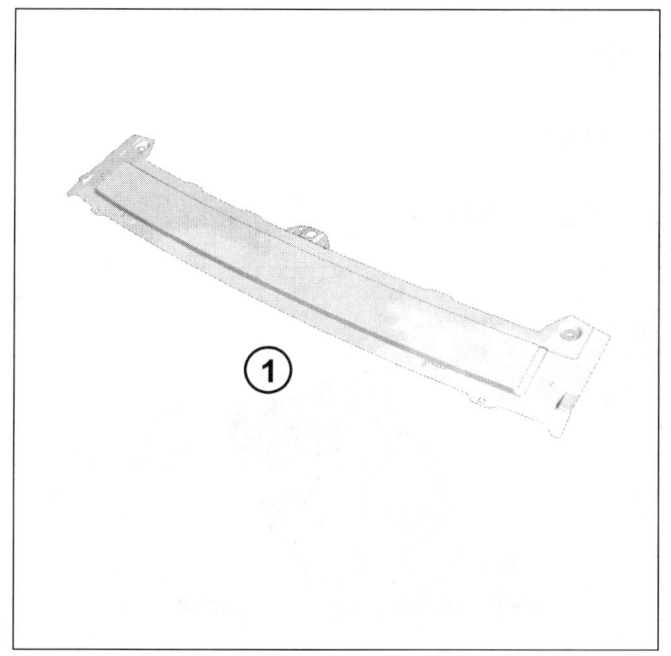

L43040068

번호	설명	재질	두께 (mm)
(1)	루프의 앞 부분	SGACC	0.7

II – 교환 작업

부품 교환 방법 :

– 전체 교환 .

1 – 전체 교환

a – 부품의 장착 위치

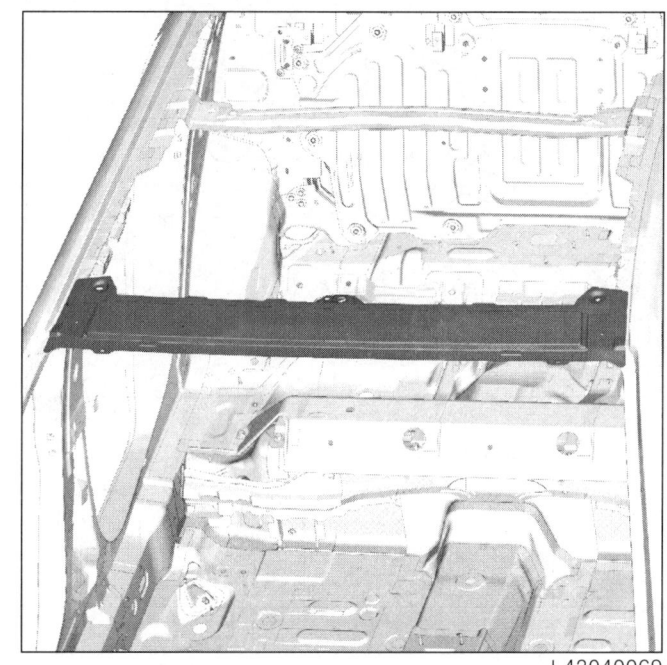

L43040069

b – 전기 접지의 위치

> **주의**
>
> 차량의 전기 및 전자 구성부품 손상을 방지하기 위해 용접 부위 근처에 있는 와이어링 하네스의 접지를 분리해야 한다 .
>
> 용접기의 접지는 용접 부위에서 최대한 가까운 위치에 있어야 한다 (MR 400 차체 구조 수리 매뉴얼 , 40H, 볼트 결합 , 접지용 볼트 결합 : 장착 참조).

용접 부위 근처의 접지를 찾는다 (40A, 일반 정보 , 접지 위치 : 일반 설명 참조).

c – 용접 작업에 대한 설명

> **주의**
>
> 용접할 부품의 접촉면에 접근할 수 없는 경우 스폿 용접 (전기 저항 용접) 대신 플러그 용접 (아크 용접) 을 사용한다 (MR 400 차체 구조 수리 매뉴얼 , 40C, 아크 용접 접합 (GMAW), 가스 실드 아크 용접 비드 조인트 : 설명 참조).

바디 어퍼 스트럭쳐
루프의 뒷 부분 : 교환

45A

L43

I - 서비스 부품의 구성

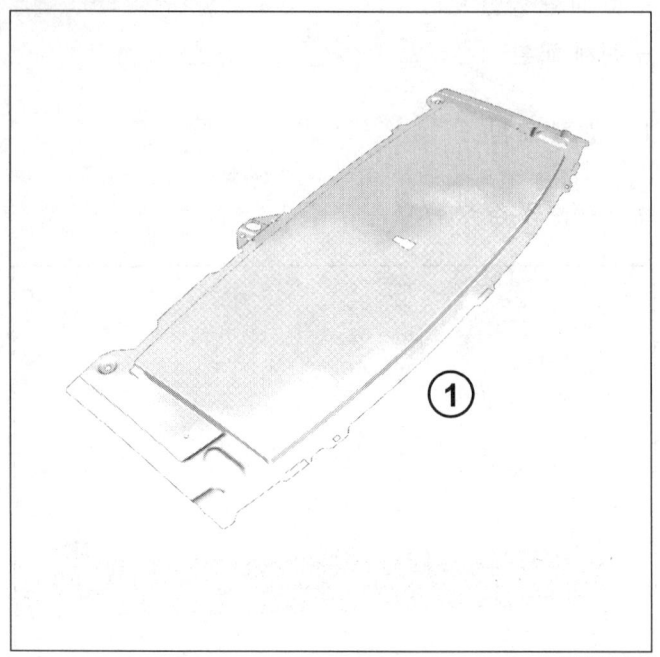

L43040070

번호	설명	재질	두께 (mm)
(1)	루프의 뒷 부분	SGACC	0.7

II - 교환 작업

부품 교환 방법 :

- 전체 교환 .

1 - 전체 교환

a - 부품의 장착 위치

L43040071

b - 전기 접지의 위치

> **주의**
>
> 차량의 전기 및 전자 구성부품 손상을 방지하기 위해 용접 부위 근처에 있는 와이어링 하네스의 접지를 분리해야 한다 .
>
> 용접기의 접지는 용접 부위에서 최대한 가까운 위치에 있어야 한다 (MR 400 차체 구조 수리 매뉴얼 , 40H, 볼트 결합 , 접지용 볼트 결합 : 장착 참조).

용접 부위 근처의 접지를 찾는다 (40A, 일반 정보 , 접지 위치 : 일반 설명 참조).

c - 용접 작업에 대한 설명

> **주의**
>
> 용접할 부품의 접촉면에 접근할 수 없는 경우 스폿 용접 (전기 저항 용접) 대신 플러그 용접 (아크 용접) 을 사용한다 (MR 400 차체 구조 수리 매뉴얼 , 40C, 아크 용접 접합 (GMAW), 가스 실드 아크 용접 비드 조인트 : 설명 참조).

바디 어퍼 스트럭쳐
루프 프론트 크로스 멤버 : 교환

45A

L43

I – 서비스 부품의 구성

표준 루프 버전

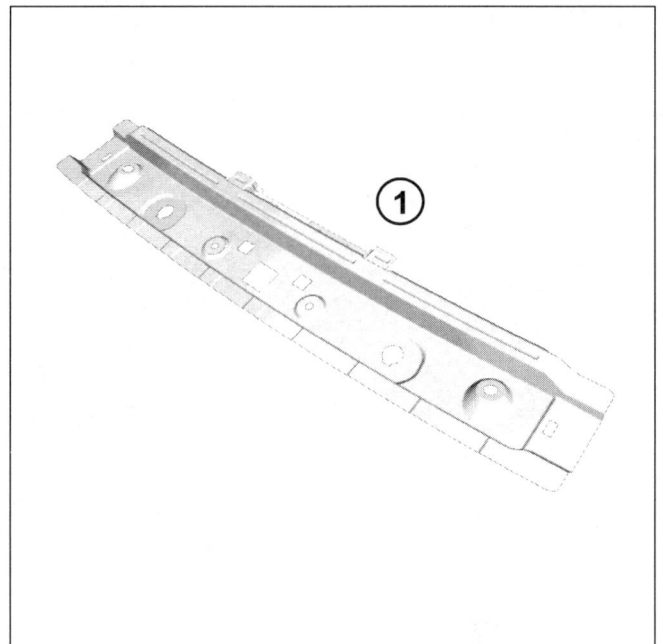

선루프 버전

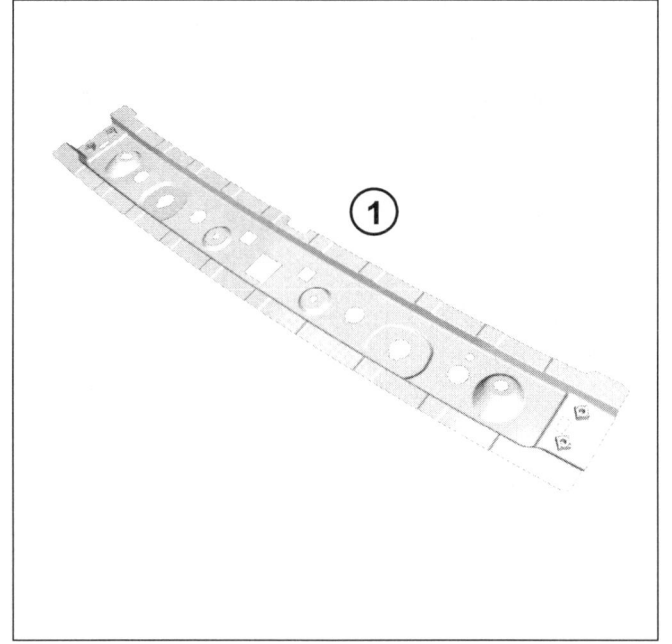

번호	설명	재질	두께 (mm)
(1)	루프	SGACC	0.7

II – 교환 작업

부품 교환 방법 :

– 전체 교환 .

1 – 전체 교환

a – 부품의 장착 위치

표준 루프 버전

선루프 버전

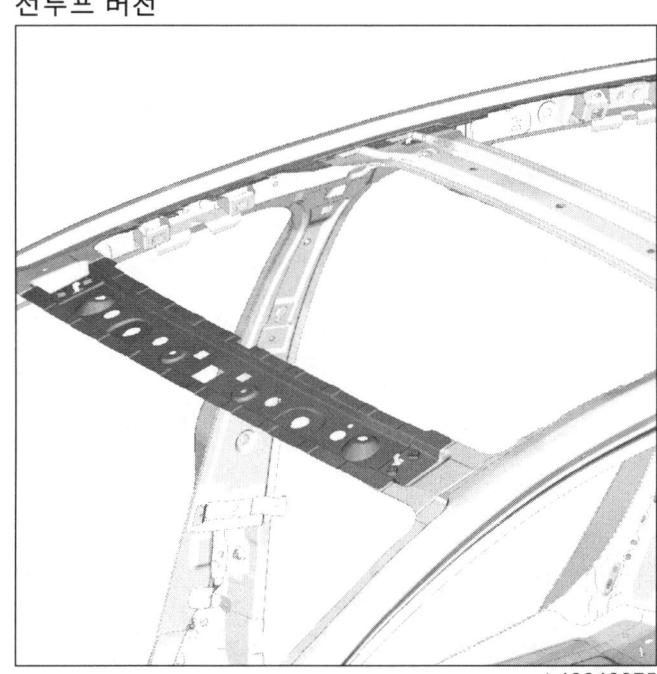

바디 어퍼 스트럭쳐
루프 프론트 크로스 멤버 : 교환

45A

L43

b – 전기 접지의 위치

> **주의**
>
> 차량의 전기 및 전자 구성부품 손상을 방지하기 위해 용접 부위 근처에 있는 와이어링 하네스의 접지를 분리해야 한다.
>
> 용접기의 접지는 용접 부위에서 최대한 가까운 위치에 있어야 한다 (MR 400 차체 구조 수리 매뉴얼, 40H, 볼트 결합, 접지용 볼트 결합 : 장착 참조).

용접 부위 근처의 접지를 찾는다 (40A, 일반 정보, 접지 위치 : 일반 설명 참조).

c – 탈거해야 하는 차체 구성부품 – 교환 작업을 실시하기 위해 탈거해야 하는 스트럭쳐

루프의 앞 부분을 탈거한다 (45A, 바디 상부 스트럭쳐, 루프의 앞 부분 : 교환 참조).

d – 용접 작업에 대한 설명

> **주의**
>
> 용접할 부품의 접촉면에 접근할 수 없는 경우 스폿 용접 (전기 저항 용접) 대신 플러그 용접 (아크 용접) 을 사용한다 (MR 400 차체 구조 수리 매뉴얼, 40C, 아크 용접 접합 (GMAW), 가스 실드 아크 용접 비드 조인트 : 설명 참조).

바디 어퍼 스트럭쳐
루프 센터 크로스 멤버 : 교환

45A

L43

I – 서비스 부품의 구성

표준 루프 버전

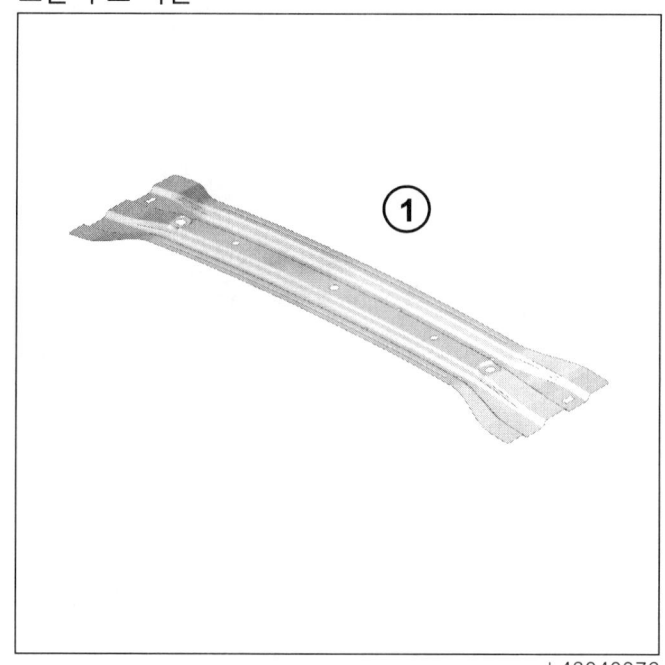

번호	설명	재질	두께 (mm)
(1)	루프 센터 크로스 멤버	22MNB5	1.3

선루프 버전

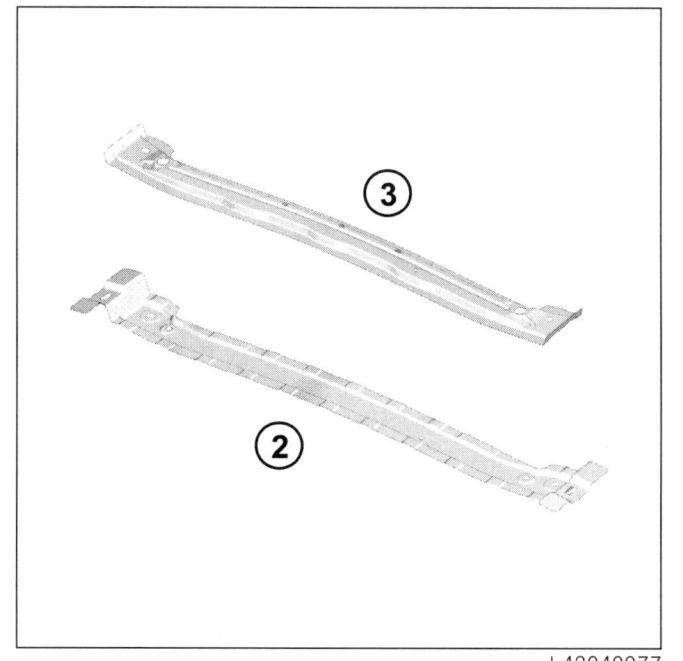

번호	설명	재질	두께 (mm)
(2)	루프 센터 크로스 멤버	SGACY380	1.5
(3)	루프 센터 크로스 멤버 크로져 패널	SGACY380	1

II – 교환 작업

부품 교환 방법 :

– 전체 교환.

1 – 전체 교환

a – 부품의 장착 위치

표준 루프 버전

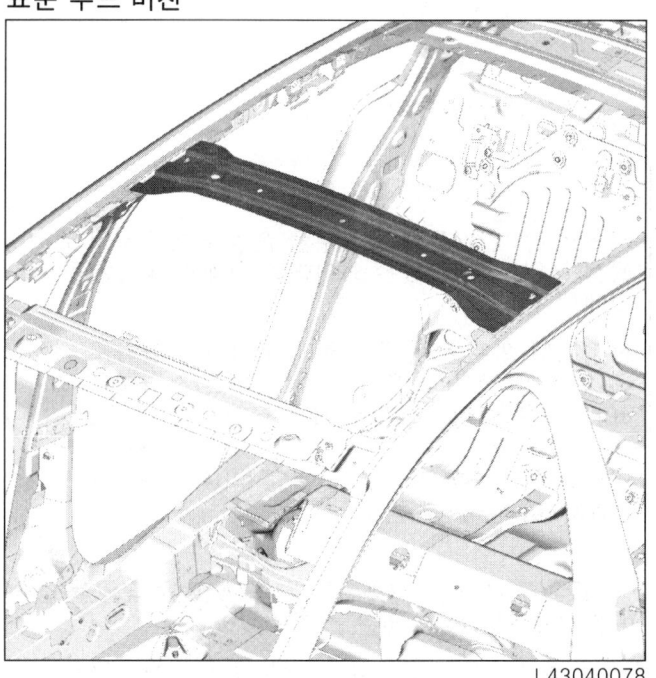

바디 어퍼 스트럭쳐
루프 센터 크로스 멤버 : 교환

45A

L43

선루프 버전

L43040079

b - 전기 접지의 위치

주의

차량의 전기 및 전자 구성부품 손상을 방지하기 위해 용접 부위 근처에 있는 와이어링 하네스의 접지를 분리해야 한다.

용접기의 접지는 용접 부위에서 최대한 가까운 위치에 있어야 한다 (MR 400 차체 구조 수리 매뉴얼, 40H, 볼트 결합, 접지용 볼트 결합 : 장착 참조).

용접 부위 근처의 접지를 찾는다 (40A, 일반 정보, 접지 위치 : 일반 설명 참조).

c - 탈거해야 하는 차체 구성부품 - 교환 작업을 실시하기 위해 탈거해야 하는 스트럭쳐

루프를 탈거한다 (45A, 바디 상부 스트럭쳐, 루프 : 교환 참조).

d - 용접 작업에 대한 설명

주의

용접할 부품의 접촉면에 접근할 수 없는 경우 스폿 용접 (전기 저항 용접) 대신 플러그 용접 (아크 용접) 을 사용한다 (MR 400 차체 구조 수리 매뉴얼, 40C, 아크 용접 접합 (GMAW), 가스 실드 아크 용접 비드 조인트 : 설명 참조).

바디 어퍼 스트럭쳐
루프 패널 아치 : 교환

45A

L43

I - 서비스 부품의 구성

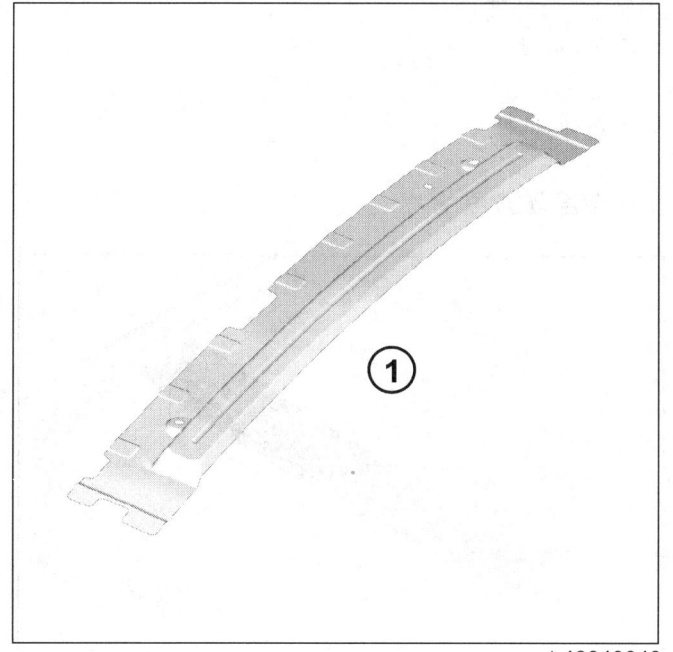

L43040040

번호	설명	재질	두께 (mm)
(1)	선루프 리어 크로스 멤버	SGACC	0.7

II - 교환 작업

부품 교환 방법 :

– 전체 교환 .

1 - 전체 교환

a - 부품의 장착 위치

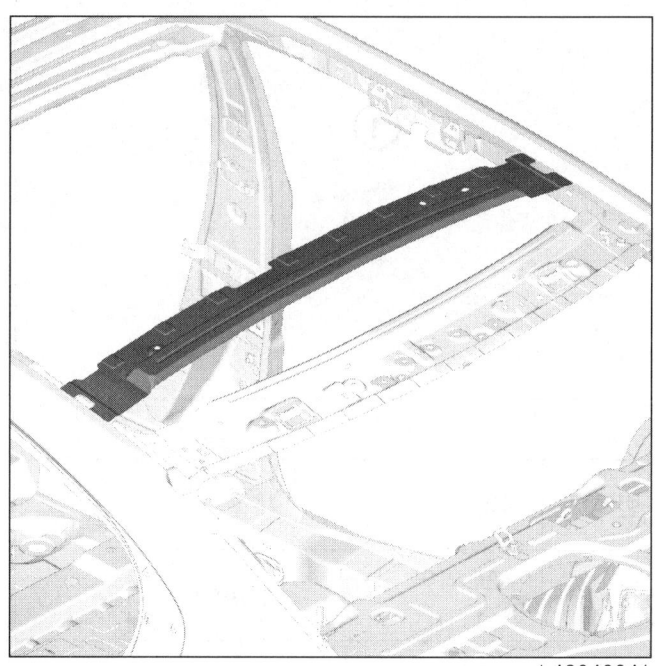

L43040041

b - 전기 접지의 위치

> **주의**
>
> 차량의 전기 및 전자 구성부품 손상을 방지하기 위해 용접 부위 근처에 있는 와이어링 하네스의 접지를 분리해야 한다 .
>
> 용접기의 접지는 용접 부위에서 최대한 가까운 위치에 있어야 한다 (MR 400 차체 구조 수리 매뉴얼 , 40H, 볼트 결합 , 접지용 볼트 결합 : 장착 참조).

용접 부위 근처의 접지를 찾는다 (40A, 일반 정보 , 접지 위치 : 일반 설명 참조).

c - 용접 작업에 대한 설명

> **주의**
>
> 용접할 부품의 접촉면에 접근할 수 없는 경우 스폿 용접 (전기 저항 용접) 대신 플러그 용접 (아크 용접) 을 사용한다 (MR 400 차체 구조 수리 매뉴얼 , 40C, 아크 용접 접합 (GMAW), 가스 실드 아크 용접 비드 조인트 : 설명 참조).

바디 어퍼 스트럭쳐
루프 리어 크로스 멤버 : 교환

45A

L43

I - 서비스 부품의 구성

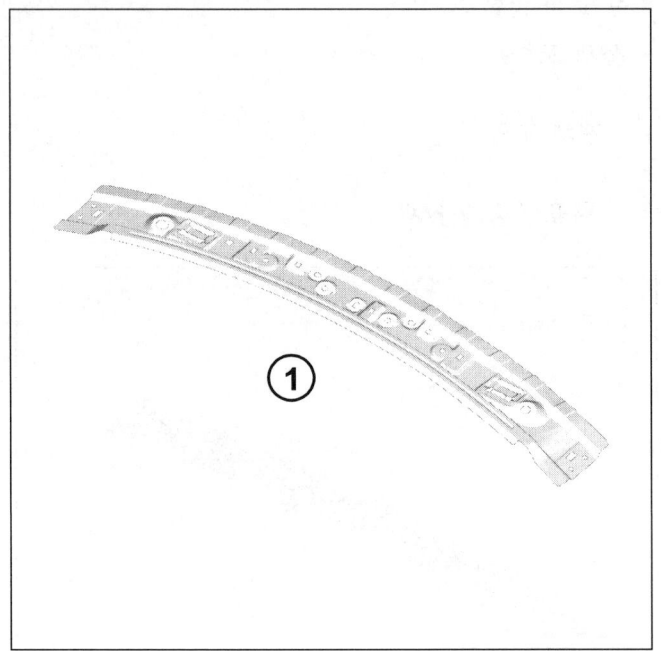

L43040080

번호	설명	재질	두께 (mm)
(1)	루프 리어 크로스 멤버	SGACC	0.7

II - 교환 작업

부품 교환 방법 :

- 전체 교환 .

1 - 전체 교환

a - 부품의 장착 위치

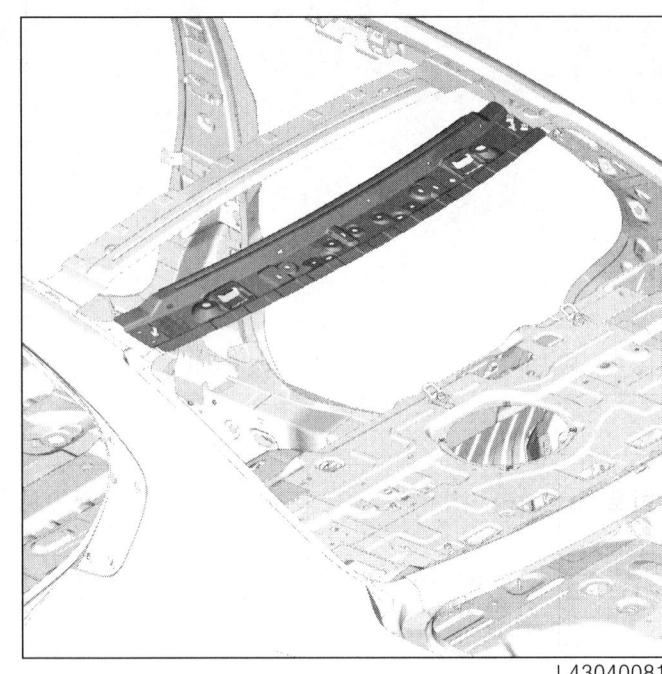

L43040081

b - 전기 접지의 위치

> **주의**
>
> 차량의 전기 및 전자 구성부품 손상을 방지하기 위해 용접 부위 근처에 있는 와이어링 하네스의 접지를 분리해야 한다 .
>
> 용접기의 접지는 용접 부위에서 최대한 가까운 위치에 있어야 한다 (MR 400 차체 구조 수리 매뉴얼 , 40H, 볼트 결합 , 접지용 볼트 결합 : 장착 참조).

용접 부위 근처의 접지를 찾는다 (40A, 일반 정보 , 접지 위치 : 일반 설명 참조).

c - 탈거해야 하는 차체 구성부품 - 교환 작업을 실시하기 위해 탈거해야 하는 스트럭쳐

루프를 탈거한다 (45A, 바디 상부 스트럭쳐 , 루프 : 교환 참조).

바디 어퍼 스트럭쳐
루프 리어 크로스 멤버 : 교환

45A

L43

d – 용접 작업에 대한 설명

> **주의**
> 용접할 부품의 접촉면에 접근할 수 없는 경우 스폿 용접 (전기 저항 용접) 대신 플러그 용접 (아크 용접) 을 사용한다 (MR 400 차체 구조 수리 매뉴얼 , 40C, 아크 용접 접합 (GMAW), 가스 실드 아크 용접 비드 조인트 : 설명 참조).

사이드 도어 패널
프론트 사이드 도어 : 탈거 – 장착

47A

L43

규정 토크 ⊘	
프론트 사이드 도어 체크 링크 볼트	21 N.m
프론트 사이드 도어 고정 너트 (도어측)	21 N.m
프론트 사이드 도어 마운팅 너트 (바디측)	28 N.m
프론트 사이드 도어 마운팅 볼트 (바디측)	28 N.m

이 작업은 다음 두 가지 방법으로 수행할 수 있다 :

– 힌지 포함 탈거 : 초기 조정 유지 가능 ,

– 힌지 제외 탈거 : 도어 교환시 사용 .

I – 힌지 제외 탈거

1 – 탈거 준비 작업

❏ 프론트 사이드 도어 와이어링 커넥터를 분리한다 .

2 – 관련 부품 탈거 작업

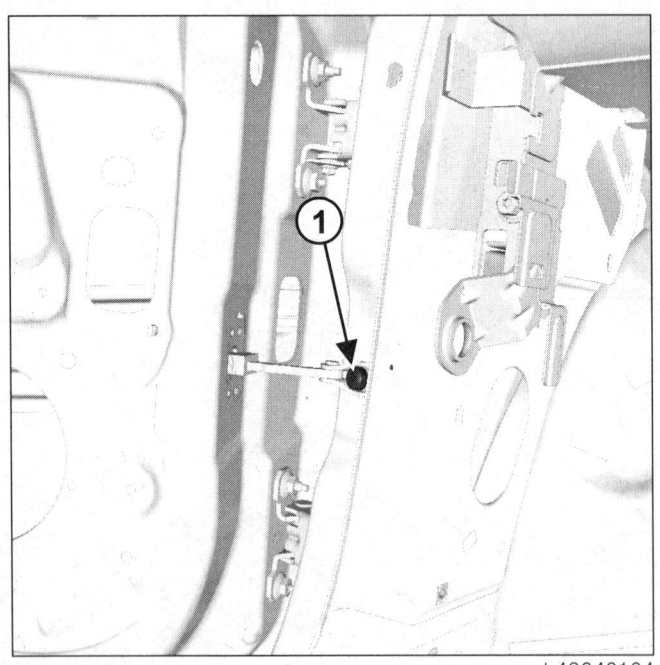

❏ 프론트 사이드 도어 체크 링크 볼트 (1) 를 탈거한다 .

❏ 프론트 사이드 도어 체크 링크 브라켓 커버를 분리한다 .

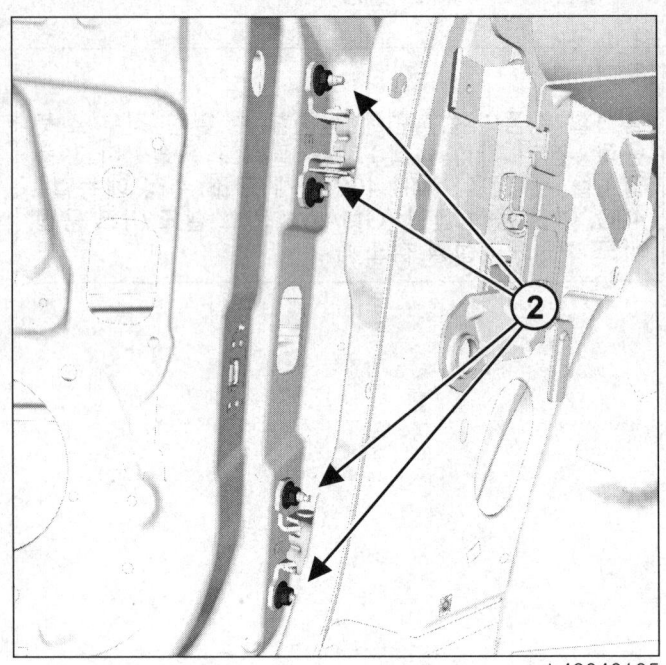

❏ 다음을 탈거한다 :

– 너트 (2),

– 프론트 사이드 도어 (이 작업은 두 사람이 작업한다).

II – 힌지 제외 장착

1 – 관련 부품 장착 작업

❏ 다음을 장착한다 :

– 프론트 사이드 도어 (이 작업은 두 사람이 작업한다),

– 프론트 사이드 도어 체크 링크 볼트 (1),

– 프론트 사이드 도어 체크 링크 브라켓 커버 .

❏ 프론트 사이드 도어 사이의 간극 및 단차를 조정한다 (**47A, 사이드 도어 패널 , 프론트 사이드 도어 : 조정** 참조).

❏ 프론트 사이드 도어 체크 링크 볼트를 규정 토크 (21 N.m) 로 조인다 .

❏ 프론트 사이드 도어 고정 너트를 규정 토크 (21 N.m) 로 조인다 .

❏ 모든 기능 테스트를 수행한다 .

2 – 최종 작업

❏ 프론트 사이드 도어 와이어링 커넥터를 연결한다 .

❏ 모든 기능 테스트를 수행한다 .

사이드 도어 패널
프론트 사이드 도어 : 탈거 – 장착

47A

L43

III – 힌지 포함 탈거

1 – 탈거 준비 작업

- 프론트 사이드 도어 와이어링 커넥터를 분리한다.
- 차량을 2 주식 리프트에 위치시킨다 (02A, 리프팅, 차량 : 견인 및 리프팅 참조).
- 프론트 펜더를 탈거한다 (42A, 프론트 어퍼 스트럭쳐, 프론트 펜더 : 탈거 – 장착 참조).

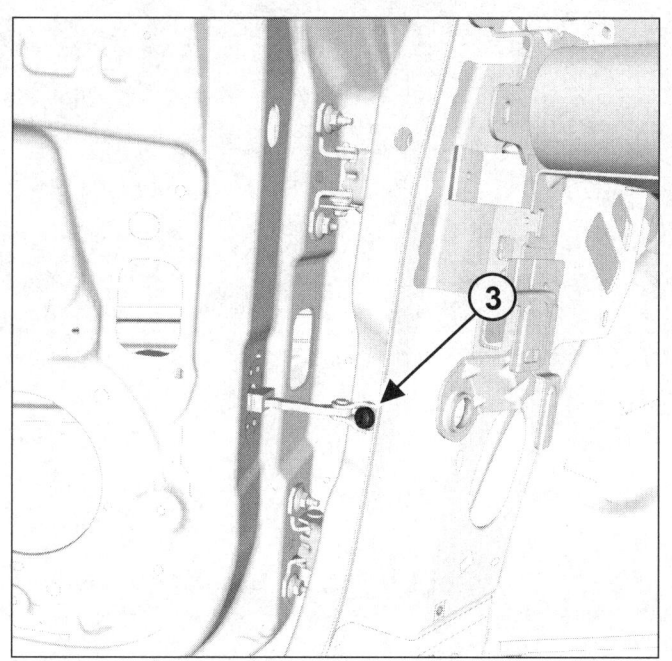

- 프론트 사이드 도어 체크 링크 볼트 (3) 를 탈거한다.
- 프론트 사이드 도어 체크 링크 브라켓 커버를 분리한다.

2 – 관련 부품 탈거 작업

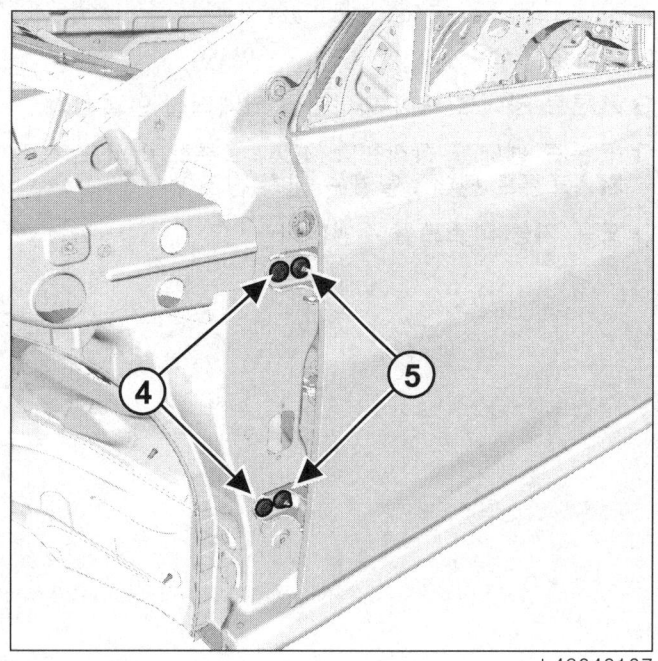

- 다음을 탈거한다 :
  - 볼트 (4),
  - 너트 (5),
  - 프론트 사이드 도어 (이 작업은 두 사람이 작업한다).

IV – 힌지 포함 장착

1 – 관련 부품 장착 작업

참고 :
도어 힌지에 씰링 매스틱을 바른다.

- 다음을 장착한다 :
  - 프론트 사이드 도어 (이 작업은 두 사람이 작업한다),
  - 프론트 사이드 도어 마운팅 너트 (5),
  - 프론트 사이드 도어 마운팅 볼트 (4),
  - 프론트 사이드 도어 체크 링크 볼트 (3),
  - 프론트 사이드 도어 체크 링크 브라켓 커버.
- 리어 사이드 도어 사이의 간극 및 단차를 조정한다 (47A, 사이드 도어 패널, 프론트 사이드 도어 : 조정 참조).
- 프론트 사이드 도어 마운팅 너트와 볼트를 규정 토크 (28 N.m) 로 조인다.

사이드 도어 패널
프론트 사이드 도어 : 탈거 – 장착

47A

L43

❏ 프론트 사이드 도어 체크 링크 볼트를 규정 토크 (21 N.m) 로 조인다 .

2 – 최종 작업

❏ 프론트 사이드 도어 와이어링 커넥터를 연결한다 .

❏ 프론트 펜더를 장착한다 (42A, 프론트 어퍼 스트럭쳐 , 프론트 펜더 : 탈거 – 장착 참조).

❏ 모든 기능 테스트를 수행한다 .

사이드 도어 패널
프론트 사이드 도어 : 분해 – 재조립

47A

L43

필요 장비
진단 장비

참고 :
아래에서 설명하는 작업 순서는 프론트 사이드 도어를 교환하기 위한 작업 순서이다.
다음 절차는 차량의 프론트 사이드 도어에 적용된다.

분해

I – 분해 준비 작업

❏ 진단 장비를 사용해 다음 절차를 수행하여 에어백 컨트롤 유닛을 잠근다.

- 진단 장비를 연결한다,
- 《에어백 컨트롤 유닛》을 선택한다,
- 수리 모드로 이동한다,
- 선택한 컨트롤 유닛에 대해 《정비 이전 절차》를 적용한다,
- 《정비 이전 절차 문서》의 《정비 이전 철차》를 수행한다.

❏ 다음을 분리한다 :

- 배터리 (MR 436 리페어 매뉴얼, 80A, 배터리, 배터리 : 탈거 – 장착 참조),
- 프론트 사이드 도어 와이어링 하네스의 커넥터.

II – 관련 부품 분해 작업

❏ 다음을 탈거한다 :

- 운전석 또는 조수석 프론트 윈도우 스위치 (MR 436 리페어 매뉴얼, 87D, 윈도우 및 선루프 시스템, 운전석 프론트 윈도우 스위치 : 탈거 – 장착 또는 87D, 윈도우 및 선루프 시스템, 조수석 프론트 윈도우 스위치 : 탈거 – 장착 참조),
- 프론트 사이드 도어 피니셔 (72A, 사이드 도어 트림, 프론트 사이드 도어 피니셔 : 탈거 – 장착 참조),
- 도어 미러 (56A, 외장 장착 부품, 도어 미러 : 탈거 – 장착 참조),
- 프론트 사이드 도어 아웃사이드 몰딩 (66A, 윈도우 실링, 프론트 사이드 도어 아웃사이드 몰딩 : 탈거 – 장착 참조),
- 프론트 사이드 도어 프레임 인터널 트림 (72A, 사이드 도어 트림, 프론트 사이드 도어 프레임 인터널 트림 : 탈거 – 장착 참조),
- 프론트 사이드 도어 실링 스크린 (65A, 도어 실링, 도어 실링 스크린 : 탈거 – 장착 참조),
- 프론트 스피커 (MR 436 리페어 매뉴얼, 86A, 오디오 시스템, 프론트 스피커 : 탈거 – 장착 참조),
- 도어 쇽업소버 (59A, 안전 장치, 도어 쇽업소버 : 탈거 – 장착 참조) (차량 옵션에 따라 다름),
- 프론트 사이드 도어 슬라이딩 윈도우 글라스 (54A, 윈도우, 프론트 사이드 도어 슬라이딩 윈도우 글라스 : 탈거 – 장착 참조),
- 윈도우 모터 (MR 436 리페어 매뉴얼, 87D, 윈도우 및 선루프 시스템, 윈도우 모터 : 탈거 – 장착 참조),
- 프론트 사이드 도어 일렉트릭 윈도우 메커니즘 (51A, 사이드 도어 메커니즘, 프론트 사이드 도어 일렉트릭 윈도우 메커니즘 : 탈거 – 장착 참조),
- 프론트 사이드 도어 글라스 런 (66A, 윈도우 실링, 프론트 사이드 도어 글라스 런 : 탈거 – 장착 참조),
- 프론트 사이드 도어 필러 트림 (55A, 외장 보호 트림, 프론트 사이드 도어 필러 트림 : 탈거 – 장착 참조),
- 프론트 사이드 도어 록 배럴 (51A, 사이드 도어 메커니즘, 프론트 사이드 도어 록 배럴 : 탈거 – 장착 참조),
- 프론트 사이드 도어 익스테리어 핸들 (51A, 사이드 도어 메커니즘, 도어 익스테리어 핸들 : 탈거 – 장착 참조),
- 프론트 사이드 도어 록 (51A, 사이드 도어 메커니즘, 프론트 사이드 도어 록 : 탈거 – 장착 참조),
- 프론트 사이드 도어 체크 링크 (51A, 사이드 도어 메커니즘, 프론트 사이드 도어 체크 링크 : 탈거 – 장착 참조),
- 사이드 에어백 센서 (MR 436 리페어 매뉴얼, 88C, 에어백 및 프리텐셔너, 사이드 에어백 센서 : 탈거 – 장착 참조),
- 운전석 또는 조수석 프론트 사이드 도어 와이어링.

재조립

I – 재조립 준비 작업

❏ 다음을 항상 교환한다 :

- 프론트 사이드 도어 실링 스크린,
- 사이드 에어백 센서,
- 타이어 압력 라벨,
- 폼 패드.

사이드 도어 패널
프론트 사이드 도어 : 분해 – 재조립

L43

II – 관련 부품 재조립 작업

❏ 다음을 장착한다 :

- 운전석 또는 조수석 프론트 사이드 도어 와이어링,

- 사이드 에어백 센서 (MR 436 리페어 매뉴얼, 88C, 에어백 및 프리텐셔너, 사이드 에어백 센서 : 탈거 – 장착 참조),

- 프론트 사이드 도어 체크 링크 (51A, 사이드 도어 메커니즘, 프론트 사이드 도어 체크 링크 : 탈거 – 장착 참조),

- 프론트 사이드 도어 록 (51A, 사이드 도어 메커니즘, 프론트 사이드 도어 록 : 탈거 – 장착 참조),

- 프론트 사이드 도어 익스테리어 핸들 (51A, 사이드 도어 메커니즘, 도어 익스테리어 핸들 : 탈거 – 장착 참조),

- 프론트 사이드 도어 록 배럴 (51A, 사이드 도어 메커니즘, 프론트 사이드 도어 록 배럴 : 탈거 – 장착 참조),

- 프론트 사이드 도어 필러 트림 (55A, 외장 보호 트림, 프론트 사이드 도어 필러 트림 : 탈거 – 장착 참조),

- 프론트 사이드 도어 글라스 런 (66A, 윈도우 실링, 프론트 사이드 도어 글라스 런 : 탈거 – 장착 참조),

- 프론트 사이드 도어 일렉트릭 윈도우 메커니즘 (51A, 사이드 도어 메커니즘, 프론트 사이드 도어 일렉트릭 윈도우 메커니즘 : 탈거 – 장착 참조),

- 윈도우 모터 (MR 436 리페어 매뉴얼, 87D, 윈도우 및 선루프 시스템, 윈도우 모터 : 탈거 – 장착 참조),

- 프론트 사이드 도어 슬라이딩 윈도우 글라스 (54A, 윈도우, 프론트 사이드 도어 슬라이딩 윈도우 글라스 : 탈거 – 장착 참조),

- 도어 속업소버 (59A, 안전 장치, 도어 속업소버 : 탈거 – 장착 참조) (차량 옵션에 따라 다름),

- 프론트 스피커 (MR 436 리페어 매뉴얼, 86A, 오디오 시스템, 프론트 스피커 : 탈거 – 장착 참조),

- 프론트 사이드 도어 실링 스크린 (65A, 도어 실링, 도어 실링 스크린 : 탈거 – 장착 참조),

- 프론트 사이드 도어 프레임 인터널 트림 (72A, 사이드 도어 트림, 프론트 사이드 도어 프레임 인터널 트림 : 탈거 – 장착 참조),

- 프론트 사이드 도어 아웃사이드 몰딩 (66A, 윈도우 실링, 프론트 사이드 도어 아웃사이드 몰딩 : 탈거 – 장착 참조),

- 도어 미러 (56A, 외장 장착 부품, 도어 미러 : 탈거 – 장착 참조),

- 프론트 사이드 도어 피니셔 (72A, 사이드 도어 트림, 프론트 사이드 도어 피니셔 : 탈거 – 장착 참조),

- 운전석 또는 조수석 프론트 윈도우 스위치 (MR 436 리페어 매뉴얼, 87D, 윈도우 및 선루프 시스템, 운전석 프론트 윈도우 스위치 : 탈거 – 장착 또는 87D, 윈도우 및 선루프 시스템, 조수석 프론트 윈도우 스위치 : 탈거 – 장착 참조).

III – 최종 작업

❏ 다음을 연결한다 :

- 프론트 사이드 도어 와이어링 하네스의 커넥터,

- 배터리 (MR 436 리페어 매뉴얼, 80A, 배터리, 배터리 : 탈거 – 장착 참조).

❏ 진단 장비를 사용해 다음 절차를 수행하여 에어백 컨트롤 유닛을 잠금 해제한다.

- 진단 장비를 연결한다,

- 《에어백 컨트롤 유닛》을 선택한다,

- 수리 모드로 이동한다,

- 선택한 컨트롤 유닛에 대해 《정비 이후 절차》를 적용한다,

- 《정비 이후 절차 문서》의 《정비 이후 철차》를 수행한다.

사이드 도어 패널
프론트 사이드 도어 : 조정

47A

L43

조정 값

- 프론트 사이드 도어 조정 값을 참조한다 (01C, 바디 제원, 차량 틈새 : 조정 값 참조).

조정

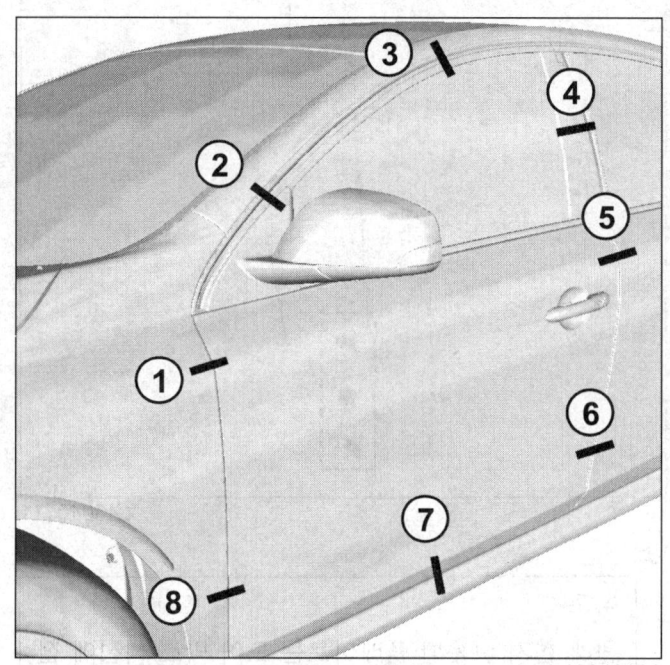

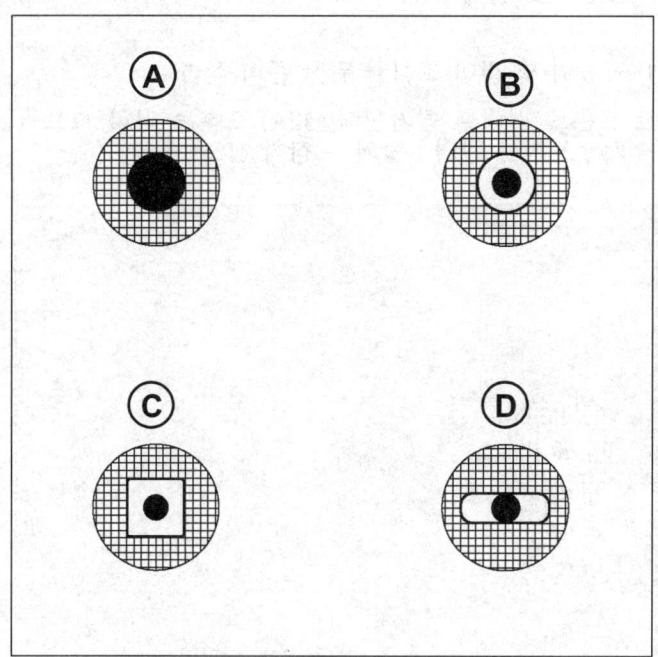

- 각 부위는 (1), (2), (3), (4), (5), (6), (7) 및 (8) 의 순서대로 조정한다.

참고 :
(4), (5) 및 (6) 부위는 리어 도어를 올바르게 조정한 경우에만 조정할 수 있다.

- A, B, C 및 D 표시는 조정 옵션을 나타낸다.
중앙의 검은색 점은 볼트의 바디를 나타낸다.
회색 부분은 조정할 부품을 나타낸다.
흰색 부분은 조정 부위를 나타낸다.

47A-6

사이드 도어 패널
프론트 사이드 도어 : 조정

47A

L43

I – 높이 및 길이 조정

1 – 높이 및 길이 조정을 위한 준비 작업

❏ 프론트 펜더를 탈거한다 (42A, 프론트 어퍼 스트럭쳐, 프론트 펜더 : 탈거 – 장착 참조).

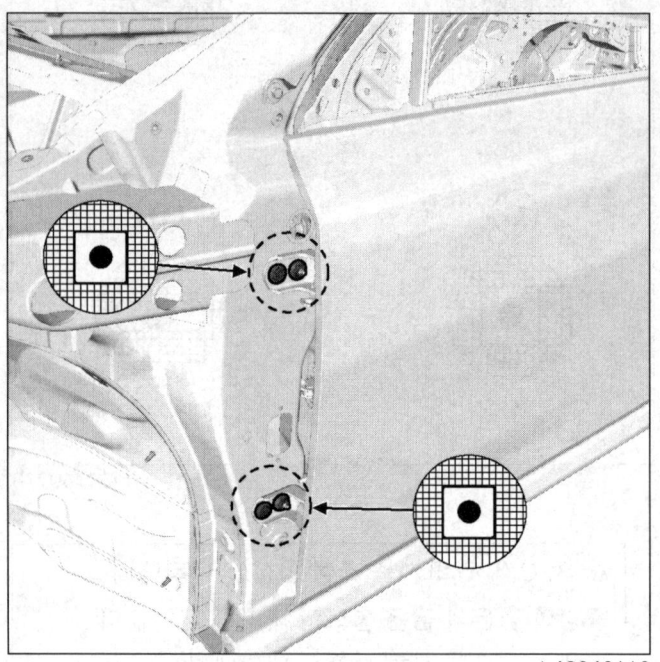

❏ 다음 순서대로 조정한다 :
- (1), (2) 및 (3) 부위의 높이,
- (4), (5), (6), (7) 및 (8) 부위의 길이.

II – 깊이 조정

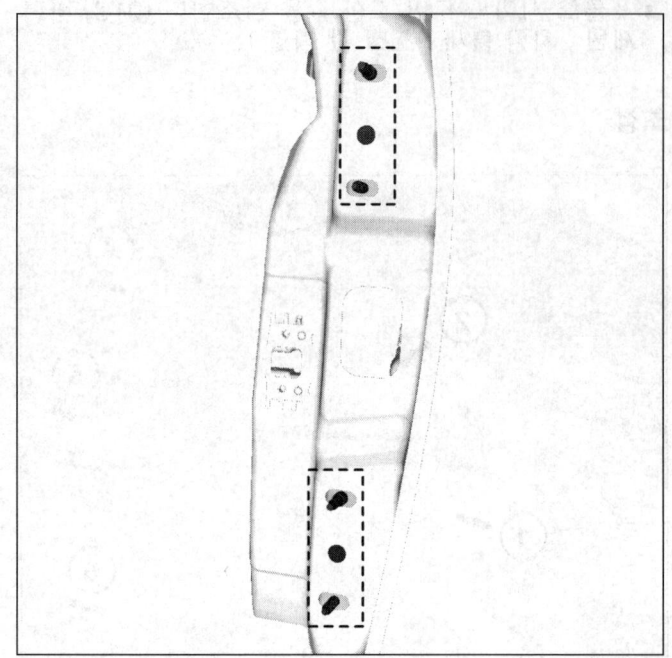

❏

참고 :

원래 힌지 마운팅 플레이트는 도어 박스 섹션에 접착되어 있다.

조정하려면 나무 받침목과 해머를 사용하여 플레이트를 제거해야 한다.

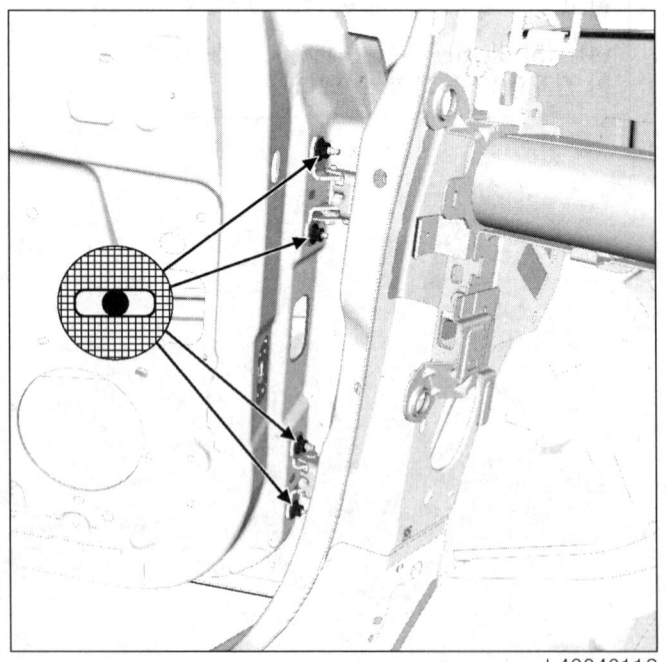

❏ (1), (2), (3), (7) 및 (8) 부위의 깊이를 조정한다.

사이드 도어 패널
프론트 사이드 도어 : 조정

47A

L43

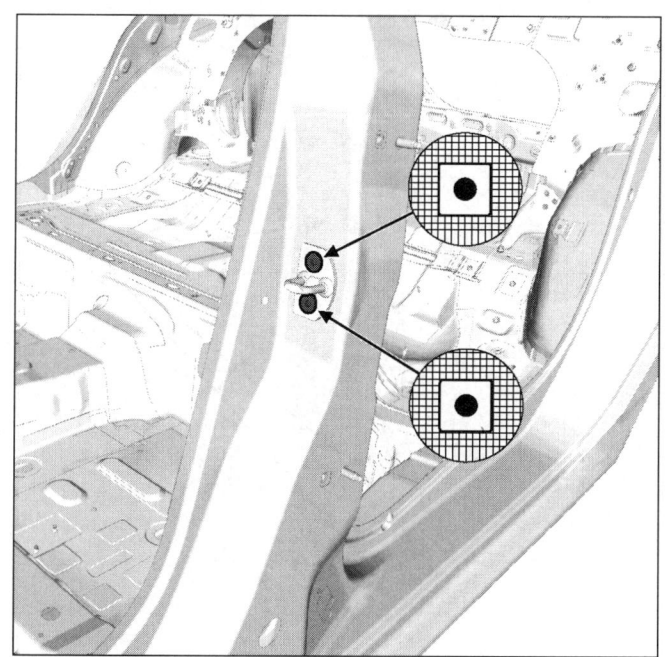

L43040113

❏ 다음 조정 순서를 준수한다 :
- 록을 기준으로 스트라이커 패널을 조정하여 서로 닿지 않게 한다 ,
- (4), (5) 및 (6) 부위의 깊이를 조정한다 .

참고 :
스트라이커 플레이트는 센터 필러 내부의 리인포스먼트에 스폿 용접으로 고정되어 있다 .

조정하려면 플레이트의 퓨즈 브라켓을 변형시켜야 한다 .

참고 :
(4), (5) 및 (6) 부위의 조정은 리어 도어 조정에 따라 달라진다 (47A, 사이드 도어 패널 , 리어 사이드 도어 : 조정 참조).

사이드 도어 패널
리어 사이드 도어 : 탈거 – 장착

47A

L43

규정 토크	
리어 사이드 도어 체크 링크 볼트	21 N.m
리어 사이드 도어 고정 너트 (도어측)	21 N.m
리어 사이드 도어 마운팅 너트 (바디측)	28 N.m
리어 사이드 도어 마운팅 볼트 (바디측)	28 N.m

이 작업은 다음 두 가지 방법으로 수행할 수 있다 :

– 힌지 포함 탈거 : 초기 조정 유지 가능 ,

– 힌지 제외 탈거 : 도어 교환시 사용 .

I – 힌지 제외 탈거

1 – 탈거 준비 작업

❏ 리어 사이드 도어 와이어링 커넥터를 분리한다 .

2 – 관련 부품 탈거 작업

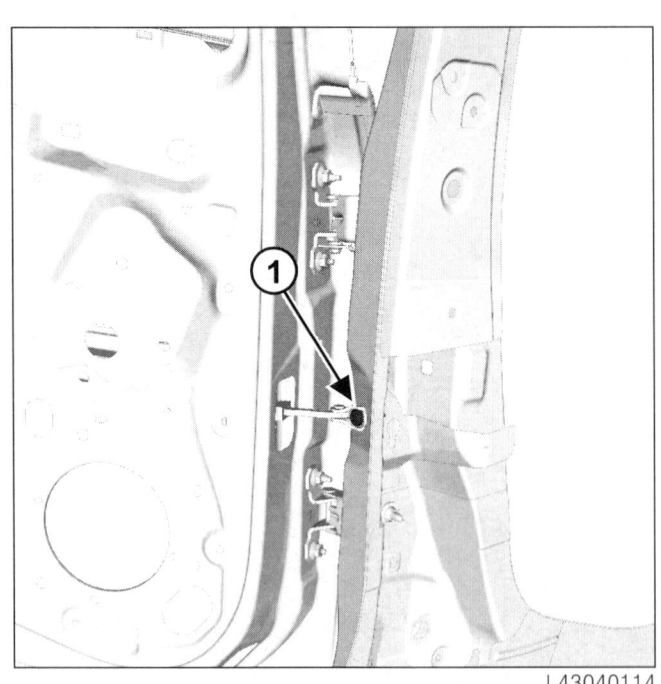

❏ 리어 사이드 도어 체크 링크 볼트 (1) 를 탈거한다 .

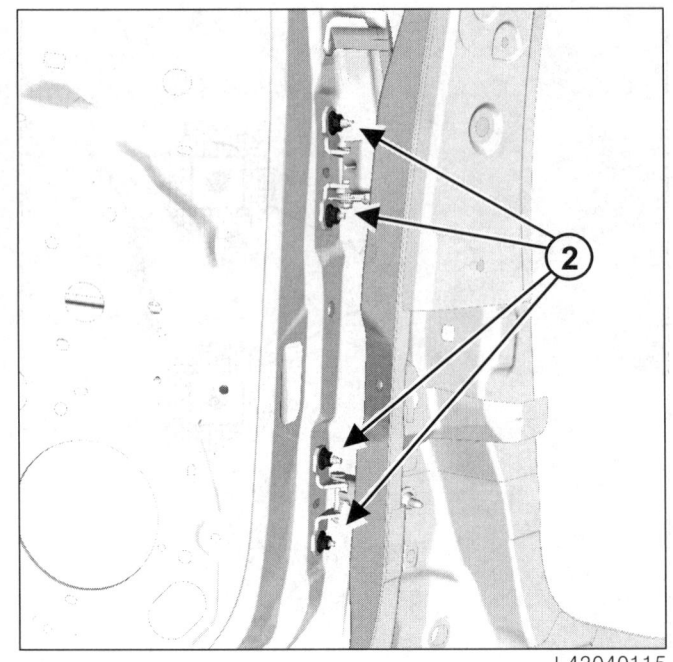

❏ 다음을 탈거한다 :

– 너트 (2),

– 리어 사이드 도어 (이 작업은 두 사람이 작업한다).

II – 힌지 제외 장착

1 – 관련 부품 장착 작업

❏ 다음을 장착한다 :

– 리어 사이드 도어 (이 작업은 두 사람이 작업한다),

– 리어 사이드 도어 체크 링크 볼트 (1).

❏ 리어 사이드 도어 사이의 간극 및 단차를 조정한다 (**47A, 사이드 도어 패널 , 리어 사이드 도어 : 조정** 참조).

❏ 리어 사이드 도어 체크 링크 볼트를 규정 토크 (21 N.m) 로 조인다 .

❏ 리어 사이드 도어 고정 너트를 규정 토크 (21 N.m) 로 조인다 .

❏ 모든 기능 테스트를 수행한다 .

2 – 최종 작업

❏ 리어 사이드 도어 와이어링 커넥터를 연결한다 .

❏ 모든 기능 테스트를 수행한다 .

사이드 도어 패널
리어 사이드 도어 : 탈거 – 장착

47A

L43

III - 힌지 포함 탈거

1 - 탈거 준비 작업

- 리어 사이드 도어 와이어링 커넥터를 분리한다.

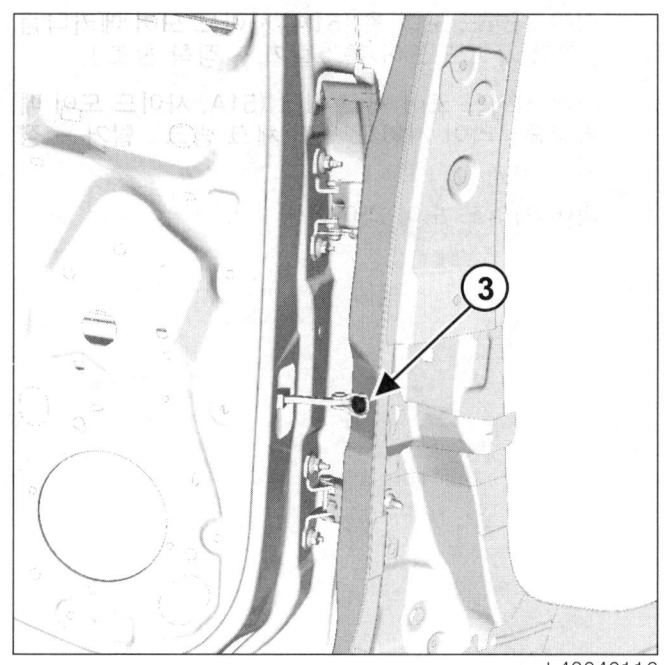

L43040116

- 리어 사이드 도어 체크 링크 볼트 (3) 를 탈거한다.

2 - 관련 부품 탈거 작업

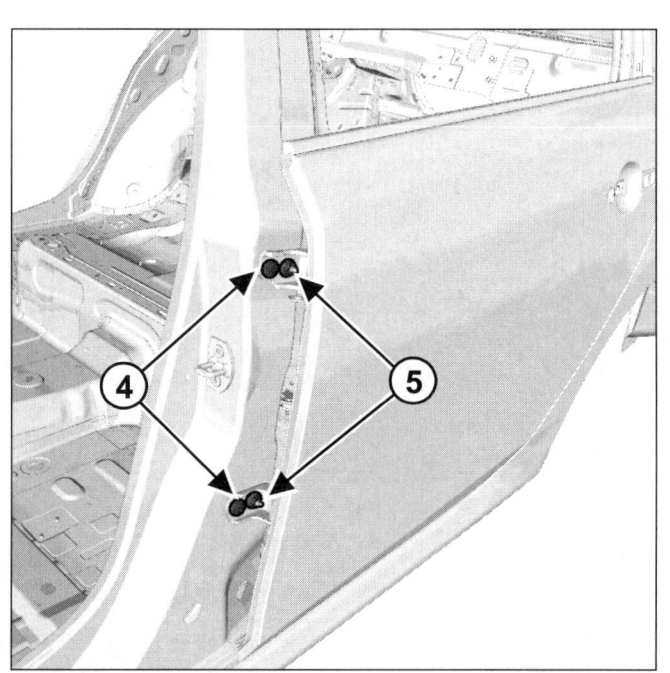

L43040117

- 다음을 탈거한다 :
  - 볼트 (4),
  - 너트 (5),
  - 리어 사이드 도어 (이 작업은 두 사람이 작업한다).

IV - 힌지 포함 장착

1 - 관련 부품 장착 작업

> 참고 :
> 도어 힌지에 씰링 매스틱을 바른다.

- 다음을 장착한다 :
  - 리어 사이드 도어 (이 작업은 두 사람이 작업한다),
  - 리어 사이드 도어 마운팅 너트 (5),
  - 리어 사이드 도어 마운팅 볼트 (4),
  - 리어 사이드 도어 체크 링크 볼트 (3).
- 리어 사이드 도어 사이의 간극 및 단차를 조정한다 (47A, 사이드 도어 패널, 리어 사이드 도어 : 조정 참조).
- 리어 사이드 도어 마운팅 너트와 볼트를 규정 토크 (28 N.m) 로 조인다.
- 리어 사이드 도어 체크 링크 볼트를 규정 토크 (21 N.m) 로 조인다.

2 - 최종 작업

- 리어 사이드 도어 와이어링 커넥터를 연결한다.
- 모든 기능 테스트를 수행한다.

사이드 도어 패널
리어 사이드 도어 : 분해 - 재조립

47A

L43

> 참고 :
> 아래에서 설명하는 작업 순서는 리어 사이드 도어를 교환하기 위한 작업 순서이다.
> 다음 절차는 차량의 리어 사이드 도어에 적용된다.

분해

I - 분해 준비 작업

❏ 다음을 분리한다 :

- 배터리 (MR 436 리페어 매뉴얼, 80A, 배터리, 배터리 : 탈거 - 장착 참조),
- 리어 사이드 도어 와이어링 하네스의 커넥터.

II - 관련 부품 분해 작업

❏ 다음을 탈거한다 :

- 리어 윈도우 스위치 (MR 436 리페어 매뉴얼, 87D, 윈도우 및 선루프 시스템, 리어 윈도우 스위치 : 탈거 - 장착 참조),
- 리어 사이드 도어 피니셔 (72A, 사이드 도어 트림, 리어 사이드 도어 피니셔 : 탈거 - 장착 참조),
- 리어 사이드 도어 실링 스크린 (65A, 도어 실링, 도어 실링 스크린 : 탈거 - 장착 참조),
- 리어 사이드 도어 아웃사이드 몰딩 (66A, 윈도우 실링, 리어 사이드 도어 아웃사이드 몰딩 : 탈거 - 장착 참조),
- 리어 사이드 도어 프레임 인터널 트림 (72A, 사이드 도어 트림, 리어 사이드 도어 프레임 인터널 트림 : 탈거 - 장착 참조),
- 리어 스피커 (MR 436 리페어 매뉴얼, 86A, 오디오 시스템, 리어 스피커 : 탈거 - 장착 참조),
- 도어 쇽업소버 (59A, 안전 장치, 도어 쇽업소버 : 탈거 - 장착 참조) (차량 옵션에 따라 다름),
- 리어 사이드 도어 슬라이딩 윈도우 글라스 (54A, 윈도우, 리어 사이드 도어 슬라이딩 윈도우 글라스 : 탈거 - 장착 참조),
- 윈도우 모터 (MR 436 리페어 매뉴얼, 87D, 윈도우 및 선루프 시스템, 윈도우 모터 : 탈거 - 장착 참조),
- 리어 사이드 도어 일렉트릭 윈도우 메커니즘 (51A, 사이드 도어 메커니즘, 리어 사이드 도어 일렉트릭 윈도우 메커니즘 : 탈거 - 장착 참조),
- 리어 사이드 도어 글라스 런 (66A, 윈도우 실링, 리어 사이드 도어 글라스 런 : 탈거 - 장착 참조),
- 리어 사이드 도어 필러 트림 (55A, 외장 보호 트림, 리어 사이드 도어 필러 트림 : 탈거 - 장착 참조),
- 리어 사이드 도어 고정 윈도우 (54A, 윈도우, 리어 사이드 도어 고정 윈도우 : 탈거 - 장착 참조),
- 리어 사이드 도어 익스테리어 핸들 (51A, 사이드 도어 메커니즘, 도어 익스테리어 핸들 : 탈거 - 장착 참조),
- 리어 사이드 도어 록 (51A, 사이드 도어 메커니즘, 리어 사이드 도어 록 : 탈거 - 장착 참조),
- 리어 사이드 도어 체크 링크 (51A, 사이드 도어 메커니즘, 리어 사이드 도어 체크 링크 : 탈거 - 장착 참조),
- 리어 사이드 도어 와이어링.

사이드 도어 패널
리어 사이드 도어 : 분해 – 재조립

47A

L43

재조립

I – 재조립 준비 작업

❏ 다음을 신품으로 교환한다 :
- 리어 사이드 도어 실링 스크린 ,
- 폼 패드 .

II – 관련 부품 재조립 작업

❏ 다음을 장착한다 :
- 리어 사이드 도어 와이어링 ,
- 리어 사이드 도어 체크 링크 (51A, 사이드 도어 메커니즘 , 리어 사이드 도어 체크 링크 : 탈거 – 장착 참조),
- 리어 사이드 도어 록 (51A, 사이드 도어 메커니즘 , 리어 사이드 도어 록 : 탈거 – 장착 참조),
- 리어 사이드 도어 익스테리어 핸들 (51A, 사이드 도어 메커니즘 , 도어 익스테리어 핸들 : 탈거 – 장착 참조),
- 리어 사이드 도어 고정 윈도우 (54A, 윈도우 , 리어 사이드 도어 고정 윈도우 : 탈거 – 장착 참조),
- 리어 사이드 도어 필러 트림 (55A, 외장 보호 트림 , 리어 사이드 도어 필러 트림 : 탈거 – 장착 참조),
- 리어 사이드 도어 글라스 런 (66A, 윈도우 실링 , 리어 사이드 도어 글라스 런 : 탈거 – 장착 참조),
- 리어 사이드 도어 일렉트릭 윈도우 메커니즘 (51A, 사이드 도어 메커니즘 , 리어 사이드 도어 일렉트릭 윈도우 메커니즘 : 탈거 – 장착 참조),
- 윈도우 모터 (MR 436 리페어 매뉴얼 , 87D, 윈도우 및 선루프 시스템 , 윈도우 모터 : 탈거 – 장착 참조),
- 리어 사이드 도어 슬라이딩 윈도우 글라스 (54A, 윈도우 , 리어 사이드 도어 슬라이딩 윈도우 글라스 : 탈거 – 장착 참조),
- 도어 쇽업소버 (59A, 안전 장치 , 도어 쇽업소버 : 탈거 – 장착 참조) (차량 옵션에 따라 다름),
- 리어 스피커 (MR 436 리페어 매뉴얼 , 86A, 오디오 시스템 , 리어 스피커 : 탈거 – 장착 참조),
- 리어 사이드 도어 프레임 인터널 트림 (72A, 사이드 도어 트림 , 리어 사이드 도어 프레임 인터널 트림 : 탈거 – 장착 참조),
- 리어 사이드 도어 아웃사이드 몰딩 (66A, 윈도우 실링 , 리어 사이드 도어 아웃사이드 몰딩 : 탈거 – 장착 참조),
- 리어 사이드 도어 실링 스크린 (65A, 도어 실링 , 도어 실링 스크린 : 탈거 – 장착 참조),
- 리어 사이드 도어 피니셔 (72A, 사이드 도어 트림 , 리어 사이드 도어 피니셔 : 탈거 – 장착 참조),
- 리어 윈도우 스위치 (MR 436 리페어 매뉴얼, 87D, 윈도우 및 선루프 시스템 , 리어 윈도우 스위치 : 탈거 – 장착 참조).

III – 최종 작업

❏ 다음을 연결한다 :
- 리어 사이드 도어 와이어링 하네스의 커넥터 ,
- 배터리 (MR 436 리페어 매뉴얼 , 80A, 배터리 , 배터리 : 탈거 – 장착 참조).

사이드 도어 패널
리어 사이드 도어 : 조정

47A

L43

조정 값

❏ 리어 사이드 도어 조정 값을 참조한다 (01C, 바디 제원, 차량 틈새 : 조정 값 참조).

조정

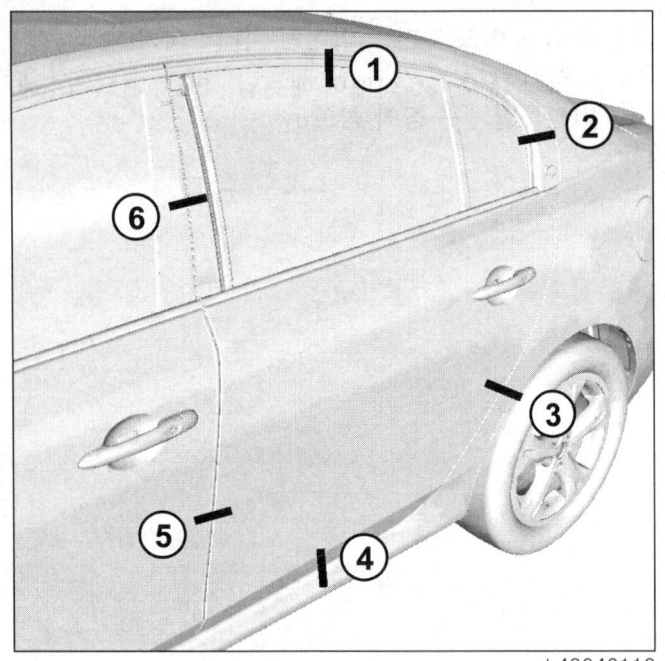

❏ 각 부위는 (1), (2), (3), (4), (5), (6) 의 순서대로 조정한다.

참고 :
(5) 및 (6) 부위는 프론트 도어를 올바르게 조정한 경우에만 조정할 수 있다.

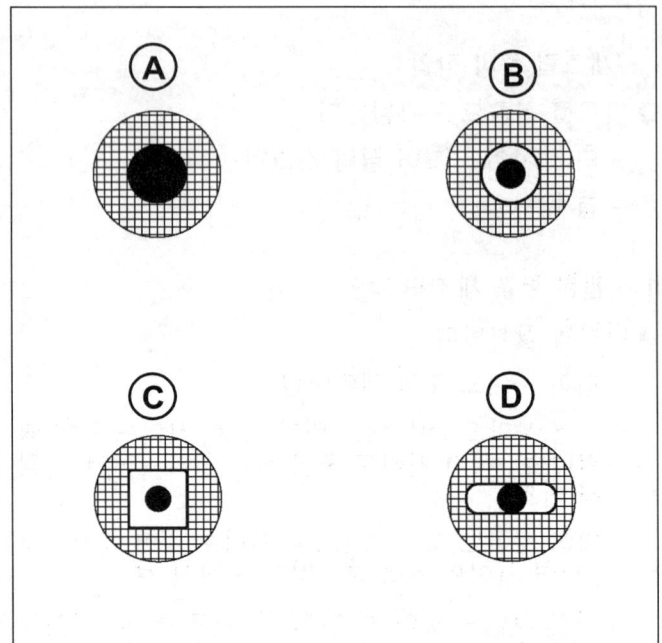

❏
A, B, C 및 D 표시는 조정 옵션을 나타낸다.
중앙의 검은색 점은 볼트의 바디를 나타낸다.
회색 부분은 조정할 부품을 나타낸다.
흰색 부분은 조정 부위를 나타낸다.

사이드 도어 패널
리어 사이드 도어 : 조정

47A

L43

I - 높이 및 길이 조정

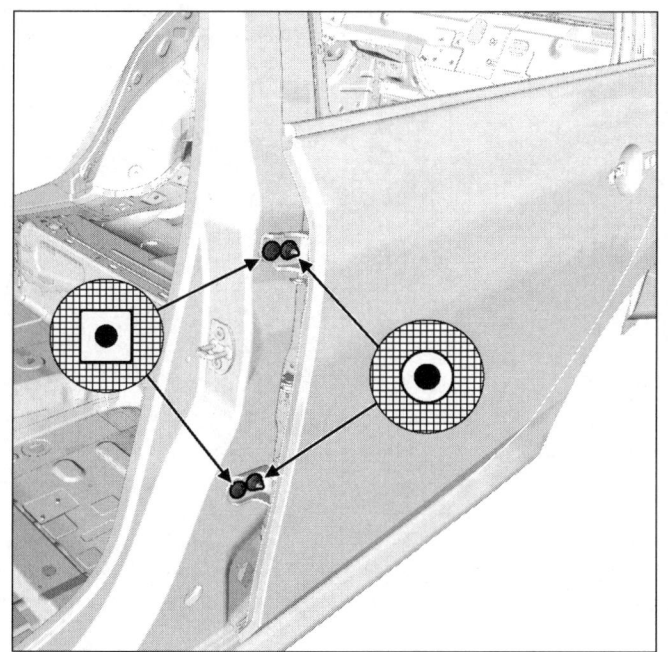

L43040120

- 다음 순서대로 조정한다 :
  - (1) 및 (2) 부위의 높이 ,
  - (3) 및 (4) 부위의 길이 .

II - 깊이 조정

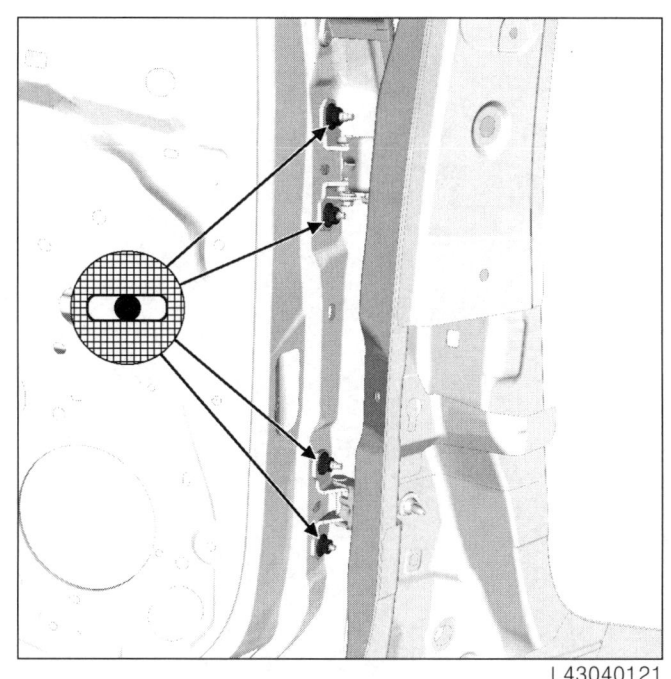

L43040121

참고 :
원래 힌지 마운팅 플레이트는 도어 박스 섹션에 접착되어 있다 .
조정하려면 나무 받침목과 해머를 사용하여 플레이트를 제거해야 한다 .

- (1) 및 (2) 부위의 깊이를 조정한다 .

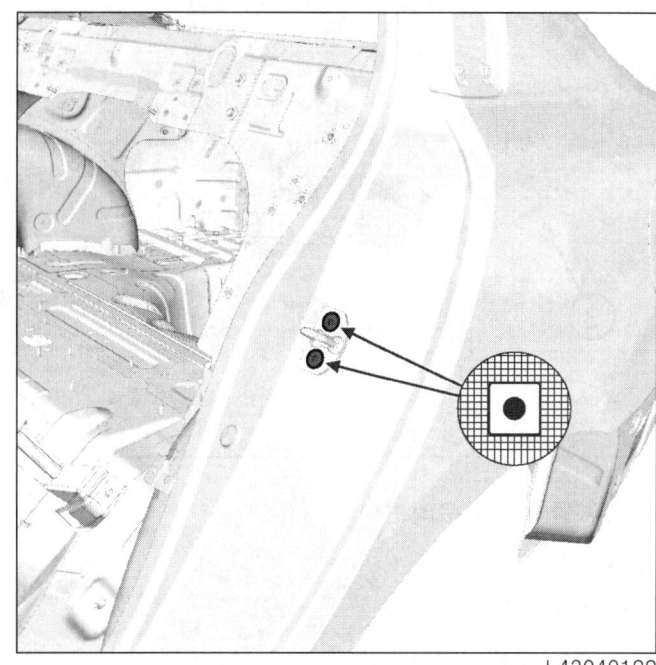

L43040122

- 다음 조정 순서를 준수한다 :
  - 록을 기준으로 스트라이커 패널을 조정하여 서로 닿지 않게 한다 ,
  - (3) 및 (4) 부위의 깊이를 조정한다 .

참고 :
스트라이커 플레이트는 리어 펜더 내부의 리인포스먼트에 스폿 용접으로 고정되어 있다 .
조정하려면 플레이트의 퓨즈 브라켓을 변형시켜야 한다 .

참고 :
(5) 및 (6) 부위의 조정은 프론트 도어 조정에 따라 달라진다 (47A, 사이드 도어 패널 , 프론트 사이드 도어 : 조정 참조).

사이드 도어 패널
연료 주입구 플랩 : 탈거 – 장착

47A

L43

탈거

I – 관련 부품 탈거 작업

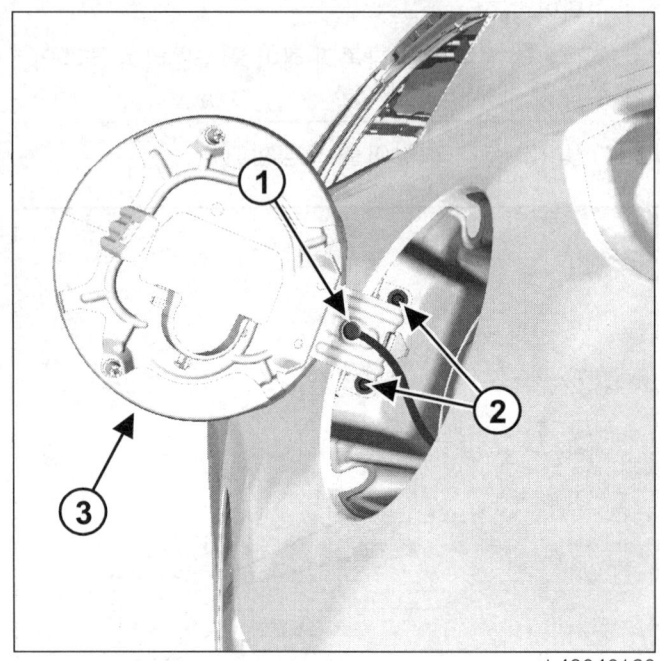

L43040123

- 케이블 (1) 을 분리한다.
- 다음을 탈거한다 :
  - 볼트 (2),
  - 연료 주입구 플랩 (3).

장착

I – 관련 부품 장착 작업

- 다음을 장착한다 :
  - 연료 주입구 캡 (3),
  - 볼트 (2),
  - 케이블 (1).

사이드 도어 이외 패널
후드 : 탈거 – 장착

48A

L43

이 작업은 다음 두 가지 방법으로 수행할 수 있다 :

- 힌지 제외 탈거 : 후드 교환에 사용된다 ,
- 힌지 포함 탈거 : 초기 조정을 유지할 수 있으며 힌지와 후드 라이닝 사이의 원래 도장면이 벗겨지지 않도록 한다 .

I – 후드 힌지 제외 탈거

1 – 탈거 준비 작업

❏ 후드 인슐레이터를 탈거한다 (68A, 방음재 , 후드 인슐레이터 : 탈거 – 장착 참조).

❏ 글라스 워셔 파이프를 분리한다 .

2 – 관련 부품 탈거 작업

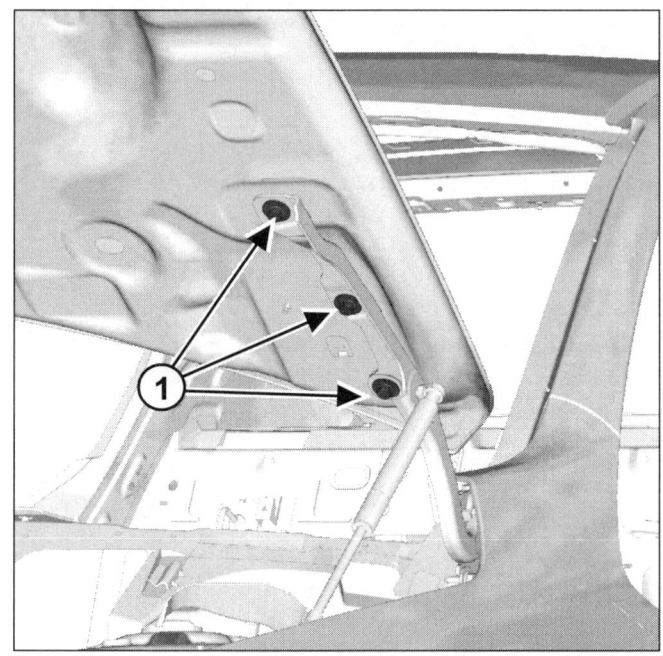

L43040124

❏ 다음을 탈거한다 :
  - 볼트 (1),
  - 후드 (이 작업은 두 사람이 작업한다).

II – 후드 힌지 제외 장착

1 – 관련 부품 장착 작업

❏ 다음을 장착한다 :
  - 후드 (이 작업은 두 사람이 작업한다),
  - 볼트 (1).

❏ 후드의 틈새 및 단차를 조정한다 (48A, 사이드 도어 이외 패널 , 후드 : 조정 참조).

2 – 최종 작업

❏ 글라스 워셔 파이프를 연결한다 .

❏ 후드 인슐레이터를 장착한다 (68A, 방음재 , 후드 인슐레이터 : 탈거 – 장착 참조).

III – 후드 힌지 포함 탈거

1 – 탈거 준비 작업

❏ 다음을 탈거한다 :

  - 프론트 펜더 프로텍터 (55A, 외장 보호 트림 , 프론트 펜더 프로텍터 : 탈거 – 장착 참조),
  - 프론트 범퍼 (55A, 외장 보호 트림 , 프론트 범퍼 : 탈거 – 장착 참조),
  - 헤드램프 (MR 436 리페어 매뉴얼 , 80B, 프론트 라이팅 시스템 , 헤드램프 : 탈거 – 장착 참조),
  - 프론트 펜더 (42A, 프론트 어퍼 스트럭쳐 , 프론트 펜더 : 탈거 – 장착 참조),
  - 후드 인슐레이터 (68A, 방음재 , 후드 인슐레이터 : 탈거 – 장착 참조).

❏ 글라스 워셔 파이프를 분리한다 .

❏ 후드 가스 스트럿을 탈거한다 .

2 – 관련 부품 탈거 작업

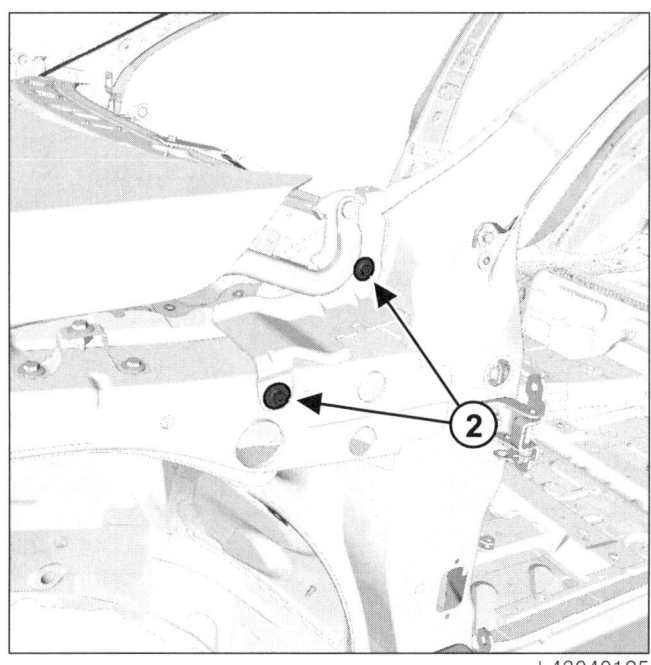

L43040125

❏ 다음을 탈거한다 :
  - 볼트 (2),
  - 후드 (이 작업은 두 사람이 작업한다).

사이드 도어 이외 패널
후드 : 탈거 – 장착

48A

L43

IV – 후드 힌지 포함 장착

1 – 관련 부품 장착 작업

❏ 다음을 장착한다 :
- 후드 (이 작업은 두 사람이 작업한다),
- 볼트 (2).

❏ 후드의 틈새 및 단차를 조정한다 (48A, 사이드 도어 이외 패널 , 후드 : 조정 참조).

2 – 최종 작업

❏ 후드 가스 스트럿을 장착한다 .

❏ 글라스 워셔 파이프를 연결한다 .

❏ 다음을 장착한다 :
- 후드 인슐레이터 (68A, 방음재 , 후드 인슐레이터 : 탈거 – 장착 참조),
- 프론트 펜더 (42A, 프론트 어퍼 스트럭쳐 , 프론트 펜더 : 탈거 – 장착 참조),
- 헤드램프 (MR 436 리페어 매뉴얼 , 80B, 프론트 라이팅 시스템 , 헤드램프 : 탈거 – 장착 참조),
- 프론트 범퍼 (55A, 외장 보호 트림 , 프론트 범퍼 : 탈거 – 장착 참조),
- 프론트 펜더 프로텍터 (55A, 외장 보호 트림 , 프론트 펜더 프로텍터 : 탈거 – 장착 참조).

사이드 도어 이외 패널
후드 : 조정

48A

L43

조정 값

- 후드 조정 값을 참조한다 (01C, 바디 제원, 차량 틈새 : 조정 값 참조).

조정

- 후드 조정시 다음 두 옵션을 사용할 수 있다 :
  - 후드 볼트 사용,
  - 후드 힌지 볼트 사용.
- 후드를 조정하는 경우 후드 스트라이커도 함께 조정해야 한다.

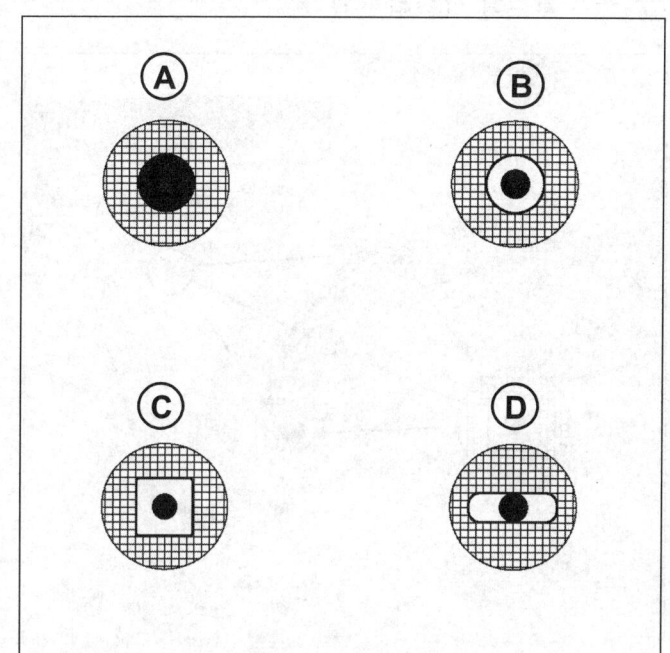

- A, B, C 및 D 표시는 조정 옵션을 나타낸다.
중앙의 검은색 점은 볼트의 바디를 나타낸다.
회색 부분은 조정할 부품을 나타낸다.
흰색 부분은 조정 부위를 나타낸다.

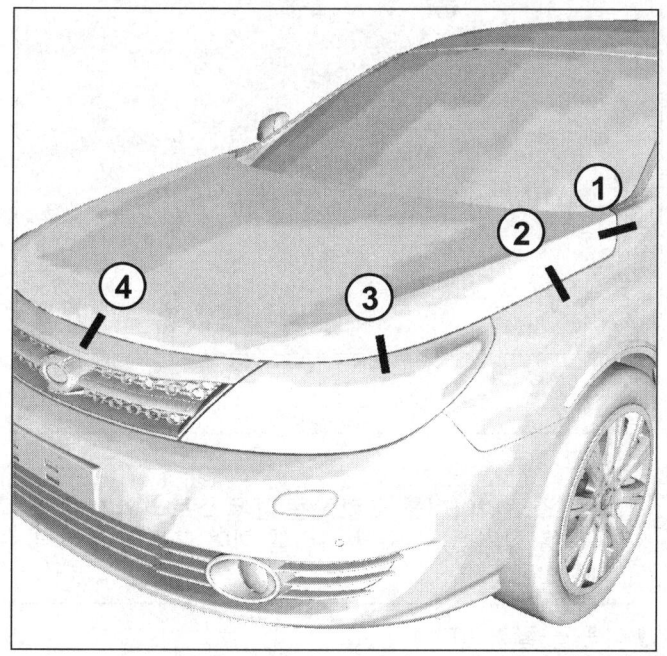

- (1), (2), (3) 및 (4) 의 조정 순서를 준수한다.

사이드 도어 이외 패널
후드 : 조정

48A

L43

I – 후드 볼트를 사용한 조정

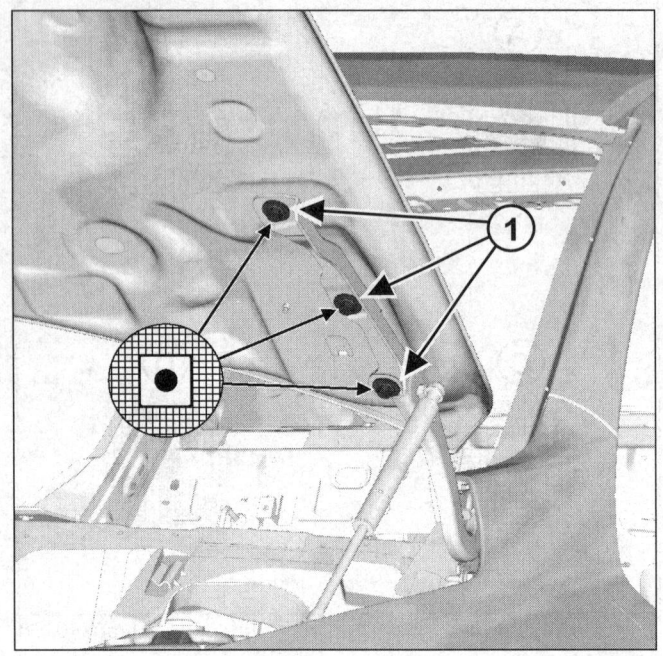

L43040381

- 볼트 (1) 를 탈거한다.
- 후드 틈새를 조정한다.

II – 후드 힌지 볼트를 사용한 조정

- 프론트 펜더를 탈거한다 (42A, 프론트 어퍼 스트럭쳐, 프론트 펜더 : 탈거 – 장착 참조).

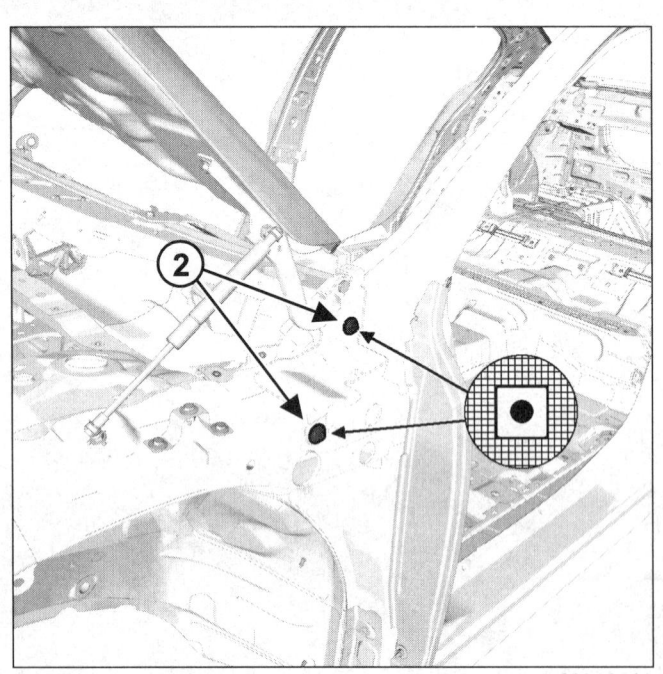

L43040129

- 후드 힌지 볼트 (2) 를 느슨하게 한다.
- 프론트 펜더를 장착한다 (42A, 프론트 어퍼 스트럭쳐, 프론트 펜더 : 탈거 – 장착 참조).
- 후드 틈새를 조정한다.

III – 후드 스트라이커 조정

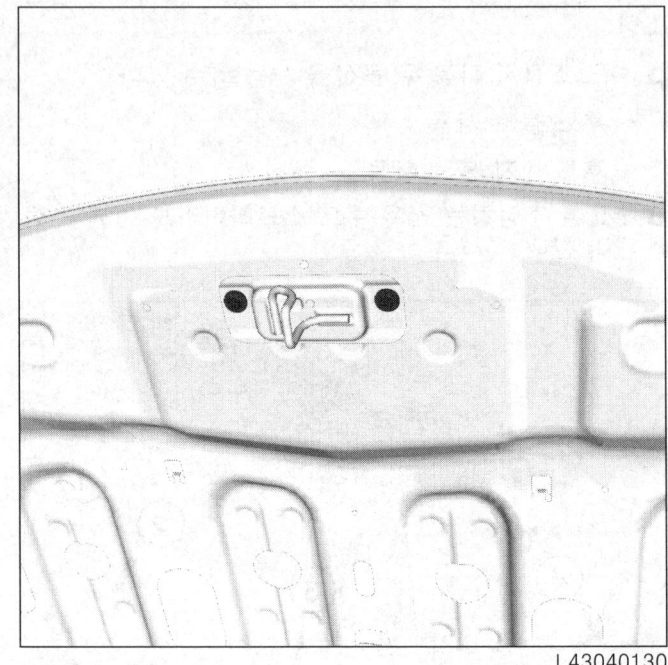

L43040130

참고 :

후드 스트라이커를 조정하는 경우 스트라이커 플레이트를 탈거한 후 도장 처리를 하여 후드의 부식을 방지한다.

- 다음을 탈거한다 :
  - 후드 스트라이커 플레이트 볼트,
  - 후드 스트라이커.
- 도장 처리를 한다.
- 스트라이커 플레이트와 볼트를 장착한다.
- 후드 록으로 후드 스트라이커를 조정한다.

사이드 도어 이외 패널
트렁크 리드 : 탈거 – 장착

48A

L43

규정 토크 ▽	
트렁크 리드 마운팅 볼트 (트렁크 리드 방향)	40 N.m
트렁크 리드 마운팅 볼트 (리어 파셜 셸프 방향)	8 N.m

이 작업은 다음 두 가지 방법으로 수행할 수 있다 :

- 힌지 제외 탈거 : 트렁크 리드를 교환할 때 주로 이 방법을 사용한다 ,
- 힌지 포함 탈거 : 바디를 교환하고 트렁크 리드를 재조립할 때 주로 이 방법을 사용한다 .

I – 탈거 – 장착 (힌지 제외)

1 – 탈거 준비 작업

❏ 배터리 단자를 분리한다 (MR 436 리페어 매뉴얼 , 80A, 배터리 , 배터리 : 탈거 – 장착 참조).

❏ 다음을 탈거한다 :
- 트렁크 리드 피니셔 (73A, 사이드 도어 이외 트림 , 트렁크 리드 피니셔 : 탈거 – 장착 참조),
- 리어 와이어링 .

2 – 탈거

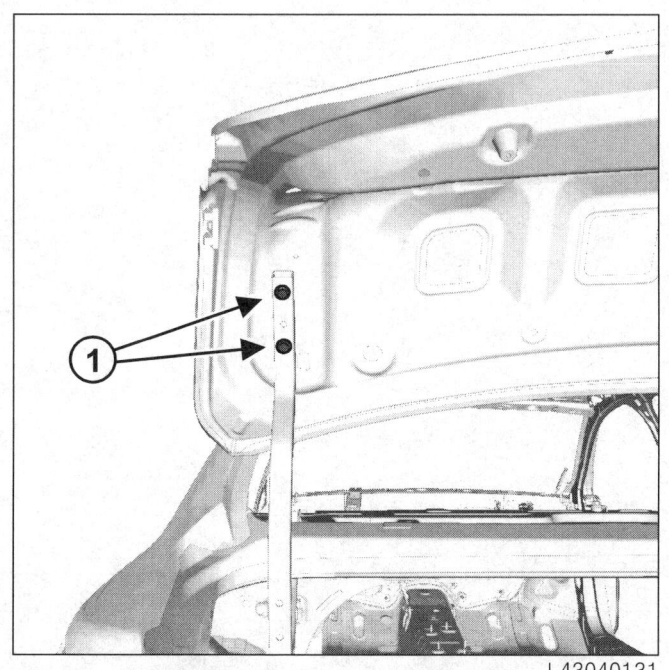

❏ 다음을 탈거한다 :
- 트렁크 리드 마운팅 볼트 (1),
- 트렁크 리드 (이 작업은 두 사람이 작업한다).

3 – 장착

❏ 다음을 장착한다 :
- 트렁크 리드 (이 작업은 두 사람이 작업한다),
- 트렁크 리드 마운팅 볼트 (1).

❏ 트렁크 리드 마운팅 볼트를 규정 토크 (40 N.m) 로 조인다 .

4 – 최종 작업

❏ 다음을 장착한다 :
- 리어 와이어링 ,
- 트렁크 리드 피니셔 (73A, 사이드 도어 이외 트림 , 트렁크 리드 피니셔 : 탈거 – 장착 참조).

❏ 배터리 단자를 연결한다 (MR 436 리페어 매뉴얼 , 80A, 배터리 , 배터리 : 탈거 – 장착 참조).

❏ 필요한 경우 트렁크 리드 가장자리 틈새를 조정한다 (48A, 사이드 도어 이외 패널 , 트렁크 리드 : 조정 참조).

II – 장착 – 탈거 (힌지 포함)

1 – 탈거 준비 작업

❏ 배터리 단자를 분리한다 (MR 436 리페어 매뉴얼 , 80A, 배터리 , 배터리 : 탈거 – 장착 참조).

❏ 트렁크 리드 피니셔를 탈거한다 (73A, 사이드 도어 이외 트림 , 트렁크 리드 피니셔 : 탈거 – 장착 참조).

❏ 다음을 탈거한다 :
- 리어 와이어링 ,
- 트렁크 사이드 피니셔 일부 (71A, 인테리어 트림 , 트렁크 사이드 피니셔 : 탈거 – 장착 참조),
- 리어 파셜 셸프 (57A, 내장 장착 부품 , 리어 파셜 셸프 : 탈거 – 장착 참조),
- 트렁크 리드 가스 스트럿 .

사이드 도어 이외 패널
트렁크 리드 : 탈거 - 장착

48A

L43

2 - 탈거

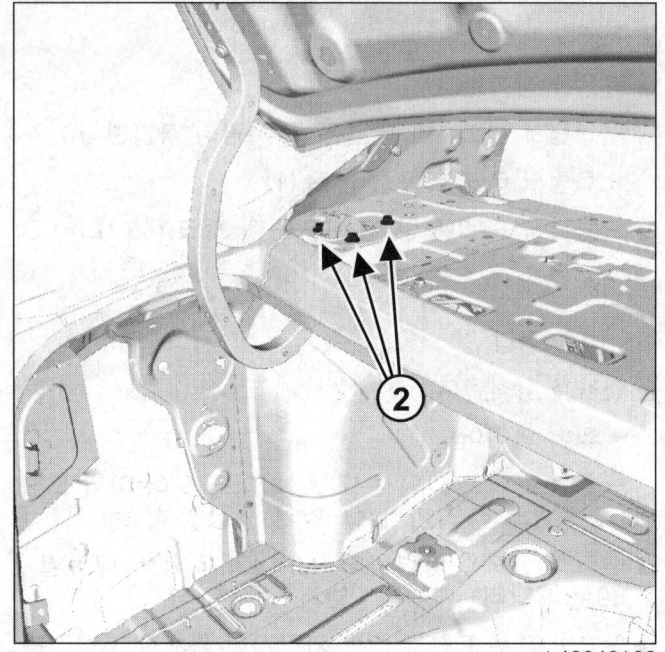

L43040132

- 다음을 탈거한다 :
  - 힌지 마운팅 볼트 (2),
  - 트렁크 리드 (이 작업은 두 사람이 작업한다).

3 - 장착

- 다음을 장착한다 :
  - 트렁크 리드 (이 작업은 두 사람이 작업한다),
  - 힌지 마운팅 볼트 (2).
- 트렁크 리드 마운팅 볼트를 규정 토크 (8 N.m) 로 조인다 .

4 - 최종 작업

- 다음을 장착한다 :
  - 트렁크 리드 가스 스트럿 ,
  - 리어 파셜 셸프 (57A, 내장 장착 부품 , 리어 파셜 셸프 : 탈거 - 장착 참조),
  - 트렁크 사이드 피니셔 (71A, 인테리어 트림 , 트렁크 사이드 피니셔 : 탈거 - 장착 참조),
  - 리어 와이어링 .
- 트렁크 리드 피니셔를 장착한다 (73A, 사이드 도어 이외 트림 , 트렁크 리드 피니셔 : 탈거 - 장착 참조).
- 배터리 단자를 연결한다 (MR 436 리페어 매뉴얼 , 80A, 배터리 , 배터리 : 탈거 - 장착 참조).
- 필요한 경우 트렁크 리드 가장자리 틈새를 조정한다 (48A, 사이드 도어 이외 패널 , 트렁크 리드 : 조정 참조).

사이드 도어 이외 패널
트렁크 리드 : 분해 – 재조립

48A

L43

참고 :
아래에는 트렁크 리드를 교환하기 위한 작업 순서가 나와 있다.
아래에서 설명하는 절차는 차량의 트렁크 리드에 적용된다.

분해

I – 관련 부품 분해 작업

❏ 다음을 탈거한다 :
- 트렁크 리드 피니셔 (73A, 사이드 도어 이외 트림, 트렁크 리드 피니셔 : 탈거 – 장착 참조),
- 트렁크 리드 록 (52A, 사이드 도어 이외 메커니즘, 트렁크 리드 록 : 탈거 – 장착 참조),
- 트렁크 리드 오프닝 스위치 (MR 436 리페어 매뉴얼, 87C, 오프닝 시스템, 트렁크 리드 오프닝 스위치 : 탈거 – 장착 참조),
- 번호판 등 (MR 436 리페어 매뉴얼, 81A, 리어 라이팅 시스템, 번호판 등 : 탈거 – 장착 참조),
- 트렁크 리드측 리어 컴비네이션 램프 (MR 436 리페어 매뉴얼, 81A, 리어 라이팅 시스템, 트렁크 리드측 리어 컴비네이션 램프 : 탈거 – 장착 참조),
- 트렁크 리드 스포일러 (56A, 외장 장착 부품, 트렁크 리드 스포일러 : 탈거 – 장착 참조) (차량 옵션에 따라 다름),
- 트렁크 리드 와이어링,
- 리어 엠블렘 (56A, 외장 장착 부품, 리어 엠블렘 : 탈거 – 장착 참조).

재조립

I – 재조립 준비 작업

❏ 리어 엠블렘을 신품으로 교환한다.

II – 재조립

❏ 다음을 장착한다 :
- 리어 엠블렘 (56A, 외장 장착 부품, 리어 엠블렘 : 탈거 – 장착 참조),
- 트렁크 리드 와이어링,
- 트렁크 리드 스포일러 (56A, 외장 장착 부품, 트렁크 리드 스포일러 : 탈거 – 장착 참조) (차량 옵션에 따라 다름),
- 트렁크 리드측 리어 컴비네이션 램프 (MR 436 리페어 매뉴얼, 81A, 리어 라이팅 시스템, 트렁크 리드측 리어 컴비네이션 램프 : 탈거 – 장착 참조),
- 번호판 등 (MR 436 리페어 매뉴얼, 81A, 리어 라이팅 시스템, 번호판 등 : 탈거 – 장착 참조),
- 트렁크 리드 오프닝 스위치 (MR 436 리페어 매뉴얼, 87C, 오프닝 시스템, 트렁크 리드 오프닝 스위치 : 탈거 – 장착 참조),
- 트렁크 리드 록 (52A, 사이드 도어 이외 메커니즘, 트렁크 리드 록 : 탈거 – 장착 참조),
- 트렁크 리드 피니셔 (73A, 사이드 도어 이외 트림, 트렁크 리드 피니셔 : 탈거 – 장착 참조).

사이드 도어 이외 패널
트렁크 리드 : 조정

48A

L43

규정 토크 ⃝	
트렁크 리드 마운팅 볼트	21 N.m

조정 값

❏ 트렁크 리드 조정 값을 참조한다 (01C, 바디 제원, 차량 틈새 : 조정 값 참조).

조정

❏ 다음 두 가지 방법으로 트렁크 리드를 조정할 수 있다 :

- 트렁크 리드 볼트 사용 ,
- 트렁크 리드 힌지 볼트 사용 : 트렁크 리드 피니셔 및 리어 파셀 셀프도 함께 탈거해야 하는 작업 .

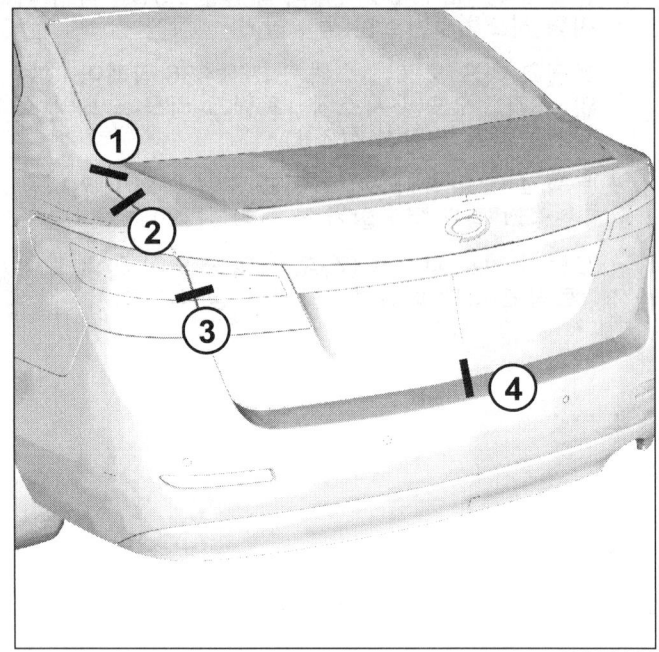

❏ 조정 순서를 준수한다 .

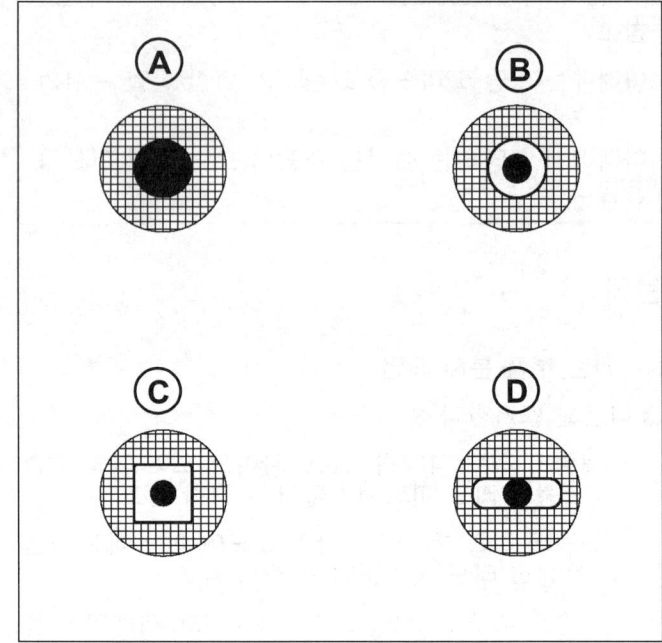

❏

A, B, C 및 D 표시는 조정 옵션을 나타낸다 .
중앙의 검은색 점은 볼트의 바디를 나타낸다 .
회색 부분은 조정할 부품을 나타낸다 .
흰색 부분은 조정 부위를 나타낸다 .

사이드 도어 이외 패널
트렁크 리드 : 조정

48A

L43

I – 트렁크 리드 볼트를 사용한 조정

❏ 트렁크 리드 피니셔를 탈거한다 (73A, 사이드 도어 이외 트림, 트렁크 리드 피니셔 : 탈거 – 장착 참조).

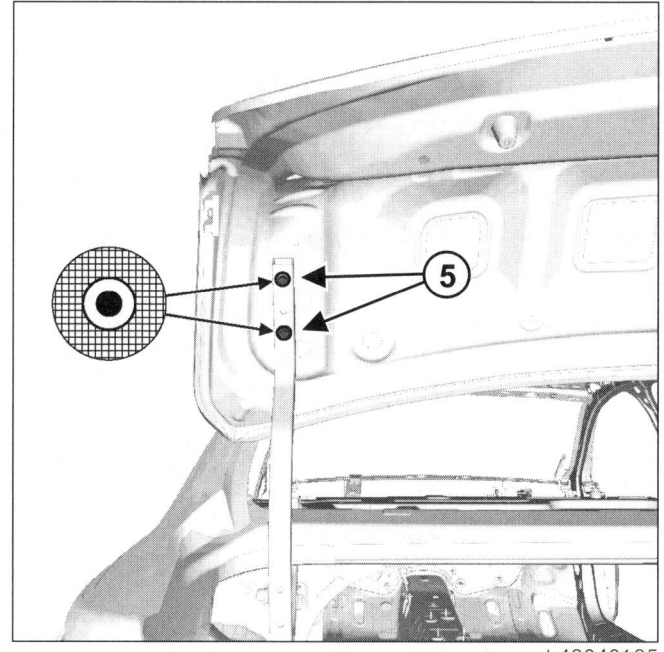

❏ 트렁크 리드 마운팅 볼트 (5) 를 탈거한다.

❏ 트렁크 리드 틈새를 조정한다.

❏ 트렁크 리드 마운팅 볼트를 규정 토크 (21 N.m) 로 조인다.

II – 트렁크 리드 힌지 볼트를 사용한 조정

❏ 리어 파셜 셸프를 탈거한다 (57A, 내장 장착 부품, 리어 파셜 셸프 : 탈거 – 장착 참조).

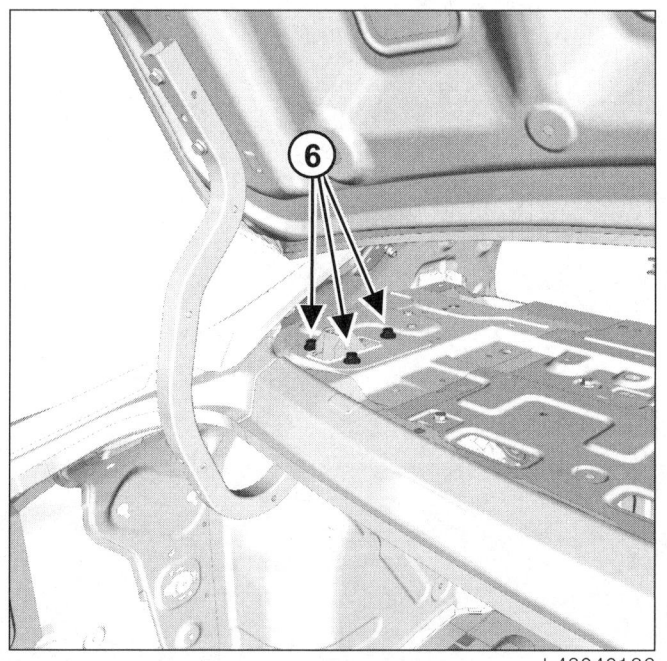

❏ 트렁크 리드 힌지 볼트 (6) 를 탈거한다.

❏ 트렁크 리드 틈새를 조정한다.

❏ 트렁크 리드 힌지 볼트를 규정 토크 (8 N.m) 로 조인다.

❏ 리어 파셜 셸프를 장착한다 (57A, 내장 장착 부품, 리어 파셜 셸프 : 탈거 – 장착 참조).

III – 트렁크 리드 스트라이커 패널 볼트를 사용한 조정

❏ 트렁크 리어 플레이트를 탈거한다 (71A, 인테리어 트림, 트렁크 리어 플레이트 : 탈거 – 장착 참조).

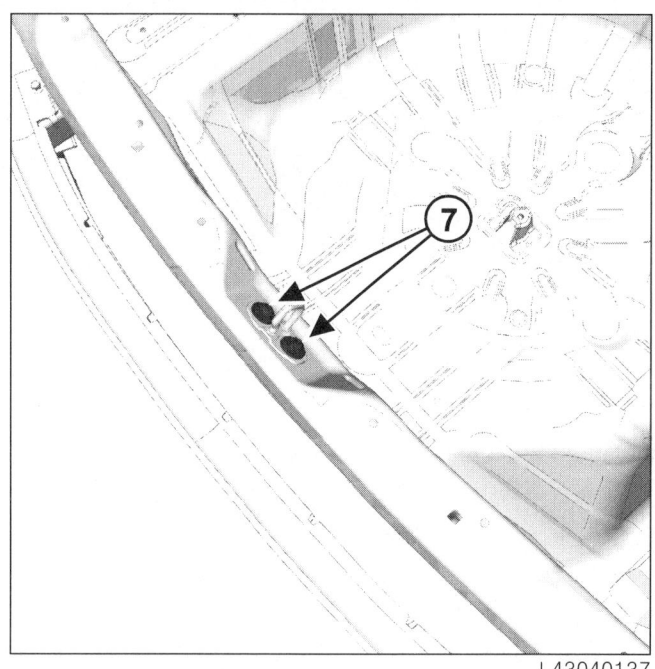

❏ 트렁크 리드 스트라이커 볼트 (7) 를 탈거한다.

❏ 트렁크 리드 록으로 트렁크 리드 스트라이커 플레이트를 조정한다.

❏ 트렁크 리어 플레이트를 장착한다 (71A, 인테리어 트림, 트렁크 리어 플레이트 : 탈거 – 장착 참조).

르노삼성자동차

5 메커니즘과 액세서리

51A 사이드 도어 메커니즘

52A 사이드 도어 이외 메커니즘

54A 윈도우

55A 외장 보호 트림

56A 외장 장착 부품

57A 내장 장착 부품

59A 안전 장치

L43

2010. 01

본 리페어 매뉴얼은 2010 년 01 월의 양산 차량을 기준으로 작성하였으며 , 향후 차량의 설계 변경에 따라 실차와 다른 내용이 있을 수 있으므로 , 양해를 구합니다 .
주 : 설계 변경에 대한 정보는 www.rsmservice.com 을 참조하여 주시기 바랍니다 .
이 문서의 모든 권리는 르노삼성자동차에 있습니다 .

© 르노삼성자동차 (주), 2010

L43-Section 5

목차

페이지   페이지

51A 사이드 도어 메커니즘

프론트 사이드 도어 체크 링크 : 탈거 – 장착	51A-1
프론트 사이드 도어 스트라이커 플레이트 : 탈거 – 장착	51A-3
프론트 사이드 도어 록 : 탈거 – 장착	51A-4
프론트 사이드 도어 록 배럴 : 탈거 – 장착	51A-7
도어 익스테리어 핸들 : 탈거 – 장착	51A-9
프론트 사이드 도어 일렉트릭 윈도우 메커니즘 : 탈거 – 장착	51A-11
리어 사이드 도어 스트라이커 플레이트 : 탈거 – 장착	51A-12
리어 사이드 도어 록 : 탈거 – 장착	51A-13
리어 사이드 도어 일렉트릭 윈도우 메커니즘 : 탈거 – 장착	51A-16
리어 사이드 도어 체크 링크 : 탈거 – 장착	51A-17

52A 사이드 도어 이외 메커니즘

후드 록 : 탈거 – 장착	52A-1
후드 릴리즈 케이블 : 탈거 – 장착	52A-2
트렁크 리드 록 : 탈거 – 장착	52A-3
트렁크 리드 스트라이커 : 탈거 – 장착	52A-4
선루프 : 탈거 – 장착	52A-5

52A 사이드 도어 이외 메커니즘

선루프 스위치 : 탈거 – 장착	52A-7
선루프 작동 메커니즘 : 탈거 – 장착	52A-8
선루프 무빙 글라스 : 탈거 – 장착	52A-10
선루프 디플렉터 : 탈거 – 장착	52A-12
선루프 선 바이저 : 탈거 – 장착	52A-14

54A 윈도우

윈드실드 : 탈거 – 장착	54A-1
프론트 사이드 도어 슬라이딩 윈도우 글라스 : 탈거 – 장착	54A-3
리어 사이드 도어 고정 윈도우 : 탈거 – 장착	54A-4
리어 사이드 도어 슬라이딩 윈도우 글라스 : 탈거 – 장착	54A-6
리어 글라스 : 탈거 – 장착	54A-8
선루프 사이드 트림 : 탈거 – 장착	54A-9

55A 외장 보호 트림

프론트 범퍼 : 탈거 – 장착	55A-1
프론트 범퍼 : 분해 – 재조립	55A-3
리어 범퍼 : 탈거 – 장착	55A-5
리어 범퍼 : 분해 – 재조립	55A-7
루프 몰딩 : 탈거 – 장착	55A-8

목차

페이지   페이지

55A	외장 보호 트림

프론트 펜더 프로텍터 : 탈거 – 장착	55A-9
리어 펜더 프로텍터 : 탈거 – 장착	55A-10
바디 사이드 트림 : 탈거 – 장착	55A-11
프론트 사이드 도어 필러 트림 : 탈거 – 장착	55A-12
리어 사이드 도어 필러 트림 : 탈거 – 장착	55A-13

56A	외장 장착 부품

트렁크 리드 스포일러 : 탈거 – 장착	56A-1
카울 탑 익스텐션 : 탈거 – 장착	56A-2
도어 미러 : 탈거 – 장착	56A-3
도어 미러 케이싱 : 탈거 – 장착	56A-5
도어 미러 글라스 : 탈거 – 장착	56A-6
라디에이터 그릴 : 탈거 – 장착	56A-7
카울 탑 커버 : 탈거 – 장착	56A-8
리어 엠블렘 : 탈거 – 장착	56A-9

57A	내장 장착 부품

인스트루먼트 패널 : 탈거 – 장착	57A-1
인스트루먼트 패널 로어 트림 : 탈거 – 장착	57A-7
인스트루먼트 패널 사이드 에어 덕트 : 탈거 – 장착	57A-8
인스트루먼트 패널 에어 덕트 : 탈거 – 장착	57A-9
센터 프론트 패널 : 탈거 – 장착	57A-11

57A	내장 장착 부품

글로브 박스 : 탈거 – 장착	57A-14
센터 콘솔 : 탈거 – 장착	57A-15
인사이드 미러 : 탈거 – 장착	57A-18
선 바이저 : 탈거 – 장착	57A-20
그립 : 탈거 – 장착	57A-22
리어 파셜 셀프 : 탈거 – 장착	57A-23
리어 사이드 도어 선블라인드 : 탈거 – 장착	57A-24
리어 파셜 셀프 선블라인드 : 탈거 – 장착	57A-25

59A	안전 장치

도어 쇽업소버 : 탈거 – 장착	59A-1

사이드 도어 메커니즘
프론트 사이드 도어 체크 링크 : 탈거 – 장착

51A

L43

규정 토크 ⊘	
프론트 사이드 도어 체크 링크 볼트 (바디측)	21 N.m
프론트 사이드 도어 체크 링크 너트 (도어측)	8 N.m

탈거

I – 탈거 준비 작업

❏ 다음을 탈거한다 :
- 프론트 사이드 도어 피니셔 (72A, 사이드 도어 트림 , 프론트 사이드 도어 피니셔 : 탈거 – 장착 참조),
- 프론트 스피커 (MR 436 리페어 매뉴얼 , 86A, 오디오 시스템 , 프론트 스피커 : 탈거 – 장착 참조).

II – 관련 부품 탈거 작업

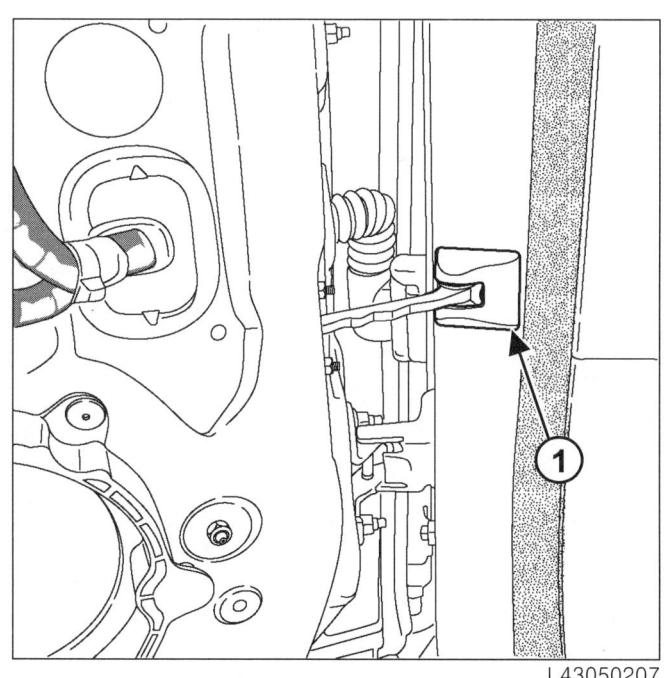

❏ 트림 (1) 을 탈거한다 .

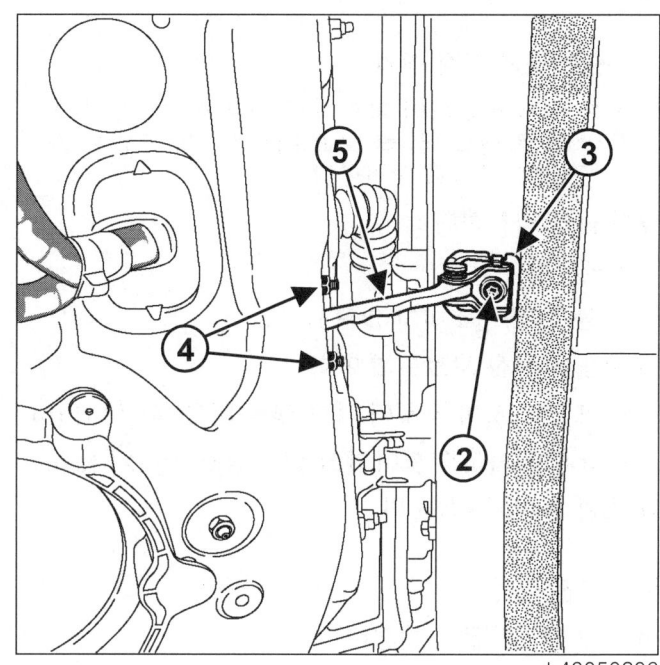

❏ 다음을 탈거한다 :
- 볼트 (2),
- 심 (3),
- 너트 (4),
- 프론트 사이드 도어 박스 섹션 내부에서 프론트 사이드 도어 체크 링크 (5).

51A-1

사이드 도어 메커니즘
프론트 사이드 도어 체크 링크 : 탈거 – 장착

51A

L43

장착

I – 관련 부품 장착 작업

- 프론트 사이드 도어 박스 섹션 내부에 프론트 사이드 도어 체크 링크 (5) 를 넣고 너트 (4) 를 프론트 사이드 도어에 임시로 장착한다 .

- 다음을 장착한다 :
  - 심 (3),
  - 볼트 (2) (조이지 않음).

- 다음을 규정 토크로 조인다 :
  - 프론트 사이드 도어 체크 링크 너트 (4) (8 N.m),
  - 프론트 사이드 도어 체크 링크 볼트 (2) (21 N.m).

- 트림 (1) 을 장착한다 .

II – 최종 작업

- 기능 테스트를 수행한다 .

- 다음을 장착한다 :
  - 프론트 스피커 (MR 436 리페어 매뉴얼 , 86A, 오디오 시스템 , 프론트 스피커 : 탈거 – 장착 참조),
  - 프론트 사이드 도어 피니셔 (72A, 사이드 도어 트림 , 프론트 사이드 도어 피니셔 : 탈거 – 장착 참조).

사이드 도어 메커니즘
프론트 사이드 도어 스트라이커 플레이트 : 탈거 – 장착

51A

L43

규정 토크 ⊘	
프론트 사이드 도어 스트라이커 플레이트 볼트	21 N.m

탈거

I – 관련 부품 탈거 작업

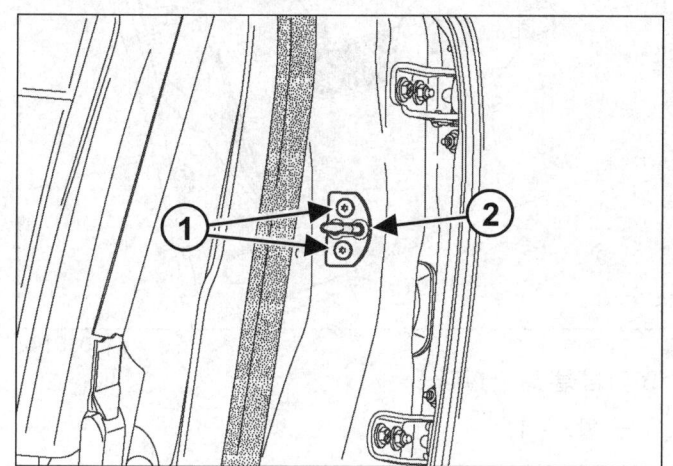

❏ 다음을 탈거한다 :
- 볼트 (1),
- 프론트 사이드 도어 스트라이커 플레이트 (2).

장착

I – 관련 부품 장착 작업

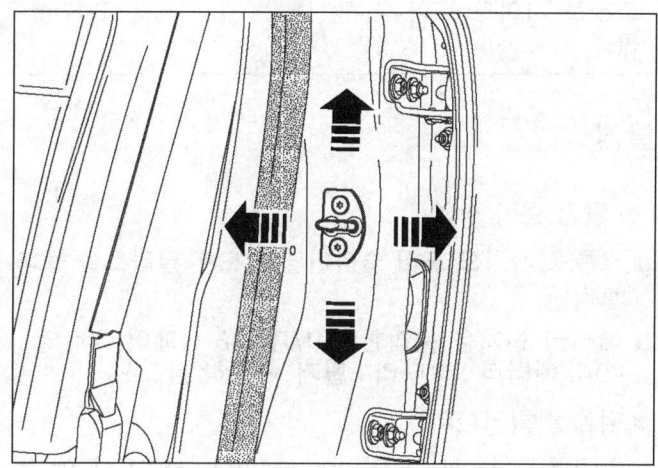

❏
참고 :
둥근 쪽이 차량 바깥쪽을 향하도록 장착해야 한다 .

❏ 프론트 사이드 도어 스트라이커 플레이트 (2) 를 임시로 장착하여 위치를 조정한다 .

❏ 도어가 잘 열리고 닫히는지 점검한다 .

❏ **프론트 사이드 도어 스트라이커 플레이트 볼트 (1)** 를 규정 토크 (21 N.m) 로 조인다 .

사이드 도어 메커니즘
프론트 사이드 도어 록 : 탈거 – 장착

51A

L43

규정 토크 ⊽	
프론트 사이드 도어 록 볼트	8 N.m

탈거

I – 탈거 준비 작업

- 프론트 사이드 도어 슬라이딩 윈도우 글라스를 들어 올린다.
- 배터리 단자를 분리한다 (MR 436 리페어 매뉴얼, 80A, 배터리, 배터리 : 탈거 – 장착 참조).
- 다음을 탈거한다 :
  - 프론트 사이드 도어 피니셔 (72A, 사이드 도어 트림, 프론트 사이드 도어 피니셔 : 탈거 – 장착 참조),
  - 프론트 사이드 도어 실링 스크린 (65A, 도어 실링, 도어 실링 스크린 : 탈거 – 장착 참조),
  - 프론트 사이드 도어 록 배럴 (51A, 사이드 도어 메커니즘, 프론트 사이드 도어 록 배럴 : 탈거 – 장착 참조) 또는 더미 록,
  - 프론트 사이드 도어 익스테리어 핸들 (51A, 사이드 도어 메커니즘, 도어 익스테리어 핸들 : 탈거 – 장착 참조).

II – 관련 부품 탈거 작업

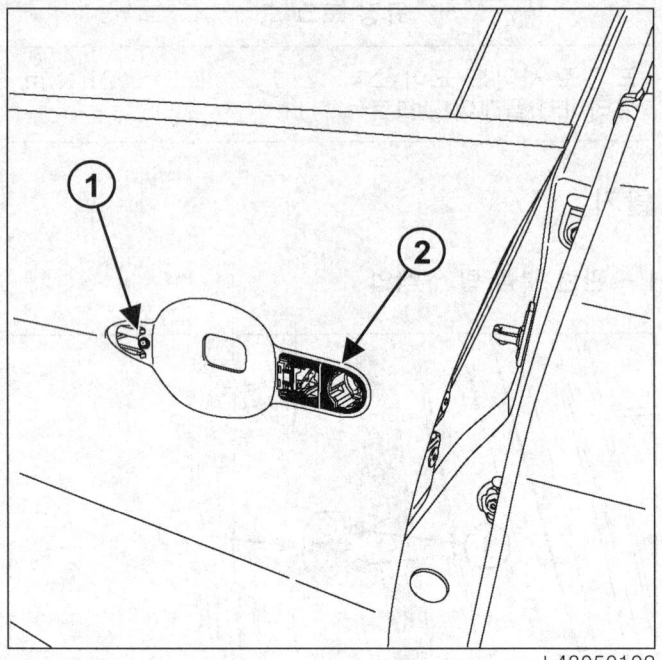

L43050102

- 다음을 탈거한다 :
  - 볼트 (1),
  - 실 (2).
- 프론트 사이드 도어 패널에서 프론트 사이드 도어 익스테리어 핸들 모듈을 탈거한다.

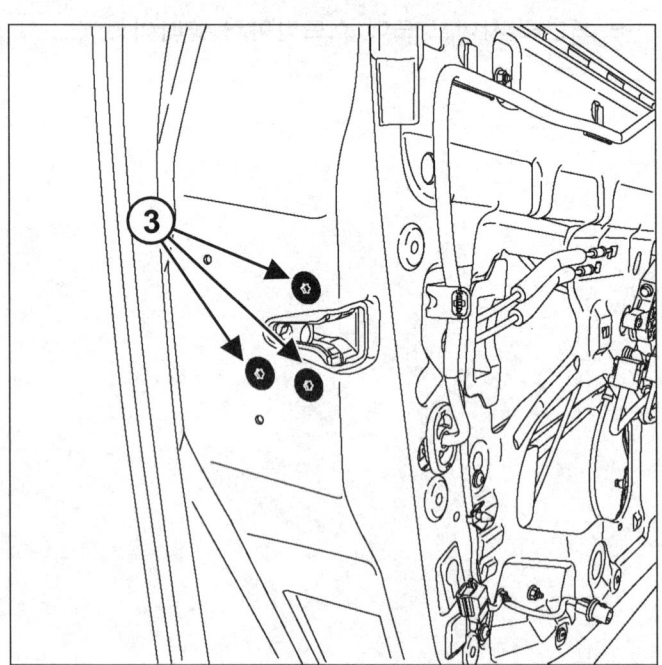

L43050103

- 볼트 (3) 를 탈거한다.

51A-4

사이드 도어 메커니즘
프론트 사이드 도어 록 : 탈거 – 장착

51A

L43

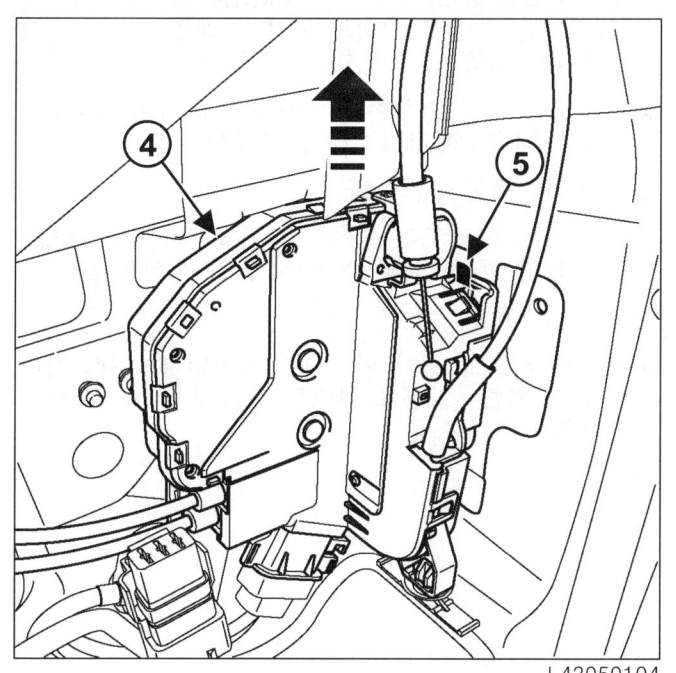

- 프론트 사이드 도어 록 (4) 을 천천히 들어 올려 리테이닝 후크 (5) 에서 탈거한다.
- 프론트 사이드 도어 박스 섹션에서 《록 – 도어 익스테리어 핸들 모듈》 어셈블리를 부분적으로 탈거한다.

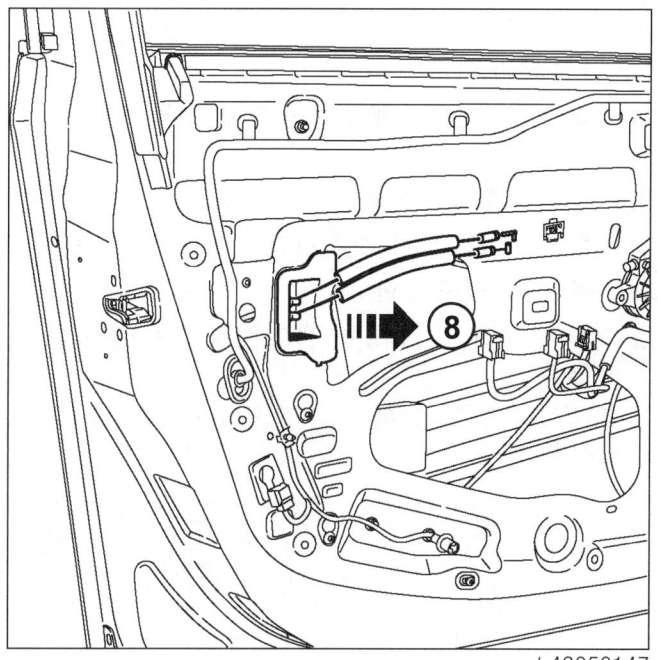

- (8) 의 방향으로 《록 – 도어 익스테리어 핸들 모듈》 어셈블리를 탈거한다.

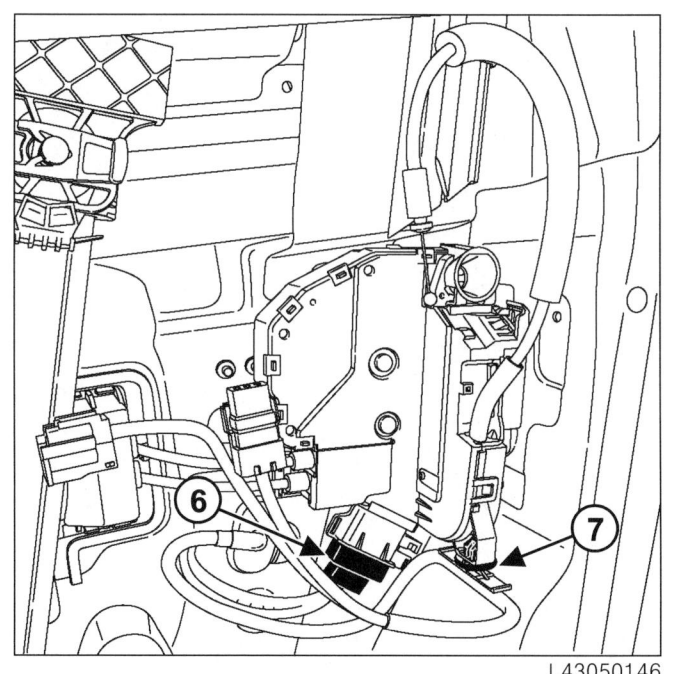

- 커넥터 (6) 를 분리한다 (차량 옵션에 따라 다름).
- 프론트 사이드 도어 록에서 클립 (7) 을 탈거한다.

사이드 도어 메커니즘
프론트 사이드 도어 록 : 탈거 - 장착

51A

L43

장착

I - 장착 준비 작업
- 필요한 경우 실 (2) 을 신품으로 교환한다.

II - 관련 부품 장착 작업
- 프론트 사이드 도어 록에 클립 (7) 을 장착한다.
- 커넥터 (6) 를 연결한다 (차량 옵션에 따라 다름).
- 《록 - 도어 익스테리어 핸들 모듈》 어셈블리를 장착한다.
- 리테이닝 후크 (5) 에 프론트 사이드 도어 록 (4) 을 위치시킨다.

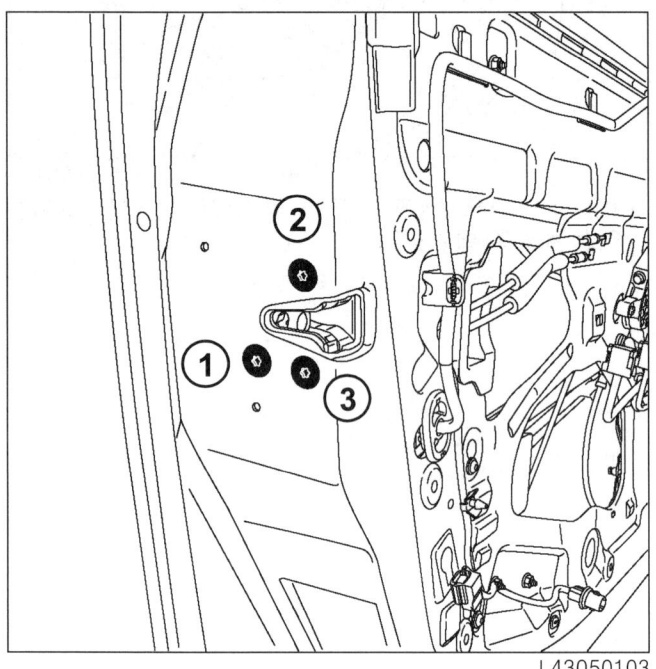

- 볼트 (3) 를 순서에 따라 장착한다 (조이지 않음).
- **프론트 사이드 도어 록 볼트 (3) 를 규정 토크 (8 N.m) 로 조인다.**
- 프론트 사이드 도어 패널에 프론트 사이드 도어 익스테리어 핸들 모듈을 장착한다.
- 다음을 장착한다 :
  - 실 (2),
  - 볼트 (1).

III - 최종 작업
- 다음을 장착한다 :
  - 프론트 사이드 도어 익스테리어 핸들 (51A, 사이드 도어 메커니즘, 도어 익스테리어 핸들 : 탈거 - 장착 참조),
  - 프론트 사이드 도어 록 배럴 (51A, 사이드 도어 메커니즘, 프론트 사이드 도어 록 배럴 : 탈거 - 장착 참조) 또는 더미 록.
- 배터리 단자를 연결한다 (MR 436 리페어 매뉴얼, 80A, 배터리, 배터리 : 탈거 - 장착 참조).
- 기능 테스트를 수행한다.
- 프론트 사이드 도어 실링 스크린을 장착한다 (65A, 도어 실링, 도어 실링 스크린 : 탈거 - 장착 참조).
- 실링 테스트를 수행한다.
- 프론트 사이드 도어 피니셔를 장착한다 (72A, 사이드 도어 트림, 프론트 사이드 도어 피니셔 : 탈거 - 장착 참조).

사이드 도어 메커니즘
프론트 사이드 도어 록 배럴 : 탈거 – 장착

51A

L43

특수 공구	
RSM 9246	도어 핸들 및 록 배럴 탈거 / 장착 공구

탈거

I – 탈거 준비 작업

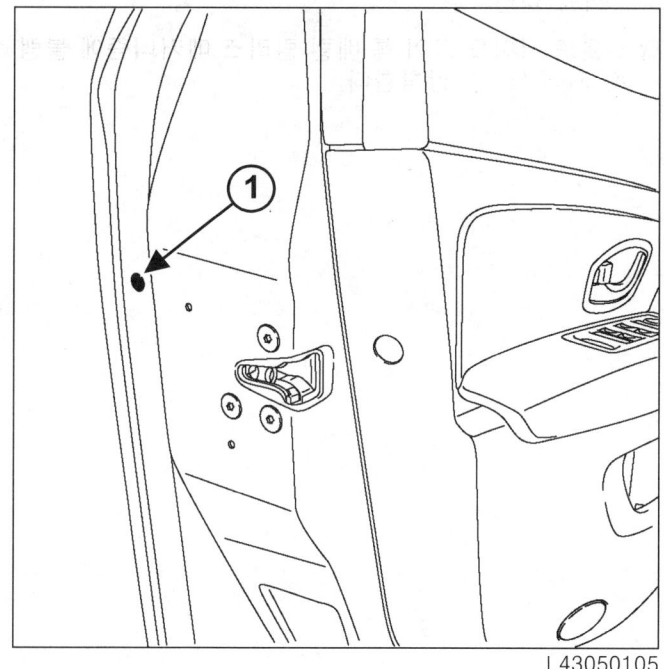

❏ 프론트 사이드 도어 록 배럴 릴리즈 메커니즘에 접근할 수 있도록 블랭킹 커버 (1) 를 탈거한다.

II – 관련 부품 탈거 작업

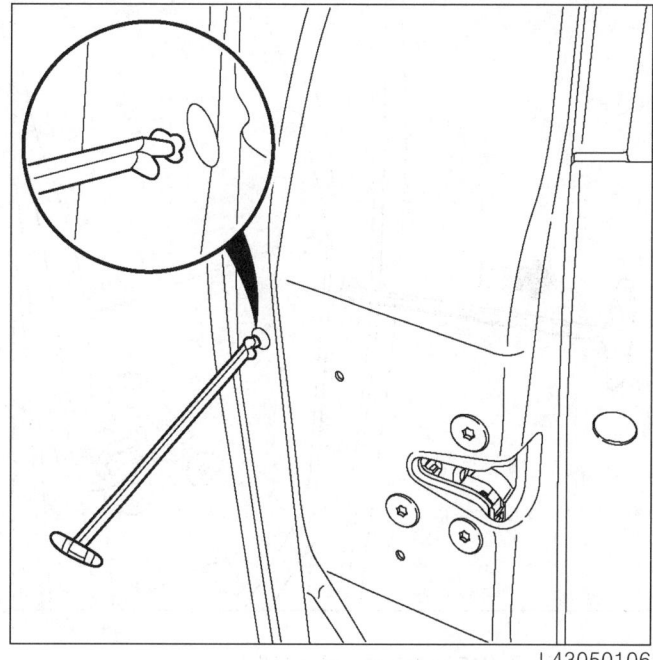

❏ 도어 박스 섹션에 특수 공구 (RSM 9246) 를 삽입한다.

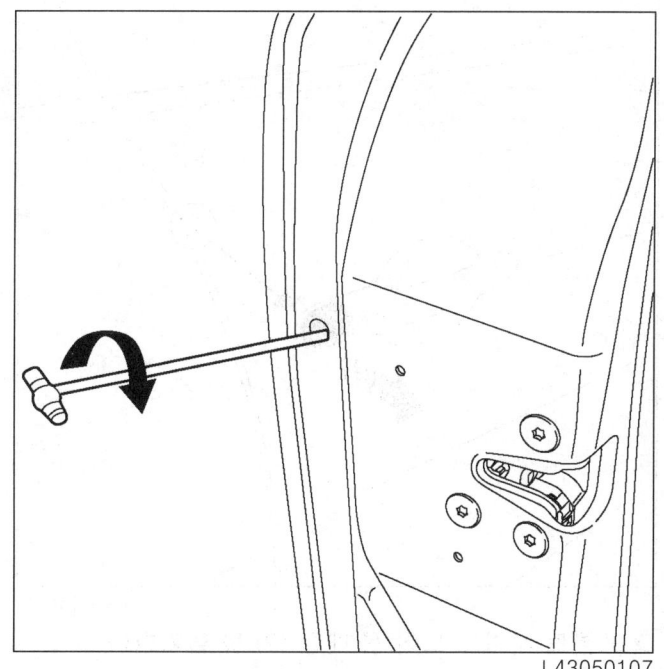

❏ 특수 공구 (RSM 9246) 를 90° 돌린다.

51A-7

사이드 도어 메커니즘
프론트 사이드 도어 록 배럴 : 탈거 - 장착

51A

L43

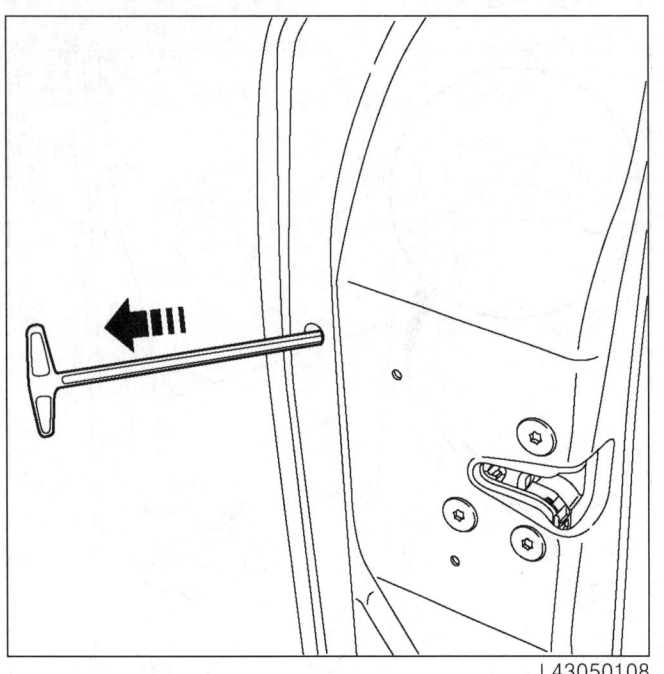

- 특수 공구 (RSM 9246) 를 당긴다 .

장착

I - 관련 부품 장착 작업

- 프론트 사이드 도어 록 배럴 (2) 을 장착한다 .
- 특수 공구 (RSM 9246) 로 안전 메커니즘을 밀어 안전 메커니즘을 잠근다 .
- 기능 테스트를 수행한다 .

II - 최종 작업

- 프론트 사이드 도어 록 배럴 릴리즈 메커니즘에 블랭킹 커버 (1) 를 장착한다 .

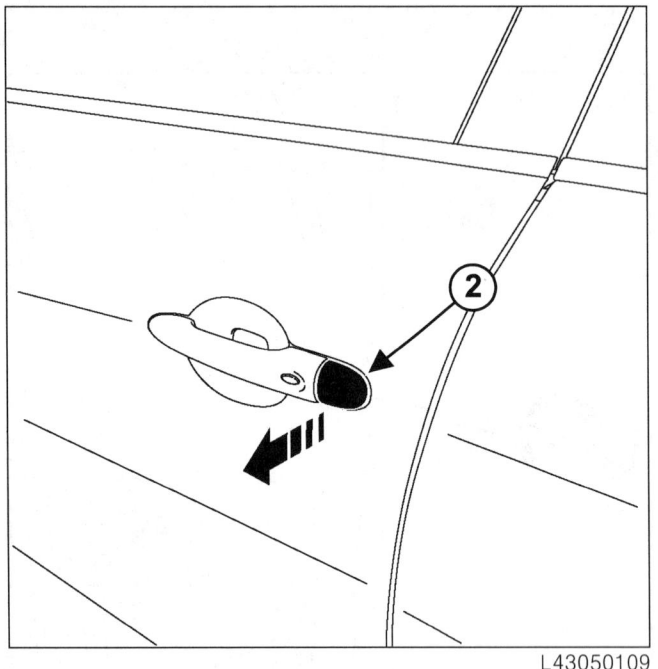

- 프론트 사이드 도어 록 배럴 (2) 을 탈거한다 .

사이드 도어 메커니즘
도어 익스테리어 핸들 : 탈거 - 장착

51A

L43

탈거

I - 탈거 준비 작업

- 프론트 사이드 도어 슬라이딩 윈도우 글라스를 들어 올린다.
- 프론트 사이드 도어 록 배럴 또는 더미 록을 탈거한다 (51A, 사이드 도어 메커니즘, 프론트 사이드 도어 록 배럴 : 탈거 - 장착 참조).

스마트 카드 적용

- 다음을 탈거한다 :
    - 프론트 사이드 도어 피니셔 (72A, 사이드 도어 트림, 프론트 사이드 도어 피니셔 : 탈거 - 장착 참조),
    - 도어 실링 스크린 (65A, 도어 실링, 도어 실링 스크린 : 탈거 - 장착 참조).

II - 관련 부품 탈거 작업

스마트 카드 적용

- 도어 핸들 모듈에서 커넥터를 분리한다.

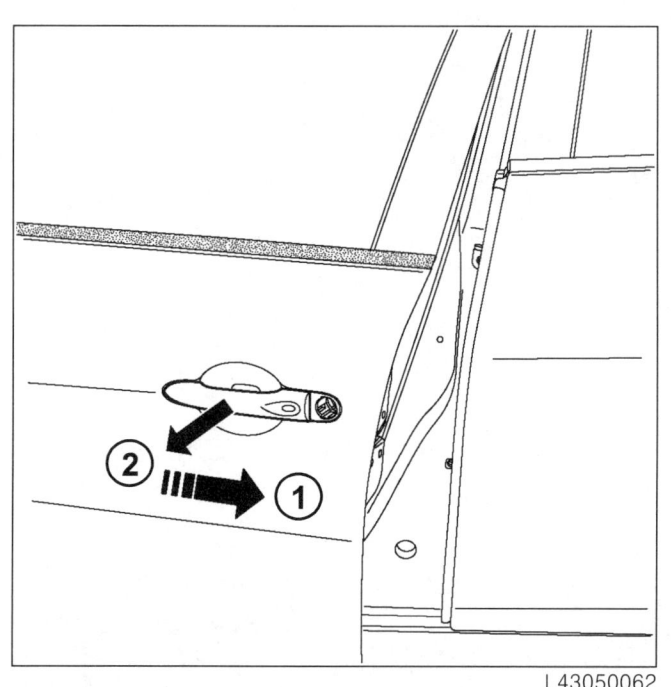

- (1) 및 (2) 에서 도어 익스테리어 핸들을 탈거한다.

장착

I - 장착 준비 작업

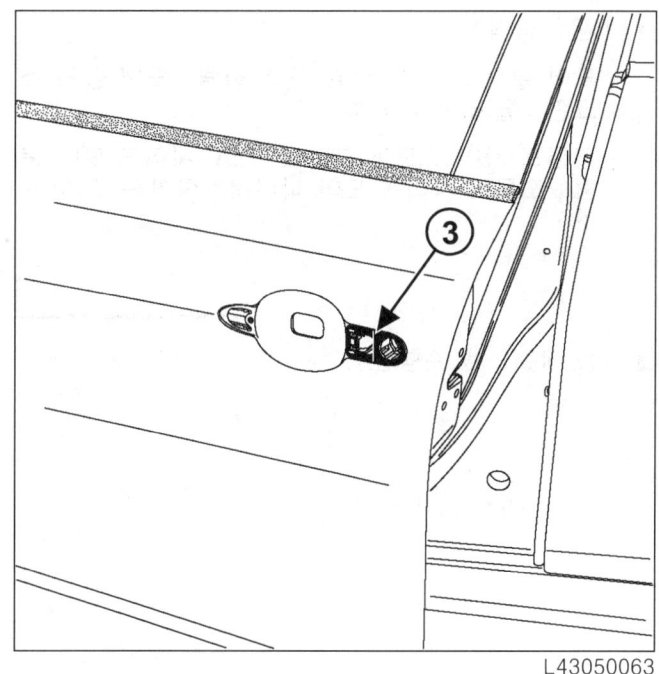

- 실 (3) 장착 여부와 상태를 점검한다.

II - 관련 부품 장착 작업

스마트 카드 적용

- 커넥터를 연결한다.

- 다음을 장착한다 :
    - 도어 익스테리어 핸들,
    - 프론트 사이드 도어 록 배럴 또는 더미 록 (51A, 사이드 도어 메커니즘, 프론트 사이드 도어 록 배럴 : 탈거 - 장착 참조).

사이드 도어 메커니즘
도어 익스테리어 핸들 : 탈거 - 장착

51A

L43

III - 최종 작업

스마트 카드 적용

❏ 다음을 장착한다 :
- 도어 실링 스크린 (65A, 도어 실링 , 도어 실링 스크린 : 탈거 - 장착 참조),
- 프론트 사이드 도어 피니셔 (72A, 사이드 도어 트림 , 프론트 사이드 도어 피니셔 : 탈거 - 장착 참조).

❏ 기능 테스트를 수행한다 .

사이드 도어 메커니즘
프론트 사이드 도어 일렉트릭 윈도우 메커니즘 : 탈거 – 장착

51A

L43

규정 토크 ⊘	
프론트 사이드 도어 일렉트릭 윈도우 메커니즘 너트	7 N.m

탈거

I – 탈거 준비 작업

❏ 배터리 단자를 분리한다 (MR 436 리페어 매뉴얼, 80A, 배터리, 배터리 : 탈거 – 장착 참조).

❏ 다음을 탈거한다 :
 – 프론트 사이드 도어 피니셔 (72A, 사이드 도어 트림, 프론트 사이드 도어 피니셔 : 탈거 – 장착 참조),
 – 프론트 사이드 도어 인테리어 웨더스트립,
 – 도어 실링 스크린 (65A, 도어 실링, 도어 실링 스크린 : 탈거 – 장착 참조),
 – 프론트 사이드 도어 슬라이딩 윈도우 글라스 (54A, 윈도우, 프론트 사이드 도어 슬라이딩 윈도우 글라스 : 탈거 – 장착 참조),
 – 전동식 윈도우 모터 (MR 436 리페어 매뉴얼, 87D, 윈도우 및 선루프 시스템, 윈도우 모터 : 탈거 – 장착 참조).

❏ 카드 및 접착제의 우발적 손상을 방지하기 위해 사이드 에어백 센서를 보호한다.

II – 관련 부품 탈거 작업

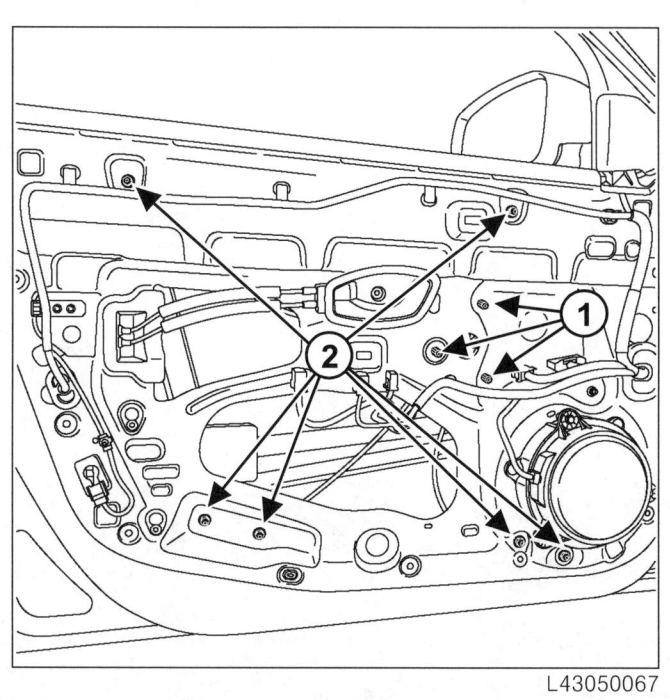

L43050067

❏ 클립 (1) 을 탈거한다.

❏ 다음을 탈거한다 :
 – 너트 (2),
 – 프론트 사이드 도어 일렉트릭 윈도우 메커니즘.

장착

I – 관련 부품 장착 작업

❏ 프론트 사이드 도어 일렉트릭 윈도우 메커니즘을 위치시킨다.

❏ 다음을 장착한다 :
 – 너트 (2) (조이지 않음),
 – 프론트 사이드 도어 일렉트릭 윈도우 메커니즘,
 – 클립 (1).

❏ 프론트 사이드 도어 일렉트릭 윈도우 메커니즘 너트 (2) 를 규정 토크 (7 N.m) 로 조인다.

II – 최종 작업

❏ 다음을 장착한다 :
 – 전동식 윈도우 모터 (MR 436 리페어 매뉴얼, 87D, 윈도우 및 선루프 시스템, 윈도우 모터 : 탈거 – 장착 참조),
 – 프론트 사이드 도어 슬라이딩 윈도우 글라스 (54A, 윈도우, 프론트 사이드 도어 슬라이딩 윈도우 글라스 : 탈거 – 장착 참조),
 – 프론트 사이드 도어 인테리어 웨더스트립.

❏ 배터리 단자를 연결한다 (MR 436 리페어 매뉴얼, 80A, 배터리, 배터리 : 탈거 – 장착 참조).

❏ 기능 테스트를 수행한다.

❏ 사이드 에어백 센서의 보호를 해제한다.

❏ 도어 실링 스크린을 장착한다 (65A, 도어 실링, 도어 실링 스크린 : 탈거 – 장착 참조).

❏ 실링 테스트를 수행한다.

❏ 프론트 사이드 도어 피니셔를 장착한다 (72A, 사이드 도어 트림, 프론트 사이드 도어 피니셔 : 탈거 – 장착 참조).

사이드 도어 메커니즘
리어 사이드 도어 스트라이커 플레이트 : 탈거 - 장착

51A

L43

규정 토크 ▽	
리어 사이드 도어 스트라이커 플레이트 볼트	21 N.m

탈거

I - 관련 부품 탈거 작업

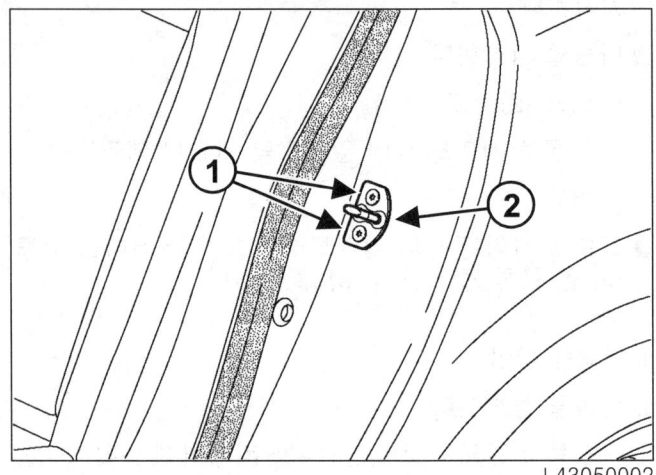

❏ 다음을 탈거한다 :
  - 볼트 (1),
  - 리어 사이드 도어 스트라이커 플레이트 (2).

장착

I - 관련 부품 장착 작업

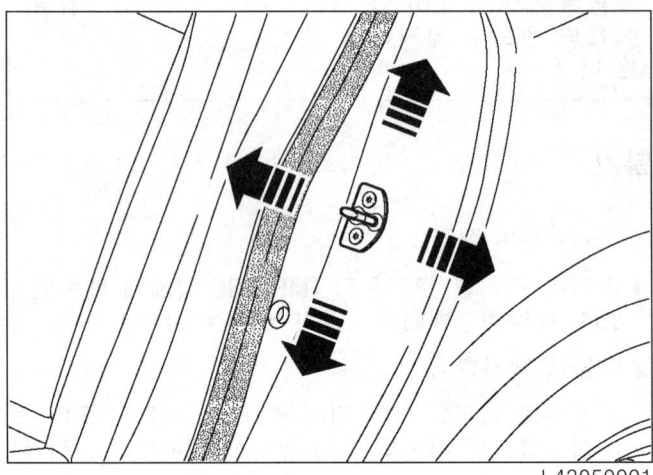

❏

참고 :
둥근 쪽이 차량 바깥쪽을 향하도록 장착해야 한다.

❏ 리어 사이드 도어 스트라이커 플레이트 (2) 를 임시로 장착하여 위치를 조정한다.

❏ 도어가 잘 열리고 닫히는지 점검한다.

❏ 리어 사이드 도어 스트라이커 플레이트 볼트 (1) 를 규정 토크 (21 N.m) 로 조인다.

사이드 도어 메커니즘
리어 사이드 도어 록 : 탈거 – 장착

51A

L43

규정 토크 ⊘	
리어 사이드 도어 록 볼트	8 N.m

탈거

I - 탈거 준비 작업

❏ 다음을 탈거한다 :

- 리어 사이드 도어 피니셔 (72A, 사이드 도어 트림, 리어 사이드 도어 피니셔 : 탈거 – 장착 참조),
- 리어 사이드 도어 인테리어 웨더스트립,
- 리어 사이드 도어 아웃사이드 몰딩 (66A, 윈도우 실링, 리어 사이드 도어 아웃사이드 몰딩 : 탈거 – 장착 참조),
- 도어 실링 스크린 (65A, 도어 실링, 도어 실링 스크린 : 탈거 – 장착 참조),
- 리어 사이드 도어 슬라이딩 윈도우 글라스 (54A, 윈도우, 리어 사이드 도어 슬라이딩 윈도우 글라스 : 탈거 – 장착 참조),
- 더미 록,
- 리어 사이드 도어 익스테리어 핸들 (51A, 사이드 도어 메커니즘, 도어 익스테리어 핸들 : 탈거 – 장착 참조).

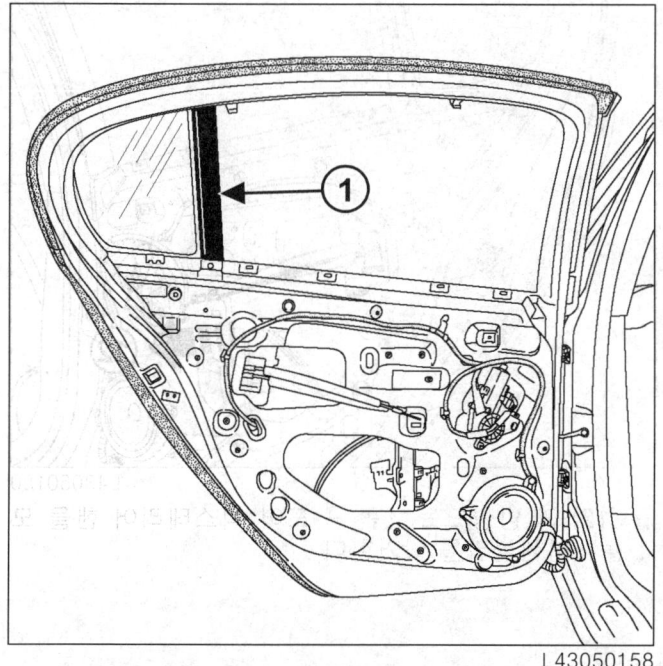

❏ 인테리어 트림 (1) 을 탈거한다.

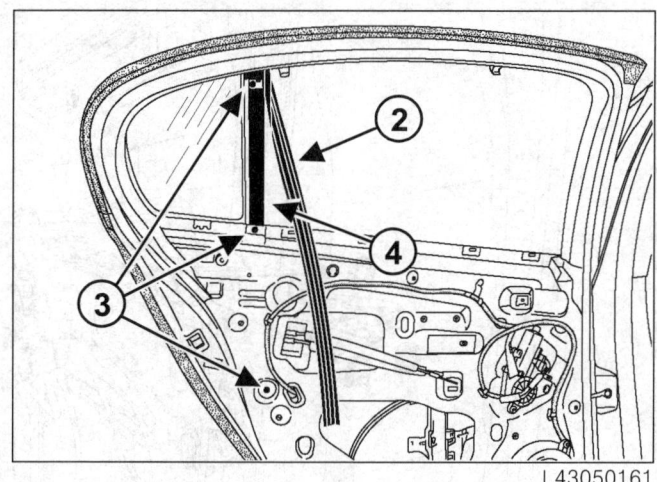

❏ 다음을 탈거한다 :

- 리어 사이드 도어 글라스 런 (2) 일부,
- 볼트 (3),
- 고정 윈도우 트림 (4).

II - 관련 부품 탈거 작업

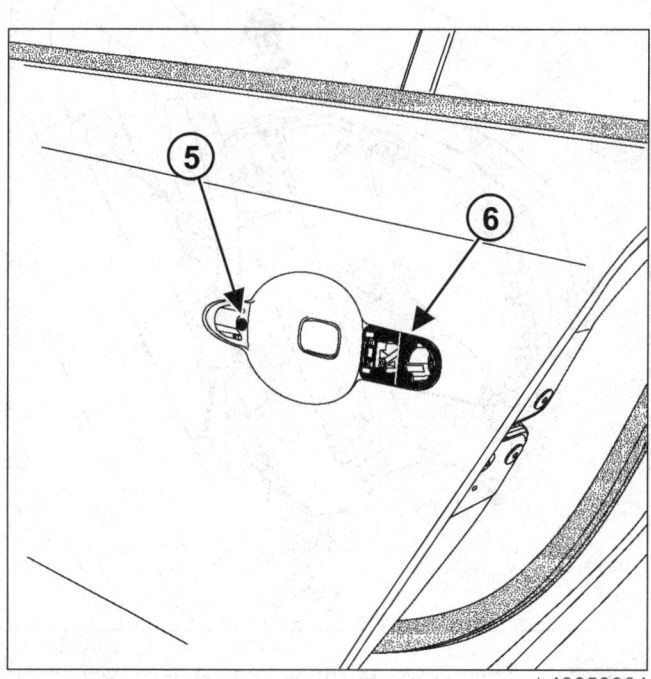

❏ 다음을 탈거한다 :

- 도어 익스테리어 핸들 모듈에서 볼트 (5),
- 실 (6).

❏ 리어 사이드 도어 패널에서 도어 익스테리어 핸들 모듈을 탈거한다.

51A-13

사이드 도어 메커니즘
리어 사이드 도어 록 : 탈거 - 장착

51A

L43

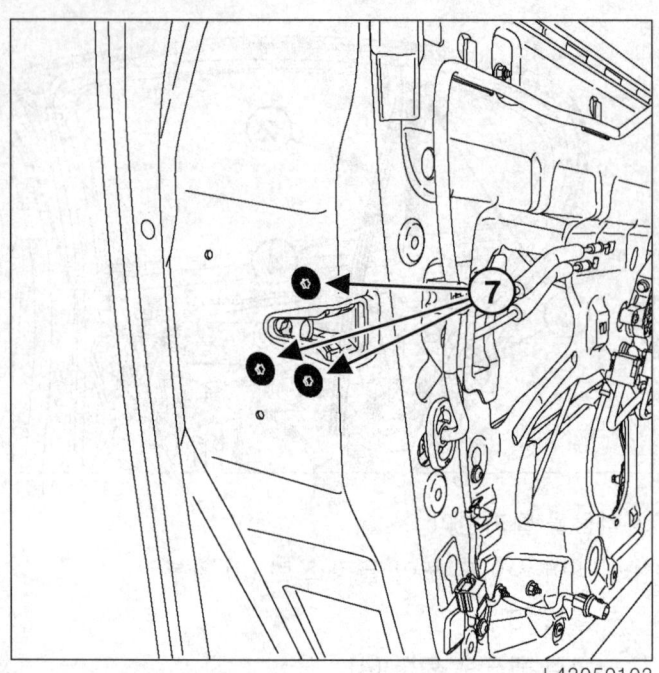

❏ 볼트 (7) 를 탈거한다 .

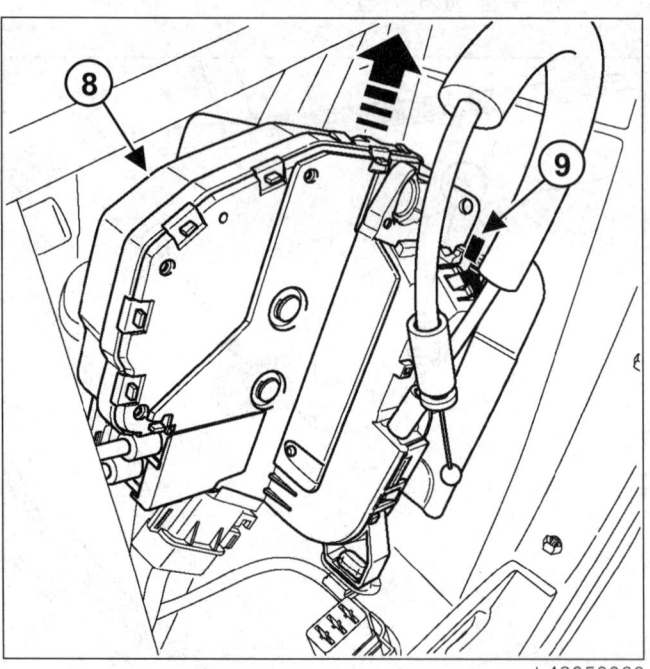

❏ 프론트 사이드 도어 록 (8) 을 천천히 들어 올려 리테이닝 후크 (9) 에서 탈거한다 .

❏ 리어 사이드 도어 박스 섹션에서 《록 - 도어 익스테리어 핸들 모듈》 어셈블리를 부분적으로 탈거한다 .

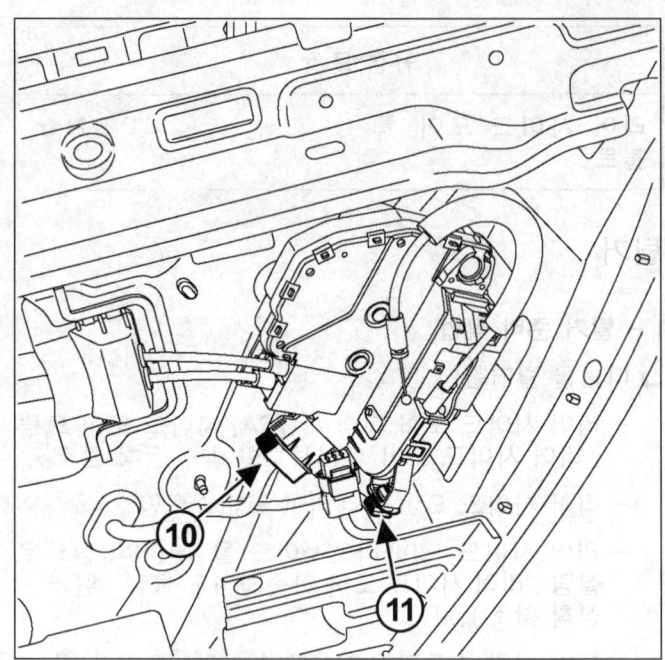

❏ 커넥터 (10) 를 분리한다 (차량 옵션에 따라 다름).

❏ 리어 사이드 도어 록에서 리어 사이드 도어 록 케이블 (11) 을 탈거한다 .

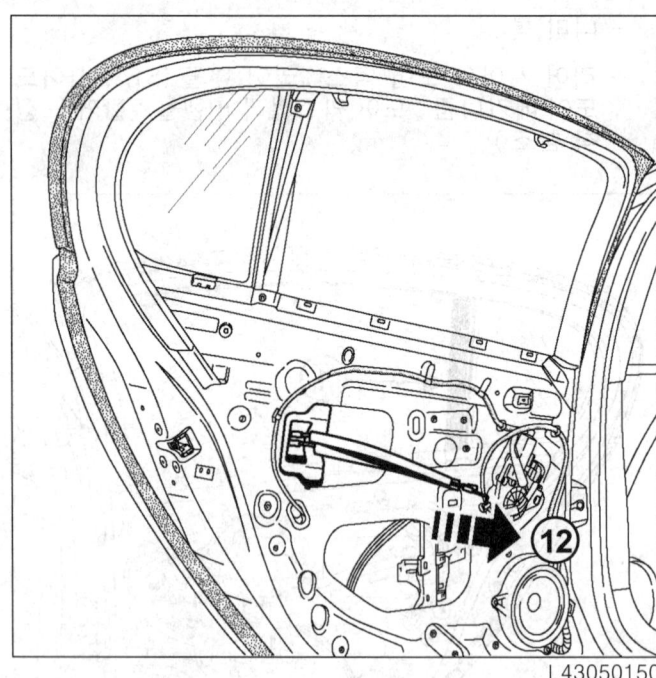

❏ (12) 의 방향으로 《록 - 도어 익스테리어 핸들 모듈》 어셈블리를 탈거한다 .

사이드 도어 메커니즘
리어 사이드 도어 록 : 탈거 – 장착

51A

L43

장착

I – 장착 준비 작업

- 필요한 경우 실 (6) 을 신품으로 교환한다.

II – 관련 부품 장착 작업

- 리어 사이드 도어 록에 클립 (11) 을 장착한다.
- 커넥터 (10) 를 연결한다 (차량 옵션에 따라 다름).
- 《록 – 도어 익스테리어 핸들 모듈》어셈블리를 장착한다.
- 리어 사이드 도어 박스 섹션 리테이닝 후크 (9) 에 리어 사이드 도어 록 (8) 을 위치시킨다.

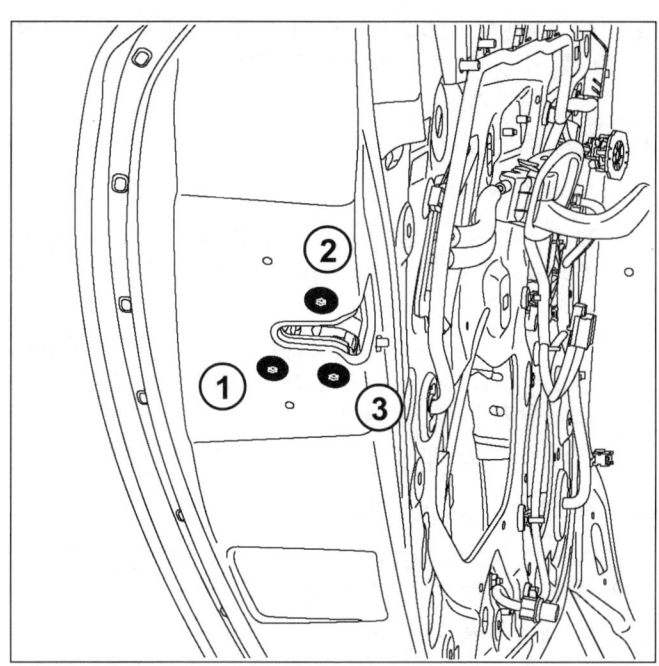

L43050065

- 볼트 (7) 를 순서에 따라 장착한다 (조이지 않음).
- **리어 사이드 도어 록 볼트 (7) 를 규정 토크 (8 N.m) 로 조인다.**
- 리어 사이드 도어 패널에 리어 사이드 도어 익스테리어 핸들 모듈을 장착한다.
- 다음을 장착한다 :
  - 실 (6),
  - 볼트 (5).

III – 최종 작업

- 다음을 장착한다 :
  - 고정 윈도우 트림 (4),
  - 볼트 (3),
  - 리어 사이드 도어 글라스 런 (2),
  - 인테리어 트림 (1).
- 다음을 장착한다 :
  - 리어 사이드 도어 익스테리어 핸들 (51A, 사이드 도어 메커니즘 , 도어 익스테리어 핸들 : 탈거 – 장착 참조),
  - 더미 록 .
- 기능 테스트를 수행한다 .
- 리어 사이드 도어 슬라이딩 윈도우 글라스를 장착한다 (54A, 윈도우 , 리어 사이드 도어 슬라이딩 윈도우 글라스 : 탈거 – 장착 참조).
- 리어 도어 실링 스크린을 장착한다 (65A, 도어 실링 , 도어 실링 스크린 : 탈거 – 장착 참조).
- 실링 테스트를 수행한다 .
- 다음을 장착한다 :
  - 리어 사이드 도어 아웃사이드 몰딩 (66A, 윈도우 실링 , 리어 사이드 도어 아웃사이드 몰딩 : 탈거 – 장착 참조),
  - 리어 사이드 도어 인테리어 웨더스트립 ,
  - 리어 사이드 도어 피니셔 (72A, 사이드 도어 트림 , 리어 사이드 도어 피니셔 : 탈거 – 장착 참조).

사이드 도어 메커니즘
리어 사이드 도어 일렉트릭 윈도우 메커니즘 : 탈거 – 장착

51A

L43

규정 토크 ⊘	
리어 사이드 도어 일렉트릭 윈도우 메커니즘 너트	7 N.m

탈거

I – 탈거 준비 작업

❏ 다음을 탈거한다 :

- 리어 사이드 도어 피니셔 (72A, 사이드 도어 트림, 리어 사이드 도어 피니셔 : 탈거 – 장착 참조),
- 리어 사이드 도어 인테리어 웨더스트립 ,
- 도어 실링 스크린 (65A, 도어 실링 , 도어 실링 스크린 : 탈거 – 장착 참조),
- 리어 사이드 도어 슬라이딩 윈도우 글라스 (54A, 윈도우 , 리어 사이드 도어 슬라이딩 윈도우 글라스 : 탈거 – 장착 참조),
- 전동식 윈도우 모터 (MR 436 리페어 매뉴얼 , 87D, 윈도우 및 선루프 시스템 , 윈도우 모터 : 탈거 – 장착 참조).

II – 관련 부품 탈거 작업

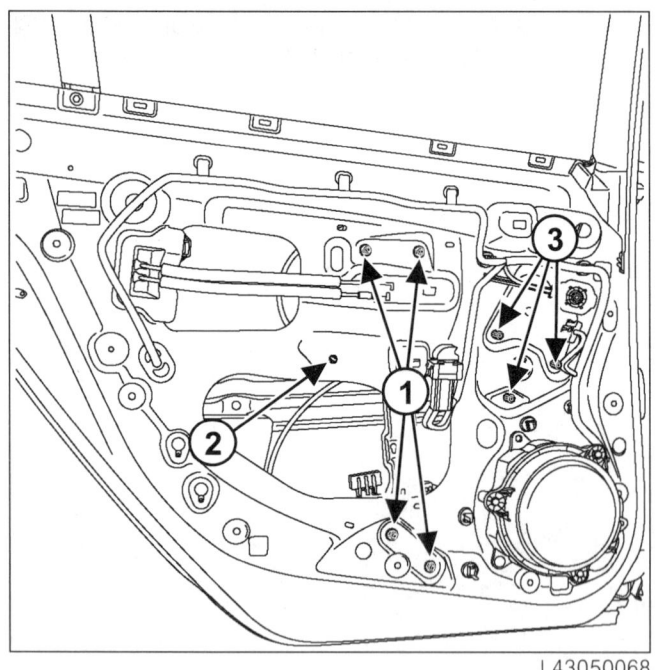

L43050068

❏ 다음을 탈거한다 :

- 너트 (1),
- 와이어링 클립과 패드 (2),
- 클립 (3),
- 리어 사이드 도어 일렉트릭 윈도우 메커니즘 .

장착

I – 관련 부품 장착 작업

❏ 리어 사이드 도어 일렉트릭 윈도우 메커니즘을 위치 시킨다 .

❏ 다음을 장착한다 :

- 리어 사이드 도어 일렉트릭 윈도우 메커니즘 ,
- 클립 (3),
- 와이어링 클립과 패드 (2),
- 너트 (1) (조이지 않음).

❏ 리어 사이드 도어 일렉트릭 윈도우 메커니즘 너트 (1) 를 규정 토크 (7 N.m) 로 조인다 .

II – 최종 작업

❏ 다음을 장착한다 :

- 전동식 윈도우 모터 (MR 436 리페어 매뉴얼 , 87D, 윈도우 및 선루프 시스템 , 윈도우 모터 : 탈거 – 장착 참조),
- 리어 사이드 도어 슬라이딩 윈도우 글라스 (54A, 윈도우 , 리어 사이드 도어 슬라이딩 윈도우 글라스 : 탈거 – 장착 참조),
- 리어 사이드 도어 인테리어 웨더스트립 .

❏ 기능 테스트를 수행한다 .

❏ 도어 실링 스크린을 장착한다 (65A, 도어 실링 , 도어 실링 스크린 : 탈거 – 장착 참조).

❏ 실링 테스트를 수행한다 .

❏ 리어 사이드 도어 피니셔를 장착한다 (72A, 사이드 도어 트림 , 리어 사이드 도어 피니셔 : 탈거 – 장착 참조).

사이드 도어 메커니즘
리어 사이드 도어 체크 링크 : 탈거 – 장착

51A

L43

규정 토크 ⊖	
리어 사이드 도어 체크 링크 볼트 (바디측)	21 N.m
리어 사이드 도어 체크 링크 너트 (도어측)	8 N.m

탈거

I – 탈거 준비 작업

❏ 다음을 탈거한다 :
- 리어 사이드 도어 피니셔 (72A, 사이드 도어 트림 , 프론트 사이드 도어 피니셔 : 탈거 – 장착 참조),
- 리어 스피커 (MR 436 리페어 매뉴얼 , 86A, 오디오 시스템 , 리어 스피커 : 탈거 – 장착 참조).

II – 관련 부품 탈거 작업

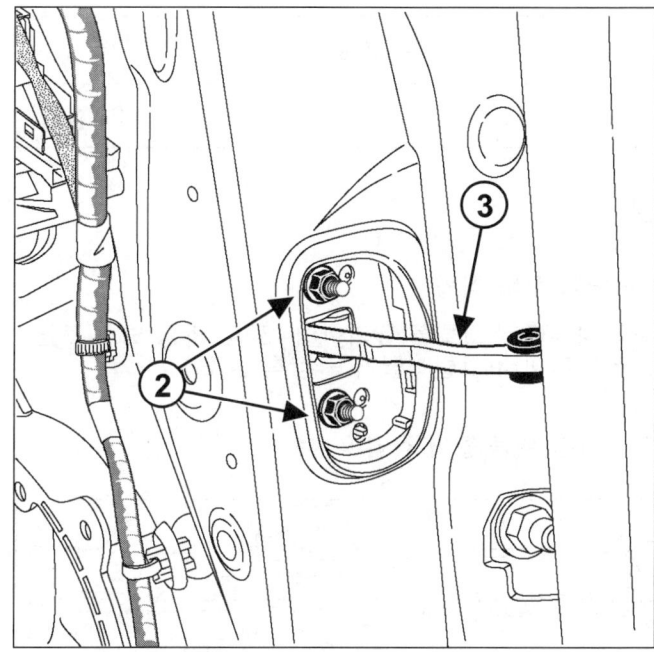

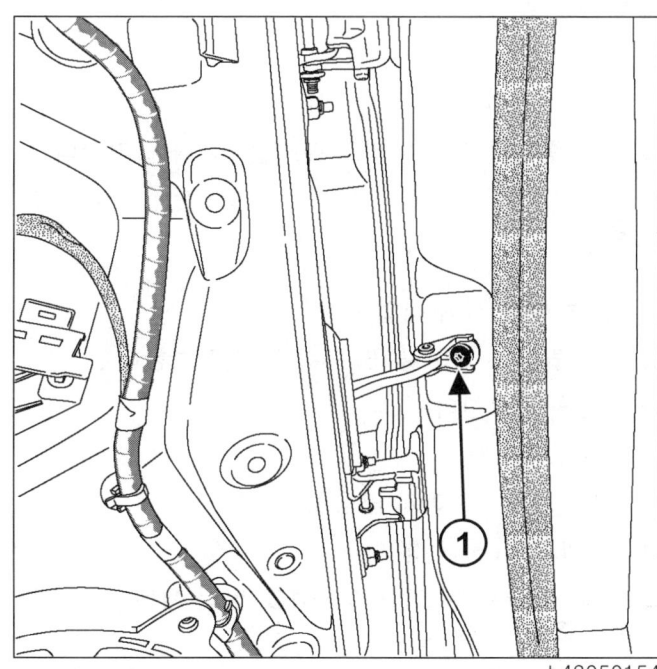

❏ 볼트 (1) 를 탈거한다 .

❏ 다음을 탈거한다 :
- 너트 (2),
- 리어 사이드 도어 박스 섹션 내부에서 리어 사이드 도어 체크 링크 (3).

장착

I – 관련 부품 장착 작업

❏ 리어 사이드 도어 박스 섹션에 리어 사이드 도어 체크 링크 (3) 를 넣고 너트 (2) 를 리어 사이드 도어에 임시로 장착한다 .

❏ 볼트 (1) 를 장착한다 (조이지 않음).

❏ 다음을 규정 토크로 조인다 :
- 리어 사이드 도어 체크 링크 너트 (2) (8 N.m),
- 리어 사이드 도어 체크 링크 볼트 (1) (21 N.m).

II – 최종 작업

❏ 기능 테스트를 수행한다 .

❏ 다음을 장착한다 :
- 리어 스피커 (MR 436 리페어 매뉴얼 , 86A, 오디오 시스템 , 리어 스피커 : 탈거 – 장착 참조),
- 리어 사이드 도어 피니셔 (72A, 사이드 도어 트림 , 리어 사이드 도어 피니셔 : 탈거 – 장착 참조).

사이드 도어 이외 메커니즘
후드 록 : 탈거 – 장착

52A

L43

규정 토크	
후드 록 너트	21 N.m

탈거

I – 탈거 준비 작업

- 라디에이터 그릴을 탈거한다 (55A, 외장 보호 트림, 라디에이터 그릴 : 탈거 – 장착 참조).

II – 관련 부품 탈거 작업

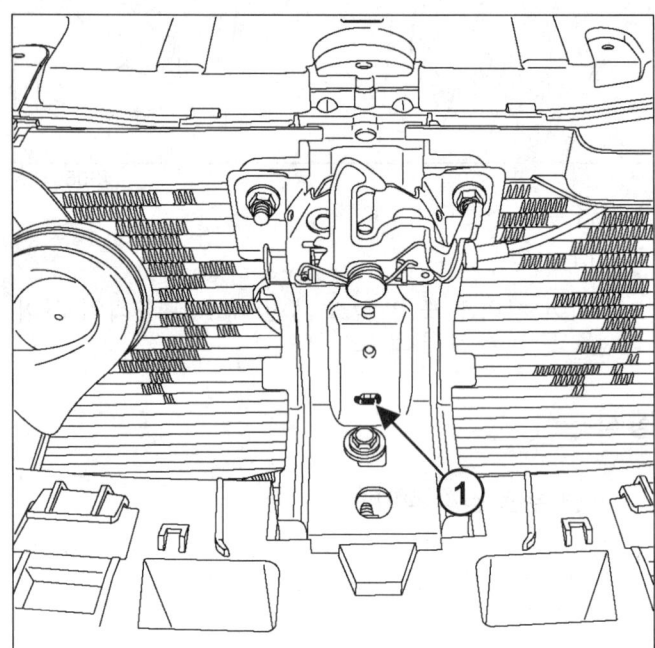

- 클립 (1) 을 탈거한다.

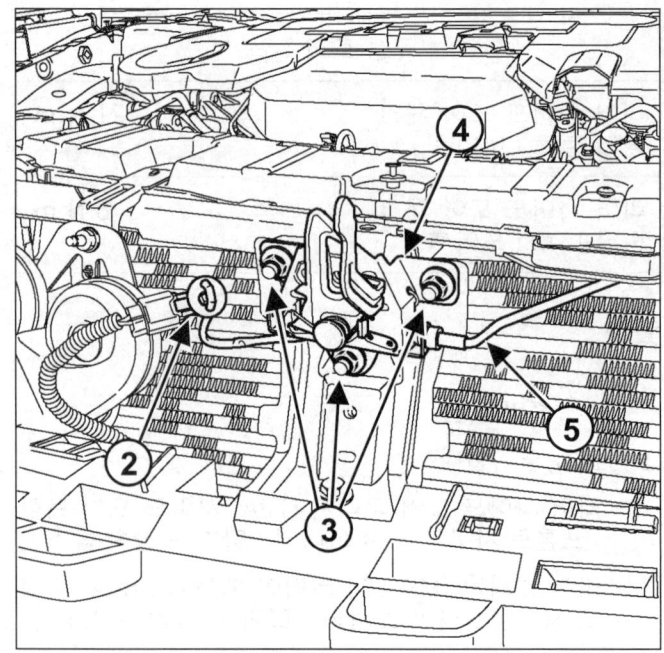

- 커넥터 (2) 를 분리한다.
- 다음을 탈거한다 :
  - 너트 (3),
  - 후드 록 (4).
- 후드 록에서 후드 릴리즈 케이블 (5) 을 탈거한다.

장착

I – 관련 부품 장착 작업

- 후드 릴리즈 케이블 (5) 에 클립을 장착한다.
- 다음을 장착한다 :
  - 후드 록 (4),
  - 너트 (3) (조이지 않음).
- 기능 테스트를 수행한다.
- 틈새 및 단차를 조정한다 (01C, 바디 제원, 차량 틈새 : 조정 값 참조).
- 후드 록 너트 (3) 를 규정 토크 (21 N.m) 로 조인다.
- 커넥터 (2) 를 연결한다.
- 클립 (1) 을 장착한다.

II – 최종 작업

- 라디에이터 그릴을 장착한다 (55A, 외장 보호 트림, 라디에이터 그릴 : 탈거 – 장착 참조).

사이드 도어 이외 메커니즘
후드 릴리즈 케이블 : 탈거 – 장착

52A

L43

탈거

I – 탈거 준비 작업

❏ 다음을 탈거한다 :

- 배터리 (MR 436 리페어 매뉴얼, 80A, 배터리, 배터리 : 탈거 – 장착 참조),
- 배터리 트레이 (MR 436 리페어 매뉴얼, 80A, 배터리, 배터리 : 탈거 – 장착 참조),
- 에어 클리너 유닛 (MR 436 리페어 매뉴얼, 12A, 흡기 및 배기 시스템, 에어 클리너 유닛 : 탈거 – 장착 참조),
- 프론트 이너 킥킹 플레이트 (71A, 인테리어 트림, 프론트 이너 킥킹 플레이트 : 탈거 – 장착 참조),
- 후드 록 (52A, 사이드 도어 이외 메커니즘 : 후드 록 : 탈거 – 장착 참조).

II – 관련 부품 탈거 작업

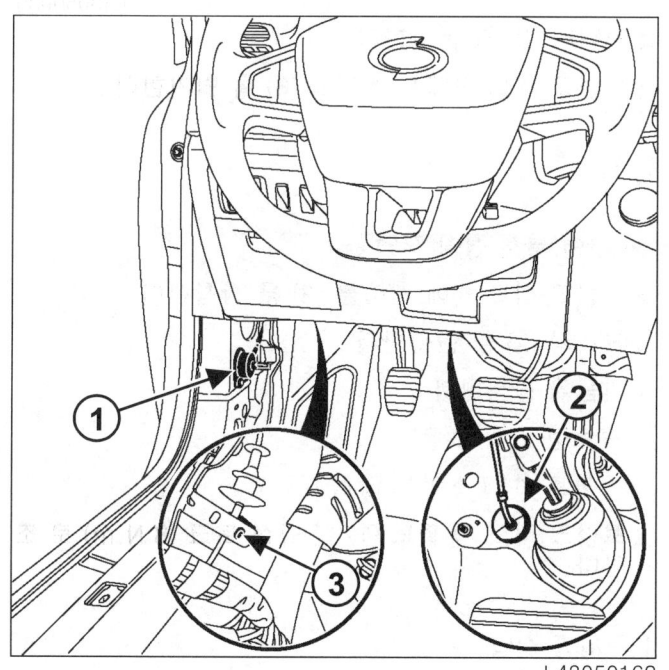

L43050162

❏ 볼트 (1) 를 탈거한다.

❏ 다음을 탈거한다 :

- 플러그 (2),
- 클립 (3).

❏ 후드 릴리즈 케이블의 경로를 확인한다.

❏ 차량 내부에서 후드 릴리즈 케이블을 탈거한다.

장착

I – 관련 부품 장착 작업

❏ 차량 내부를 통해 후드 릴리즈 케이블을 장착한다.

❏ 다음을 장착한다 :

- 클립 (3),
- 플러그 (2),
- 볼트 (1).

II – 최종 작업

❏ 후드 록을 장착한다 (52A, 사이드 도어 이외 메커니즘 : 후드 록 : 탈거 – 장착 참조).

❏ 기능 테스트를 수행한다.

❏ 다음을 장착한다 :

- 프론트 이너 킥킹 플레이트 (71A, 인테리어 트림, 프론트 이너 킥킹 플레이트 : 탈거 – 장착 참조),
- 에어 클리너 유닛 (MR 436 리페어 매뉴얼, 12A, 흡기 및 배기 시스템, 에어 클리너 유닛 : 탈거 – 장착 참조),
- 배터리 트레이 (MR 436 리페어 매뉴얼, 80A, 배터리, 배터리 : 탈거 – 장착 참조),
- 배터리 (MR 436 리페어 매뉴얼, 80A, 배터리, 배터리 : 탈거 – 장착 참조).

사이드 도어 이외 메커니즘
트렁크 리드 록 : 탈거 - 장착

52A

L43

규정 토크 ⊘	
트렁크 리드 록 볼트	8 N.m

탈거

I - 탈거 준비 작업

- 트렁크 리드 피니셔를 탈거한다 (73A, 사이드 도어 이외 트림 , 트렁크 리드 피니셔 : 탈거 - 장착 참조).

II - 관련 부품 탈거 작업

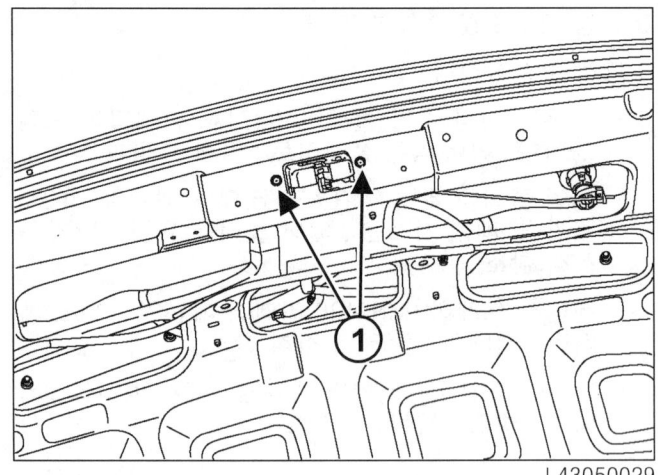

- 볼트 (1) 를 탈거한다 .

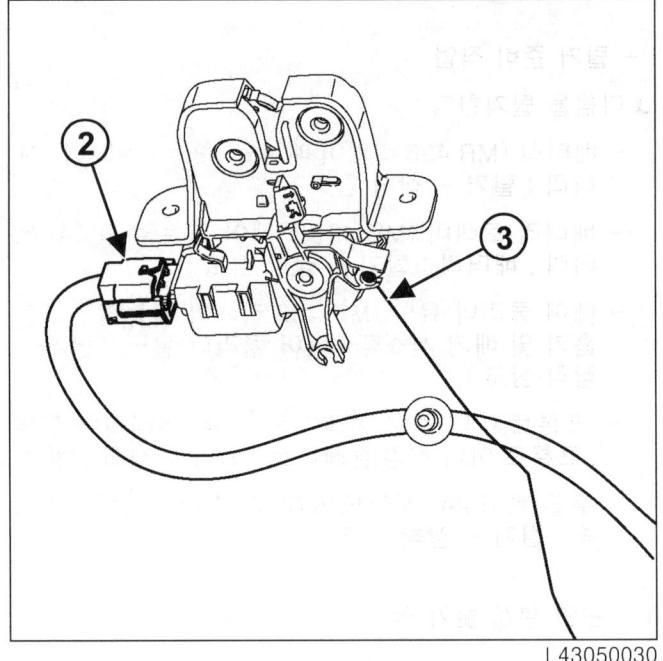

- 커넥터 (2) 를 분리한다 .
- 트렁크 리드 록에서 케이블 (3) 을 탈거한다 .

장착

I - 관련 부품 장착 작업 .

- 트렁크 리드 록에 케이블 (3) 을 장착한다 .
- 커넥터 (2) 를 연결한다 .
- 다음을 장착한다 :
  - 트렁크 리드 록 ,
  - 볼트 (1) (조이지 않음).
- 트렁크 리드 록 볼트 (1) 를 규정 토크 (8 N.m) 로 조인다 .

II - 최종 작업

- 트렁크 리드 피니셔를 장착한다 (73A, 사이드 도어 이외 트림 , 트렁크 리드 피니셔 : 탈거 - 장착 참조).

사이드 도어 이외 메커니즘
트렁크 리드 스트라이커 : 탈거 – 장착

52A

L43

규정 토크	
트렁크 리드 스트라이커 볼트	21 N.m

탈거

I – 탈거 준비 작업

❏ 트렁크 리어 플레이트를 탈거한다 (71A, 인테리어 트림, 트렁크 리어 플레이트 : 탈거 – 장착 참조).

II – 관련 부품 탈거 작업

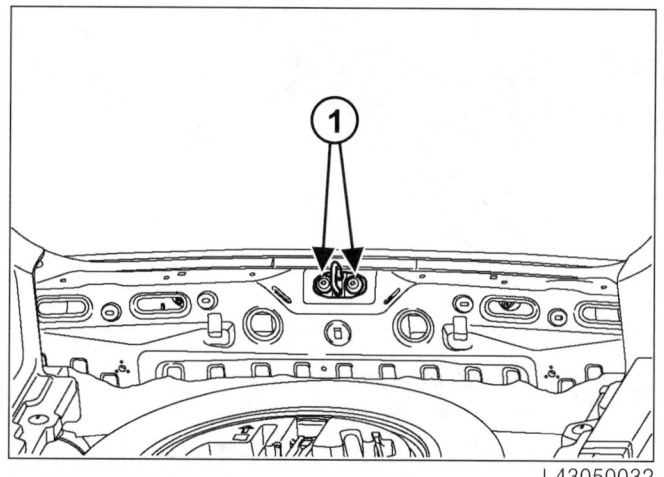

L43050032

❏ 다음을 탈거한다 :
  – 볼트 (1),
  – 트렁크 리드 스트라이커.

장착

I – 관련 부품 장착 작업

❏ 다음을 장착한다 :
  – 트렁크 리드 스트라이커,
  – 볼트 (1) (조이지 않음).

❏ 트렁크 리드 스트라이커 볼트 (1) 를 규정 토크 (21 N.m) 로 조인다.

❏ 기능 테스트를 수행한다.

II – 최종 작업

❏ 트렁크 리어 플레이트를 장착한다 (71A, 인테리어 트림, 트렁크 리어 플레이트 : 탈거 – 장착 참조).

사이드 도어 이외 메커니즘
선루프 : 탈거 – 장착

52A

L43

경고
에어백 또는 프리텐셔너의 오작동을 방지하기 위해 열원, 화염, 전기적 충격이 가해지지 않도록 부품을 보호한다.

탈거

I – 탈거 준비 작업

- 선루프 무빙 글라스를 탈거한다 (52A, 사이드 도어 이외 메커니즘, 선루프 무빙 글라스 : 탈거 – 장착 참조).
- 배터리 단자를 분리한다 (MR 436 리페어 매뉴얼, 80A, 배터리, 배터리 : 탈거 – 장착 참조).
- 다음을 탈거한다 :
  - 선루프 사이드 트림 (54A, 윈도우, 선루프 사이드 트림 : 탈거 – 장착 참조),
  - 헤드라이닝 (71A, 인테리어 트림, 헤드라이닝 : 탈거 – 장착 참조),
  - 선루프 모터 (MR 436 리페어 매뉴얼, 87D, 윈도우 및 선루프 시스템, 선루프 모터 : 탈거 – 장착 참조),
  - 선루프 선바이저 (52A, 사이드 도어 이외 메커니즘, 선루프 선바이저 : 탈거 – 장착 참조).
- 다음을 보호한다 :
  - 차량 내부,
  - 마스킹 테이프로 루프 가장자리.

II – 관련 부품 탈거 작업

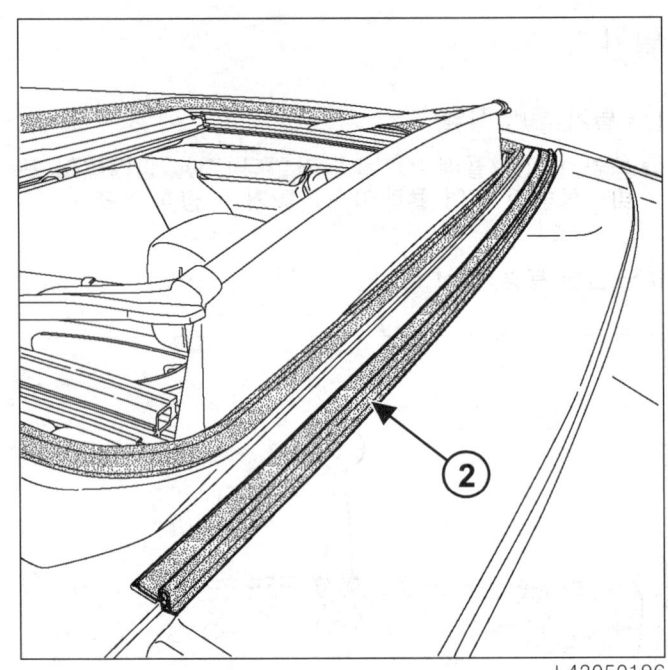

- 실 (2) 을 떼어낸다.

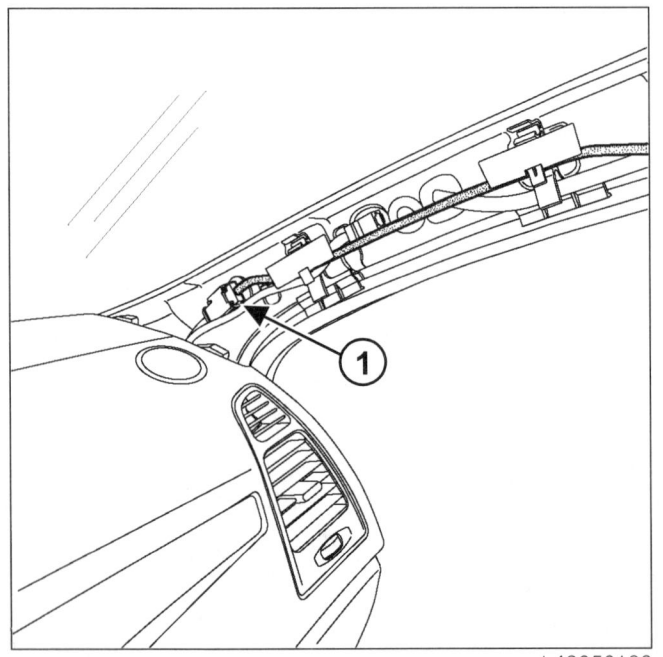

- 선루프 모터 커넥터 (1) 를 분리한다.
- 클립에서 전기 와이어링을 탈거한다.

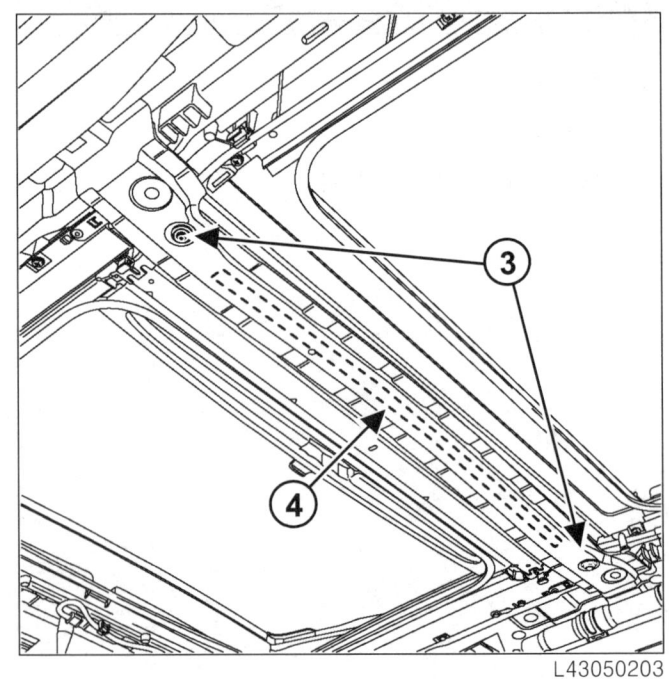

- 볼트 (3) 를 탈거한다.
- 크로스 멤버 위의 실런트 비드 (4) 를 절단한다.

52A-5

사이드 도어 이외 메커니즘
선루프 : 탈거 - 장착

52A

L43

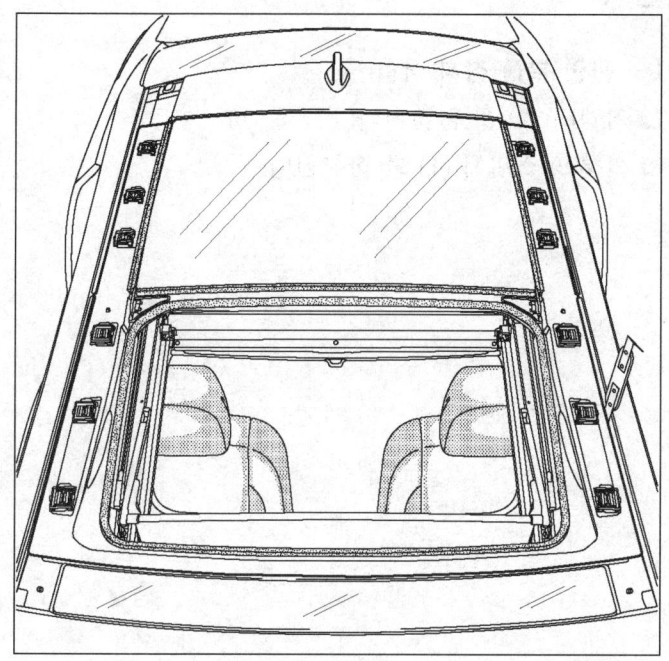

- 선루프 가장자리에 있는 실런트 비드를 절단한다.
- 선루프를 탈거한다 (이 작업은 두 사람이 작업한다).

장착

I - 장착 준비 작업
- 필요한 경우 **선루프 조정 심**을 신품으로 교환한다.
- 선루프 조정 심을 장착한다.
- 선루프와 차체 패널에 프라이머를 바른다.

II - 관련 부품 장착 작업
-

> 참고 :
> 윈드실드 접착시 고점성 실런트를 사용한다.

- 정량의 실런트 비드를 사용한다.
- 선루프를 접착한다 (이 작업은 실외의 두 사람과 차량 내부의 한 사람이 작업한다).

III - 최종 작업
- 클립에 전기 와이어링을 장착한다.
- 선루프 모터 커넥터 (1) 를 연결한다.
- 다음을 장착한다 :
  - 선루프 선바이저 (52A, 사이드 도어 이외 메커니즘, 선루프 선바이저 : 탈거 - 장착 참조),
  - 선루프 모터 (MR 436 리페어 매뉴얼, 87D, 윈도우 및 선루프 시스템, 선루프 모터 : 탈거 - 장착 참조),
  - 헤드라이닝 (71A, 인테리어 트림, 헤드라이닝 : 탈거 - 장착 참조),
  - 선루프 사이드 트림 (54A, 윈도우, 선루프 사이드 트림 : 탈거 - 장착 참조).
- 선루프 무빙 글라스를 장착한다 (52A, 사이드 도어 이외 메커니즘, 선루프 무빙 글라스 : 탈거 - 장착 참조).
- 배터리 단자를 연결한다 (MR 436 리페어 매뉴얼, 80A, 배터리, 배터리 : 탈거 - 장착 참조).
- 기능 테스트를 수행한다.

사이드 도어 이외 메커니즘
선루프 스위치 : 탈거 – 장착

52A

L43

탈거

I – 탈거 준비 작업

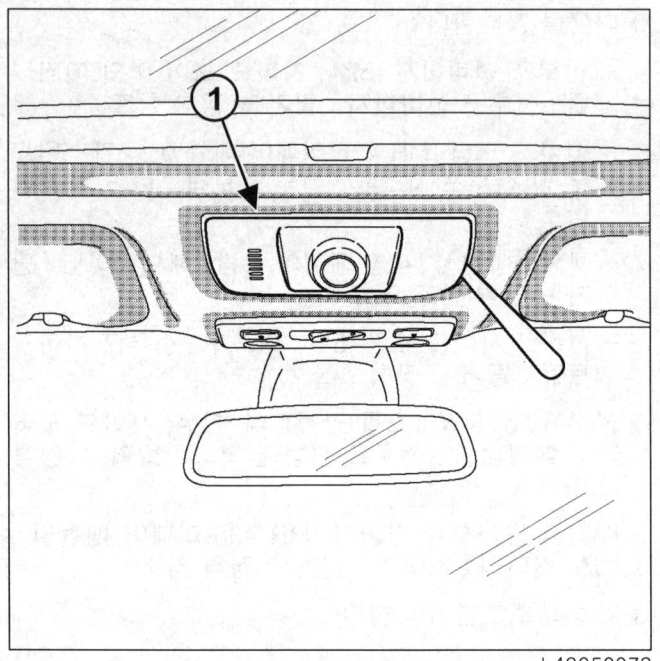

❑ 선루프 스위치 (1) 를 조심스럽게 탈거한다.

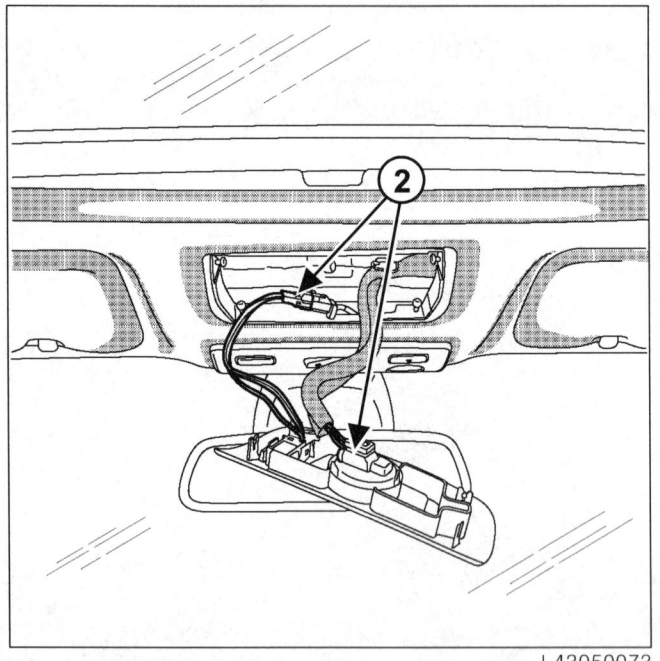

❑ 커넥터 (2) 를 분리한다.

장착

I – 관련 부품 장착 작업.

❑ 커넥터 (2) 를 연결한다.
❑ 선루프 스위치 (1) 를 장착한다.

사이드 도어 이외 메커니즘
선루프 작동 메커니즘 : 탈거 – 장착

52A

L43

탈거

I – 탈거 준비 작업

- 배터리 단자를 분리한다 (MR 436 리페어 매뉴얼, 80A, 배터리, 배터리 : 탈거 – 장착 참조).
- 선루프를 탈거한다 (52A, 사이드 도어 이외 메커니즘, 선루프 : 탈거 – 장착 참조).

II – 탈거 작업

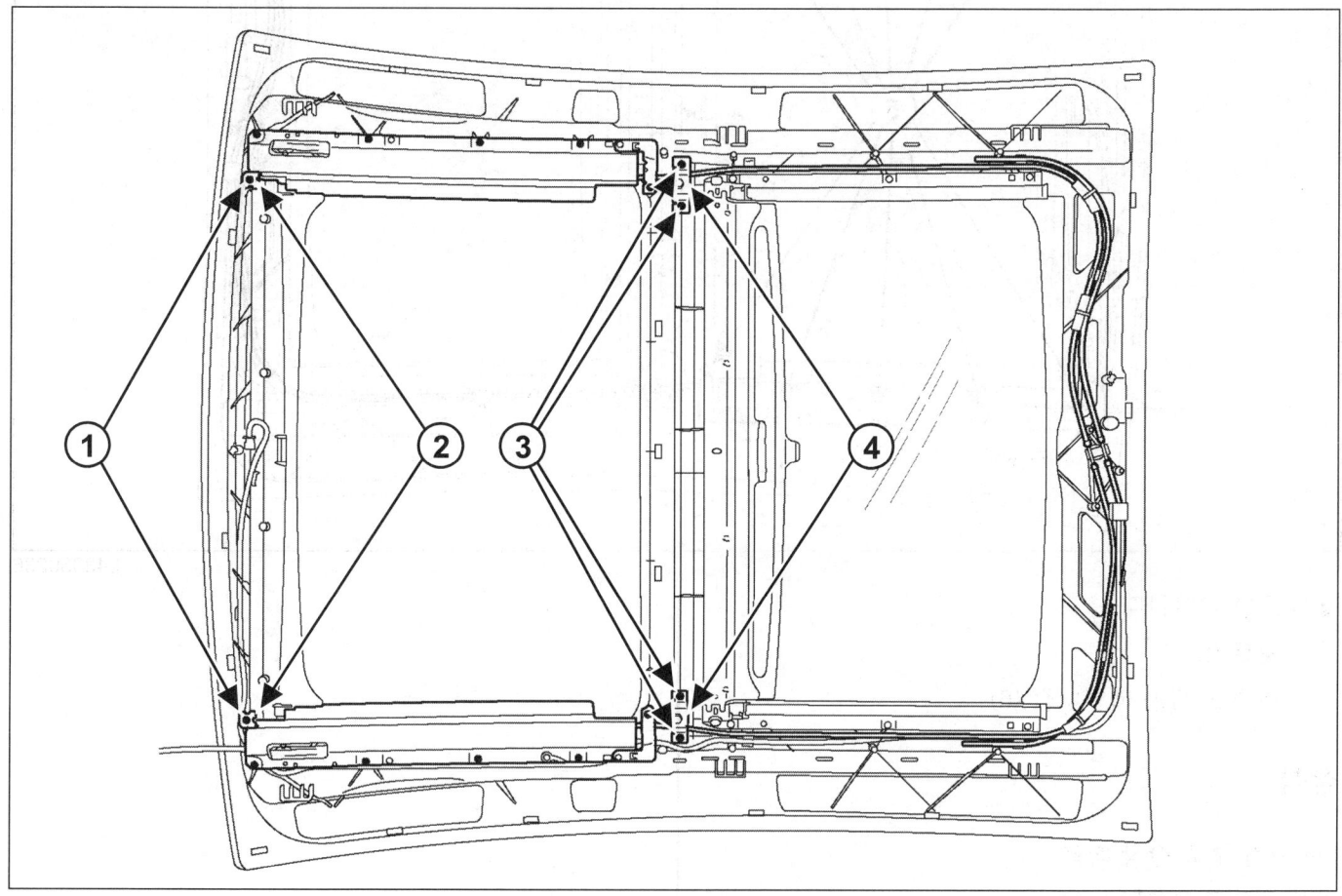

- 다음을 탈거한다 :
  - 볼트 (1),
  - 선루프 작동 메커니즘 마운팅 (2),
  - 볼트 (3),
  - 선루프 작동 메커니즘 마운팅 (4).

사이드 도어 이외 메커니즘
선루프 작동 메커니즘 : 탈거 - 장착

52A

L43

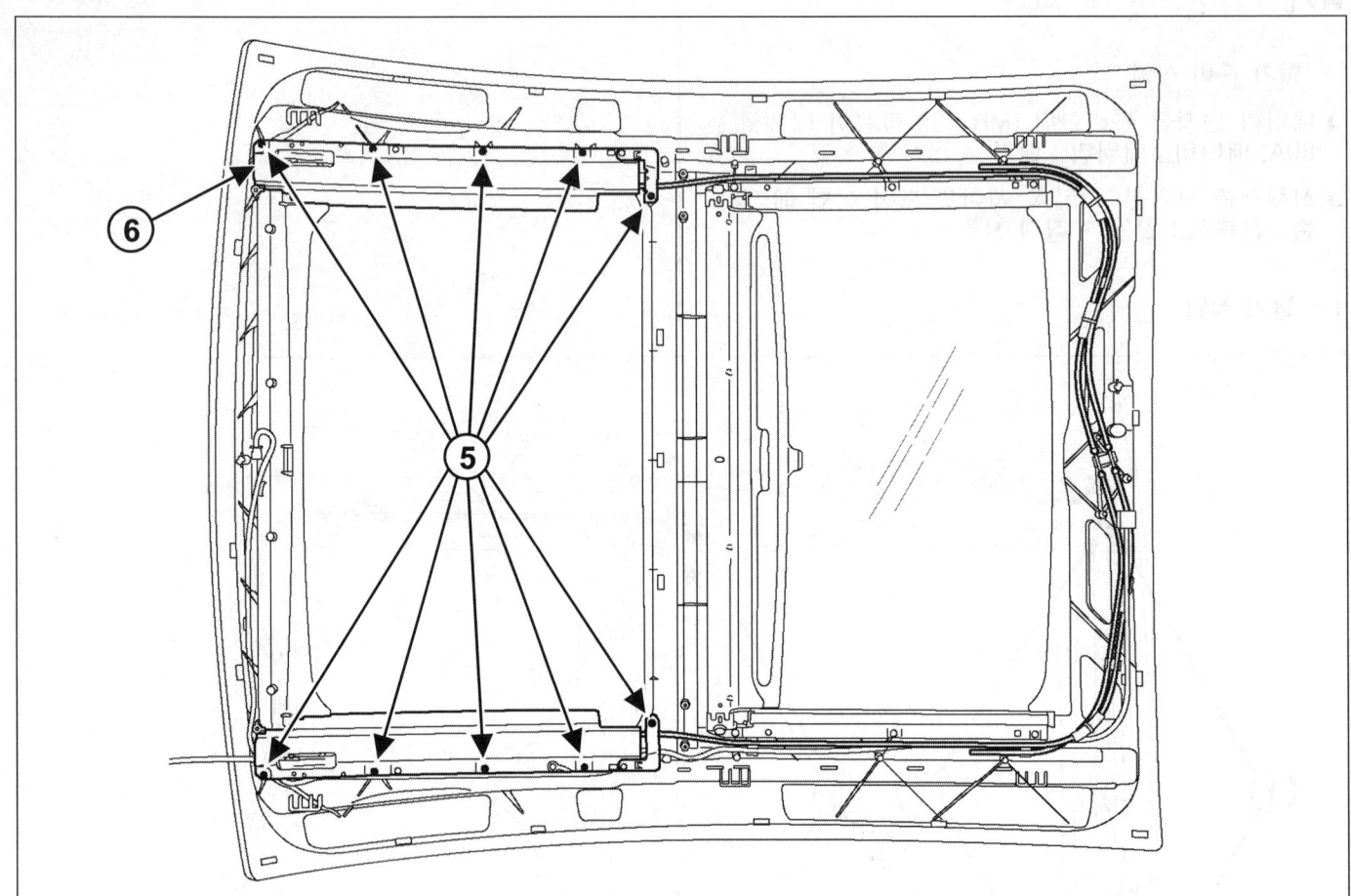

- 다음을 탈거한다
  - 볼트 (5),
  - 선루프 작동 메커니즘 (6).

장착

I - 관련 부품 장착 작업

- 다음을 장착한다 :
  - 선루프 작동 메커니즘 (6),
  - 볼트 (5),
  - 선루프 작동 메커니즘 마운팅 (4),
  - 볼트 (3),
  - 선루프 작동 메커니즘 마운팅 (2),
  - 볼트 (1).

II - 최종 작업

- 선루프를 장착한다 (52A, 사이드 도어 이외 메커니즘, 선루프 : 탈거 - 장착 참조).

- 배터리 단자를 연결한다 (MR 436 리페어 매뉴얼, 80A, 배터리, 배터리 : 탈거 - 장착 참조).

사이드 도어 이외 메커니즘
선루프 무빙 글라스 : 탈거 – 장착

52A

L43

규정 토크 ⊘	
선루프 무빙 글라스 프론트 볼트	6 N.m
선루프 무빙 글라스 리어 볼트	6 N.m

탈거

I – 탈거 준비 작업

- 선루프 무빙 글라스를 연다.

II – 관련 부품 탈거 작업

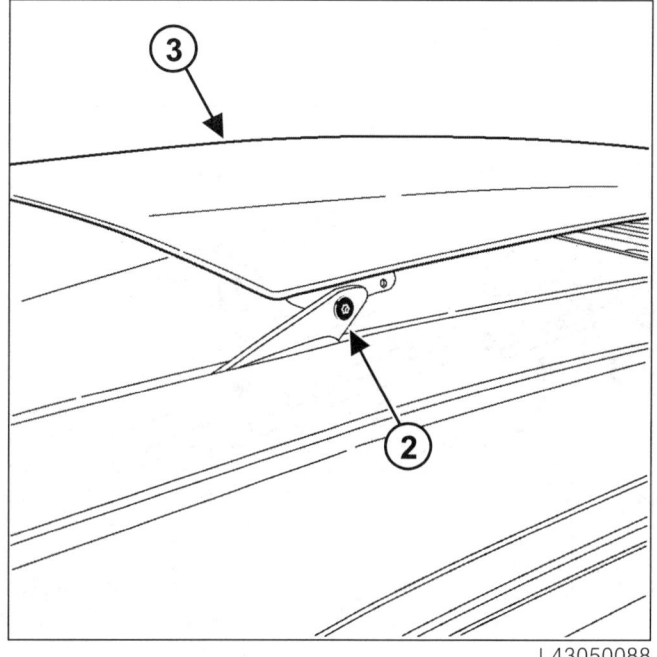

- 다음을 탈거한다 :
  - 볼트 (2),
  - 선루프 무빙 글라스 (3) (이 작업은 두 사람이 작업한다).

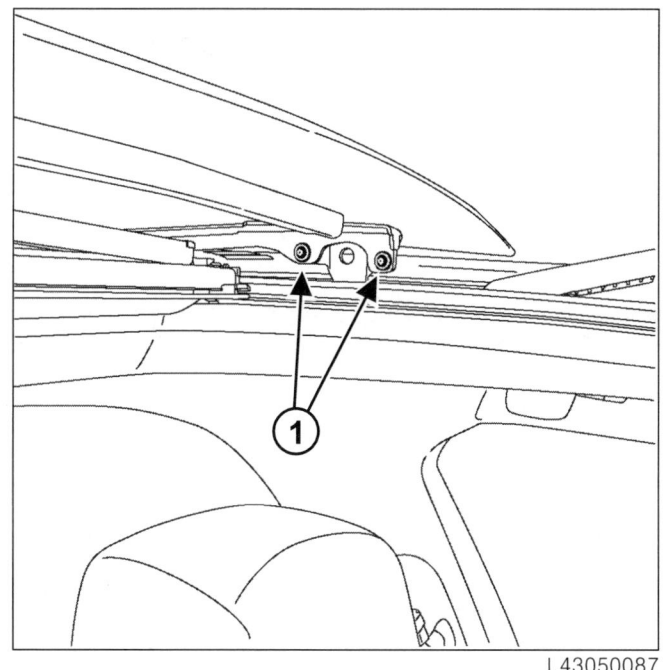

- 볼트 (1) 를 탈거한다.

52A-10

사이드 도어 이외 메커니즘
선루프 무빙 글라스 : 탈거 – 장착

52A

L43

장착

I – 장착 준비 작업

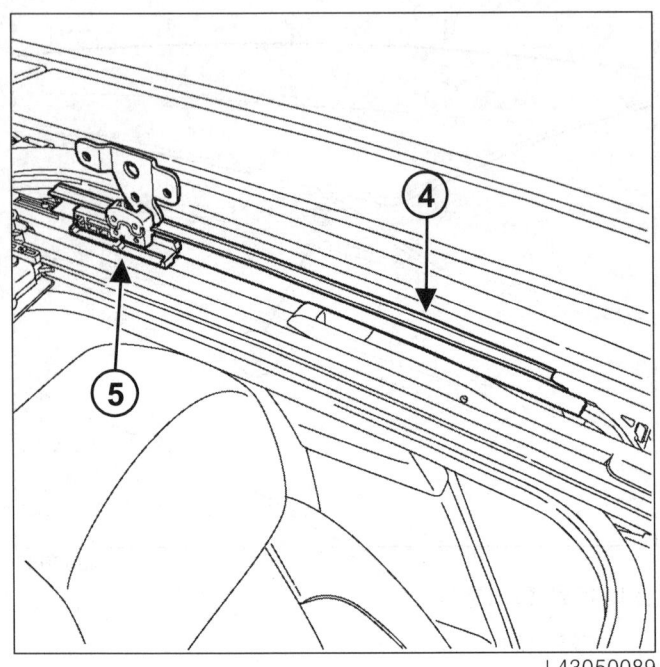
L43050089

- 클리너에 적신 보풀 없는 천을 사용하여 다음을 청소한다 :
  - 가이드 러너 (4),
  - 드라이브 메커니즘 (5).
- 깨끗하고 마른 보풀 없는 천으로 (4) 와 (5) 영역을 닦는다.
- 고운 브러시를 사용하여 해당 영역 (4) 와 (5) 에 그리스를 바른다.

II – 관련 부품 장착 작업

- 다음을 장착한다 :
  - 선루프 무빙 글라스 (3) (이 작업은 두 사람이 작업한다),
  - 볼트 (2) (조이지 않음),
  - 볼트 (1) (조이지 않음).
- 선루프 무빙 글라스 조정한다. 선루프 무빙 글라스의 앞부분은 루프 라인에 비해 2 mm 더 낮아야 한다.
- 다음을 규정 토크로 조인다 :
  - 선루프 무빙 글라스 리어 볼트 (2) (6 N.m),
  - 선루프 무빙 글라스 프론트 볼트 (1) (6 N.m).
- 기능 테스트를 수행한다.

사이드 도어 이외 메커니즘
선루프 디플렉터 : 탈거 – 장착

52A

L43

규정 토크	
선루프 디플렉터 볼트	2 N.m

탈거

I – 탈거 준비 작업

❏ 선루프 무빙 글라스를 연다 .

II – 관련 부품 탈거 작업

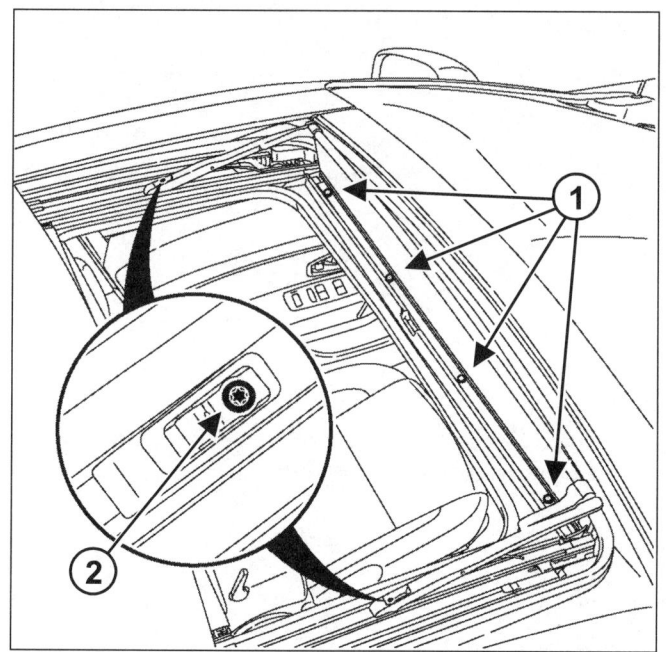

❏ 다음을 탈거한다 :
- 선루프 디플렉터를 고정한 상태에서 볼트 (1) 과 (2),
- 선루프 디플렉터 .

I – 장착 준비 작업

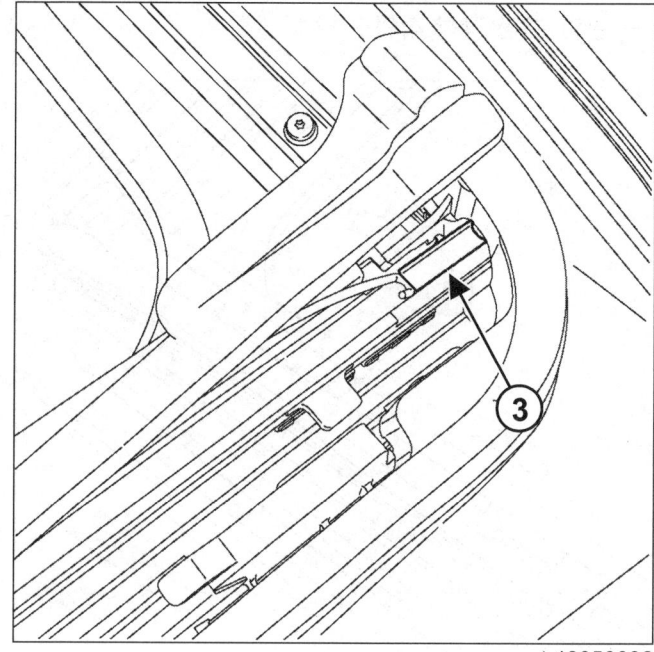

❏ 클리너에 적신 보풀 없는 천으로 디플렉터 리턴 스프링 영역 (3) 을 청소한다 .

❏ 깨끗하고 마른 보풀 없는 천으로 디플렉터 리턴 스프링 영역 (3) 을 닦는다 .

❏ 고운 브러시를 사용하여 해당 영역 (3) 에 그리스를 바른다 .

사이드 도어 이외 메커니즘
선루프 디플렉터 : 탈거 – 장착

52A

L43

장착

I – 관련 부품 장착 작업

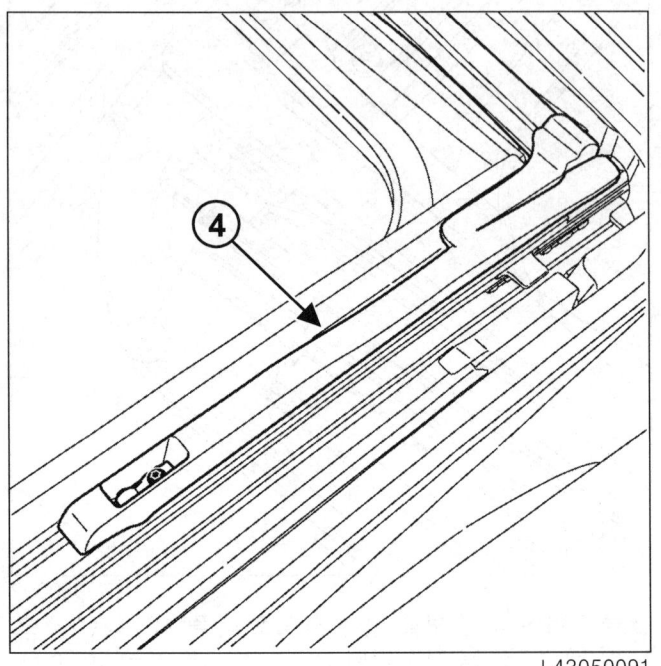

L43050091

- 선루프 디플렉터를 장착한다 (이 작업은 두 사람이 작업한다).
- 디플렉터 리턴 스프링을 위치시킨다 .
- (4) 에 있는 디플렉터에 계속 압력을 가한다 .
- **선루프 디플렉터 볼트 (1) 과 (2) 를 규정 토크 (2 N.m) 로 조인다 .**

사이드 도어 이외 메커니즘
선루프 선 바이저 : 탈거 – 장착

52A

L43

탈거

I - 탈거 준비 작업

- 배터리 단자를 분리한다 (MR 436 리페어 매뉴얼, 80A, 배터리, 배터리 : 탈거 – 장착 참조).
- 헤드라이닝을 탈거한다 (71A, 인테리어 트림, 헤드라이닝 : 탈거 – 장착 참조).

II - 관련 부품 탈거 작업

프론트 선루프 선 바이저

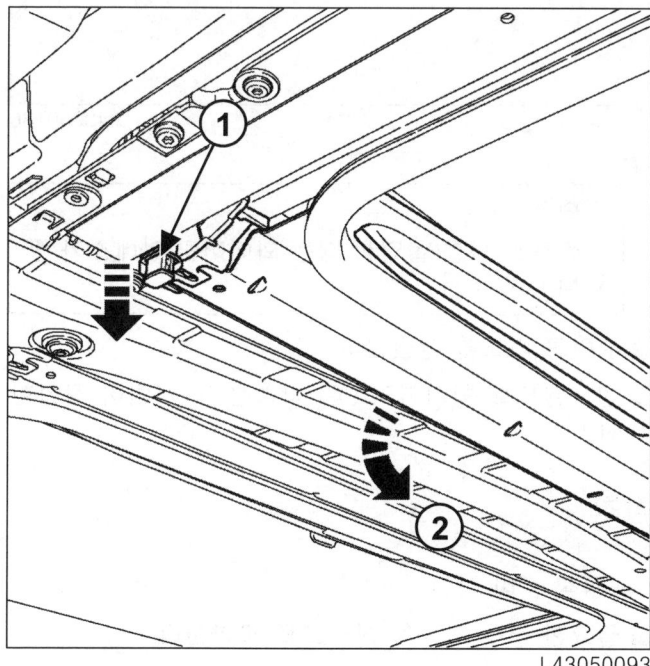

- 클립 (1) 을 탈거한다.
- (2) 의 방향으로 프론트 선루프 선 바이저를 탈거한다.

리어 선루프 선 바이저

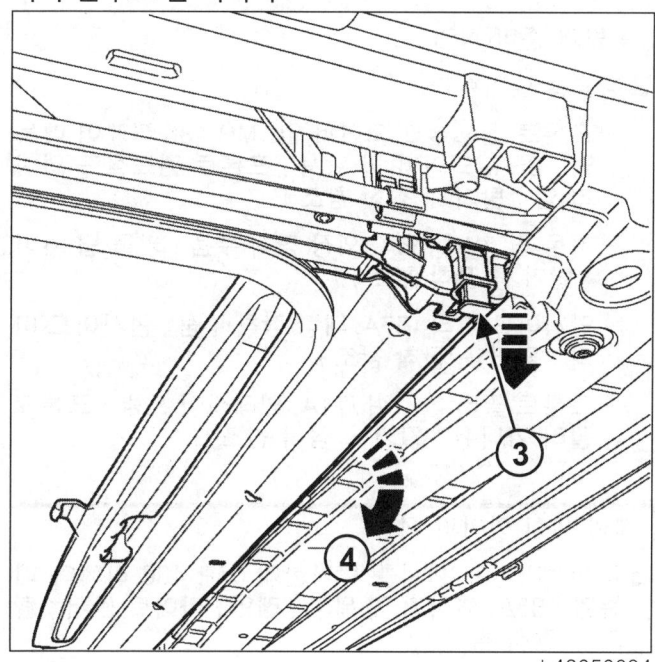

- 클립 (3) 을 탈거한다.
- (4) 의 방향으로 리어 선루프 선 바이저를 탈거한다.

장착

I - 관련 부품 장착 작업.

- 다음을 장착한다 :
  - 프론트 선루프 선 바이저와 리어 선루프 선 바이저,
  - 클립 (1) 과 (3).
- 기능 테스트를 수행한다.

II - 최종 작업

- 헤드라이닝을 장착한다 (71A, 인테리어 트림, 헤드라이닝 : 탈거 – 장착 참조).
- 배터리 단자를 연결한다 (MR 436 리페어 매뉴얼, 80A, 배터리, 배터리 : 탈거 – 장착 참조).

윈도우
윈드실드 : 탈거 – 장착

54A

L43

탈거

I – 탈거 준비 작업

☐ 다음을 탈거한다 :

- 프론트 윈드실드 와이퍼 암 (MR 436 리페어 매뉴얼, 85A, 와이퍼 및 워셔, 프론트 윈드실드 와이퍼 암 : 탈거 – 장착 참조),
- 카울 탑 커버 (56A, 외장 장착 부품, 카울 탑 커버 : 탈거 – 장착 참조),
- 인사이드 미러 (57A, 내장 장착 부품, 인사이드 미러 : 탈거 – 장착 참조),
- 프론트 필러 가니쉬 (71A, 인테리어 트림, 프론트 필러 가니쉬 : 탈거 – 장착 참조).

레인 센싱 와이퍼 적용

☐ 레인 / 라이트 센서를 탈거한다 (MR 436 리페어 매뉴얼, 85A, 와이퍼 및 워셔, 레인 / 라이트 센서 : 탈거 – 장착 참조).

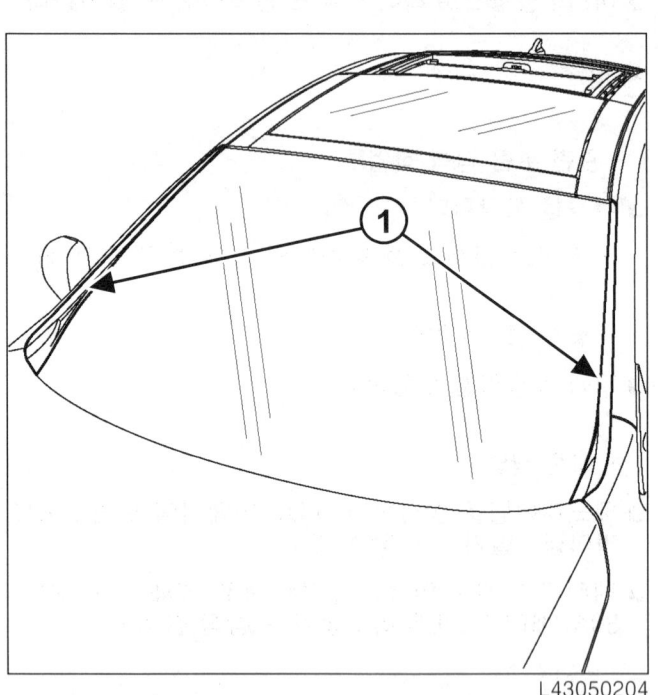

☐ 윈드실드 트림 (1) 을 탈거한다.
☐ 마스킹 테이프로 윈드실드 주변 부위를 보호한다.

II – 관련 부품 탈거 작업

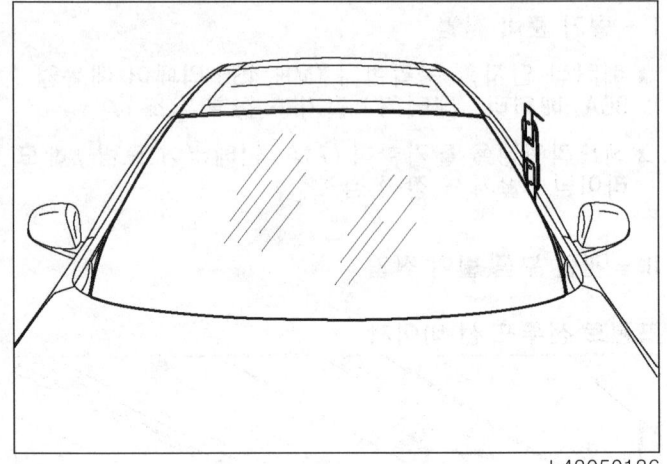

☐

> **주의**
> 실런트 비드를 절단할 때는 와이어링 하네스가 절단되지 않도록 주의한다.

☐ 실런트 비드를 절단한다.
☐ 윈드실드를 탈거한다 (이 작업은 두 사람이 작업한다).

장착

I – 장착 준비 작업

☐ 필요한 경우 다음을 신품으로 교환한다 :

- 윈드실드 조정 심,
- 레인 / 라이트 센서의 접착 베이스.

☐ 윈드실드 조정 심을 장착한다.
☐ 윈드실드와 차체 패널에 프라이머를 바른다.

II – 관련 부품 장착 작업

☐

> **참고 :**
> 윈드실드 접착시 고점성 실런트를 사용한다.

☐ 정량의 실런트 비드를 사용한다.
☐ 윈드실드를 접착한다 (이 작업은 두 사람이 작업한다).
☐ 다음의 틈새 및 단차를 맞춘다 :

- 《윈드실드 – 루프 패널》,
- 《윈드실드 – 프론트 필러》.

☐ 마스킹 테이프로 윈드실드를 고정한다.

윈도우
윈드실드 : 탈거 – 장착

54A

L43

III – 최종 작업

레인 센싱 와이퍼 적용

❏ 레인 / 라이트 센서를 장착한다 (MR 436 리페어 매뉴얼 , 85A, 와이퍼 및 워셔 , 레인 / 라이트 센서 : 탈거 – 장착 참조).

❏ 다음을 장착한다 :
  - 프론트 필러 가니쉬 (71A, 인테리어 트림 , 프론트 필러 가니쉬 : 탈거 – 장착 참조),
  - 인사이드 미러 (57A, 내장 장착 부품 , 인사이드 미러 : 탈거 – 장착 참조),
  - 카울 탑 커버 (56A, 외장 장착 부품 , 카울 탑 커버 : 탈거 – 장착 참조),
  - 프론트 윈드실드 와이퍼 암 (MR 436 리페어 매뉴얼 , 85A, 와이퍼 및 워셔 , 프론트 윈드실드 와이퍼 암 : 탈거 – 장착 참조).

❏ 윈드실드 트림 (1) 을 장착한다 .

윈도우
프론트 사이드 도어 슬라이딩 윈도우 글라스 : 탈거 - 장착

54A

L43

탈거

I - 탈거 준비 작업

❏ 다음을 탈거한다 :

- 프론트 사이드 도어 피니셔 (72A, 사이드 도어 트림 , 프론트 사이드 도어 피니셔 : 탈거 - 장착 참조),
- 도어 실링 스크린 (65A, 도어 실링 , 도어 실링 스크린 : 탈거 - 장착 참조),
- 프론트 사이드 도어 인사이드 몰딩 ,
- 프론트 사이드 도어 아웃사이드 몰딩 (66A, 윈도우 실링 , 프론트 사이드 도어 아웃사이드 몰딩 : 탈거 - 장착 참조).

II - 관련 부품 탈거 작업

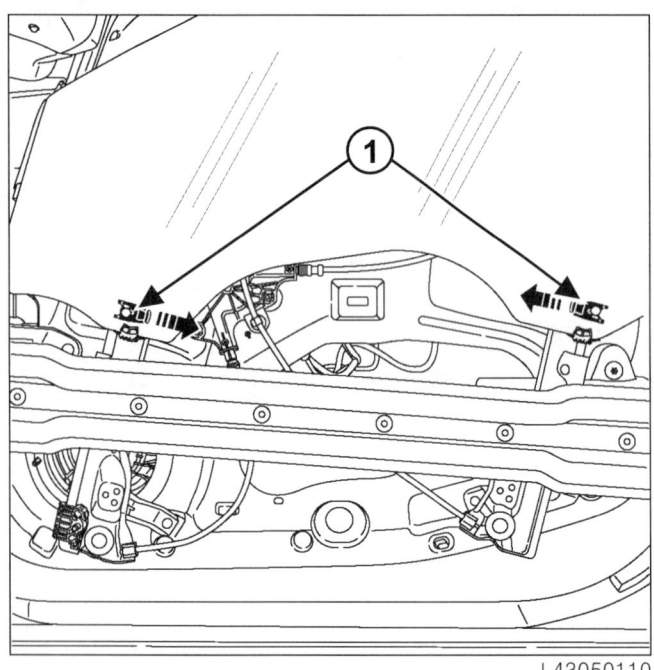

❏ 클립 (1) 에 접근할 수 있도록 프론트 사이드 도어 슬라이딩 윈도우를 내린다 .

❏ 배터리 단자를 분리한다 (MR 436 리페어 매뉴얼 , 80A, 배터리 , 배터리 : 탈거 - 장착 참조).

❏ 카드 및 접착제의 우발적 손상을 방지하기 위해 사이드 에어백 센서를 보호한다 .

❏ 클립 (1) 을 탈거한다 .

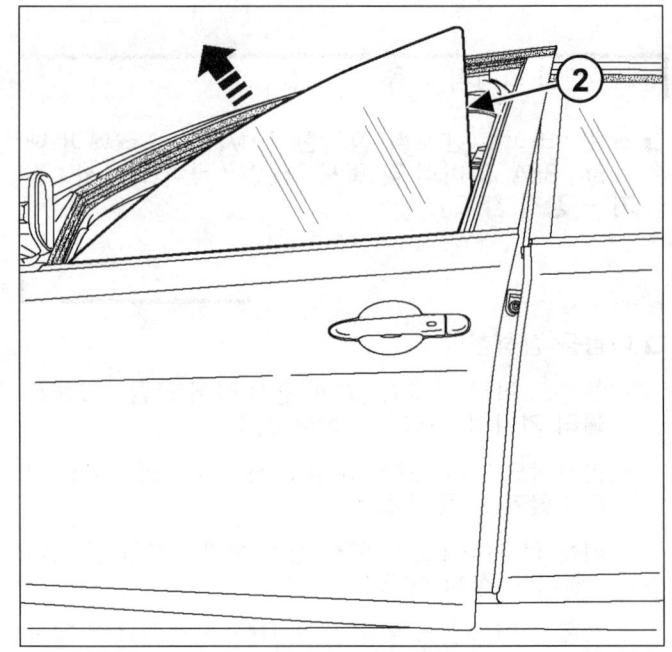

❏ 프론트 사이드 도어 슬라이딩 윈도우 글라스 (2) 를 탈거한다 .

장착

I - 관련 부품 장착 작업

❏ 다음을 장착한다 :

- 프론트 사이드 도어 슬라이딩 윈도우 글라스 (2),
- 클립 (1).

II - 최종 작업

❏ 배터리 단자를 연결한다 (MR 436 리페어 매뉴얼 , 80A, 배터리 , 배터리 : 탈거 - 장착 참조).

❏ 기능 테스트를 수행한다 .

❏ 사이드 에어백 센서의 보호를 해제한다 .

❏ 다음을 장착한다 :

- 프론트 사이드 도어 아웃사이드 몰딩 (66A, 윈도우 실링 , 프론트 사이드 도어 아웃사이드 몰딩 : 탈거 - 장착 참조),
- 프론트 사이드 도어 인사이드 몰딩 ,
- 도어 실링 스크린 (65A, 도어 실링 , 도어 실링 스크린 : 탈거 - 장착 참조).

❏ 실링 테스트를 수행한다 .

❏ 프론트 사이드 도어 피니셔를 장착한다 (72A, 사이드 도어 트림 , 프론트 사이드 도어 피니셔 : 탈거 - 장착 참조).

윈도우
리어 사이드 도어 고정 윈도우 : 탈거 - 장착

54A

L43

탈거

I - 탈거 준비 작업

❏ 다음을 탈거한다 :

- 리어 사이드 도어 피니셔 (72A, 사이드 도어 트림, 리어 사이드 도어 피니셔 : 탈거 - 장착 참조),
- 리어 사이드 도어 슬라이딩 윈도우 글라스 (54A, 윈도우, 리어 사이드 도어 슬라이딩 윈도우 글라스 : 탈거 - 장착 참조),
- 리어 사이드 도어 프레임 인터널 트림 (72A, 사이드 도어 트림, 리어 사이드 도어 프레임 인터널 트림 : 탈거 - 장착 참조).

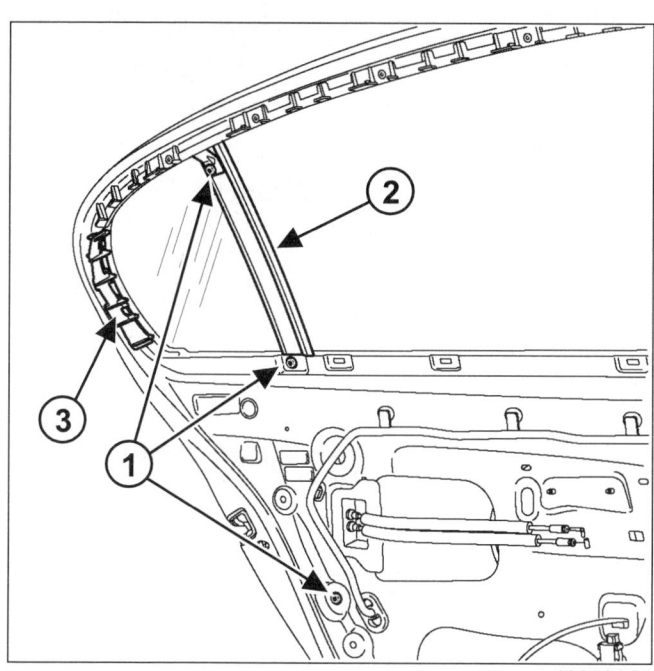

❏ 다음을 탈거한다 :

- 볼트 (1),
- 고정 윈도우 트림 (2),
- 클립 (3).

II - 관련 부품 탈거 작업

❏ 리어 사이드 도어 글라스 런을 부분적으로 탈거한다.

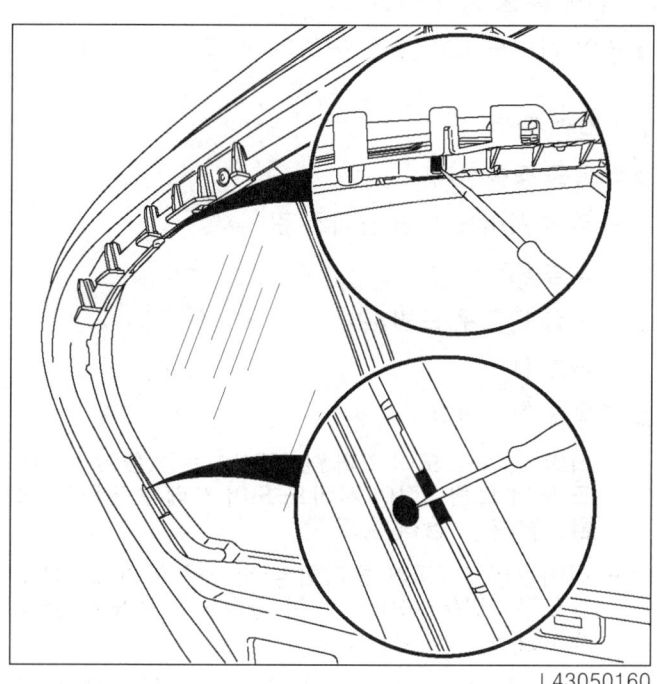

❏ 클립을 누른다.

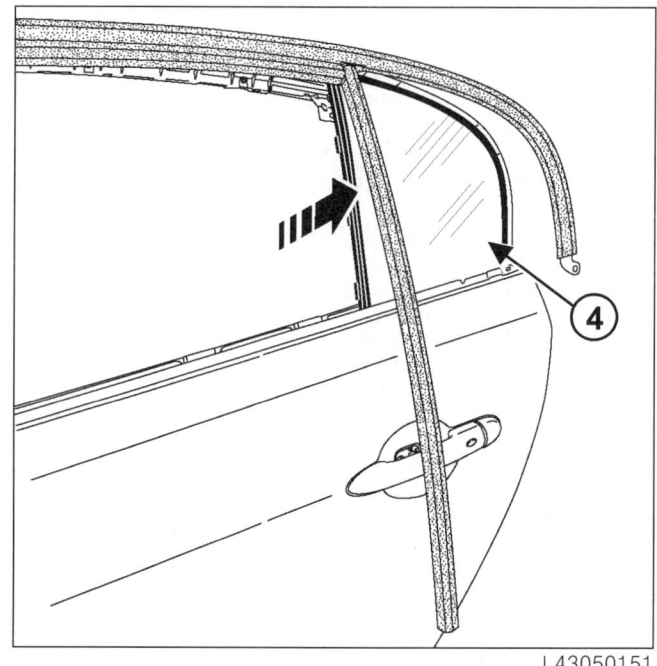

❏ 리어 사이드 도어 고정 윈도우 (4) 를 탈거한다.

54A-4

윈도우
리어 사이드 도어 고정 윈도우 : 탈거 – 장착

54A

L43

장착

I – 관련 부품 장착 작업

- 리어 사이드 도어 고정 윈도우 (4) 를 장착한다 .

II – 최종 작업

- 다음을 장착한다 :
  - 리어 사이드 도어 글라스 런 ,
  - 클립 (3),
  - 고정 윈도우 트림 (2),
  - 볼트 (1).

- 다음을 장착한다 :
  - 리어 사이드 도어 프레임 인터널 트림 (72A, 사이드 도어 트림 , 리어 사이드 도어 프레임 인터널 트림 : 탈거 – 장착 참조),
  - 리어 사이드 도어 슬라이딩 윈도우 글라스 (54A, 윈도우 , 리어 사이드 도어 슬라이딩 윈도우 글라스 : 탈거 – 장착 참조),
  - 리어 사이드 도어 피니셔 (72A, 사이드 도어 트림 , 리어 사이드 도어 피니셔 : 탈거 – 장착 참조).

윈도우
리어 사이드 도어 슬라이딩 윈도우 글라스 : 탈거 - 장착

L43

규정 토크	
리어 사이드 도어 슬라이딩 윈도우 글라스 볼트	7 N.m

탈거

I - 탈거 준비 작업

❑ 다음을 탈거한다 :
- 리어 사이드 도어 피니셔 (72A, 사이드 도어 트림, 리어 사이드 도어 피니셔 : 탈거 - 장착 참조),
- 도어 실링 스크린 (65A, 도어 실링, 도어 실링 스크린 : 탈거 - 장착 참조),
- 리어 사이드 도어 인사이드 몰딩,
- 리어 사이드 도어 아웃사이드 몰딩 (66A, 윈도우 실링, 리어 사이드 도어 아웃사이드 몰딩 : 탈거 - 장착 참조).

II - 관련 부품 탈거 작업

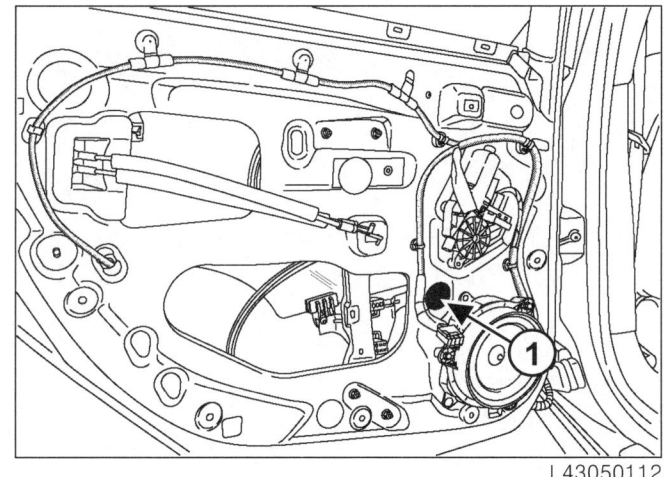

❑ 마운팅 볼트에 접근할 수 있도록 윈도우를 내린다.

❑ 배터리 단자를 분리한다 (MR 436 리페어 매뉴얼, 80A, 배터리, 배터리 : 탈거 - 장착 참조).

❑ 실링 플러그 (1) 를 탈거한다.

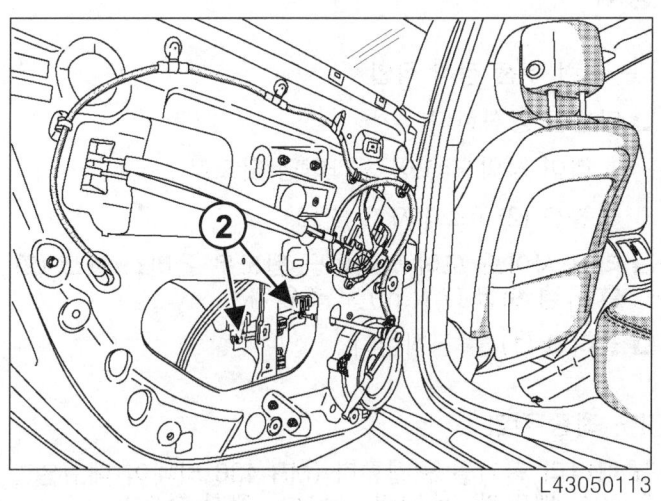

❑ 볼트 (2) 를 탈거한다.

❑ 리어 사이드 슬라이딩 윈도우 글라스를 탈거한다.

윈도우
리어 사이드 도어 슬라이딩 윈도우 글라스 : 탈거 – 장착

54A

L43

장착

I – 관련 부품 장착 작업

❏ 다음을 장착한다 :
- 리어 사이드 도어 슬라이딩 윈도우 ,
- 볼트 (2) (조이지 않음).

❏ 리어 사이드 도어 슬라이딩 윈도우 글라스 볼트 (2) 를 규정 토크 (7 N.m) 로 조인다 .

❏ 플러그 (1) 를 장착한다 .

II – 최종 작업

❏ 배터리 단자를 연결한다 (MR 436 리페어 매뉴얼 , 80A, 배터리 , 배터리 : 탈거 – 장착 참조).

❏ 기능 테스트를 수행한다 .

❏ 다음을 장착한다 :
- 리어 사이드 도어 아웃사이드 몰딩 (66A, 윈도우 실링 , 리어 사이드 도어 아웃사이드 몰딩 : 탈거 – 장착 참조),
- 리어 사이드 도어 인사이드 몰딩 .

❏ 도어 실링 스크린을 장착한다 (65A, 도어 실링 , 도어 실링 스크린 : 탈거 – 장착 참조).

❏ 실링 테스트를 수행한다 .

❏ 리어 사이드 도어 피니셔를 장착한다 (72A, 사이드 도어 트림 , 리어 사이드 도어 피니셔 : 탈거 – 장착 참조).

윈도우
리어 글라스 : 탈거 – 장착

54A

L43

탈거

I – 탈거 준비 작업

❏ 다음을 탈거한다 :
- 리어 필러 피니셔 (71A, 인테리어 트림, 리어 필러 피니셔 : 탈거 – 장착 참조),
- 하이 마운팅 스톱 램프 (MR 436 리페어 매뉴얼 81A, 리어 라이팅 시스템, 하이 마운팅 스톱 램프 : 탈거 – 장착 참조).

❏ 다음을 분리한다 :
- 리어 글라스 열선 커넥터,
- 안테나 앰프 커넥터.

❏ 마스킹 테이프로 리어 글라스의 가장자리를 보호한다.

II – 관련 부품 탈거 작업

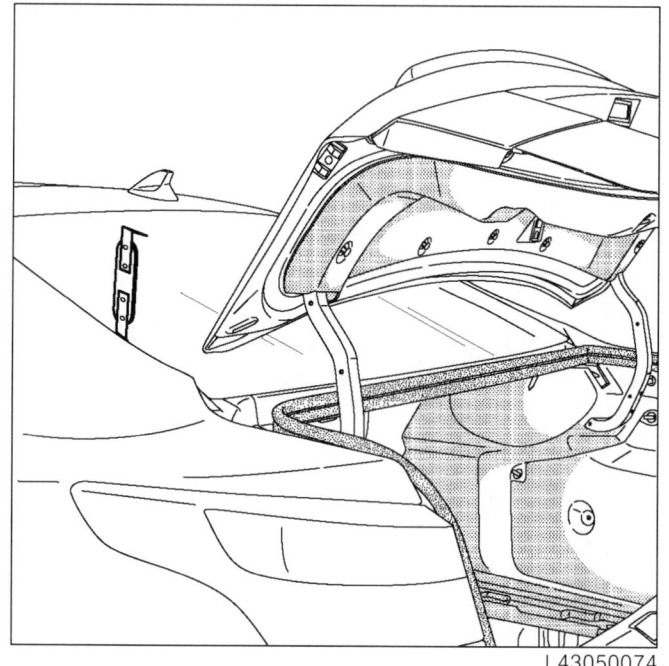

L43050074

❏ 실런트 비드를 절단한다.

❏ 리어 글라스를 탈거한다 (이 작업은 두 사람이 작업한다).

장착

I – 장착 준비 작업

❏ 필요한 경우 리어 글라스 조정 심을 신품으로 교환한다.

❏ 리어 글라스 조정 심을 장착한다.

❏ 리어 글라스와 차체 패널에 프라이머를 바른다.

II – 관련 부품 장착 작업

❏

> 참고 :
> 윈드실드 접착시 고점성 실런트를 사용한다.

❏ 정량의 실런트 비드를 사용한다.

❏ 리어 글라스를 접착한다 (이 작업은 두 사람이 작업한다).

❏ 다음의 틈새 및 단차를 맞춘다 :
- 《리어 글라스 – 루프 패널》,
- 《리어 글라스 – 리어 펜더》.

❏ 마스킹 테이프로 리어 글라스를 고정한다.

III – 최종 작업

❏ 다음을 연결한다 :
- 안테나 앰프 커넥터,
- 리어 글라스 열선 커넥터.

❏ 하이 마운팅 스톱 램프를 장착한다 (MR 436 리페어 매뉴얼, 81A, 리어 라이팅 시스템, 하이 마운팅 스톱 램프 : 탈거 – 장착 참조).

❏ 기능 테스트를 수행한다.

❏ 리어 필러 피니셔를 장착한다 (71A, 인테리어 트림, 리어 필러 피니셔 : 탈거 – 장착 참조).

윈도우
선루프 사이드 트림 : 탈거 - 장착

54A

L43

탈거

I - 탈거 준비 작업

❏ 선루프 사이드 트림 리어 파트 (1) 를 조심스럽게 탈거한다.

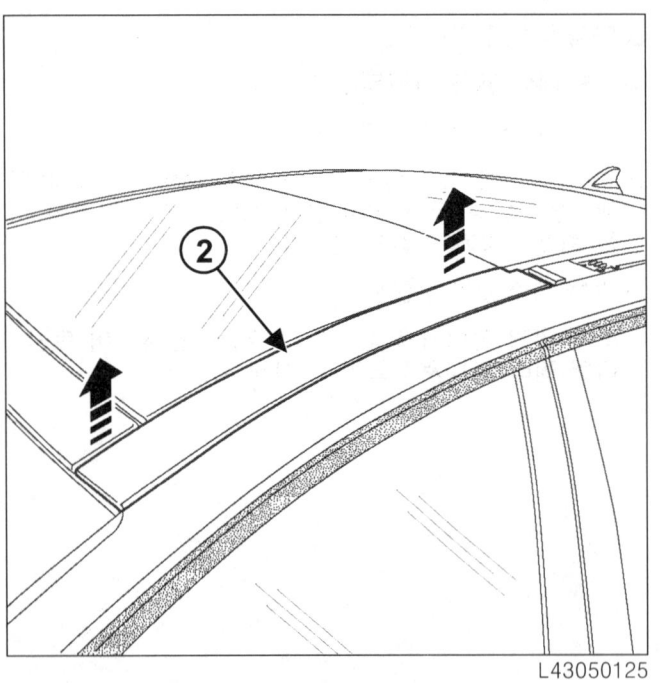

❏ 선루프 사이드 트림 프론트 파트 (2) 를 조심스럽게 탈거한다.

장착

I - 관련 부품 장착 작업

❏ 필요한 경우 선루프 사이드 트림 클립을 신품으로 교환한다.

II - 관련 부품 장착 작업

❏ 다음을 장착한다 :
  - 선루프 사이드 트림 프론트 파트 (2),
  - 선루프 사이드 트림 리어 파트 (1).

외장 보호 트림
프론트 범퍼 : 탈거 – 장착

55A

L43

규정 토크 ⊘	
프론트 범퍼 로어 볼트	7 N.m
프론트 범퍼 사이드 볼트	2 N.m

탈거

I – 탈거 준비 작업

❏ 차량을 2 주식 리프트에 위치시킨다 (02A, 리프팅 , 차량 : 견인 및 리프팅 참조).

❏ 다음을 탈거한다 :
  - 라디에이터 그릴 (56A, 외장 장착 부품 , 라디에이터 그릴 : 탈거 – 장착 참조),
  - 프론트 휠 (MR 436 리페어 매뉴얼 , 35A, 휠 및 타이어 , 휠 : 탈거 – 장착 참조),
  - 프론트 펜더 프로텍터의 프론트 섹션 부분 탈거 (55A, 외장 보호 트림 , 프론트 펜더 프로텍터 : 탈거 – 장착 참조).

II – 관련 부품 탈거 작업

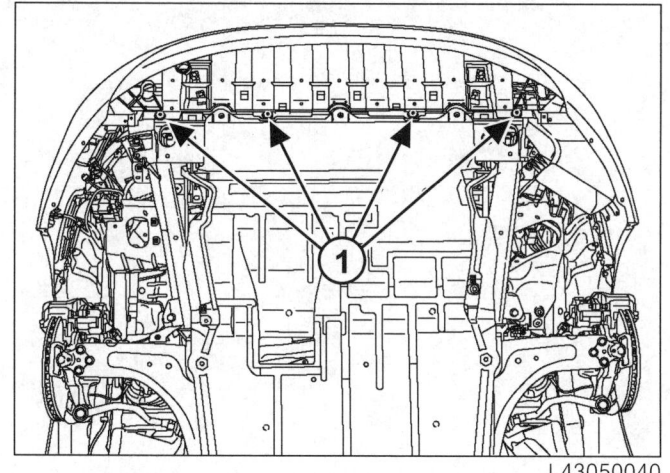

❏ 볼트 (1) 를 탈거한다 .

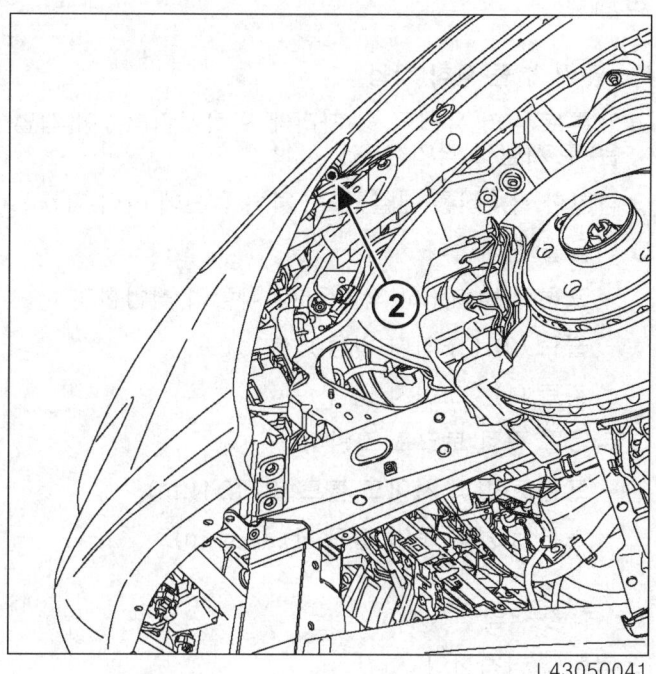

❏ 볼트 (2) 를 탈거한다 .

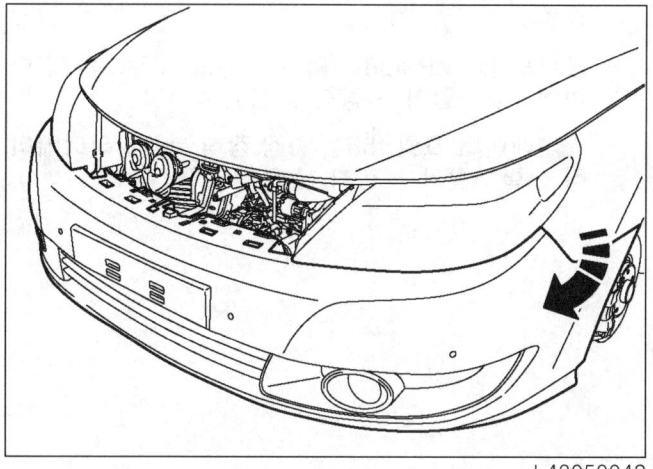

❏ 프론트 범퍼를 부분적으로 탈거한다 .

❏ 다양한 커넥터를 분리한다 (차량 옵션에 따라 다름).

❏ 프론트 범퍼를 탈거한다 (이 작업은 두 사람이 작업한다).

외장 보호 트림
프론트 범퍼 : 탈거 - 장착

55A

L43

장착

I - 관련 부품 장착 작업

- 프론트 범퍼 유닛을 제 자리에 위치시킨다 (이 작업은 두 사람이 작업한다).
- 다양한 커넥터를 연결한다 (차량 옵션에 따라 다름).
- 다음을 장착한다 :
  - 프론트 범퍼 (이 작업은 두 사람이 작업한다),
  - 볼트 (2) (조이지 않음),
  - 볼트 (1) (조이지 않음).
- 다음을 규정 토크로 조인다 :
  - **프론트 범퍼 사이드 볼트** (2) **(2 N.m)**,
  - **프론트 범퍼 로어 볼트** (1) **(7 N.m)**.

II - 최종 작업

- 다음을 장착한다 :
  - 프론트 펜더 프로텍터의 프론트 섹션 (55A, 외장 보호 트림 , 프론트 펜더 프로텍터 : 탈거 - 장착 참조),
  - 프론트 휠 (MR 436 리페어 매뉴얼 , 35A, 휠 및 타이어 , 휠 : 탈거 - 장착 참조),
  - 라디에이터 그릴 (56A, 외장 장착 부품 , 라디에이터 그릴 : 탈거 - 장착 참조).

외장 보호 트림
프론트 범퍼 : 분해 – 재조립

55A

L43

분해

I – 분해 준비 작업

- 프론트 범퍼를 탈거한다 (55A, 외장 보호 트림, 프론트 범퍼 : 탈거 – 장착 참조).

II – 관련 부품 분해 작업

- 다음을 탈거한다 :
  - 프론트 안개등 (MR 436 리페어 매뉴얼, 80B, 프론트 라이팅 시스템, 프론트 안개등 : 탈거 – 장착 참조),
  - 파킹 에이드 센서 (MR 436 리페어 매뉴얼, 87F, 파킹 에이드 시스템, 파킹 에이드 센서 : 탈거 – 장착 참조),
  - 프론트 범퍼 와이어링.

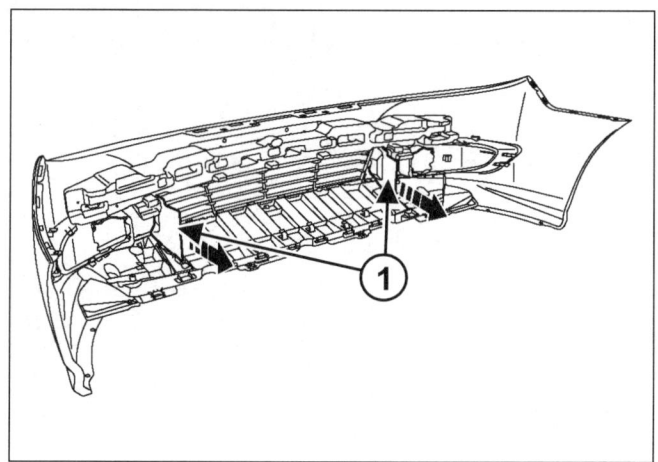

- 디플렉터 (1) 를 탈거한다.

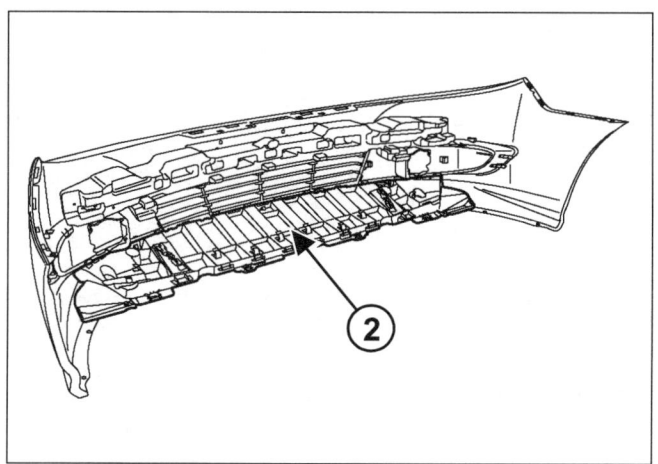

- 디퓨저 (2) 를 탈거한다.

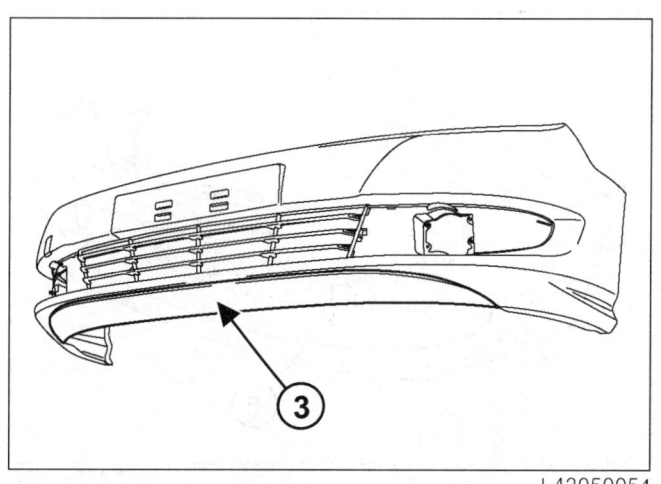

- 에어로다이나믹 구성부품 (3) 을 탈거한다.

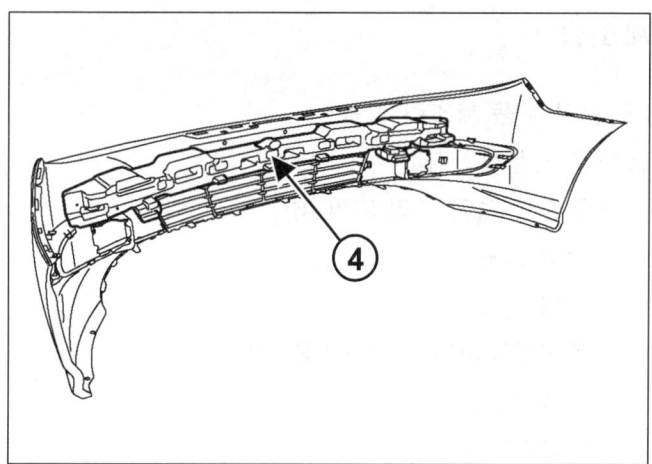

- 센터 업소버 (4) 를 탈거한다.

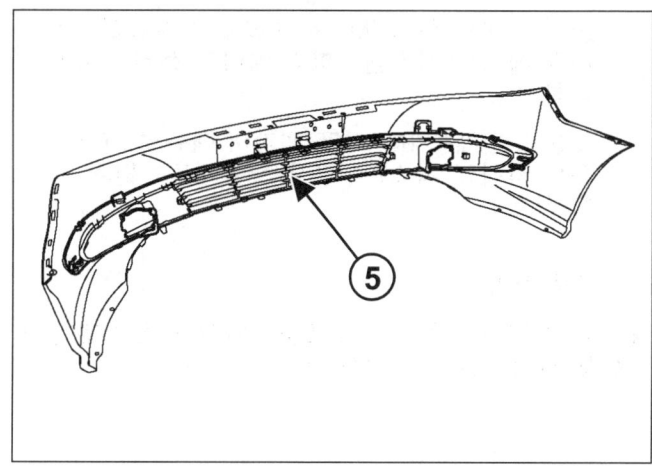

- 센터 그릴 (5) 을 탈거한다.

외장 보호 트림
프론트 범퍼 : 분해 – 재조립

55A

L43

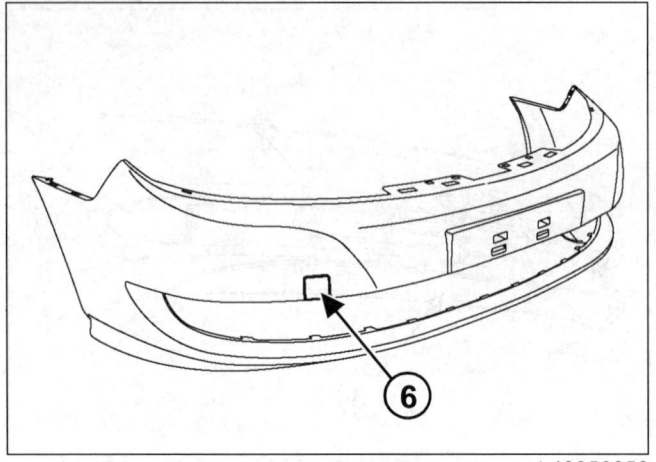

L43050058

❏ 프론트 견인 고리 커버 (6) 를 탈거한다 .

재조립

I – 관련 부품 재조립 작업

❏ 다음을 장착한다 :

- 프론트 견인 고리 커버 (6),
- 센터 그릴 (5),
- 센터 업소버 (4),
- 에어로다이나믹 구성부품 (3),
- 디퓨저 (2),
- 디플렉터 (1).

❏ 다음을 장착한다 :

- 프론트 범퍼 와이어링 ,
- 파킹 에이드 센서 (MR 436 리페어 매뉴얼 , 87F, 파킹 에이드 시스템 , 파킹 에이드 센서 : 탈거 – 장착 참조),
- 프론트 안개등 (MR 436 리페어 매뉴얼 , 80B, 프론트 라이팅 시스템 , 프론트 안개등 : 탈거 – 장착 참조).

II – 최종 작업

❏ 프론트 범퍼를 장착한다 (55A, 외장 보호 트림 , 프론트 범퍼 : 탈거 – 장착 참조).

외장 보호 트림
리어 범퍼 : 탈거 – 장착

55A

L43

탈거

I – 탈거 준비 작업

- 차량을 2주식 리프트에 위치시킨다 (02A, 리프팅, 차량 : 견인 및 리프팅 참조).
- 리어 펜더 램프를 부분 탈거한다 (MR 436 리페어 매뉴얼, 81A, 리어 라이팅 시스템, 펜더측 리어 컴비네이션 램프 : 탈거 – 장착 참조).

II – 관련 부품 탈거 작업

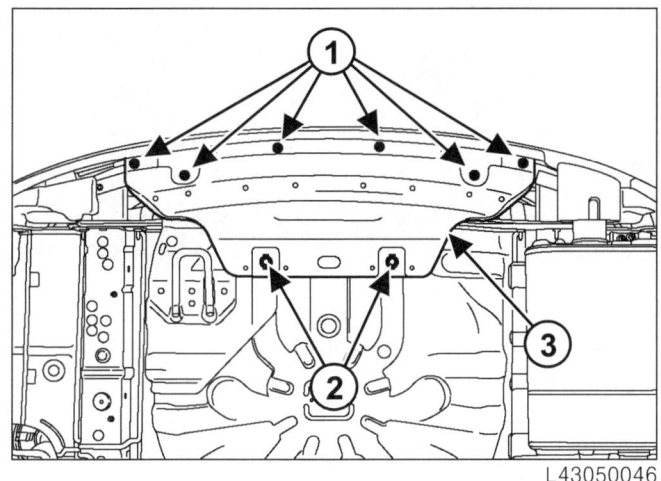

- 다음을 탈거한다 (차량 옵션에 따라 다름):
  - 클립 (1),
  - 클립 (2),
  - 리어 범퍼 로어 피니셔 (3).

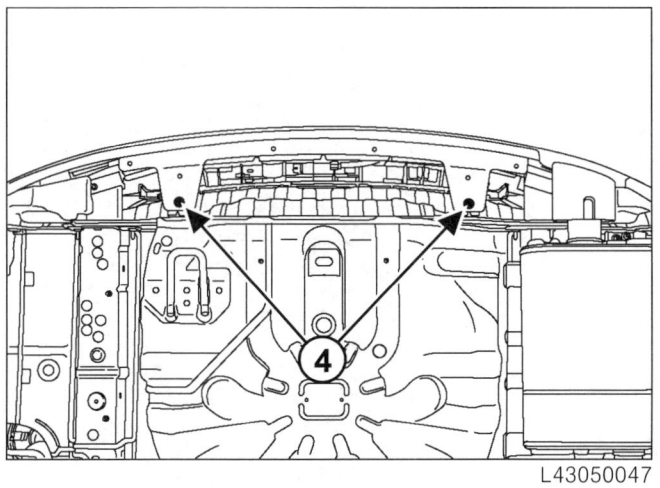

- 클립 (4) 을 탈거한다.

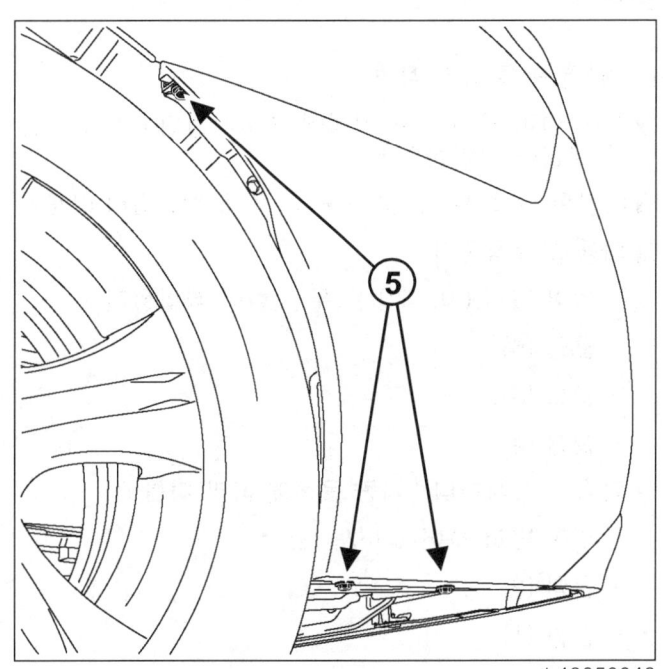

- 볼트 (5) 를 탈거한다.

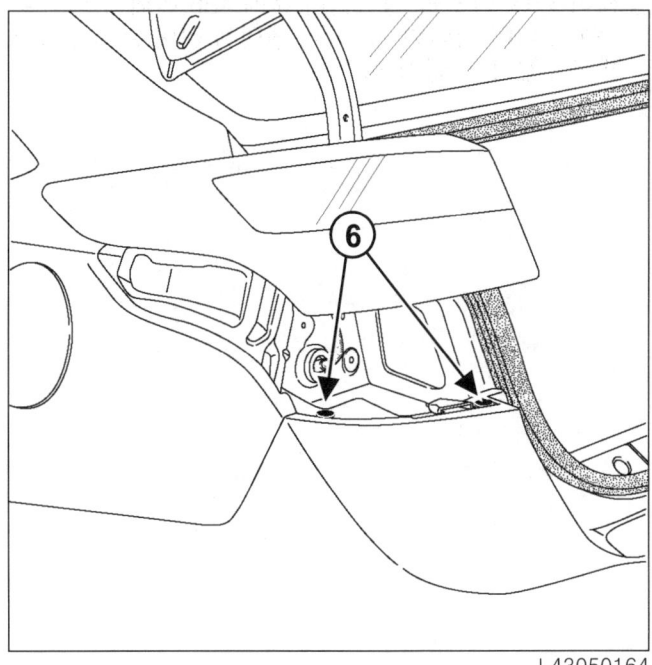

- 클립 (6) 을 탈거한다.
- 리어 범퍼를 부분적으로 탈거한다.
- 다양한 커넥터를 분리한다 (차량 옵션에 따라 다름).
- 리어 범퍼를 탈거한다 (이 작업은 두 사람이 작업한다).

외장 보호 트림
리어 범퍼 : 탈거 - 장착

55A

L43

장착

I - 관련 부품 장착 작업

❑ 리어 범퍼 유닛을 제 자리에 위치시킨다 (이 작업은 두 사람이 작업한다).

❑ 다양한 커넥터를 연결한다 (차량 옵션에 따라 다름).

❑ 다음을 장착한다 :
 - 리어 범퍼 (이 작업은 두 사람이 작업한다),
 - 클립 (6),
 - 볼트 (5),
 - 클립 (4).

❑ 다음을 장착한다 (차량 옵션에 따라 다름):
 - 리어 범퍼 로어 피니셔 (3),
 - 클립 (2),
 - 클립 (1).

II - 최종 작업

❑ 리어 펜더 램프를 장착한다 (MR 436 리페어 매뉴얼 , 81A, 리어 라이팅 시스템 , 펜더측 리어 컴비네이션 램프 : 탈거 - 장착 참조).

외장 보호 트림
리어 범퍼 : 분해 – 재조립

55A

L43

분해

I – 분해 준비 작업

- 리어 범퍼를 탈거한다 (55A, 외장 보호 트림 , 리어 범퍼 : 탈거 – 장착 참조).

II – 관련 부품 분해 작업

- 파킹 에이드 센서를 탈거한다 (MR 436 리페어 매뉴얼 , 87F, 파킹 에이드 시스템 , 파킹 에이드 센서 : 탈거 – 장착 참조).

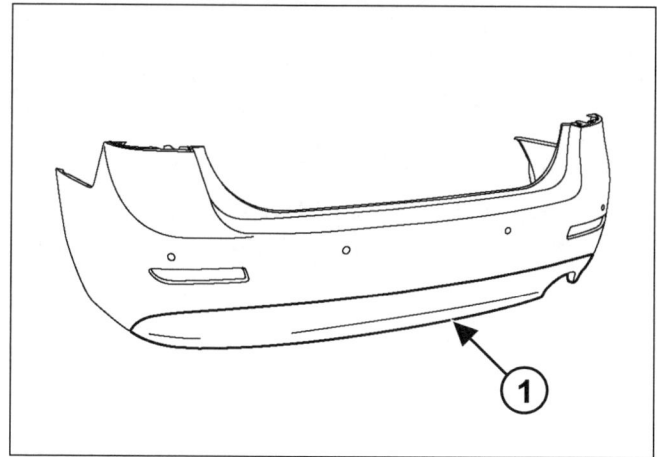

- 리어 범퍼 로어 트림 (1) 을 탈거한다 .

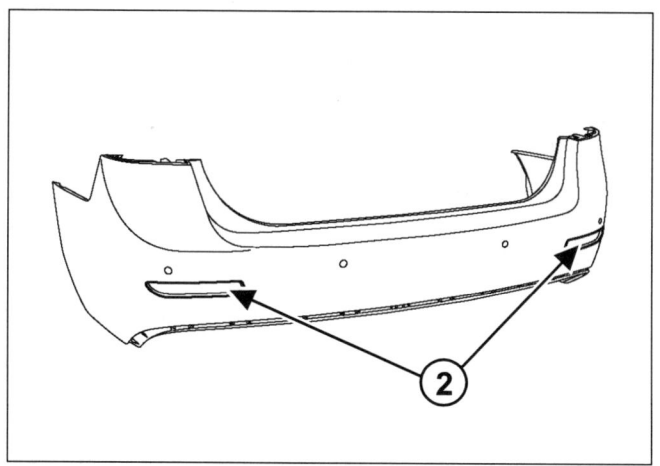

- 리플렉터 (2) 를 탈거한다 .

재조립

I – 관련 부품 재조립 작업

- 다음을 장착한다 :
  - 리플렉터 (2),
  - 리어 범퍼 로어 트림 (1).

- 파킹 에이드 센서를 장착한다 (MR 436 리페어 매뉴얼 , 87F, 파킹 에이드 시스템 , 파킹 에이드 센서 : 탈거 – 장착 참조).

II – 최종 작업

- 리어 범퍼를 장착한다 (55A, 외장 보호 트림 , 리어 범퍼 : 탈거 – 장착 참조).

외장 보호 트림
루프 몰딩 : 탈거 – 장착

55A

L43

탈거

I – 관련 부품 탈거 작업
- 마스킹 테이프로 사이드 바디 패널을 보호한다.

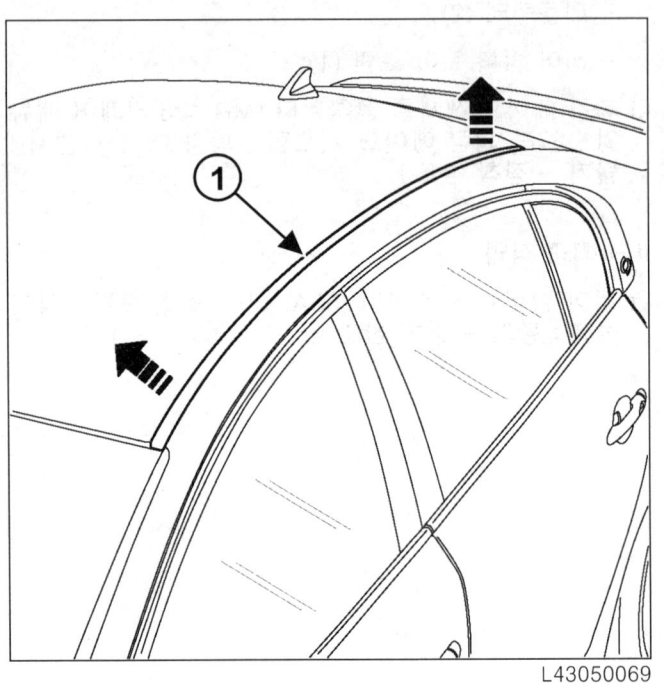

- 루프 몰딩 (1) 을 조심스럽게 탈거한다.

장착

I – 장착 준비 작업
- 필요한 경우 루프 몰딩 클립을 신품으로 교환한다.

II – 관련 부품 장착 작업
- 루프 몰딩 (1) 을 장착한다.
- 마스킹 테이프를 제거한다.

외장 보호 트림
프론트 펜더 프로텍터 : 탈거 – 장착

55A

L43

탈거

I – 탈거 준비 작업

- 차량을 2 주식 리프트에 위치시킨다 (02A, 리프팅, 차량 : 견인 및 리프팅 참조).
- 프론트 휠을 탈거한다 (MR 436 리페어 매뉴얼, 35A, 휠 및 타이어, 휠 : 탈거 – 장착 참조).

II – 관련 부품 탈거 작업

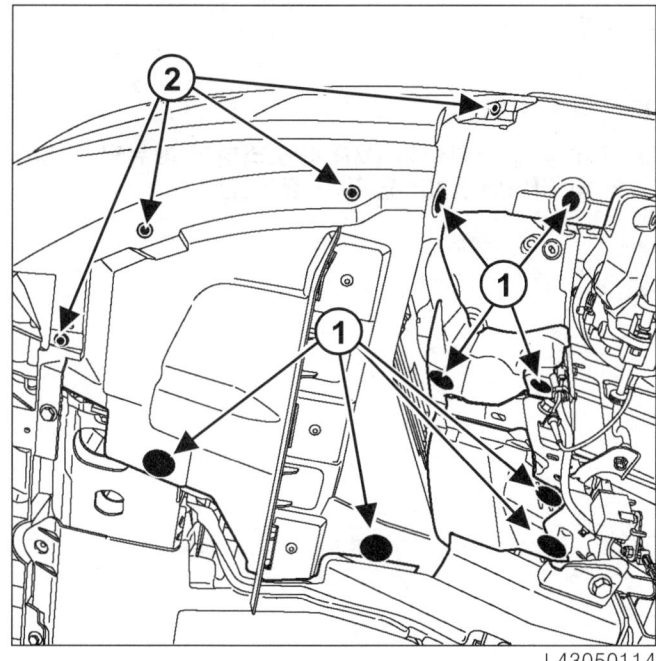

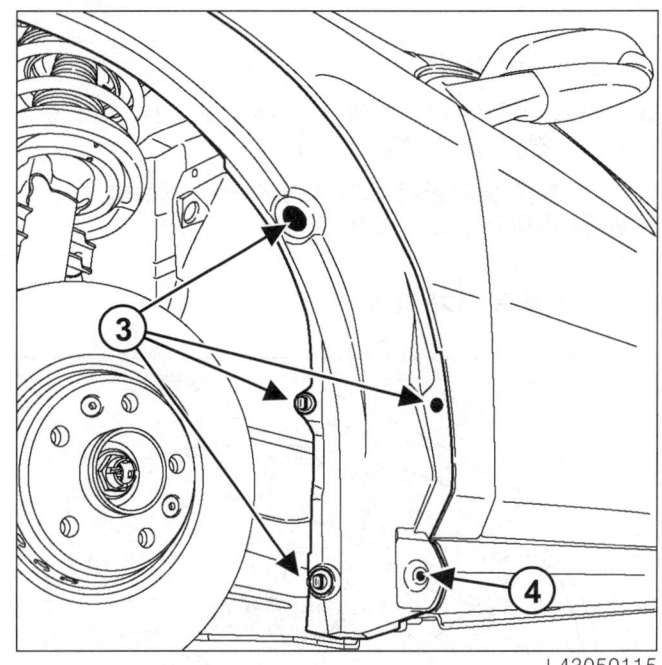

- 다음을 탈거한다 :
  - 클립 (1),
  - 볼트 (2),
  - 프론트 펜더 프로텍터의 앞부분부터 .

- 다음을 탈거한다 :
  - 클립 (3),
  - 볼트 (4),
  - 프론트 펜더 프로텍터 .

장착

I – 장착 준비 작업

- 필요한 경우 클립 (1) 과 (3) 을 신품으로 교환한다 .

II – 관련 부품 장착 작업

- 프론트 펜더 프로텍터의 뒷부분부터 장착한다 .
- 다음을 장착한다 :
  - 볼트 (4),
  - 클립 (3),
  - 볼트 (2),
  - 클립 (1).

III – 최종 작업

- 프론트 휠을 장착한다 (MR 436 리페어 매뉴얼, 35A, 휠 및 타이어, 휠 : 탈거 – 장착 참조).

외장 보호 트림
리어 펜더 프로텍터 : 탈거 - 장착

55A

L43

탈거

I - 탈거 준비 작업

- 차량을 2 주식 리프트에 위치시킨다 (02A, 리프팅, 차량 : 견인 및 리프팅 참조).
- 리어 휠을 탈거한다 (MR 436 리페어 매뉴얼, 35A, 휠 및 타이어, 휠 : 탈거 - 장착 참조).

II - 관련 부품 탈거 작업

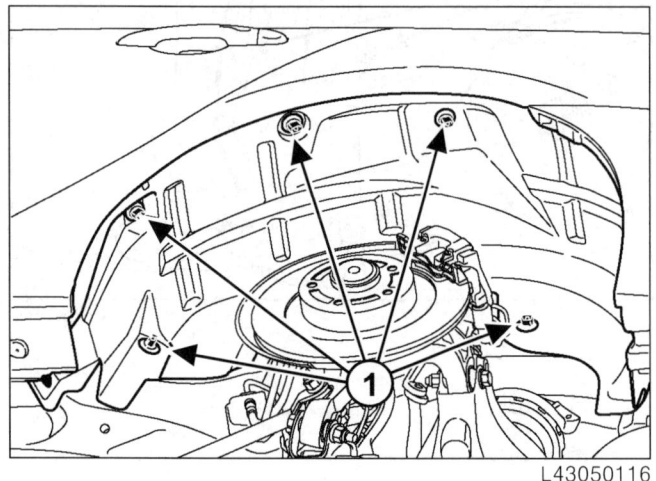

- 다음을 탈거한다 :
  - 클립 (1),
  - 리어 펜더 프로텍터의 앞부분부터.

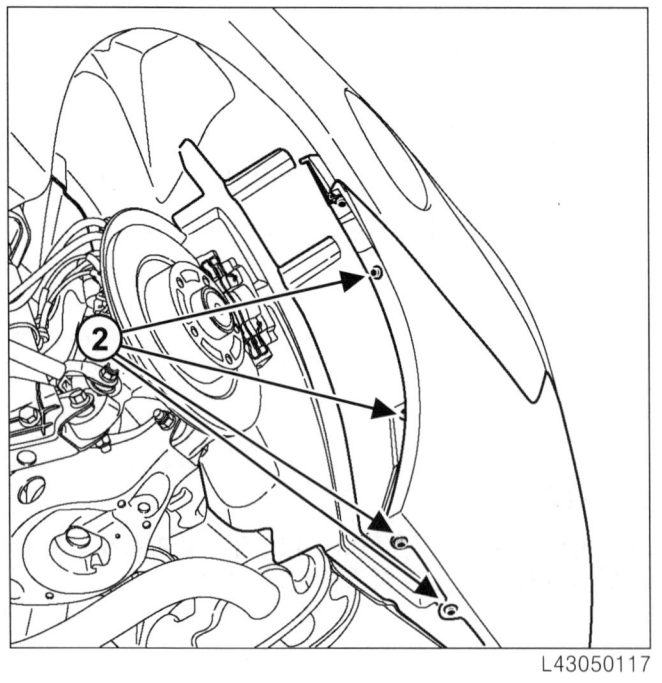

- 다음을 탈거한다 :
  - 볼트 (2),
  - 리어 펜더 프로텍터.

장착

I - 장착 준비 작업

- 필요한 경우 클립 (1) 을 신품으로 교환한다.

II - 관련 부품 장착 작업

- 리어 펜더 프로텍터의 뒷부분부터 장착한다.
- 다음을 장착한다 :
  - 볼트 (2),
  - 클립 (1).

III - 최종 작업

- 리어 휠을 장착한다 (MR 436 리페어 매뉴얼, 35A, 휠 및 타이어, 휠 : 탈거 - 장착 참조).

외장 보호 트림
바디 사이드 트림 : 탈거 – 장착

55A

L43

탈거

I – 관련 부품 탈거 작업

- 클립 (1) 을 누른다.
- 바디 사이드 트림 프론트 파트 (2) 를 탈거한다.

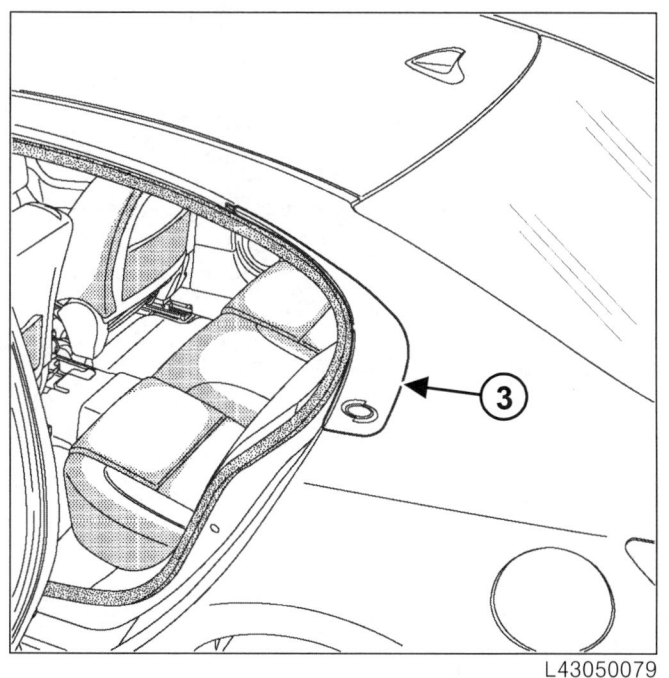

- 바디 사이드 트림 리어 파트 (3) 를 탈거한다.

장착

I – 장착 준비 작업

- 필요한 경우 바디 사이드 트림 클립 (1) 을 신품으로 교환한다.

II – 관련 부품 장착 작업

- 다음을 장착한다 :
  - 바디 사이드 트림 리어 파트 (3),
  - 바디 사이드 트림 프론트 파트 (2).

외장 보호 트림
프론트 사이드 도어 필러 트림 : 탈거 - 장착

55A

L43

규정 토크 ⊝	
프론트 사이드 도어 필러 트림 볼트	2 N.m

탈거

I - 탈거 준비 작업

◻ 다음을 탈거한다 :

- 프론트 사이드 도어 슬라이딩 윈도우 글라스 (54A, 윈도우 , 프론트 사이드 도어 슬라이딩 윈도우 글라스 : 탈거 - 장착 참조),
- 프론트 사이드 도어 글라스 런의 리어 섹션 부분 탈거 (66A, 윈도우 실링 , 프론트 사이드 도어 글라스 런 : 탈거 - 장착 참조).

II - 관련 부품 탈거 작업

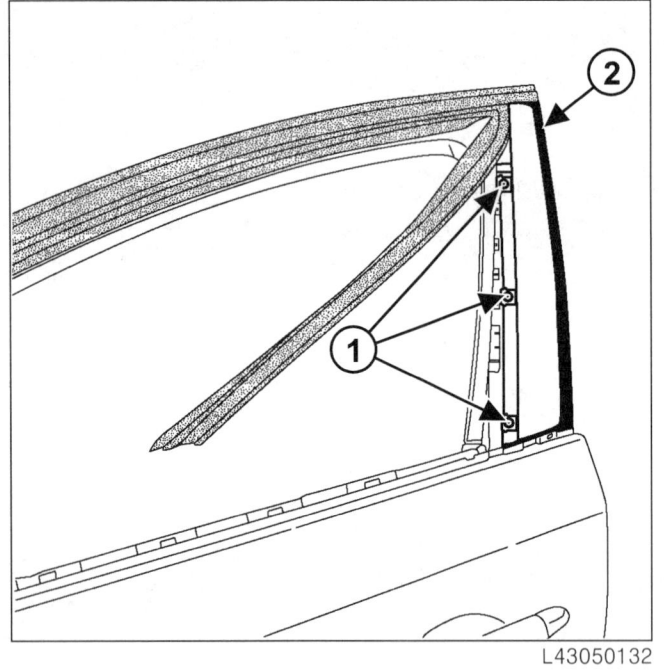

L43050132

◻ 다음을 탈거한다 :

- 볼트 (1),
- 프론트 사이드 도어 필러 트림 (2).

장착

I - 관련 부품 장착 작업

◻ 다음을 장착한다 :

- 프론트 사이드 도어 필러 트림 (2),
- 볼트 (1) (조이지 않음).

◻ **프론트 사이드 도어 필러 트림 볼트 (1) 를 규정 토크 (2 N.m) 로 조인다 .**

◻ 프론트 사이드 도어 글라스 런을 장착한다 .

II - 최종 작업

◻ 다음을 장착한다 :

- 프론트 사이드 도어 글라스 런의 리어 섹션 (66A, 윈도우 실링 , 프론트 사이드 도어 글라스 런 : 탈거 - 장착 참조),
- 프론트 사이드 도어 슬라이딩 윈도우 글라스 (54A, 윈도우 , 프론트 사이드 도어 슬라이딩 윈도우 글라스 : 탈거 - 장착 참조).

외장 보호 트림
리어 사이드 도어 필러 트림 : 탈거 – 장착

55A

L43

규정 토크 ⊖	
리어 사이드 도어 필러 트림 볼트	2 N.m

탈거

I – 탈거 준비 작업

❏ 다음을 탈거한다 :
- 리어 사이드 도어 슬라이딩 윈도우 글라스 (54A, 윈도우 , 리어 사이드 도어 슬라이딩 윈도우 글라스 : 탈거 – 장착 참조),
- 리어 사이드 도어 글라스 런의 프론트 섹션 부분 탈거 (66A, 윈도우 실링 , 프론트 사이드 도어 글라스 런 : 탈거 – 장착 참조).

II – 관련 부품 탈거 작업

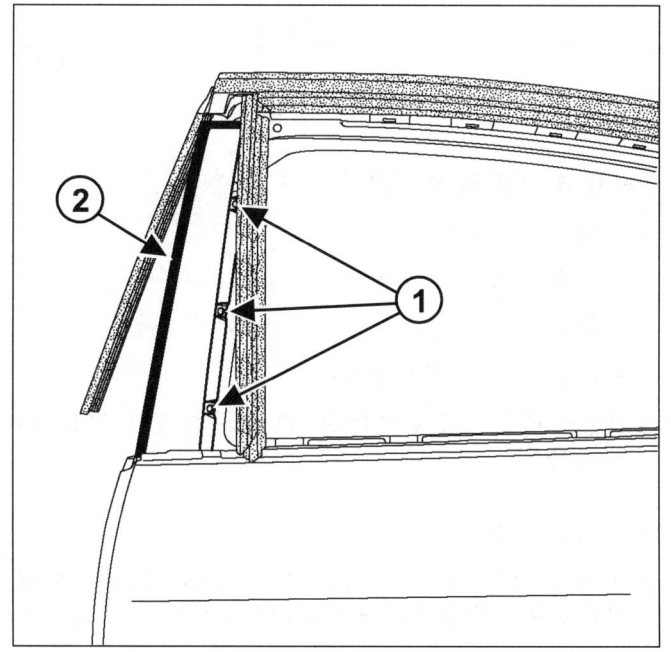

L43050133

❏ 다음을 탈거한다 :
- 볼트 (1),
- 리어 사이드 도어 필러 트림 (2).

장착

I – 관련 부품 장착 작업

❏ 다음을 장착한다 :
- 프론트 사이드 도어 필러 트림 (2),
- 볼트 (1) (조이지 않음).

❏ 리어 사이드 도어 필러 트림 볼트 (1) 를 규정 토크 (2 N.m) 로 조인다 .

II – 최종 작업

❏ 다음을 장착한다 :
- 리어 사이드 도어 글라스 런의 프론트 섹션 (66A, 윈도우 실링 , 프론트 사이드 도어 글라스 런 : 탈거 – 장착 참조),
- 리어 사이드 도어 슬라이딩 윈도우 글라스 (54A, 윈도우 , 리어 사이드 도어 슬라이딩 윈도우 글라스 : 탈거 – 장착 참조).

외장 장착 부품
트렁크 리드 스포일러 : 탈거 - 장착

56A

L43

규정 토크	
트렁크 리드 스포일러 너트	4 N.m

탈거

I - 탈거 준비 작업

- 트렁크 리드 피니셔를 탈거한다 (73A, 사이드 도어 이외 트림, 트렁크 리드 피니셔 : 탈거 - 장착 참조).

II - 관련 부품 탈거 작업

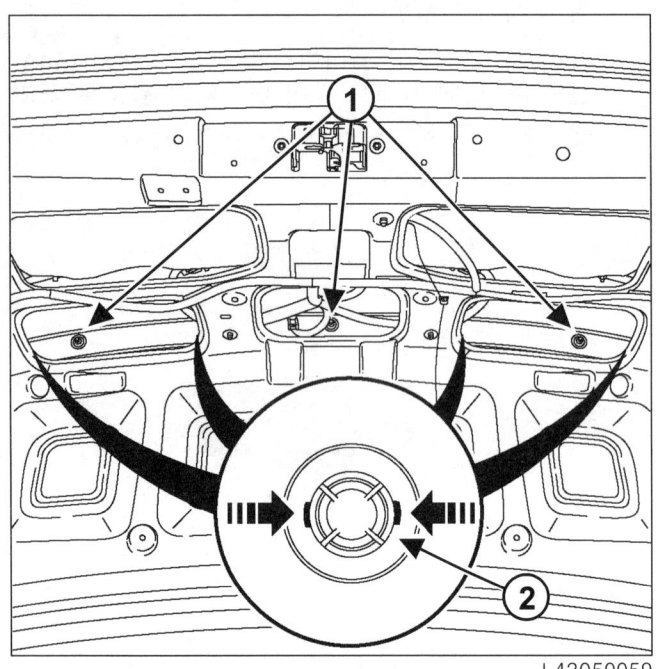

- 너트 (1) 를 탈거한다.
- 클립 (2) 을 탈거한다.
- 트렁크 리드 스포일러를 탈거한다.

장착

I - 장착 준비 작업

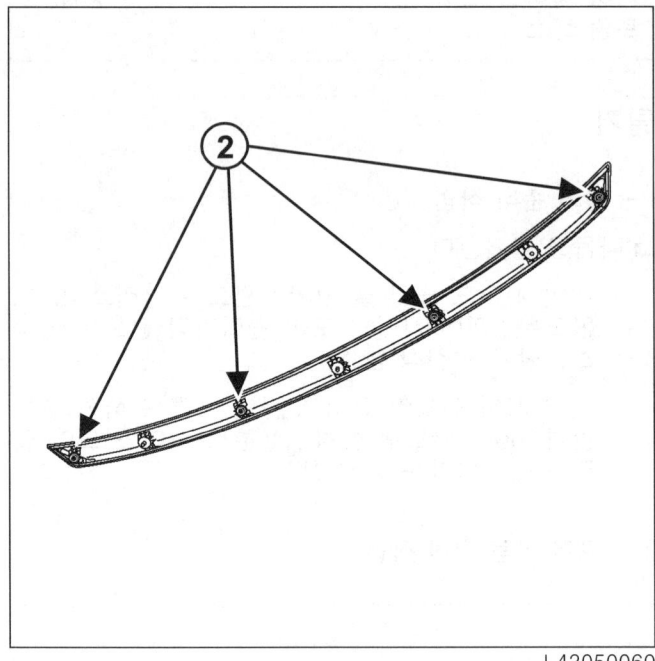

- 필요한 경우 마운팅 클립 (2) 을 신품으로 교환한다.

II - 관련 부품 장착 작업

- 다음을 장착한다 :
  - 트렁크 리드 스포일러,
  - 클립 (2),
  - 너트 (1) (조이지 않음).
- 트렁크 리드 스포일러 너트 (1) 를 규정 토크 (4 N.m) 로 조인다.

III - 최종 작업

- 트렁크 리드 피니셔를 장착한다 (73A, 사이드 도어 이외 트림, 트렁크 리드 피니셔 : 탈거 - 장착 참조).

외장 장착 부품
카울 탑 익스텐션 : 탈거 – 장착

56A

L43

탈거

I – 관련 부품 탈거 작업

❏ 다음을 탈거한다 :
- 프론트 윈드실드 와이퍼 암 (MR 436 리페어 매뉴얼 , 85A, 와이퍼 및 워셔 , 프론트 윈드실드 와이퍼 암 : 탈거 – 장착 참조),
- 카울 탑 커버 (56A, 외장 장착 부품 , 카울 탑 커버 : 탈거 – 장착 참조).

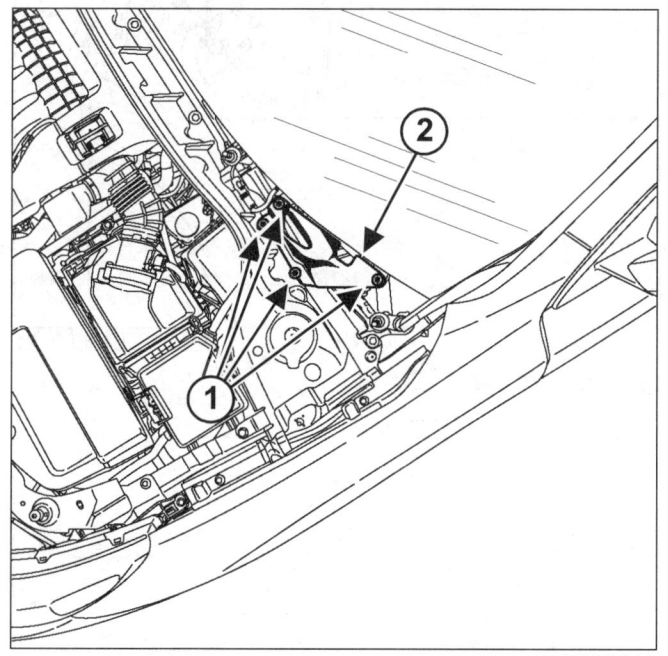

❏ 다음을 탈거한다 :
- 볼트 (1),
- 리인포스먼트 타이로드 (2).

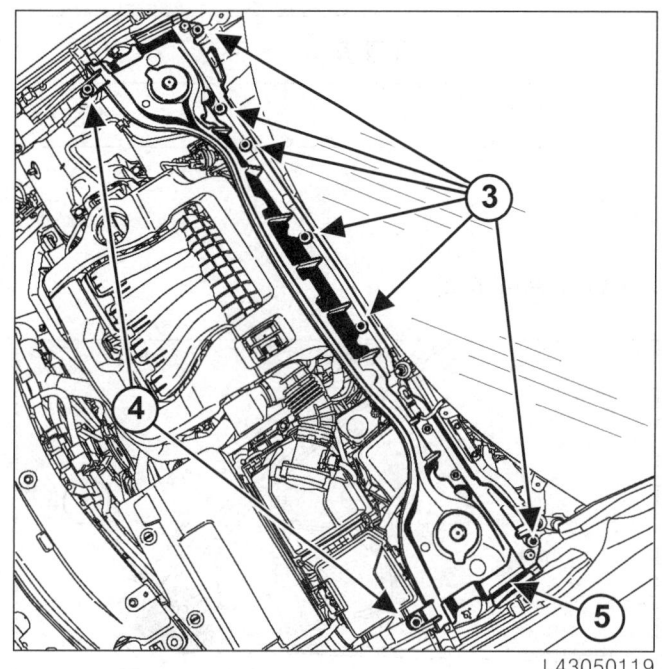

❏ 다음을 탈거한다 :
- 볼트 (3),
- 클립 (4),
- 카울 탑 익스텐션 (5).

장착

I – 관련 부품 장착 작업

❏ 다음을 장착한다 :
- 카울 탑 익스텐션 (5),
- 클립 (4),
- 볼트 (3),
- 리인포스먼트 타이로드 (2),
- 볼트 (1).

II – 최종 작업

❏ 다음을 장착한다 :
- 카울 탑 커버 (56A, 외장 장착 부품 , 카울 탑 커버 : 탈거 – 장착 참조),
- 프론트 윈드실드 와이퍼 암 (MR 436 리페어 매뉴얼 , 85A, 와이퍼 및 워셔 , 프론트 윈드실드 와이퍼 암 : 탈거 – 장착 참조).

외장 장착 부품
도어 미러 : 탈거 - 장착

56A

L43

규정 토크 ⊘	
도어 미러 볼트	4 N.m

탈거

I - 탈거 준비 작업

❏ 도어 미러 트림 (1) 의 클립을 탈거한다 .

II - 관련 부품 탈거 작업

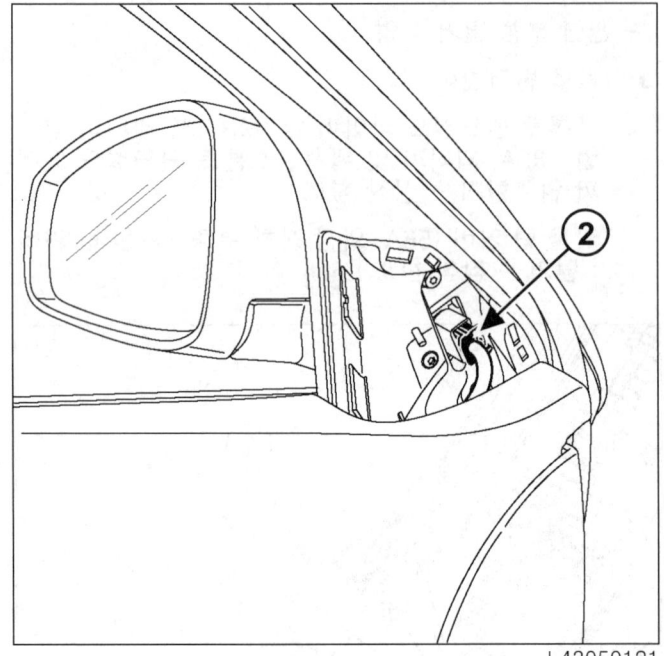

❏ 커넥터 (2) 를 분리한다 .

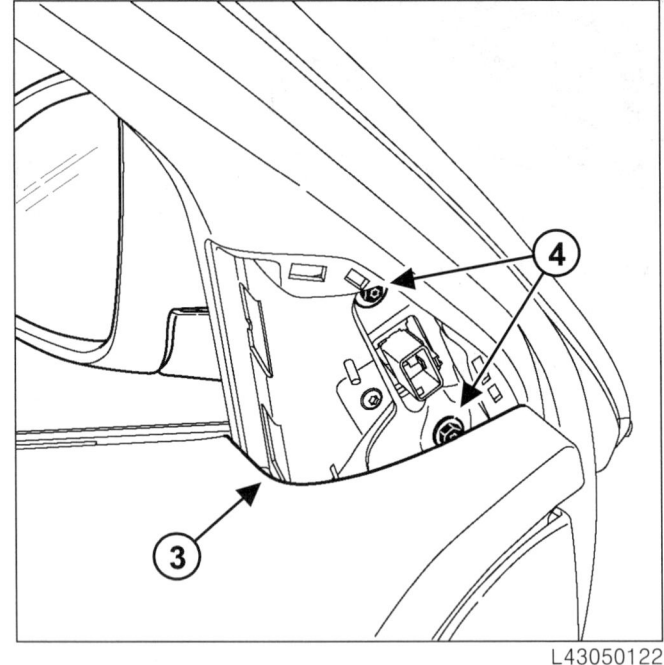

❏ 볼트 분실을 방지하기 위해 (3) 에 천을 놓는다 .
❏ 다음을 탈거한다 :
- 볼트 (4),
- 도어 미러 .

56A-3

외장 장착 부품
도어 미러 : 탈거 – 장착

56A

L43

장착

I – 관련 부품 장착 작업

- 다음을 장착한다 :
  - 도어 미러 ,
  - 볼트 (4) (조이지 않음).
- 커넥터 (2) 를 연결한다 .
- **도어 미러 볼트 (4) 를 고정토크 (4 N.m) 로 조인다 .**
- 천을 치운다 .
- 기능 테스트를 수행한다 .

II – 최종 작업

- 도어 미러 트림 (1) 을 장착한다 .

외장 장착 부품
도어 미러 케이싱 : 탈거 - 장착

56A

L43

탈거

I - 탈거 준비 작업

❏ 다음을 탈거한다 :
- 도어 미러 글라스 (56A, 외장 장착 부품, 도어 미러 글라스 : 탈거 - 장착 참조),
- 사이드 턴 시그널 램프 (MR 436 리페어 매뉴얼, 80B, 프론트 라이팅 시스템, 사이드 턴 시그널 램프 : 탈거 - 장착 참조).

II - 관련 부품 탈거 작업

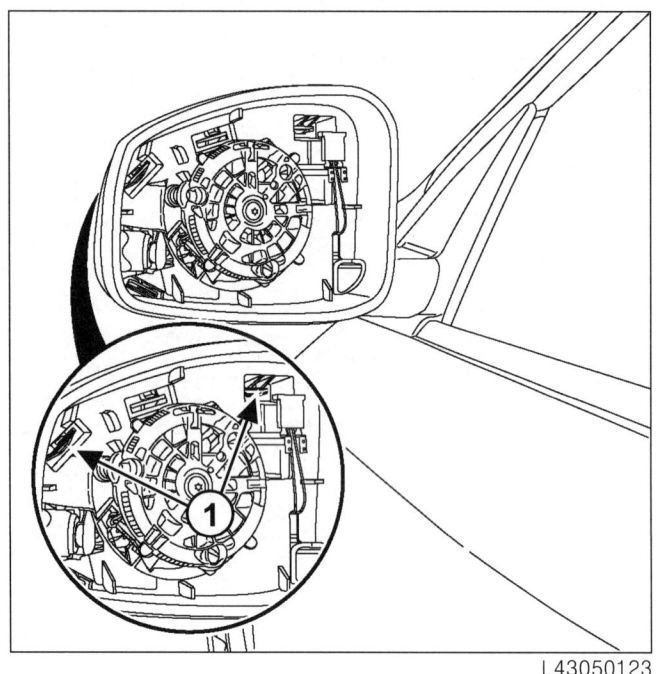

L43050123

❏ (1) 에서 도어 미러 케이싱의 클립을 탈거한다.

❏ 도어 미러 케이싱을 탈거한다.

장착

I - 관련 부품 장착 작업

❏ 도어 미러 케이싱을 장착한다.

II - 최종 작업

❏ 다음을 장착한다 :
- 사이드 턴 시그널 램프 (MR 436 리페어 매뉴얼, 80B, 프론트 라이팅 시스템, 사이드 턴 시그널 램프 : 탈거 - 장착 참조),
- 도어 미러 글라스 (56A, 외장 장착 부품, 도어 미러 글라스 : 탈거 - 장착 참조).

외장 장착 부품
도어 미러 글라스 : 탈거 - 장착

56A

L43

탈거

I - 관련 부품 탈거 작업

L43050124

- 마스킹 테이프로 도어 미러의 가장자리를 보호한다.
- 도어 미러 글라스를 탈거한다.
- 커넥터를 분리한다 (차량 옵션에 따라 다름).

장착

I - 관련 부품 장착 작업

- 커넥터를 연결한다 (차량 옵션에 따라 다름).
- 도어 미러 글라스를 장착한다.

II - 최종 작업

- 기능 테스트를 수행한다.

외장 장착 부품
라디에이터 그릴 : 탈거 - 장착

56A

L43

탈거

I - 관련 부품 탈거 작업

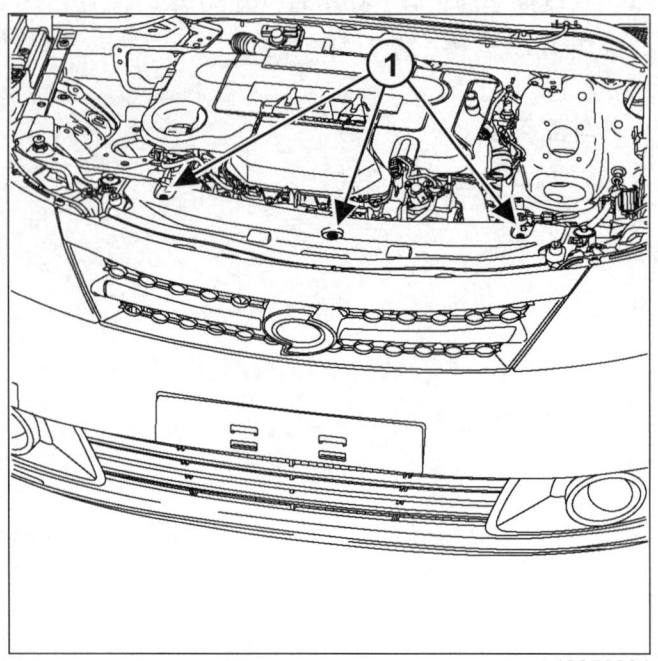

❏ 클립 (1) 을 탈거한다 .

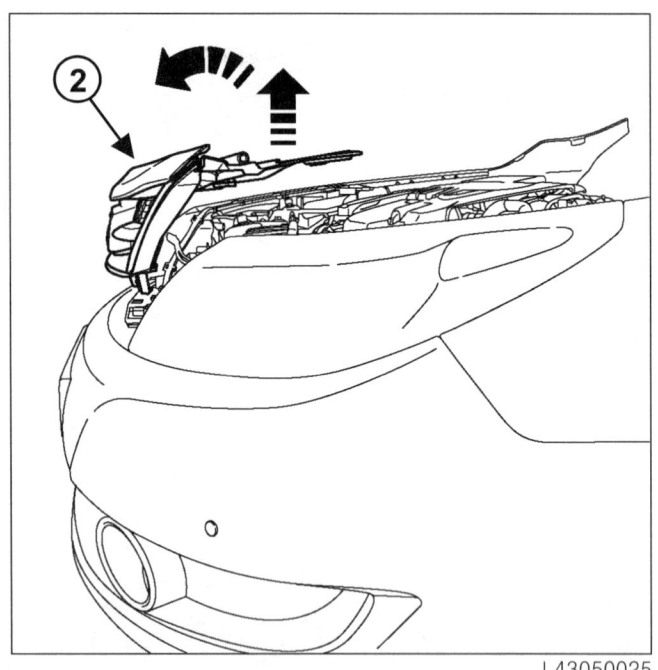

❏ 라디에이터 그릴 어셈블리 (2) 를 조심스럽게 탈거한다 .

장착

I - 관련 부품 장착 작업

❏ 다음을 장착한다 :
   - 라디에이터 그릴 어셈블리 (2),
   - 클립 (1).

외장 장착 부품
카울 탑 커버 : 탈거 – 장착

56A

L43

탈거

I – 탈거 준비 작업

- 프론트 윈드실드 와이퍼 암을 탈거한다 (MR 436 리페어 매뉴얼, 85A, 와이퍼 및 워셔, 프론트 윈드실드 와이퍼 암 : 탈거 – 장착 참조).

II – 관련 부품 탈거 작업

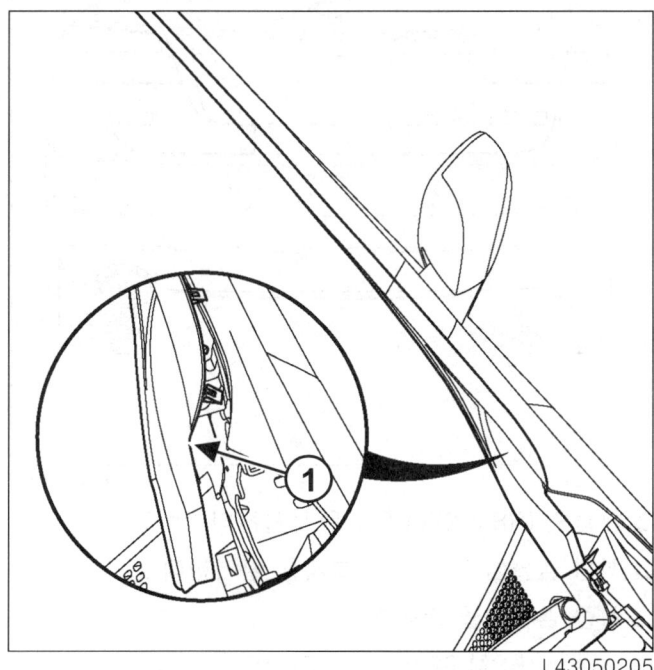

- 윈드실드 트림 (1) 을 부분적으로 탈거한다.

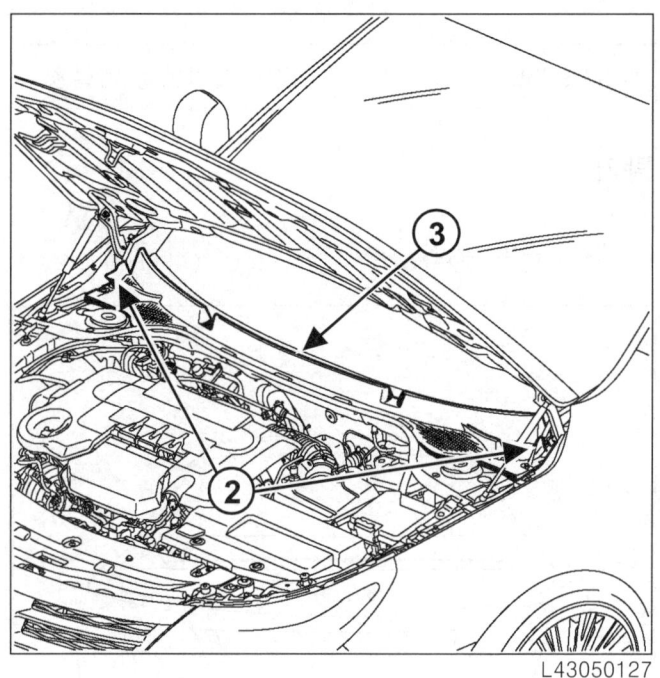

- 다음을 탈거한다 :
  - 클립 (2),
  - 카울 탑 커버 (3).

장착

I – 장착 준비 작업

- 카울 탑 커버를 장착하기 전에 프론트 윈드실드와 카울 탑 커버의 청결 상태를 점검한다.

II – 관련 부품 장착 작업

- 다음을 장착한다 :
  - 카울 탑 커버 (3),
  - 클립 (2),
  - 윈드실드 트림 (1).

III – 최종 작업

- 프론트 윈드실드 와이퍼 암을 장착한다 (MR 436 리페어 매뉴얼, 85A, 와이퍼 및 워셔, 프론트 윈드실드 와이퍼 암 : 탈거 – 장착 참조).

외장 장착 부품
리어 엠블렘 : 탈거 - 장착

56A

L43

특수 공구	
RSM 9266	리어 엠블렘용 템플릿

탈거

I - 탈거 준비 작업

❑
> 참고 :
> 리어 엠블렘 탈거시 패널이 손상되지 않도록 주의한다 .

❑ 히팅 건으로 리어 엠블렘을 가열한다 .
❑ 차량 엠블렘을 탈거한다 .

장착

I - 관련 부품 장착 작업

❑ 템플릿 (RSM 9266) 을 위치시킨다 .
❑ 차량 엠블렘 뒤쪽의 보호지를 탈거한다 .
❑ 차량 엠블렘을 부착한다 .
❑ 템플릿 (RSM 9266) 을 탈거한다 .

내장 장착 부품
인스트루먼트 패널 : 탈거 – 장착

57A

L43

규정 토크 ▽	
크로스 멤버측 조수석 에어백 볼트	4 N.m

탈거

I - 탈거 준비 작업

- 배터리 단자를 분리한다 (MR 436 리페어 매뉴얼 , 80A, 배터리 , 배터리 : 탈거 – 장착 참조).
- 다음을 탈거한다 :
  - 프론트 필러 가니쉬 (71A, 인테리어 트림 , 프론트 필러 가니쉬 : 탈거 – 장착 참조),
  - 운전석 프론트 에어백 (MR 436 리페어 매뉴얼 , 88C, 에어백 및 프리텐셔너 , 운전석 프론트 에어백 : 탈거 – 장착 참조),
  - 스티어링 휠 (MR 436 리페어 매뉴얼 , 36A, 스티어링 어셈블리 , 스티어링 휠 : 탈거 – 장착 참조),
  - 스티어링 칼럼 스위치 어셈블리 (MR 436 리페어 매뉴얼 , 84A, 스위치 장치 , 와이퍼 및 라이팅 컨트롤 스위치 어셈블리 : 탈거 – 장착 참조),
  - 컴비네이션 미터 (MR 436 리페어 매뉴얼 , 83A, 컴비네이션 미터 , 컴비네이션 미터 : 탈거 – 장착 참조),
  - 인스트루먼트 패널 로어 트림 (57A, 내장 장착 부품 , 인스트루먼트 패널 로어 트림 : 탈거 – 장착 참조),
  - 스타트 버튼 트림 (MR 436 리페어 매뉴얼 , 82A, 이모빌라이저 시스템 , 스타트 버튼 : 탈거 – 장착 참조),
  - 글로브 박스 (57A, 내장 장착 부품 , 글로브 박스 : 탈거 – 장착 참조),
  - 글로브 박스 램프 (MR 436 리페어 매뉴얼 , 81B, 실내 라이팅 , 글로브 박스 램프 : 탈거 – 장착 참조),
  - 센터 콘솔 (57A, 내장 장착 부품 , 센터 콘솔 : 탈거 – 장착 참조),
  - 센터 프론트 패널 (57A, 내장 장착 부품 , 센터 프론트 패널 : 탈거 – 장착 참조),
  - 인스트루먼트 패널 사이드 에어 벤트 (57A, 내장 장착 부품 , 인스트루먼트 패널 사이드 에어 벤트 : 탈거 – 장착 참조).

내비게이션 미적용

- 디스플레이를 탈거한다 (MR 436 리페어 매뉴얼 , 86A, 오디오 시스템 , 디스플레이 : 탈거 – 장착 참조).

내비게이션 적용

- 내비게이션 라디오 디스플레이를 탈거한다 (MR 436 리페어 매뉴얼 , 83C, 내비게이션 시스템 , 내비게이션 라디오 디스플레이 : 탈거 – 장착 참조).

- 다음을 탈거한다 :
  - 컨트롤 패널 (MR 436 리페어 매뉴얼 , 61A, 히팅 시스템 , 컨트롤 패널 : 탈거 – 장착 참조),
  - 트위터 (MR 436 리페어 매뉴얼 , 86A, 오디오 시스템 , 트위터 : 탈거 – 장착 참조),
  - 센터 스피커 (MR 436 리페어 매뉴얼 , 86A, 오디오 시스템 , 센터 스피커 : 탈거 – 장착 참조),
  - 프론트 풋 덕트 (MR 436 리페어 매뉴얼 , 61A, 히팅 시스템 , 프론트 풋 덕트 : 탈거 – 장착 참조),
  - 프론트 스타터 안테나 (MR 436 리페어 매뉴얼 , 82A, 이모빌라이저 시스템 , 스타팅 안테나 : 탈거 – 장착 참조).

- 인스트루먼트 패널의 와이어링을 탈거한다 .

내장 장착 부품
인스트루먼트 패널 : 탈거 - 장착

57A

L43

II - 관련 부품 탈거 작업

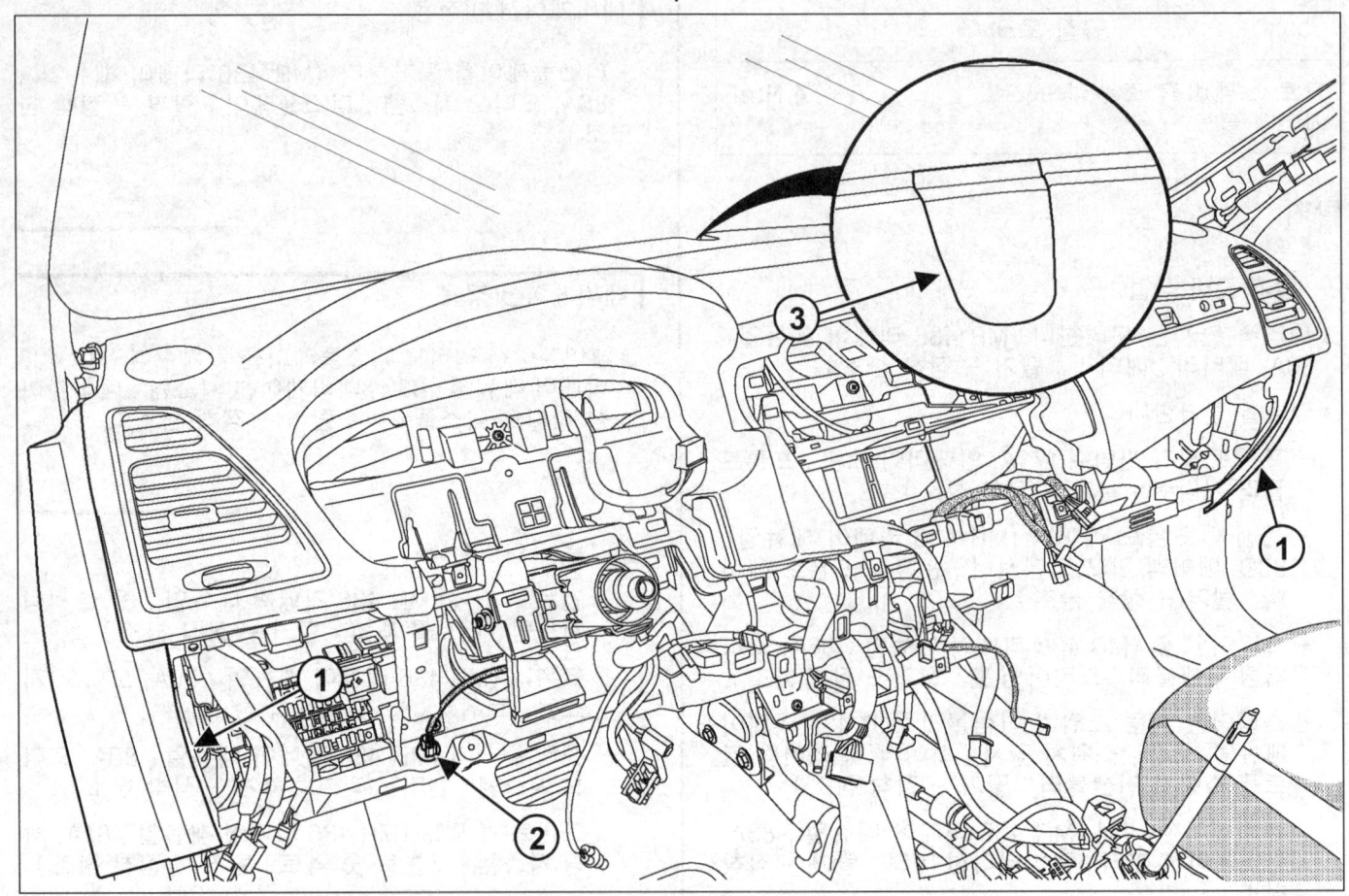

- 인스트루먼트 패널 사이드 트림 (1) 을 탈거한다.
- 인스투루먼트 패널 로어 램프 (2) 를 탈거한다.
- 트림 (3) 을 탈거한다.

내장 장착 부품
인스트루먼트 패널 : 탈거 - 장착

57A

L43

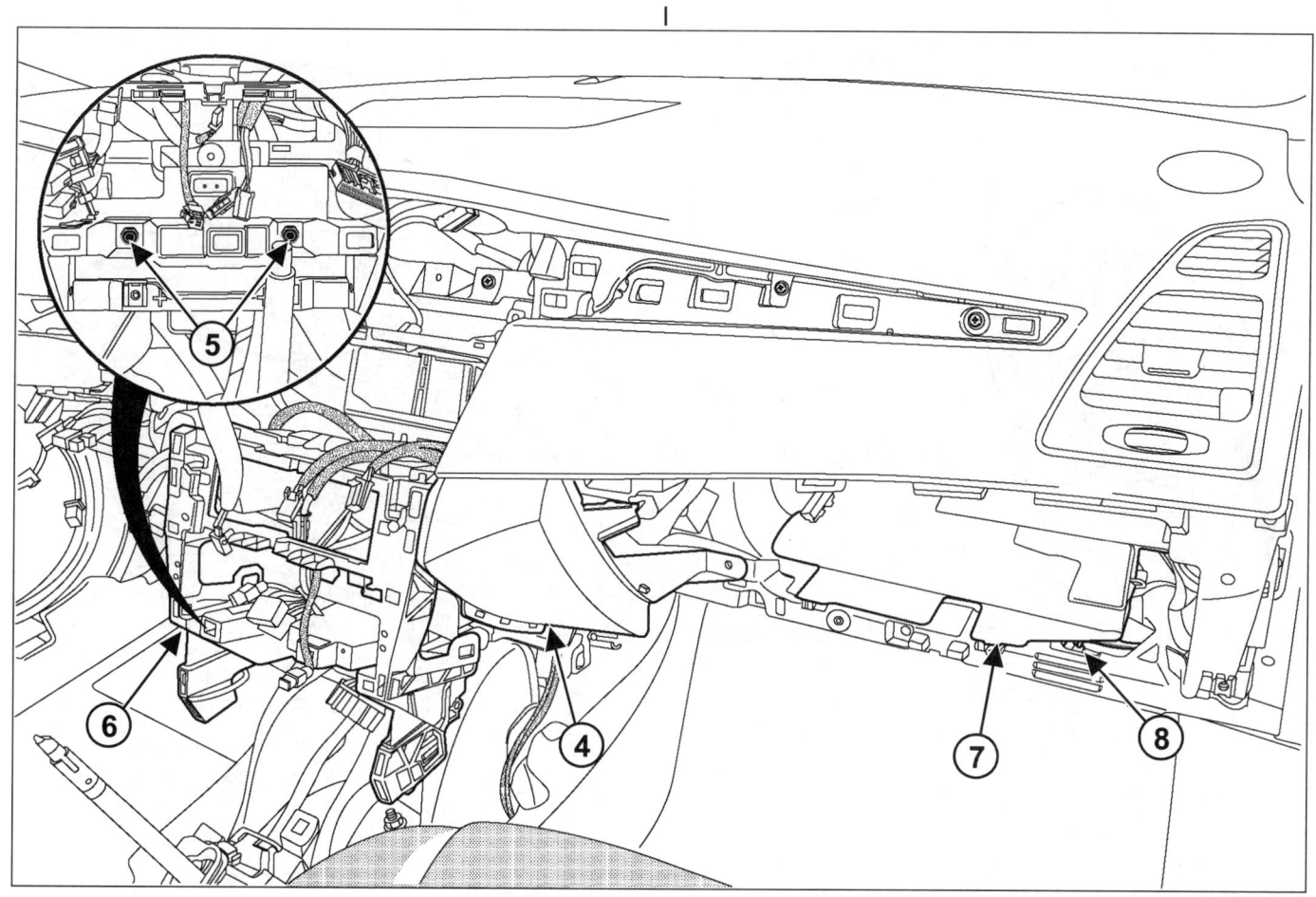

❏ 다음을 탈거한다 :
- 인스트루먼트 패널 로어 센터 트림 (4),
- 볼트 (5),
- 트림 (6),
- 트림 (7).

❏ 인스투루먼트 패널 로어 램프 (8) 를 탈거한다 .

내장 장착 부품
인스트루먼트 패널 : 탈거 - 장착

57A

L43

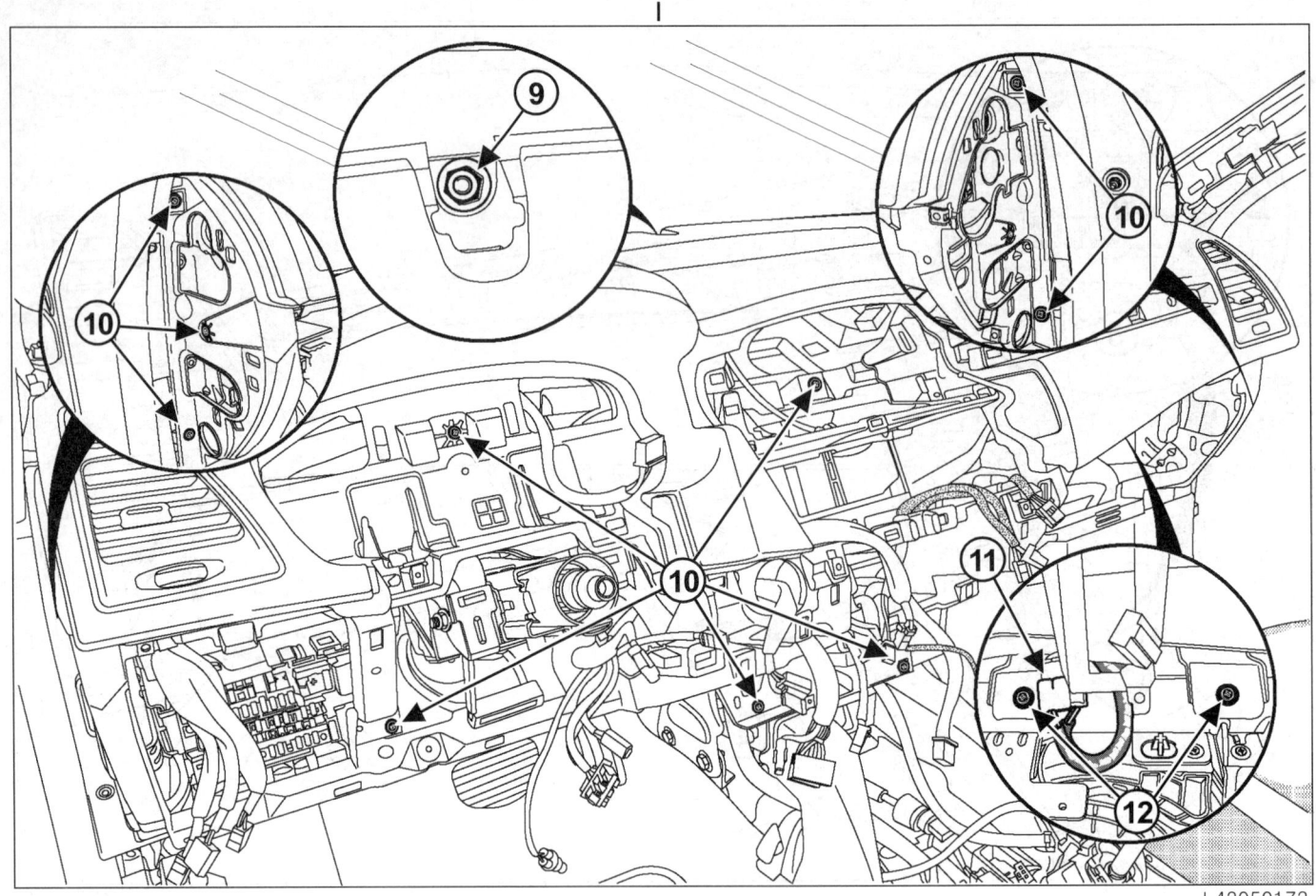

- 다음을 탈거한다 :
  - 볼트 (9),
  - 볼트 (10).
- 조수석 에어백 커넥터 (11) 를 분리한다.
- 볼트 (12) 를 탈거한다.

> 참고 :
> 인스트루먼트 패널을 탈거하기 전에 다양한 와이어링의 위치를 표시한다.

- 인스트루먼트 패널을 부분적으로 탈거한다.
- 인스트루먼트 패널을 탈거한다 (이 작업은 두 사람이 작업한다).

내장 장착 부품
인스트루먼트 패널 : 탈거 – 장착

57A

L43

장착

I – 관련 부품 장착 작업

- 인스트루먼트 패널을 장착한다 (이 작업은 두 사람이 작업한다).
- 와이어링을 위치시킨다.
- 볼트 (12) 를 장착한다 (조이지 않음).
- 조수석 에어백 커넥터 (11) 를 연결한다.
- 다음을 장착한다 :
  - 볼트 (10),
  - 볼트 (9),
  - 인스투루먼트 패널 로어 램프 (8),
  - 트림 (7),
  - 트림 (6),
  - 볼트 (5),
  - 인스트루먼트 패널 로어 센터 트림 (4),
  - 트림 (3),
  - 인스투루먼트 패널 로어 램프 (2),
  - 인스트루먼트 패널 사이드 트림 (1).
- 크로스 멤버측 조수석 에어백 볼트 (12) 를 규정 토크 (4 N.m) 로 조인다.

II – 최종 작업

- 탈거 도중 표시한 위치에 와이어링을 장착한다.

> **주의**
> 장착 시 와이어링의 손상을 방지하기 위해 원래의 와이어링 경로를 확인한다.

> **주의**
> 적절한 전기 접속을 보장하기 위해 커넥터나 주변 구성부품에 배선 부하가 발생하지 않도록 주의한다.

- 다음을 장착한다 :
  - 프론트 스타터 안테나 (MR 436 리페어 매뉴얼 , 82A, 이모빌라이저 시스템 , 스타팅 안테나 : 탈거 – 장착 참조),
  - 프론트 풋 덕트 (MR 436 리페어 매뉴얼 , 61A, 히팅 시스템 , 프론트 풋 덕트 : 탈거 – 장착 참조),
  - 센터 스피커 (MR 436 리페어 매뉴얼 , 86A, 오디오 시스템 , 센터 스피커 : 탈거 – 장착 참조),
  - 트위터 (MR 436 리페어 매뉴얼 , 86A, 오디오 시스템 , 트위터 : 탈거 – 장착 참조),
  - 컨트롤 패널 (MR 436 리페어 매뉴얼 , 61A, 히팅 시스템 , 컨트롤 패널 : 탈거 – 장착 참조),
  - 인스트루먼트 패널 사이드 에어 벤트 (57A, 내장 장착 부품 , 인스트루먼트 패널 사이드 에어 벤트 : 탈거 – 장착 참조).

내비게이션 미적용

- 디스플레이를 장착한다 (MR 436 리페어 매뉴얼 , 86A, 오디오 시스템 , 디스플레이 : 탈거 – 장착 참조).

내비게이션 적용

- 내비게이션 라디오 디스플레이를 장착한다 (MR 436 리페어 매뉴얼 , 83C, 내비게이션 시스템 , 내비게이션 라디오 디스플레이 : 탈거 – 장착 참조).

- 다음을 장착한다 :
  - 센터 프론트 패널 (57A, 내장 장착 부품 , 센터 프론트 패널 : 탈거 – 장착 참조),
  - 센터 콘솔 (57A, 내장 장착 부품 , 센터 콘솔 : 탈거 – 장착 참조),
  - 글로브 박스 램프 (MR 436 리페어 매뉴얼 , 81B, 실내 라이팅 , 글로브 박스 램프 : 탈거 – 장착 참조),
  - 글로브 박스 (57A, 내장 장착 부품 , 글로브 박스 : 탈거 – 장착 참조),
  - 스타트 버튼 트림 (MR 436 리페어 매뉴얼 , 82A, 이모빌라이저 시스템 , 스타트 버튼 : 탈거 – 장착 참조),
  - 인스트루먼트 패널 로어 트림 (57A, 내장 장착 부품 , 인스트루먼트 패널 로어 트림 : 탈거 – 장착 참조),
  - 컴비네이션 미터 (MR 436 리페어 매뉴얼 , 83A, 컴비네이션 미터 , 컴비네이션 미터 : 탈거 – 장착 참조),
  - 스티어링 칼럼 스위치 어셈블리 (MR 436 리페어 매뉴얼 , 84A, 스위치 장치 , 와이퍼 및 라이팅 컨트롤 스위치 어셈블리 : 탈거 – 장착 참조),
  - 스티어링 휠 (MR 436 리페어 매뉴얼 , 36A, 스티어링 어셈블리 , 스티어링 휠 : 탈거 – 장착 참조),

내장 장착 부품
인스트루먼트 패널 : 탈거 – 장착

57A

L43

- 운전석 프론트 에어백 (MR 436 리페어 매뉴얼, 88C, 에어백 및 프리텐셔너, 운전석 프론트 에어백 : 탈거 – 장착 참조),
- 프론트 필러 가니쉬 (71A, 인테리어 트림, 프론트 필러 가니쉬 : 탈거 – 장착 참조).

❏ 배터리 단자를 연결한다 (MR 436 리페어 매뉴얼, 80A, 배터리, 배터리 : 탈거 – 장착 참조).

❏ 모든 기능 테스트를 수행한다.

내장 장착 부품
인스트루먼트 패널 로어 트림 : 탈거 - 장착

57A

L43

탈거

I - 탈거 준비 작업

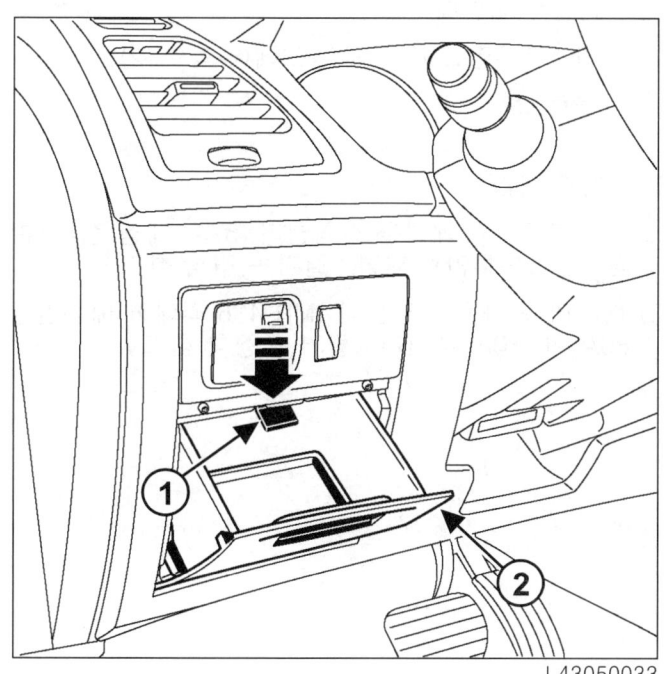

L43050033

- 클립 (1) 을 누른다.
- 운전석 스토리지 컴파트먼트 (2) 를 탈거한다.

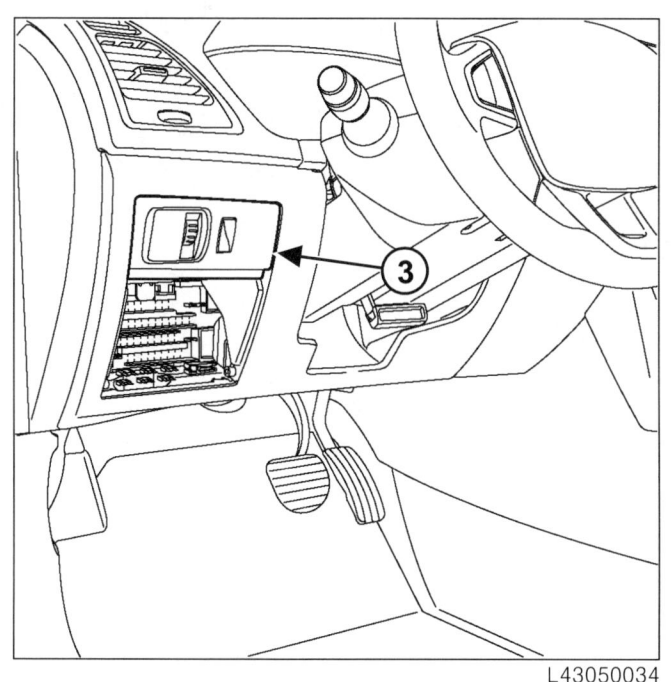

L43050034

- 스위치 사이드 플레이트 (3) 를 탈거한다.
- 스위치 사이드 플레이트에서 커넥터를 분리한다.

II - 관련 부품 탈거 작업

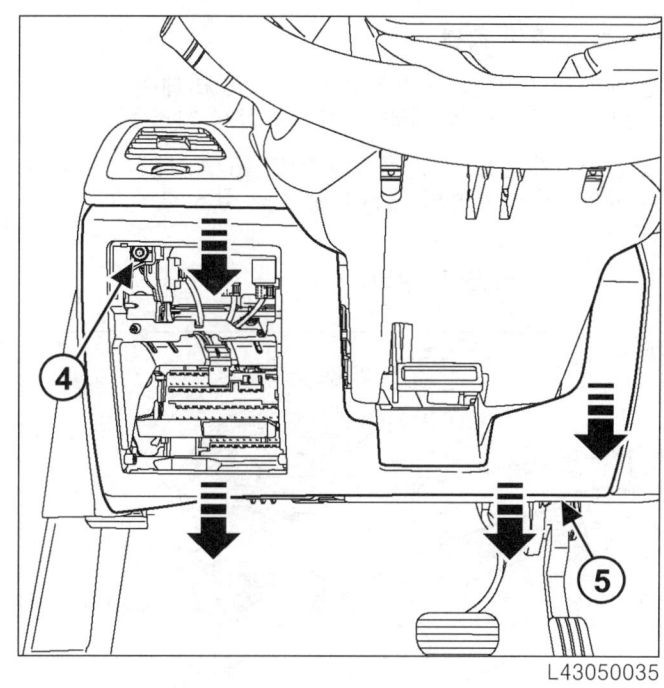

L43050035

- 다음을 탈거한다 :
  - 볼트 (4),
  - 인스트루먼트 패널 로어 트림 (5).

장착

I - 관련 부품 장착 작업

- 다음을 장착한다 :
  - 인스트루먼트 패널 로어 트림 (5),
  - 볼트 (4).

II - 최종 작업

- 스위치 사이드 플레이트 커넥터를 연결한다.
- 다음을 장착한다 :
  - 스위치 사이드 플레이트 (3),
  - 운전석 스토리지 컴파트먼트 (2).

내장 장착 부품
인스트루먼트 패널 사이드 에어 덕트 : 탈거 – 장착

L43

탈거

I – 탈거 준비 작업

- 배터리 단자를 분리한다 (MR 436 리페어 매뉴얼, 80A, 배터리, 배터리 : 탈거 – 장착 참조).
- 인스트루먼트 패널을 탈거한다 (57A, 내장 장착 부품, 인스트루먼트 패널 : 탈거 – 장착 참조).

II – 관련 부품 탈거 작업

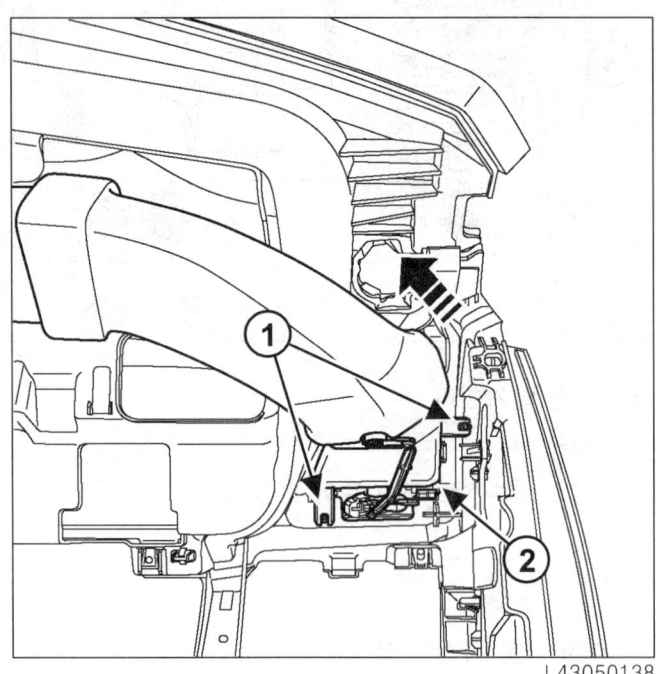

- 다음을 탈거한다 :
  - 볼트 (1),
  - 인스트루먼트 패널 사이드 에어 덕트 (2).

장착

I – 관련 부품 장착 작업

- 다음을 장착한다 :
  - 인스트루먼트 패널 사이드 에어 덕트 (2),
  - 볼트 (1).

II – 최종 작업

- 인스트루먼트 패널을 장착한다 (57A, 내장 장착 부품, 인스트루먼트 패널 : 탈거 – 장착 참조).
- 배터리 단자를 연결한다 (MR 436 리페어 매뉴얼, 80A, 배터리, 배터리 : 탈거 – 장착 참조).

내장 장착 부품
인스트루먼트 패널 에어 덕트 : 탈거 – 장착

57A

L43

탈거

I – 탈거 준비 작업

❑ 센터 프론트 패널을 탈거한다 (57A, 내장 장착 부품 , 센터 프론트 패널 : 탈거 – 장착 참조).

II – 관련 부품 탈거 작업

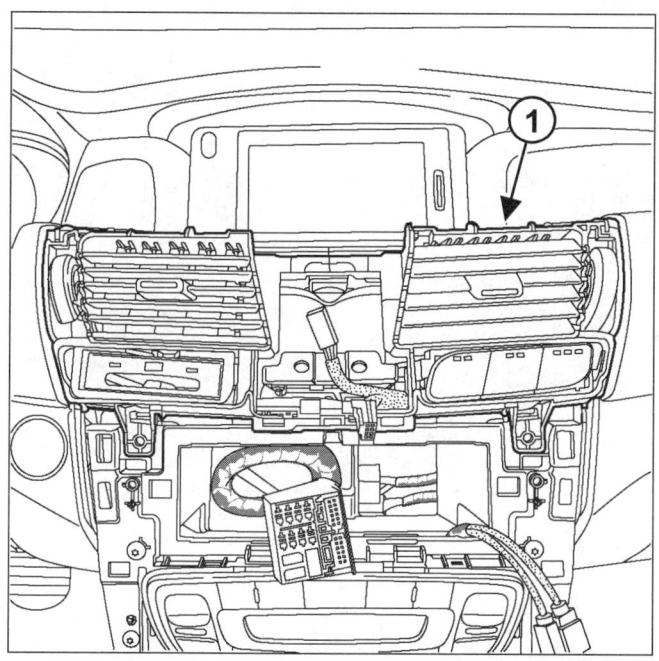

❑ 인스트루먼트 패널 에어 덕트 (1) 를 탈거한다 .

이오나이저 적용

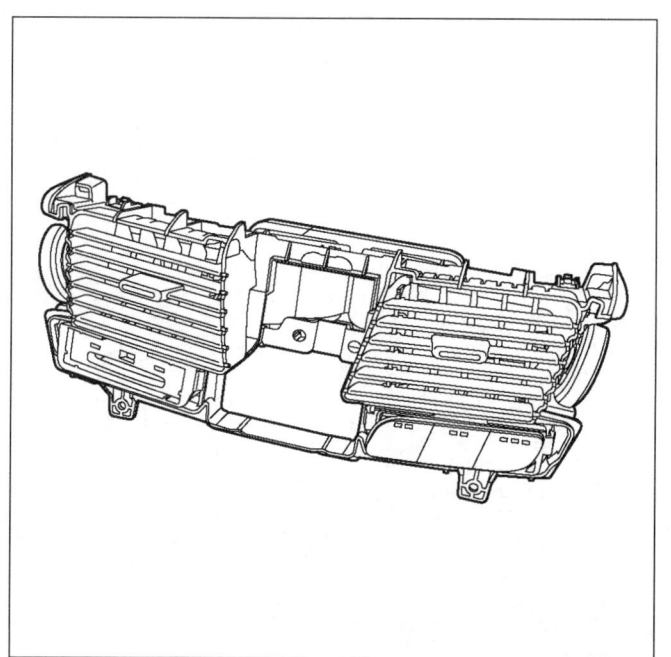

❑ 인스트루먼트 패널 에어 덕트에서 다음을 탈거한다 :

- 카드 리더 (MR 436 리페어 매뉴얼 , 82A, 이모빌라이저 시스템 , 카드 리더 : 탈거 – 장착 참조),
- 이오나이저 컨트롤 패널 (MR 436 리페어 매뉴얼 , 61A, 히팅 시스템 , 이오나이저 컨트롤 패널 : 탈거 – 장착 참조).

이오나이저 미적용

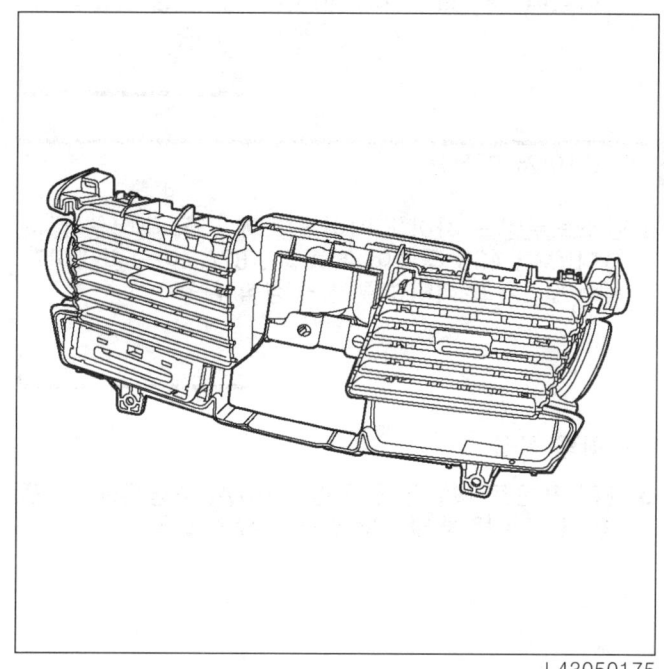

❑ 인스트루먼트 사이드 에어 덕트에서 카드 리더를 탈거한다 (MR 436 리페어 매뉴얼 , 82A, 이모빌라이저 시스템 , 카드 리더 : 탈거 – 장착 참조).

내장 장착 부품
인스트루먼트 패널 에어 덕트 : 탈거 – 장착

57A

L43

장착

I – 관련 부품 장착 작업

이오나이저 적용

- 인스트루먼트 사이드 에어 덕트에 다음을 장착한다 :
  - 이오나이저 컨트롤 패널 (MR 436 리페어 매뉴얼, 61A, 히팅 시스템, 이오나이저 컨트롤 패널 : 탈거 – 장착 참조),
  - 카드 리더 (MR 436 리페어 매뉴얼, 82A, 이모빌라이저 시스템, 카드 리더 : 탈거 – 장착 참조).

이오나이저 미적용

- 인스트루먼트 사이드 에어 덕트에 카드 리더를 장착한다 (MR 436 리페어 매뉴얼, 82A, 이모빌라이저 시스템, 카드 리더 : 탈거 – 장착 참조).

II – 최종 작업

- 센터 프론트 패널을 장착한다 (57A, 내장 장착 부품, 센터 프론트 패널 : 탈거 – 장착 참조).

내장 장착 부품
센터 프론트 패널 : 탈거 – 장착

57A

L43

탈거

I – 탈거 준비 작업

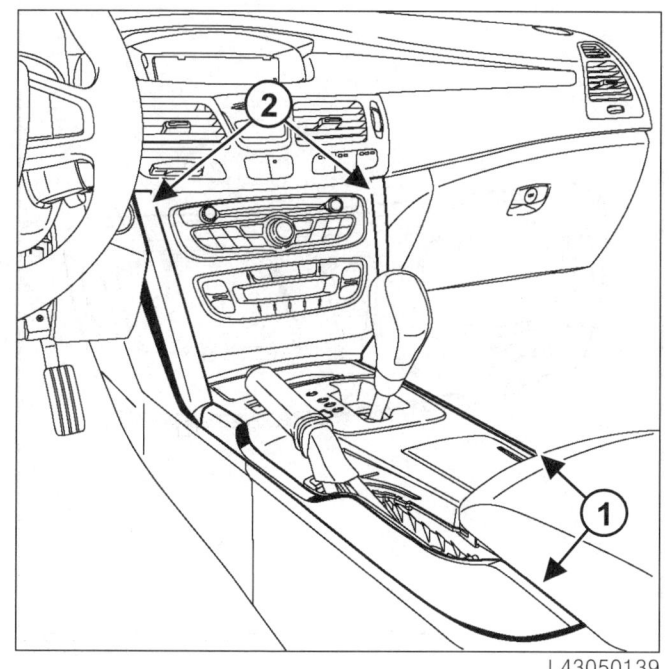

L43050139

❏ 다음을 탈거한다 :
- 센터 프론트 패널 사이드 트림 (1),
- 센터 콘솔 어퍼 프론트 패널 사이드 트림 (2).

II – 관련 부품 탈거 작업

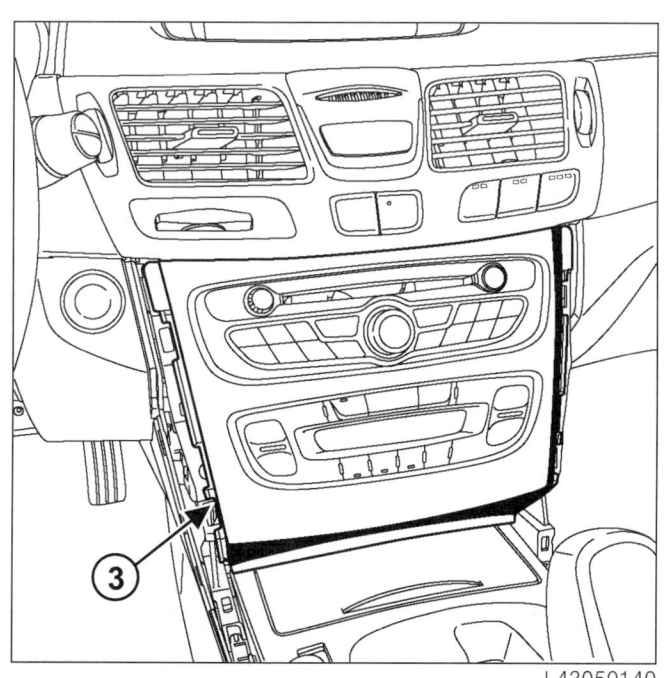

L43050140

❏ 로어 센터 프론트 패널 (3) 을 탈거한다 .

내비게이션 미적용

❏ 라디오를 탈거한다 (MR 436 리페어 매뉴얼 , 86A, 오디오 시스템 , 라디오 : 탈거 – 장착 참조).

내비게이션 적용

❏ 내비게이션 라디오를 탈거한다 (MR 436 리페어 매뉴얼 , 83C, 내비게이션 시스템 , 내비게이션 라디오 : 탈거 – 장착 참조).

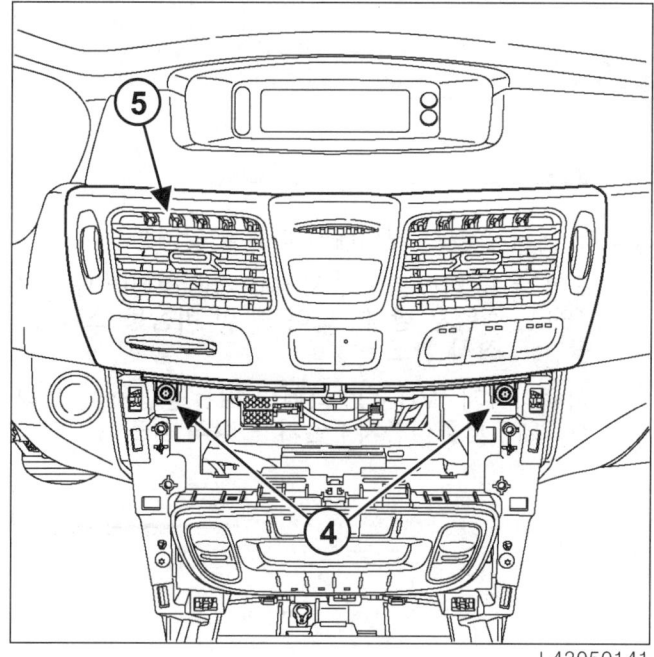

L43050141

❏ 다음을 탈거한다 :
- 볼트 (4),
- 어퍼 센터 프론트 패널 (5).

❏ 커넥터를 분리한다 .

내장 장착 부품
센터 프론트 패널 : 탈거 – 장착

57A

L43

이오나이저 적용

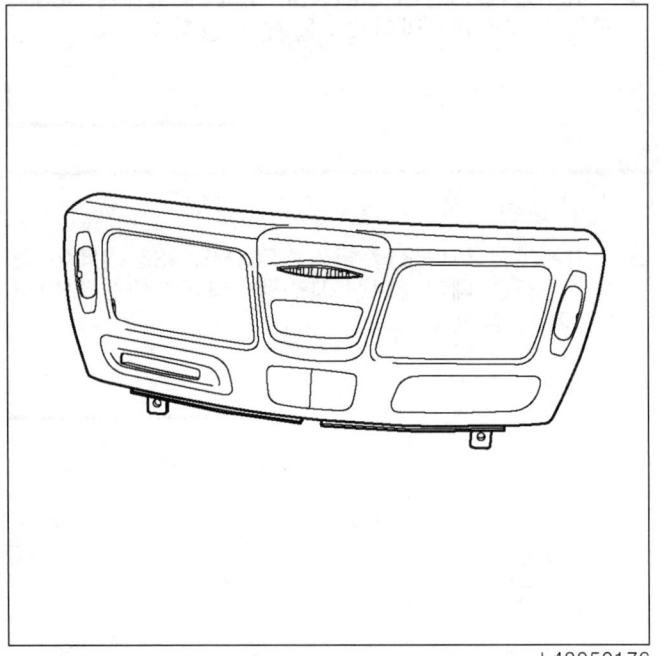

L43050176

❑ 어퍼 센터 프론트 패널에서 다음을 탈거한다 :

- 도어 록 및 비상등 스위치 (MR 436 리페어 매뉴얼, 84A, 스위치 장치, 도어 록 및 비상등 스위치 : 탈거 – 장착 참조),
- 퍼퓸디퓨저 (MR 436 리페어 매뉴얼, 61A, 히팅 시스템, 퍼퓸디퓨저 : 탈거 – 장착 참조).

이오나이저 미적용

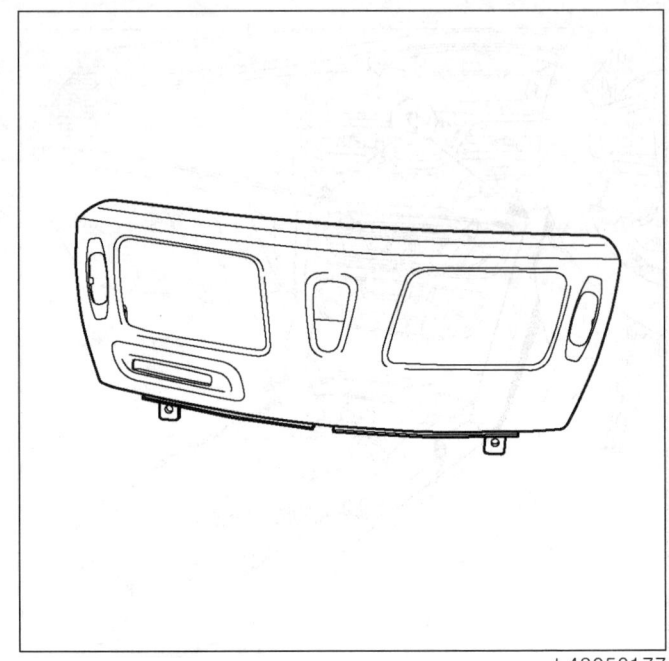

L43050177

❑ 어퍼 센터 프론트 패널에서 도어 록 및 비상등 스위치를 탈거한다 (MR 436 리페어 매뉴얼, 84A, 스위치 장치, 도어 록 및 비상등 스위치 : 탈거 – 장착 참조).

내장 장착 부품
센터 프론트 패널 : 탈거 – 장착

57A

| L43 |

장착

I – 관련 부품 장착 작업

이오나이저 적용

- 어퍼 센터 프론트 패널에 다음을 장착한다 :
  - 퍼퓸디퓨저 (MR 436 리페어 매뉴얼, 61A, 히팅 시스템, 퍼퓸디퓨저 : 탈거 – 장착 참조),
  - 도어 록 및 비상등 스위치 (MR 436 리페어 매뉴얼, 84A, 스위치 장치, 도어 록 및 비상등 스위치 : 탈거 – 장착 참조).

이오나이저 미적용

- 어퍼 센터 프론트 패널에 도어 록 및 비상등 스위치를 장착한다 (MR 436 리페어 매뉴얼, 84A, 스위치 장치, 도어 록 및 비상등 스위치 : 탈거 – 장착 참조).

- 커넥터를 연결한다.
- 다음을 장착한다 :
  - 어퍼 센터 프론트 패널 (5),
  - 볼트 (4).

내비게이션 미적용

- 라디오를 장착한다 (MR 436 리페어 매뉴얼, 86A, 오디오 시스템, 라디오 : 탈거 – 장착 참조).

내비게이션 적용

- 내비게이션 라디오를 장착한다 (MR 436 리페어 매뉴얼, 83C, 내비게이션 시스템, 내비게이션 라디오 : 탈거 – 장착 참조).

- 로어 센터 프론트 패널 (3) 을 장착한다.

II – 최종 작업

- 다음을 장착한다 :
  - 센터 콘솔 어퍼 프론트 패널 사이드 트림 (2),
  - 센터 프론트 패널 사이드 트림 (1).

내장 장착 부품
글로브 박스 : 탈거 - 장착

57A

L43

탈거

I - 탈거 준비 작업

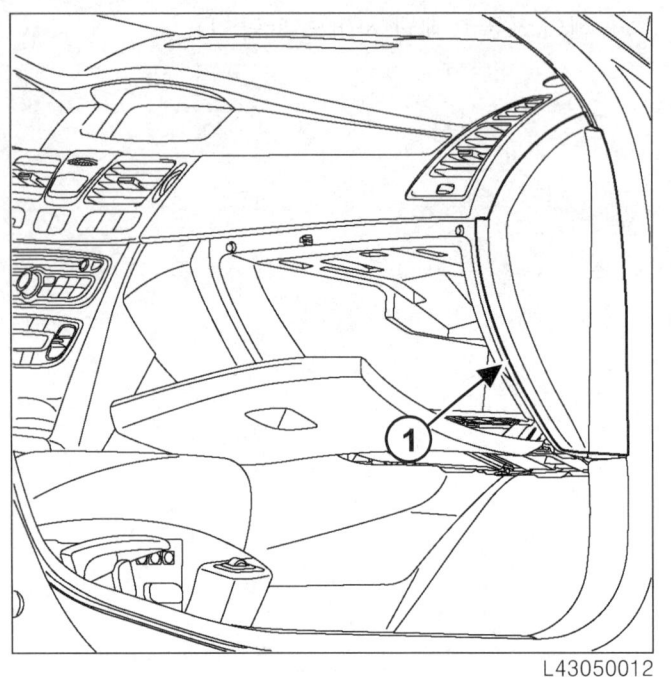

❏ 인스트루먼트 패널 사이드 트림 (1) 을 탈거한다.

II - 관련 부품 탈거 작업

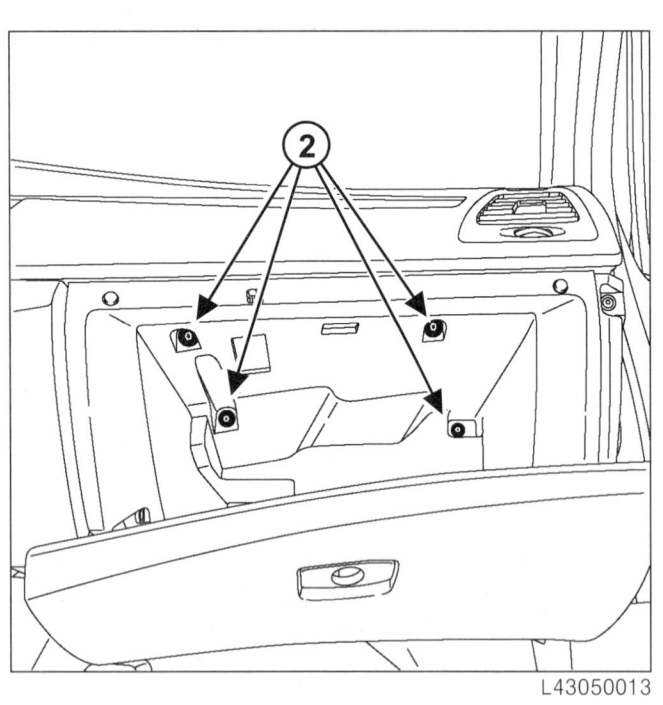

❏ 볼트 (2) 를 탈거한다.

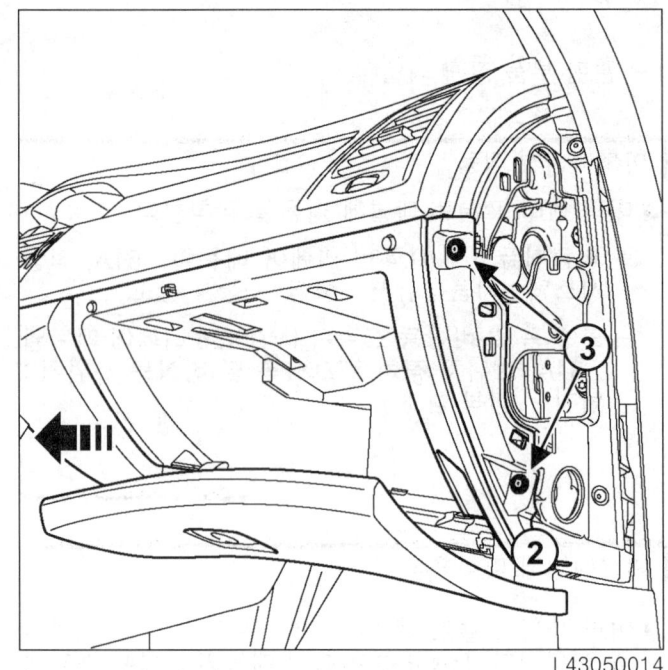

❏ 다음을 탈거한다 :
 - 볼트 (3),
 - 글로브 박스.

장착

I - 관련 부품 장착 작업

❏ 다음을 장착한다 :
 - 글로브 박스,
 - 볼트 (3),
 - 볼트 (2).

II - 최종 작업

❏ 인스트루먼트 패널 사이트 트림 (1) 을 장착한다.

내장 장착 부품
센터 콘솔 : 탈거 - 장착

57A

L43

탈거

I - 탈거 준비 작업

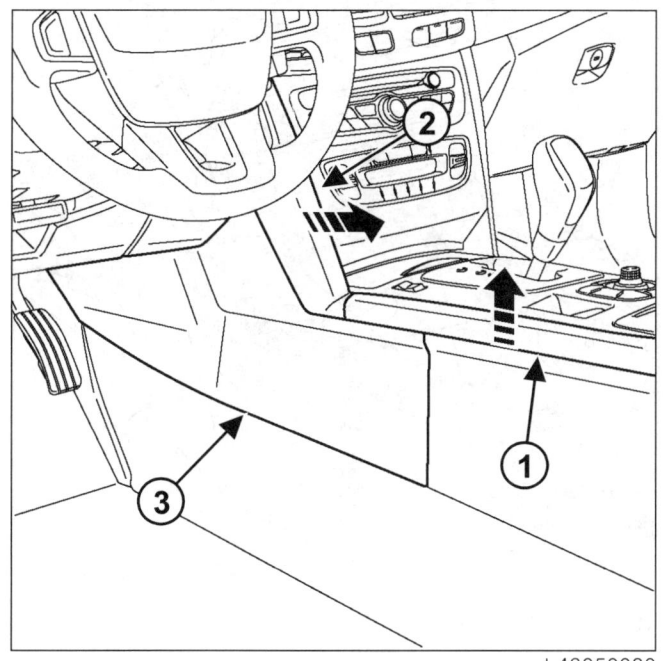

❏ 다음을 탈거한다 :
- 센터 콘솔 어퍼 프론트 패널 사이드 트림 (1),
- 센터 프론트 패널 사이드 트림 (2),
- 센터 콘솔 트림 (3).

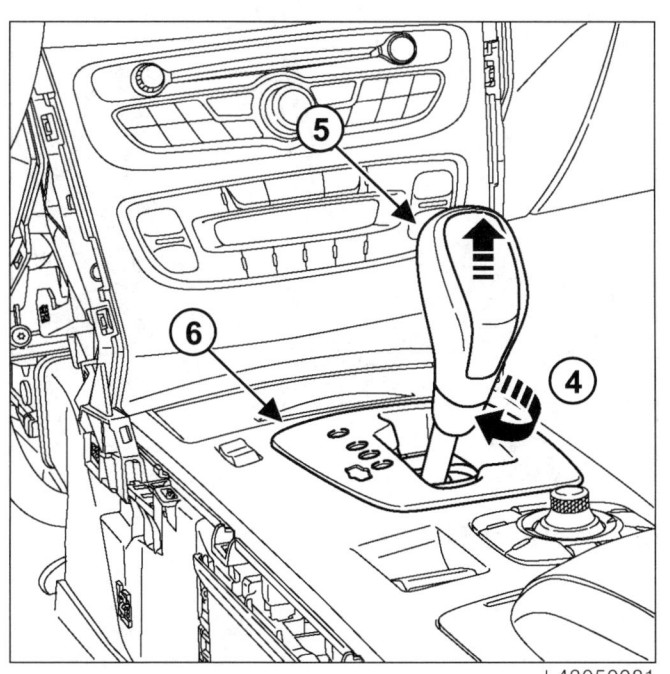

❏ 록킹 링을 (4) 의 시계 방향으로 90° 돌려 기어 레버 노브를 잠금 해제한다 .

❏ 다음을 탈거한다 :
- 기어 레버 노브 (5),
- 기어 레버 트림 (6).

❏ 커넥터를 분리한다 .

전자제어 파킹 브레이크 미적용

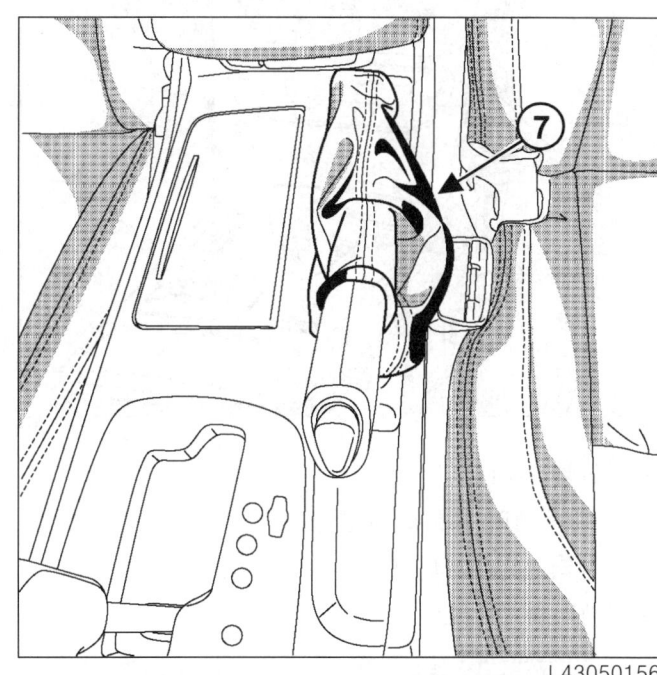

❏ 핸드브레이크 레버 트림 (7) 을 부분적으로 탈거한다 .

57A-15

내장 장착 부품
센터 콘솔 : 탈거 - 장착

57A

L43

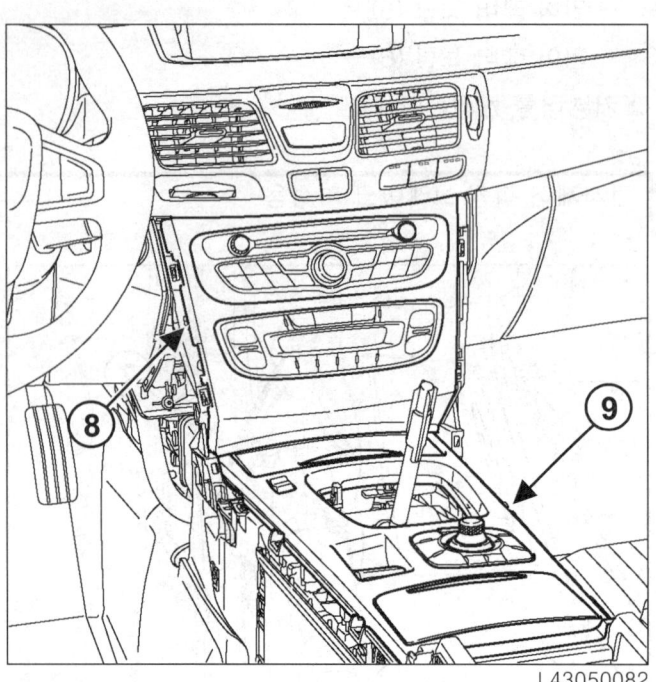

❏ 다음을 탈거한다 :
- 로어 센터 프론트 패널 (8),
- 센터 콘솔 어퍼 프론트 패널 (9).

❏ 커넥터를 분리한다 .

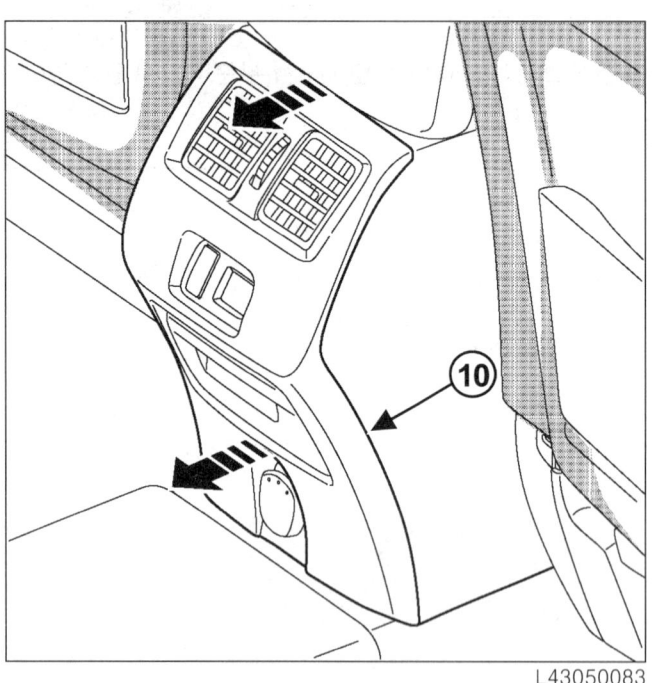

❏ 센터 콘솔 리어 트림 (10) 을 탈거한다 .
❏ 커넥터를 분리한다 .

II - 관련 부품 탈거 작업

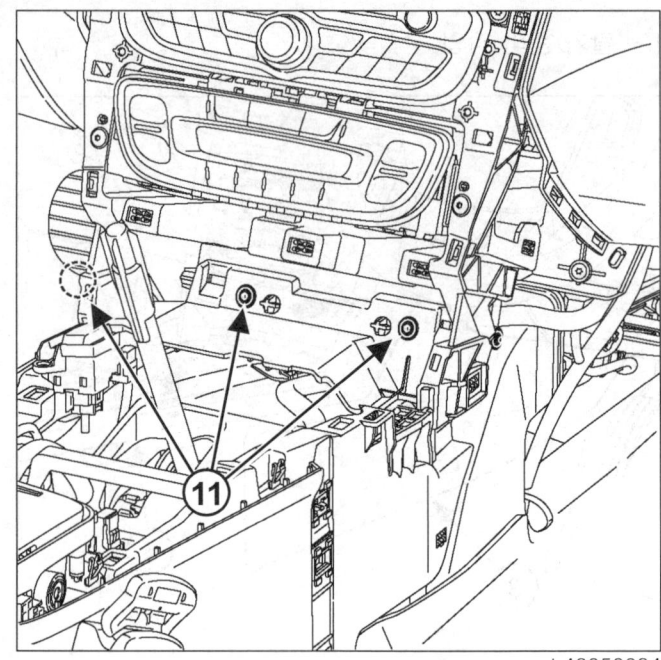

❏ 볼트 (11) 를 탈거한다 .
❏ 프론트 시트를 앞으로 이동시킨다 .

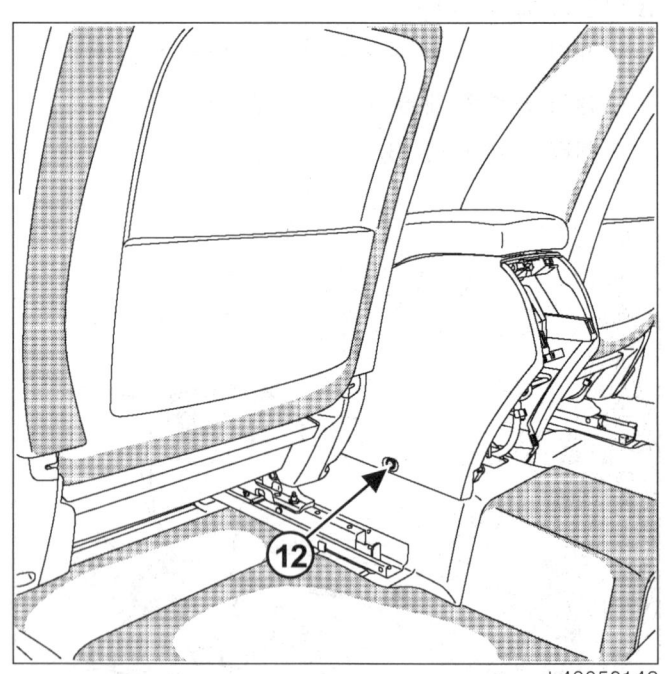

❏ 볼트 (12) 를 탈거한다 .

57A-16

내장 장착 부품
센터 콘솔 : 탈거 - 장착

57A

L43

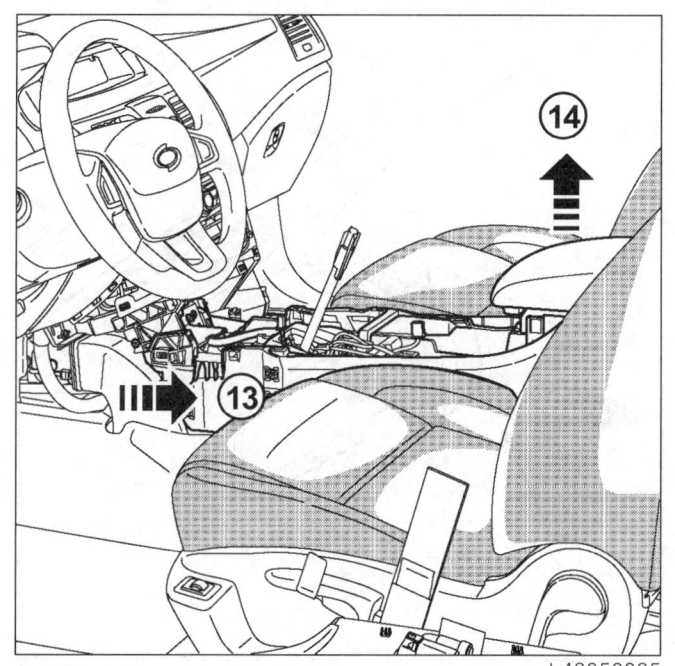

❏ (13) 과 (14) 의 방향으로 센터 콘솔을 탈거한다 .

장착

I - 관련 부품 장착 작업

❏ 다음을 장착한다 :
- 센터 콘솔 ,
- 볼트 (12),
- 볼트 (11).

II - 최종 작업

❏ 커넥터를 연결한다 .

❏ 센터 콘솔 리어 트림 (10) 을 장착한다 .

❏ 다음을 장착한다 :
- 센터 콘솔 어퍼 프론트 패널 (9),
- 센터 프론트 패널 (8).

전자제어 파킹 브레이크 미적용

❏ 핸드브레이크 레버 트림 (7) 을 장착한다 .

❏ 다음을 장착한다 :
- 기어 레버 트림 (6),
- 기어 레버 노브 (5),
- 센터 콘솔 트림 (3),
- 센터 프론트 패널 사이드 트림 (2),
- 센터 콘솔 어퍼 프론트 패널 사이드 트림 (1).

내장 장착 부품
인사이드 미러 : 탈거 – 장착

57A

L43

특수 공구	
RSM 9273	하이패스 내장형 미러 장착공구

탈거

I – 관련 부품 탈거 작업

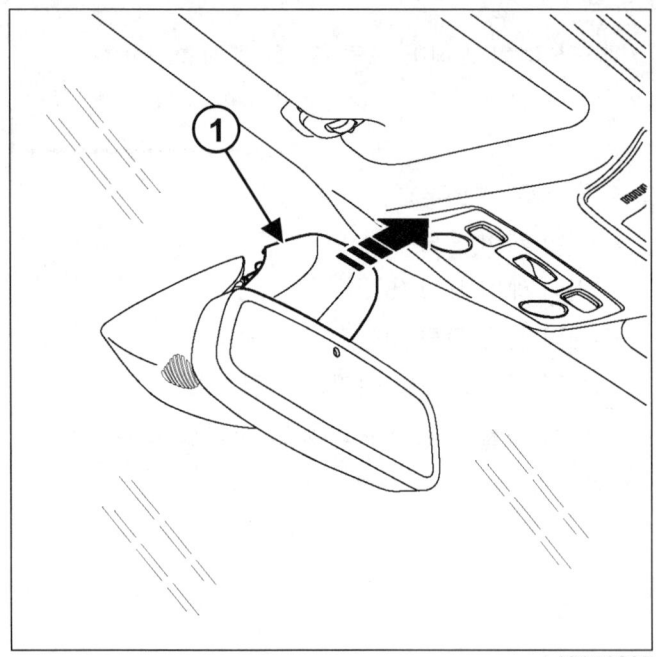

❏ 어퍼 커버 (1) 를 탈거한다.

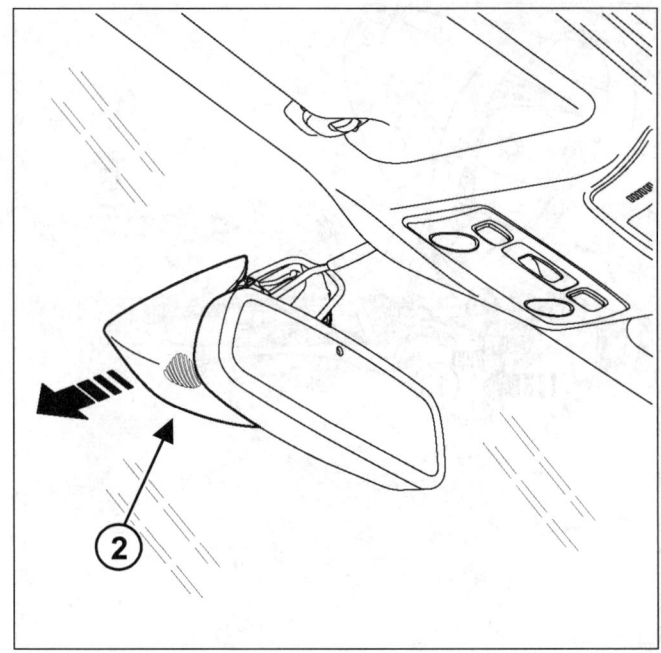

❏ 로어 커버 (2) 를 탈거한다.
❏ 커넥터를 분리한다 (차량 옵션에 따라 다름).
❏

> 참고 :
> 인사이드 미러 탈거시 인접한 레인 센서가 손상되지 않도록 주의한다.

❏

> 참고 :
> 하이패스 내장형 미러 탈거시 ETC 센서가 손상되지 않도록 주의한다.

내장 장착 부품
인사이드 미러 : 탈거 – 장착

57A

L43

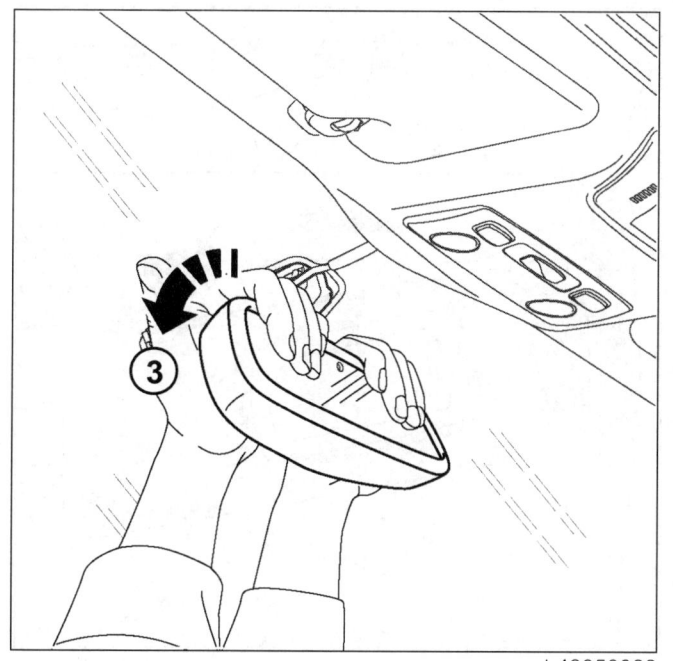

❏ (3) 의 방향으로 인사이드 미러를 조심스럽게 탈거한다.

장착

I – 관련 부품 장착 작업

❏
> 참고 :
> 하이패스 내장형 미러 장착시 특수 공구 (RSM 9273) 를 이용하여 장착한다.

❏ 인사이드 미러를 장착한다.

❏ 커넥터를 연결한다 (차량 옵션에 따라 다름).

❏ 다음을 장착한다 (차량 옵션에 따라 다름):
  – 로어 커버 (2),
  – 어퍼 커버 (1).

II – 최종 작업

❏
> 참고 :
> 하이패스 내장형 미러 교환 장착시 ETC 단말기의 등록을 해야한다.

내장 장착 부품
선 바이저 : 탈거 - 장착

57A

L43

탈거

I - 관련 부품 탈거 작업

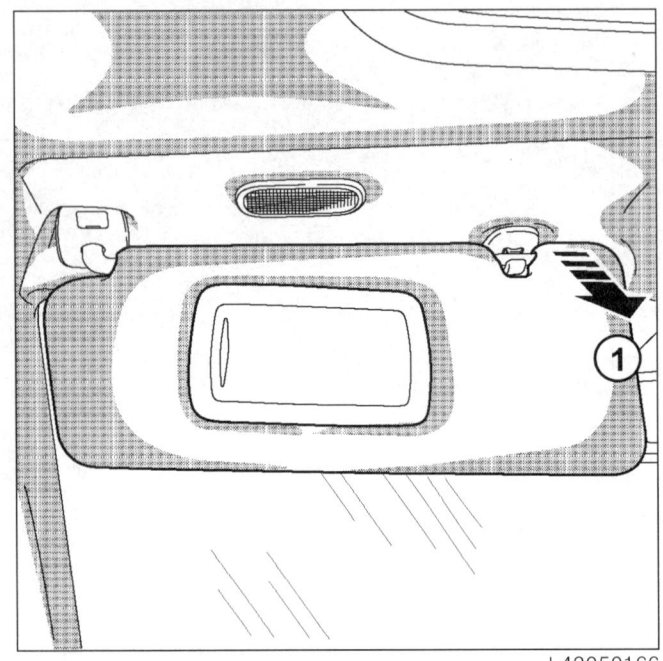

❏ (1) 의 방향으로 선 바이저 마운팅에서 선 바이저를 부분적으로 탈거한다.

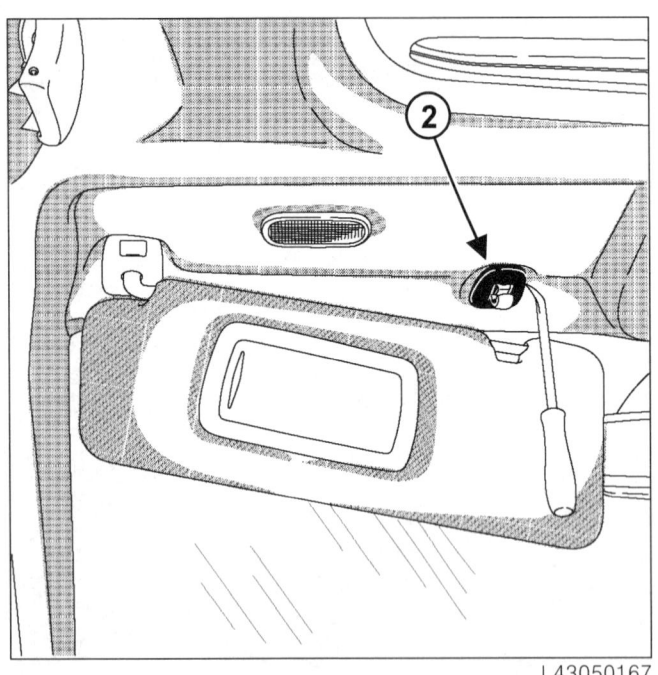

❏ 선 바이저 블랭킹 커버 (2) 를 탈거한다.

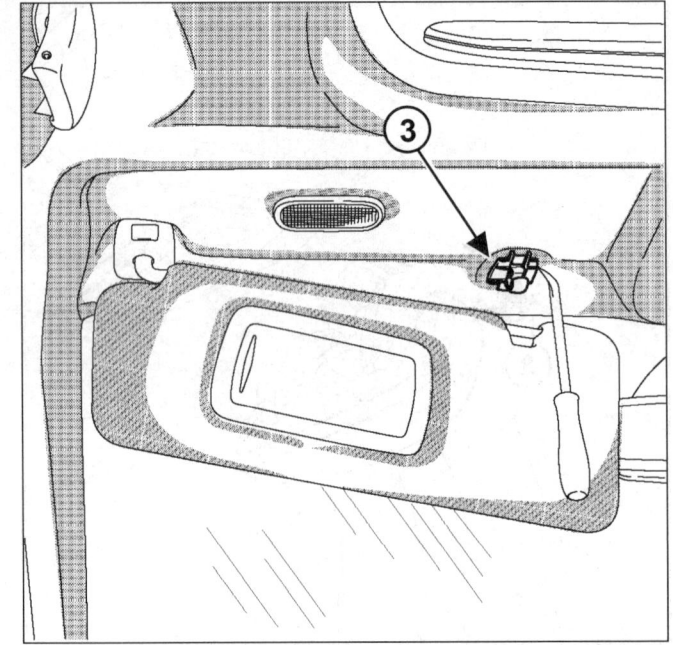

❏ 선 바이저 마운팅 트림 (3) 을 탈거한다.

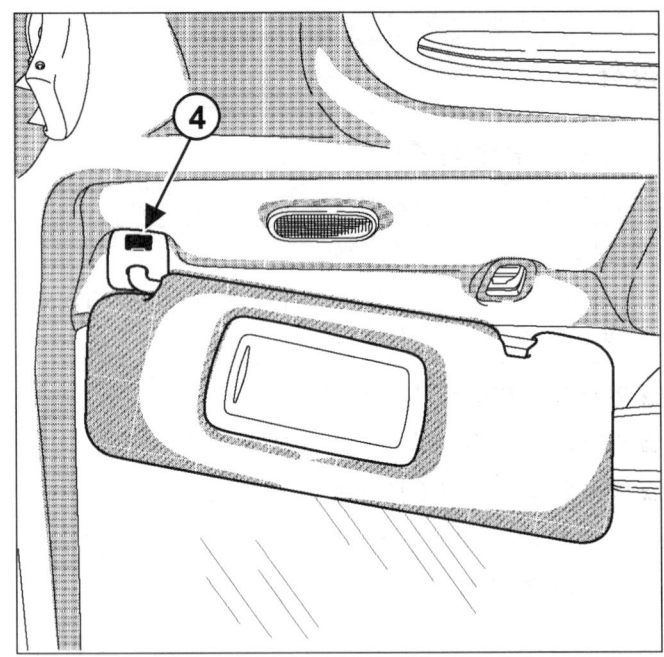

❏ 다음을 탈거한다 :
  - 클립 (4),
  - 선 바이저.

❏ 선 바이저 램프 커넥터를 분리한다.

57A-20

내장 장착 부품
선 바이저 : 탈거 – 장착

57A

L43

장착

I – 관련 부품 장착 작업

❏ 선 바이저 램프 커넥터를 연결한다.

❏ 다음을 장착한다 :
- 선 바이저,
- 클립 (4),
- 선 바이저 마운팅 트림 (3),
- 선 바이저 블랭킹 커버 (2).

내장 장착 부품
그립 : 탈거 - 장착

57A

L43

탈거

I – 관련 부품 탈거 작업

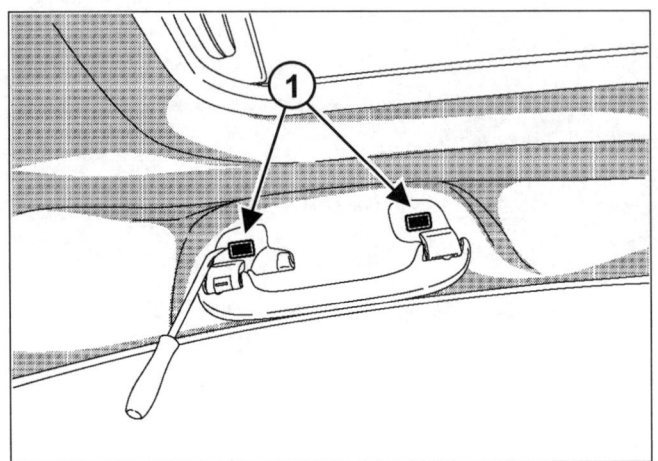

❏ 클립 (1) 을 탈거한다.

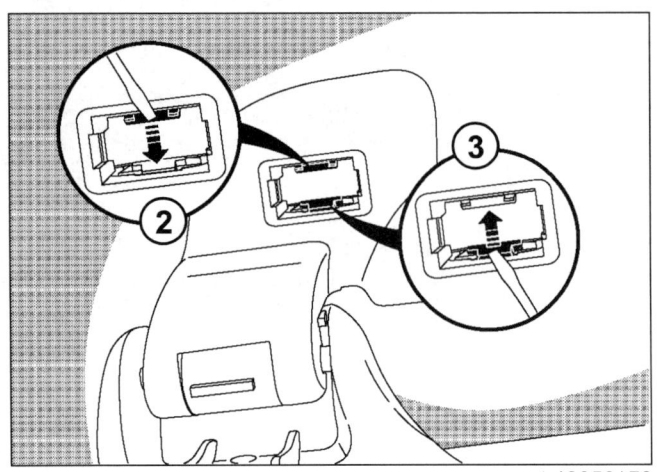

❏ 일자드라이버를 사용하여 (2) 와 (3) 의 방향으로 클립을 분리한다.

❏ 그립을 탈거한다.

장착

I – 관련 부품 장착 작업

❏ 다음을 장착한다 :
  - 그립 ,
  - 클립 (1).

내장 장착 부품
리어 파셜 셸프 : 탈거 – 장착

57A

L43

탈거

I – 탈거 준비 작업

❏ 다음을 탈거한다 :
- 리어 벤치 시트 쿠션 (76A, 리어 시트 프레임과 러너 , 리어 벤치 시트 쿠션 : 탈거 – 장착 참조),
- 리어 벤치 시트백 (76A, 리어 시트 프레임과 러너 , 리어 벤치 시트백 : 탈거 – 장착 참조),
- 리어 이너 킥킹 플레이트 일부 (71A, 인테리어 트림 , 리어 이너 킥킹 플레이트 : 탈거 – 장착 참조),
- 리어 이너 킥킹 플레이트 어퍼 피니셔 (71A, 인테리어 트림 , 리어 이너 킥킹 플레이트 어퍼 피니셔 : 탈거 – 장착 참조),
- 리어 필러 피니셔 (71A, 인테리어 트림 , 리어 필러 피니셔 : 탈거 – 장착 참조).

II – 관련 부품 탈거 작업

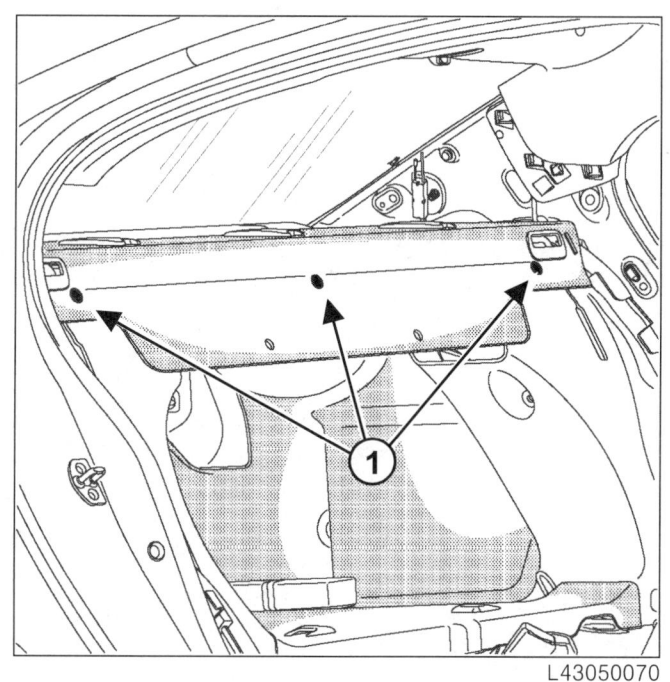

❏ 클립 (1) 을 탈거한다 .

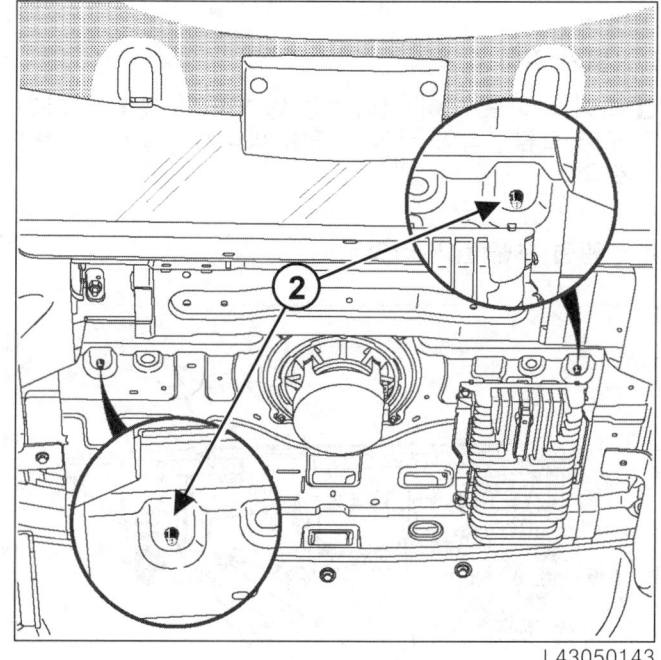

❏ 클립 (2) 을 탈거한다 .
❏ 리어 파셜 셸프를 탈거한다 .

장착

I – 장착 준비 작업

❏ 리어 파셜 셸프를 위치시킨다 .
❏ 다음을 장착한다 :
- 클립 (2),
- 클립 (1).

II – 최종 작업

❏ 다음을 장착한다 :
- 리어 필러 피니셔 (71A, 인테리어 트림 , 리어 필러 피니셔 : 탈거 – 장착 참조),
- 리어 이너 킥킹 플레이트 어퍼 피니셔 (71A, 인테리어 트림 , 리어 이너 킥킹 플레이트 어퍼 피니셔 : 탈거 – 장착 참조),
- 리어 이너 킥킹 플레이트 (71A, 인테리어 트림 , 리어 이너 킥킹 플레이트 : 탈거 – 장착 참조),
- 리어 벤치 시트백 (76A, 리어 시트 프레임과 러너 , 리어 벤치 시트백 : 탈거 – 장착 참조),
- 리어 벤치 시트 쿠션 (76A, 리어 시트 프레임과 러너 , 리어 벤치 시트 쿠션 : 탈거 – 장착 참조).

내장 장착 부품
리어 사이드 도어 선블라인드 : 탈거 – 장착

57A

L43

탈거

I – 탈거 준비 작업

❏ 리어 사이드 도어 피니셔를 탈거한다 (72A, 사이드 도어 트림 , 리어 사이드 도어 피니셔 : 탈거 – 장착 참조).

II – 관련 부품 탈거 작업

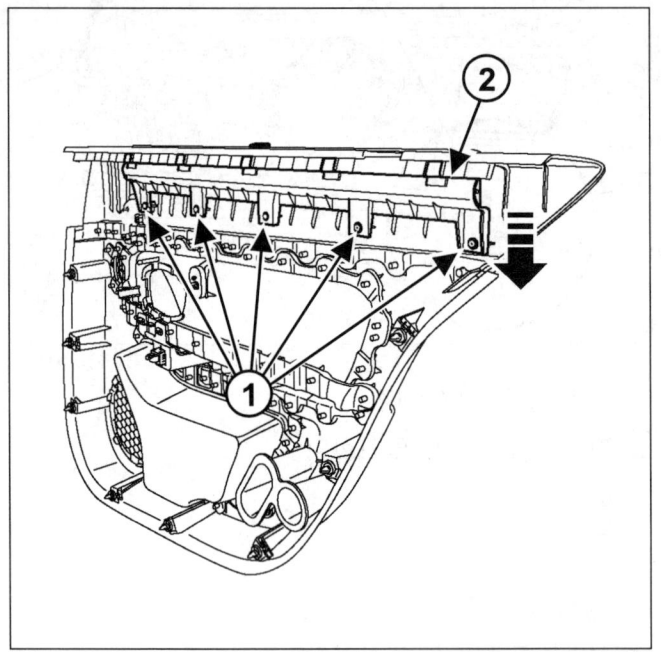

L43050009

❏ 다음을 탈거한다 :
  - 볼트 (1),
  - 리어 사이드 도어 선블라인드 (2).

장착

I – 관련 부품 장착 작업

❏ 다음을 장착한다 :
  - 리어 사이드 도어 선블라인드 (2),
  - 볼트 (1).

II – 최종 작업

❏ 리어 사이드 도어 피니셔를 장착한다 (72A, 사이드 도어 트림 , 리어 사이드 도어 피니셔 : 탈거 – 장착 참조).

내장 장착 부품
리어 파셜 셸프 선블라인드 : 탈거 – 장착

57A

L43

탈거

I – 탈거 준비 작업

- 리어 파셜 셸프를 탈거한다 (57A, 내장 장착 부품, 리어 파셜 셸프 : 탈거 – 장착 참조).

II – 관련 부품 탈거 작업

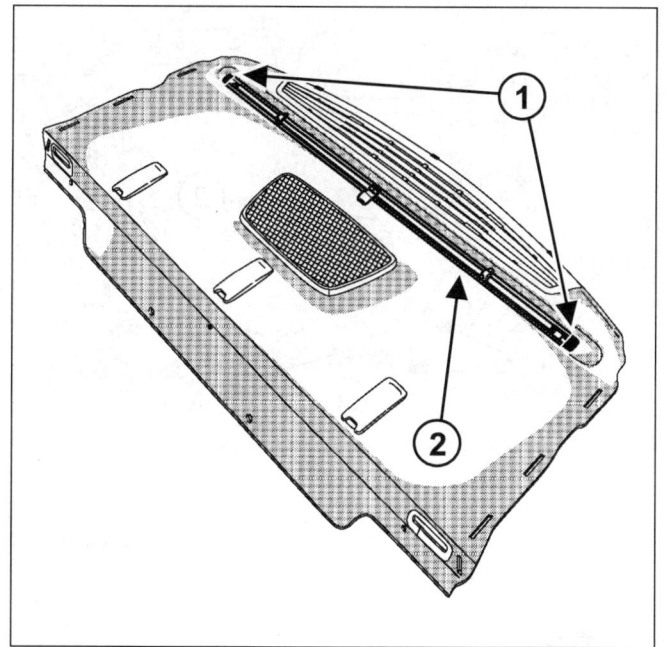

- 다음을 탈거한다 :
  - 클립 (1),
  - 리어 파셜 셸프에서 리어 파셜 셸프 선블라인드 (2).

장착

I – 관련 부품 장착 작업

- 다음을 장착한다 :
  - 리어 파셜 셸프 선블라인드 (2),
  - 클립 (1).

II – 최종 작업

- 리어 파셜 셸프를 장착한다 (57A, 내장 장착 부품, 리어 파셜 셸프 : 탈거 – 장착 참조).

안전 장치
도어 쇽업소버 : 탈거 - 장착

59A

L43

규정 토크 ⊽	
도어 쇽업소버 볼트	4 N.m

탈거

I - 탈거 준비 작업

❏ 다음을 탈거한다 :
- 프론트 사이드 도어 피니셔 (72A, 사이드 도어 트림 , 프론트 사이드 도어 피니셔 : 탈거 - 장착 참조) 또는 리어 사이드 도어 피니셔 (72A, 사이드 도어 트림 , 리어 사이드 도어 피니셔 : 탈거 - 장착 참조),
- 도어 실링 스크린 (65A, 도어 실링 , 도어 실링 스크린 : 탈거 - 장착 참조).

II - 관련 부품 탈거 작업

프론트 사이드 도어

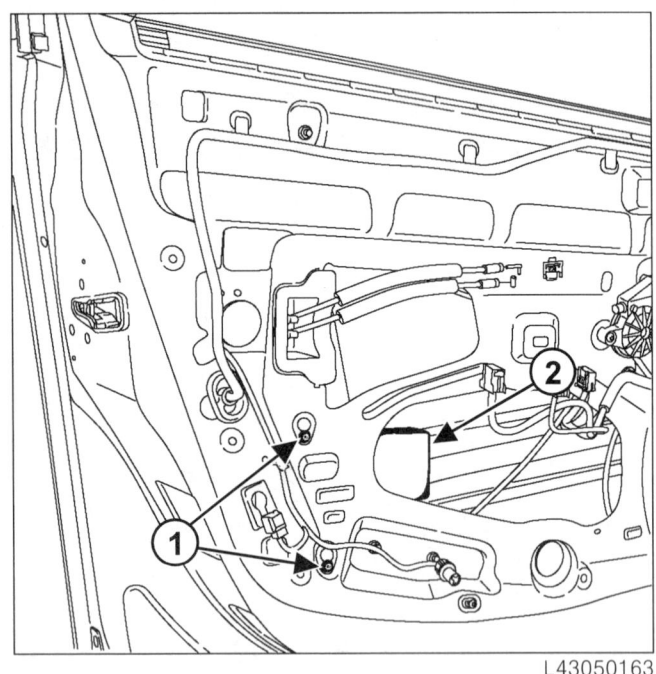

리어 사이드 도어

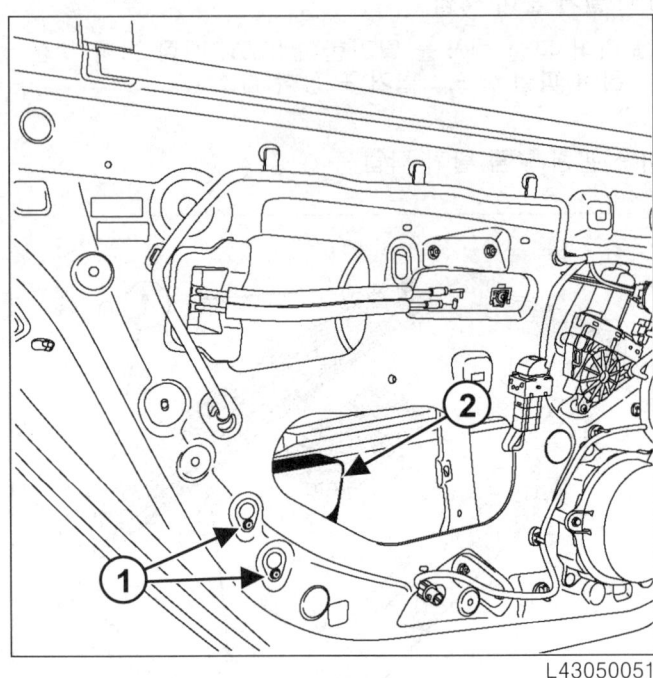

❏ 다음을 탈거한다 :
- 볼트 (1),
- 도어 쇽업소버 (2) (차량 옵션에 따라 다름).

장착

I - 관련 부품 장착 작업

❏ 다음을 장착한다 :
- 도어 쇽업소버 (2),
- 볼트 (1) (조이지 않음).

❏ 도어 쇽업소버 볼트 (1) 를 규정 토크 (4 N.m) 로 조인다 .

II - 최종 작업

❏ 도어 실링 스크린을 장착한다 (65A, 도어 실링 , 도어 실링 스크린 : 탈거 - 장착 참조).

❏ 실링 테스트를 수행한다 .

❏ 프론트 사이드 도어 피니셔 (72A, 사이드 도어 트림 , 프론트 사이드 도어 피니셔 : 탈거 - 장착 참조) 또는 리어 사이드 도어 피니셔 (72A, 사이드 도어 트림 , 리어 사이드 도어 피니셔 : 탈거 - 장착 참조) 를 장착한다 .

르노삼성자동차

6 실링과 방음재

65A 도어 실링

66A 윈도우 실링

68A 방음재

L43

2010. 01

본 리페어 매뉴얼은 2010년 01월의 양산 차량을 기준으로 작성하였으며, 향후 차량의 설계 변경에 따라 실차와 다른 내용이 있을 수 있으므로, 양해를 구합니다.
주 : 설계 변경에 대한 정보는 www.rsmservice.com 을 참조하여 주시기 바랍니다.
이 문서의 모든 권리는 르노삼성자동차에 있습니다.

ⓒ 르노삼성자동차 (주), 2010

L43-Section 6

목차

페이지

65A	도어 실링

도어 실링 스크린 : 탈거 – 장착   65A-1

66A	윈도우 실링

프론트 사이드 도어 글라스 런 : 탈거 – 장착   66A-1

프론트 사이드 도어 아웃사이드 몰딩 : 탈거 – 장착   66A-2

리어 사이드 도어 아웃사이드 몰딩 : 탈거 – 장착   66A-3

리어 사이드 도어 글라스 런 : 탈거 – 장착   66A-4

68A	방음재

후드 인슐레이터 : 탈거 – 장착   68A-1

엔진룸 인슐레이터 : 탈거 – 장착   68A-2

도어 실링
도어 실링 스크린 : 탈거 – 장착

65A

L43

탈거

I – 탈거 준비 작업

- 프론트 사이드 도어 피니셔 (72A, 사이드 도어 트림, 프론트 사이드 도어 피니셔 : 탈거 – 장착 참조) 또는 리어 사이드 도어 피니셔 (72A, 사이드 도어 트림, 리어 사이드 도어 피니셔 : 탈거 – 장착 참조) 를 탈거한다.

II – 관련 부품 탈거 작업

프론트 사이드 도어

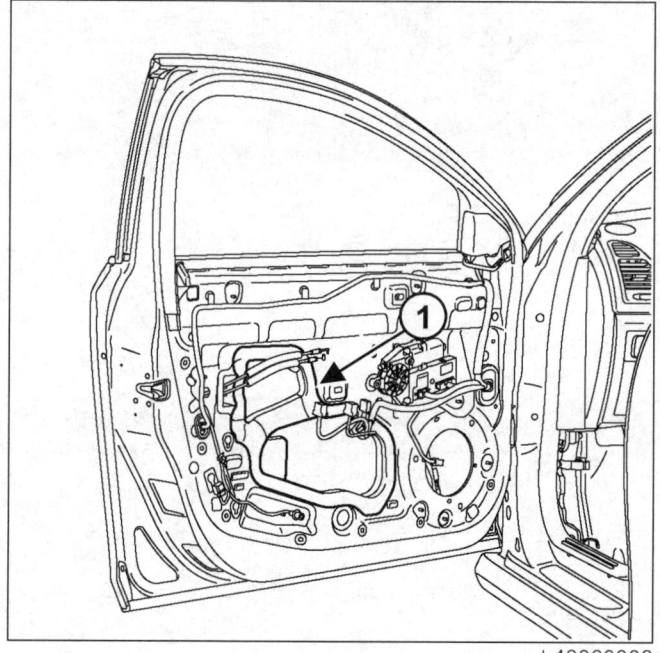

- 프론트 사이드 도어 실링 스크린을 떼어 낸다.

리어 사이드 도어

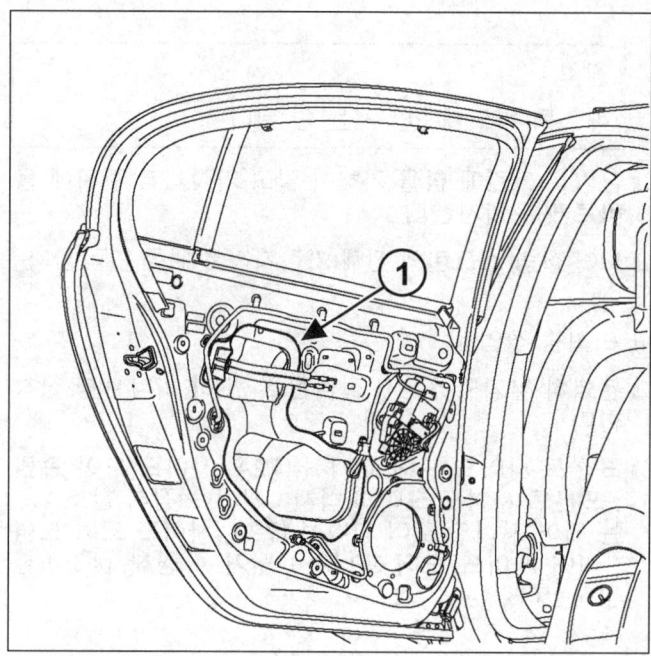

- 리어 사이드 도어 실링 스크린 (1) 을 떼어낸다.

장착

I – 장착 준비 작업

- 도어 실링 스크린 (1) 을 신품으로 교환한다.

-

> 참고 :
> 접착 부위 위에 넓은 마스킹 테이프를 사용하여 도어 박스 섹션에서 남은 접착제를 제거한다. 마스킹 테이프를 부드럽게 당겨 남은 접착제를 전부 제거한다.

-

> 주의
> 도어에 오염 및 응축 흔적이 없도록 세척해야 한다 (먼지, 그리스, 접착 방지제 제거). 스크린이 접착될 이너 도어 패널 부위를 완전히 도포해야 한다.
>
> 스크린이 도어에 올바로 접착되려면 접착 표면의 온도가 최소 15℃이상이어야 한다.

도어 실링
도어 실링 스크린 : 탈거 – 장착

65A

L43

II – 관련 부품 장착 작업

- 매스틱 비드를 보호하는 비닐을 도어 실링 스크린에서 제거한다.

> 참고 :
> 매스틱 비드를 만져서는 안 된다.

- 실링 스크린에 힘을 가하지 말고 가장자리 주위에 올바르게 위치시킨다.
- 도어 실링 스크린의 전체 가장자리 주위를 압박한다.

III – 최종 작업

- 완벽히 실링되었는지 점검한 후 도어 피니셔를 장착한다.
- 프론트 사이드 도어 피니셔 (72A, 사이드 도어 트림, 프론트 사이드 도어 피니셔 : 탈거 – 장착 참조) 또는 리어 사이드 도어 피니셔 (72A, 사이드 도어 트림, 리어 사이드 도어 피니셔 : 탈거 – 장착 참조) 를 장착한다.

윈도우 실링
프론트 사이드 도어 글라스 런 : 탈거 - 장착

66A

L43

탈거

I - 탈거 준비 작업

❏ 다음을 탈거한다 :

- 프론트 사이드 도어 슬라이딩 윈도우 글라스 (54A, 윈도우 , 프론트 사이드 도어 슬라이딩 윈도우 글라스 : 탈거 - 장착 참조),
- 도어 미러 (56A, 외장 장착 부품 , 도어 미러 : 탈거 - 장착 참조),
- 프론트 사이드 도어 필러 트림 (55A, 외장 보호 트림 , 프론트 사이드 도어 필러 트림 : 탈거 - 장착 참조).

II - 관련 부품 탈거 작업

❏ 프론트 사이드 도어 글라스 런 (1) 을 탈거한다 .

장착

I - 관련 부품 장착 작업

❏ 프론트 사이드 도어 글라스 런 (1) 을 장착한다 .

II - 최종 작업

❏ 다음을 장착한다 :

- 프론트 사이드 도어 필러 트림 (55A, 외장 보호 트림 , 프론트 사이드 도어 필러 트림 : 탈거 - 장착 참조),
- 도어 미러 (56A, 외장 장착 부품 , 도어 미러 : 탈거 - 장착 참조),
- 프론트 사이드 도어 슬라이딩 윈도우 글라스 (54A, 윈도우 , 프론트 사이드 도어 슬라이딩 윈도우 글라스 : 탈거 - 장착 참조).

윈도우 실링
프론트 사이드 도어 아웃사이드 몰딩 : 탈거 – 장착

66A

L43

탈거

I – 탈거 준비 작업

- 프론트 사이드 도어 슬라이딩 윈도우 글라스를 내린다.

II – 관련 부품 탈거 작업

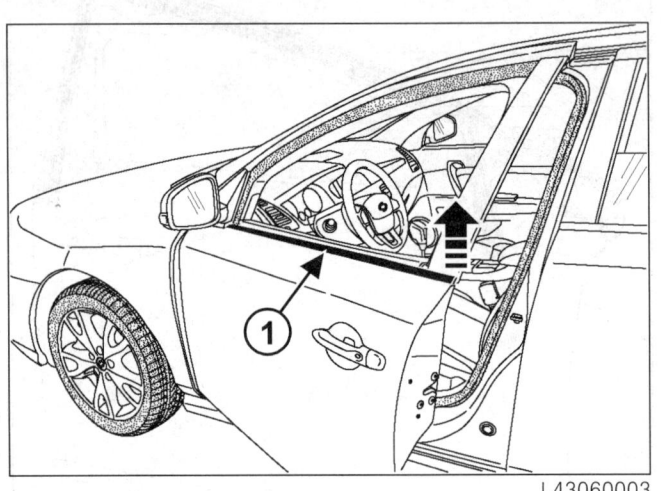

- 프론트 사이드 도어 아웃사이드 몰딩 (1) 을 조심스럽게 탈거한다.

장착

I – 장착 준비 작업

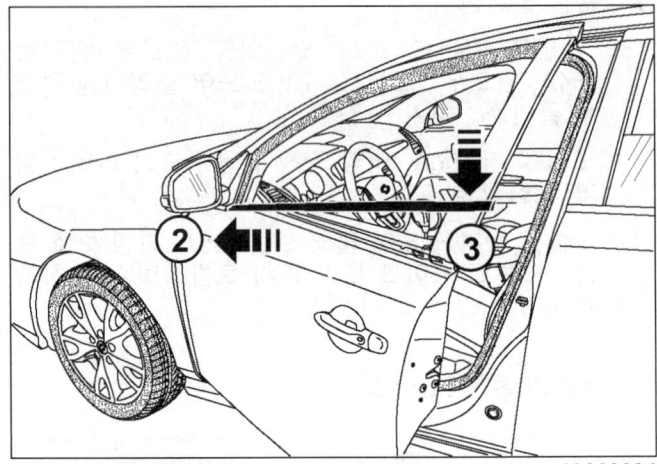

- (2) 와 (3) 의 방향으로 프론트 사이드 도어 아웃사이드 몰딩 (1) 을 장착한다.
- 프론트 사이드 도어 아웃사이드 몰딩 (1) 이 올바르게 정렬되었는지 점검한다.

윈도우 실링
리어 사이드 도어 아웃사이드 몰딩 : 탈거 - 장착

66A

L43

탈거

I - 탈거 준비 작업

❏ 리어 사이드 도어 슬라이딩 윈도우 글라스를 내린다.

II - 관련 부품 탈거 작업

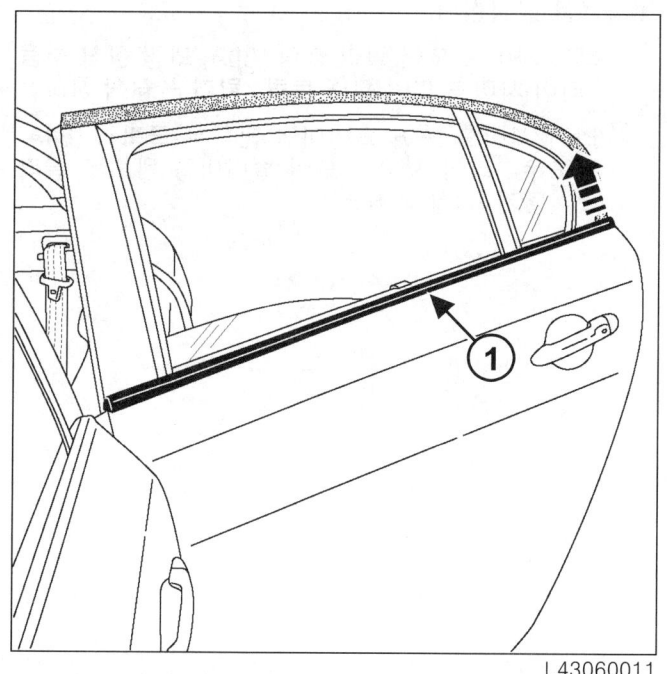

❏ 리어 사이드 도어 아웃사이드 몰딩 (1) 을 조심스럽게 탈거한다.

장착

I - 장착 준비 작업

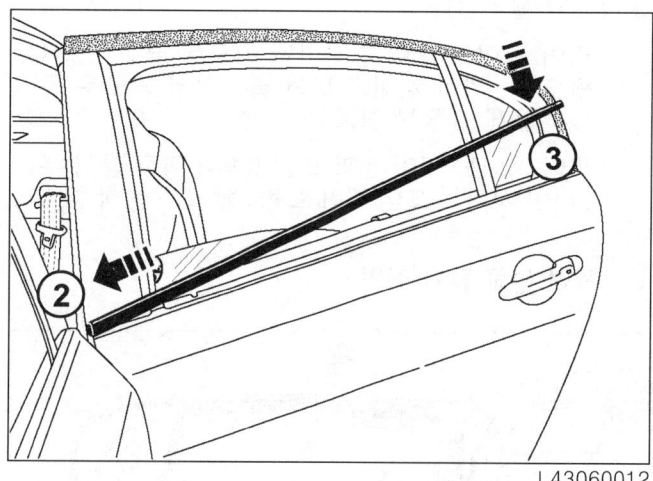

❏ (2) 와 (3) 의 방향으로 리어 사이드 도어 아웃사이드 몰딩 (1) 을 장착한다.

❏ 리어 사이드 도어 아웃사이드 몰딩 (1) 이 올바르게 정렬되었는지 점검한다.

윈도우 실링
리어 사이드 도어 글라스 런 : 탈거 - 장착

66A

L43

탈거

I - 탈거 준비 작업

❏ 다음을 탈거한다 :

- 리어 사이드 도어 슬라이딩 윈도우 글라스 (54A, 윈도우 , 리어 사이드 도어 슬라이딩 윈도우 글라스 : 탈거 - 장착 참조),
- 리어 사이드 도어 필러 트림 (56A, 외장 장착 부품 , 리어 사이드 도어 필러 트림 : 탈거 - 장착 참조).

II - 관련 부품 탈거 작업

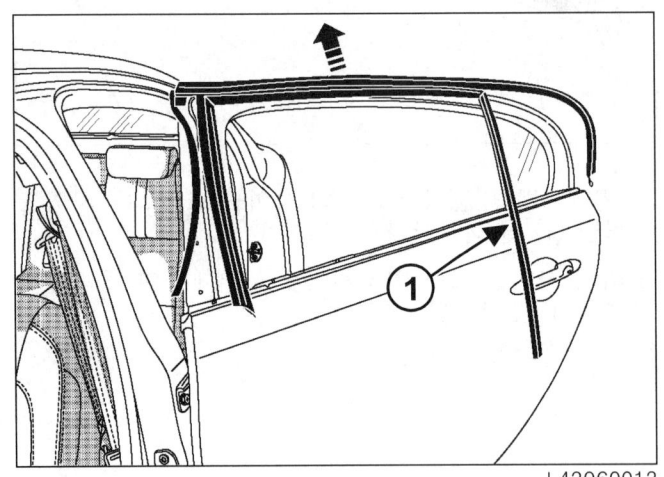

❏ 리어 사이드 도어 윈도우 글라스 런 (1) 을 탈거한다 .

장착

I - 관련 부품 장착 작업

❏ 리어 사이드 도어 윈도우 글라스 런 (1) 을 장착한다 .

II - 최종 작업

❏ 다음을 장착한다 :

- 리어 사이드 도어 필러 트림 (56A, 외장 장착 부품 , 리어 사이드 도어 필러 트림 : 탈거 - 장착 참조),
- 리어 사이드 도어 슬라이딩 윈도우 글라스 (54A, 윈도우 , 리어 사이드 도어 슬라이딩 윈도우 글라스 : 탈거 - 장착 참조).

방음재
후드 인슐레이터 : 탈거 – 장착

68A

L43

탈거

I – 탈거 준비 작업

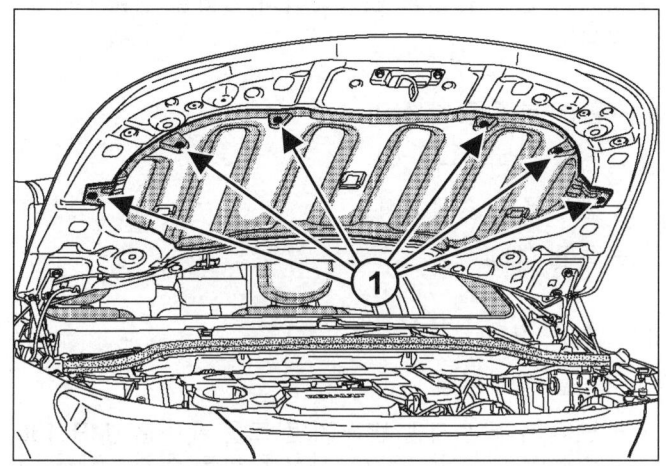

L43060001

❏ 다음을 탈거한다 :
  – 클립 (1),
  – 후드 인슐레이터 .

장착

I – 장착 준비 작업

❏ 필요한 경우 클립 (1) 을 신품으로 교환한다 .

II – 최종 작업

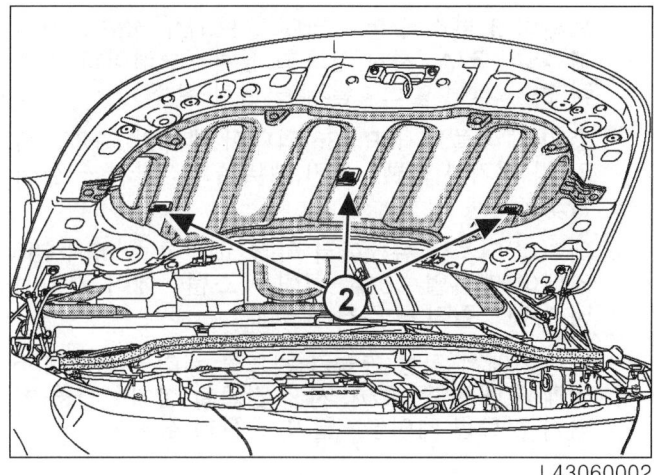

L43060002

❏ (2) 에 후드 인슐레이터를 위치시킨다 .

❏ 클립 (1) 을 장착한다 .

방음재
엔진룸 인슐레이터 : 탈거 - 장착

68A

L43

탈거

I - 탈거 준비 작업

❏ 다음을 탈거한다 :

- 에어 클리너 유닛 (MR 436 리페어 매뉴얼, 12A, 흡기 및 배기 시스템, 에어 클리너 유닛 : 탈거 - 장착 참조),
- 브레이크 부스터 논 - 리턴 밸브 (MR 436 리페어 매뉴얼, 37A, 샤시 컨트롤 장치, 브레이크 부스터 논 - 리턴 밸브 : 탈거 - 장착 참조),
- 흡기 매니폴드 (MR 436 리페어 매뉴얼, 12A, 흡기 및 배기 시스템, 흡기 매니폴드 : 탈거 - 장착 참조),
- 에어 컨디셔닝 유닛에서 히터 코어 호스 (MR 436 리페어 매뉴얼, 61A, 히팅 시스템, 에어 컨디셔닝 유닛 : 탈거 - 장착 참조),
- 변속기에서 자동 변속기 컨트롤 케이블 (MR 436 리페어 매뉴얼, 37A, 샤시 컨트롤 장치, 자동 변속기 컨트롤 케이블 : 탈거 - 장착 참조).

II - 최종 작업

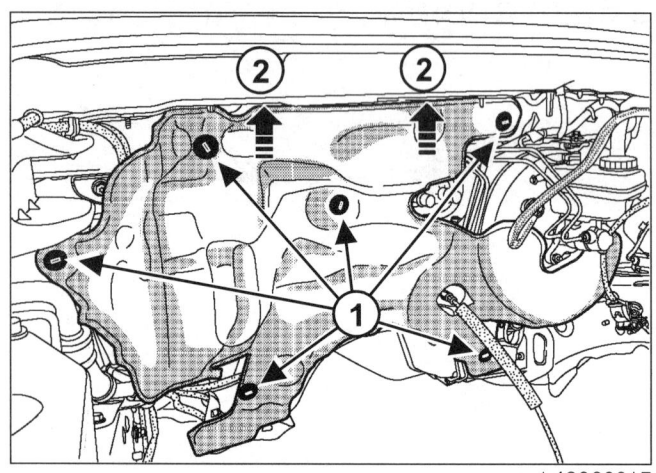

L43060017

❏ 다음을 탈거한다 :

- 클립 (1),
- (2) 의 방향으로 엔진룸 인슐레이터.

장착

I - 장착 준비 작업

❏ 필요한 경우 엔진룸 인슐레이터 클립을 신품으로 교환한다.

II - 관련 부품 장착 작업

❏ 다음을 장착한다 :

- 엔진룸 인슐레이터,
- 클립 (1).

III - 최종 작업

❏ 다음을 장착한다 :

- 변속기에서 자동 변속기 컨트롤 케이블 (MR 436 리페어 매뉴얼, 37A, 샤시 컨트롤 장치, 자동 변속기 컨트롤 케이블 : 탈거 - 장착 참조),
- 에어 컨디셔닝 유닛에서 히터 코어 호스 (MR 436 리페어 매뉴얼, 61A, 히팅 시스템, 에어 컨디셔닝 유닛 : 탈거 - 장착 참조),
- 흡기 매니폴드 (MR 436 리페어 매뉴얼, 12A, 흡기 및 배기 시스템, 흡기 매니폴드 : 탈거 - 장착 참조),
- 브레이크 부스터 논 - 리턴 밸브 (MR 436 리페어 매뉴얼, 37A, 샤시 컨트롤 장치, 브레이크 부스터 논 - 리턴 밸브 : 탈거 - 장착 참조),
- 에어 클리너 유닛 (MR 436 리페어 매뉴얼, 12A, 흡기 및 배기 시스템, 에어 클리너 유닛 : 탈거 - 장착 참조).

르노삼성자동차

7 내·외장 트림

71A 인테리어 트림

72A 사이드 도어 트림

73A 사이드 도어 이외 트림

75A 프론트 시트 프레임과 러너

76A 리어 시트 프레임과 러너

77A 프론트 시트 트림

78A 리어 시트 트림

79A 시트 액세서리

L43

2010. 01

본 리페어 매뉴얼은 2010년 01월의 양산 차량을 기준으로 작성하였으며, 향후 차량의 설계 변경에 따라 실차와 다른 내용이 있을 수 있으므로, 양해를 구합니다.
주 : 설계 변경에 대한 정보는 www.rsmservice.com 을 참조하여 주시기 바랍니다.
이 문서의 모든 권리는 르노삼성자동차에 있습니다.

ⓒ 르노삼성자동차(주), 2010

L43-Section 7

목차

페이지		페이지

71A 인테리어 트림

플로어 카펫 : 탈거 – 장착	71A-1
러기지 컴파트먼트 플로어 카펫 : 탈거 – 장착	71A-2
헤드라이닝 : 탈거 – 장착	71A-3
프론트 이너 킥킹 플레이트 : 탈거 – 장착	71A-6
센터 필러 로어 가니쉬 : 탈거 – 장착	71A-7
리어 이너 킥킹 플레이트 : 탈거 – 장착	71A-8
트렁크 사이드 피니셔 : 탈거 – 장착	71A-9
프론트 필러 가니쉬 : 탈거 – 장착	71A-10
센터 필러 어퍼 가니쉬 : 탈거 – 장착	71A-11
리어 이너 킥킹 플레이트 어퍼 피니셔 : 탈거 – 장착	71A-12
리어 필러 피니셔 : 탈거 – 장착	71A-13
트렁크 리어 플레이트 : 탈거 – 장착	71A-14

72A 사이드 도어 트림

프론트 사이드 도어 피니셔 : 탈거 – 장착	72A-1
리어 사이드 도어 피니셔 : 탈거 – 장착	72A-3
프론트 사이드 도어 프레임 인터널 트림 : 탈거 – 장착	72A-5
리어 사이드 도어 프레임 인터널 트림 : 탈거 – 장착	72A-7

73A 사이드 도어 이외 트림

트렁크 리드 피니셔 : 탈거 – 장착	73A-1

75A 프론트 시트 프레임과 러너

프론트 시트 쿠션 프레임 : 탈거 – 장착	75A-1
프론트 시트백 프레임 : 탈거 – 장착	75A-3
프론트 시트 스위치 패드 : 탈거 – 장착	75A-5
프론트 시트 어셈블리 : 탈거 – 장착	75A-6

76A 리어 시트 프레임과 러너

리어 벤치 시트 프레임 : 탈거 – 장착	76A-1
리어 시트백 프레임 : 탈거 – 장착	76A-2
리어 벤치 시트백 : 탈거 – 장착	76A-3
리어 벤치 시트 쿠션 : 탈거 – 장착	76A-4

77A 프론트 시트 트림

프론트 시트 쿠션 커버 : 탈거 – 장착	77A-1
프론트 시트백 커버 : 탈거 – 장착	77A-3
프론트 시트 사이드 트림 : 탈거 – 장착	77A-4

목차

페이지

| 78A | 리어 시트 트림 |

리어 시트백 트림 : 탈거 –
장착   78A-1

리어 벤치 시트 쿠션 커버 :
탈거 – 장착   78A-2

| 79A | 시트 액세서리 |

프론트 시트 헤드레스트 가이
드 : 탈거 – 장착   79A-1

리어 센터 암레스트 : 탈거 –
장착   79A-3

인테리어 트림
플로어 카펫 : 탈거 – 장착

71A

L43

탈거

I – 탈거 준비 작업

- 배터리 단자를 분리한다 (MR 436 리페어 매뉴얼, 80A, 배터리, 배터리 : 탈거 – 장착 참조).
- 다음을 탈거한다 :
  - 프론트 시트 어셈블리 (75A, 프론트 시트 프레임과 러너, 프론트 시트 어셈블리 : 탈거 – 장착 참조),
  - 센터 콘솔 (57A, 내장 장착 부품, 센터 콘솔 : 탈거 – 장착 참조),
  - 리어 벤치 시트 쿠션 (76A, 리어 시트 프레임과 러너, 리어 벤치 시트 쿠션 : 탈거 – 장착 참조),
  - 센터 필러 어퍼 가니쉬 (71A, 인테리어 트림, 센터 필러 어퍼 가니쉬 : 탈거 – 장착 참조),
  - 센터 필러 로어 가니쉬 (71A, 인테리어 트림, 센터 필러 로어 가니쉬 : 탈거 – 장착 참조),
  - 리어 이너 킥킹 플레이트 (71A, 인테리어 트림, 리어 이너 킥킹 플레이트 : 탈거 – 장착 참조),
  - 프론트 이너 킥킹 플레이트 (71A, 인테리어 트림, 프론트 이너 킥킹 플레이트 : 탈거 – 장착 참조).

II – 관련 부품 탈거 작업

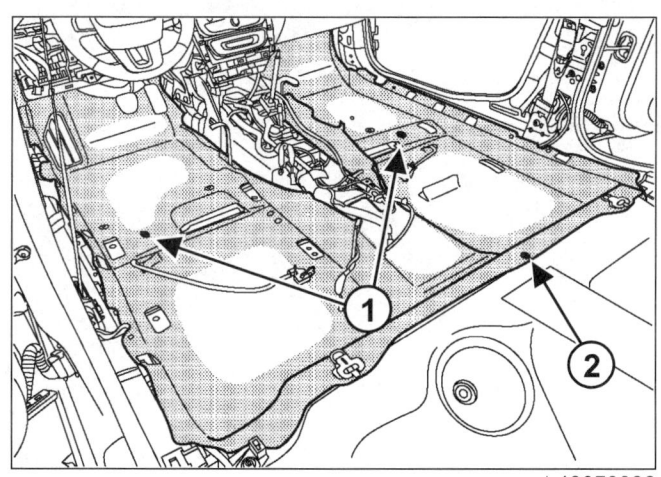

- 다음을 탈거한다 :
  - 클립 (1),
  - 클립 (2),
  - 플로어 카펫.

장착

I – 관련 부품 장착 작업

- 다음을 장착한다 :
  - 플로어 카펫,
  - 클립 (2),
  - 클립 (1).

II – 최종 작업

- 다음을 장착한다 :
  - 프론트 이너 킥킹 플레이트 (71A, 인테리어 트림, 프론트 이너 킥킹 플레이트 : 탈거 – 장착 참조),
  - 리어 이너 킥킹 플레이트 (71A, 인테리어 트림, 리어 이너 킥킹 플레이트 : 탈거 – 장착 참조),
  - 센터 필러 로어 가니쉬 (71A, 인테리어 트림, 센터 필러 로어 가니쉬 : 탈거 – 장착 참조),
  - 센터 필러 어퍼 가니쉬 (71A, 인테리어 트림, 센터 필러 어퍼 가니쉬 : 탈거 – 장착 참조),
  - 리어 벤치 시트 쿠션 (76A, 리어 시트 프레임과 러너, 리어 벤치 시트 쿠션 : 탈거 – 장착 참조),
  - 센터 콘솔 (57A, 내장 장착 부품, 센터 콘솔 : 탈거 – 장착 참조),
  - 프론트 시트 어셈블리 (75A, 프론트 시트 프레임과 러너, 프론트 시트 어셈블리 : 탈거 – 장착 참조).
- 배터리 단자를 연결한다 (MR 436 리페어 매뉴얼, 80A, 배터리, 배터리 : 탈거 – 장착 참조).

인테리어 트림
러기지 컴파트먼트 플로어 카펫 : 탈거 - 장착

71A

L43

탈거

I – 관련 부품 탈거 작업

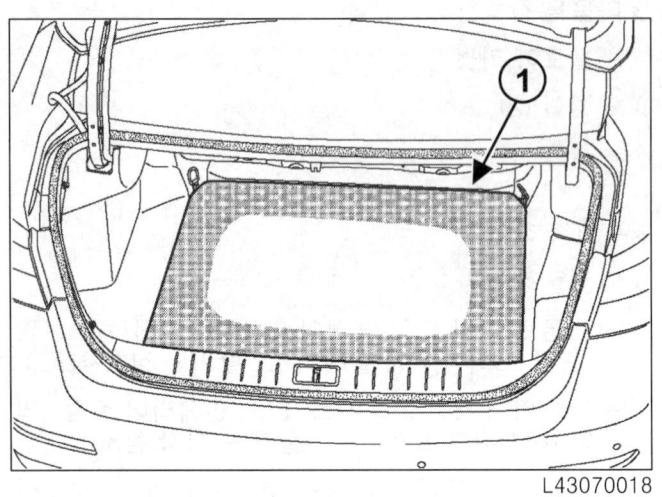

L43070018

❏ 러기지 컴파트먼트 플로어 카펫 (1) 을 탈거한다.

장착

I – 관련 부품 장착 작업

❏ 러기지 컴파트먼트 플로어 카펫 (1) 을 장착한다.

인테리어 트림
헤드라이닝 : 탈거 – 장착

71A

L43

경고

시스템 손상 위험을 방지하려면 수리 작업 전 안전 , 청결 지침 및 작업 권장 사항을 확인한다 (MR 436 리페어 매뉴얼 , 88C, 에어백 및 프리텐셔너 , 사전 주의사항 참조).

탈거

I – 탈거 준비 작업

- 배터리 단자를 분리한다 (MR 436 리페어 매뉴얼 , 80A, 배터리 , 배터리 : 탈거 – 장착 참조).

- 다음을 탈거한다 :
  - 프론트 사이드 도어 웨더스트립 일부 ,
  - 리어 사이드 도어 웨더스트립 일부 ,
  - 프론트 필러 가니쉬 (71A, 인테리어 트림 , 프론트 필러 가니쉬 : 탈거 – 장착 참조),
  - 센터 필러 어퍼 가니쉬 (71A, 인테리어 트림 , 센터 필러 어퍼 가니쉬 : 탈거 – 장착 참조),
  - 센터 필러 로어 가니쉬 (71A, 인테리어 트림 , 센터 필러 로어 가니쉬 : 탈거 – 장착 참조),
  - 인사이드 미러 커버 (57A, 내장 장착 부품 , 인사이드 미러 : 탈거 – 장착 참조),
  - 선루프 스위치 (52A, 사이드 도어 이외 메커니즘 , 선루프 스위치 : 탈거 – 장착 참조) (차량 옵션에 따라 다름),
  - 맵 램프 (MR 436 리페어 매뉴얼 , 81B, 실내 라이팅 , 맵 램프 : 탈거 – 장착 참조),
  - 선 바이저 (57A, 내장 장착 부품 , 선 바이저 : 탈거 – 장착 참조),
  - 배니티 램프 (MR 436 리페어 매뉴얼 , 81B, 실내 라이팅 , 배니티 램프 : 탈거 – 장착 참조),
  - 그립 (57A, 내장 장착 부품 , 그립 : 탈거 – 장착 참조),
  - 하이 마운팅 스톱 램프 (MR 436 리페어 매뉴얼 , 81A, 리어 라이팅 시스템 , 하이 마운팅 스톱 램프 : 탈거 – 장착 참조),
  - 리어 벤치 시트 쿠션 (76A, 리어 시트 프레임과 러너 , 리어 벤치 시트 쿠션 : 탈거 – 장착 참조),
  - 리어 벤치 시트백 (76A, 리어 시트 프레임과 러너 , 리어 벤치 시트백 : 탈거 – 장착 참조),
  - 리어 이너 킥킹 플레이트 어퍼 피니셔 (71A, 인테리어 트림 , 리어 이너 킥킹 플레이트 어퍼 피니셔 : 탈거 – 장착 참조),
  - 리어 필러 피니셔 (71A, 인테리어 트림 , 리어 필러 피니셔 : 탈거 – 장착 참조).

II – 관련 부품 탈거 작업

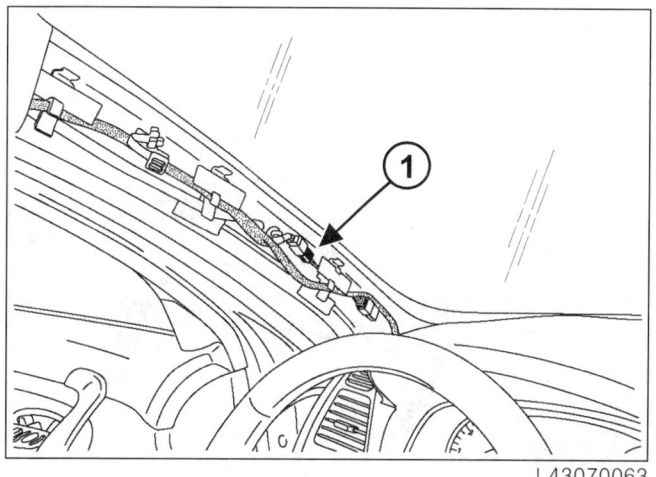

- 커넥터 (1) 를 분리한다 .

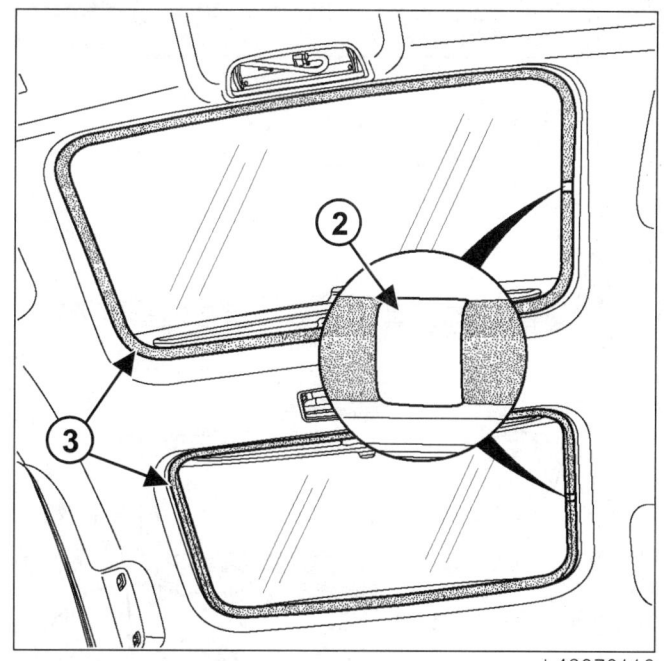

- 다음을 탈거한다 (차량 옵션에 따라 다름):
  - 클립 (2),
  - 선루프 웨더스트립 (3).

인테리어 트림
헤드라이닝 : 탈거 — 장착

71A

L43

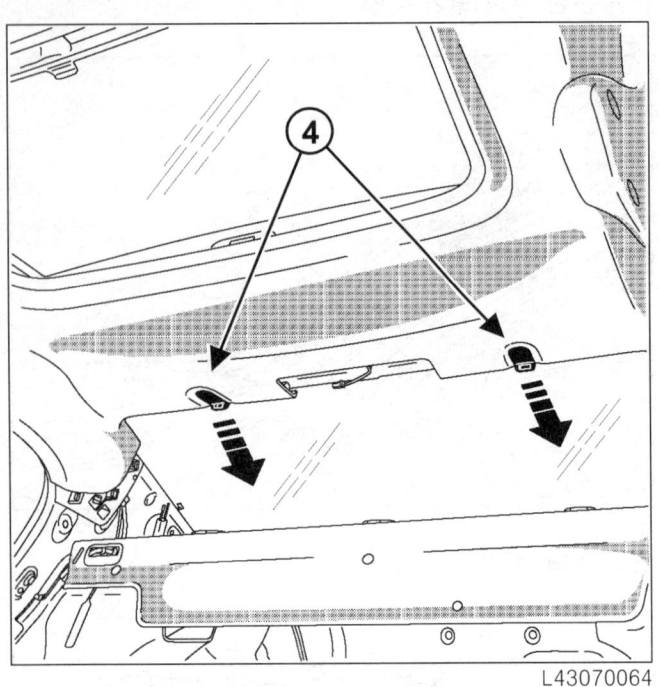

❏ 클립 (4) 을 탈거한다.

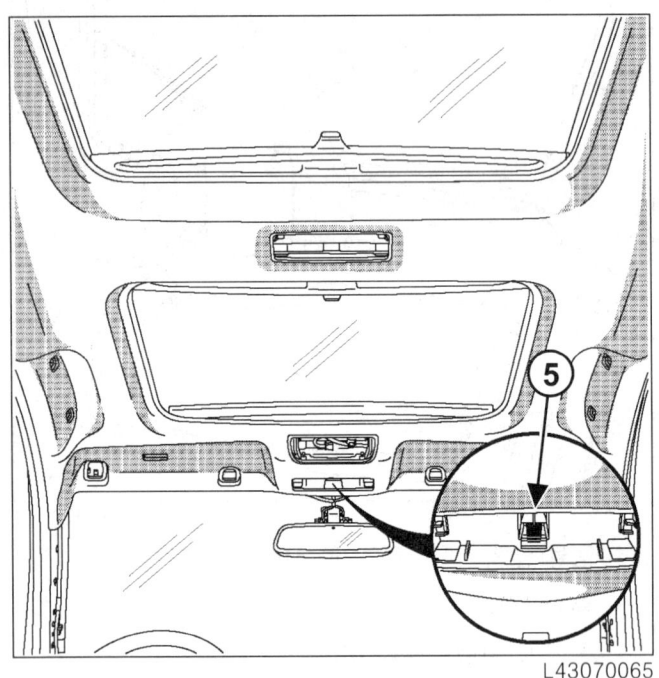

❏ 클립 (5) 을 탈거한다.

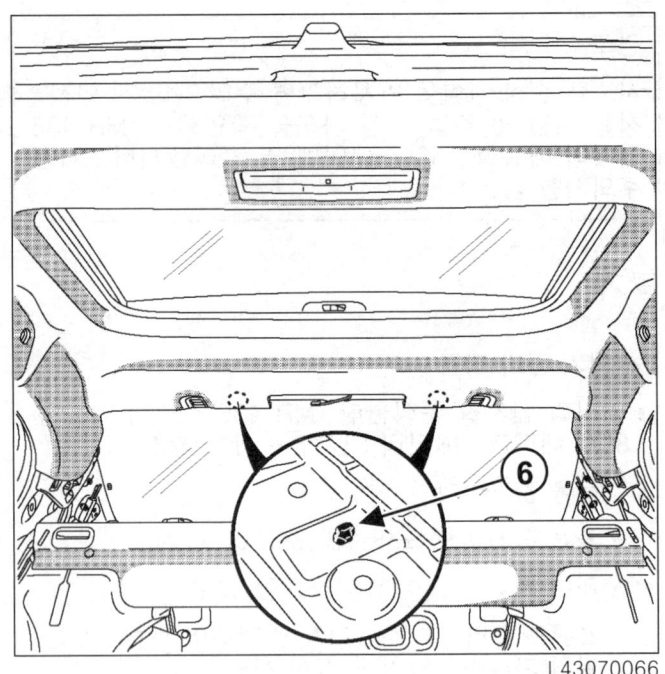

❏ 클립 (6) 을 탈거한다.
❏ 헤드라이닝을 조심스럽게 탈거한다 (이 작업은 두 사람이 작업한다).

장착

I – 장착 준비 작업

❏ 클립 (2) 을 신품으로 교환한다.

II – 관련 부품 장착 작업

❏ 차량에 헤드라이닝을 위치시킨다 (이 작업은 두 사람이 작업한다).
❏ 다음을 장착한다 :
  – 클립 (6),
  – 클립 (5),
  – 클립 (4).
❏ 다음을 장착한다 (차량 옵션에 따라 다름):
  – 선루프 웨더스트립 (3),
  – 클립 (2).
❏ 커넥터 (1) 를 연결한다.

인테리어 트림
헤드라이닝 : 탈거 - 장착

71A

| L43 |

III - 최종 작업

❏ 다음을 장착한다 :

- 하이 마운팅 스톱 램프 (MR 436 리페어 매뉴얼, 81A, 리어 라이팅 시스템, 하이 마운팅 스톱 램프 : 탈거 - 장착 참조),
- 그립 (57A, 내장 장착 부품, 그립 : 탈거 - 장착 참조),
- 배니티 램프 (MR 436 리페어 매뉴얼, 81B, 실내 라이팅, 배니티 램프 : 탈거 - 장착 참조),
- 선 바이저 (57A, 내장 장착 부품, 선 바이저 : 탈거 - 장착 참조),
- 맵 램프 (MR 436 리페어 매뉴얼, 81B, 실내 라이팅, 맵 램프 : 탈거 - 장착 참조),
- 선루프 스위치 (52A, 사이드 도어 이외 메커니즘, **선루프 스위치** : 탈거 - 장착 참조) (차량 옵션에 따라 다름),
- 인사이드 미러 커버 (57A, 내장 장착 부품, 인사이드 미러 : 탈거 - 장착 참조),
- 리어 필러 피니셔 (71A, 인테리어 트림, 리어 필러 피니셔 : 탈거 - 장착 참조),
- 리어 이너 킥킹 플레이트 어퍼 피니셔 (71A, 인테리어 트림, 리어 이너 킥킹 플레이트 어퍼 피니셔 : 탈거 - 장착 참조),
- 리어 벤치 시트백 (76A, 리어 시트 프레임과 러너, 리어 벤치 시트백 : 탈거 - 장착 참조),
- 리어 벤치 시트 쿠션 (76A, 리어 시트 프레임과 러너, 리어 벤치 시트 쿠션 : 탈거 - 장착 참조),
- 센터 필러 로어 가니쉬 (71A, 인테리어 트림, 센터 필러 로어 가니쉬 : 탈거 - 장착 참조),
- 센터 필러 어퍼 가니쉬 (71A, 인테리어 트림, 센터 필러 어퍼 가니쉬 : 탈거 - 장착 참조),
- 프론트 필러 가니쉬 (71A, 인테리어 트림, 프론트 필러 가니쉬 : 탈거 - 장착 참조),
- 리어 사이드 도어 웨더스트립,
- 프론트 사이드 도어 웨더스트립.

❏ 배터리 단자를 연결한다 (MR 436 리페어 매뉴얼, 80A, 배터리, 배터리 : 탈거 - 장착 참조).

❏ 기능 테스트를 수행한다.

인테리어 트림
프론트 이너 킥킹 플레이트 : 탈거 – 장착

71A

L43

탈거

I – 탈거 준비 작업

❏ 다음을 탈거한다 :
- 센터 필러 어퍼 가니쉬 (71A, 인테리어 트림, 센터 필러 어퍼 가니쉬 : 탈거 – 장착 참조),
- 센터 필러 로어 가니쉬 (71A, 인테리어 트림, 센터 필러 로어 가니쉬 : 탈거 – 장착 참조).

II – 관련 부품 탈거 작업

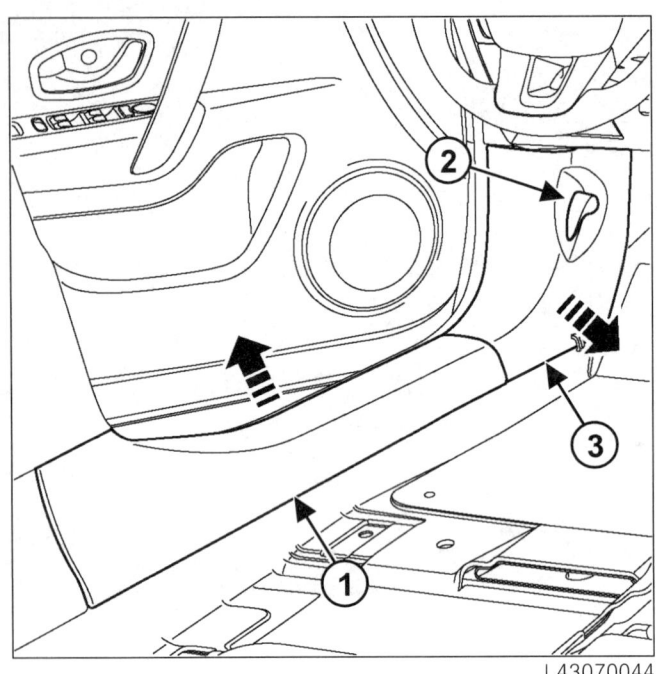

L43070044

❏ 다음을 탈거한다 :
- 프론트 이너 킥킹 플레이트 트림의 리어 섹션 (1),
- 후드 릴리즈 핸들 (2),
- 프론트 이너 킥킹 플레이트 트림의 프론트 섹션 (3).

장착

I – 장착 준비 작업

❏ 필요한 경우 프론트 이너 킥킹 플레이트 클립을 신품으로 교환한다.

II – 관련 부품 장착 작업

❏ 다음을 장착한다 :
- 프론트 이너 킥킹 플레이트 트림의 프론트 섹션 (3),
- 후드 릴리즈 핸들 (2),
- 프론트 이너 킥킹 플레이트 트림의 리어 섹션 (1).

III – 최종 작업

❏ 다음을 장착한다 :
- 센터 필러 로어 가니쉬 (71A, 인테리어 트림, 센터 필러 로어 가니쉬 : 탈거 – 장착 참조),
- 센터 필러 어퍼 가니쉬 (71A, 인테리어 트림, 센터 필러 어퍼 가니쉬 : 탈거 – 장착 참조).

인테리어 트림
센터 필러 로어 가니쉬 : 탈거 – 장착

71A

L43

탈거

I – 탈거 준비 작업

- 센터 필러 어퍼 가니쉬를 탈거한다 (71A, 인테리어 트림, 센터 필러 어퍼 가니쉬 : 탈거 – 장착 참조).

II – 관련 부품 탈거 작업

- (1) 의 방향으로 센터 필러 로어 가니쉬를 탈거한다.

장착

I – 관련 부품 장착 작업

- 센터 필러 로어 가니쉬를 장착한다.

II – 최종 작업

- 센터 필러 어퍼 가니쉬를 장착한다 (71A, 인테리어 트림, 센터 필러 어퍼 가니쉬 : 탈거 – 장착 참조).

인테리어 트림
리어 이너 킥킹 플레이트 : 탈거 – 장착

71A

L43

탈거

I – 탈거 준비 작업

❑ 다음을 탈거한다 :

- 센터 필러 어퍼 가니쉬 (71A, 인테리어 트림 , 센터 필러 어퍼 가니쉬 : 탈거 – 장착 참조),
- 센터 필러 로어 가니쉬 (71A, 인테리어 트림 , 센터 필러 로어 가니쉬 : 탈거 – 장착 참조),
- 리어 벤치 시트 쿠션 (76A, 리어 시트 프레임과 러너 , 리어 벤치 시트 쿠션 : 탈거 – 장착 참조).

II – 관련 부품 탈거 작업

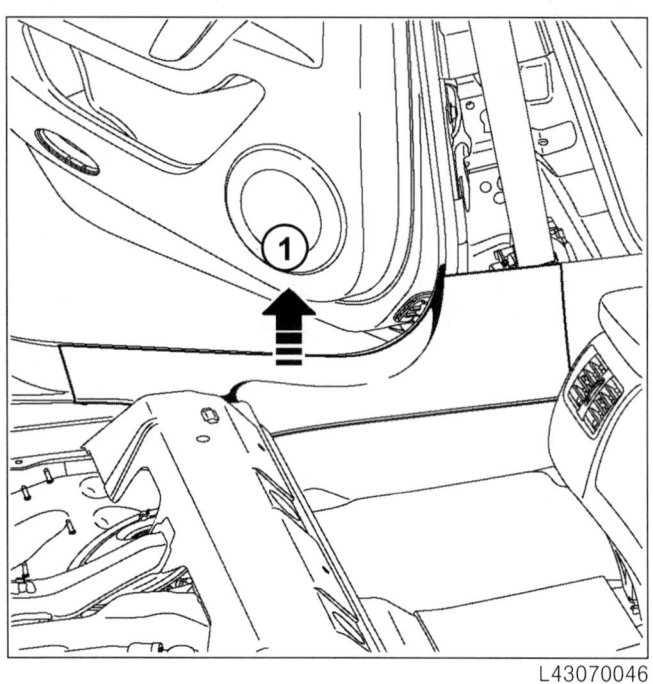

L43070046

❑ (1) 의 방향으로 리어 이너 킥킹 플레이트를 탈거한다 .

장착

I – 장착 준비 작업

❑ 필요한 경우 리어 이너 킥킹 플레이트 클립을 신품으로 교환한다 .

II – 관련 부품 장착 작업

❑ 리어 이너 킥킹 플레이트를 장착한다 .

III – 최종 작업

❑ 다음을 장착한다 :

- 리어 벤치 시트 쿠션 (76A, 리어 시트 프레임과 러너 , 리어 벤치 시트 쿠션 : 탈거 – 장착 참조),
- 센터 필러 로어 가니쉬 (71A, 인테리어 트림 , 센터 필러 로어 가니쉬 : 탈거 – 장착 참조),
- 센터 필러 어퍼 가니쉬 (71A, 인테리어 트림 , 센터 필러 어퍼 가니쉬 : 탈거 – 장착 참조).

인테리어 트림
트렁크 사이드 피니셔 : 탈거 - 장착

71A

L43

탈거

I - 탈거 준비 작업

❏ 트렁크 리드 웨더스트립 일부를 탈거한다.

❏ 다음을 탈거한다 :
- 러기지 컴파트먼트 플로어 카펫 (71A, 인테리어 트림 , 러기지 컴파트먼트 플로어 카펫 : 탈거 - 장착 참조),
- 트렁크 리어 플레이트 (71A, 인테리어 트림 , 트렁크 리어 플레이트 : 탈거 - 장착 참조).

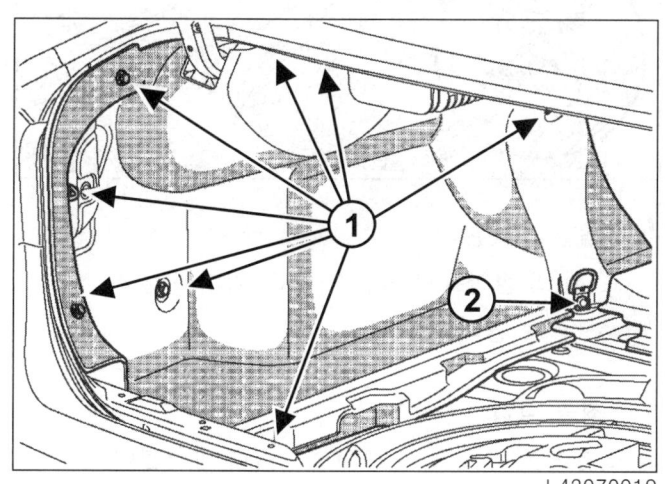

❏ 다음을 탈거한다 :
- 클립 (1),
- 볼트 (2),
- 트렁크 사이드 피니셔 일부 .

❏ 전기 장비용 소켓 커넥터를 분리한다 .

❏ 트렁크 사이드 피니셔를 탈거한다 .

장착

I - 관련 부품 장착 작업

❏ 전기 장비용 소켓 커넥터를 연결한다 .

❏ 다음을 장착한다 :
- 트렁크 사이드 피니셔 ,
- 볼트 (2),
- 클립 (1).

II - 최종 작업

❏ 다음을 장착한다 :
- 트렁크 리어 플레이트 (71A, 인테리어 트림 , 트렁크 리어 플레이트 : 탈거 - 장착 참조),
- 러기지 컴파트먼트 플로어 카펫 (71A, 인테리어 트림 , 러기지 컴파트먼트 플로어 카펫 : 탈거 - 장착 참조),
- 트렁크 리드 웨더스트립 .

인테리어 트림
프론트 필러 가니쉬 : 탈거 - 장착

71A

L43

탈거

I - 탈거 준비 작업
- 프론트 사이드 도어 웨더스트립을 부분적으로 탈거한다.

II - 관련 부품 탈거 작업

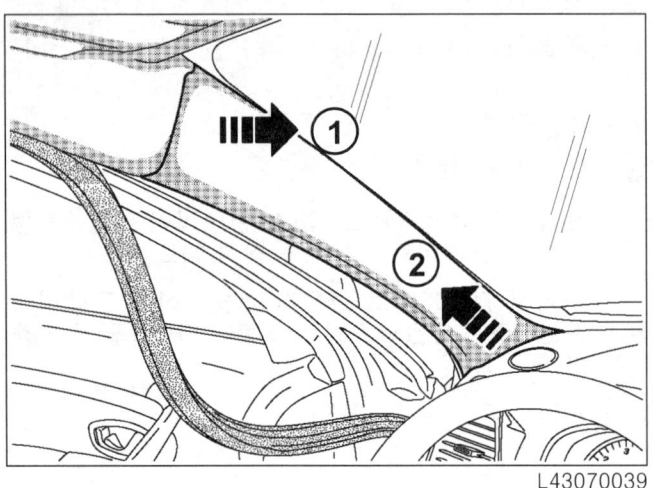

- (1) 과 (2) 의 방향으로 프론트 필러 가니쉬를 부분적으로 탈거한다.

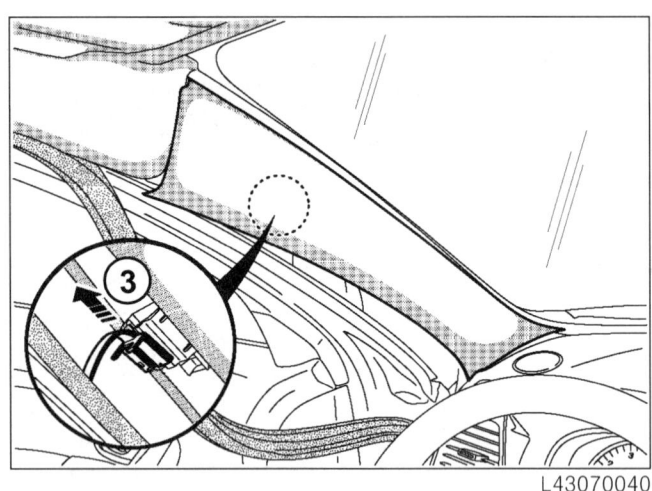

- (3) 의 방향으로 프론트 필러 가니쉬 클립을 탈거한다.

장착

I - 관련 부품 장착 작업

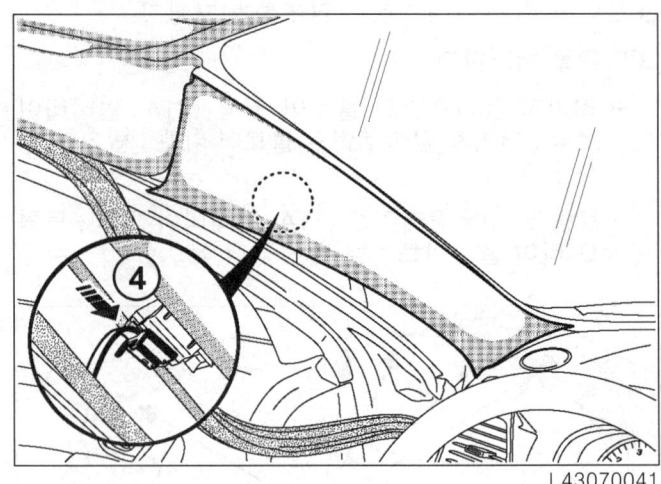

- 다음을 장착한다 :
  - (4) 의 방향으로 프론트 필러 가니쉬 클립,
  - 프론트 필러 가니쉬.

II - 최종 작업
- 프론트 사이드 도어 웨더스트립을 장착한다.

인테리어 트림
센터 필러 어퍼 가니쉬 : 탈거 – 장착

71A

L43

탈거

I – 탈거 준비 작업

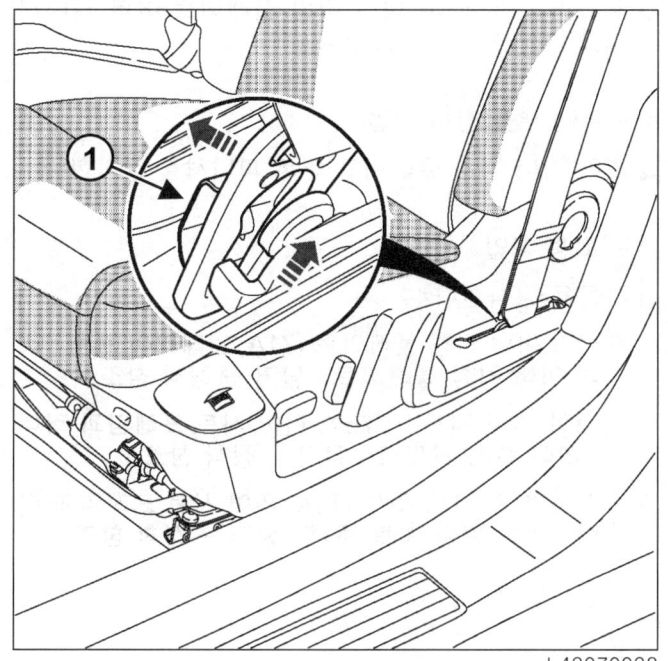

- 프론트 사이드 벨트 (1) 를 탈거한다 (MR 436 리페어 매뉴얼 , 88C, 에어백 및 프리텐셔너 , 프론트 시트 벨트 : 탈거 – 장착 참조).
- 시트를 최대한 후진시킨다 .

II – 관련 부품 탈거 작업

-
  > 참고 :
  > 센터 필러 어퍼 가니쉬를 탈거할 때 해당 영역의 헤드라이닝이 변형되지 않도록 주의한다 .

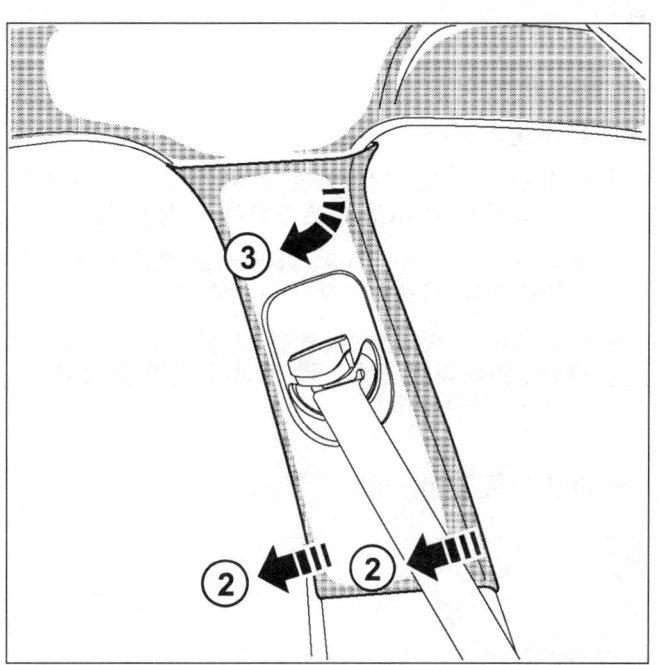

- (2) 와 (3) 의 방향으로 센터 필러 어퍼 가니쉬를 탈거한다 .

장착

I – 관련 부품 장착 작업

- 센터 필러 어퍼 가니쉬를 장착한다 .

II – 최종 작업

- 프론트 사이드 벨트 (1) 를 장착한다 (MR 436 리페어 매뉴얼 , 88C, 에어백 및 프리텐셔너 , 프론트 시트 벨트 : 탈거 – 장착 참조).

인테리어 트림
리어 이너 킥킹 플레이트 어퍼 피니셔 : 탈거 – 장착

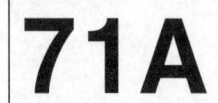

L43

탈거

I – 탈거 준비 작업

❏ 다음을 탈거한다 :

- 리어 벤치 시트 쿠션 (76A, 리어 시트 프레임과 러너 , 리어 벤치 시트 쿠션 : 탈거 – 장착 참조),
- 리어 벤치 시트백 (76A, 리어 시트 프레임과 러너 , 리어 벤치 시트백 : 탈거 – 장착 참조),
- 리어 이너 킥킹 플레이트를 부분적으로 탈거한다 (71A, 인테리어 트림 , 리어 이너 킥킹 플레이트 : 탈거 – 장착 참조).

II – 관련 부품 탈거 작업

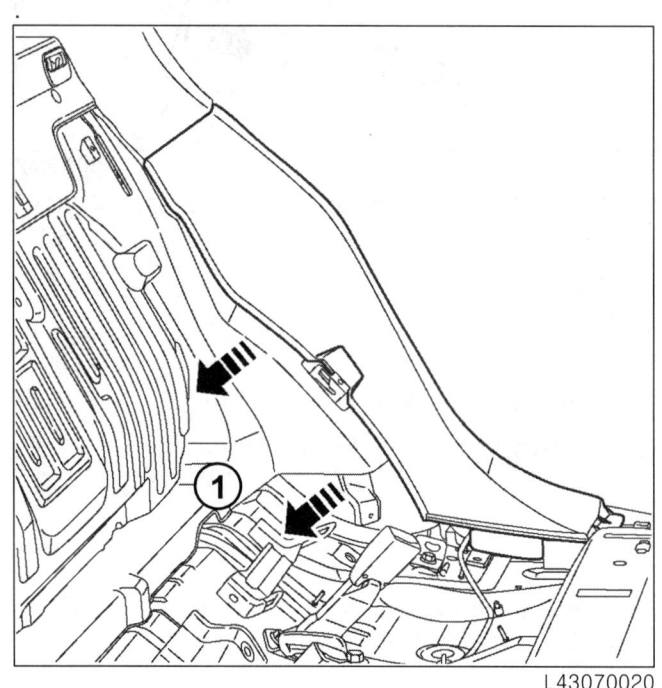

❏ (1) 의 방향으로 리어 이너 킥킹 플레이트 어퍼 피니셔를 탈거한다 .

장착

I – 장착 준비 작업

❏ 필요한 경우 리어 이너 킥킹 플레이트 어퍼 피니셔 클립을 신품으로 교환한다 .

II – 관련 부품 장착 작업

❏ 리어 이너 킥킹 플레이트 어퍼 피니셔를 장착한다 .

III – 최종 작업

❏ 다음을 장착한다 :

- 리어 이너 킥킹 플레이트 (71A, 인테리어 트림 , 리어 이너 킥킹 플레이트 : 탈거 – 장착 참조),
- 리어 벤치 시트백 (76A, 리어 시트 프레임과 러너 , 리어 벤치 시트백 : 탈거 – 장착 참조),
- 리어 벤치 시트 쿠션 (76A, 리어 시트 프레임과 러너 , 리어 벤치 시트 쿠션 : 탈거 – 장착 참조).

인테리어 트림
리어 필러 피니셔 : 탈거 – 장착

71A

L43

탈거

I – 탈거 준비 작업

❏ 다음을 탈거한다 :

- 리어 벤치 시트 쿠션 (76A, 리어 시트 프레임과 러너, 리어 벤치 시트 쿠션 : 탈거 – 장착 참조),
- 리어 벤치 시트백 (76A, 리어 시트 프레임과 러너, 리어 벤치 시트백 : 탈거 – 장착 참조),
- 리어 이너 킥킹 플레이트 일부 (71A, 인테리어 트림, 리어 이너 킥킹 플레이트 : 탈거 – 장착 참조),
- 리어 이너 킥킹 플레이트 어퍼 피니셔 (71A, 인테리어 트림, 리어 이너 킥킹 플레이트 어퍼 피니셔 : 탈거 – 장착 참조).

II – 관련 부품 탈거 작업

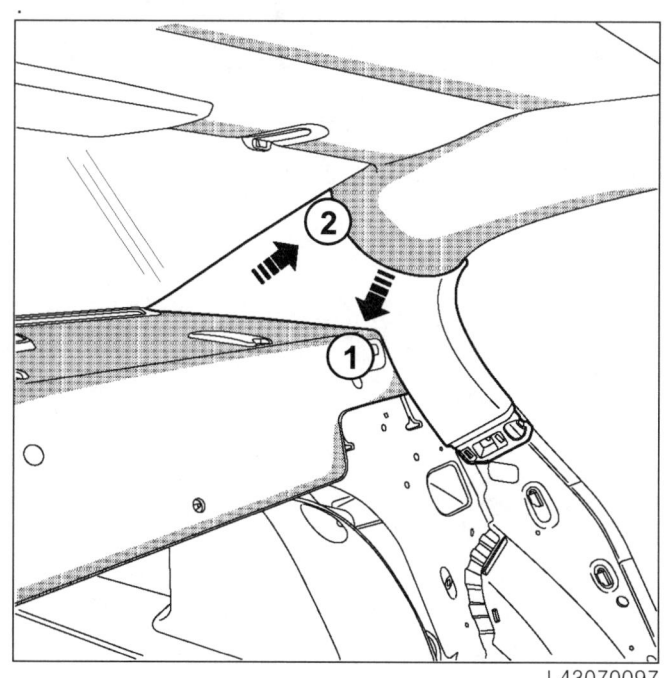

❏ (1) 과 (2) 의 방향으로 리어 필러 피니셔를 탈거한다.

장착

I – 장착 준비 작업

❏ 필요한 경우 리어 필러 피니셔 클립을 신품으로 교환한다.

II – 관련 부품 장착 작업

❏ 리어 필러 피니셔를 장착한다.

III – 최종 작업

❏ 다음을 장착한다 :

- 리어 이너 킥킹 플레이트 어퍼 피니셔 (71A, 인테리어 트림, 리어 이너 킥킹 플레이트 어퍼 피니셔 : 탈거 – 장착 참조),
- 리어 이너 킥킹 플레이트 (71A, 인테리어 트림, 리어 이너 킥킹 플레이트 : 탈거 – 장착 참조),
- 리어 벤치 시트백 (76A, 리어 시트 프레임과 러너, 리어 벤치 시트백 : 탈거 – 장착 참조),
- 리어 벤치 시트 쿠션 (76A, 리어 시트 프레임과 러너, 리어 벤치 시트 쿠션 : 탈거 – 장착 참조).

인테리어 트림
트렁크 리어 플레이트 : 탈거 - 장착

71A

L43

탈거

I - 탈거 준비 작업

- 트렁크 리드 웨더스트립 일부를 탈거한다.
- 러기지 컴파트먼트 플로어 카펫을 탈거한다 (71A, 인테리어 트림, 러기지 컴파트먼트 플로어 카펫 : 탈거 - 장착 참조).

II - 관련 부품 탈거 작업

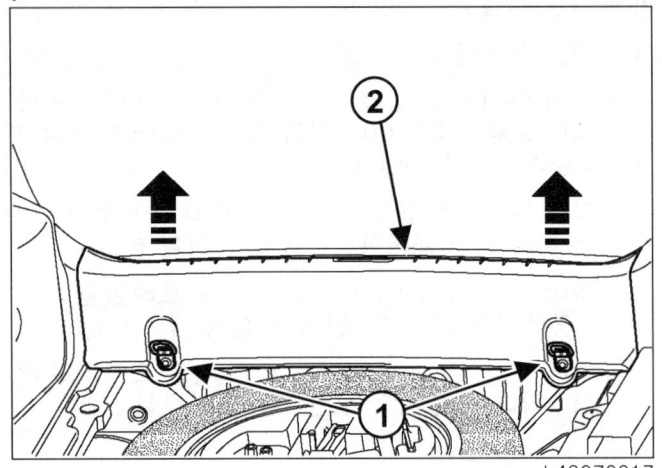

- 다음을 탈거한다 :
  - 볼트 (1),
  - 리어 엔드 패널 트림 (2).

장착

I - 관련 부품 장착 작업

- 다음을 장착한다 :
  - 리어 엔드 패널 트림 (2),
  - 볼트 (1).

II - 최종 작업

- 다음을 장착한다 :
  - 러기지 컴파트먼트 플로어 카펫 (71A, 인테리어 트림, 러기지 컴파트먼트 플로어 카펫 : 탈거 - 장착 참조),
  - 트렁크 리드 웨더스트립.

사이드 도어 트림
프론트 사이드 도어 피니셔 : 탈거 – 장착

72A

L43

탈거

I – 탈거 준비 작업

❏ 운전석 또는 조수석 프론트 윈도우 스위치를 탈거한다 (MR 436 리페어 매뉴얼, 87D, 윈도우 및 선루프 시스템, 운전석 또는 조수석 프론트 윈도우 스위치 : 탈거 – 장착 참조).

II – 관련 부품 탈거 작업

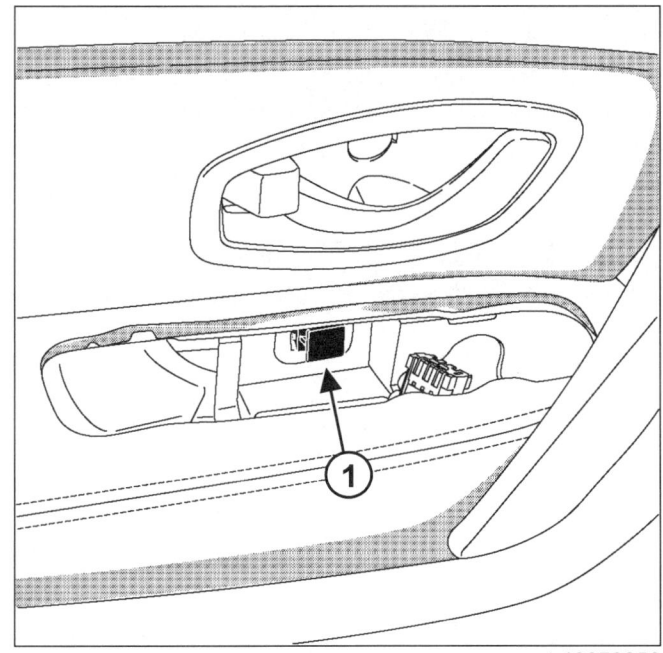

❏ 클립 (1) 을 분리한다.

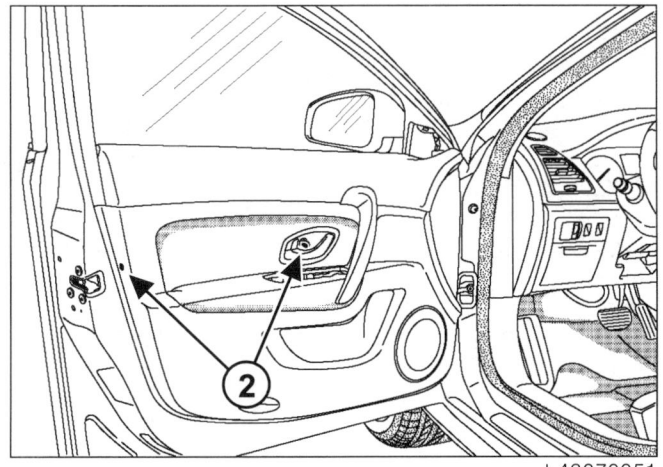

❏ 블랭킹 커버 (2) 를 탈거한다.

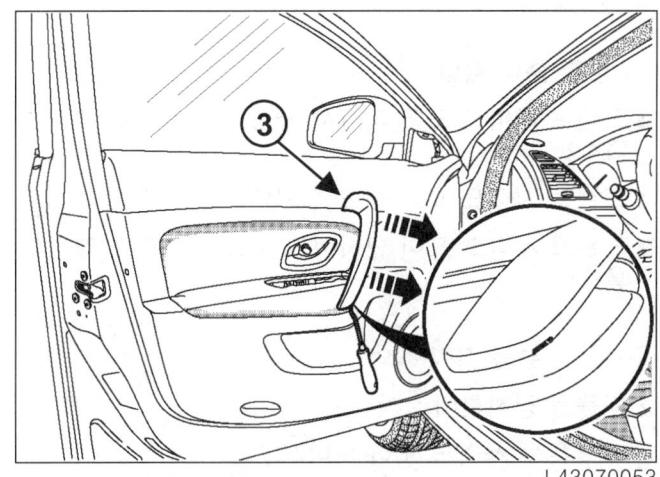

❏ 일자드라이버를 사용하여 프론트 사이드 도어 인테리어 핸들 트림 (3) 을 탈거한다.

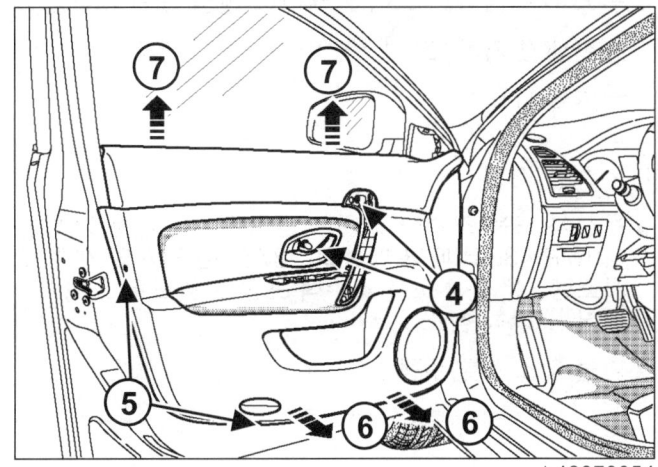

❏ 다음을 탈거한다 :
  – 볼트 (4),
  – 볼트 (5).

❏ (6) 과 (7) 의 방향으로 프론트 사이드 도어 피니셔를 부분적으로 탈거한다.

❏ 프론트 사이드 도어 인사이드 오프닝 컨트롤 케이블을 탈거한다.

❏ 프론트 사이드 도어 램프의 커넥터를 분리한다.

❏ 프론트 사이드 도어 피니셔를 탈거한다.

사이드 도어 트림
프론트 사이드 도어 피니셔 : 탈거 – 장착

72A

L43

장착

I – 장착 준비 작업

- 프론트 사이드 도어 피니셔 클립을 신품으로 교환한다.
- 프론트 사이드 도어 램프의 커넥터를 연결한다.
- 프론트 사이드 도어 인사이드 오프닝 릴리즈 케이블을 장착한다.

II – 관련 부품 장착 작업

- 다음을 장착한다 :
  - 프론트 사이드 도어 피니셔,
  - 볼트 (5),
  - 볼트 (4),
  - 프론트 사이드 도어 인테리어 핸들 트림 (3),
  - 블랭킹 커버 (2),
  - 클립 (1).

III – 최종 작업

- 운전석 또는 조수석 프론트 윈도우 스위치를 장착한다 (MR 436 리페어 매뉴얼, 87D, 윈도우 및 선루프 시스템, 운전석 또는 조수석 프론트 윈도우 스위치 : 탈거 – 장착 참조).
- 기능 테스트를 수행한다.

사이드 도어 트림
리어 사이드 도어 피니셔 : 탈거 - 장착

72A

L43

탈거

I - 탈거 준비 작업

- 리어 윈도우 스위치를 탈거한다 (MR 436 리페어 매뉴얼 , 87D, 윈도우 및 선루프 시스템 , 리어 윈도우 스위치 : 탈거 - 장착 참조).

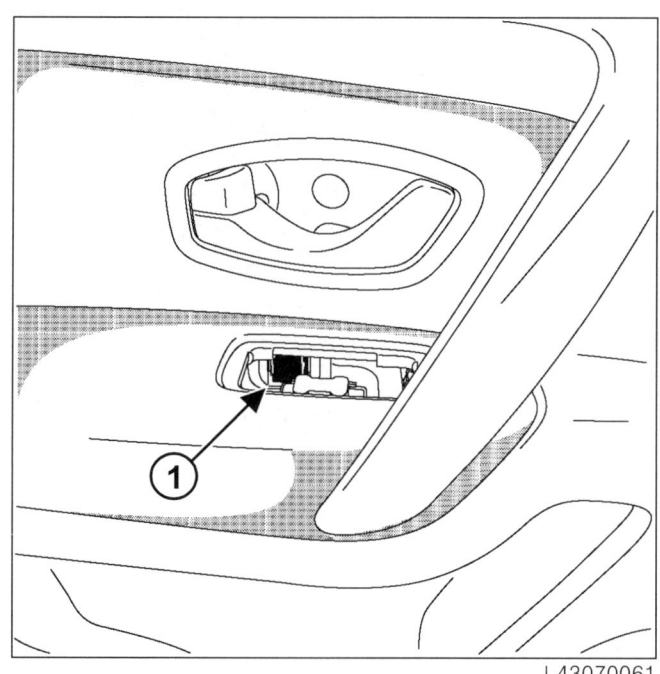

- 클립 (1) 을 분리한다 .

- 블랭킹 커버 (2) 를 탈거한다 .
- 일자드라이버를 사용하여 리어 사이드 도어 인테리어 핸들 트림 (3) 을 탈거한다 .

II - 관련 부품 탈거 작업

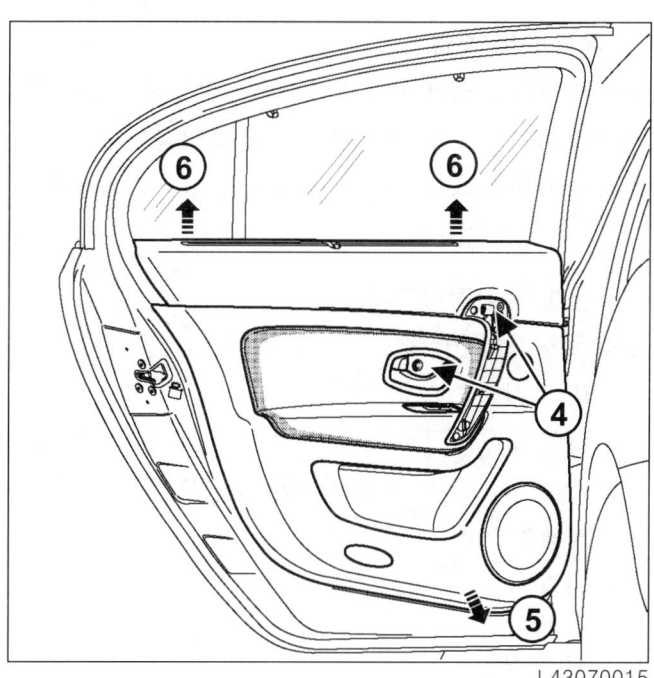

- 볼트 (4) 를 탈거한다 .
- (5) 와 (6) 의 방향으로 리어 사이드 도어 피니셔를 부분적으로 탈거한다 .
- 리어 사이드 도어 인사이드 오프닝 릴리즈 케이블을 탈거한다 .
- 리어 사이드 도어 램프의 커넥터를 분리한다 .
- 리어 사이드 도어 피니셔를 탈거한다 .

사이드 도어 트림
리어 사이드 도어 피니셔 : 탈거 – 장착

72A

L43

장착

I – 장착 준비 작업
- 리어 사이드 도어 피니셔 클립을 신품으로 교환한다.
- 리어 사이드 도어 램프의 커넥터를 연결한다.
- 리어 사이드 도어 인사이드 오프닝 릴리즈 케이블을 장착한다.

II – 관련 부품 장착 작업
- 다음을 장착한다 :
  - 리어 사이드 도어 피니셔,
  - 볼트 (4),
  - 리어 사이드 도어 인테리어 핸들 트림 (3),
  - 블랭킹 커버 (2),
  - 클립 (1).

III – 최종 작업
- 리어 윈도우 스위치를 장착한다 (MR 436 리페어 매뉴얼, 87D, 윈도우 및 선루프 시스템, 리어 윈도우 스위치 : 탈거 – 장착 참조).
- 기능 테스트를 수행한다.

사이드 도어 트림
프론트 사이드 도어 프레임 인터널 트림 : 탈거 – 장착

72A

L43

탈거

I – 탈거 준비 작업

- 프론트 사이드 도어 피니셔를 탈거한다 (72A, 사이드 도어 트림 , 프론트 사이드 도어 피니셔 : 탈거 – 장착 참조).

II – 관련 부품 탈거 작업

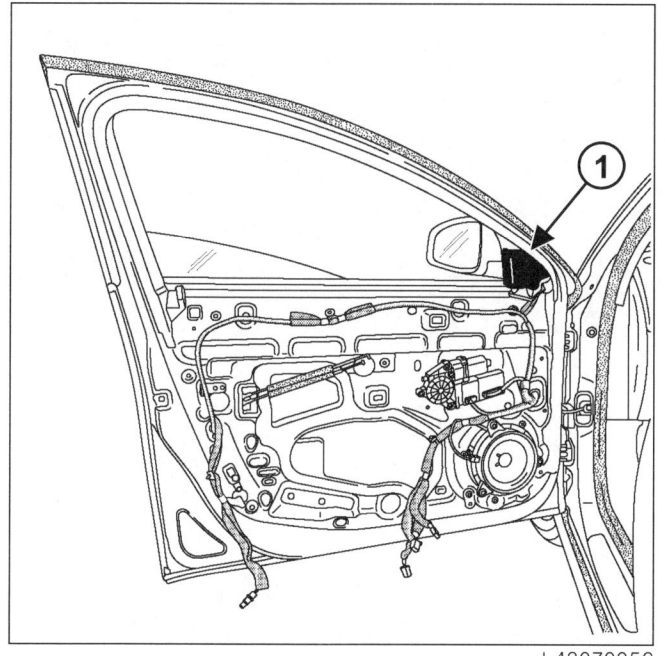

- 도어 미러 트림 (1) 을 탈거한다 .

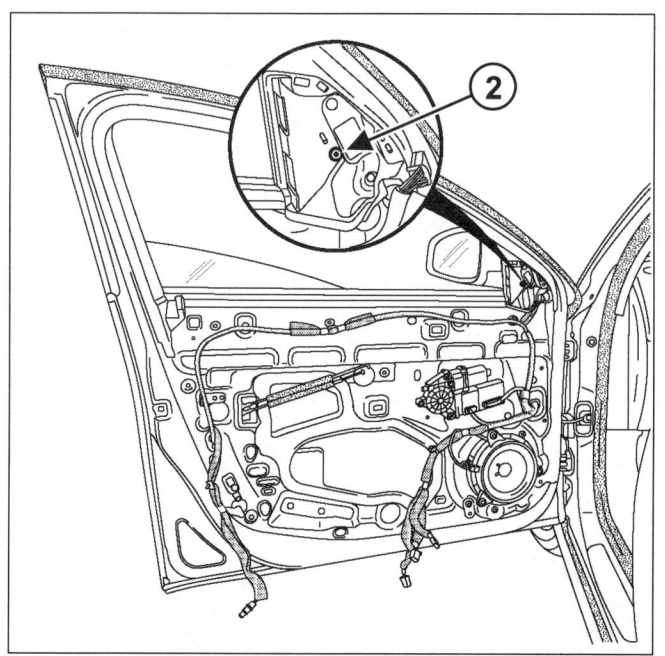

- 볼트 (2) 를 탈거한다 .

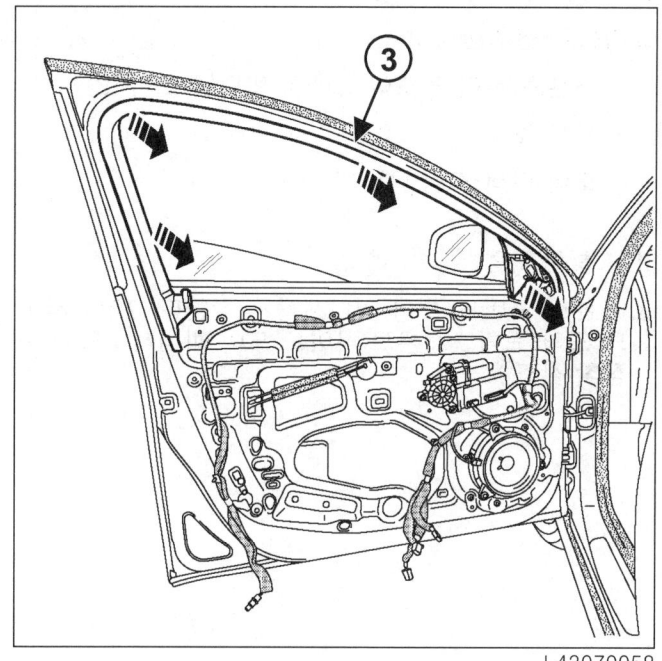

- 프론트 사이드 도어 프레임 인터널 트림 (3) 를 탈거한다 .

장착

I – 장착 준비 작업

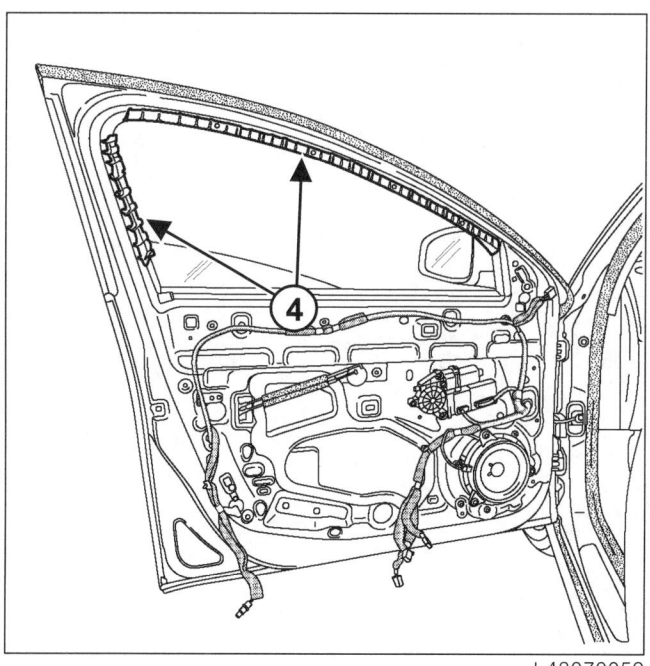

- 필요한 경우 클립 (4) 을 탈거한다 .

사이드 도어 트림
프론트 사이드 도어 프레임 인터널 트림 : 탈거 – 장착

L43

II – 관련 부품 장착 작업

❏ 다음을 장착한다 :
- 프론트 사이드 도어 프레임 인터널 트림 (3),
- 볼트 (2),
- 도어 미러 트림 (1).

III – 최종 작업

❏ 프론트 사이드 도어 피니셔를 장착한다 (72A, 사이드 도어 트림, 프론트 사이드 도어 피니셔 : 탈거 – 장착 참조).

사이드 도어 트림
리어 사이드 도어 프레임 인터널 트림 : 탈거 – 장착

72A

L43

탈거

I – 탈거 준비 작업

❏ 리어 사이드 도어 피니셔를 탈거한다 (72A, 사이드 도어 트림 , 리어 사이드 도어 피니셔 : 탈거 – 장착 참조).

II – 관련 부품 탈거 작업

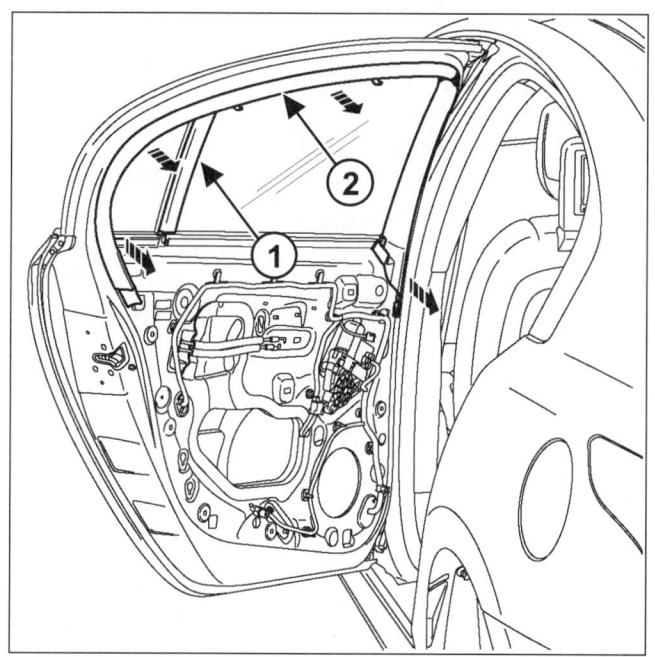

❏ 다음을 탈거한다 :
- 리어 사이드 도어 윈도우 트림에서 인테리어 트림 (1),
- 리어 사이드 도어 프레임 인터널 트림 (2).

장착

I – 장착 준비 작업

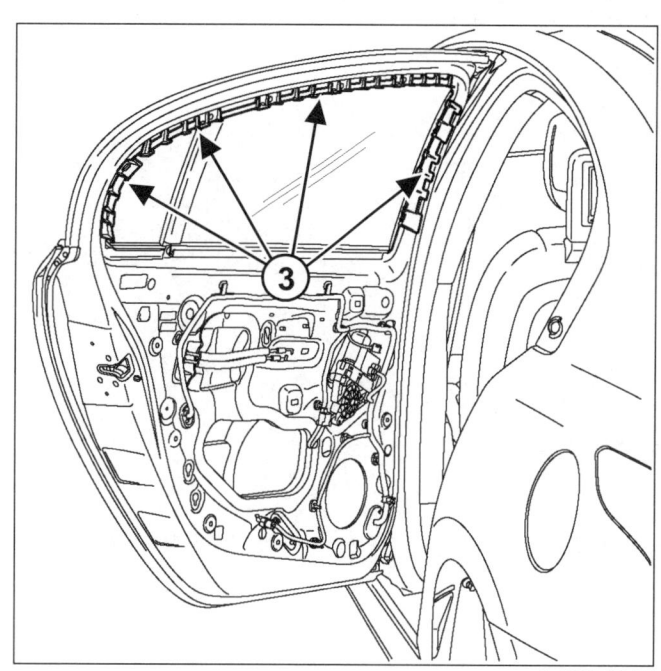

❏ 필요한 경우 클립 (3) 을 탈거한다 .

II – 관련 부품 장착 작업

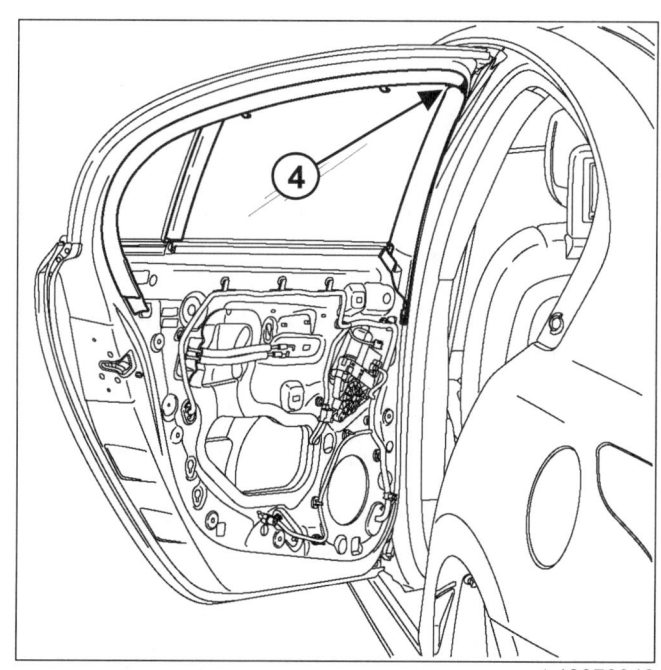

❏ 다음을 장착한다 :
- 어퍼 섹션 (4) 부터 리어 사이드 도어 프레임 인터널 트림 (2),
- 리어 사이드 도어 고정 윈도우 트림에 인테리어 트림 (1).

사이드 도어 트림
리어 사이드 도어 프레임 인터널 트림 : 탈거 – 장착

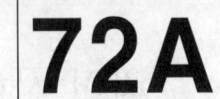

L43

III – 최종 작업

- 리어 사이드 도어 피니셔를 장착한다 (72A, 사이드 도어 트림 , 리어 사이드 도어 피니셔 : 탈거 – 장착 참조).

사이드 도어 이외 트림
트렁크 리드 피니셔 : 탈거 - 장착

73A

L43

탈거

I - 관련 부품 탈거 작업

L43070095

❏ 볼트 (1) 를 탈거한다 .

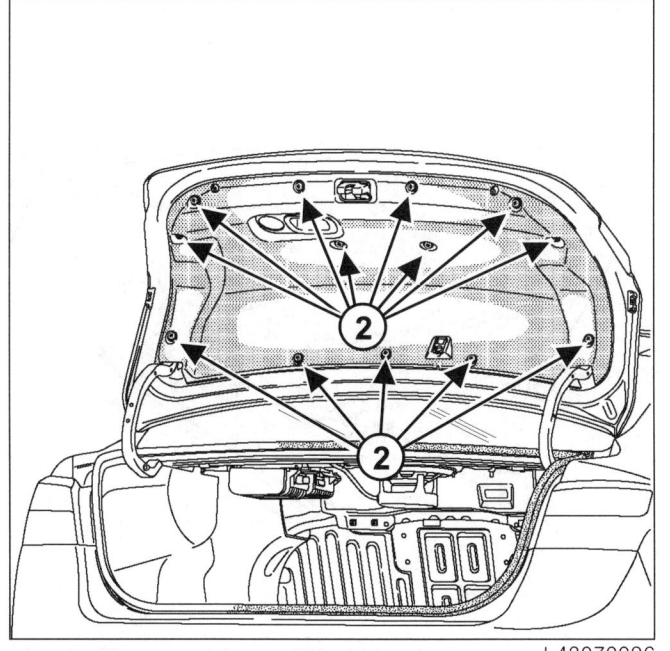
L43070096

❏ 다음을 탈거한다 :
- 클립 (2),
- 트렁크 리드 피니셔 .

장착

I - 관련 부품 장착 작업

❏ 다음을 장착한다 :
- 트렁크 리드 피니셔 ,
- 클립 (2),
- 볼트 (1).

73A-1

프론트 시트 프레임과 러너
프론트 시트 쿠션 프레임 : 탈거 – 장착

75A

L43

규정 토크 ⊘	
프론트 《시트백 – 시트 쿠션》 볼트	46 N.m

탈거

I – 탈거 준비 작업

- 배터리 단자를 분리한다 (MR 436 리페어 매뉴얼, 80A, 배터리, 배터리 : 탈거 – 장착 참조).

- 다음을 탈거한다 :
  - 프론트 시트 어셈블리 (75A, 프론트 시트 프레임과 러너, 프론트 시트 어셈블리 : 탈거 – 장착 참조),
  - 프론트 시트 벨트 버클 (MR 436 리페어 매뉴얼, 88C, 에어백 및 프리텐셔너, 프론트 시트 벨트 클 : 탈거 – 장착 참조),
  - 프론트 시트 사이드 트림 (외부 섹션) (77A, 프론트 시트 트림, 프론트 시트 사이드 트림 : 탈거 – 장착 참조),
  - 프론트 시트 사이드 트림 (내부 섹션) (77A, 프론트 시트 트림, 프론트 시트 사이드 트림 : 탈거 – 장착 참조),
  - 프론트 시트백 커버 (79A, 시트 액세서리, 프론트 시트 헤드레스트 가이드 : 탈거 – 장착 참조).

- 커넥터를 분리한다 (차량 옵션에 따라 다름).

II – 관련 부품 탈거 작업

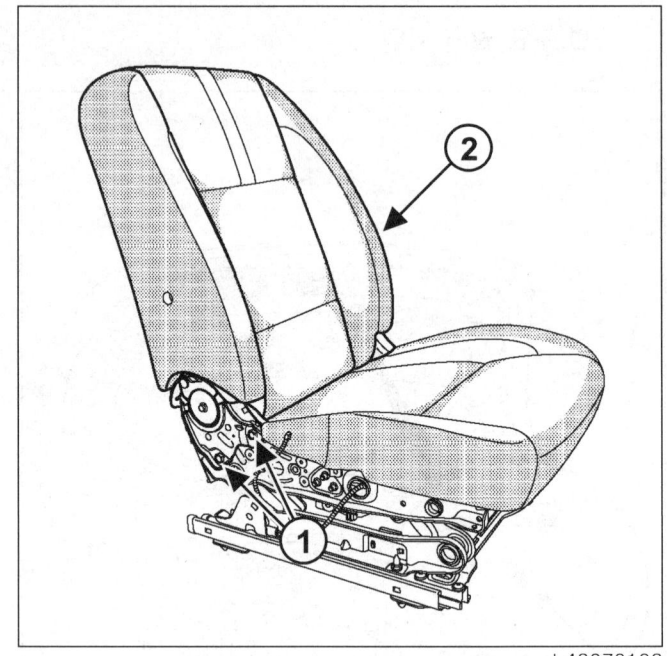

- 다음을 탈거한다 :
  - 볼트 (1),
  - 프론트 시트백 (2).

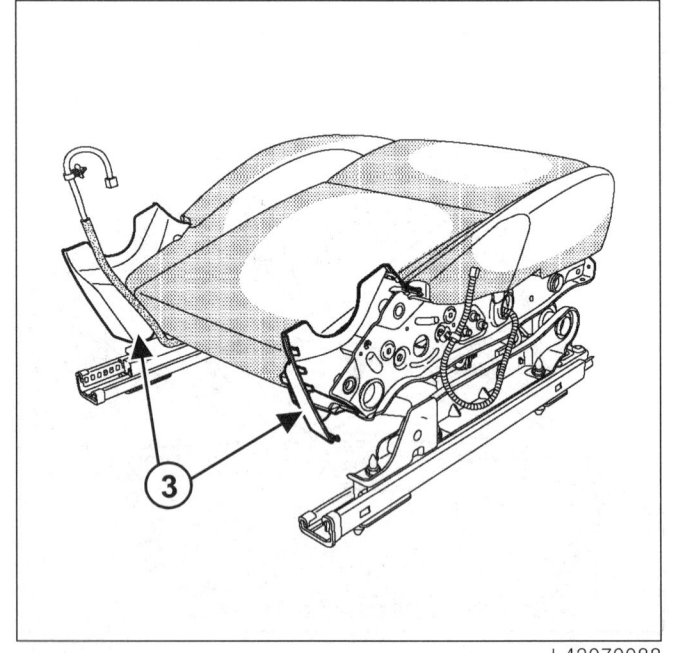

- 프론트 시트 로어 커버 내부 트림 (3) 을 탈거한다.

프론트 시트 프레임과 러너
프론트 시트 쿠션 프레임 : 탈거 – 장착

75A

L43

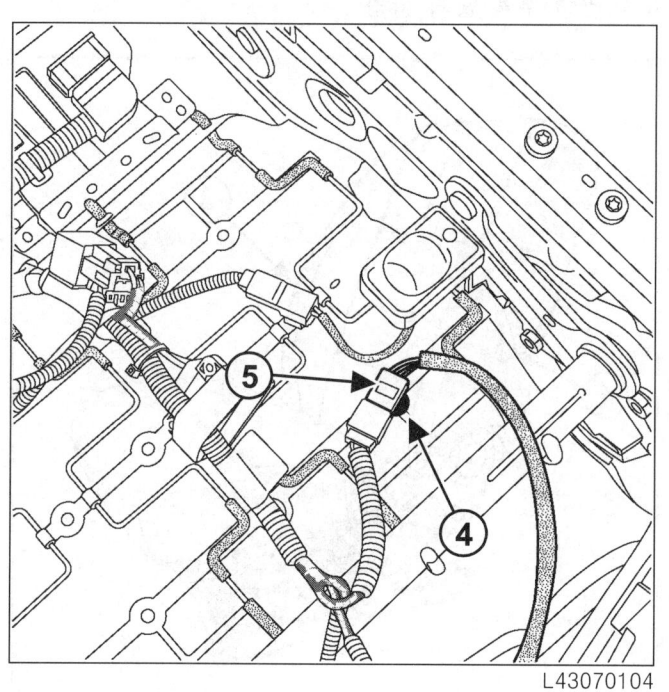

- 프론트 시트 쿠션 프레임에서 클립 (4) 을 탈거한다 .
- 커넥터 (5) 를 분리한다 .

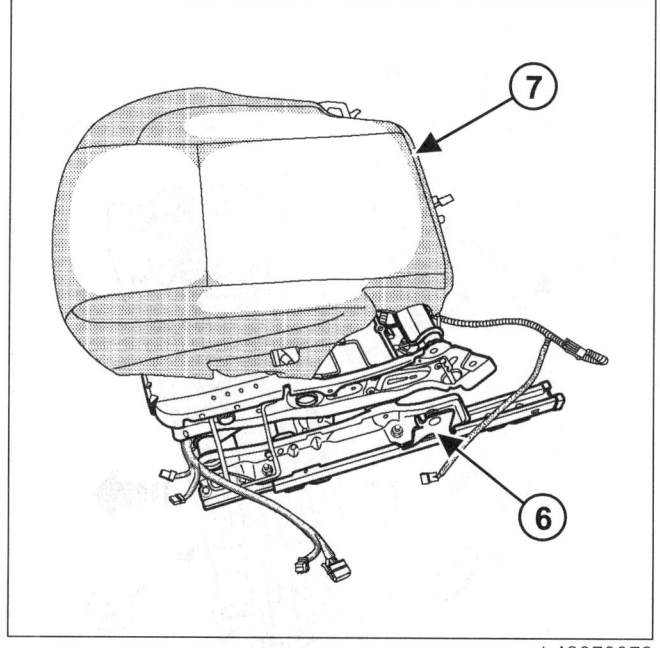

- 프론트 시트 쿠션 프레임 (6) 과 프론트 시트 쿠션용 《패드 – 커버》 어셈블리 (7) 를 분리한다 .

장착

I – 관련 부품 장착 작업

- 프론트 시트 쿠션 프레임 (6) 과 프론트 시트 쿠션용 《패드 – 커버》 어셈블리 (7) 를 결합한다 .
- 커넥터 (5) 를 연결한다 .
- 다음을 장착한다 :
  - 클립 (4),
  - 프론트 시트 로어 커버 내부 트림 (3),
  - 프론트 시트백 (2),
  - 볼트 (1) (조이지 않음).
- 프론트 《시트백 – 시트 쿠션》 볼트 (1) 를 규정 토크 (46 N.m) 로 조인다 .

II – 최종 작업

- 커넥터를 연결한다 (차량 옵션에 따라 다름).
- 다음을 장착한다 :
  - 프론트 시트백 커버 (79A, 시트 액세서리 , 프론트 시트 헤드레스트 가이드 : 탈거 – 장착 참조),
  - 프론트 시트 사이드 트림 (내부 섹션) (77A, 프론트 시트 트림 , 프론트 시트 사이드 트림 : 탈거 – 장착 참조),
  - 프론트 시트 사이드 트림 (외부 섹션) (77A, 프론트 시트 트림 , 프론트 시트 사이드 트림 : 탈거 – 장착 참조),
  - 프론트 시트 벨트 버클 (MR 436 리페어 매뉴얼 , 88C, 에어백 및 프리텐셔너 , 프론트 시트 벨트 버클 : 탈거 – 장착 참조),
  - 프론트 시트 어셈블리 (75A, 프론트 시트 프레임과 러너 , 프론트 시트 어셈블리 : 탈거 – 장착 참조).
- 배터리 단자를 연결한다 (MR 436 리페어 매뉴얼 , 80A, 배터리 , 배터리 : 탈거 – 장착 참조).

프론트 시트 프레임과 러너
프론트 시트백 프레임 : 탈거 – 장착

75A

L43

규정 토크 ⊘	
프론트 《시트백 – 시트 쿠션》 프레임 볼트	46 N.m

탈거

I – 탈거 준비 작업

❏ 배터리 단자를 분리한다 (MR 436 리페어 매뉴얼, 80A, 배터리, 배터리 : 탈거 – 장착 참조).

❏ 다음을 탈거한다 :
- 프론트 시트 어셈블리 (75A, 프론트 시트 프레임과 러너, 프론트 시트 어셈블리 : 탈거 – 장착 참조),
- 프론트 시트 사이드 트림 (외부 섹션) (77A, 프론트 시트 트림, 프론트 시트 사이드 트림 : 탈거 – 장착 참조),
- 프론트 시트 사이드 트림 (내부 섹션) (77A, 프론트 시트 트림, 프론트 시트 사이드 트림 : 탈거 – 장착 참조),
- 프론트 시트 헤드레스트 가이드 (79A, 시트 액세서리, 프론트 시트 헤드레스트 가이드 : 탈거 – 장착 참조),
- 프론트 사이드 에어백 (MR 436 리페어 매뉴얼, 88C, 에어백 및 프리텐셔너, 프론트 사이드 에어백 : 탈거 – 장착) (차량 옵션에 따라 다름).

❏ 커넥터를 분리한다 (차량 옵션에 따라 다름).

II – 관련 부품 탈거 작업

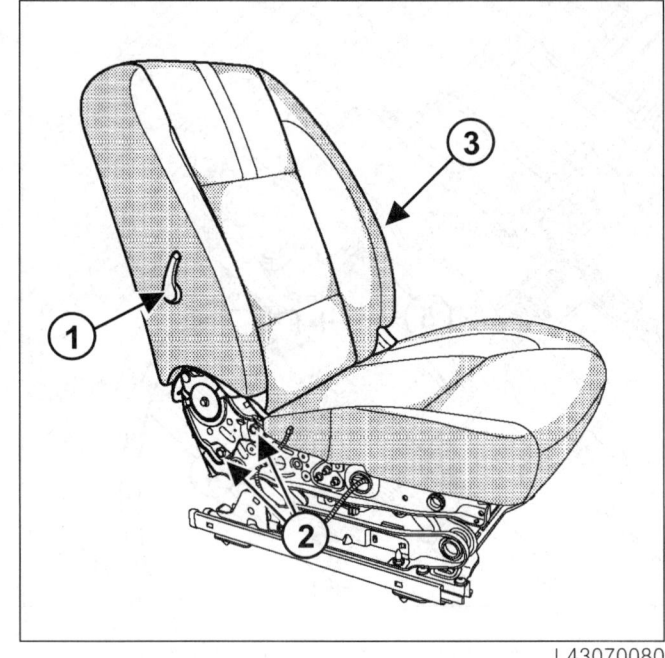

❏ 다음을 탈거한다 :
- 프론트 시트 럼버 서포트 레버 (1),
- 볼트 (2),
- 프론트 시트백 (3).

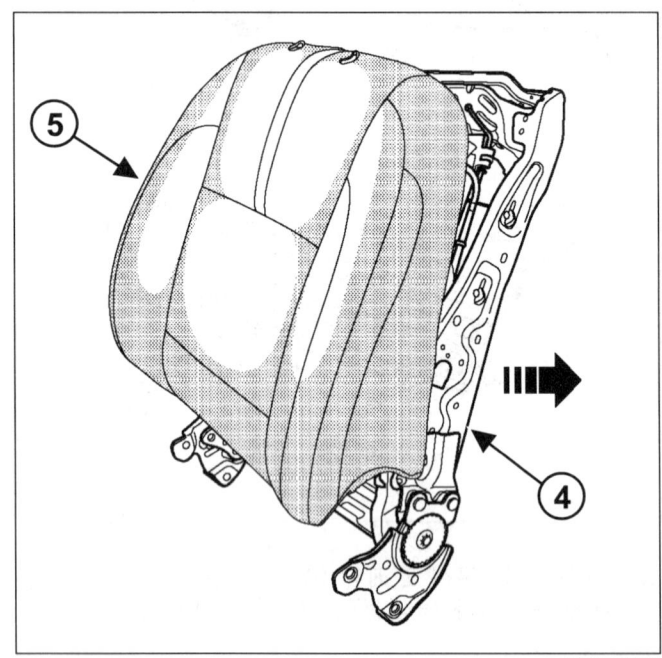

❏ 프론트 시트백용 《패드 – 커버》 어셈블리 (5) 에서 프론트 시트백 프레임 (4) 을 분리한다.

프론트 시트 프레임과 러너
프론트 시트백 프레임 : 탈거 – 장착

75A

L43

장착

I – 관련 부품 장착 작업

- 프론트 시트백 프레임 (4) 과 프론트 시트백용 《패드 – 커버》 어셈블리 (5) 결합한다 .
- 다음을 장착한다 :
  - 프론트 시트백 (3),
  - 볼트 (2) (조이지 않음),
  - 프론트 시트 럼버 서포트 레버 (1).
- 프론트 《시트백 – 시트 쿠션》 프레임 볼트 (2) 를 규정 토크 (46 N.m) 로 조인다 .

II – 최종 작업

- 커넥터를 연결한다 (차량 옵션에 따라 다름).
- 다음을 장착한다 :
  - 프론트 사이드 에어백 (MR 436 리페어 매뉴얼 , 88C, 에어백 및 프리텐셔너 , 프론트 사이드 에어백 : 탈거 – 장착) (차량 옵션에 따라 다름),
  - 프론트 시트 헤드레스트 가이드 (79A, 시트 액세서리 , 프론트 시트 헤드레스트 가이드 : 탈거 – 장착 참조),
  - 프론트 시트 사이드 트림 (내부 섹션) (77A, 프론트 시트 트림 , 프론트 시트 사이드 트림 : 탈거 – 장착 참조),
  - 프론트 시트 사이드 트림 (외부 섹션) (77A, 프론트 시트 트림 , 프론트 시트 사이드 트림 : 탈거 – 장착 참조),
  - 프론트 시트 어셈블리 (75A, 프론트 시트 프레임과 러너 , 프론트 시트 어셈블리 : 탈거 – 장착 참조).
- 배터리 단자를 연결한다 (MR 436 리페어 매뉴얼 , 80A, 배터리 , 배터리 : 탈거 – 장착 참조).

프론트 시트 프레임과 러너
프론트 시트 스위치 패드 : 탈거 – 장착

75A

L43

필요 장비
진단 장비

탈거

I – 탈거 준비 작업

❏ 프론트 시트 사이드 트림 (외부 섹션) 을 탈거한다 (77A, 프론트 시트 트림 , 프론트 시트 사이드 트림 : 탈거 – 장착 참조).

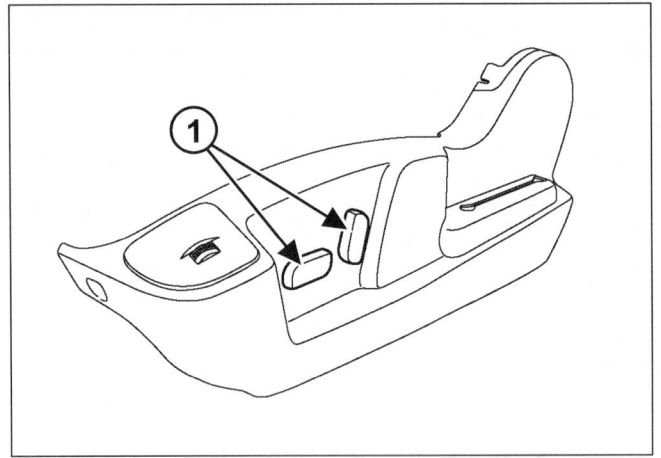
L43070105

❏ 프론트 시트 스위치 (1) 를 탈거한다 .

II – 관련 부품 탈거 작업

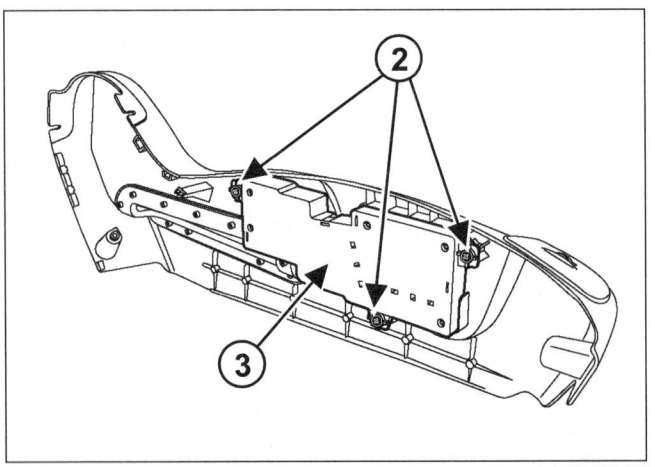
L43070105

❏ 다음을 탈거한다 :
 – 볼트 (2),
 – 프론트 시트 스위치 패드 (3).

장착

I – 관련 부품 장착 작업

❏ 다음을 장착한다 :
 – 프론트 시트 스위치 패드 (3),
 – 볼트 (2),
 – 프론트 시트 스위치 (1).

II – 최종 작업

❏ 프론트 시트 사이드 트림 (외부 섹션) 을 장착한다 (77A, 프론트 시트 트림 , 프론트 시트 사이드 트림 : 탈거 – 장착 참조).

메모리 시트 적용

❏ 교환 시 진단 장비를 사용해 "정비 이후 절차" 를 수행한다 :

 – 진단 장비를 연결한다 ,

 – "시트 제어" 를 선택한다 ,

 – 수리 모드로 이동한다 ,

 – 선택한 컨트롤 유닛에 대해 "정비 이후 절차" 를 적용한다 ,

 – "정비 이후 절차 문서" 의 "정비 이후 절차" 를 수행한다 .

프론트 시트 프레임과 러너
프론트 시트 어셈블리 : 탈거 – 장착

75A

L43

규정 토크 ⊘	
프론트 시트 어셈블리 볼트	35 N.m

탈거

I – 탈거 준비 작업

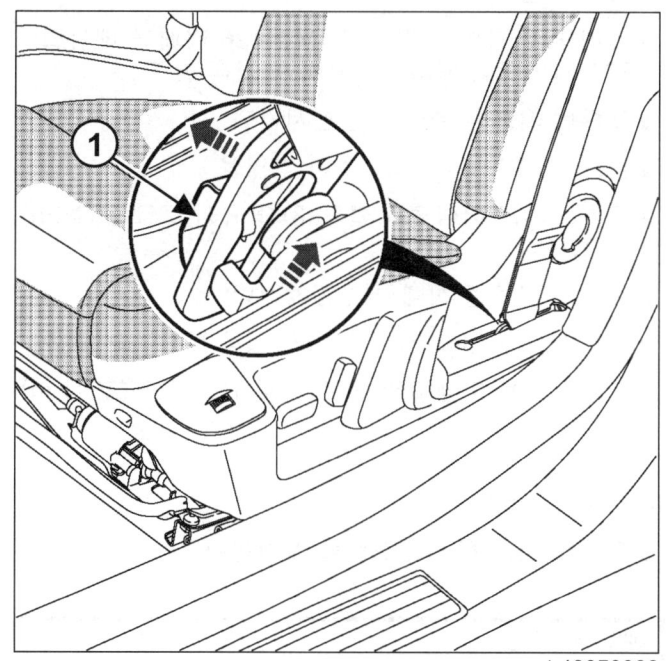

- 프론트 사이드 벨트 (1) 를 탈거한다 (MR 436 리페어 매뉴얼, 88C, 에어백 및 프리텐셔너, 프론트 시트 벨트 : 탈거 – 장착 참조).
- 프론트 시트 헤드레스트를 탈거한다.

전동시트 미적용

- 배터리 단자를 분리한다 (MR 436 리페어 매뉴얼, 80A, 배터리, 배터리 : 탈거 – 장착 참조).

II – 관련 부품 탈거 작업

- 프론트 시트를 최대한 후진시킨다.

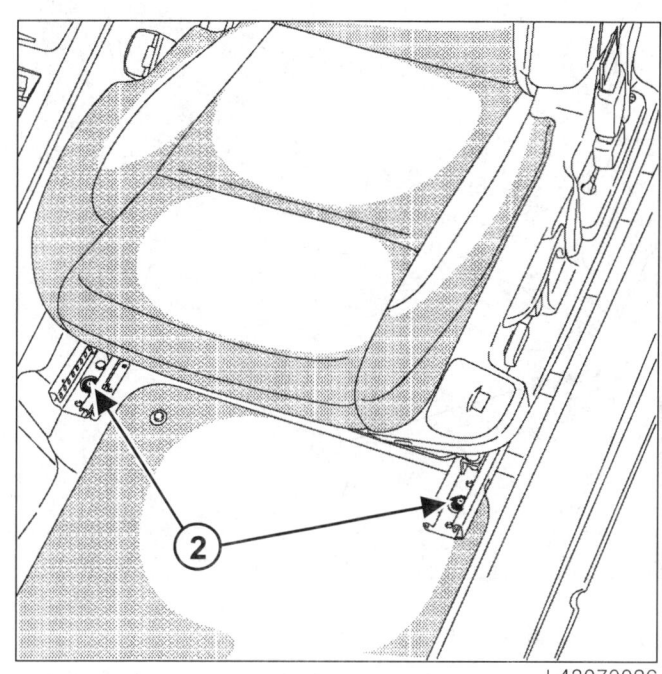

- 조심스럽게 볼트 (2) 를 탈거한다.
- 프론트 시트를 최대한 전진시킨다.

프론트 시트 프레임과 러너
프론트 시트 어셈블리 : 탈거 - 장착

75A

L43

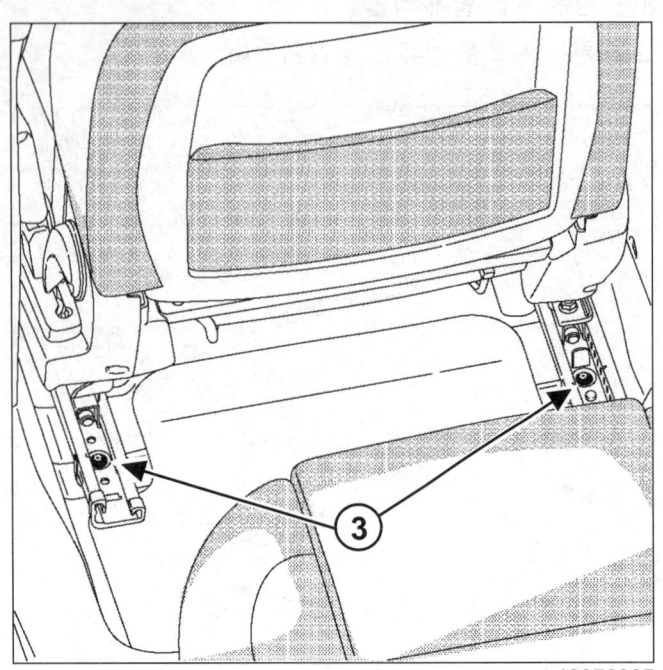

L43070027

- 조심스럽게 볼트 (3) 를 탈거한다
- 배터리 단자를 분리한다 (MR 436 리페어 매뉴얼 , 80A, 배터리 , 배터리 : 탈거 - 장착 참조).
- 시트 아래에 있는 커넥터를 분리한다 (차량 옵션에 따라 다름).
- 프론트 시트를 탈거한다 (이 작업은 두 사람이 작업한다).

장착

I - 장착 준비 작업

- **프론트 시트 볼트를 신품으로 교환한다 .**

II - 관련 부품 장착 작업

- 프론트 시트를 위치시킨다 (이 작업은 두 사람이 작업한다).
- 시트 아래에 있는 커넥터를 연결한다 (차량 옵션에 따라 다름).
- 배터리 단자를 연결한다 (MR 436 리페어 매뉴얼 , 80A, 배터리 , 배터리 : 탈거 - 장착 참조).
- 프론트 시트를 최대한 전진시킨다 .
- 볼트 (3) 를 장착한다 (조이지 않음).
- **프론트 시트 어셈블리 볼트(3)를 규정 토크(35 N.m) 로 조인다 .**
- 프론트 시트를 최대한 후진시킨다 .
- 볼트 (2) 를 장착한다 (조이지 않음).
- **프론트 시트 어셈블리 볼트(2)를 규정 토크(35 N.m) 로 조인다 .**

III - 최종 작업

- 프론트 시트 헤드레스트를 장착한다 .

매뉴얼 시트

- 배터리 단자를 연결한다 (MR 436 리페어 매뉴얼 , 80A, 배터리 , 배터리 : 탈거 - 장착 참조).

- 프론트 시트 벨트 (1) 를 장착한다 (MR 436 리페어 매뉴얼 , 88C, 에어백 및 프리텐셔너 , 프론트 시트 벨트 : 탈거 - 장착 참조).

리어 시트 프레임과 러너
리어 벤치 시트 프레임 : 탈거 – 장착

76A

L43

탈거

I – 탈거 준비 작업

- 리어 벤치 시트 쿠션을 탈거한다 (76A, 리어 시트 프레임과 러너, 리어 벤치 시트 쿠션 : 탈거 – 장착 참조).

II – 관련 부품 탈거 작업

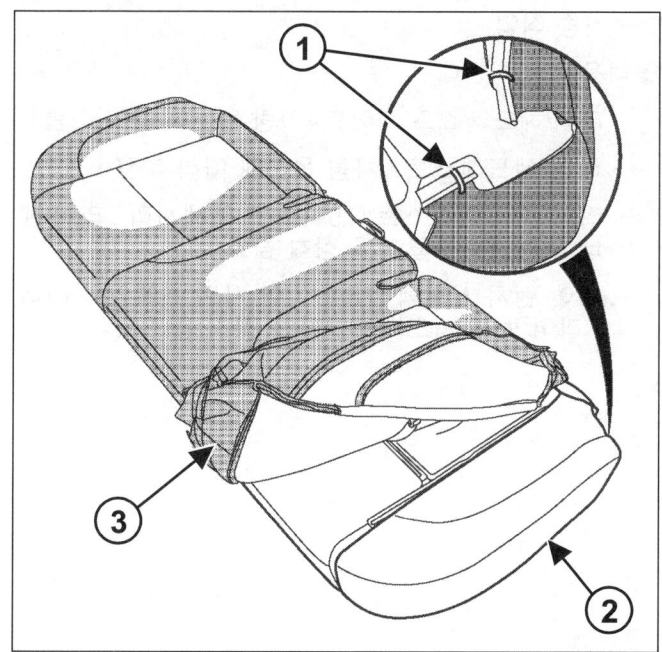

L43070112

- 호그 링 (1) 을 탈거한다.
- 리어 벤치 시트 쿠션《패드 – 프레임》어셈블리 (2) 와 리어 벤치 시트 쿠션 커버 (3) 를 분리한다.

장착

I – 관련 부품 장착 작업

- 호그 링을 신품으로 교환한다.
- 리어 벤치 시트 쿠션 커버 (2) 와 리어 벤치 시트 쿠션《패드 – 프레임》어셈블리 (3) 를 결합한다.
- 호그 링 (1) 을 장착한다.

II – 최종 작업

- 리어 벤치 시트 쿠션을 장착한다 (76A, 리어 시트 프레임과 러너, 리어 벤치 시트 쿠션 : 탈거 – 장착 참조).

리어 시트 프레임과 러너
리어 시트백 프레임 : 탈거 – 장착

76A

L43

탈거

I – 탈거 준비 작업

- 다음을 탈거한다 :
  - 리어 벤치 시트백 (76A, 리어 시트 프레임과 러너, 리어 벤치 시트백 : 탈거 – 장착 참조),
  - 리어 센터 암레스트 (79A, 시트 액세서리, 리어 센터 암레스트 : 탈거 – 장착 참조),
  - 리어 헤드레스트 (차량 옵션에 따라 다름),
  - 리어 헤드레스트 가이드 (차량 옵션에 따라 다름).

II – 관련 부품 탈거 작업

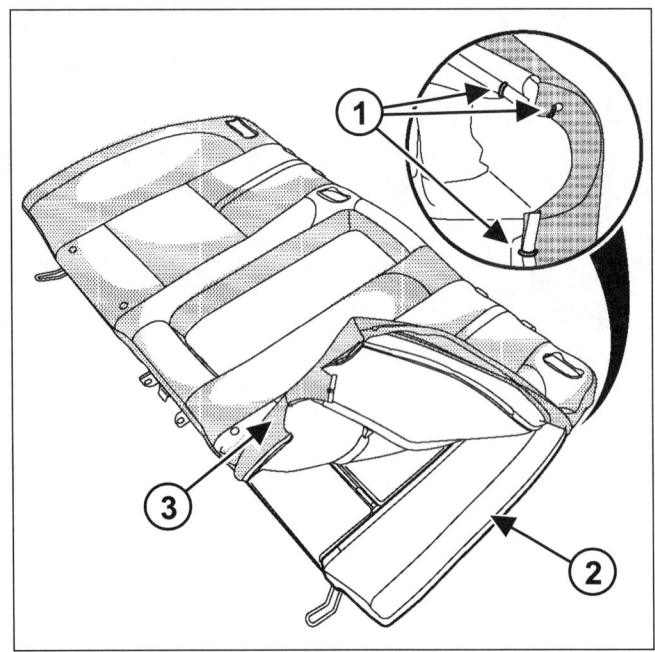

L43070111

- 호그 링 (1) 을 탈거한다.
- 리어 시트백 《패드 – 프레임》 어셈블리 (2) 와 리어 시트백 커버 (3) 를 분리한다.

장착

I – 관련 부품 장착 작업

- 호그 링을 신품으로 교환한다.
- 리어 시트백 《패드 – 프레임》 어셈블리 (2) 와 리어 시트백 커버 (3) 를 결합한다.
- 호그 링 (1) 을 장착한다.

II – 최종 작업

- 다음을 장착한다 :
  - 리어 헤드레스트 가이드 (차량 옵션에 따라 다름),
  - 리어 헤드레스트 (차량 옵션에 따라 다름),
  - 리어 센터 암레스트 (79A, 시트 액세서리, 리어 센터 암레스트 : 탈거 – 장착 참조),
  - 리어 벤치 시트백 (76A, 리어 시트 프레임과 러너, 리어 벤치 시트백 : 탈거 – 장착 참조).

리어 시트 프레임과 러너
리어 벤치 시트백 : 탈거 - 장착

76A

L43

규정 토크 ⊘	
리어 벤치 시트백 볼트	44 N.m

탈거

I - 탈거 준비 작업

- 리어 벤치 시트 쿠션을 탈거한다 (76A, 리어 시트 프레임과 러너, 리어 벤치 시트 쿠션 : 탈거 - 장착 참조).

II - 관련 부품 탈거 작업

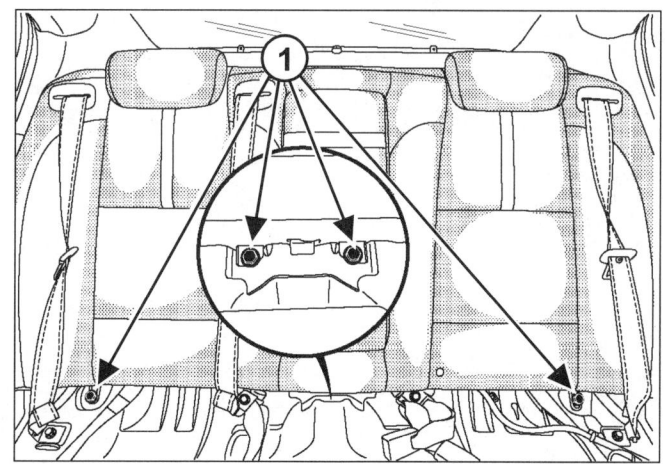

- 볼트 (1) 를 탈거한다.

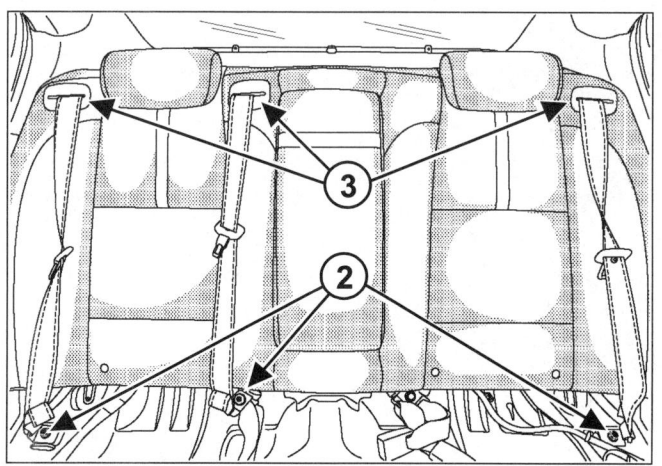

- 다음을 탈거한다 :
  - 리어 시트 벨트 로어 볼트 (2),
  - 리어 벤치 시트백의 리어 시트 벨트 트림 (3).

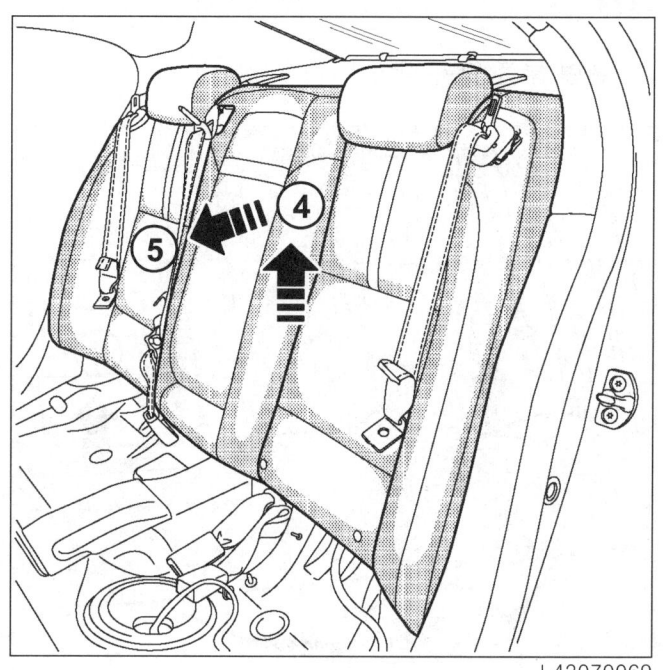

- 리어 시트백에 리어 시트 벨트를 통과시킨다.
- (4) 와 (5) 의 방향으로 리어 벤치 시트백을 탈거한다 (이 작업은 두 사람이 작업한다).

장착

I - 장착 준비 작업

- 리어 시트백에 리어 시트 벨트를 통과시킨다.

II - 관련 부품 장착 작업

- 다음을 장착한다 :
  - 리어 벤치 시트백(이 작업은 두 사람이 작업한다),
  - 리어 시트 벨트 트림 (3),
  - 리어 사이드 시트 벨트 로어 벨트 (2),
  - 볼트 (1) (조이지 않음).
- 리어 벤치 시트백 볼트 (1) 를 규정 토크 (44 N.m) 로 조인다.

III - 최종 작업

- 리어 벤치 시트 쿠션을 장착한다 (76A, 리어 시트 프레임과 러너, 리어 벤치 시트 쿠션 : 탈거 - 장착 참조).

리어 시트 프레임과 러너
리어 벤치 시트 쿠션 : 탈거 – 장착

76A

L43

탈거

I – 관련 부품 탈거 작업

L43070107

- 리어 벤치 시트 쿠션 레버를 당긴다.
- (1) 의 방향으로 리어 벤치 시트 쿠션을 탈거한다.

장착

I – 관련 부품 장착 작업

- 리어 벤치 시트 쿠션을 장착한다.
-

> 참고 :
> 리어 시트 벨트 버클의 위치가 올바른지 확인한다.

- 리어 벤치 시트 쿠션을 장착한다.

프론트 시트 트림
프론트 시트 쿠션 커버 : 탈거 – 장착

77A

L43

탈거

I - 탈거 준비 작업

- 배터리 단자를 분리한다 (MR 436 리페어 매뉴얼, 80A, 배터리, 배터리 : 탈거 – 장착 참조).

- 다음을 탈거한다 :
  - 프론트 시트 어셈블리 (75A, 프론트 시트 프레임 과 러너, 프론트 시트 어셈블리 : 탈거 – 장착 참 조),
  - 프론트 시트 사이드 트림 (외부 섹션) (77A, 프론 트 시트 트림, 프론트 시트 사이드 트림 : 탈거 – 장착 참조),
  - 프론트 시트 사이드 트림 (내부 섹션) (77A, 프론 트 시트 트림, 프론트 시트 사이드 트림 : 탈거 – 장착 참조).

- 프론트 사이드 에어백 커넥터를 분리한다 (MR 436 리페어 매뉴얼, 88C, 에어백 및 프리텐셔너, 프론트 사이드 에어백 : 탈거 – 장착 참조) (차량 옵션에 따 라 다름).

- 커넥터를 분리한다 (차량 옵션에 따라 다름).

II - 관련 부품 탈거 작업

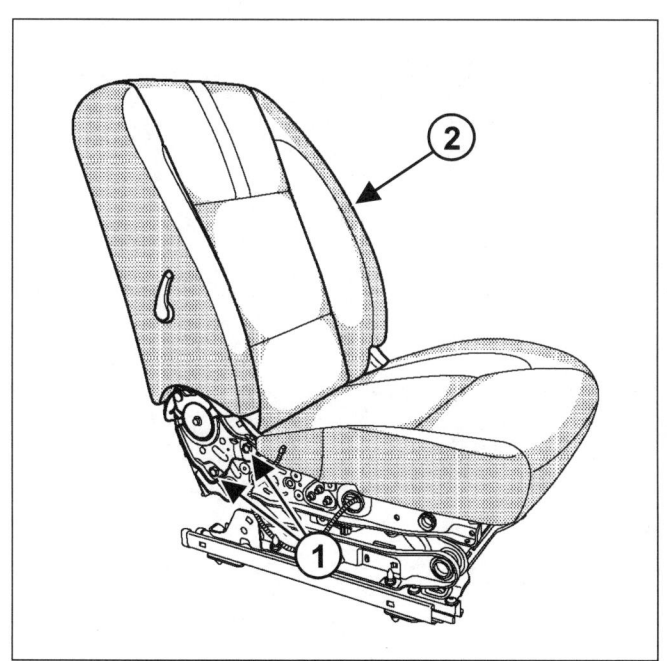

- 다음을 탈거한다 :
  - 볼트 (1),
  - 프론트 시트백 (2).

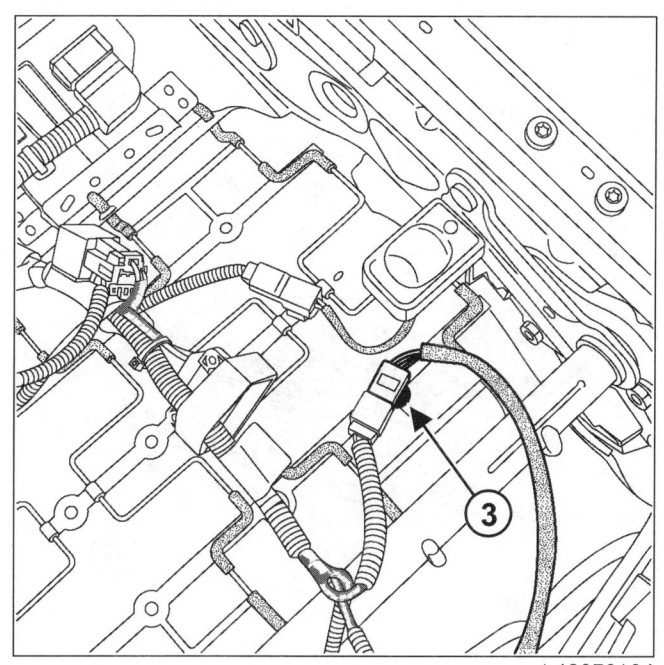

- 프론트 시트 쿠션 프레임에서 클립 (3) 을 탈거한다.

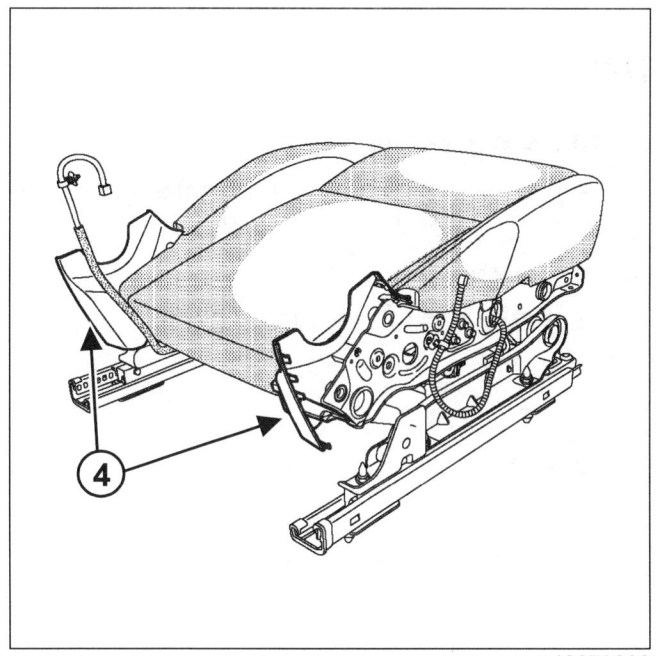

- 프론트 시트 로어 커버 내부 트림 (4) 을 탈거한다.

프론트 시트 트림
프론트 시트 쿠션 커버 : 탈거 – 장착

77A

L43

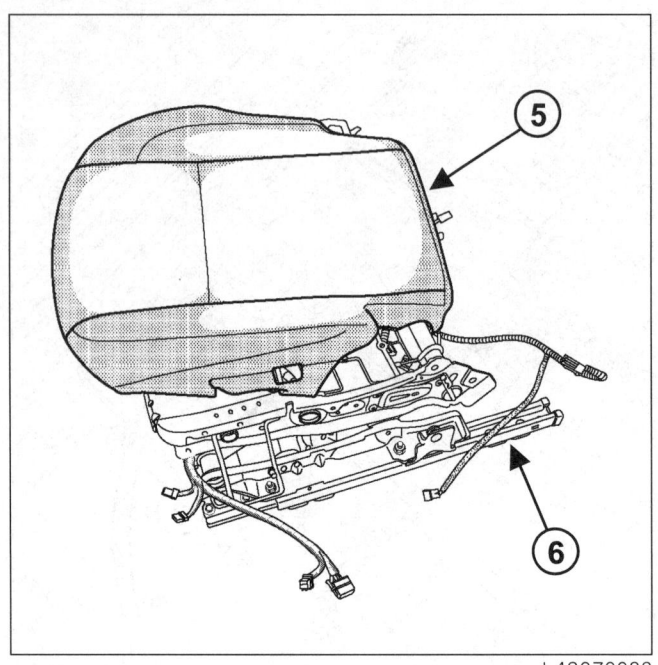

L43070083

❏ 프론트 시트 쿠션 《패드 – 커버》 어셈블리 (5) 와 프론트 시트 쿠션 프레임 (6) 을 분리한다.

장착

I – 관련 부품 장착 작업

❏ 프론트 시트 쿠션 《패드 – 커버》 어셈블리 (5) 와 프론트 시트 쿠션 프레임 (6) 을 결합한다.

❏ 다음을 장착한다 :
- 프론트 시트 로어 커버 내부 트림 (4),
- 클립 (3),
- 프론트 시트백 (2),
- 볼트 (1).

II – 최종 작업

❏ 커넥터를 연결한다 (차량 옵션에 따라 다름).

❏ 프론트 사이드 에어백 커넥터를 연결한다 (MR 436 리페어 매뉴얼 , 88C, 에어백 및 프리텐셔너 , 프론트 사이드 에어백 : 탈거 – 장착 참조) (차량 옵션에 따라 다름).

❏ 다음을 장착한다 :
- 프론트 시트 사이드 트림 (내부 섹션) (77A, 프론트 시트 트림 , 프론트 시트 사이드 트림 : 탈거 – 장착 참조),
- 프론트 시트 사이드 트림 (외부 섹션) (77A, 프론트 시트 트림 , 프론트 시트 사이드 트림 : 탈거 – 장착 참조),
- 프론트 시트 어셈블리 (75A, 프론트 시트 프레임 과 러너 , 프론트 시트 어셈블리 : 탈거 – 장착 참조).

❏ 배터리 단자를 연결한다 (MR 436 리페어 매뉴얼 , 80A, 배터리 , 배터리 : 탈거 – 장착 참조).

프론트 시트 트림
프론트 시트백 커버 : 탈거 - 장착

77A

L43

탈거

I - 탈거 준비 작업

❏ 배터리 단자를 분리한다 (MR 436 리페어 매뉴얼, 80A, 배터리, 배터리 : 탈거 - 장착 참조).

❏ 다음을 탈거한다 :
- 프론트 시트 어셈블리 (75A, 프론트 시트 프레임과 러너, 프론트 시트 어셈블리 : 탈거 - 장착 참조),
- 프론트 시트백 (75A, 프론트 시트 프레임과 러너, 프론트 시트백 프레임 : 탈거 - 장착 참조).

II - 관련 부품 탈거 작업

프론트 사이드 에어백 적용

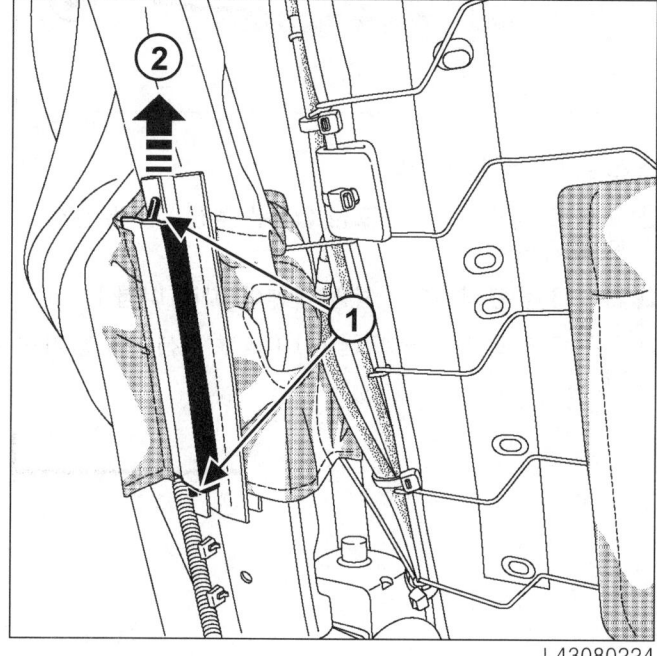

❏ 다음을 탈거한다 :
- 클립 (1),
- (2) 의 방향으로 리테이닝 섹션.

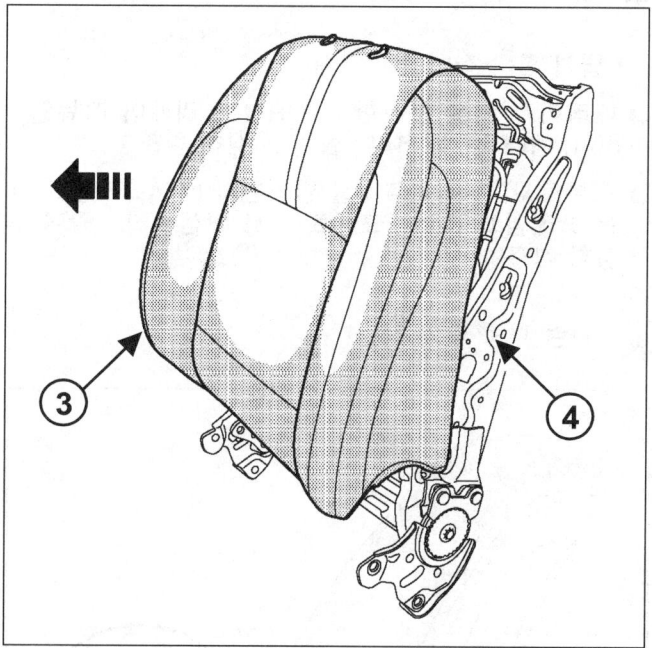

❏ 프론트 시트백《패드 - 커버》어셈블리 (3) 와 프론트 시트백 프레임 (4) 을 분리한다.

장착

I - 관련 부품 장착 작업

❏ 프론트 시트백《패드 - 커버》어셈블리 (3) 와 프론트 시트백 프레임 (4) 을 부분적으로 결합한다.

프론트 사이드 에어백 적용

❏ 다음을 장착한다 :
- 리테이닝 섹션,
- 클립 (1).

❏ 프론트 시트백《패드 - 커버》어셈블리 (3) 와 프론트 시트백 프레임 (4) 을 결합한다.

II - 최종 작업

❏ 다음을 장착한다 :
- 프론트 시트백 (75A, **프론트 시트 프레임과 러너, 프론트 시트백 프레임 : 탈거 - 장착** 참조),
- 프론트 시트 어셈블리 (75A, **프론트 시트 프레임과 러너, 프론트 시트 어셈블리 : 탈거 - 장착** 참조).

❏ 배터리 단자를 연결한다 (MR 436 리페어 매뉴얼, 80A, 배터리, 배터리 : 탈거 - 장착 참조).

프론트 시트 트림
프론트 시트 사이드 트림 : 탈거 – 장착

77A

L43

탈거

I – 탈거 준비 작업

- 배터리 단자를 분리한다 (MR 436 리페어 매뉴얼, 80A, 배터리, 배터리 : 탈거 – 장착 참조).
- 프론트 시트 어셈블리를 탈거한다 (75A, 프론트 시트 프레임과 러너, 프론트 시트 어셈블리 : 탈거 – 장착 참조).

II – 관련 부품 탈거 작업

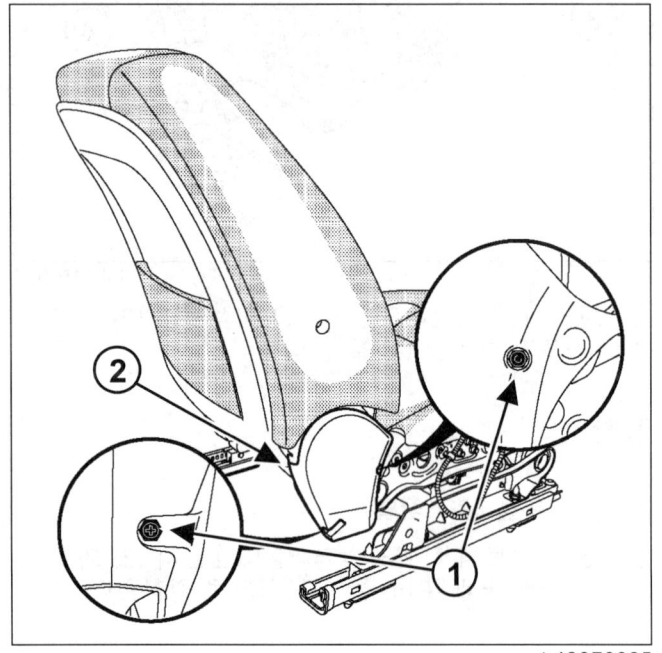

- 다음을 탈거한다 :
  - 볼트 (1),
  - 프론트 시트 사이드 트림 (내부 섹션) (2).

전동시트 적용

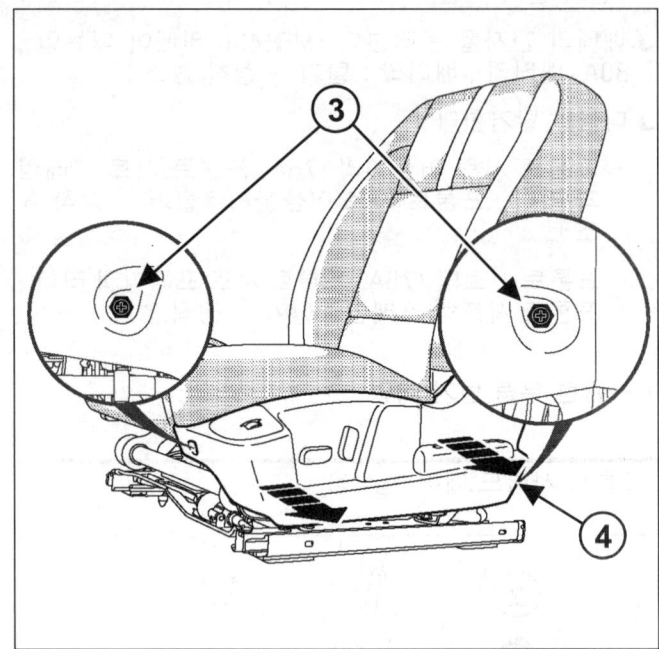

- 볼트 (3) 를 탈거한다.
- 프론트 시트 사이드 트림 (외부 섹션) 을 부분적으로 탈거한다.
- 커넥터를 분리한다 (차량 옵션에 따라 다름).
- 프론트 시트 사이드 트림 (4) (외부 섹션) 을 탈거한다.

프론트 시트 트림
프론트 시트 사이드 트림 : 탈거 – 장착

77A

L43

전동시트 미적용

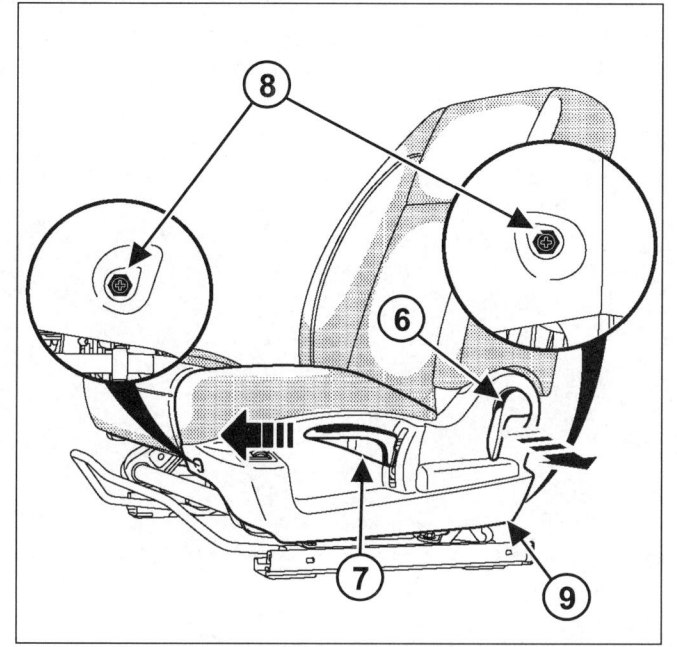

L43070087

❏ 다음을 탈거한다 :

- 클립 (5),
- 프론트 시트백 조절 장치 (6),
- 프론트 시트 쿠션 높이 조절 장치 (7),
- 볼트 (8).

❏ 프론트 시트 사이드 트림 (9) (외부 섹션) 을 부분적으로 탈거한다 .

❏ 커넥터를 분리한다 (차량 옵션에 따라 다름).

❏ 프론트 시트 사이드 트림 (외부 섹션) 을 탈거한다 .

❏ 프론트 시트백을 탈거한다 (75A, 프론트 시트 프레임과 러너 , 프론트 시트백 프레임 : 탈거 – 장착 참조).

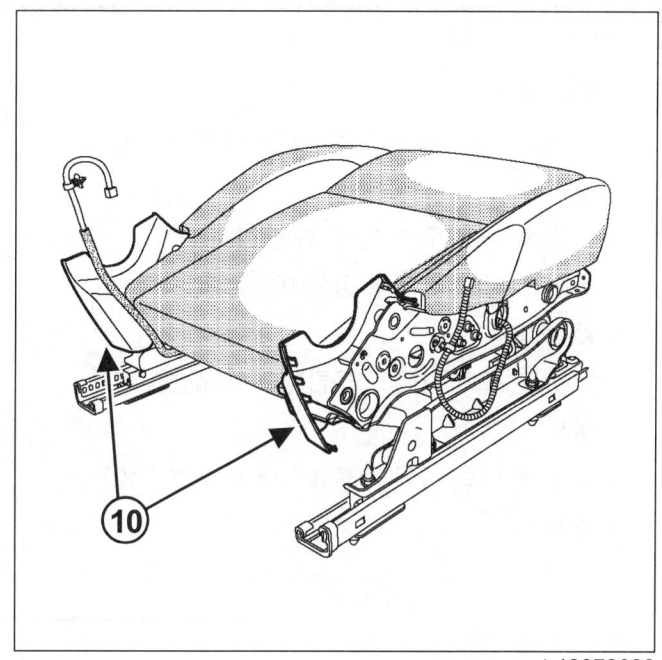

L43070088

❏ 프론트 시트 로어 커버 내부 트림 (10) 을 탈거한다 .

장착

I – 관련 부품 장착 작업

❏ 다음을 장착한다 :

- 프론트 시트 로어 커버 내부 트림 (10),
- 프론트 시트백 (75A, 프론트 시트 프레임과 러너 , 프론트 시트백 프레임 : 탈거 – 장착 참조).

❏ 커넥터를 연결한다 (차량 옵션에 따라 다름).

전동시트 적용

❏ 다음을 장착한다 :

- 프론트 시트 사이드 트림 (외부 섹션) (4),
- 볼트 (3),
- 프론트 시트 사이드 트림 (내부 섹션) (2),
- 볼트 (1).

프론트 시트 트림
프론트 시트 사이드 트림 : 탈거 – 장착

77A

L43

전동시트 미적용

❏ 다음을 장착한다 :
- 프론트 시트 사이드 트림 (9) (외부 섹션),
- 볼트 (8),
- 프론트 시트 쿠션 높이 조절 장치 (7),
- 프론트 시트백 조절 장치 (6),
- 클립 (5),
- 프론트 시트 사이드 트림 (외부 섹션) (4),
- 볼트 (3),
- 프론트 시트 사이드 트림 (내부 섹션) (2),
- 볼트 (1).

II – 최종 작업

❏ 프론트 시트 어셈블리를 장착한다 (75A, 프론트 시트 프레임과 러너 , 프론트 시트 어셈블리 : 탈거 – 장착 참조).

❏ 배터리 단자를 연결한다 (MR 436 리페어 매뉴얼 , 80A, 배터리 , 배터리 : 탈거 – 장착 참조).

리어 시트 트림
리어 시트백 트림 : 탈거 – 장착

78A

L43

탈거

I – 탈거 준비 작업

- 배터리 단자를 분리한다 (MR 436 리페어 매뉴얼, 80A, 배터리, 배터리 : 탈거 – 장착 참조).
- 다음을 탈거한다 :
  - 리어 벤치 시트백 (76A, 리어 시트 프레임과 러너, 리어 벤치 시트백 : 탈거 – 장착 참조),
  - 리어 센터 암레스트 (79A, 시트 액세서리, 리어 센터 암레스트 : 탈거 – 장착 참조),
  - 리어 헤드레스트 (차량 옵션에 따라 다름),
  - 리어 헤드레스트 가이드 (차량 옵션에 따라 다름).

II – 관련 부품 탈거 작업

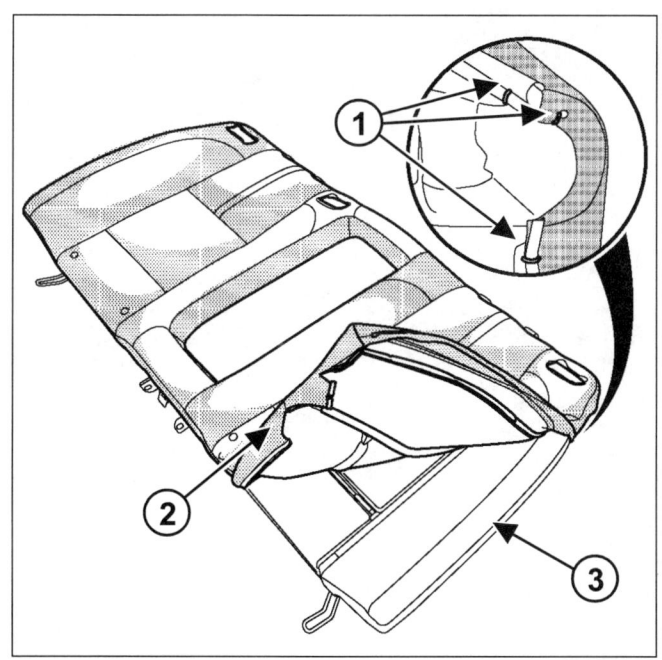

- 호그 링 (1) 을 탈거한다.
- 리어 시트백 트림 (2) 과 리어 시트백 《패드 – 프레임》 어셈블리 (3) 를 분리한다.

장착

I – 관련 부품 장착 작업

- 호그 링을 신품으로 교환한다.
- 리어 시트백 트림 (2) 과 리어 시트백 《패드 – 프레임》 어셈블리 (3) 를 결합한다.
- 호그 링 (1) 을 장착한다.

II – 최종 작업

- 다음을 장착한다 :
  - 리어 헤드레스트 가이드 (차량 옵션에 따라 다름),
  - 리어 헤드레스트 (차량 옵션에 따라 다름),
  - 리어 센터 암레스트 (79A, 시트 액세서리, 리어 센터 암레스트 : 탈거 – 장착 참조),
  - 리어 벤치 시트백 (76A, 리어 시트 프레임과 러너, 리어 벤치 시트백 : 탈거 – 장착 참조).

리어 시트 트림
리어 벤치 시트 쿠션 커버 : 탈거 – 장착

78A

L43

탈거

I – 탈거 준비 작업

- 리어 벤치 시트 쿠션을 탈거한다 (76A, 리어 시트 프레임과 러너, 프론트 시트백 커버 : 탈거 – 장착 참조).

II – 관련 부품 탈거 작업

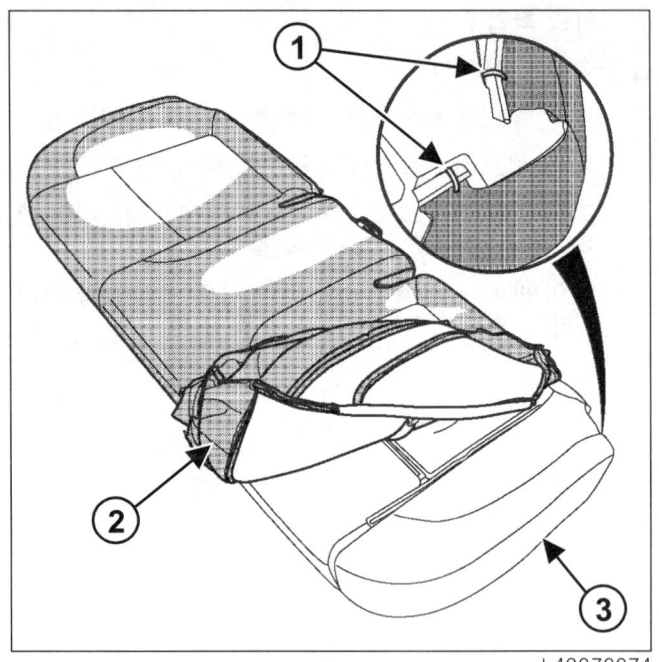
L43070074

- 호그 링 (1) 을 탈거한다.
- 리어 벤치 시트 쿠션 커버 (2) 와 리어 벤치 시트 쿠션 《패드 – 프레임》 어셈블리 (3) 를 분리한다.

장착

I – 관련 부품 장착 작업

- 호그 링을 신품으로 교환한다.
- 리어 벤치 시트 쿠션 커버 (2) 와 리어 벤치 시트 쿠션 《패드 – 프레임》 어셈블리 (3) 를 결합한다.
- 호그 링 (1) 을 장착한다.

II – 최종 작업

- 리어 벤치 시트 쿠션을 탈거한다 (76A, 리어 시트 프레임과 러너, 프론트 시트백 커버 : 탈거 – 장착 참조).

시트 액세서리
프론트 시트 헤드레스트 가이드 : 탈거 - 장착

79A

L43

탈거

I - 탈거 준비 작업

- 프론트 시트 헤드레스트를 탈거한다.

II - 관련 부품 탈거 작업

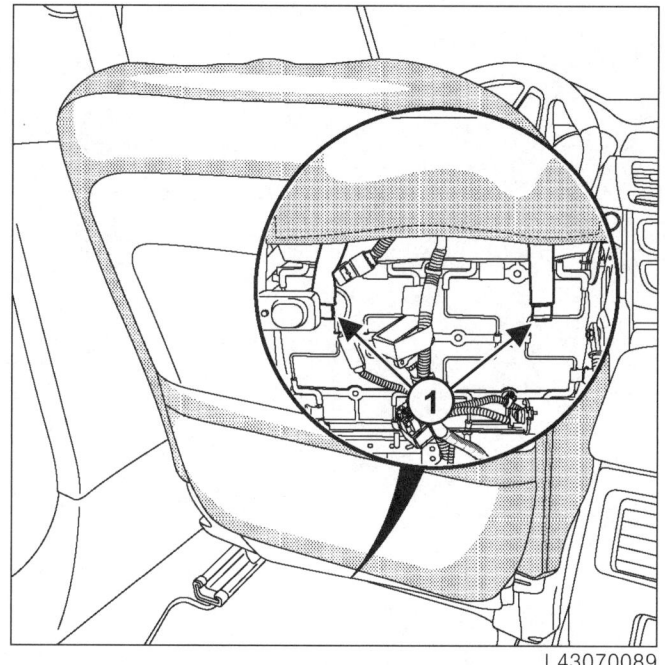

- 리테이닝 섹션 (1) 을 탈거한다.

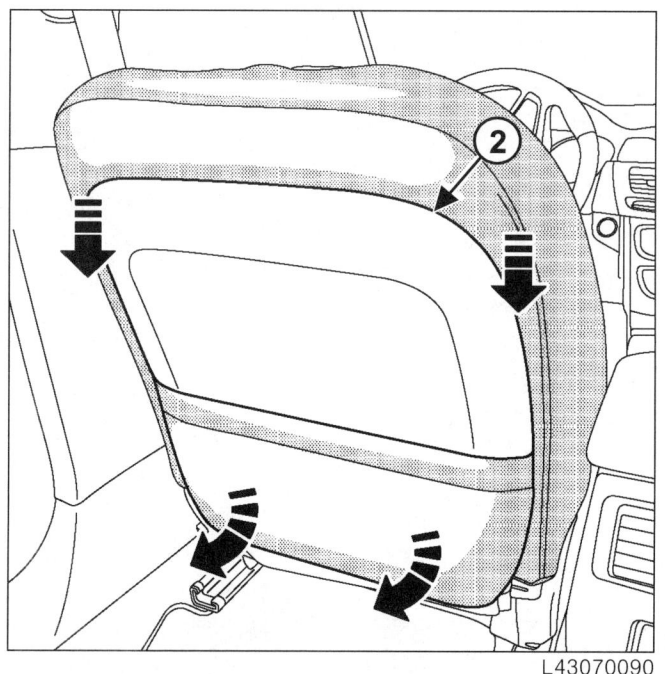

- 프론트 시트백 커버 (2) 를 탈거한다.

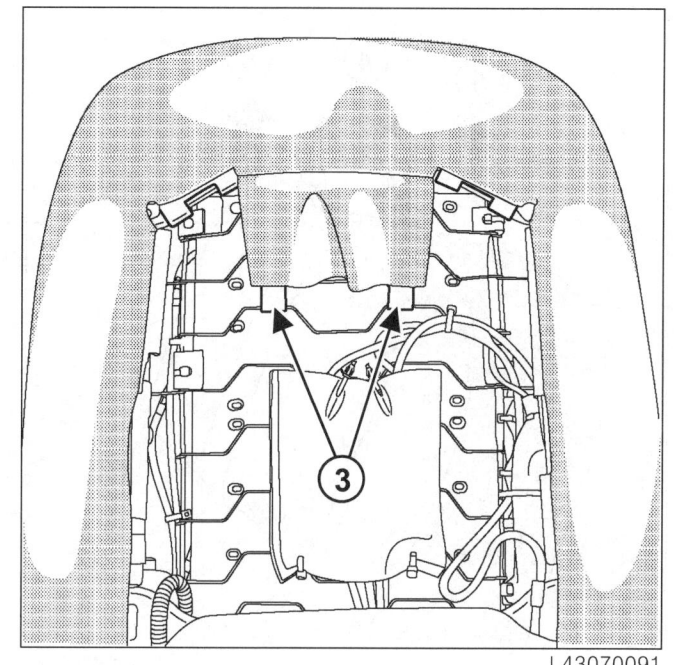

- 리테이닝 섹션 (3) 을 탈거한다.

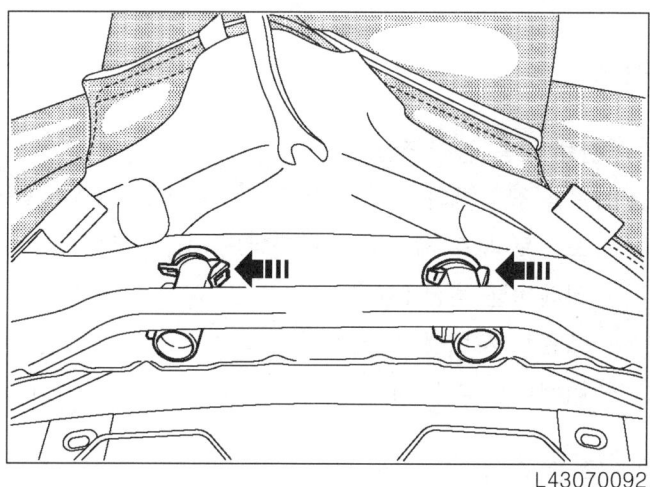

- 프론트 시트 헤드레스트 가이드의 클립을 누른다.

시트 액세서리
프론트 시트 헤드레스트 가이드 : 탈거 – 장착

79A

L43

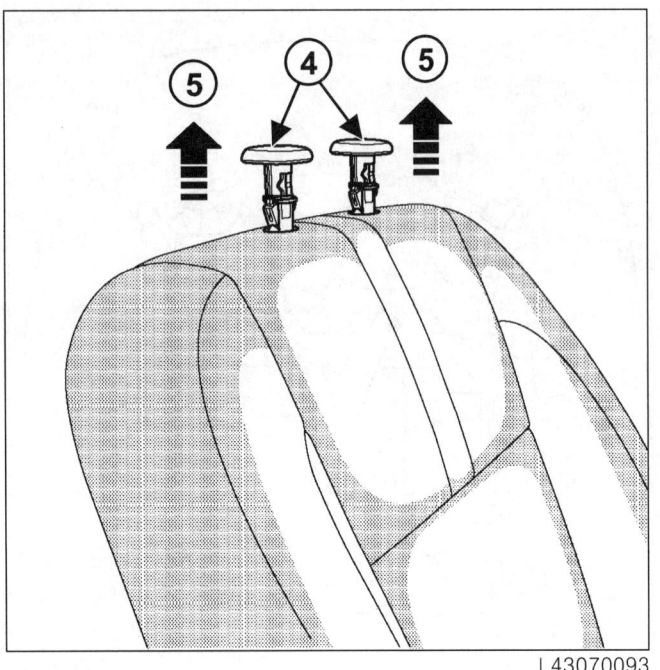

L43070093

- (5) 의 방향으로 프론트 시트 헤드레스트 가이드 (4) 를 탈거한다 .

장착

I – 관련 부품 장착 작업

- 다음을 장착한다 :
    - 프론트 시트 헤드레스트 가이드 (4),
    - 리테이닝 섹션 (3),
    - 프론트 시트백 커버 (2),
    - 리테이닝 섹션 (1).

II – 최종 작업

- 프론트 시트 헤드레스트를 장착한다 .

시트 액세서리
리어 센터 암레스트 : 탈거 – 장착

79A

L43

탈거

I – 탈거 준비 작업

- 리어 벤치 시트백을 탈거한다 (76A, 리어 시트 프레임과 러너 , 리어 벤치 시트백 : 탈거 – 장착 참조).

II – 관련 부품 탈거 작업

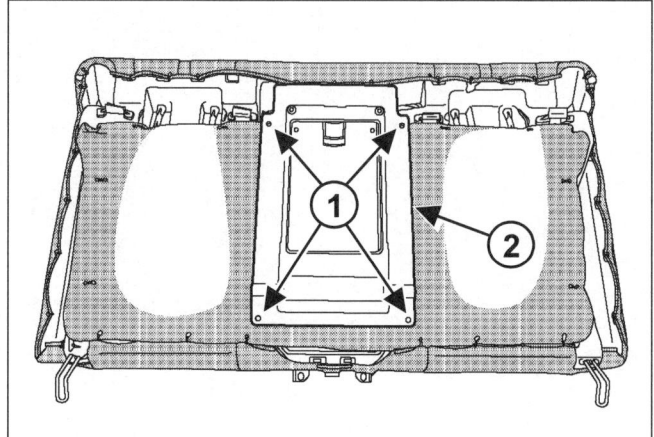

L43070075

- 다음을 탈거한다 :
  - 볼트 (1),
  - 리어 센터 암레스트 커버 (2).

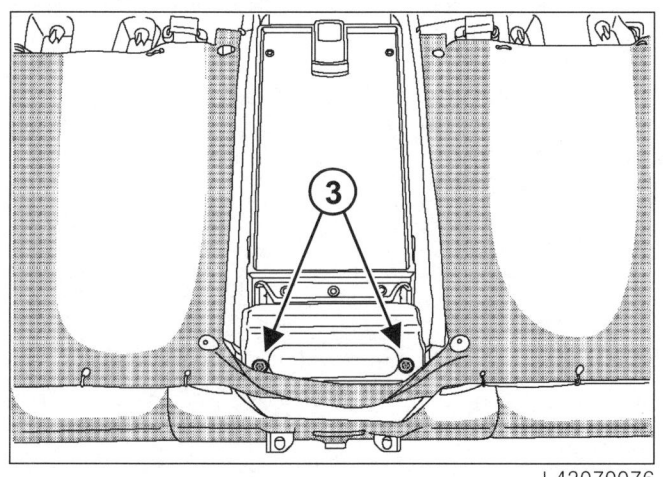

L43070076

- 볼트 (3) 를 탈거한다 .

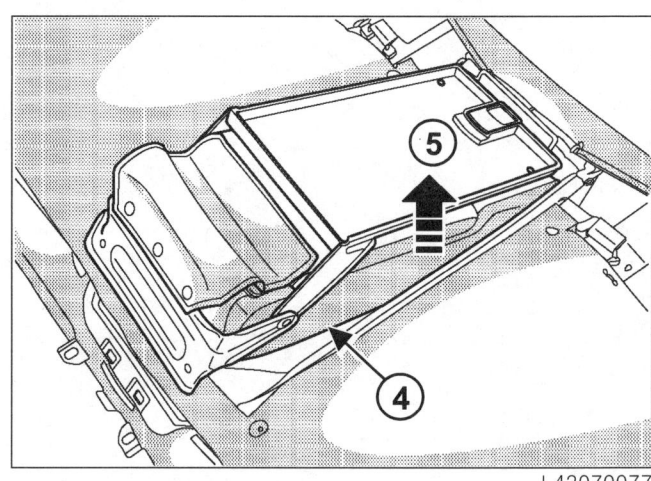

L43070077

- (5) 의 방향으로 리어 센터 암레스트 (4) 를 탈거한다 .

장착

I – 관련 부품 장착 작업

- 다음을 장착한다 :
  - 리어 센터 암레스트 (4),
  - 볼트 (3),
  - 리어 센터 암레스트 커버 (2),
  - 볼트 (1).

II – 최종 작업

- 기능 테스트를 수행한다 .
- 리어 벤치 시트백을 장착한다 (76A, 리어 시트 프레임과 러너 , 리어 벤치 시트백 : 탈거 – 장착 참조).

르노삼성자동차

첨부판 (판금 작업 데이터)

1. 재질 변환표 및 고장력 강판 (HSS) 작업 방법 : 일반 설명

2. 바디 얼라이먼트 : 일반 설명

3. 차체 용접점 : 설명

4. 바디 실링 : 설명

5. 언더 바디 코팅 : 설명

L43

2010. 01

본 리페어 매뉴얼은 2010 년 01 월의 양산 차량을 기준으로 작성하였으며, 향후 차량의 설계 변경에 따라 실차와 다른 내용이 있을 수 있으므로, 양해를 구합니다.
주 : 설계 변경에 대한 정보는 www.rsmservice.com 을 참조하여 주시기 바랍니다.
이 문서의 모든 권리는 르노삼성자동차에 있습니다.

ⓒ 르노삼성자동차 (주), 2010

L43- 첨부판
(판금 작업 데이터)

목차

페이지

첨부판

재질 변환표 및 고장력 강판 (HSS) 작업 방법 : 일반 설명	1-1
바디 얼라이먼트 : 일반 설명	2-1
차체 용접점 : 설명	3-1
바디 실링 : 설명	4-1
언더 바디 코팅 : 설명	5-1

첨부판
재질 변환표 및 고장력 강판 (HSS) 작업 방법 : 일반 설명

L43

1.1. 냉간 압연강

(기준단위 : MPa)

	NES specification					Renault specification			
	NISSAN	RSM	기계적 특성			RENAULT	기계적 특성		
			최소 인장 강도	최소 항복 강도점	최대 항복 강도점		최소 인장 강도	최소 항복 강도점	최대 항복 강도점
냉간 압연 강판						X C	280	160	240
	SP129	SPCG	270	135	255	X E	300	180	230
	SP121	SPCC	270	125	215	X ES	280	160	200
	SP122	SPCD	270	120	195	X SES	270	140	180
	SP123	SPCE	270	110	175				
	SP124	SPCE(E)	260	100	165				
	SP125	SPCT	270	125	215	X E BH	300	180	230
냉간 압연 고장력 강판	SP131-340	APFC340	340	195	295	X E235P	355	235	275
	SP132-340	APFC340X	340	155	245	X E220P	340	220	260
	SP135-340	APFC340T	340	175	275	X E220 BH	340	220	260
	SP131-370	APFC370	370	195	295	X E260P	370	260	310
	SP132-370	APFC370X	370	165	255				
		APFCY380	380	180	285				
		APFC390X				X E280P SL	385	280	330
		APFC390				X E280D	375	280	330
						X E320D	415	320	380
	SP152-440	APFC440X	440	275	380				
						X E360D	450	360	430
						X E300B	500	300	370
	SP151-590	APFC590	590	420	570				
	SP153-590N	APFC590Y	590	310	410	XE360B	590	360	430
	SP154-590		590	360	465				
	RP153-780	APFC780Y	780	440	560	XE450B	780	450	550
						XE450T	780	450	550
	RP153-980		980	600	750	XE550M	980	550	700
	SP153-1180	APFC1180Y	1180	835	1225				
	SP151-1350H(V)		1350	1000	–	22MnB5	1300	1000	1250

첨부판
재질 변환표 및 고장력 강판 (HSS) 작업 방법 : 일반 설명

1

L43

1.2. 열간 압연강

	NES specification					Renault specification			
			기계적 특성				기계적 특성		
	NISSAN	RSM	최소 인장 강도	최소 항복 강도점	최대 항복 강도점	RENAULT	최소 인장 강도	최소 항복 강도점	최대 항복 강도점
열간 압연 강판	SP211	SS330	330	205	–	H ES	320	220	280
	SP212	SS400	400	245	–				
	SP221	SPHC	270	185	305				
	SP222	SPHD	270	175	285	H C	280	170	330
	SP223	SPHE	270	155	255				
열간 압연 고장력 강판	SP231-370	APFH370	370	215	335	H E280M	370	280	340
						H E320D	410	320	385
	SP231-440	APFH440	440	275	390				
						H E320M	450	320	380
						H E360D	445	360	435
	SP251-540	APFH540	540	420	560	H E400M	540	400	485
	SP252-540	APFH540X	540	365	500				
	RP253-590N	APFH590Y	590	330	480				
	RP254-590	APFH590D	590	420	550	H E450M	560	450	530
						H E620M	750	620	720
						H E450T	780	450	600
						H E660M	830	680	830

첨부판
재질 변환표 및 고장력 강판 (HSS) 작업 방법 : 일반 설명

L43

1.3. 냉간 및 열간 압연 코팅강

	NES specification					Renault specification			
	NISSAN	RSM	기계적 특성			RENAULT	기계적 특성		
			최소 인장 강도	최소 항복 강도점	최대 항복 강도점		최소 인장 강도	최소 항복 강도점	최대 항복 강도점
냉간 압연 코팅강						X C	280	160	240
	SP789	SGACG 45/45	270	175	295	X E	300	180	230
	SP781	SGACC 45/45	270	125	215	X ES	280	160	200
	SP782	SGACD 45/45	270	120	195	X SES	270	140	180
	SP783	SGACE 45/45	270	110	175				
	SP784	SGACE(E) 45/45	260	100	175				
	SP785	SGACT 45/45	270	125	215	X E BH	300	180	230
냉간 압연 고장력 강판 코팅강	SP7811-340	SGAC340 45/45	340	205	305	X E235P	355	235	275
	SP782-340	SGAC340X 45/45	340	165	255	X E220P	340	220	260
	SP785-340		340	185	285	X E220 BH	340	220	260
		SGACY380	380	215	320				
	SP781-390	SGAC390 45/45	390	245	355	X E260P	370	260	310
	SP782-390	SGAC390X 45/45	390	205	305				
						X E260 BH	370	260	310
						X E280P SL	385	280	330
						X E280D	375	280	330
						X E320D	415	320	380
	SP781-440	SGAC440 45/45	440	280	390				
	SP782-440	SGAC440X 45/45	–	–	–				
						X E360D	450	360	430
						X E300B	500	300	370
	RP783-590N	SGAC590Y 45/45	590	310	410	X E360B	590	360	430
	RP783-780		780	440	560	X E450B	780	450	550
						XE450T	780	450	550
	RP783-980		980	600	750	XE550B	980	550	700
열간 압연 코팅강						H ES	320	220	280
	SP791	SGHC 45/45	270	195	315				
	SP792	SGHD 45/45	270	185	295	H C	280	170	330
	SP793	SGHE 45/45	270	165	265				
	SP791-370	SGAH370 45/45	370	225	345	H E280M	370	280	340
						H E320D	410	320	385
	RP791-440	SGAH440 45/45	440	280	390	H E320M	450	320	380
						H E360D	445	360	435
						H E400M	540	400	485
						H E450M	560	450	530
						H E620M	750	620	720
						H E450T	780	450	600
						H E660M	830	680	830
						H E830M	950	830	950
						22MnB5	1300	1000	1250

첨부판
재질 변환표 및 고장력 강판 (HSS) 작업 방법 : 일반 설명

L43

1.4. 아우터 패널용 냉간 압연 및 코팅강

	NES specification					Renault specification			
	NISSAN	RSM	기계적 특성			RENAULT	기계적 특성		
			최소 인장 강도	최소 항복 강도점	최대 항복 강도점		최소 인장 강도	최소 항복 강도점	최대 항복 강도점
냉간 압연 강판	SP121	SPCC	270	125	215	Z ES	280	160	200
	SP122	SPCD	270	120	195	Z SES	270	140	180
	SP123	SPCE	270	110	175				
	SP125	SPCT	270	125	215	Z E BH	300	180	230
						Z E	300	180	230
연강 코팅강	SP781	SGACC 45/45	270	125	215	Z ES	280	160	200
	SP782	SGACD 45/45	270	120	195	Z SES	270	140	180
	SP783	SGACE 45/45	270	110	175				
	SP785	SGACT 45/45	270	125	215	Z E BH	300	180	230
고장력 코팅강						Z E220P	340	220	260
	SP785-340	SGAC340T 45/45	340	185	285	Z E220 BH	340	220	260
						Z E235P	355	235	275

첨부판
재질 변환표 및 고장력 강판 (HSS) 작업 방법 : 일반 설명

L43

고장력 강판 (High Strength Steel) 의 작업 방법

참고 :
고장력 강판 (HSS) 을 수리하고자 할 때 다음의 사항들을 숙지한 후 작업하도록 한다.

1 - 고려되어야 할 사항

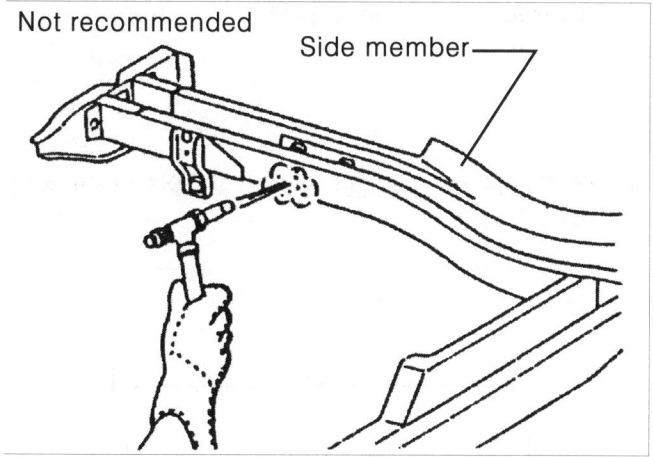

- 열을 가하며 작업하는 리인포스먼트 (예를들어 사이드 멤버류) 의 수리는 부품을 약화시키기 때문에 가능하면 피해야한다.
  불가피하게 열에 의한 수리를 하고자 할 때 고장력 강판 (HSS) 에 550℃가 넘는 열을 가하지 않아야 한다.
  온도계를 준비한 뒤, 열 온도를 다양하게 하여 작업을 한다 (Crayon 타입이나 다른 유사한 타입의 온도계가 적합하다).

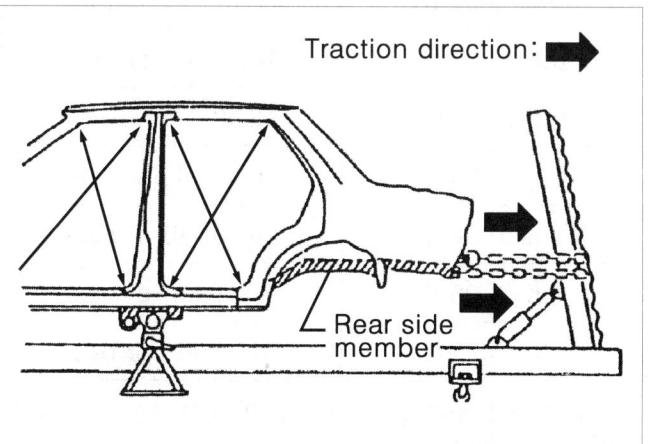

- 고장력 강판 (HSS) 을 펴고자 할 때 주의하여 작업을 하라.
  고장력 강판 (HSS) 은 매우 강하기 때문에 패널을 펴는 것은 인접한 부위의 패널을 변형시킬 수 있다.
  이러한 경우에 측정 포인트의 수를 증가시키고, 고장력 강판 (HSS) 을 조심스럽게 잡아당긴다.

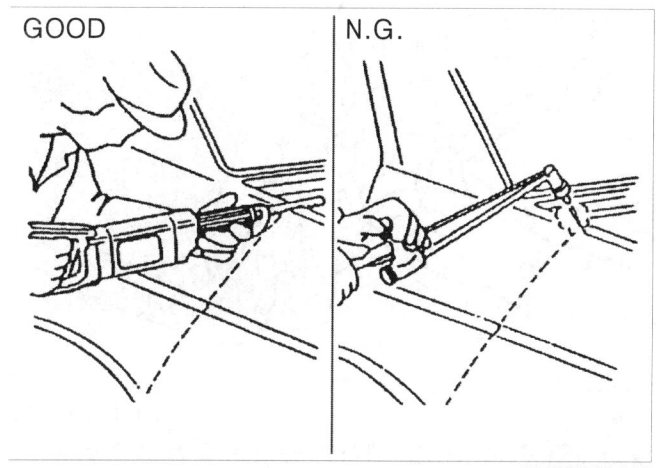

- 고장력 강판 (HSS) 을 커팅할 때 가능하다면 가스 커팅을 피해야 한다.
  대신 열에 의한 주위의 손상을 피하기 위하여 톱을 사용한다.
  만약 가스 커팅이 불가피하다면 최소 50mm 의 여유를 확보한다.

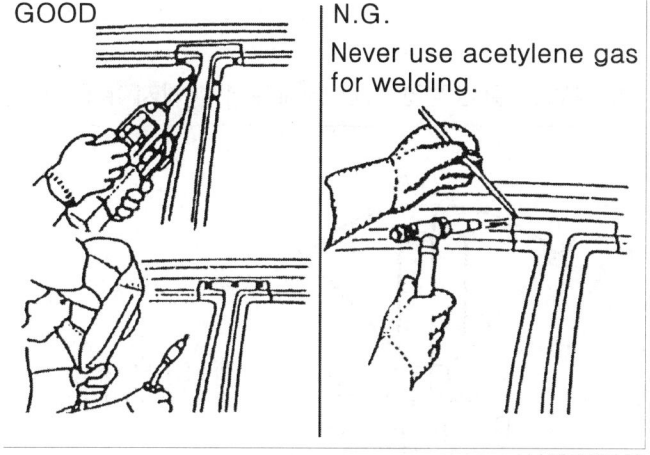

- 고장력 강판 (HSS) 을 용접할 때, 열에 의한 인접 부위의 손상을 최소화 하려면 가능한 스포트 용접을 한다.
  가스 용접은 용접 강도가 낮기 때문에 만약 스포트 용접이 불가능하다면 MIG 용접을 한다.

첨부판
재질 변환표 및 고장력 강판 (HSS) 작업 방법 : 일반 설명

L43

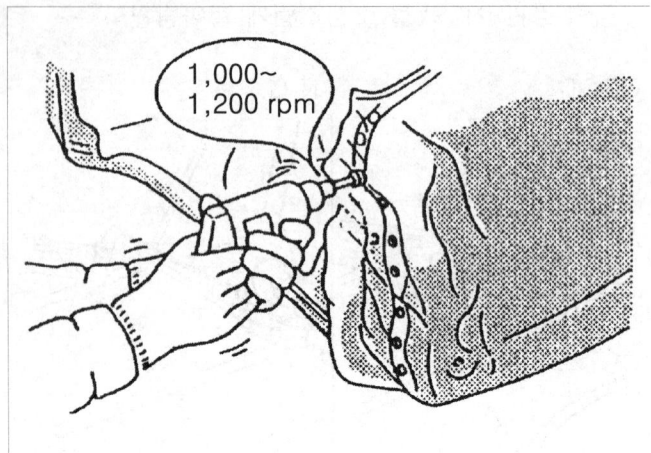

- 고장력 강판 (HSS) 에서의 스포트 용접은 일반 강판 에서의 스포트 용접보다 더 강하다.
  따라서 고장력 강판 (HSS) 에서의 스포트 용접을 커 팅할 때 작업을 용이하게 하고, 드릴의 내구성을 높 이기 위해 낮은 속도의 높은 토크(1,000~1,200rpm) 의 드릴을 사용한다.

2 - 고장력 강판 (HSS) 스포트 용접시 주의사항

참고 :
이 작업은 일반적인 작업 상태에서 행해져야 한다.

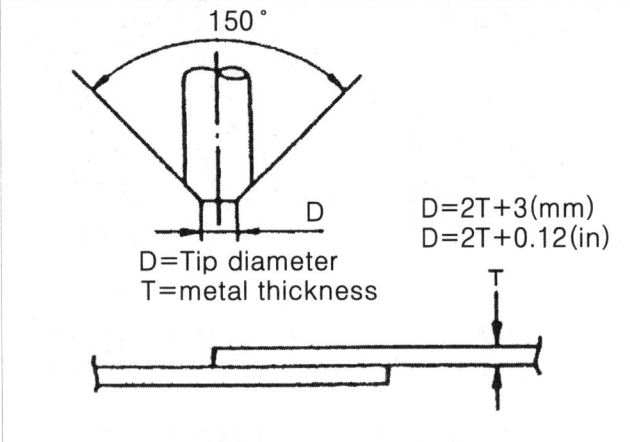

D = 2T + 3 (mm)
D = 2T + 0.12 (in)
D = Tip diameter
T = metal thickness

- 전극봉 끝의 지름은 금속 두께에 따라서 적합한 크기 이어야 한다.

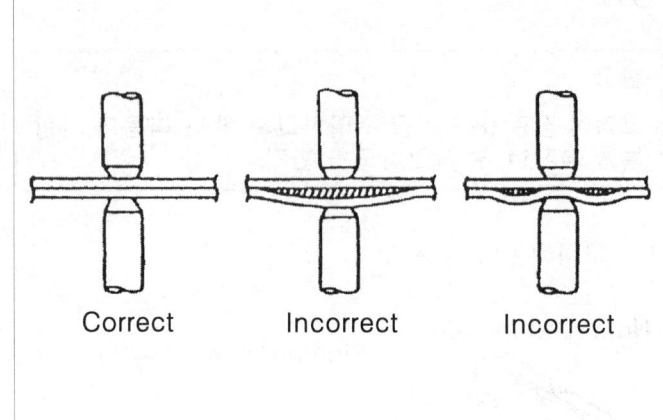

- 패널 표면은 서로 동일한 평면에 맞추어야 하며 틈이 없어야 한다.

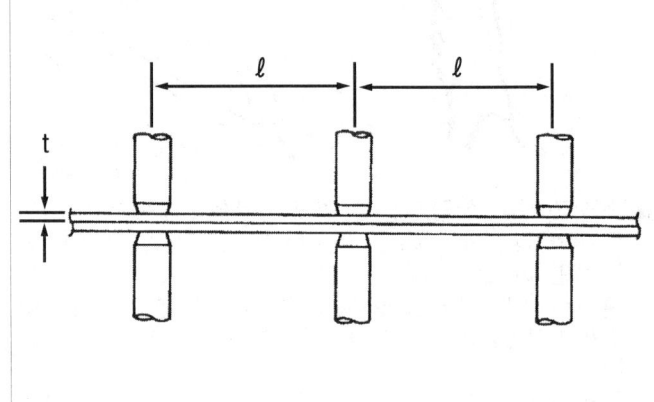

Thickness (t)	Minimum pitch (ℓ)
0.6 (0.024)	10 (0.39) or over
0.8 (0.031)	12 (0.47) or over
1.0 (0.039)	18 (0.71) or over
1.2 (0.047)	20 (0.79) or over
1.6 (0.063)	27 (1.06) or over
1.8 (0.071)	31 (1.22) or over

- 적합한 용접 피치를 위해 다음의 상세사항을 따라 작 업을 하도록 한다.

첨부판
재질 변환표 및 고장력 강판 (HSS) 작업 방법 : 일반 설명

1

L43

교체 작업

설명

- 본 페이지에서는 사고차량을 수리하는데 많은 경험과 기술을 가지고 있으며, 최신 서비스 도구와 설비를 사용하고 있는 기술자를 위해 기술되었다.

Symbol marks		Description	
●		2-spot welds	
◉		3-spot welds	
■		MIG plug weld	For 3 panels plug weld method
			■ A
			■ B
⌒⌒⌒		MIG seam weld / Point weld	

첨부판
재질 변환표 및 고장력 강판 (HSS) 작업 방법 : 일반 설명

L43

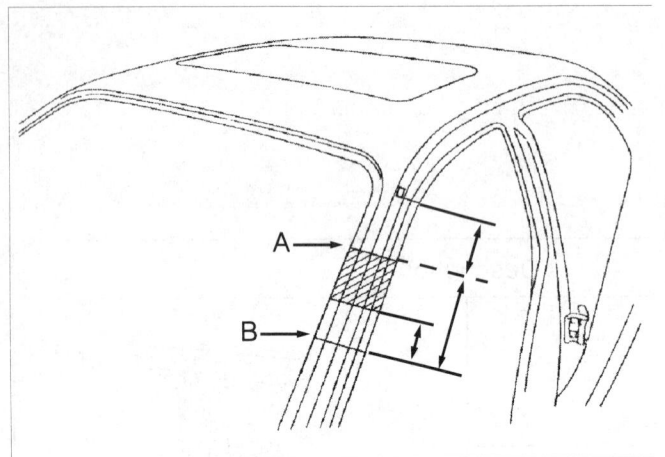

❏ 프론트 필러의 맞대기 용접은 그림에서와 같이 보여지는 것처럼 빗금친 부위 내에서 행해져야 한다.

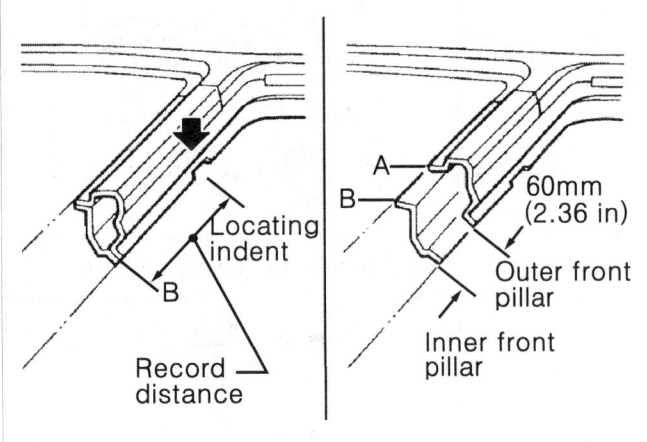

❏ 로케이팅 인덴트로부터 커팅 위치와 레코드 위치를 결정하고 서비스 부품을 커팅할 때 이 거리를 사용한다.
이너프론트 필러 커팅 위치에서 60mm 이상 떨어진 곳에서 아우터 프론트 필러를 커팅한다.

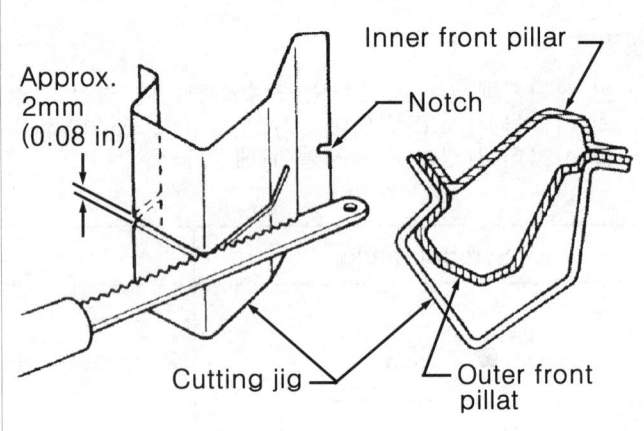

❏ 아우터 필러를 더 쉽게 커팅하기 위해서 커팅 지그를 준비한다.
이것은 조인트 결합 상태에서 서비스 부품을 정확하게 커팅하게 만든다.

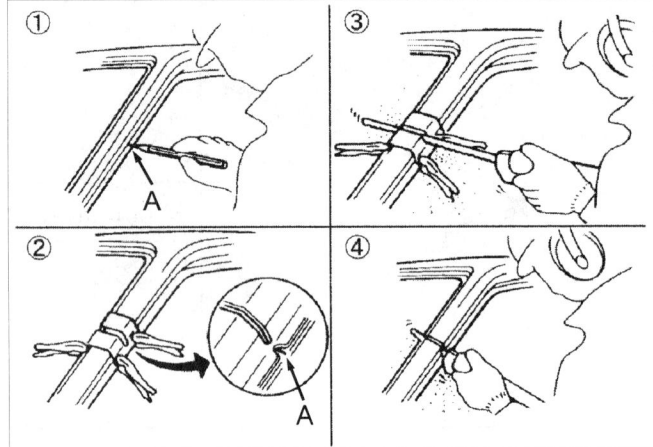

❏ 다음은 커팅 지그를 이용하여 커팅 작업을 하는 예이다.

1. 커팅 라인에 마킹을 한다.

   A: 아우터 필러의 커팅 위치.

2. 지그 위의 노치에 커팅 라인을 정렬한다.

3. 지그의 홈을 따라서 아우터 필러를 커팅한다.

4. 지그를 제거하고 남아있는 부분을 커팅한다.

5. 같은 방법으로 위치 B에 있는 이너 필러를 커팅한다.

첨부판
바디 얼라이먼트 : 일반 설명

2

L43

엔진룸

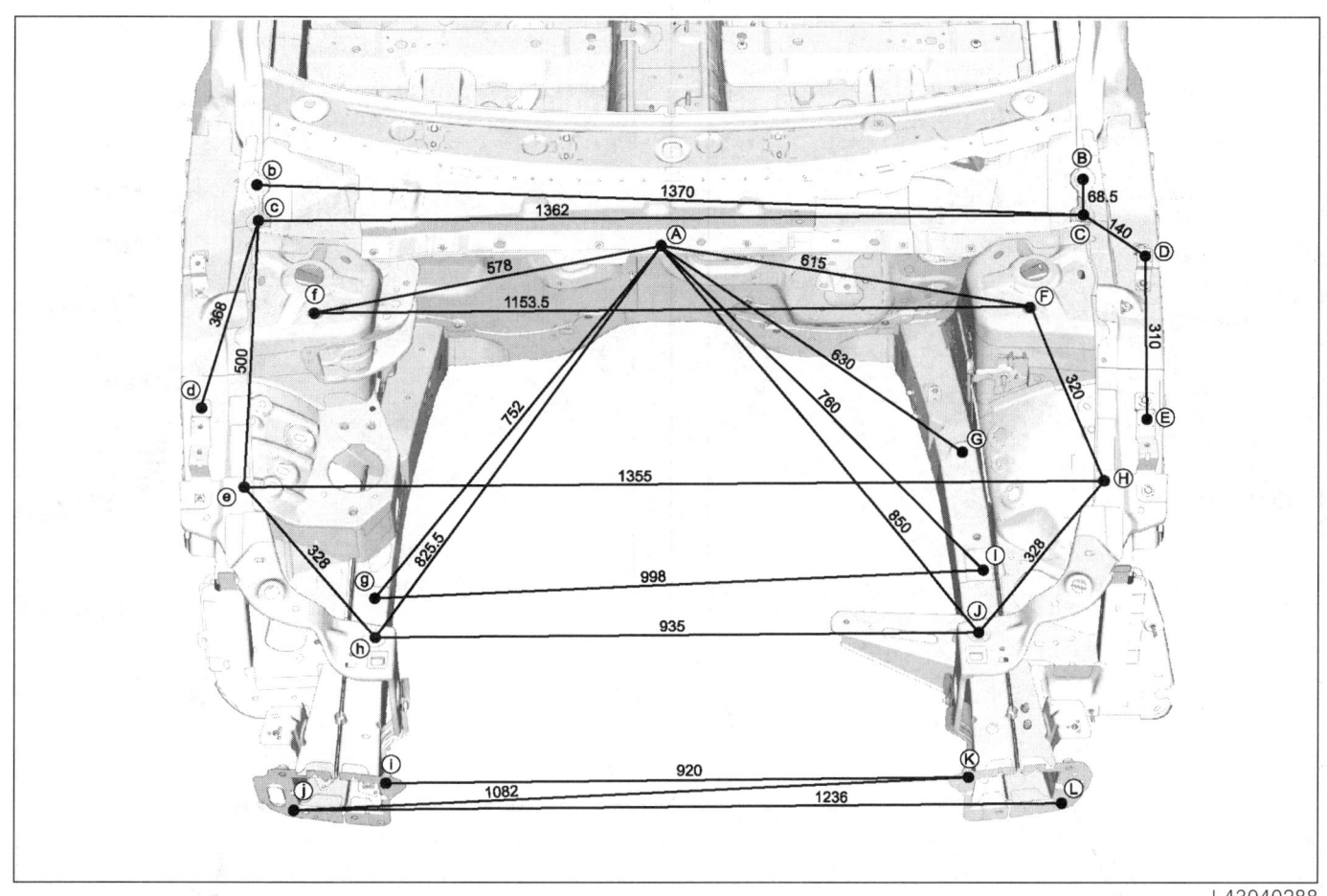

L43040288

주 : (*) 마크는 좌우대칭을 나타냄.

* 기준치수 : mm

측정점	기준치수	실측치수
A ~ G	630	
A ~ I	760	
A ~ g	752	
A ~ F	615	
A ~ f	578	
A ~ J	850	
A ~ h	825.5	
B ~ C	68.5	
b ~ C	1370	
C ~ D	140	
c ~ C	1362	

측정점	기준치수	실측치수
c ~ d	368	
c ~ e	500	
D ~ E	310	
e ~ H	1355	
e ~ h	328	
F ~ f	1153.5	
F ~ H	320	
g ~ I	998	
K ~ i	920	
K ~ j	1082	
L ~ j	1236	

2-1

첨부판
바디 얼라이먼트 : 일반 설명

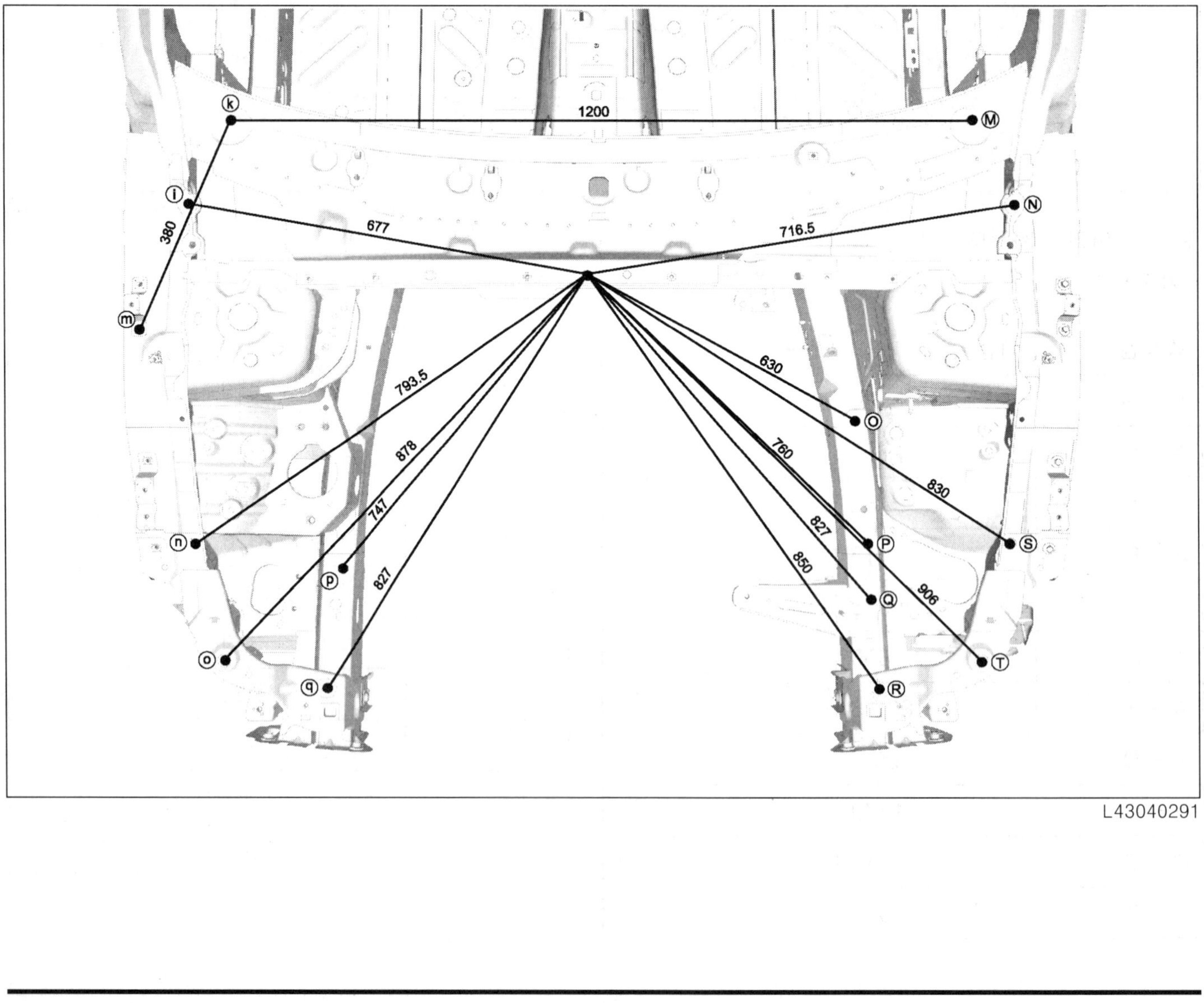

L43

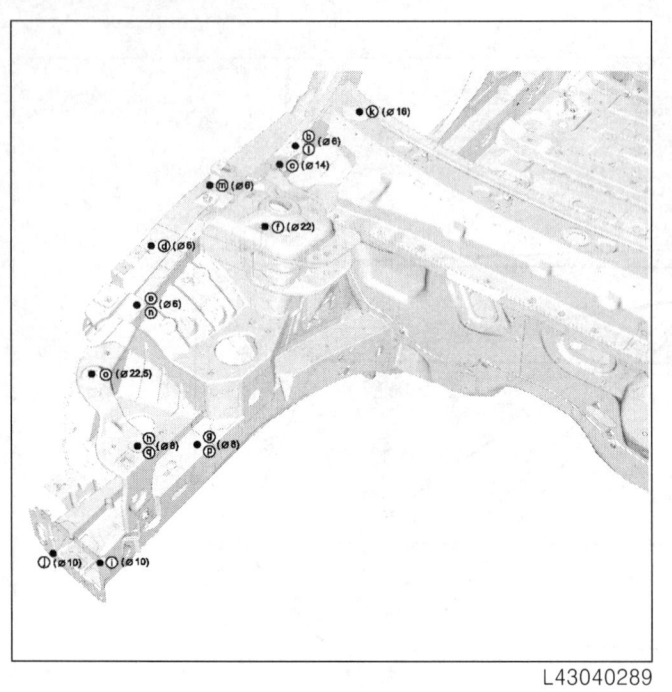
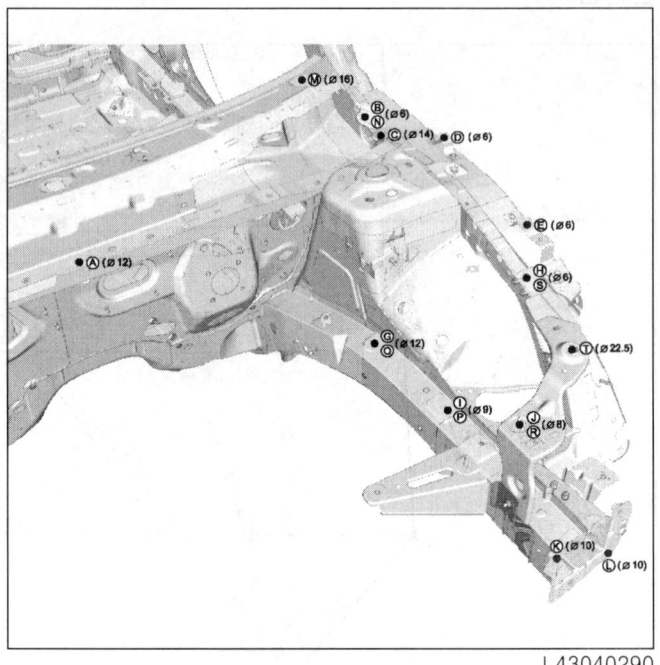

L43

윈드실드

L43040292

A

L43040375

B

L43040376

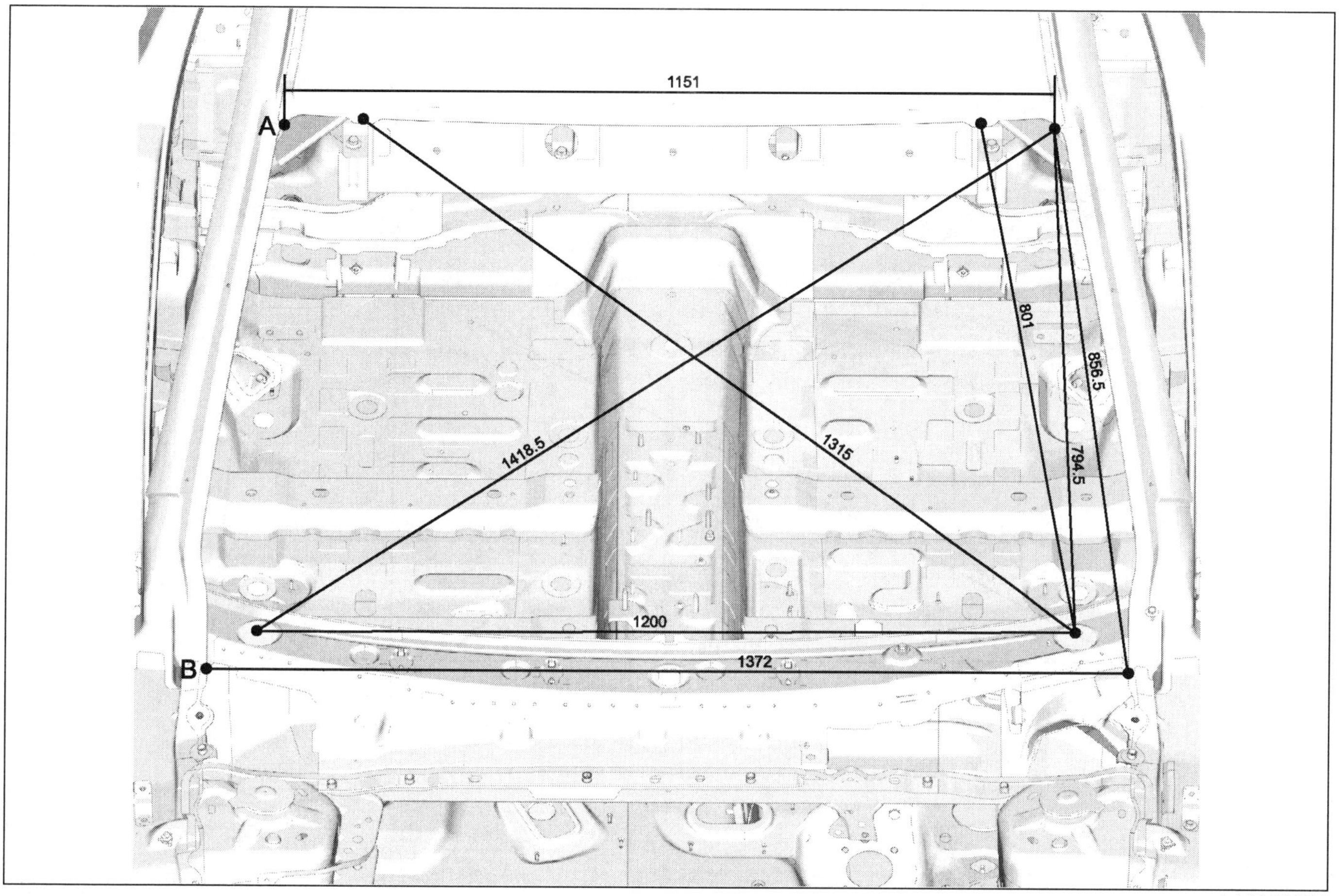

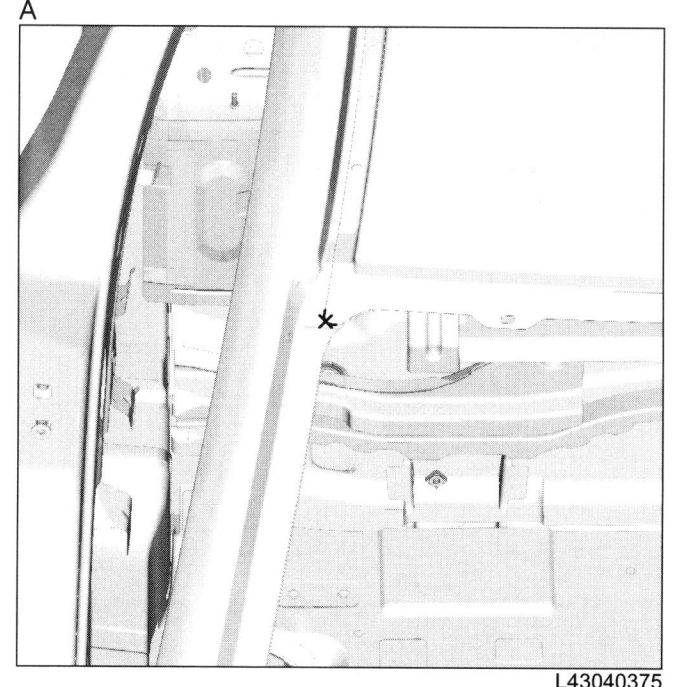

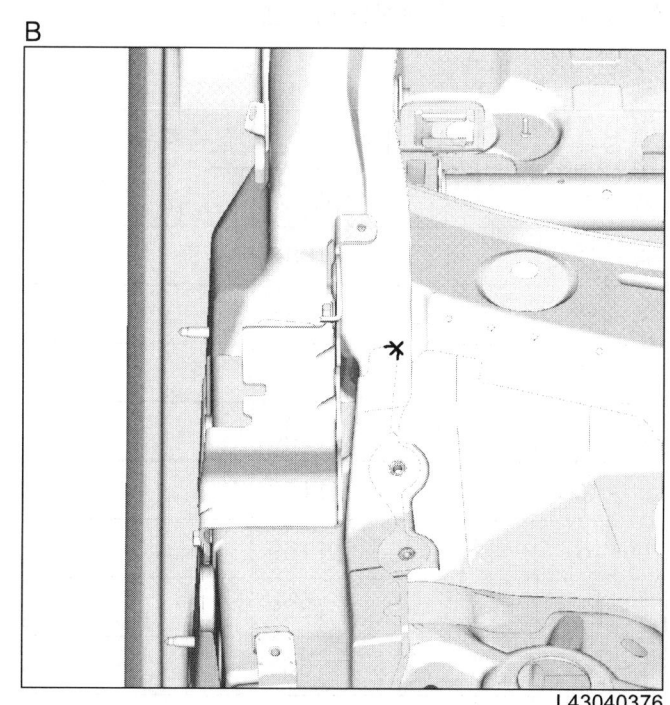

첨부판
바디 얼라이먼트 : 일반 설명

L43

리어 바디

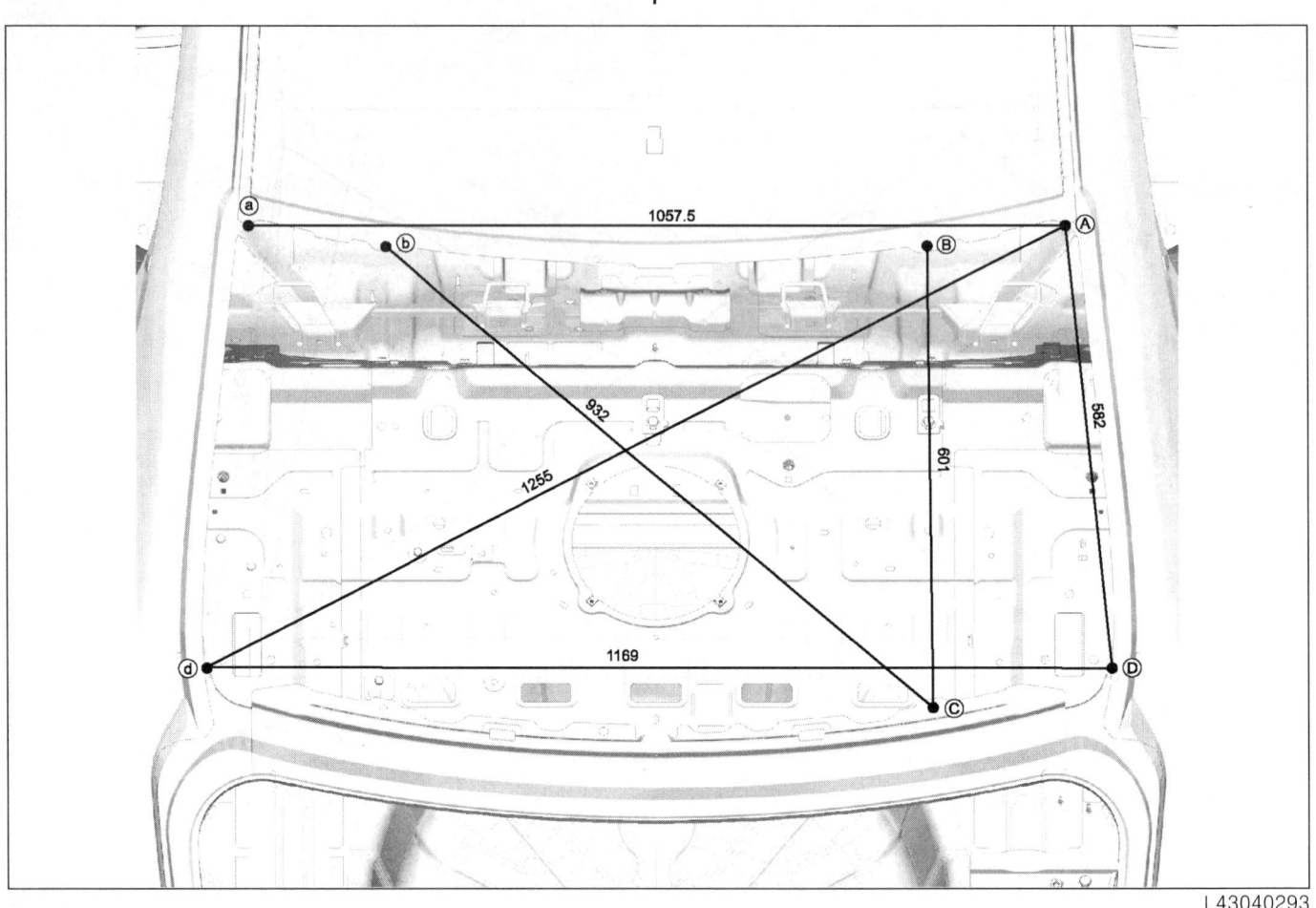

주 : (*) 마크는 좌우대칭을 나타냄.

* 기준치수 : mm

측정점	기준치수	실측치수
A ~ a	1057.5	
A ~ D	582	
A ~ d	1255	
B ~ C	601	
C ~ b	932	
c ~ C	1156	
D ~ d	1169	
I ~ i	1329	
I ~ K	667	
J ~ K	543	
E ~ e	526.5	

측정점	기준치수	실측치수
E ~ H	1048	
E ~ G	1218	
F ~ f	1177	

첨부판
바디 얼라이먼트 : 일반 설명

2

L43

I

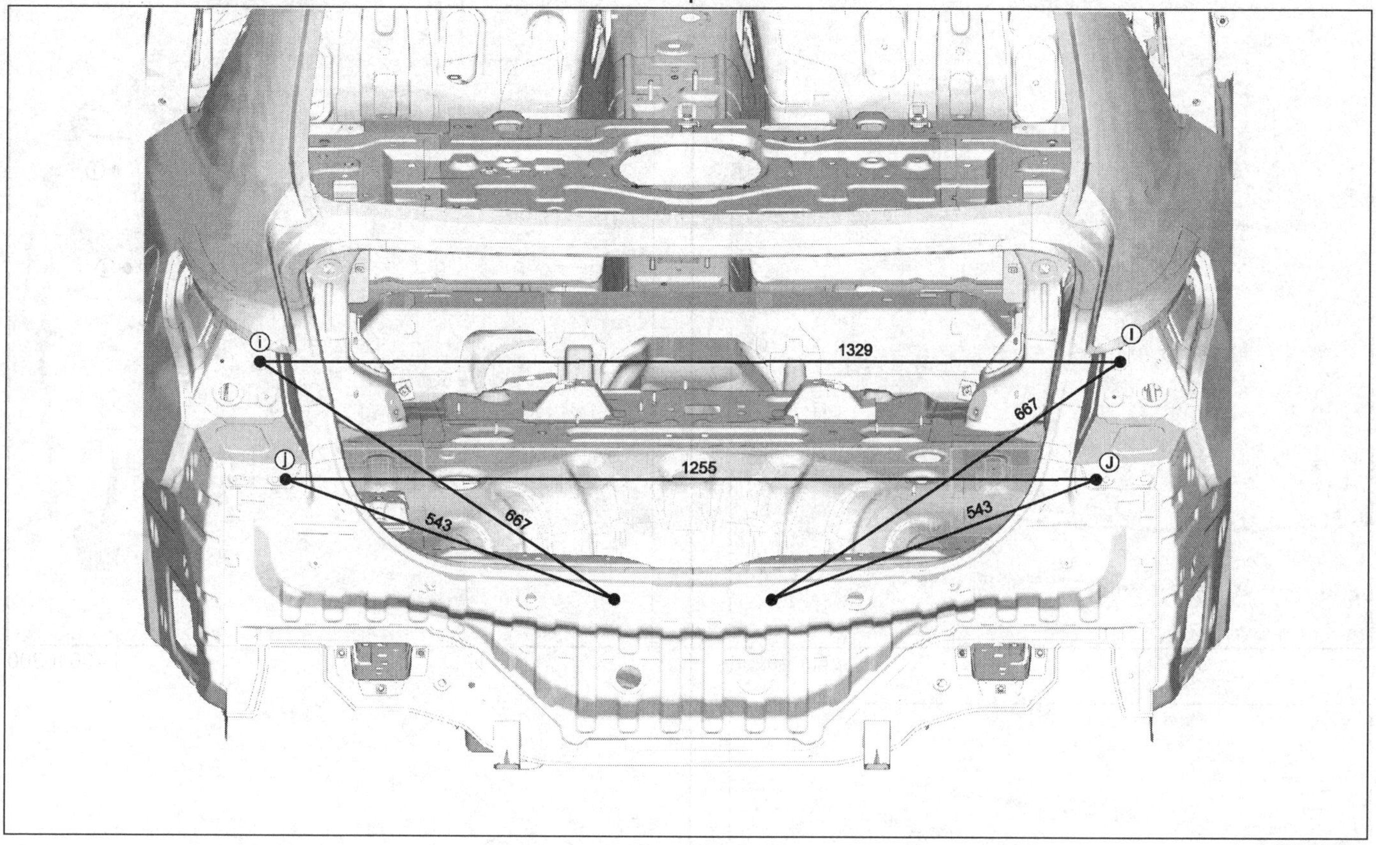

L43040294

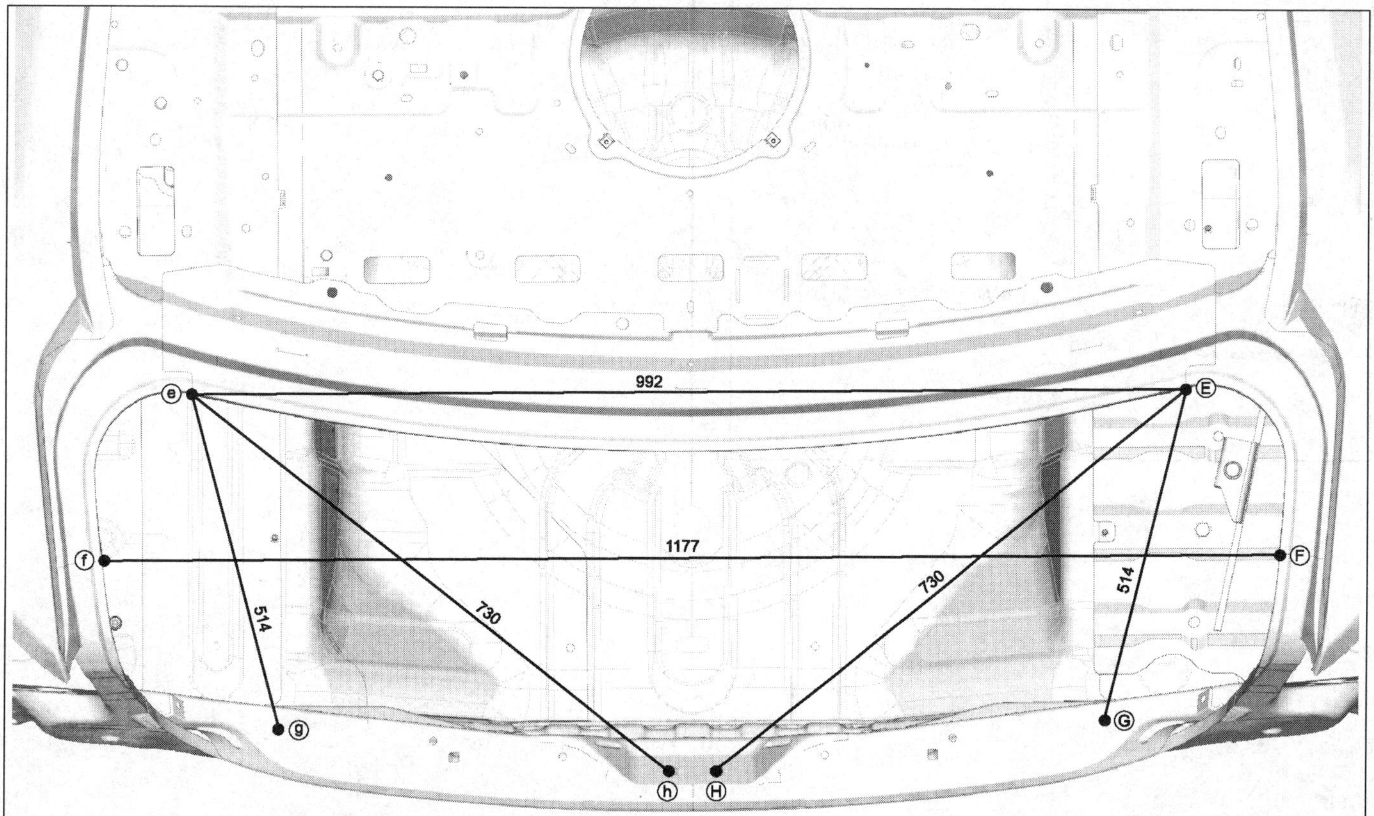

L43040295

2-5

첨부판
바디 얼라이먼트 : 일반 설명

L43

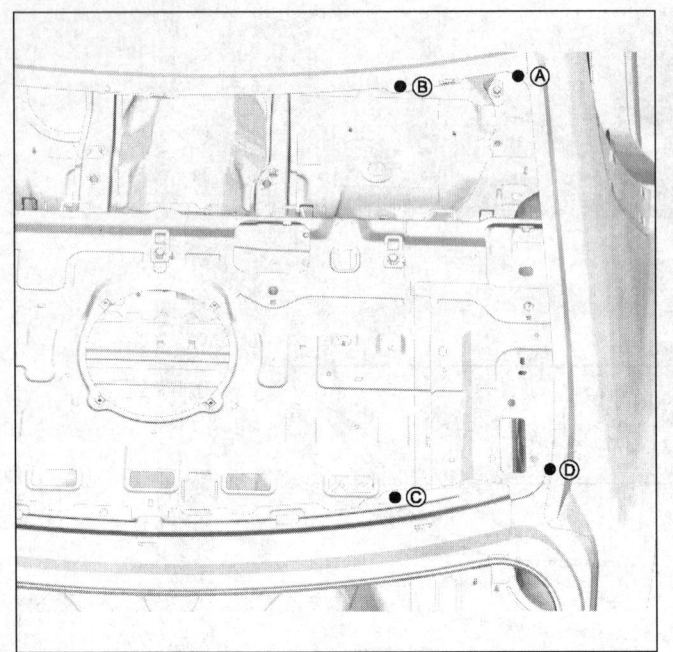
L43040298

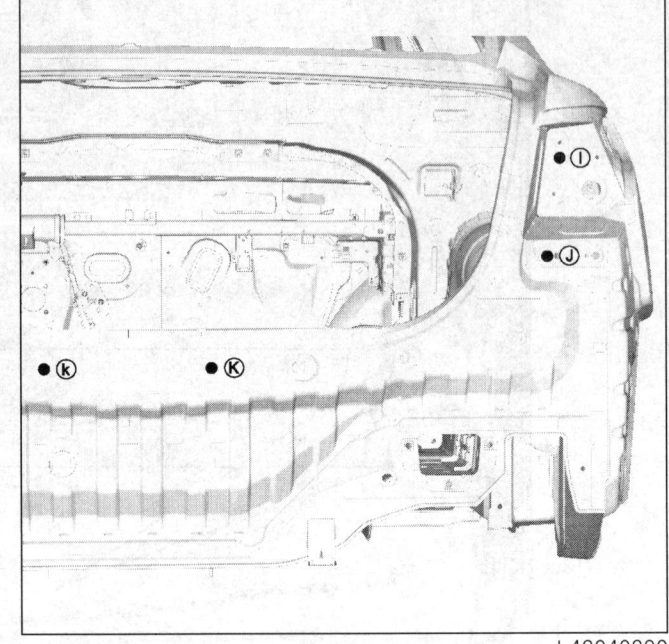
L43040300

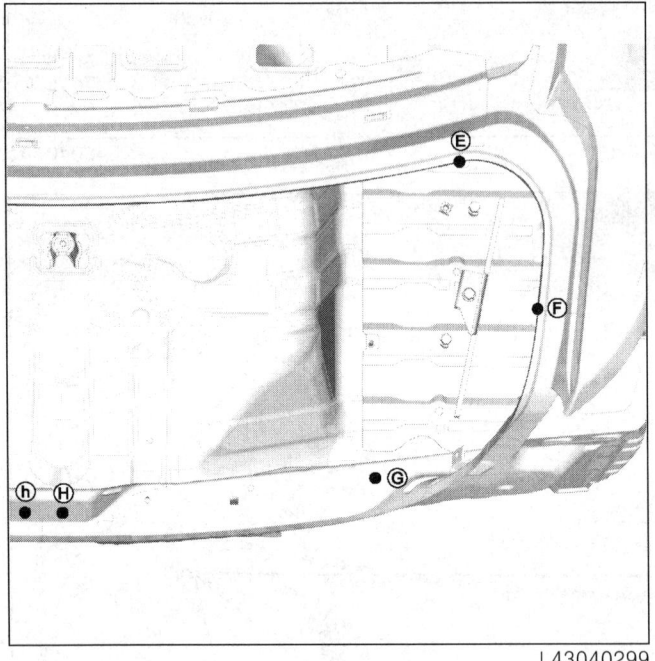
L43040299

첨부판
바디 얼라이먼트 : 일반 설명

L43

사이드 바디

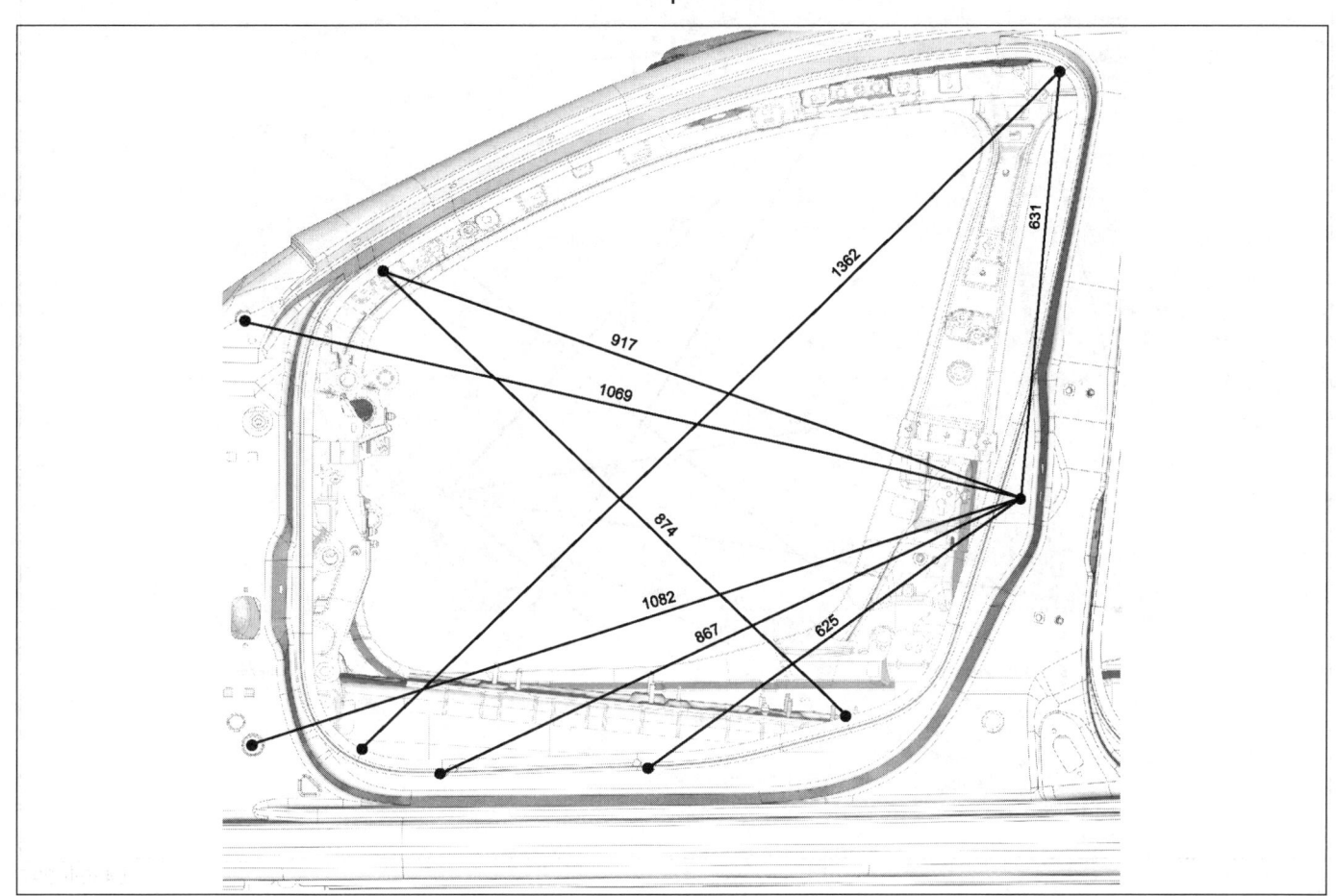

L43040296

첨부판
바디 얼라이먼트 : 일반 설명

L43

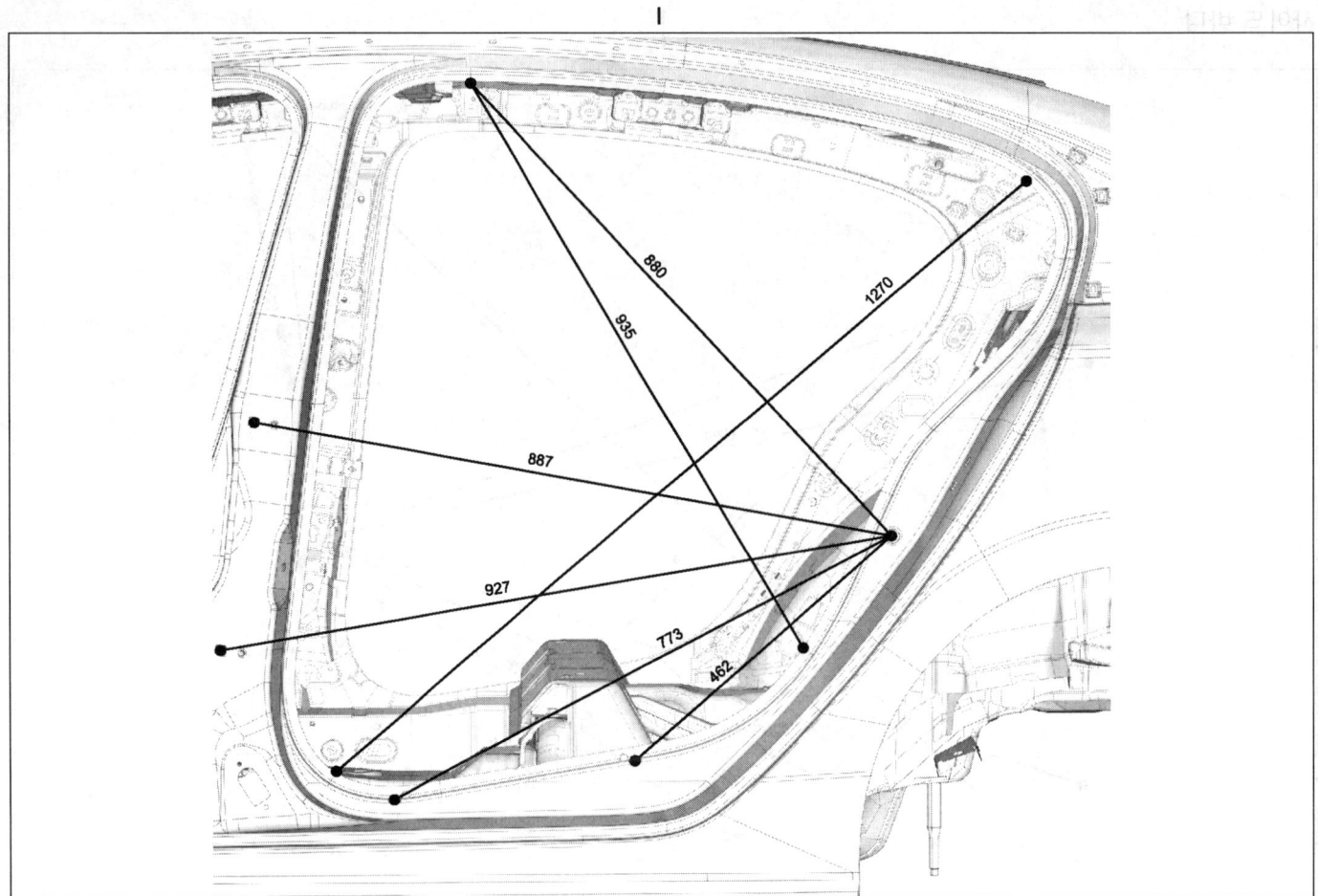

L43040297

첨부판
바디 얼라이먼트 : 일반 설명

L43

실내

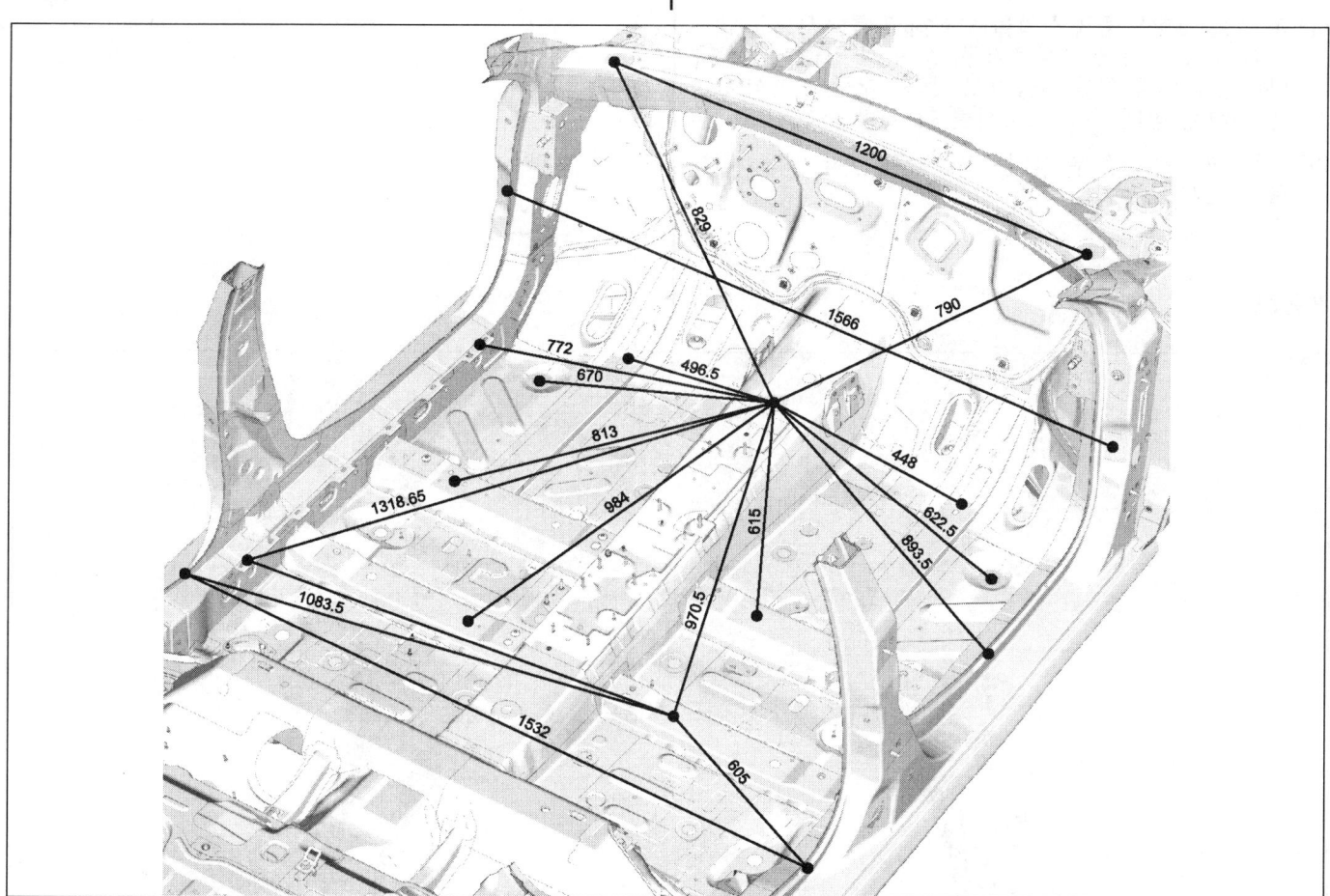

첨부판
차체 용접점 : 설명

L43

- 부품 교환 요령

(1) 본 항은 교환부품의 작업을 확실하고 효율적으로 진행할 수 있도록 부위별로 부품 장착 시 작업할 부위의 용접점의 위치를 설명하고 있다. 부품의 부착 표준 순서는 바디 수리 지침서를 참고 할 것.

(2) 패널 교환시 용접부위에는 부식방지 전착 프라이머를 반드시 도포한다.

프론트

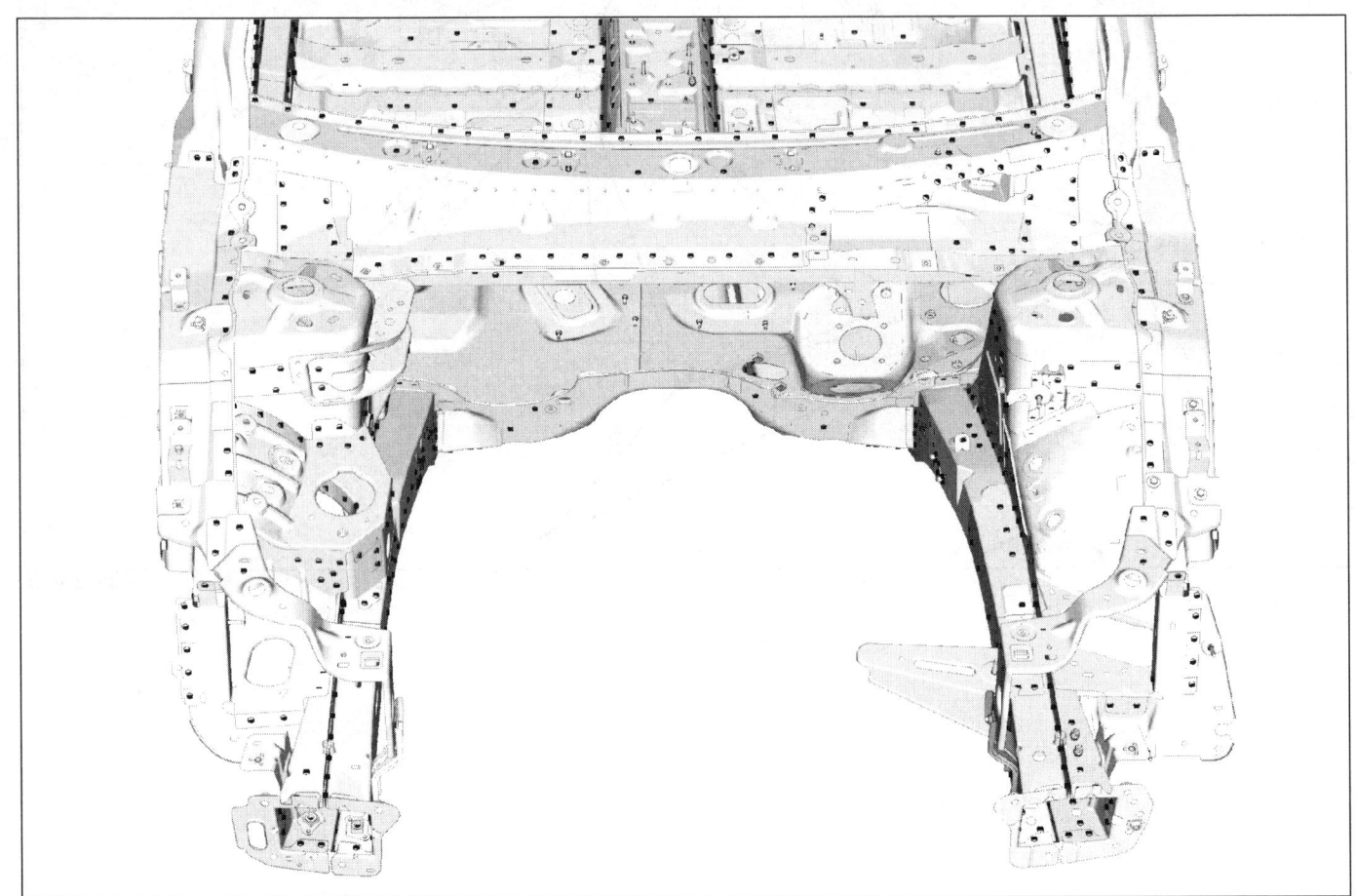

L38040302

첨부판
차체 용접점 : 설명

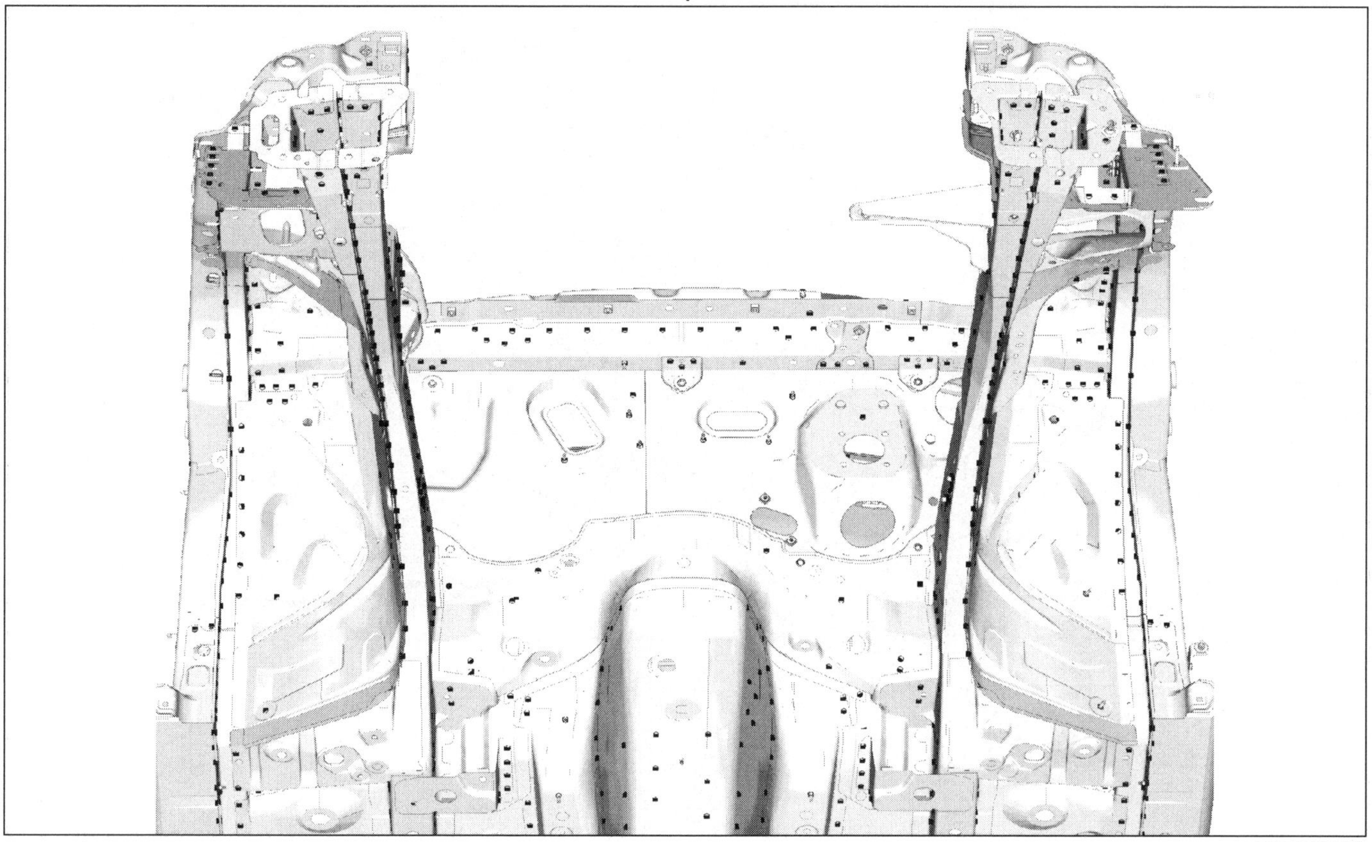

L43

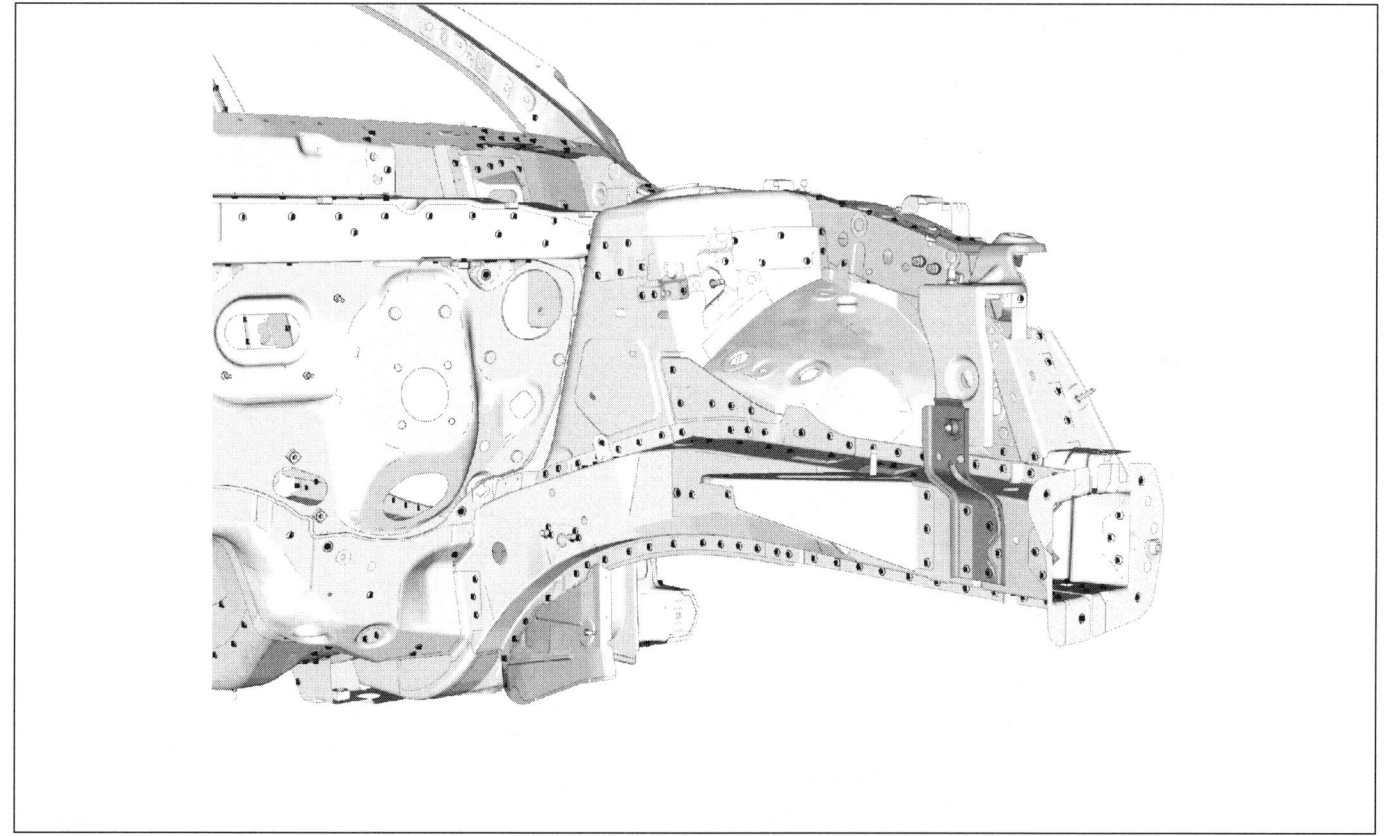

첨부판
차체 용접점 : 설명

L43

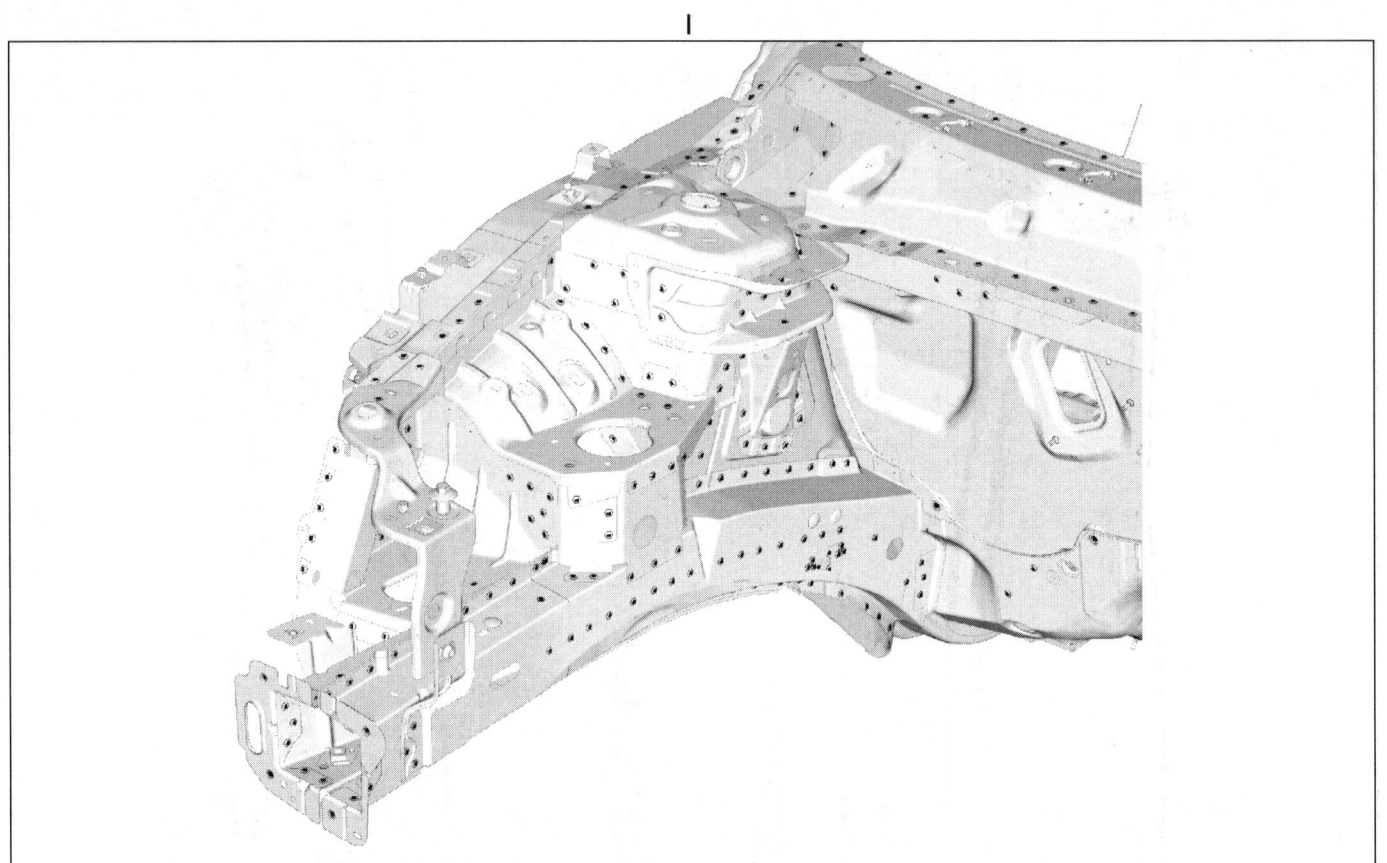

L38040305

첨부판
차체 용접점 : 설명

3

L43

대시 컴플리트

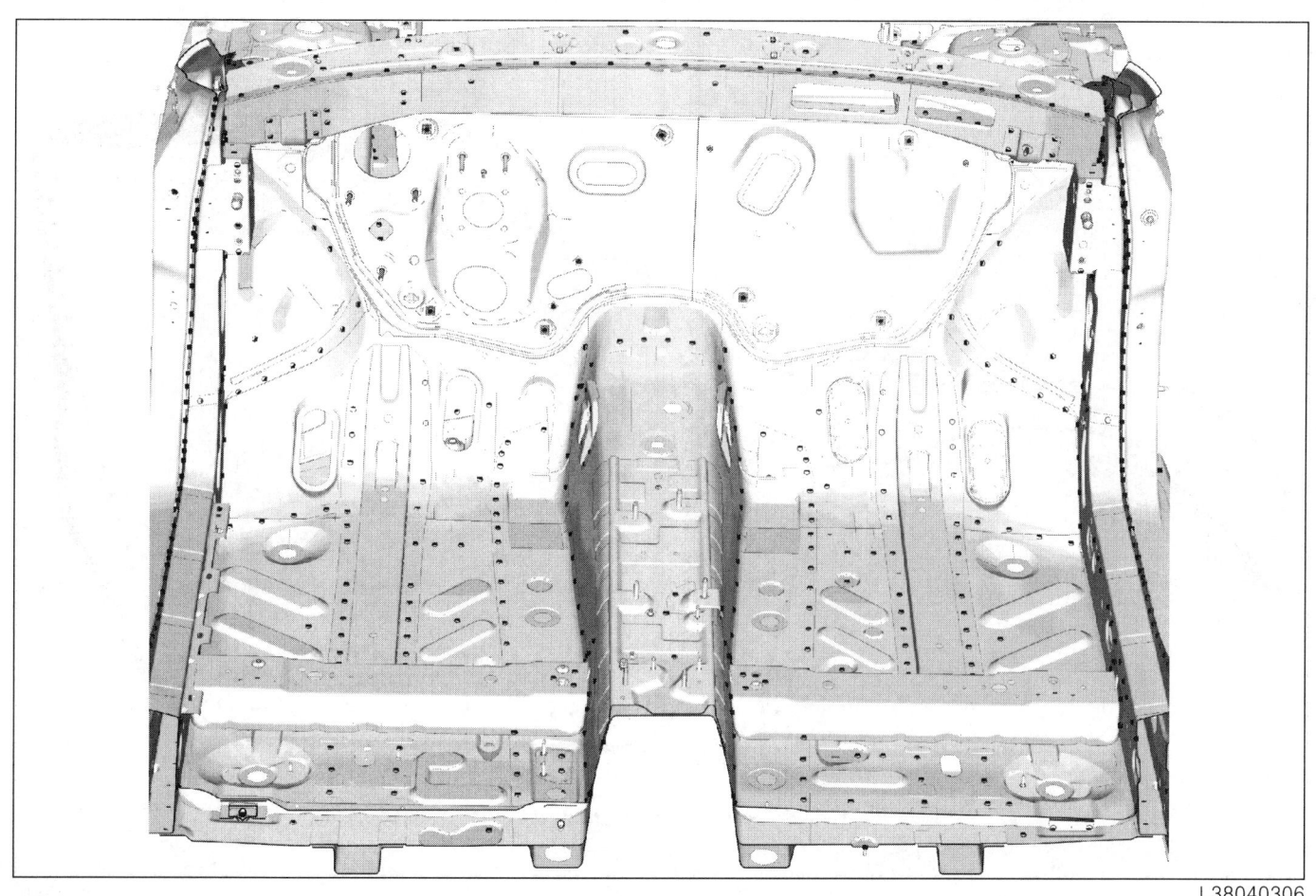

L38040306

첨부판
차체 용접점 : 설명

L43

사이드 바디

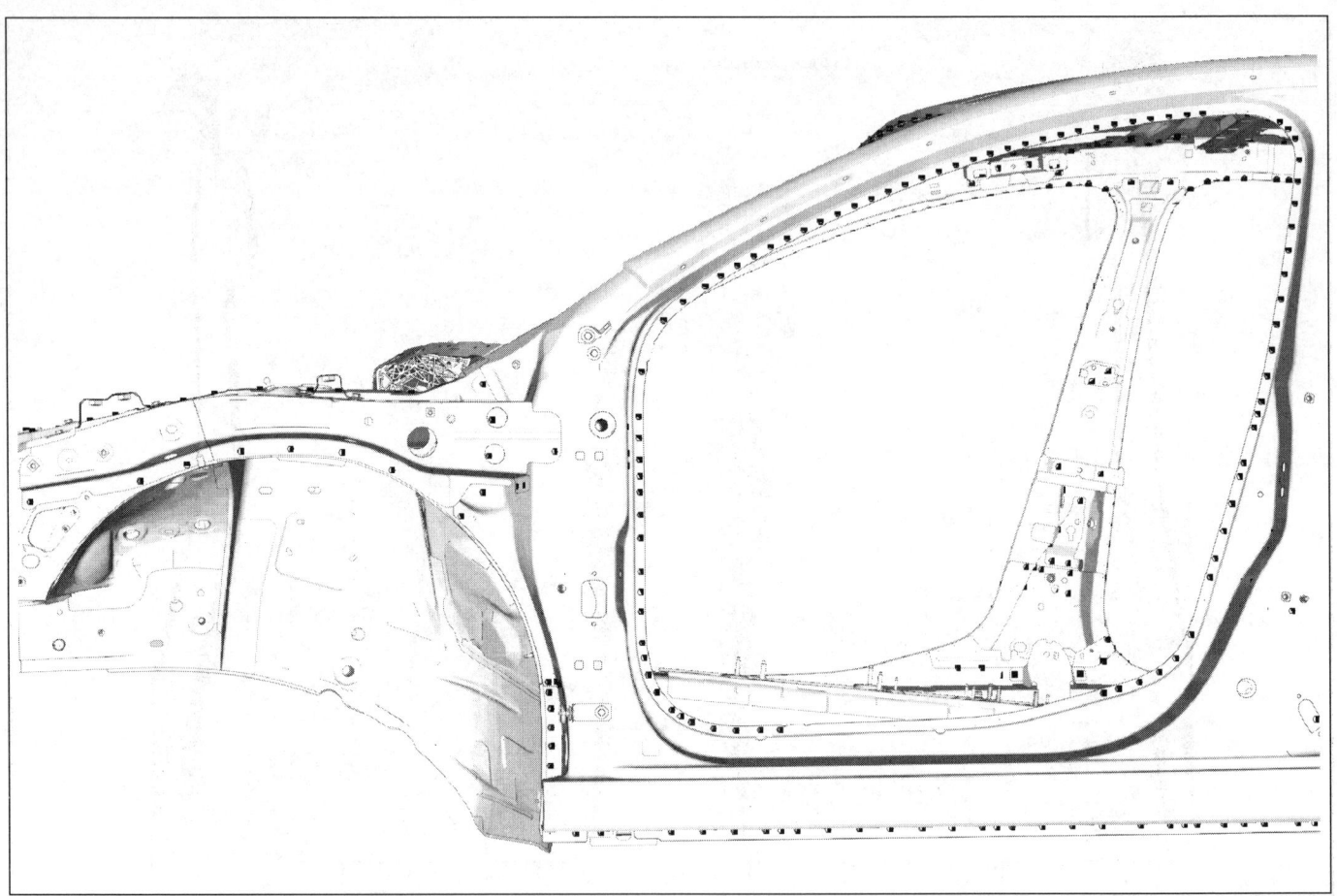

첨부판
차체 용접점 : 설명

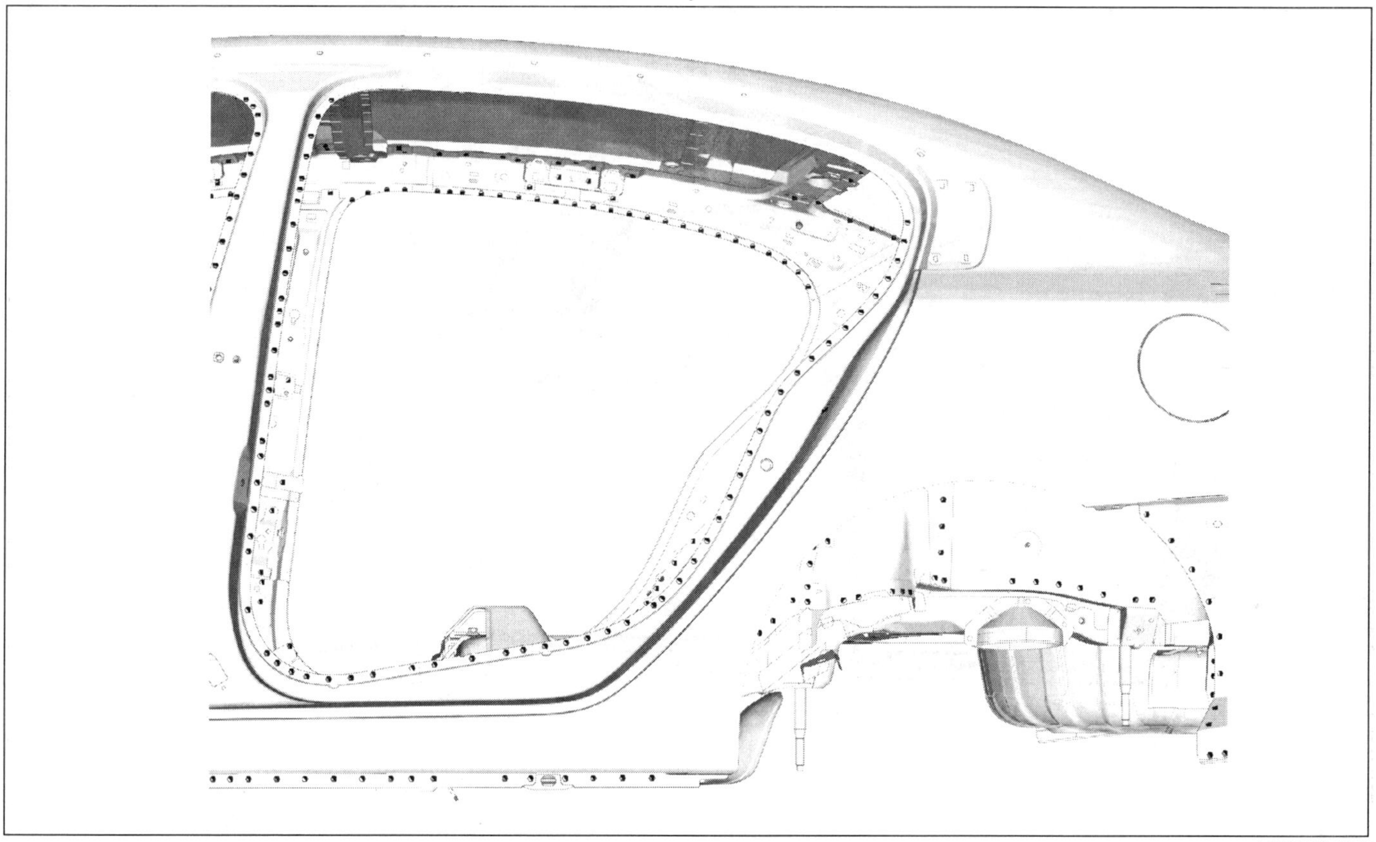

3

L43

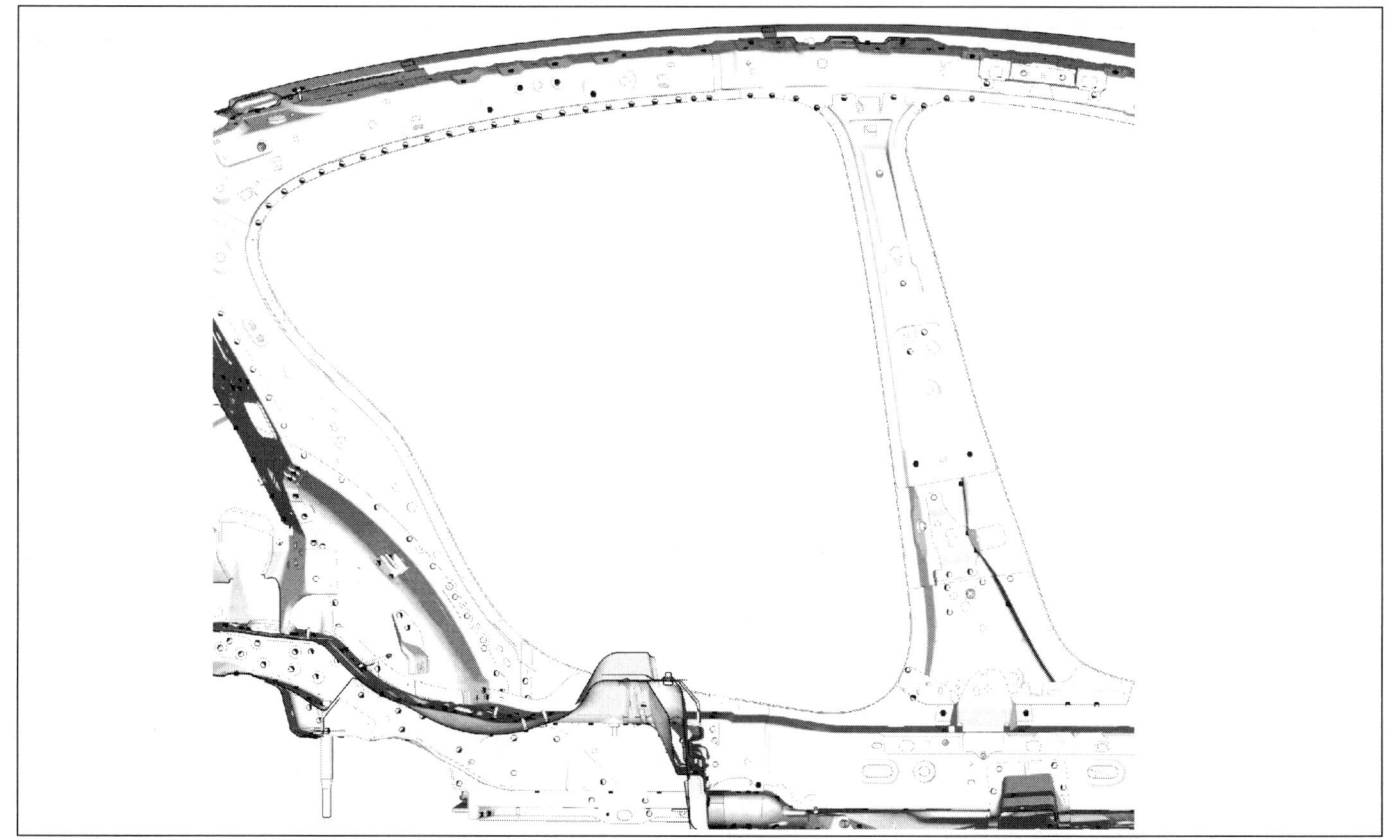

3-6

첨부판
차체 용접점 : 설명

L43

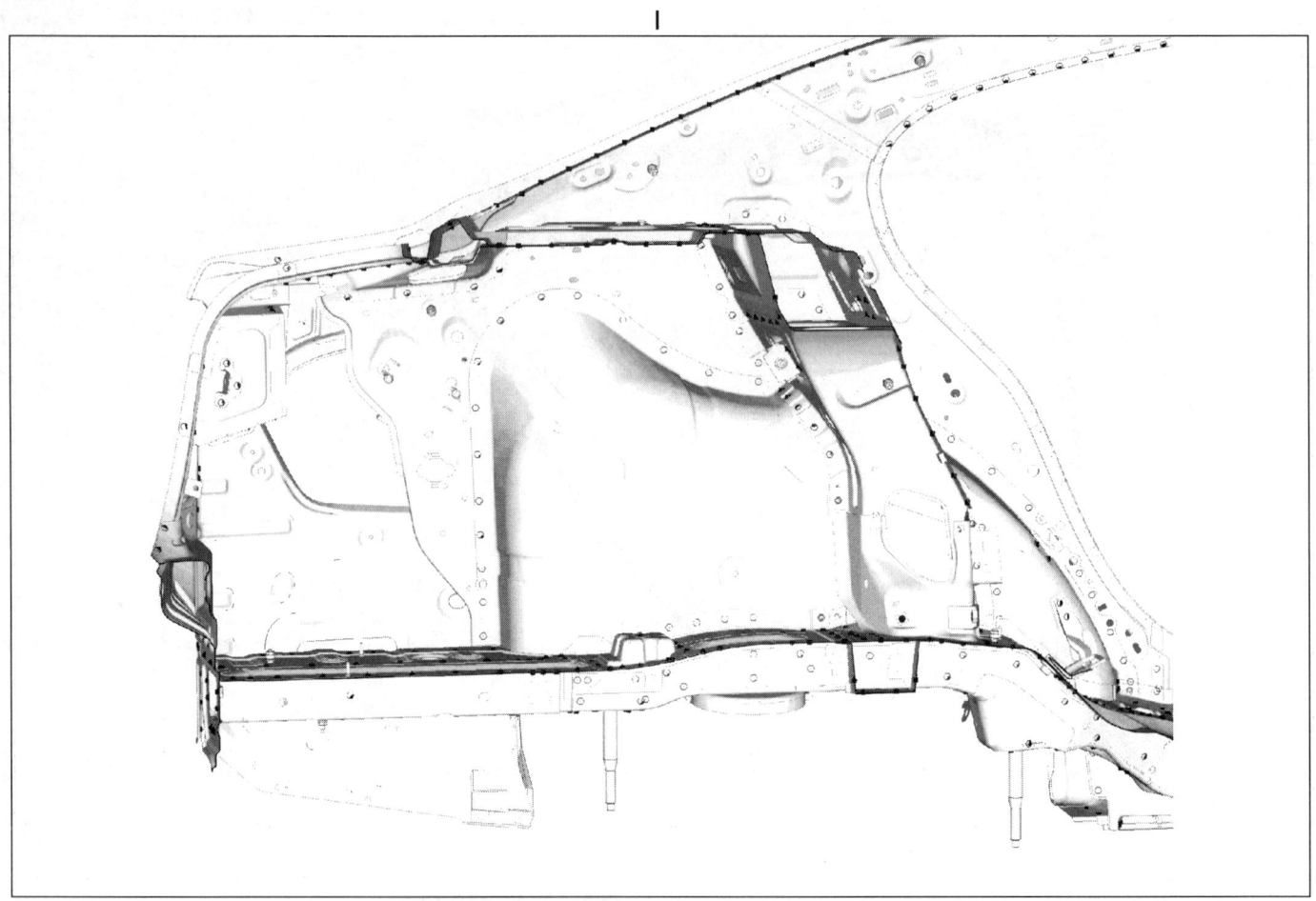

첨부판
차체 용접점 : 설명

L43

리어

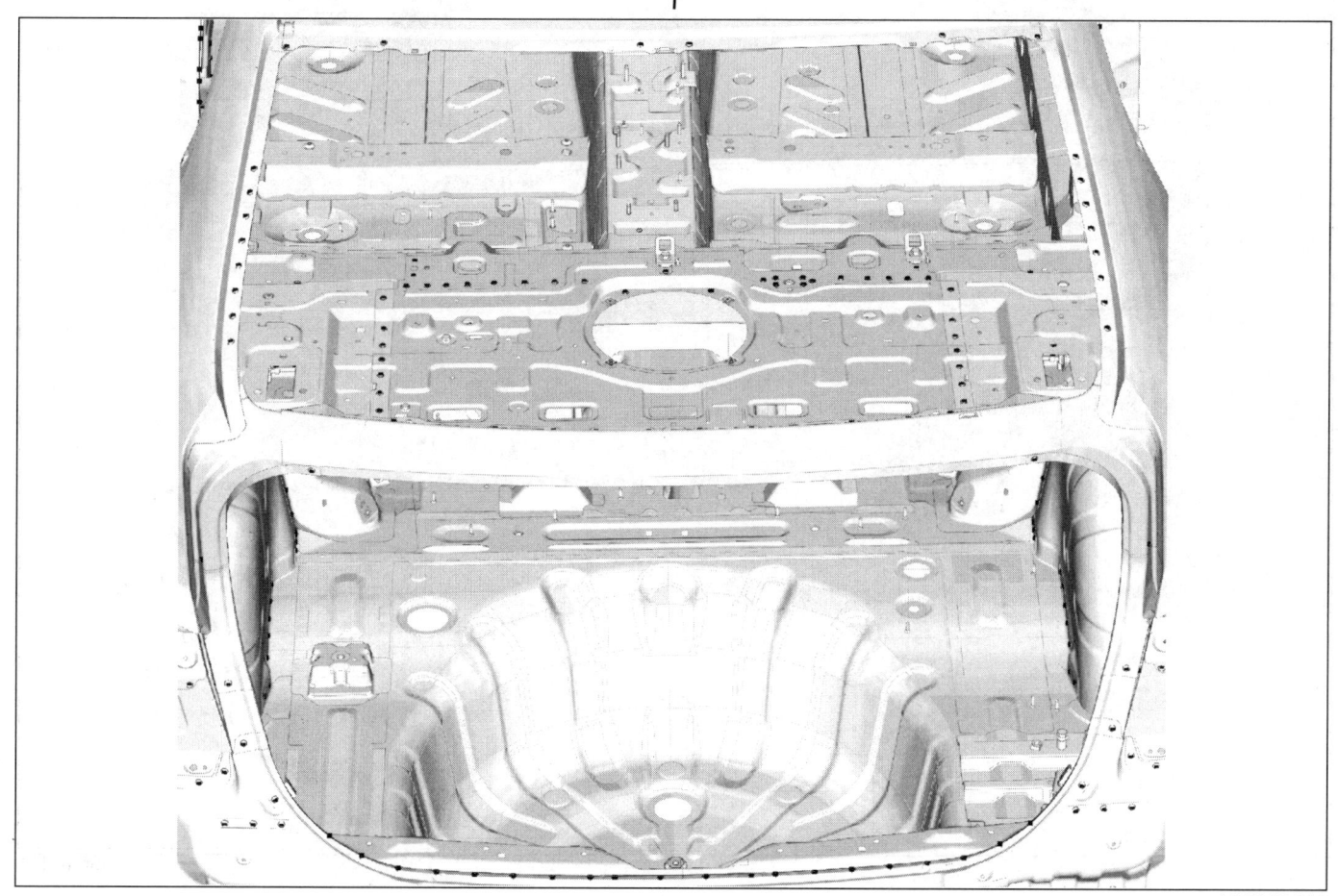

L38040310

첨부판
차체 용접점 : 설명

L43

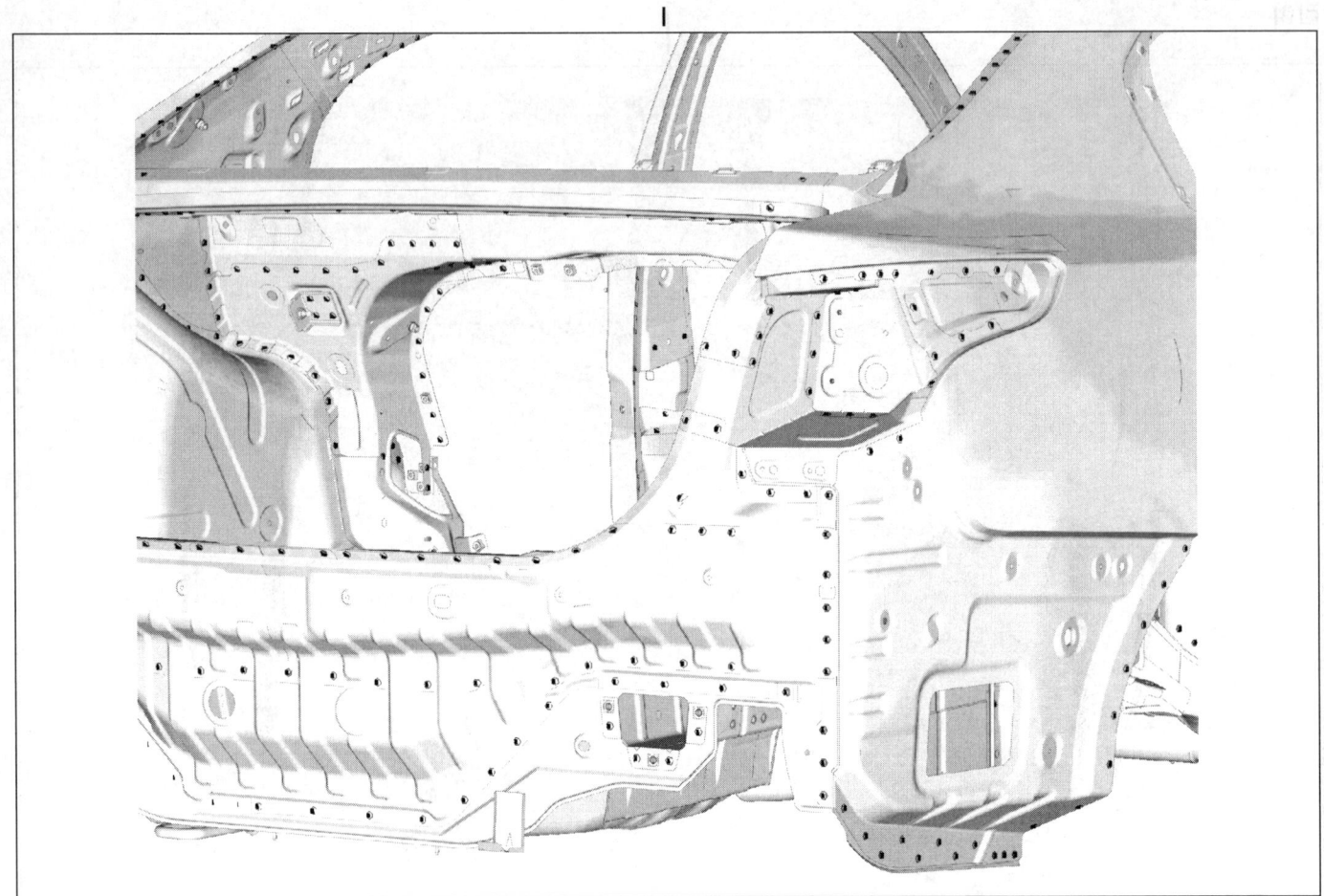

첨부판
차체 용접점 : 설명

L43

플로어

(실내)

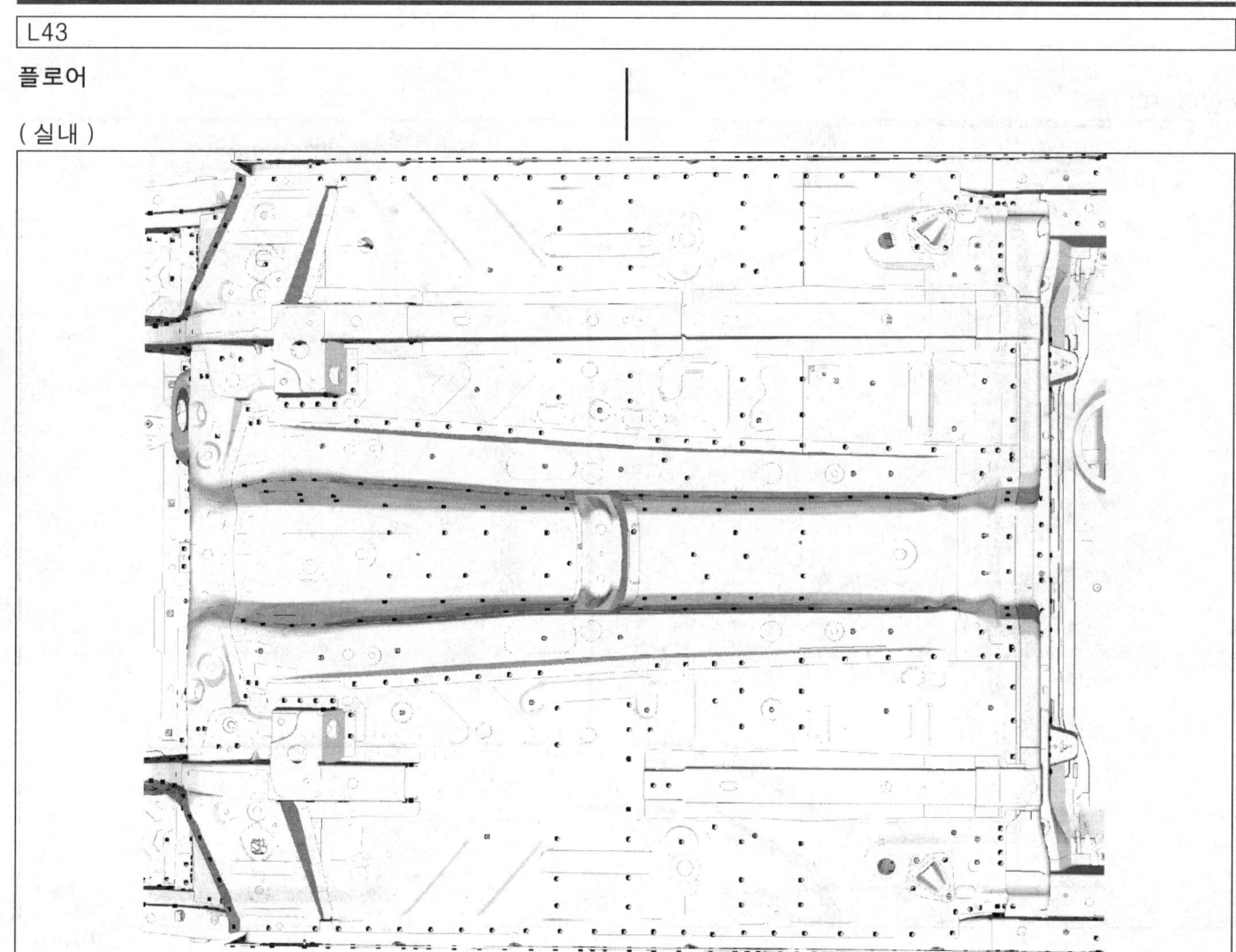

L38040314

첨부판
차체 용접점 : 설명

L43

(언더바디)

첨부판
차체 용접점 : 설명

L43

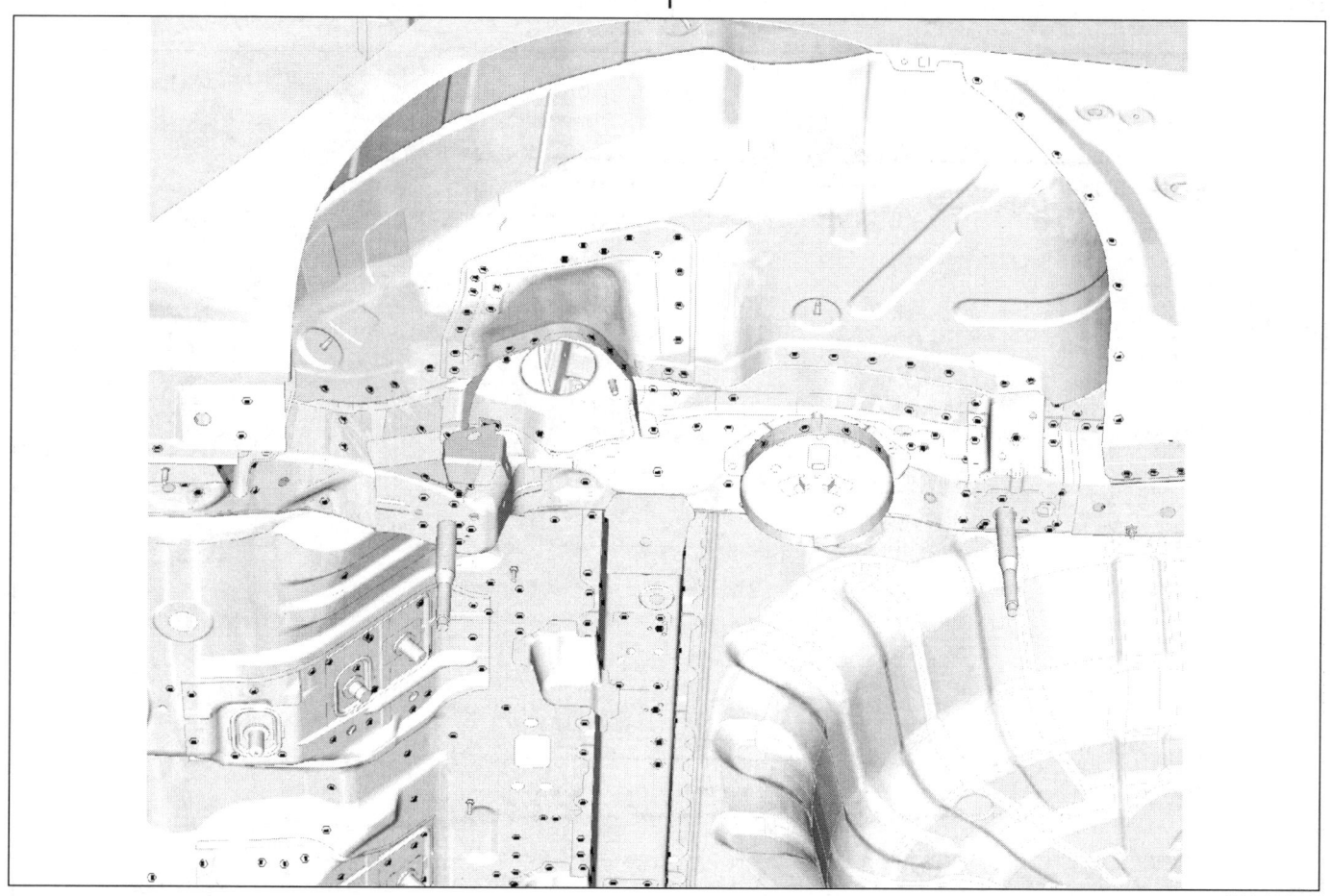

첨부판
차체 용접점 : 설명

3

L43

루프

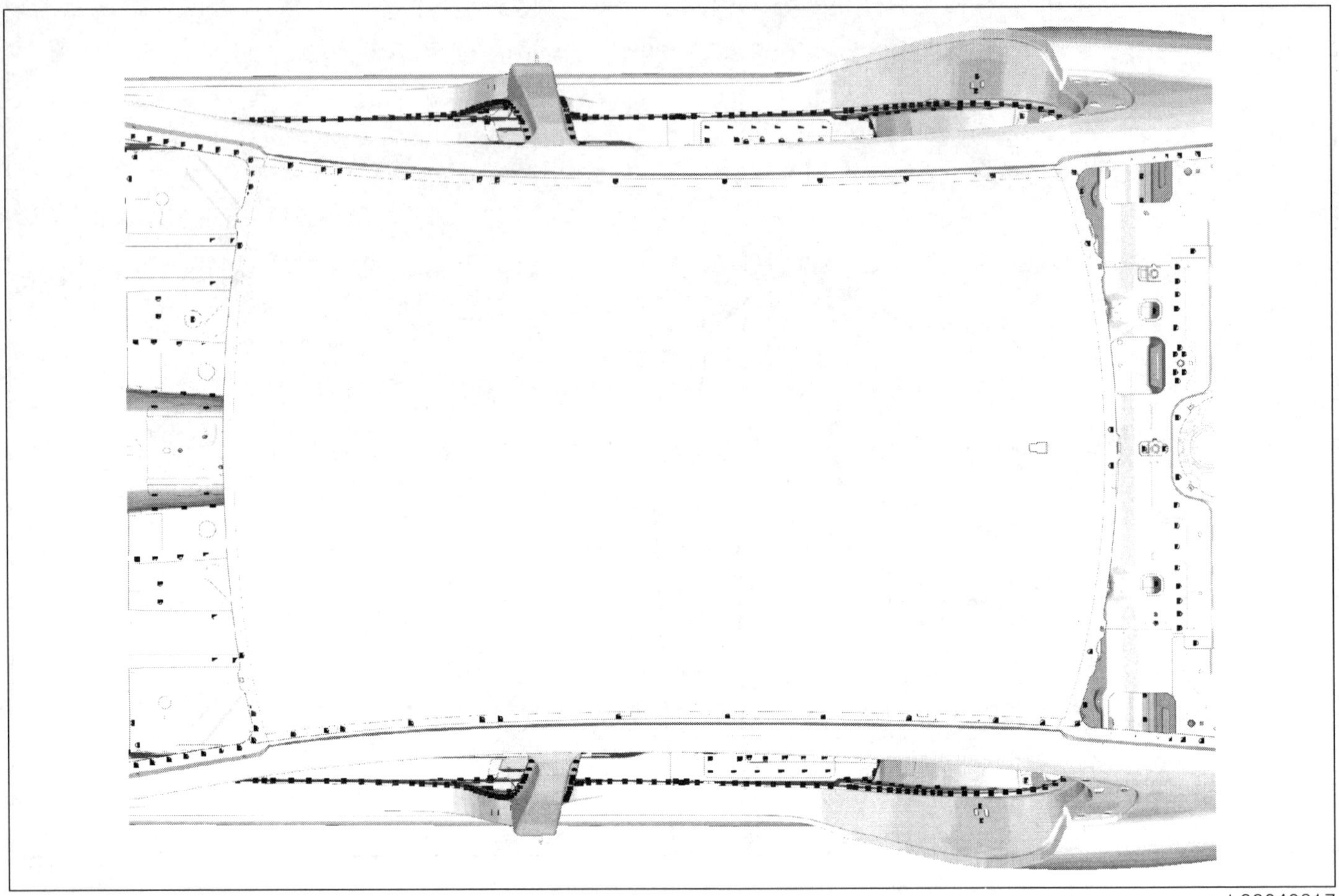

L38040317

MIG Welding 용접점

반대편과 대칭임.

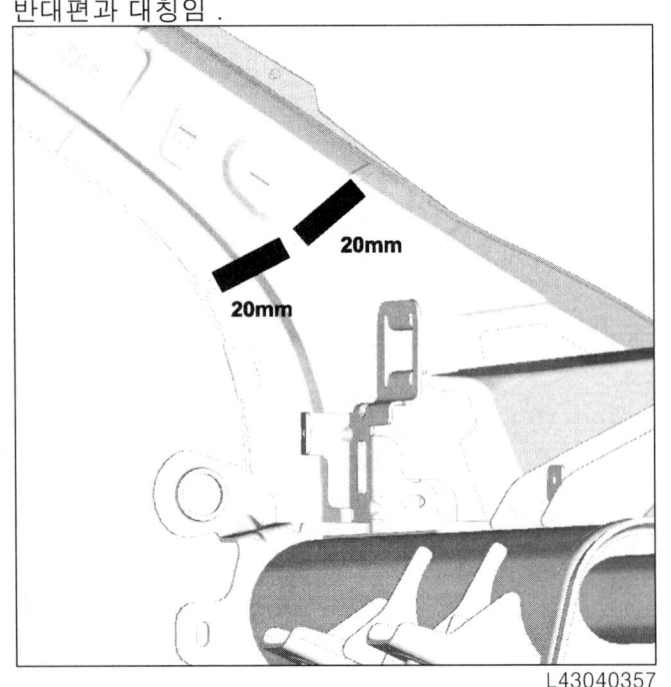

L43040357

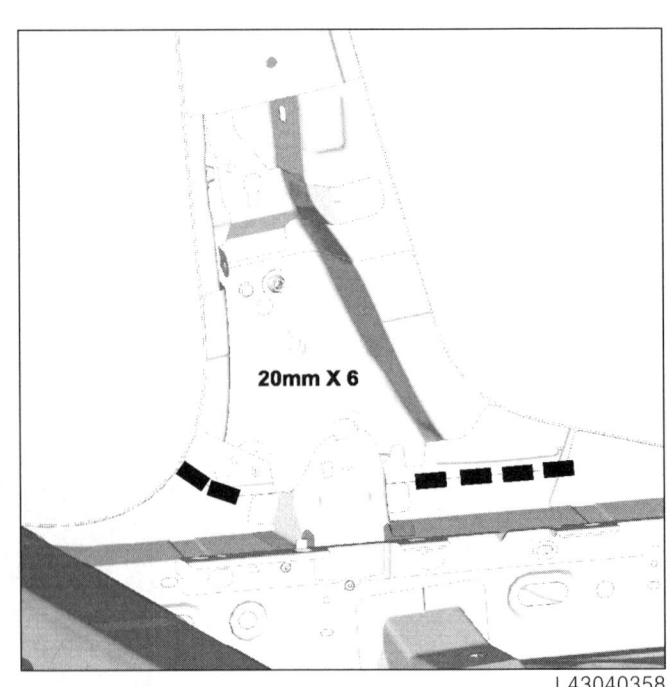

L43040358

3-13

첨부판
차체 용접점 : 설명

L43

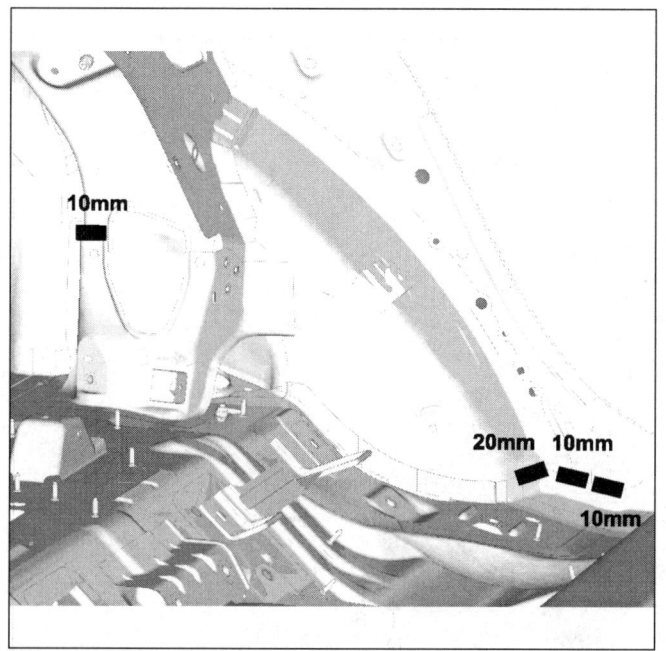

L43040359

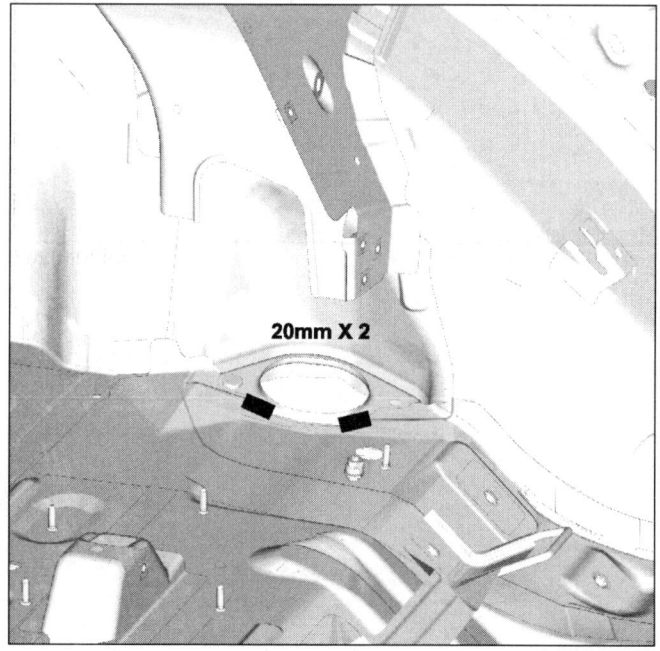

L43040360

첨부판
바디 실링 : 설명

L43

- 바디 실링

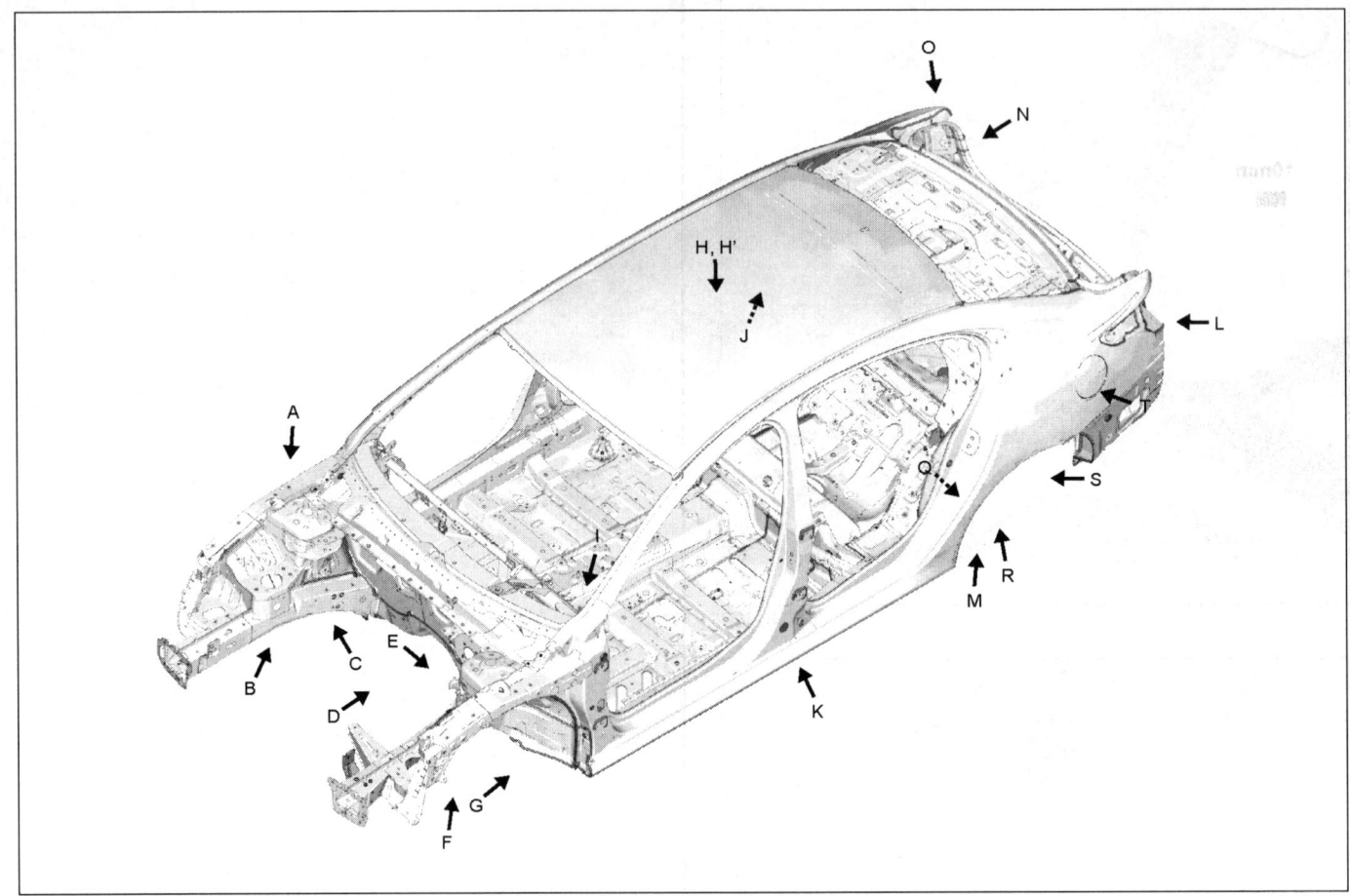

L43040267

- 바디 실링의 목적

1) 부식 방지

2) 외부의 소음 감소

3) 수분의 실내 침투 방지 및 수분에 의한 부식 방지

위의 목적을 위하여 판금 작업 후 반드시 해당부위엔 실링 작업을 실시한다.

작업 시 패널 사이의 갭은 확실히 메우도록 한다.

첨부판
바디 실링 : 설명

L43

――― 표시는 실링 도포부위를 나타낸다.

A 부분

B 부분

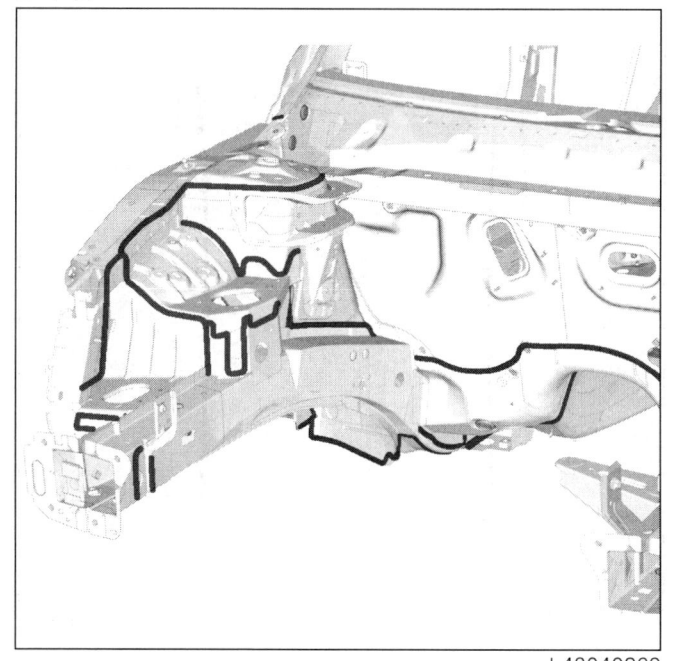

C 부분

D 부분

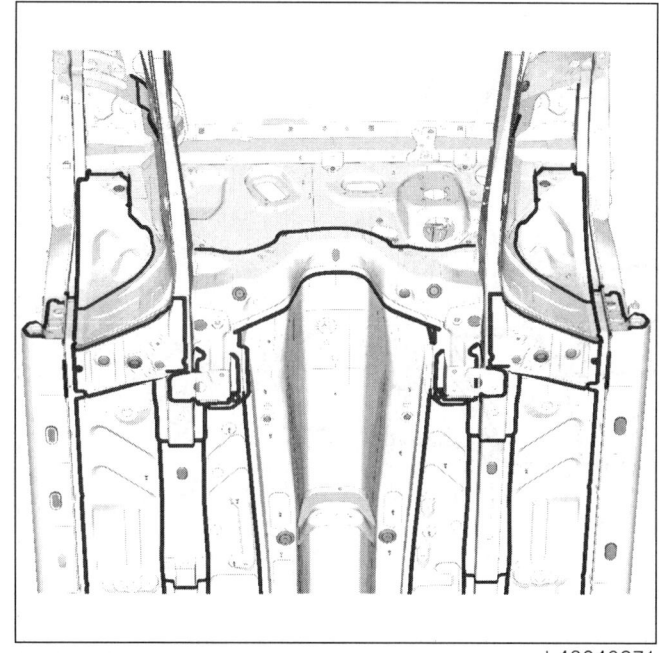

첨부판
바디 실링 : 설명

L43

E 부분

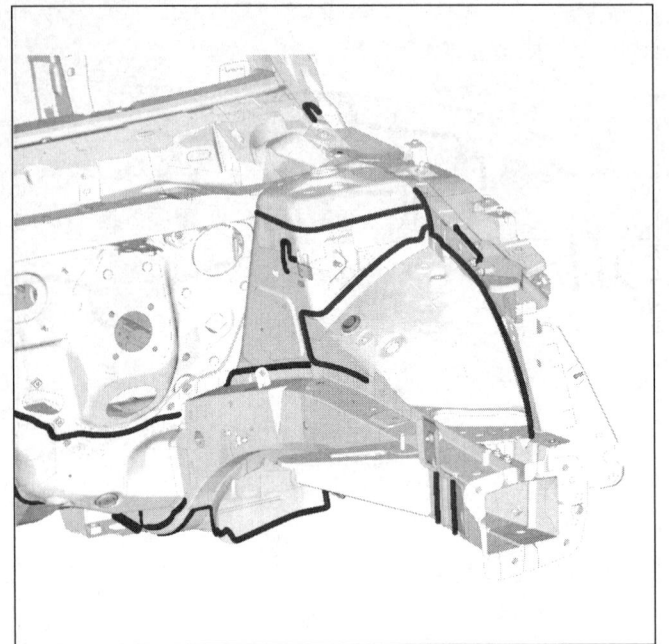

L43040272

F 부분

L43040273

G 부분

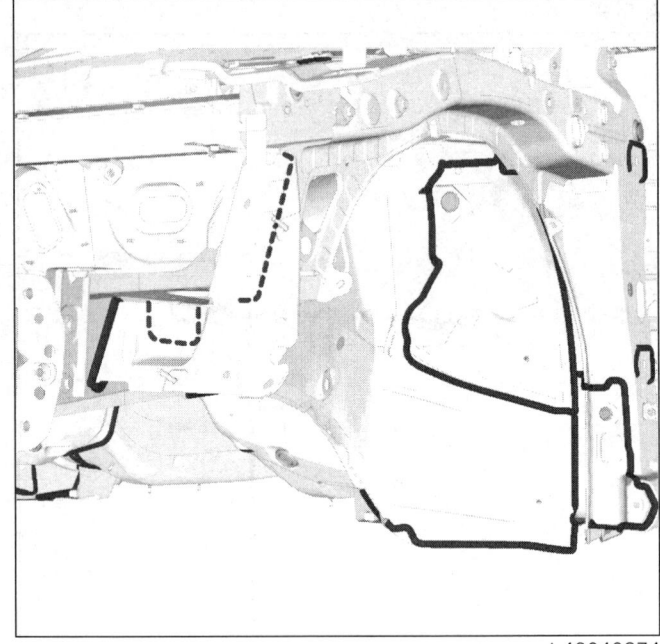

L43040274

H 부분 (일반 루프)

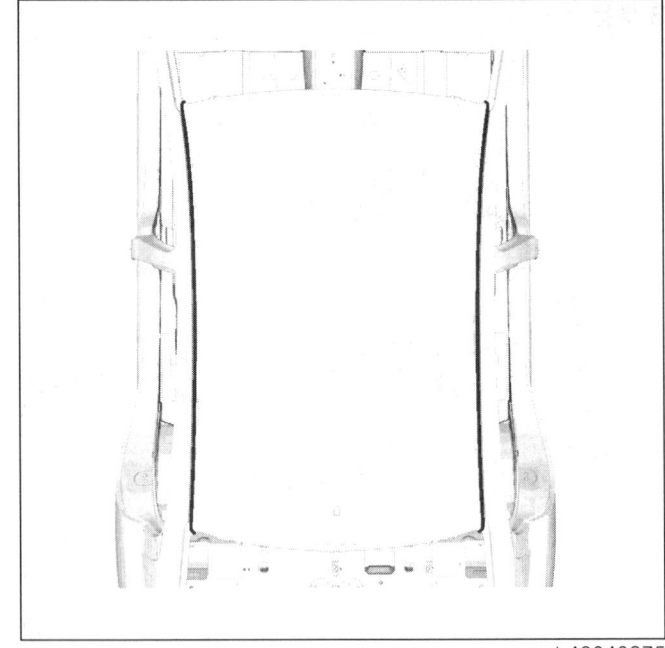

L43040275

첨부판
바디 실링 : 설명

L43

H' 부분 (파노라마 선루프)

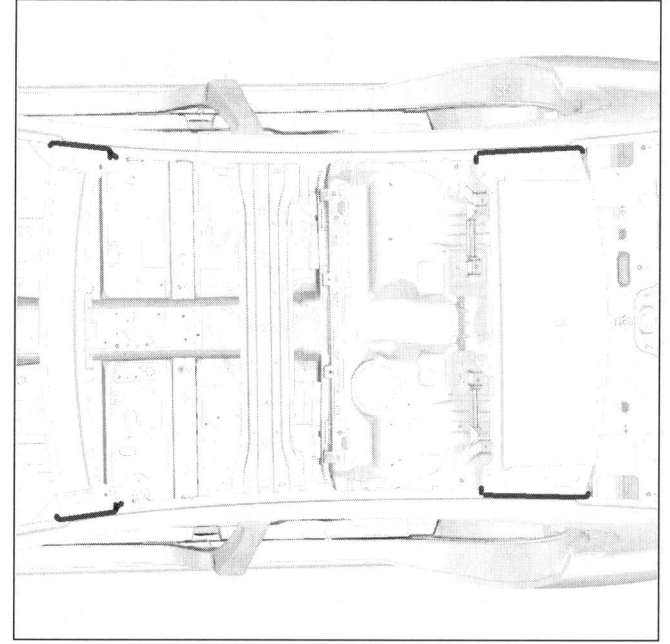

L43040377

J 부분

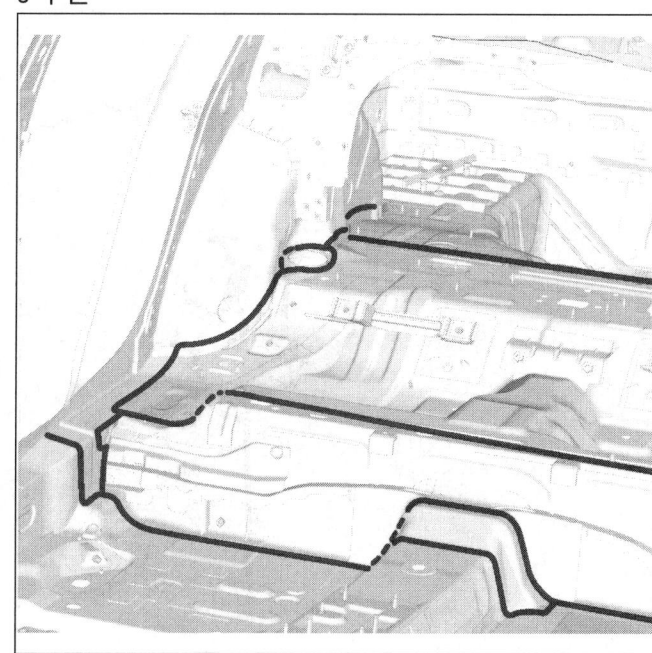

L43040379

I 부분

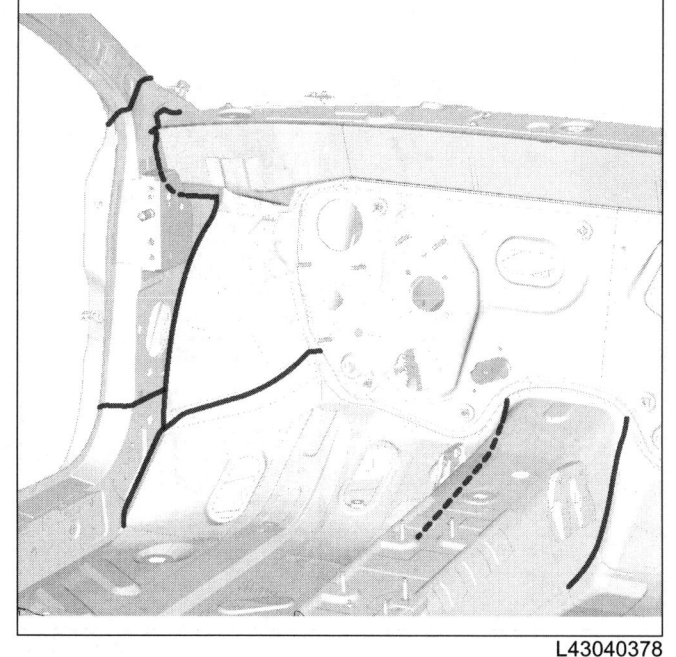

L43040378

K 부분

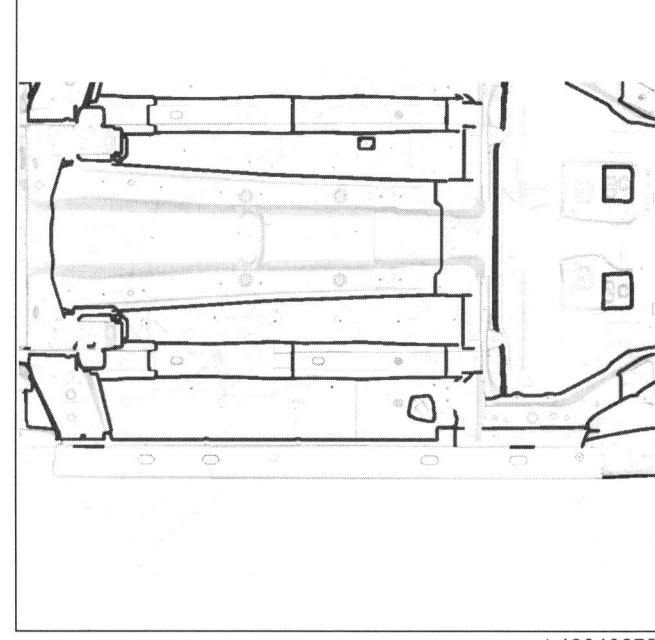

L43040278

첨부판
바디 실링 : 설명

L43

L 부분

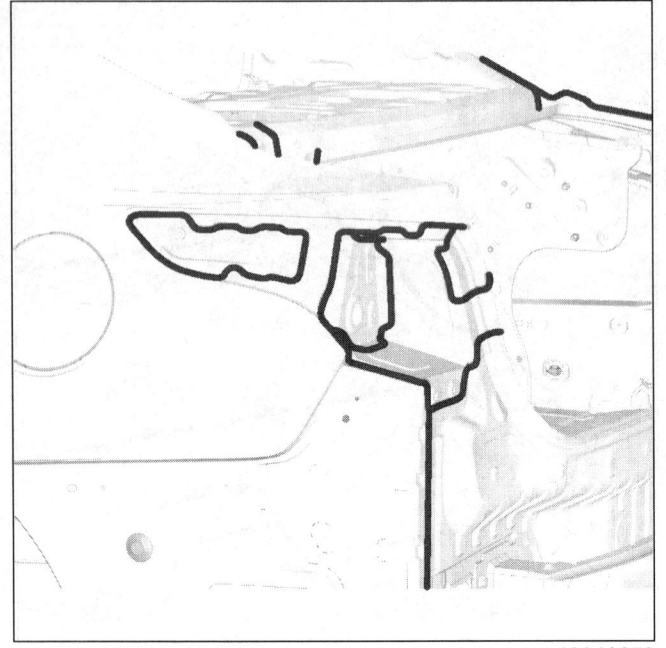
L43040279

N 부분

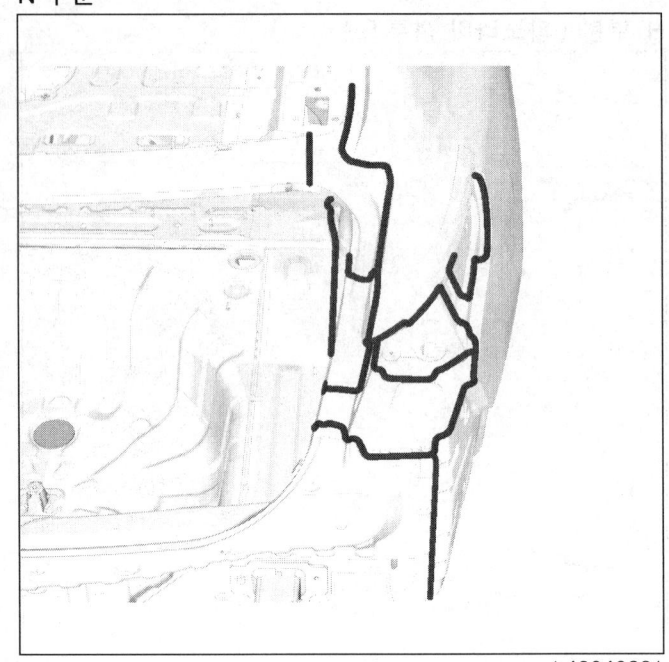
L43040281

M 부분

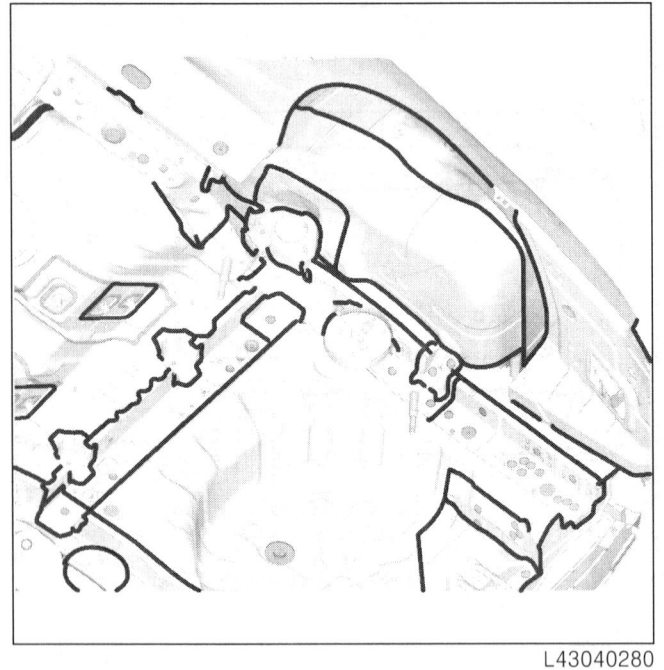
L43040280

O 부분

L43040282

첨부판
바디 실링 : 설명

L43

P 부분

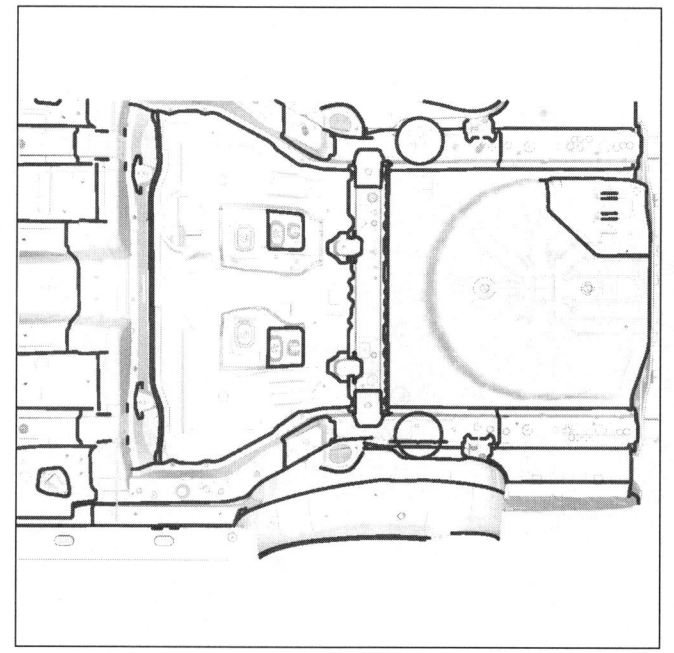

L43040283

R 부분

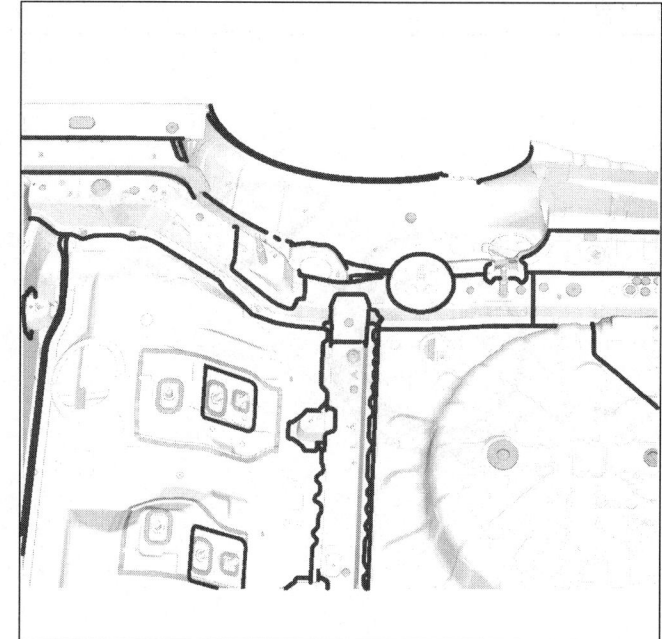

L43040285

Q 부분

L43040284

S 부분

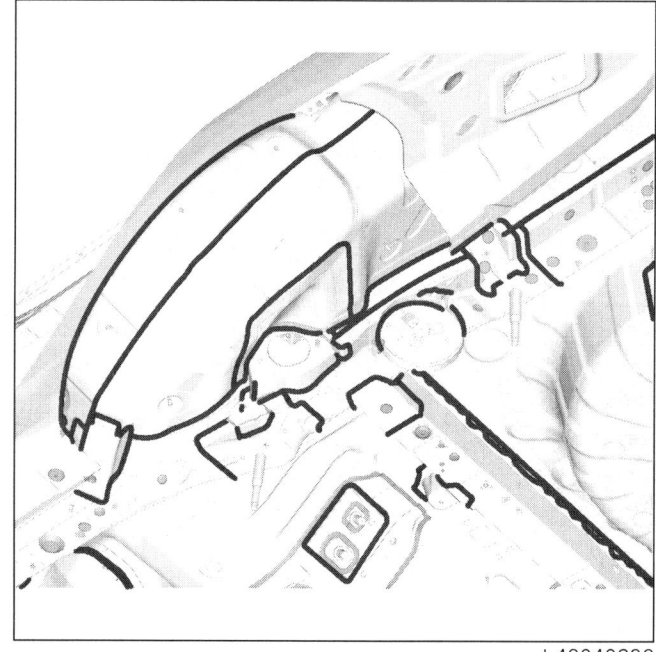

L43040286

첨부판
바디 실링 : 설명

L43

T 부분

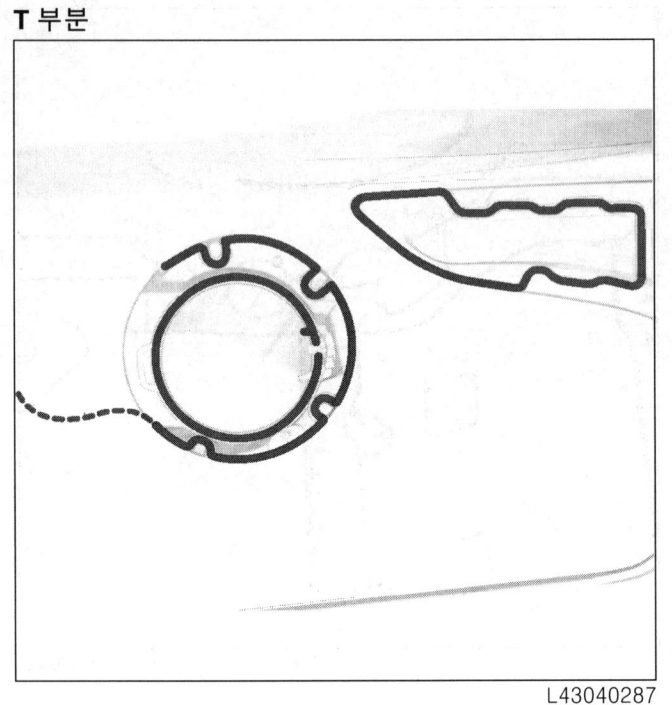

L43040287

첨부판
언더 바디 코팅 : 설명

L43

- 바디 언더 코팅

프론트 플로어

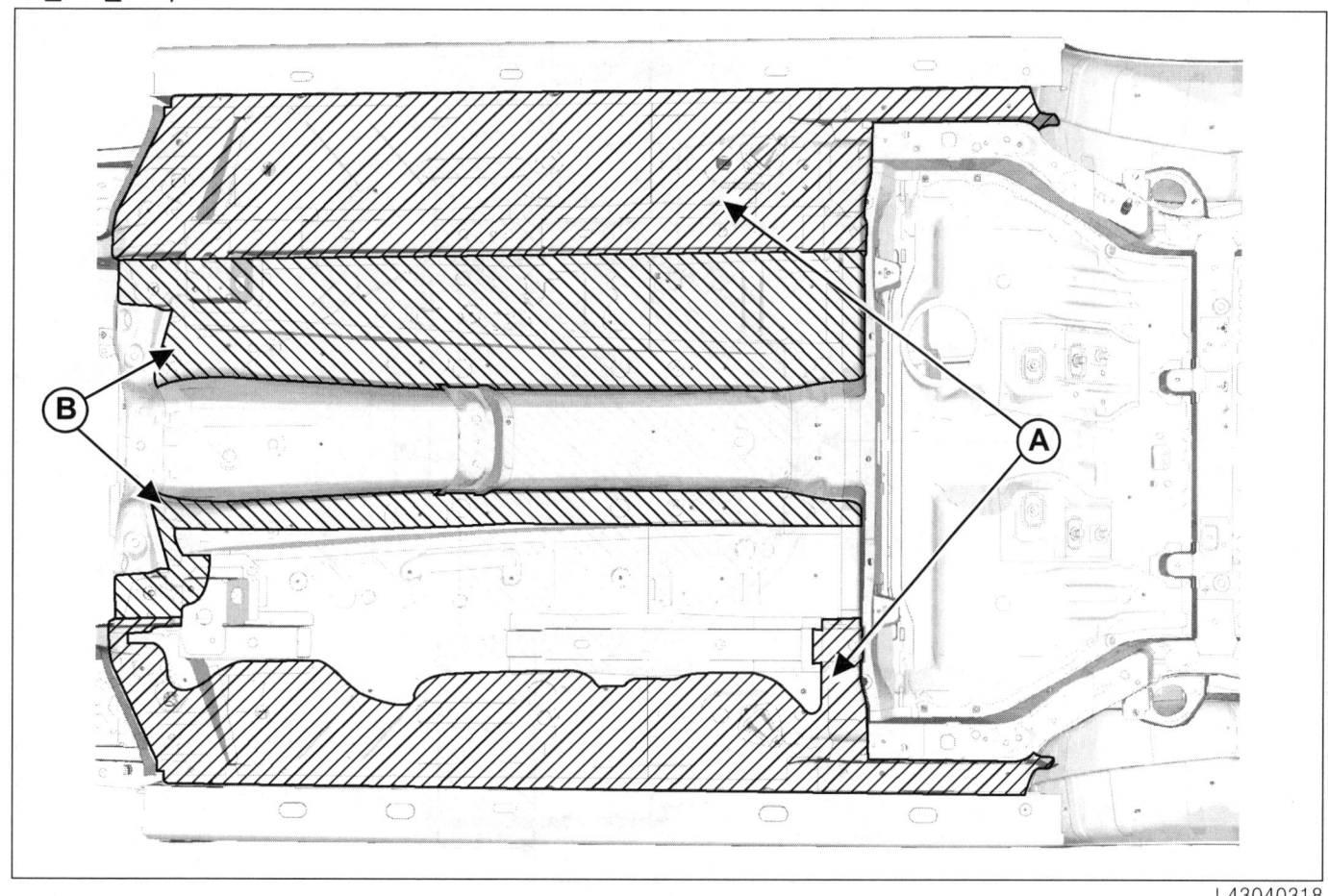

A: Min. 300 μm
B: Min. 400 μm

첨부판
언더 바디 코팅 : 설명

|5|

L43

– 리어 플로어

(M4R, M9R)

C: Min. 300 ㎛
D: Min. 400 ㎛

첨부판
언더 바디 코팅 : 설명

L43

Front wheel house

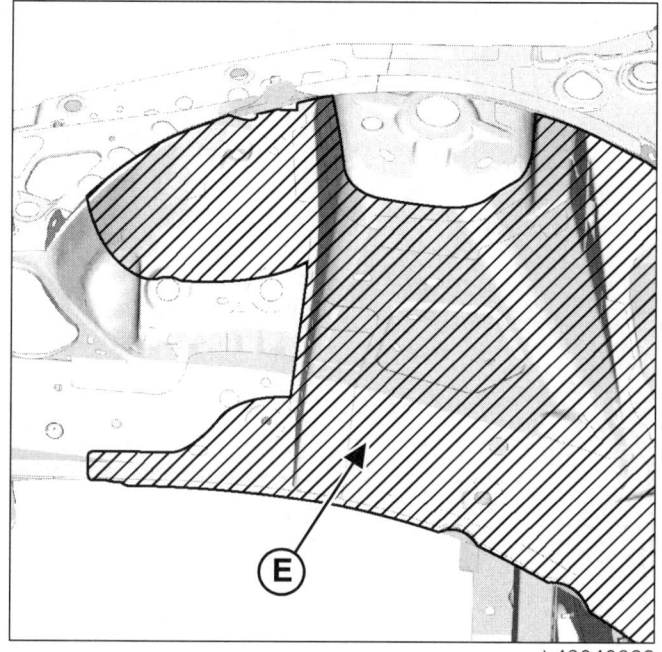

E: Min. 400 μm

Front fender

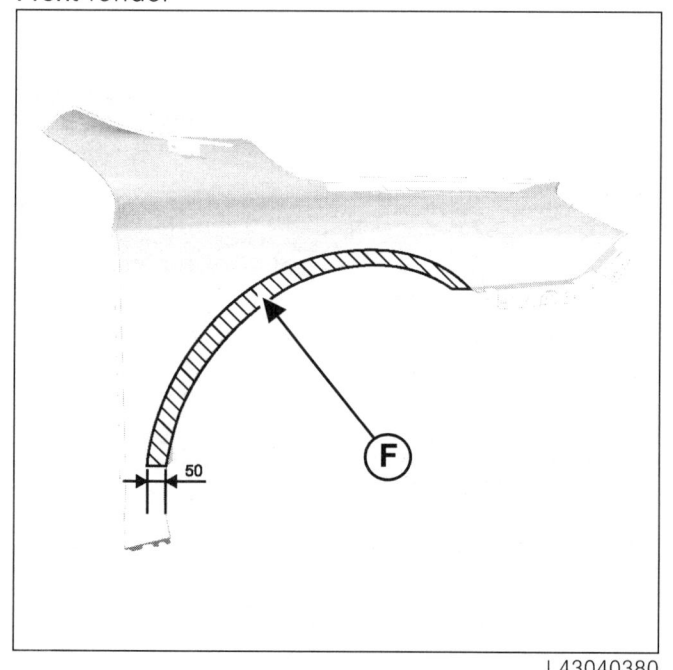

F: Min. 50 μm

Rear fender

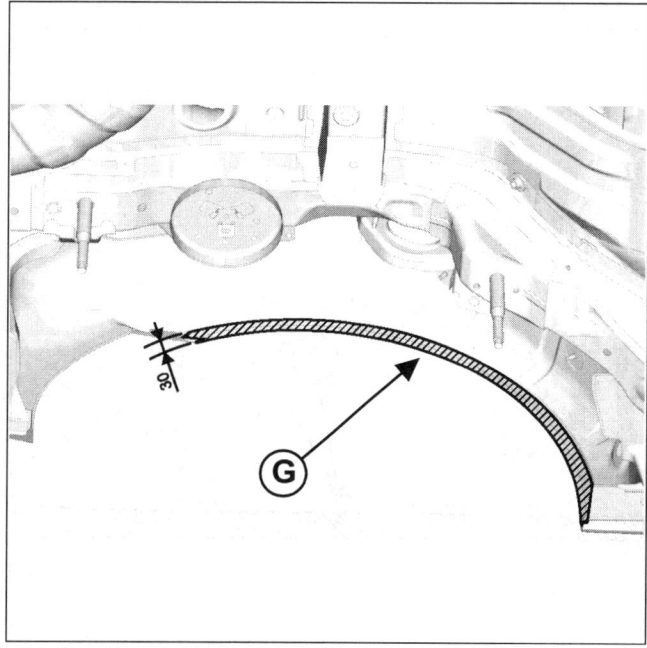

G: Min. 50 μm

Sill side

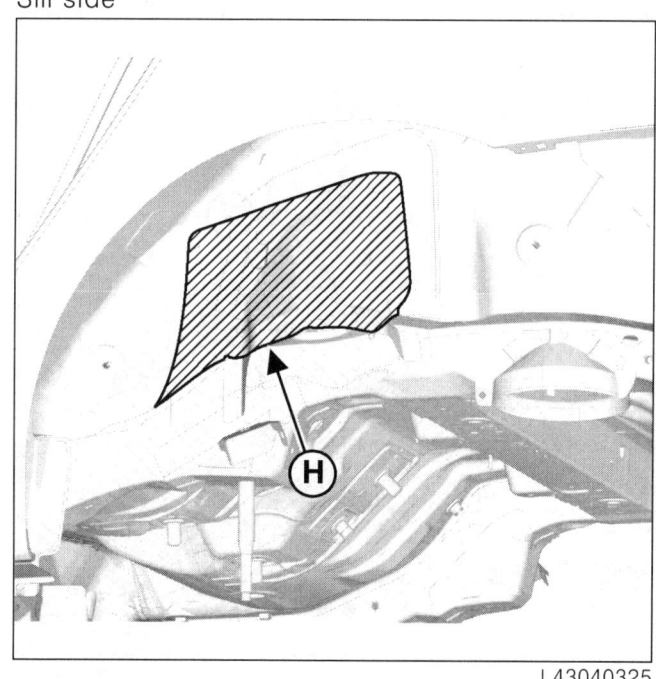

H: Min. 400 μm

첨부판
언더 바디 코팅 : 설명

L43

- 스톤 가드용 도료 도포 작업

Sill side

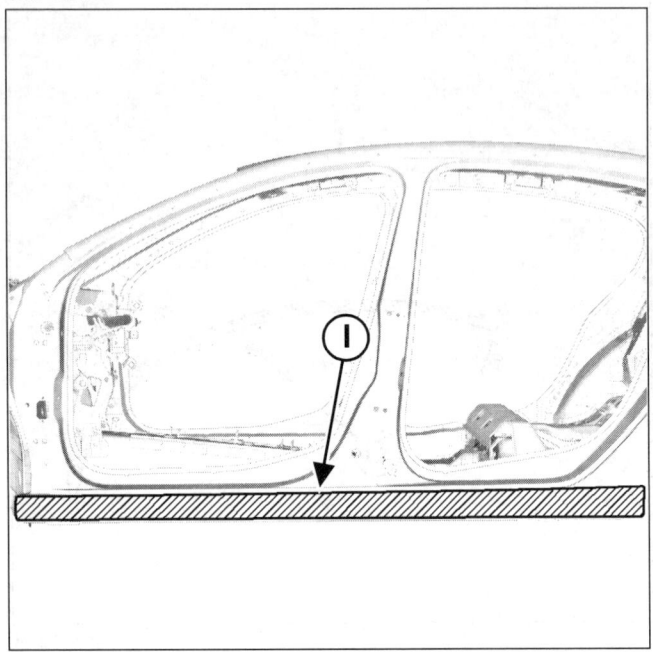

I: Min. 100 μm

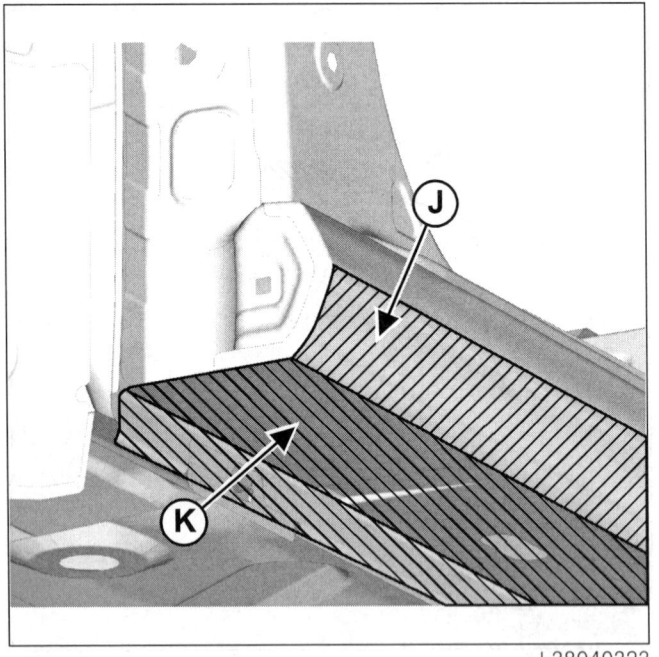

J: Min. 100 μm
K: Min. 400 μm

르노삼성자동차 도서목록

차 종	도 서 명	정 가
SM5 서비스 매뉴얼	엔 진	15,000
	섀 시	16,000
	전 장	14,000
	LPG	25,000
	전기배선도	28,000
	가솔린편(보충판Ⅰ)	16,000
	보충판(Ⅱ: KLEV)	9,700
	보충판(Ⅲ: NPQ)	10,500
	New LPG	43,000
	보충판(Ⅰ: DF M1G/LPG)	28,000
	배선도북(DF)	19,000
SM3 서비스 매뉴얼	엔진·전장	17,000
	섀 시	15,500
	보충판(Ⅰ: KGN-E)	9,500
	보충판(Ⅱ: QG16)	23,000
	보충판(Ⅲ: CF QG15/16)	32,500
뉴 SM3 서비스 매뉴얼	리페어매뉴얼(MR445)	40,000
	바디리페어매뉴얼(MR446)	25,000
	오버홀매뉴얼 H4M엔진(TN6049E) / JH3TM(TN6029A)	11,500
	SM3_M4R 리페어매뉴얼(MR445/바디리페어매뉴얼(MR446)	14,000
SM7 서비스 매뉴얼	엔 진	30,000
	섀 시	39,000
	전장회로도(Ⅰ편)	35,000
	전장회로도(Ⅱ편)	35,000
	보충판(Ⅰ: KOBD)	13,000
	보충판(Ⅰ: LF 엔진, 섀시,전장)	12,500
	배선도북(LF)	21,000
QM5 리페어 매뉴얼	정비Ⅰ(MR420)	41,000
	정비Ⅱ(MR420)	42,000
	정비(MR421)	25,000
SM5 서비스 매뉴얼 (2010판)	리페어매뉴얼(MR436)	37,000
	바디리페어매뉴얼(MR437)	19,500
	바디리페어매뉴얼(TN6020A)	7,500

♣ 전화 「(02) 713-4135」로 주문(책명, 수령자의 주소, 성명, 전화번호, 송금은행)하십시오.

♣ 송료는 수신자 부담입니다.

은 행 명	계좌번호	예 금 주
농 협	065-12-078080	김 길 현
우 체 국	012021-02-023279	골 든 벨

골든벨 도서목록

자동차 정비 현장 실무서

- THE 도장 ☞ 25,000원
- THE 판금 ☞ 25,000원
- 차체수리(판금) 그리고 도장 ☞ 18,000원
- 자동차 보수도장기능사필기 ☞ 19,000원
- 자동차 보수도장기능사실기 ☞ 25,000원
- 창업 그리고 경영 ☞ 20,000원
- LPG자동차의 모든 것 ☞ 15,000원
- LPG자동차 시스템 ☞ 16,000원
- 자동차 LPG 공학(이론과 실무) ☞ 18,000원
- 과학으로 본 자동차 엔진 ☞ 17,000원
- 유영봉의 휠 얼라인먼트 ☞ 35,000원
- 현대 커먼레일의 현장실무(Ⅰ) ☞ 43,000원
- 현대자동차 승용차 종합배선도 ☞ 43,000원
- 현대자동차 승용차 종합배선도(Ⅱ) ☞ 43,000원
- 현대자동차 승합차 종합배선도 ☞ 38,000원
- 현대 RV 종합배선도 ☞ 43,000원
- 기아자동차 토탈 승합차 종합배선도 ☞ 38,000원
- 기아자동차 RV 종합배선도 ☞ 43,000원
- 타이밍 벨트 & 체인 ☞ 65,000원
- 릴레이 위치 및 와이어링 하니스 ☞ 38,000원
- 현대차 배선도보는법 및 트러블진단 ☞ 38,000원
- 엔진 튜닝은 이렇게 ☞ 17,000원
- 파워 엔진 튜닝 ☞ 17,000원
- HKS 엔진튜닝테크닉 ☞ 17,000원
- CAR AUDIO 기기장착과 튜닝의 세계 ☞ 15,000원
- 하이브리드카 ☞ 18,000원
- GREEN CAR 친환경자동차의 모든 것 ☞ 17,000원

자동차 입문서 및 오너정비·운전

- 엔진은 이렇게 되어있다 ☞ 15,000원
- 섀시는 이렇게 되어있다 ☞ 15,000원
- 쉽게 보는 김홍건의 자동차 공학 ☞ 8,000원
- 자동차공학개론 ☞ 17,000원
- 冊으로 보는 자동차 박물관 ☞ 17,000원
- 나도 카레이싱을 할 수 있다. ☞ 25,000원
- 新아픈車 응급치료 ☞ 8,000원
- 자동차 10년타기 길라잡이 ☞ 8,000원
- 자동차도 화장을 한다. ☞ 8,000원
- 바이크 용어핸드북 ☞ 8,000원
- 오토바이정비교본 ☞ 21,000원
- 바이크 따따부따 ☞ 17,000원
- 바이크 엔진 A to Z ☞ 15,000원
- 바이크 타는법 ☞ 12,000원
- 바이크 라이딩 테크닉 ☞ 18,000원
- 타타타 ☞ 15,000원

자동차정비이론서 및 현장감초서

- 자동차 용어정보사전 ☞ 33,000원
- 자동차 용어대사전 ☞ 25,000원
- 자동차 장치별 용어해설 ☞ 15,000원
- 섹션별 자동차 용어 ☞ 15,000원
- 차량 정비공학 ☞ 19,000원
- 최신 자동차 정비공학 ☞ 19,000원
- 자동차 구조 & 정비 ☞ 17,000원

자동차 관련 수험서

- 자동차 정비기능사 팡파르 ☞ 18,000원
- 자동차 검사기능사 한마당 ☞ 18,000원
- 자동차 정비검사기능사 축제 ☞ 18,000원
- 자동차 정비·검사 과년도문제집 ☞ 15,000원
- 자동차 기능사답안지 작성법 ☞ 13,000원
- 新자동차 차체수리필기 ☞ 18,000원
- 자동차 차체수리이론과실무 ☞ 20,000원
- 자동차정비기능사 유형별 실기 ☞ 18,000원
- 자동차정비·검사 실기유형별 기능사 ☞ 19,000원
- 특강 자동차정비·검사기능사 실기 ☞ 18,000원
- NEW 자동차 정비 실기교본 ☞ 19,000원
- 최신 자동차 정비 산업기사 답안지 작성법 ☞ 15,000원
- 최신 자동차 검사 산업기사&기사 답안지 작성법 ☞ 15,000원
- 자동차 공학 및 정비 ① ☞ 18,000원
- 자동차 검사 ② ☞ 18,000원
- 자동차 기계열역학 ③ ☞ 18,000원
- 자동차 일반기계공학 ④ ☞ 18,000원
- 뉴자동차 정비 산업기사 / 뉴자동차검사 산업기사 ☞ 19,000원
- 휘어잡자자동차 정비 / 검사 산업기사 ☞ 19,000원
- 新자동차 정비·검사 산업기사 총정리 ☞ 20,000원
- 자동차 정비 / 검사산업기사 과년도문제집 ☞ 13,000원
- 학과총정리 기사&산업기사 ☞ 25,000원
- Speed 자동차정비기사 ☞ 22,000원
- Speed 자동차검사기사 ☞ 22,000원
- 최신자동차 정비기사 ☞ 20,000원
- 최신자동차 검사기사 ☞ 20,000원
- 자동차 정비 / 검사기사 과년도문제집 ☞ 15,000원
- 답답한 계산문제 이럴땐 이렇게 ☞ 17,000원
- 일반기계 공식& 해설 ☞ 17,000원
- 자동차정비기사·산업기사 실기특강 ☞ 25,000원
- 자동차검사기사·산업기사 실기특강 ☞ 25,000원
- 新자동차 정비·검사 실기정복 ☞ 23,000원
- 정석 차량기술사 ☞ 35,000원
- 자동차정비기능장(필기) ☞ 22,000원
- 자동차정비기능장실기(주관식) ☞ 22,000원
- 자동차정비기능장실기(작업형) ☞ 25,000원

제 목 : **SM5** 바디 리페어 매뉴얼(MR437)
발행일자 : 2010년 10월 20일
저 자 : 르노삼성자동차(주) 서비스기술팀
발 행 인 : 김 길 현
발 행 처 : 도서출판 골든벨
서울시 용산구 문배동 40-21
◆ http : // www.gbbook.co.kr
◆ E-mail : 7134135@naver.com
등 록 : 제 3-132호(1987. 12. 11)
대표전화 : 02) 713－4135
F A X : 02) 718－5510
정 가 : 19,500원
PUB NO: BMGK1001-R1
I S B N : 978-89-7971-929-1

※ 본 책에서 저자 및 발행처의 동의없이 내용의 일부 또는 도해를 무단복제할 경우 저작권법에 저촉됩니다.